PROPYLÄEN
TECHNIKGESCHICHTE

HERAUSGEGEBEN
VON WOLFGANG KÖNIG

Erster Band
Landbau und Handwerk
750 v. Chr. – 1000 n. Chr.

Zweiter Band
Metalle und Macht
1000 – 1600

Dritter Band
Mechanisierung und Maschinisierung
1600 – 1840

Vierter Band
Netzwerke, Stahl und Strom
1840 – 1914

Fünfter Band
Energiewirtschaft · Automatisierung · Information
Seit 1914

PROPYLÄEN

DIETER HÄGERMANN

HELMUTH SCHNEIDER

LANDBAU UND HANDWERK

750 v. Chr. bis 1000 n. Chr.

PROPYLÄEN

Unveränderte Neuausgabe der 1990 bis 1992 im
Propyläen Verlag erschienenen Originalausgabe

Redaktion: Wolfram Mitte
Landkarten und Graphiken: Erika Baßler

Typographische Einrichtung: Dieter Speck
Umschlaggestaltung: Morian & Bayer-Eynck, Coesfeld
Herstellung: Karin Greinert
Satz: Utesch Satztechnik GmbH, Hamburg
Offsetreproduktionen: Haußmann Reprotechnik KG, Darmstadt
Druck und buchbinderische Verarbeitung: Ebner & Spiegel, Ulm

© 1997 by Ullstein Buchverlage GmbH, Berlin
Propyläen Verlag

Printed in Germany 2003
ISBN 3 549 07110 8

INHALT

WOLFGANG KÖNIG
EINFÜHRUNG IN DIE »PROPYLÄEN TECHNIKGESCHICHTE«

HELMUTH SCHNEIDER
DIE GABEN DES PROMETHEUS
TECHNIK IM ANTIKEN MITTELMEERRAUM
ZWISCHEN 750 V. CHR. UND 500 N. CHR.

Die Grundlagen der antiken Technik 19
    Der mediterrane Raum 19 · Die historischen Voraussetzungen: Neolithische Revolution, Altägypten und Mykene 34 · Der Kontext der antiken Technik: Wirtschaft und Gesellschaft 50

Das archaische und klassische Griechenland 61
    Das »Dark Age« (1200–800 v. Chr.) 61 · Die Welt des Odysseus: Landwirtschaft und Handwerk in den Epen Homers 63 · Die archaische Epoche: Expansion, Urbanisation und technischer Wandel (700–500 v. Chr.) 72 · Die Landwirtschaft 82 · Bergbau und Metallverarbeitung 97 · Keramikherstellung 116 · Textilproduktion 123 · Die Brennstoffe 130 · Landtransport und Schiffahrt 131 · Bautechnik und Infrastruktur 141 · Kommunikationstechnik 157

Technikbewertung und technische Fachliteratur im antiken Griechenland 161
    Prometheus: Wandlungen eines Mythos 161 · Die Theorie der Techne 172 · Die Entstehung der Mechanik 181

Der Hellenismus 187
    Die Entwicklung der Militärtechnik 187 · Technik und Herrschaftslegitimation 194 · Die Automatentechnik in Alexandria 202

Das Imperium Romanum 208
    Innovation und Techniktransfer in der Landwirtschaft und im Gewerbe 209 ·

Landtransport und Schiffahrt 244 · Wandlungen der Bautechnik 261 · Der Ausbau der Infrastruktur 267 · Die Technik in der römischen Literatur 298

Die Spätantike 301
  Vollendung der antiken Architektur 301 · Verbreitung der Wasserkraft 307 · Der Codex 312

Dieter Hägermann
Technik im frühen Mittelalter
zwischen 500 und 1000

Ökonomisch-technische Impulse aus der Neubewertung der Arbeit in christlicher Spätantike und frühem Mittelalter 317
Die Grundherrschaft als Rahmen technischer Innovationen und Verbesserungen 338

Verdichtung frühmittelalterlicher Technik 346
  Mahlwerke 346 · Horizontale Wassermühlen 351 · »Biermühlen« 355 · Vertikale Wassermühlen 357 · Kanal- und Wasserbauten 373

Übernahmen und Neuerungen im Agrarbereich 380
  Pflüge 380 · Dreifelderwirtschaft 392 · Kummet und Hufeisen 397 · Weinbau und Kelter 402

Salzgewinnung 408

Eisenproduktion 419
  Eisenerzeugung und -verarbeitung 422 · Gerätschaften und Schmiedehandwerk 427

Waffen- und Kriegswesen 435

Bau und Bautechnik 440
  Antike Tradition und »Karolingische Renaissance« 440 · Bauhandwerk 441 · Steinbau 443 · Baustoffe 447 · Gerüste und Transportmittel 449 · Holzbau 451 · Heizungsbau 456

Transportmittel für den Nah- und Fernverkehr 460
  Wagen und Karren 461 · Schiffe und Boote 469

Textilherstellung 479
   Materialien: Wolle und Flachs 479 · Webstühle 480 · Färben 485 · Produktionsverhältnisse 486 · Textilgewerbe und Markt 490

Kunsthandwerkliche Techniken 492

Bibliographie 509
Personen- und Sachregister 524 · Quellennachweise der Abbildungen 543

Einführung in die »Propyläen Technikgeschichte«

Die Erfahrungen, die wir mit Verkehrssystemen, der Kernkraftnutzung oder der Informationstechnik gemacht haben und machen, zeigen uns, wie Technik unser Leben ständig gestaltet und unsere Umwelt verändert. Der Streit um die Technik, der immer auch eine Auseinandersetzung darüber ist, wie wir in Zukunft leben wollen, ist zu einem Dauerzustand geworden. Häufig bleibt dabei aber das Bewußtsein unterentwickelt, daß Technik eine Geschichte hat, daß aktuelle Probleme über Jahre, Jahrzehnte und Jahrhunderte herangewachsen sind und daß ähnliche Auseinandersetzungen um Technik und Zukunft in allen Epochen stattgefunden haben.

Man könnte annehmen, daß für eine historisch fundierte Bewertung der Technik ausreichend Literatur vorhanden sein müßte. Gibt es nicht zahlreiche Kompendien der Erfindungen und Erfinder? Erleben nicht Bildbände zur Technik- und Industriegeschichte geradezu eine Konjunktur? Zweifellos. Doch behandeln viele dieser Darstellungen ihren technischen Gegenstand als isoliertes Phänomen. Eine moderne Technikgeschichte muß dagegen – über die exakte Rekonstruktion der Funktionsweise historischer Technik hinaus – Technik in ihrem Wirkungszusammenhang mit Kultur, Wirtschaft und Gesellschaft darstellen. Sie muß zeigen, wie Technik aufgrund menschlicher Entscheidungen, gesellschaftlicher Bedingungen und kultureller Traditionen geworden ist, und sie muß deutlich machen, wie Technik die Welt verändert hat. Damit ist der wichtigste Programmpunkt der »Propyläen Technikgeschichte« genannt.

Ein Problem für eine groß angelegte Technikgeschichte ergibt sich aus der Spannung zwischen der Universalität moderner Technik und ihrer kulturellen Vielfalt. Ist nicht Spitzentechnologie wie die der Computersysteme und Nachrichtennetze überall auf der Welt ähnlich? Andererseits: Verrät nicht ein Blick auf die amerikanische, deutsche und französische Automobilproduktion auch markante nationale Unterschiede – bei annähernd gleichem Stand des technischen Wissens und Könnens? Und dann das gerade im Bereich der Technik besonders frappierende Phänomen der Gleichzeitigkeit des Ungleichzeitigen, wie das Nebeneinander von Relikten steinzeitlicher Kulturen, spezialisierten Handwerks und modernster Fertigungsstätten der Elektronikindustrie in einigen südostasiatischen Ländern. Sicher könnte man Technikgeschichten einzelner Nationen und Regionen verfassen, aber eine allgemeine Technikgeschichte?

Eine enzyklopädisch verstandene Universalgeschichte der Technik müßte die

Technik aller Kulturen in allen Zeiten darstellen. Dies ist nicht nur wegen der bestehenden und früher noch stärker ausgeprägten kulturellen Vielfalt unserer Welt nicht einzulösen. Dazu kommt als weiteres Problem, daß die Technik so alt ist wie die Menschheit selbst: Durch Sprache und Technik ist der Mensch erst geworden. Es heißt also, sich über sinnvolle Kriterien für unumgängliche Auswahlentscheidungen klar zu werden. Die »Propyläen Technikgeschichte« findet ihren Gegenstand, indem sie, ausgehend von der modernen Technik, den Blick zurückrichtet und fragt, wie es zu dieser Technik der Jetztzeit gekommen ist.

Damit setzt sie sich zwei Vorwürfen aus: zum einen dem des Euro- und Amerikanozentrismus, zum anderen dem, nur die erfolgreichen Innovationen zu behandeln, lediglich eine »Technikgeschichte der Sieger« zu schreiben. Doch ist es nicht so, daß sich diese – nicht unberechtigten – Einwände letztlich gegen den tatsächlichen Verlauf des allgemeinen historischen Geschehens wie gegen die tatsächliche geschichtliche Entwicklung der Technik richten? In der »Propyläen Technikgeschichte« soll es jedoch nicht darum gehen, die Geschichte und die Technik auf die Anklagebank zu setzen im Namen zurückgedrängter kultureller Traditionen oder verschütteter technischer Alternativen, sondern erst einmal dieser geschichtlichen Entwicklung der Technik habhaft zu werden – eine Voraussetzung, um nach den Kräften und Mächten zu fragen, die gerade dieser Technik und gerade jener industriellen Kultur zum Erfolg verholfen haben. Denn das Entstehen wie das Vergehen von Technik ist kein naturaler Prozeß, sondern von menschlichen Entscheidungen abhängig, von gesellschaftlichen Machtverhältnissen und von kulturellen Bedingungen. Häufig hilft ein vergleichender Blick auf gescheiterte Innovationen und auf Kulturen, die in ihrer technisch-industriellen Entwicklung zurückgeblieben sind, die Bedingungen des Erfolgs um so klarer zu erkennen.

Die Suche nach den Ursprüngen der modernen technischen Welt geht in der »Propyläen Technikgeschichte« zurück bis in die Antike, die unserer heutigen Kultur mannigfaltige politische, religiöse und wissenschaftliche Traditionen vererbt hat. Von dort folgen die einzelnen Bände räumlichen Verlagerungen des innovativen technischen Geschehens. Band 1 »Landbau und Handwerk« (750 v. Chr. bis 1000 n. Chr.) befaßt sich mit der Technikentwicklung in den Regionen um das Mittelmeer, fragt nach Unterbrechungen, Kontinuitäten und Neuansätzen in der Zeit der Völkerwanderung und schildert den Bedeutungszuwachs des mitteleuropäischen Raumes bis zur Jahrtausendwende. Band 2 »Metalle und Macht« (1000 bis 1600) behandelt das allmähliche Zusammenwachsen Europas und gleichzeitige Schwerpunktverschiebungen bei technischen Neuerungen. Band 3 »Mechanisierung und Maschinisierung« (1600 bis 1840) wendet seinen Blick zum Atlantik, zunächst in die entstehenden Territorialstaaten des Kontinents, von denen die Europäisierung der Welt ihren Ausgang nahm, und dann nach Großbritannien, dem Mutterland der Industriellen Revolution. Band 4 »Netzwerke – Stahl und Strom«

(1840 bis 1914) geht neben Großbritannien auf die Nachfolgeländer im Industrialisierungsprozeß ein, auf Frankreich, Deutschland und vor allem die USA, die dem britischen Vorbild den Rang abzulaufen begannen. Und Band 5 »Energiewirtschaft – Automatisierung – Information« (Seit 1914) umfaßt die Zeit der Weltkriege, in der sich die beiden Supermächte mit ihrem enormen technischen Potential herausbildeten, und – jedenfalls in den Industriezentren – die Friedenszeit danach, in der mit Japan ein weiterer technisch-wirtschaftlicher Riese am Weltmarkt aufgetaucht ist.

So stehen in jedem Band der »Propyläen Technikgeschichte« die jeweiligen Zentren der technischen Entwicklung im Mittelpunkt der Betrachtung. Dies eröffnet die Möglichkeit, für diese Räume den wirtschaftlichen, gesellschaftlichen und kulturellen Rahmen, in dem sich die Technik entfaltete, genauer zu analysieren. Doch wird es immer dann notwendig sein, die Zentren der Entwicklung kurz zu verlassen, wenn die Fähigkeiten von Innovatoren oder spezifische Standortbedingungen in anderen Regionen wichtige Keime der technischen Entwicklung sprießen ließen.

Die westlich abendländische Welt schottete sich nie über längere Zeit nach außen ab. Im Gegenteil: Die teils freiwillige, teils unfreiwillige Offenheit Europas gegenüber Einflüssen aus dem Osten wird als ein wichtiger Grund dafür angesehen, daß hier die Technik allmählich das Niveau anderer Länder wie China erreichte und übertraf. Die Völkerwanderung, die Araber als Eroberer oder Eroberte und der Handel mit dem Fernen Osten brachten technische Kenntnisse ins Abendland, wo sie rezipiert, modifiziert und erweitert wurden. Die »Propyläen Technikgeschichte« wird solche von außen in die behandelten Zentralräume hineinfließenden Transferströme berücksichtigen.

Die in manchem großen mittelalterlichen oder frühneuzeitlichen Handelszentrum in einem Jahr umgesetzte Gütermenge löscht heute ein einziges Containerschiff. Und die Zahl der gegenwärtig forschenden Wissenschaftler übertrifft die aller vergangenen Zeiten zusammengenommen. Der sich darin spiegelnden ungeheuren Akkumulation der Technik und der Beschleunigung des technischen Wandels besonders seit dem 18. Jahrhundert trägt die »Propyläen Technikgeschichte« Rechnung, indem sie die in den einzelnen Bänden behandelten Zeiträume zur Gegenwart hin immer kürzer werden läßt. Die wechselseitige Verflechtung und Befruchtung technischer Entwicklungen hat im historischen Verlauf immer mehr zugenommen. Ermöglichten im 19. Jahrhundert Generatoren elektrolytischen Verfahren in größerem Maßstab, so konnte man mit diesen reineres Kupfer herstellen und mit diesem wieder bessere elektrische Maschinen bauen. So schaukelten sich technische Innovationen gegenseitig hoch, und gefundene Lösungen regten zu neuem Suchen an. Heute stoßen wir an Grenzen dieser Akkumulation und Beschleunigung, an Grenzen, die in der Endlichkeit der Erde und in der Veränderbarkeit des Menschen und seiner sozialen Gliederungen liegen.

Wie die »Propyläen Technikgeschichte« nicht die globale kulturelle Vielfalt der Technikentwicklung zu erfassen vermag, so kann sie auch nicht alle Verästelungen behandeln, die aus dem Baum der technischen Entwicklung gewachsen sind. Hier ist ebenfalls nach Auswahlkriterien zu fragen. Letzten Endes können diese nur in den mittelbaren und unmittelbaren Auswirkungen technischer Entwicklungen auf die allgemeine Menschheitsgeschichte liegen. Technische Schlüssel- oder Basisinnovationen haben eine Entwicklungsdynamik in Gang gesetzt, durch die Gewerbe und Industrien entstanden oder verschwunden sind und menschliche Verhaltensweisen, politische Konstellationen und soziale Strukturen sich verändert haben. Solche Schlüsselbereiche technischen und damit wirtschaftlichen, gesellschaftlichen und kulturellen Wandels stehen in der »Propyläen Technikgeschichte« im Mittelpunkt, ohne daß Umwege, Nebenstraßen und Sackgassen der technischen Entwicklung völlig ausgeklammert werden. Technik ist kein linearer Fortschritt, sondern ein Tasten und Suchen mit ungewissem Ausgang. Um die Einheit der Darstellung zu wahren und Zusammengehöriges zusammenzulassen, handhaben wir die Zeitgrenzen zwischen den einzelnen Bänden flexibel. So behandelt erst Band 4 die Eisenbahnen und Band 5 die Flugzeuge in einem breiteren Zusammenhang, obwohl die Anfänge beider Techniken mehrere Jahrzehnte zurückreichen. Nicht der chronikalische Platz von Erfindungen bestimmt in erster Linie die Zuordnung des Stoffes, sondern die Prägekraft technischer Innovationen für ihre Zeit. Die ausführlichen Register der einzelnen Bände und des Gesamtwerks ermöglichen es jedoch, die »Propyläen Technikgeschichte« auch zum Nachschlagen zu benutzen.

Im Gegensatz zu politischen Ereignissen wirken technische Veränderungen im allgemeinen eher mittel- und langfristig. Häufig wird nur langsam die Bedeutung von Erfindungen erkannt; ihre Weiterentwicklung zur Marktreife erfordert Geduld und verschlingt oft immense Summen; auf dem Markt muß sich neue Technik mühsam gegen zahlreiche Konkurrenten durchsetzen und behaupten, ehe neue Lösungen sie wieder zu verdrängen beginnen. Die »Propyläen Technikgeschichte« zeichnet diesen Lebenszyklus zahlreicher Techniken nach, beschäftigt sich aber insbesondere mit der Entstehung des Neuen. Nicht die berühmte Frage Leopold von Rankes, »wie es eigentlich gewesen«, sondern eher, wie es eigentlich geworden, steht im Zentrum technikgeschichtlichen Interesses. Technikgeschichte ist immer mehr dem Neuen als dem Alten verhaftet, sie spürt den Keimen technischer Veränderungen schon in Zeiten nach, in denen die alte Technik noch den Markt beherrscht. Die Technikhistorie stellt nicht nur die Rankesche Frage nach dem Wie, sondern auch die Frage nach dem Warum technischen Wandels, sie begnügt sich nicht mit der Beschreibung der neuen Technik, ihrer Funktionen und gesellschaftlichen Wirkungen, sondern versucht, die technischen und außertechnischen Entwicklungsbedingungen zu verstehen und zu erklären. Weder die traditionelle Erfindungsgeschichte der Technik noch die moderne Sozial- und Wirtschaftsgeschichte besitzen ein dieser Aufgabe angemessenes Technikverständnis.

Die traditionelle Erfindungsgeschichte hat sich der Aufgabe, die Entstehung von Technik zu erklären, dadurch entzogen, daß sie Erfindungen oder deren »Schöpfer«, die Erfinder, als Ausgangs- wie als Endpunkte ihrer Betrachtung setzte, über die nicht hinauszugehen sei. Schon bei oberflächlicher Betrachtung zeigen sich schnell Grenzen einer solchen Erfindungs- oder Heroengeschichtsschreibung. Ehe Renaissance und Humanismus das Individuum in das Rampenlicht der Geschichte stellten, blieben die Erfinder meist im dunkeln, und bei manchen Zeugnissen über Erfindungen handelt es sich um Erstbelege, die auch ein weit früheres Auftreten einer Technik nicht ausschließen. Mit dem exponentiellen Zuwachs an technischem Wissen im 19. und 20. Jahrhundert stoßen wir immer häufiger auf das Phänomen der Mehrfacherfindungen: Mehrere Erfinder kommen unabhängig voneinander ungefähr zur gleichen Zeit zu ähnlichen Ergebnissen. Für Jacob Burckhardt reichte die daraus hervorgehende Ersetzbarkeit der einzelnen Erfinder und Entdecker aus, um diesen grundsätzlich historische Größe abzusprechen. Für Erfindungen wie für die Schreibmaschine können Dutzende von Innovatoren aufgezählt werden, die sich ohne Erfolg um eine Produktion bemühten. Und schließlich sind Erfindungen zunehmend nicht mehr einzelnen Personen zuzurechnen, sondern werden von Forschungs- und Entwicklungsteams gemacht. Auch die Autoren der »Propyläen Technikgeschichte« nennen Innovatoren, und zwar die, von deren Arbeiten eine kontinuierliche Weiterentwicklung und Verbreitung einer neuen Technik ausging, und fragen nach den Bedingungen von Erfolg und Mißerfolg. Erfinder, die sich in nicht realisierbaren Projekten oder nicht marktgängigen Prototypen erschöpften, treten dagegen in den Hintergrund. Bei einer solchen Betrachtung sind die unbekannten Entwickler von Schmelzverfahren, die es im 15. Jahrhundert ermöglichten, die Silberausbeute aus dem Erz als Grundlage habsburgischer Weltmachtpolitik zu steigern, von größerem Interesse als die Projektskizzen Leonardo da Vincis. Leonardo dagegen kann Bedeutung gewinnen als Verkörperung eines bestimmten Typs des Renaissance-Ingenieurs.

Ebensowenig wie erfindungsgeschichtliche Ansätze reichen wirtschafts- und sozialgeschichtliche aus, um die Entstehung von Technik angemessen zu erfassen und zu erklären. Wirtschaftsgeschichtliche Betrachtungen der Technik beschränken sich im allgemeinen auf Verbreitung und Wirkung der Technik am Markt und klammern Erfindung, Entwicklung zur Marktreife oder die Wechselwirkung zwischen Markterfolg und Technikmodifikation aus. Manche sozialgeschichtlichen Ansätze erklären Technik ausschließlich aus gesellschaftlichen Bedürfnissen und Interessen, vernachlässigen hingegen die Analyse des Stands des technischen Wissens und Könnens, neben der gesellschaftlichen Nachfrage die zweite Bedingung erfolgreicher Technikentwicklung. Gesellschaftliche Nachfrage allein schafft keine

Technik, wie die jetzt schon hundert Jahre währende, weitgehend erfolglose Suche nach einer technischen Lösung für die wirtschaftliche Speicherung großer Mengen elektrischer Energie deutlich macht.

Neben die Entstehung der Technik rückt die »Propyläen Technikgeschichte« gleichgewichtig ihre Verwendung ins Blickfeld – mit allen positiven und negativen Folgen, sei es im Umgang mit der Natur, in der Gestaltung der Produktionssphäre oder der Nutzung im Alltag. Entstehung und Verwendung von Technik stehen nicht unverbunden nebeneinander, sondern wirken wechselseitig aufeinander ein. Schon in der Konzeptionsphase einer neuen Technik antizipieren die Innovatoren spätere Nutzungsmöglichkeiten und berücksichtigen dann bei ihren weiteren Entwicklungsarbeiten die ersten Erfahrungen auf dem Markt. So herrschte in den ersten Jahren der Entwicklung und Verbreitung des Telephons noch beträchtliche Unsicherheit, ob es als physikalisches Demonstrationsgerät, als Äquivalent für den Telegraphen, als Empfangsstation für Informationssendungen entsprechend dem späteren Rundfunk oder – wie heute – zur technischen Vermittlung zwischenmenschlicher Kommunikation dienen sollte.

Beschreibung und Erklärung der Funktionsweise historischer Technik, Entstehung und Verwendung technischer Neuerungen, Bedingungen und Folgen von Innovationen – und all dies eingebunden in die Totalität eines raumzeitlichen Beziehungsgeflechts wirtschaftlicher, gesellschaftlicher und kultureller Faktoren: Damit setzt sich die »Propyläen Technikgeschichte« ein ambitioniertes Programm. Mögen die kritischen Leser urteilen, ob dem Wollen das Gelingen gefolgt ist. Mit der »Propyläen Technikgeschichte« wird jedenfalls erstmals eine mehrbändige allgemeine deutschsprachige Technikgeschichte vorgelegt.

Wie die allgemeine Geschichte kann auch die Technikgeschichte keine Handlungsanweisungen zur Lösung aktueller Probleme geben. Aber zur Orientierung im Dschungel technischer Lösungsvorschläge, im Gewirr von Verurteilungen und Glorifizierungen der Technik und im Geflecht der Wechselbeziehungen zwischen Technik, Wirtschaft und Gesellschaft trägt sie allemal bei. Die Technikgeschichte gibt uns keine Gewißheit über den Weg, den wir gehen sollen. Doch ohne sie sind wir bei unseren Entscheidungen über Technik mit Sicherheit blind.

Wolfgang König

Helmuth Schneider

Die Gaben des Prometheus
Technik im antiken Mittelmeerraum
zwischen 750 v. Chr. und 500 n. Chr.

Die Grundlagen der antiken Technik

Der mediterrane Raum

Naturräumliche Gegebenheiten haben die Entwicklung der Technik in vorindustriellen Gesellschaften wesentlich stärker geprägt als in den modernen Industriegesellschaften, die sich weitgehend aus der Abhängigkeit von den natürlichen Bedingungen ihres Lebensraumes zu befreien vermochten; dies gilt sowohl für die Landwirtschaft und das Gewerbe als auch für Kommunikation und Verkehr. Im Zeitalter der Industrialisierung gelang es, durch verbesserte Anbaumethoden sowie den Einsatz von Maschinen, chemischen Düngemitteln, Herbiziden und Insektiziden die Agrarproduktion in einem früher unvorstellbaren Ausmaß zu steigern und die durch Witterungseinflüsse bedingten Schwankungen der Ernteerträge in relativ engen Grenzen zu halten. Gleichzeitig wurde der enge räumliche Zusammenhang von Produktion und Konsumtion der Nahrungsmittel durch die moderne Transporttechnik tendenziell aufgehoben; sogar schnell verderbliche Agrarerzeugnisse können heute über Tausende von Kilometern zu den Verbraucherzentren befördert werden. Unter diesen Bedingungen sind moderne Industriestaaten nicht mehr von Mißernte und Hunger bedroht.

Räumliche Distanz stellt für die Kommunikation und den Verkehr gegenwärtig kein gravierendes Hindernis mehr dar. Nachrichten werden in wenigen Minuten über große Entfernungen übermittelt, das Telefon macht ein Gespräch zwischen Menschen möglich, die sich in verschiedenen Kontinenten aufhalten, und Reisen, für die man im 18. Jahrhundert noch Wochen oder Monate benötigt hätte, dauern gegenwärtig mit dem Flugzeug allenfalls mehrere Stunden. Dabei spielen die Jahreszeiten keine Rolle mehr. Winterstürme und Schnee vermögen den modernen Verkehr höchstens kurzfristig zu beeinträchtigen. Gebirge, die früher Barrieren waren, die nur mit Mühe passiert werden konnten, sind durch Verkehrswege erschlossen, die sich kaum von denen der Ebene unterscheiden. Die moderne Technik ist nicht mehr an bestimmte geographische Räume gebunden, sondern gleicht die unterschiedlichen Regionen der Erde einander an, so daß im Prozeß der Technisierung eine einheitliche, von technischen Sachsystemen geprägte Zivilisation im Entstehen begriffen ist.

Die antike Technik war hingegen untrennbar mit dem mediterranen Raum verbunden. Sie kann in vieler Hinsicht als Antwort der Griechen und Römer auf die spezifischen Bedingungen und Herausforderungen dieses Raumes verstanden werden. Bei dem Versuch, Landwirtschaft, Gewerbe und Infrastruktur der Antike von den geographischen Voraussetzungen her zu beschreiben, darf nicht von der modernen Sicht der Mittelmeerländer ausgegangen werden, denn einerseits unterlag die natürliche Landschaft des mediterranen Raumes seit der frühen Neuzeit durch den Eingriff der Menschen erheblichen Veränderungen, und andererseits hat sich unter dem Eindruck der Möglichkeiten moderner Technik und unter dem Einfluß des Tourismus die Wahrnehmung gewandelt; man bemerkt heute zunächst den Sonnenschein und den blauen Himmel, die ruhige See und den milden Winter, vergißt aber häufig, daß bis in die Neuzeit hinein der trockene Sommer die Landwirtschaft vor große Probleme gestellt hat, während in den Wintermonaten Regen sowie Überschwemmungen Straßen unpassierbar gemacht haben und die Schiffahrt der heftigen Stürme wegen ruhen mußte. Eine Darstellung der naturräumlichen Voraussetzungen der antiken Technik hat daher stets die Möglichkeiten und die Horizonte einer vorindustriellen Gesellschaft in Rechnung zu stellen.

Die Einheit des mediterranen Raumes beruht wesentlich auf einer in fast allen Mittelmeerländern gleichartigen geologischen Struktur und auf klimatischen Verhältnissen, die in den verschiedenen Regionen nur geringfügig variieren. Dabei ist jedoch nicht zu übersehen, daß dieser Raum auch scharfe landschaftliche Kontraste aufweist und durch eine Vielzahl von Gebirgszügen stark gegliedert ist. Das trifft für das Mittelmeer selbst zu, das durch Italien und Sizilien in zwei Teile – eine westliche und eine östliche Hälfte – geteilt wird und eigentlich nicht ein einziges großes Meer bildet, sondern eher aus verschiedenen, voneinander fast abgeschlossenen Meeren wie etwa der Adria oder der Ägäis besteht – eine Auffassung, die bereits der griechische Geograph Strabon (64/63 v. Chr. – um 25 n. Chr.) in seiner Beschreibung des Mittelmeeres vertreten hat.

Die Schiffahrt wurde im Mittelmeer durch die Existenz zahlreicher Inseln begünstigt, denn die Balearen, Korsika, Sardinien, Sizilien und Malta im Westen sowie Kreta und Zypern im Osten waren für die Steuerleute in den Weiten der See wichtige Orientierungspunkte und boten den Schiffen im Sturm eine Zuflucht. Die Inselgruppen der Ägäis wiederum erlaubten es den Griechen, das Meer zu befahren, ohne die Landsicht zu verlieren. Für die griechischen Küsten sind die vielen Buchten und Landvorsprünge charakteristisch; so erstreckt sich der Golf von Korinth über mehr als 100 Kilometer in das Landesinnere und stellt auf diese Weise eine Seeverbindung zu den Landschaften Mittelgriechenlands und der nördlichen Peloponnes her. In seinen gegenwärtigen Grenzen besitzt Griechenland Küsten von über 15 000 Kilometern Länge, und in Mittelgriechenland beträgt die weiteste Entfernung von einem Ort zur Küste weniger als 60 Kilometer. Unter solchen Voraussetzungen hatte das Meer für die Griechen die Funktion einer natürlichen Infrastruktur; es ermöglichte im Raum der Ägäis einen Gütertransport von hohem Volumen. Bereits in der Bronzezeit hatten die Griechen enge Kontakte zu den Völkern des östlichen Mittelmeerraumes. Diese Situation spiegelt sich in der Erzäh-

Der mediterrane Raum   21

lung des Odysseus über eine Seefahrt von Kreta nach Ägypten wider (Homer, 14,249 ff.): »Und da hielten bei mir sechs Tage die lieben Gefährten / Abschiedsmahl; ich selbst gab viele Tiere, zum Opfer / sie den Göttern zu weihen und jenen das Mahl zu bereiten. / Aber am siebenten fuhren wir ab von der räumigen Kreta, / segelten vor dem schön und stark herwehenden Nordwind / mühlos, wie mit dem Strome, dahin, und keines der Schiffe / ward mir verletzt, und unversehrt, in aller Gesundheit / saßen wir und ließen vom Wind und Steuer uns führen. / Nach fünf Tagen erreichten wir den schönen Ägyptos.«

Der Westen hingegen blieb den Griechen bis in die Zeit der großen Kolonisation weitgehend unbekannt. Die Märchenwelten der »Odyssee« sind hier zu lokalisieren, und noch im 7. Jahrhundert war eine Fahrt wie die des Kolaios aus Samos nach Tartessos in Spanien laut Herodot (um 484 – nach 430 v. Chr.) außergewöhnlich. Später waren die Phokaier auf den Handel mit dem Westen spezialisiert, und mit der Gründung der Städte Massalia (Marseille, um 600 v. Chr.) und Emporion (Ampurias) konnten die Griechen noch in der archaischen Zeit endgültig an der südfranzösischen und ostspanischen Küste Fuß fassen. Im Imperium Romanum schließlich war fast der gesamte Fernhandel auf die Schiffahrt im Mittelmeer angewiesen; selbst Massengüter wie Getreide und Öl wurden auf dem Seeweg aus den Provinzen nach Rom und in der Spätantike außerdem nach Konstantinopel gebracht.

Im Mittelmeerraum herrschen relativ konstante Windverhältnisse; während der Sommermonate weht der Wind vornehmlich aus Nordwesten. Die Dauer einer Fahrt mit einem Segelschiff hing nicht primär von der zurückgelegten Entfernung, sondern eher von der Route und der Fahrtrichtung ab. Zum Beispiel mußten die Schiffe, die Getreide aus Ägypten nach Rom transportierten, gegen den Wind kreuzen und brauchten daher für diese Fahrt viel länger als für die Rückfahrt von Mittelitalien nach Alexandria. Das Mittelmeer ist für die Schiffahrt keineswegs eine ungefährliche See; im Herbst setzen die Stürme ein, und in vielen Berichten über Schiffsreisen wird geschildert, wie Schiffe von ihrem Kurs abkamen oder sogar untergingen. Die Risiken einer Schiffahrt werden anschaulich in einem Dialog des Lukian (um 120–180 n. Chr.) beschrieben; es handelt sich um die Geschichte eines Getreidefrachters, der auf dem Weg nach Rom plötzlich in einen Sturm geriet: »Mir erzählte es der Schiffsherr selbst, ein wackerer und ganz umgänglicher Mann. Er sagte, sie wären mit einem ziemlich günstigen Wind von Pharos (Alexandria) abgefahren und hätten am siebenten Tag das Vorgebirge Akamas (die Westspitze Zyperns) zu Gesicht bekommen. Aber hier habe sich der Wind gedreht und sie nach Sidon verschlagen. Von da wären sie bei unaufhörlich stürmischem Wetter durch die kilikische Meerenge bis zu den Chelidonischen Inseln getrieben worden, wo nur wenig gefehlt habe, daß sie nicht alle untergegangen wären... Hier, sagte der Schiffsherr, wären sie in die äußerste Gefahr geraten und würden, da es noch zu allem Unglück Nacht und stockfinster gewesen, unfehlbar zu Grunde gegangen sein, wofern die Götter durch ihr Jammergeschrei erweicht, ihnen nicht von der lykischen Küste her Feuer gezeigt hätten, so daß sie die Gegend zu erkennen imstande gewesen; und wenn nicht einer von den Dioskuren sich in Gestalt eines helleuchtenden Sterns oben am Mast auf die Rolle gesetzt und das Schiff, da es bereits auf den Felsen zugetrieben, noch zur rechten Zeit linker Hand in die hohe See gesteuert hätte. Von da an hätten sie also, da sie doch nun einmal aus dem geraden Weg herausgeworfen worden, das Ägäische Meer durchschifft, und so wären sie endlich, unter beständigem Kreuzen gegen die Passatwinde, gestern am siebzigsten Tag ihrer Abreise aus Ägypten in den Piräus eingelaufen.«

In den Wintermonaten wird die Schiffahrt häufig durch die schlechte Sicht behindert; bei bedecktem Himmel ist es unmöglich, sich nachts an den Sternen zu orientieren, und tagsüber sind im Dunst und Nebel die hochaufragenden Küsten aus der Ferne nicht erkennbar. Deshalb haben Griechen und Römer es möglichst vermieden, in den Zeiten mit ungünstigem Wetter zur See zu fahren. Während Hesiod (um 700 v. Chr.) in seinen »Erga« noch den Rat gab, sich nur in den fünfzig Tagen nach der Sommersonnenwende auf das Meer hinauszuwagen, galt im Imperium Romanum immerhin die Zeit zwischen 27. Mai und 14. September für die Schiffahrt als sicher. Im Jahr 380 n. Chr. haben schließlich die Kaiser Gratian (reg. 375–383), Valentinian II. (reg. 375–392) und Theodosius (reg. 379–395) bestimmt, daß die Schiffe, die afrikanisches Getreide nach Rom brachten, nur zwischen 13. April und 15. Oktober die See befahren sollten. Das Meer ermöglichte zwar Transport und Austausch in einem Umfang, wie er zu Lande nicht denkbar gewesen wäre, aber das eben nur für einen begrenzten Zeitraum im Jahr. Dem Jahresrhythmus des Wetters mußte sich das Leben in den Küstenstädten ebenso anpassen; nach der Winterruhe war die Ankunft der ersten Schiffe im Frühjahr ein besonderes Ereignis für die ganze Stadt: »Plötzlich liefen bei uns heute die Schiffe aus Alexandria ein, die gewöhnlich vorausgeschickt werden und die Ankunft der nachfolgenden Getreideflotte ankündigen; es sind die sogenannten Postschiffe. Willkommen ist ihr Anblick in Campanien, die ganze Bevölkerung von Puteoli steht auf der Mole und erkennt in der Menge der Schiffe die alexandrinischen Segler an der Takelage«, berichtet Seneca (4 v. Chr. – 65 n. Chr.).

Aber selbst im Sommer waren Seereisen oft mit Schwierigkeiten verbunden, denn es kam vor, daß Schiffe wegen widriger Windverhältnisse nicht aus dem Hafen auslaufen konnten oder auf See wegen unerwartet aufkommender Gegenwinde langsamer als geplant vorankamen. So klagen Cicero (106–43 v. Chr.) und später Plinius (um 61–112 n. Chr.) in ihren Briefen über Verzögerungen auf der Fahrt nach Kleinasien. Cicero verließ am 6. Juni 51 v. Chr. Athen und erreichte erst am 22. Juni Ephesos. Ähnliches wird über Caesar (100–44 v. Chr.) berichtet: Nach der Schlacht bei Thapsus Anfang April 46 v. Chr. brach er am 13. Juni in Utica (Provinz Africa) auf und segelte nach Sardinien, wo er 3 Tage später ankam; er bestrafte einige Provinzialen, weil sie seine Gegner unterstützt hatten, und stach am 28. Juni in Caralis wiederum in See; durch Stürme mehrmals gezwungen, einen Hafen anzulaufen, benötigte der Dictator in einer politisch durchaus angespannten Situation für die kurze Fahrt nach Rom immerhin 28 Tage. Hier zeigt sich, daß eine solche Zusammenstellung von Reisezeiten, wie sie bei Plinius (23/24–79 n. Chr.) in der »Naturalis historia« zu finden ist, zu Täuschungen Anlaß gibt. Es mag sein, daß ein Schiff unter besonders günstigen Umständen in 9 Tagen von Puteoli nach Ägypten gelangte, aber im allgemeinen waren Schiffsreisen langwierig. Das Meer fügte sich nicht den Interessen der Menschen; die vom Wetter erzwungene Langsamkeit der Schiffe bestimmte das Zeitgefühl der Antike sowie das Tempo der Nachrichtenübermittlung, des Güteraustausches und der politischen Aktionen.

Das Meer diente den Griechen und Römern aber nicht nur als Verkehrsweg, es war auch eine wichtige Nahrungsquelle. Der Fischfang, der vor allem in Küstennähe betrieben wurde, hatte für die Ernährung der Bevölkerung eine eminente Bedeutung. Ein großes Wandgemälde aus Thera (Santorin), das einen nackten Jüngling mit zwei Bündeln von Makrelen zeigt, ist ein Beleg für den Fischfang in der minoischen Zeit (um 1500 v. Chr.), und Homer (8. Jahrhundert v. Chr.) erwähnt in der »Odyssee«, daß die griechischen Fischer beim Fang Netze verwendeten (22,384 ff.): »... wie Fische liegen, welche der Fischer / aus der graulichen Woge des Meeres ans krumme Gestade / im vielmaschigen Netze zog; sie liegen im Sande / hingeschüttet und lechzen sehr nach der salzigen Woge.« Eine besonders reiche Ausbeute brachte der Thunfischfang. Im Frühsommer ziehen die Thunfische, die mehrere Meter lang und 500 Kilogramm schwer werden können, in großen Schwärmen entlang den Küsten des Mittelmeeres zu den Laichplätzen. Vom Ufer aus gut zu erkennen, war es leicht möglich, die Fische abzufangen. Strabon nennt in den »Geographika« mehrere Fanggründe: An der Küste der Baetica (Südwestspanien), wo das Meer für den Menschen ebenso nützlich sei wie das fruchtbare Binnenland, wurden sie in großer Zahl gefangen, und es gab an der etrurischen Küste bei Populonia und bei Cosa ebenso wie in der Provinz Africa Beobachtungsstationen, von denen aus die Thunfischschwärme entdeckt werden konnten. Auf dem Weg in das Schwarze Meer kamen die Thunfische an Byzanz vorbei, das wegen der reichen Fänge berühmt war; aus diesem Grund habe, glaubt Plinius, das Vorgebirge von Byzanz den Namen »Goldenes Horn« erhalten.

Die Fischerei war nicht die einzige Möglichkeit, die natürlichen Ressourcen des Meeres zu erschließen. Der Fang der Purpurschnecken, die besonders in den Küstengewässern Phöniziens vorkamen und aus denen man jenen Farbstoff gewann, der den Gewändern von Königen, Triumphatoren und Kaisern die geschätzte violette Färbung verlieh, soll nach Strabon eine Stadt wie Tyros reich gemacht haben. Diese Schnecken besitzen eine kleine Drüse, die bei Gefahr die für die Herstellung von Purpur benötigte Flüssigkeit absondert. Man fing die Tiere mit Hilfe von geflochtenen Reusen und entnahm den größeren Exemplaren die Drüsen, während die kleineren lebend mit den Schalen zerquetscht wurden, wobei sie das Drüsensekret ausschieden. Die Herstellung dieses Farbstoffes war außerordentlich aufwendig: Für 1,5 Gramm Purpur benötigte man 12 000 Schnecken.

Für den mediterranen Raum ist charakteristisch, daß an vielen Küsten Meer und Gebirge direkt aneinandergrenzen und selbst schmale Halbinseln oder relativ kleine Inseln Berge von über 1.000 (Euböa, Naxos, Chios und Rhodos) oder 2.000 Metern (Athos, Kreta) Höhe besitzen. Die großen Ebenen, die das Aussehen weiter Landschaften Mitteleuropas prägen, fehlen in den Mittelmeerländern fast vollständig. Bei den mediterranen Gebirgen handelt es sich teils um geologisch alte Kristallin-Massive mit einem großen Reichtum an Erz- und Marmorvorkommen, teils um jüngere Faltengebirge aus dem Tertiär, die vorwiegend aus Sedimentgestein – meist Kalkablagerungen, die sich in vorangegangenen Erdzeitaltern im Meer gebildet hatten – bestehen und arm an Bodenschätzen sind. Durch die Faltungsvorgänge sind parallel verlaufende Gebirgsketten entstanden, die eine Region strukturieren: In Italien durchzieht der Apennin im Anschluß an die Alpen die Halbinsel und erschwert so den Verkehr zwischen West- und Ostküste; der Westen Griechenlands wird vom Pindos beherrscht, einem Gebirgszug, der sich nach der scharfen Unterbrechung durch den Golf von Korinth auf der Peloponnes im Taygetos und dann auf Kreta, Karpathos und Rhodos fortsetzt; außerdem gehört der Tauros in Kleinasien zu dieser Gebirgskette.

Ursprünglich waren die Gebirge bis zur Baumgrenze dicht bewaldet – ein Zustand, der sich in einigen Landschaften bis heute erhalten hat, beispielsweise im Norden der Insel Euböa. Die Entwaldung setzte in der Umgebung der größeren Bevölkerungszentren bereits in der Antike ein. Der hohe Bedarf an Brennholz, Bauholz, nicht zuletzt an Schiffsbauholz hatte einen kontinuierlichen Holzeinschlag und ein Verschwinden von Wäldern zur Folge. Die Neulandgewinnung spielte hingegen in diesem Zusammenhang eine vergleichsweise geringe Rolle, denn die schlechten Böden, die steilen Hänge und die harten Winter machten den Anbau im Gebirge nahezu unmöglich. In der Antike wurden die voranschreitende Entwaldung und die dadurch verursachte Bodenerosion bereits wahrgenommen. Platon (429–347 v. Chr.) beschreibt im »Kritias« die Situation in Attika (111 b): »Übriggeblieben sind nun – wie auf den kleinen Inseln – im Vergleich zu damals gleichsam nur die Knochen eines erkrankten Körpers, nachdem ringsum fortgeflossen ist, was vom Boden fett und weich war, und nur der dürre Körper des Landes übrigblieb. Damals aber, als das Land noch unversehrt war, hatte es seine Berge als große Erdhügel, hatte die Talgründe, die jetzt Steingründe heißen, voll von fetter Erde, und auf den Bergen hatte es viel Wald, von dem noch jetzt deutliche Spuren sich zeigen. Denn jetzt bieten einige der Berge nur den Bienen Nahrung, es ist jedoch nicht lange her, als von Bäumen, die hier als Dachbalken für die gewaltigsten Bauten geschnitten wurden, die Dächer noch erhalten sind. Es gab viele andere hohe veredelte Bäume, die Erde trug unermeßlich viel Weidefutter für die Herden. Vorzüglich aber genoß sie das Jahr für Jahr von Zeus kommende Wasser; indem sie es nicht wie jetzt verlor, wo es von der nackten Erde ins Meer fließt, sondern, da sie reichlichen Boden besaß und das Wasser in ihn aufnahm, in der schützenden Tonerde verteilte und das aus den Höhen eingesogene Wasser in die Hohlräume schickte, gewährte sie allerorten reichliche Ströme von Quellwassern und Flüssen. An ihren ehemaligen Quellen auch jetzt noch erhaltene Heiligtümer sind Anzeichen dafür, daß das darüber nun Gesagte wahr ist.«

Es kann allerdings nicht generell behauptet werden, daß die Entwaldung bereits in der Antike das heute feststellbare Ausmaß erreicht hatte; denn die Wälder waren im Binnenland bis zur Neuzeit dadurch geschützt, daß es äußerst schwierig war, die großen Stämme abzutransportieren. Die weite Gebiete erfassenden Flächenrodungen in Süditalien setzten erst im 19. Jahrhundert und verstärkt nach der Einigung Italiens ein. Englische und deutsche Gesellschaften haben damals große, bis zu diesem Zeitpunkt nahezu unberührte Urwälder vollständig vernichtet; in einer Phase hoher Holzpreise waren die Großgrundbesitzer eher am Verkauf des Holzes als an der Erhaltung der natürlichen Vegetation interessiert. Ähnliches gilt für Griechenland. Nach dem erfolgreichen Freiheitskampf gegen die Türken 1821 bis 1832 wurden viele Wälder abgeholzt, um Ackerland für griechische Bauern zu schaffen. Gegenwärtig stellen die Brände, die zum Teil auf wirtschaftlich motivierte Brandstiftung zurückzuführen sind, die größte Gefahr für den mediterranen Wald dar: Von 1955 bis 1988 sollen allein in Griechenland 780.000 Hektar Wald verbrannt sein, während in Italien zwischen 1970 und 1982 jährlich zwischen 30.000 und 88.000 Hektar Waldfläche auf diese Weise verlorengegangen sind. Die Landschaften Griechenlands und Italiens erhielten erst im 19. und 20. Jahrhundert ihr heutiges Aussehen; in den Quellen gibt es viele Belege dafür, daß in der Antike noch ausgedehnte Wälder in den Bergregionen existiert haben.

Aufgrund der niedrigen Temperaturen im Winter ist es nicht möglich, im Gebirge Wein und Olivenbäume anzupflanzen. Die Gebirgsregionen sind daher als ein eigenständiger Wirtschaftsraum anzusehen, der sich grundlegend von den Küstenebenen und dem Hügelland unterscheidet und eigene Merkmale aufweist. Die hochgelegenen Wälder wurden vor allem für die Viehhaltung genutzt, wobei Schafe und Ziegen dominierten. Die Herden überwinterten normalerweise in den tiefer gelegenen Ebenen und wurden im Frühjahr in das Gebirge getrieben, wo sie den Sommer über weideten. Als Produkte des Gebirges nennt Strabon in der Beschreibung Liguriens Holz, Tiere, Häute und Honig, die von der Bergbevölkerung nach Genua gebracht wurden; in der Stadt versorgten die Ligurer sich mit Olivenöl und Wein. Die Wolle verarbeiteten sie selbst zu Mänteln aus grobem Tuch. Das Gebirge lieferte demnach den Städten an der Küste Rohstoffe, Nahrungsmittel und Textilprodukte von minderer Qualität. Die von der Bergbevölkerung betriebene extensive Wirtschaft konnte nur wenige Menschen ernähren, und deshalb gab es in den Bergen nur verstreute Ansiedlungen, kaum Städte und damit keine urbane Zivilisation. Nach Strabon war das Gebirge mit seinem kalten Klima ein Ort extrem schlechter Lebensbedingungen und der Armut, und die Bergbevölkerung war seiner Meinung nach eher an Raub und Kampf als an ein gesittetes Leben gewöhnt.

Ein völlig anderes Bild bieten die Ebenen und das Hügelland. Zwar gab es in den Küstenregionen große, inzwischen meist trockengelegte und kultivierte Sumpfgebiete, die als äußerst ungesund galten – Vitruv (um 85 – nach 22 v. Chr.) erwähnt etwa die Sümpfe zwischen Ravenna und Aquileia, die in Latium und im Gebiet von Salpia in Apulien –, aber vorherrschend war das fruchtbare Alluvialland, das zum Anbau von Getreide und Wein sowie für Ölbaumpflanzungen genutzt wurde. In antiken Texten wird immer wieder die Fruchtbarkeit einzelner Landschaften des Mittelmeerraums gepriesen. So fragt M. Terentius Varro (116–27 v. Chr.) in »De re rustica«, einer Schrift über die Landwirtschaft (1,2,6): »Welchen Spelt soll ich mit dem aus Campanien vergleichen? Welchen Weizen mit dem aus Apulien? Welchen Wein mit dem von Ager Falernus? Welches Öl mit dem aus Venafrum? Ist nicht Italien so mit Bäumen bedeckt, daß es gänzlich ein einziger Obstgarten zu sein scheint?« Die Po-Ebene wird von dem griechischen Historiker Polybios (um 200–120 v. Chr.) gerühmt (2,15): »Ihre Fruchtbarkeit ist kaum mit Worten zu beschreiben. Denn an Getreide ist in diesem Land ein solcher Überfluß vorhanden, daß zu meiner Zeit der sizilische Medimnos Weizen oft vier Obolen, der Medimnos Gerste zwei Obolen, der Metretes Wein ebensoviel wie die Gerste kostete. Heidekorn und Hirse wächst bei ihnen in ganz unglaublicher Menge. Die Masse der Eicheln, welche die in den Ebenen immer in einiger Entfernung voneinander liegenden Eichenhaine tragen, kann man am besten aus folgendem ermessen: Es werden in Italien mehr Schweine geschlachtet als anderswo, zur Versorgung teils des privaten Bedarfs, teils der Heere; davon liefern ihnen den größten Prozentsatz diese Ebenen.« Wegen ihrer verkehrsmäßig ungünstigen Lage trug aber die Po-Ebene wenig zur Versorgung Mittelitaliens und Roms mit Getreide bei. Der Landweg über den Apennin war für den Transport von Massengütern wie Getreide und Wein zu beschwerlich und der Seeweg um die Südspitze von Italien herum zu lang. Auch die Ebene am Unterlauf des Baetis (Guadalquivir) in Südwestspanien galt als überaus ertragreich. Strabon äußert die Überzeugung, diese Landschaft sei hinsichtlich ihrer Fruchtbarkeit keiner anderen Agrarregion der bewohnten Welt unterlegen. Schon zur Zeit des Augustus (63 v. Chr. – 14 n. Chr.) lieferte die Provinz Baetica große Mengen an Getreide, Wein und Olivenöl nach Mittelitalien, das aufgrund der günstigen Windverhältnisse von Gades (Cádiz) aus mit dem Schiff leicht erreichbar war.

In manchen Gegenden des Mittelmeerraumes sind die Böden für den Anbau besonders gut geeignet. Dazu gehören die Alluvialböden in den Flußtälern oder Böden vulkanischen Ursprungs, wie sie etwa in Campanien zu finden sind. Überwiegend aber weisen die Böden einen nur geringen Humusanteil auf und sind daher normalerweise wenig ertragreich. Sieht man von der Po-Ebene ab, besitzen die von Gebirgszügen und Küsten begrenzten Ebenen eine eher geringe Flächenausdehnung. Bedingt durch die Oberflächengestalt stand den meisten antiken Gemeinwesen für den Anbau von Getreide und Wein sowie für Olivenbaumpflanzungen nur ein relativ kleiner Teil ihres Territoriums zur Verfügung; im modernen Griechenland werden etwa 27 Prozent, im modernen Italien 41 Prozent des gesamten Staatsgebietes für den Anbau genutzt. In der Antike war der Anteil der Anbaufläche wahrscheinlich noch kleiner, denn einerseits sind in der Neuzeit weite Gebiete Italiens erstmals kultiviert worden, andererseits hat sich in Griechenland das Alluvialland aufgrund einer starken Schwemmaktivität der Flüsse weiter ausgedehnt.

In Griechenland gibt es wegen der Kleinkammerung der Landschaft keine größeren Flüsse, und in Italien besitzen südlich der Po-Ebene allein Tiber und Arno ein größeres Einzugsgebiet. Im Herbst und im Winter haben die Flüsse ihr Abflußmaximum; während der niederschlagsarmen Sommermonate hingegen trocknen viele Flüsse in Süditalien und im Osten Griechenlands vollständig aus. Einige Flüsse wie der Nera, der in den Tiber mündet, sind allerdings von den schwankenden Niederschlagsmengen unbeeinflußt, weil sie von Quellen mit konstantem Abfluß gespeist werden. Die Binnenschiffahrt erlangte unter diesen Bedingungen in Griechenland wie Italien keine große Bedeutung; allein der Tiber, auf dem Getreide, Öl, Wein und andere Güter von Ostia und teilweise aus dem Binnenland nach Rom gebracht wurden, hatte die Funktion eines wichtigen Verkehrsweges. Erst mit der Einrichtung römischer Provinzen in Spanien und Gallien während des 2. und 1. Jahrhunderts v. Chr. und der damit verbundenen politischen sowie wirtschaftlichen Durchdringung großer Binnenräume durch die Römer waren Gütertransport und Fernhandel zunehmend auf die Binnenschiffahrt angewiesen. In diesem Zusammenhang ist beachtenswert, mit welchem Nachdruck Strabon darauf hinweist, daß die Flüsse in Gallien als Verkehrswege genutzt wurden und den Gütertransport vom Mittelmeer in das Landesinnere wie zur Atlantik-Küste erheblich erleichterten.

Der Wasserhaushalt der mediterranen Länder ist von zwei Tatsachen bestimmt: Bedingt durch die jahreszeitlich extrem unterschiedlichen Niederschlagsmengen schwankt in vielen Regionen die Menge des Oberflächenwassers im Verlauf eines Jahres beträchtlich; außerdem sind die Grundwasservorkommen regional äußerst ungleich verteilt, da der Wasserhaushalt in hohem Maße von der Durchlässigkeit und Speicherfähigkeit des Bodens abhängig ist. Griechenland verfügt zudem über nur geringe Grundwasservorkommen. Häufig gibt es an Plätzen, die für eine Ansiedlung geeignet wären, keine oder lediglich wenige Quellen; das natürliche Wasserdargebot reicht also in vielen Fällen nicht aus, um den Bedarf der Bevölkerung und der Landwirtschaft zu decken, und während der Sommermonate kommt es vielerorts zu einem gravierenden Wassermangel. Das in der archaischen Zeit einsetzende Wachstum der Städte mußte unter solchen Umständen zu Engpässen in der Trinkwasserversorgung führen.

Gegenwärtig gilt der Mittelmeerraum als ein an Bodenschätzen armes Gebiet. Ein solches Urteil, das mit dem Fehlen an Energierohstoffen wie Kohle und Erdöl begründet werden kann, darf nicht ohne weiteres auf die Antike übertragen werden, denn die fossilen Brennstoffe waren für die damalige Wirtschaft bedeutungslos. Ferner ist zu berücksichtigen, daß reiche Erzlagerstätten bereits von den Griechen und Römern fast vollständig abgebaut worden sind. Die wichtigsten Edelmetallvorkommen befanden sich außerhalb der tertiären Faltengebirge, die große Flächen der Mittelmeerländer einnehmen. In Griechenland waren sie weitgehend auf das Rhodopen-Kykladen-Massiv beschränkt, das sich von Thrakien über Ostattika bis zu den Kykladen erstreckt. Bedeutende Zentren der Edelmetallförderung waren in der archaischen und klassischen Zeit die Umgebung des Pangaion-Gebirges in Thrakien, die Inseln Thasos und Siphnos sowie das Gebiet von Laurion in Attika, wo die von den Athenern betriebenen Silberbergwerke allerdings schon im Hellenismus erschöpft waren. Außerordentlich reich an Gold- und Silbervorkommen war Spanien, wo zahlreiche Bergwerke bei Carthago Nova (Cartagena) und in der Provinz Baetica (Andalusien) lagen. Nach dem Ersten Punischen Krieg (264–241) begannen die Karthager in Spanien mit dem Abbau von Silbererzen; die karthagischen Bergwerke wurden während des Zweiten Punischen Krieges (218–201) von den Römern übernommen und weiter betrieben. Im Nordwesten der Iberischen Halbinsel, in Galizien, existierten alluviale Goldvorkommen, die seit der Eroberung dieses Gebietes in augusteischer Zeit unter großem technischen Aufwand im Tagebau ausgebeutet wurden. Kupfer wurde in wenigen Regionen an der Peripherie des Mittelmeerraumes gewonnen. Auf Zypern hat man Kupfererz in großen Mengen bei Tamassos abgebaut; hier tauschten die Griechen bereits in homerischer Zeit Kupfer gegen Eisen ein. Die größten Kupfervorkommen der antiken Welt fanden sich im Südwesten Spaniens.

Das einzige Metall, das in den meisten Mittelmeerländern abgebaut werden konnte, war Eisen. Plinius bemerkt in der »Naturalis historia«, Eisen fände man nahezu überall. Die in den einzelnen Abbaugebieten gewonnenen Eisenerze hatten allerdings eine unterschiedliche Qualität. Zu den Eisenvorkommen von überregionaler Bedeutung gehörten vor allem die Lagerstätten auf der Insel Elba, die nicht unwesentlich zum Reichtum der Etrusker beitrugen; das auf Elba gewonnene Eisen spielte im Handel mit den Griechen eine große Rolle und wurde in römischer Zeit in Puteoli am Golf von Neapel weiterverarbeitet. Wegen seiner Härte besonders geschätzt war das Eisen aus der Provinz Noricum (Österreich); die im heutigen Kärnten geförderten Eisenerze besaßen einen hohen Mangangehalt, der bei der

Verhüttung die Anreicherung des Metalls mit Kohlenstoff begünstigte. Norisches Eisen galt als hervorragendes Material vor allem für Schwerter und Messer.

Von Zinn, einem für die antike Zivilisation außerordentlich wichtigen Metall, das man für die Herstellung von Bronze, einer Kupferlegierung, benötigte, waren bis zur Zeit des Augustus keine Vorkommen im Mittelmeerraum bekannt. Italien, Griechenland und selbst der Vordere Orient wurden mit diesem Metall von den Phöniziern versorgt, die es auf dem Seeweg aus Cornwall holten. Bis zum 1. Jahrhundert v. Chr. glaubten griechische und römische Autoren, das Metall stamme von den Kassiterides, einer Inselgruppe im Ozean. Herodot, bei dem diese Inseln zuerst erwähnt werden, gesteht ein, er habe keine genauere Kenntnis über die Herkunft des Metalls; nach Strabon lagen die Kassiterides nördlich von Brigantium (La Coruña) im Meer. Durch die Eroberung Nordwestspaniens unter Augustus erhielten die Römer schließlich einen direkten Zugang zu den reichen Zinnvorkommen dieser Region und wurden so von Importen unabhängig.

Zu den wichtigen Bodenschätzen gehörten neben den Metallen die Natursteinvorkommen. Im Bereich der alpiden Faltengebirge war Kalkstein reichlich vorhanden, außerdem war in Italien Tuff, ein poröser Stein vulkanischen Ursprungs, weit verbreitet. Marmor, ein kristalliner Kalkstein, findet sich im Mittelmeerraum hingegen eher selten; in der archaischen Zeit wurde er auf den Inseln Naxos und Paros gebrochen, und in Attika waren die Marmorbrüche am Pentelikon, die das Baumaterial für den Parthenon lieferten, berühmt; in Italien wurden im 1. Jahrhundert v. Chr. die Marmorvorkommen von Carrara entdeckt. In Griechenland diente Marmor zunächst als Werkstoff für Skulpturen, seit dem späten 6. Jahrhundert v. Chr. zunehmend auch als Baumaterial. In der römischen Architektur verwendete man in der Zeit der Republik und des frühen Principats vornehmlich Tuff aus den Steinbrüchen Latiums und Travertin, einen Kalkstein aus der Gegend bei Tivoli, bis sich unter den Flaviern schließlich die Ziegelbauweise durchsetzte. Marmor wurde in Rom oft nur für einzelne Architekturteile oder für die Verkleidung von Innenwänden benutzt.

Ein weiterer, für die antike Zivilisation unverzichtbarer Rohstoff war Holz, das vielen Zwecken diente. Für den Hausbau wurde zwar überwiegend Stein gebraucht, aber die Dachkonstruktion bestand aus starken Holzbalken; aus Holz wurden Möbel, Wagen sowie Schiffe gezimmert und Geräte wie Pflug, Presse oder Kran hergestellt. Außerdem hatte Holz eine überaus wichtige Funktion als Brennstoff; man benötigte es für die Zubereitung der Nahrung – zum Kochen oder zum Backen von Brot, dem wichtigsten Nahrungsmittel der Antike –, ebenso zur Verhüttung von Erzen, zum Brennen von Keramik oder zur Glasproduktion. Da Holz, das vor allem in den Gebirgsregionen geschlagen wurde, unbegrenzt nachzuwachsen schien, wurden Maßnahmen zur Aufforstung nicht getroffen. Auf diese Weise hat man die Wälder von der archaischen Zeit bis zur Spätantike ununterbrochen ausgebeutet.

Unter den Faktoren, die einen nachhaltigen Einfluß auf die Ausprägung einer Zivilisation ausüben, nimmt das Klima eine wichtige Stellung ein; es hat Auswirkungen auf die Landwirtschaft und die Siedlungsweise, die Eßgewohnheiten, die Art der Bekleidung und die Kommunikation. Bei einer Analyse des Zusammenhangs von Klima und Landwirtschaft kommt es nicht allein auf die Durchschnittswerte von Temperatur und Niederschlag im Verlauf eines Jahres an, sondern mehr noch auf die Extremtemperaturen, darunter zumal jene in den Wintermonaten, sowie auf die Schwankungen der Niederschlagsmengen von Jahr zu Jahr. Es können allerdings starke regionale Abweichungen auftreten, die verschiedene Ursachen haben. Griechenland ist durch den Pindos in zwei Klimaregionen geteilt; da die Tiefdruckgebiete im Winter von Westen nach Osten ziehen, kommt es an der Westseite des Pindos, der wie eine Barriere wirkt, zu höheren Niederschlägen als im östlichen Griechenland; generell weisen die Gebirge niedrigere Temperaturen und höhere Niederschläge auf als die tiefer gelegenen Küstenebenen und Hügellandschaften; während der Wintermonate fällt in den Gebirgen Griechenlands und im Apennin regelmäßig Schnee, der Olymp ist in dieser Jahreszeit mehrere Monate lang schneebedeckt. Allgemein wird das mediterrane Klima als Winterregenklima bezeichnet.

Die Sommer sind überaus trocken, während Herbst und Winter durch hohe Niederschlagsmengen gekennzeichnet sind. Die Trockenperiode hält in Apulien und Kalabrien und in Griechenland ungefähr fünf Monate, von Juni bis Oktober, an. Fernand Braudel hat darauf aufmerksam gemacht, daß ein solcher Witterungsverlauf für die Landwirtschaft äußerst ungünstig ist, weil in der warmen Jahreszeit die Kulturpflanzen wegen der Wasserknappheit nicht gedeihen können und ausreichend Wasser nur in der kalten Jahreszeit zur Verfügung steht. Die antike Landwirtschaft hat sich dem mediterranen Klima dadurch angepaßt, daß Getreide im Herbst gesät und im Frühjahr, in den Monaten Mai/Juni, vor Eintreten der sommerlichen Dürre, geerntet wurde. Neben dem Getreide waren die wichtigsten Kulturpflanzen der antiken Welt Wein und Ölbaum, die beide der Trockenheit standhalten. Der Ölbaum verfügt über tiefe, weitreichende Wurzeln, so daß er auch im Sommer genügend Feuchtigkeit aufzunehmen vermag. Allerdings verträgt er keinen lang anhaltenden Frost, weswegen sein Verbreitungsgebiet in Europa auf den mediterranen Raum beschränkt bleibt. Das Fehlen von Weinanbau und Ölbaumpflanzungen wurde in der Antike für ein grundlegendes Merkmal der im kälteren Norden gelegenen Länder wie Gallien gehalten.

Die Getreideernten waren insbesondere von der Niederschlagsmenge abhängig. Der griechische Philosoph Theophrast (um 371 – um 287 v. Chr.), der mehrere Werke zur Botanik verfaßt hat, bemerkt in der »Historia plantarum« (8, 7, 6): »Für das Gedeihen und das Wachstum ist die Mischung der Luft und überhaupt die Beschaffenheit des Jahres von Bedeutung; denn wenn Regen, Sonnenschein und Wintersturm sich zur rechten Zeit ereignen, trägt das Getreide gut und ist reich an

Korn, selbst wenn es auf schlechtem oder leichtem Boden wächst. Deswegen sagt auch das Sprichwort zu Recht: Das Jahr bringt die Frucht hervor, nicht das Feld!« Gerade der Frühjahrsregen war nach Meinung des Theophrast wichtig; die guten Getreideernten auf Sizilien führt er auf den häufigen Regen im Frühjahr zurück; starker Niederschlag während der Reifezeit galt hingegen als schädlich.

Für den Griechen gehörten Regen und Fruchtbarkeit des Landes untrennbar zusammen. Bei Aristophanes (vor 445 – nach 386 v. Chr.) ist die Erwartung, daß es regnen werde, mit dem Gedanken an das Getreide verknüpft (Wespen 263 ff.): »Und das bedeutet, wie ihr wißt, immer viel Regen. / Und brauchen kann's das Feldgewächs, sonderlich was spät ist, / daß jetzt ein tücht'ger Regen und Nordwind es erfrische!« Die Wirkung des Regens auf die Erde hat der Tragödiendichter Aischylos (um 525 – 456 v. Chr.) in der Sprache des Mythos vollendet beschrieben (Frg. 125 Mette): »Sehnt sich der hehre Himmel nach der Erde Schoß, / faßt Sehnsucht auch die Erde, ihm vermählt zu sein. / Und Regen, der, umarmt er sie, vom Himmel strömt, / schwängert die Erd, und sie gebiert dem Menschenvolk / der Herden Weide und Demeters Frucht fürs Brot. / Der Bäume Blüte wird durch solcher Brautnacht Tau / gedeihende Frucht.«

Die verschiedenen Getreidearten benötigen ein bestimmtes Minimum an Niederschlagsmenge, Gerste etwa 200 Millimeter pro Jahr und Weizen 300 Millimeter. Dieses Minimum wird in den Mittelmeerländern aber keineswegs jedes Jahr erreicht; die Schwankungen der jährlichen Niederschlagsmenge sind hier extrem. Treffend hat Aristoteles (384–322 v. Chr.) das Klima Griechenlands in den »Meteorologika« (360b) charakterisiert: »Bisweilen kommt es in einer ganzen Region zu einer Dürre oder zu anhaltendem Regen, bisweilen nur in einem kleinen Gebiet; oftmals ist nämlich die Niederschlagsmenge in einer Region der Jahreszeit angemessen oder sogar größer, während in einzelnen Gebieten dieser Region eine Dürre herrscht. Andererseits ist zu einem anderen Zeitpunkt die Niederschlagsmenge in einer Region insgesamt eher gering, und es besteht sogar eine Tendenz zu einer Dürre, während in einem einzelnen Gebiet der Niederschlag überaus reichlich ist.«

Moderne Angaben bestätigen dieses Bild, wie eine Zusammenstellung der in Athen und im benachbarten Eleusis gemessenen Niederschlagsmengen der Jahre 1951 bis 1960 zeigt: Bei einem Durchschnitt von 381 Millimetern (Athen) und 432 (Eleusis) liegen die niedrigsten Werte bei 216 Millimeter (Athen) und 280 (Eleusis); in Athen reichte der Regen in den Jahren 1956, 1957 und 1959 mit 281, 305 und 216 Millimetern für eine gute Weizenernte oder für den Anbau von Hülsenfrüchten nicht aus, für den ein jährlicher Niederschlag von 400 Millimetern erforderlich ist. Diese Situation war für die antiken Bauern vor allem deswegen so schwierig, weil der Witterungsverlauf nicht vorhersehbar war und so stets mit der Möglichkeit einer Mißernte gerechnet werden mußte. Erhebliche Schwankungen der Ernteerträge sind für das vorindustrielle Griechenland gut belegt. Als Beispiel zu Beginn des 20.

Jahrhunderts führt P. Garnsey Thessalien an, wo in den Jahren von 1903 bis 1911 jährlich zwischen 407.607 (1906) und 1.118.111 (1903) Doppelzentner Weizen geerntet wurden; während 1903 ein erheblicher Überschuß erzielt wurde, konnte mit der Ernte des Jahres 1906 nicht einmal der Bedarf der Bevölkerung Thessaliens gedeckt werden; ähnlich schlechte Ernten hat es in den Jahren 1905 und 1910 gegeben.

Die Gründe für eine in antiken Texten erwähnte Getreideknappheit sind nicht in allen Fällen ersichtlich; es gibt aber klare Anzeichen dafür, daß es im antiken Griechenland zu katastrophalen Mißernten gekommen ist. So nennt eine Inschrift aus der Zeit zwischen 330 und 323 v. Chr. fast vierzig griechische Städte, die große Mengen Getreide aus Kyrene in Nordafrika erhielten. Anlaß für diese beispiellose Hilfsaktion war ohne Zweifel ein ungewöhnlicher Mangel an Getreide nach einer Dürreperiode, die wahrscheinlich beinahe ganz Griechenland erfaßt hatte. Allein Athen bekam damals 6.000 Tonnen Getreide, eine Menge, die dem jährlichen Getreidekonsum von 30.000 Menschen entspricht.

So mild das mediterrane Klima normalerweise sein mag, die plötzlich auftretenden Unwetter können verheerende Folgen haben. Überschwemmungen der tiefer gelegenen Stadtviertel Roms werden bei römischen Historikern häufig erwähnt, aber auch ganze Landstriche wurden durch Hochwasser verwüstet. Über eine Wetterkatastrophe in Mittelitalien liegt ein anschaulicher Bericht in den Briefen des Plinius vor (8,17): »Hier haben wir dauernd Sturm und häufig Überschwemmungen. Der Tiber ist aus seinem Bett getreten und setzt an niederen Stellen seine Ufer tief unter Wasser. Obwohl abgeleitet durch den Kanal, den der Kaiser in weiser Voraussicht hat graben lassen, steht er in den Niederungen, überflutet die Felder, und wo der Boden eben ist, sieht man statt der Erde eine Wasserfläche. Daher stemmt er sich gewissermaßen gegen die Flüsse, die er sonst aufnimmt und mit sich vereint zum Meere führt, zwingt sie, sich zurückzustauen, und bedeckt so Äcker, die er selbst nicht berührt, mit fremden Wassern. Der Anio, der reizendste aller Flüsse, den deshalb die anliegenden Landhäuser gleichsam zum Verweilen einladen und festhalten, hat die Waldungen, die ihn beschatten, zum großen Teil niedergelegt und fortgerissen; er hat die Berge unterspült, hat, an mehreren Stellen durch den herabstürzenden Schutt abgedämmt, auf der Suche nach dem versperrten Wege Häuser umgerissen und die Ruinen reißend fortgewälzt. Wen das Unheil an höher gelegenen Stellen überraschte, der sah hier den Hausrat und das massive Geschirr der Wohlhabenden, dort landwirtschaftliche Gerätschaften, Stiere und Pflüge mitsamt ihren Führern, hier losgerissenes, sich selbst überlassenes Vieh, dazwischen Baumstämme oder Balken und Dächer von Landhäusern weit und breit wahllos dahintreiben. Aber auch die Örtlichkeiten, bis zu denen der Fluß nicht emporstieg, blieben nicht verschont, denn statt des Flusses gab es hier Dauerregen und Wolkenbrüche. Die Einfriedungen wertvoller Ländereien wurden umgerissen, Grabdenkmäler beschädigt oder gar umgestürzt. Viele Menschen sind bei derartigen Unglücksfällen verletzt, verschüttet oder zerquetscht worden, und zu dem materiellen Verlust gesellte sich die Trauer.«

Obwohl solche Überschwemmungen sich nicht jedes Jahr ereigneten, hatten sie großen Einfluß auf den Ausbau der Infrastruktur. Straßen mußten so trassiert werden, daß sie auch bei Hochwasser befahrbar blieben, und die Brückenbögen mußten entsprechend hoch sein, damit das Bauwerk nicht fortgerissen wurde. Außerdem unternahm man großangelegte Versuche einer Regulierung des Tibers, um die Hauptstadt des Imperium Romanum vor Überschwemmungen zu schützen.

In einer Beschreibung des mediterranen Klimas darf der Hinweis auf die klaren Sommernächte nicht fehlen, die den Blick auf Sterne und Planeten freigeben. In einer Welt, in der es lange Zeit keinen allgemeinen Kalender gab, boten die Sternbilder die einzige Möglichkeit, genau festzustellen, wie weit das Jahr vorangeschritten war. Da die Aussaat und andere landwirtschaftliche Arbeiten fristgemäß durchgeführt werden mußten, wenn das Getreide zur rechten Zeit heranreifen sollte, war die Vertrautheit mit den Sternen eine wesentliche Voraussetzung für eine erfolgreiche Landwirtschaft. Mit Hilfe der Sterne konnten die Seeleute den Kurs ihrer Schiffe bestimmen. Und der Sternenhimmel zeigte sich dem antiken Menschen im Mittelmeerraum in seiner ganzen Schönheit und Klarheit, denn keine nächtliche Beleuchtung wie in den Ballungsgebieten der modernen Industriestaaten ließ den Glanz der Himmelskörper verblassen.

Nicht allein extreme Witterungsverhältnisse konnten die Bemühungen der Landbevölkerung zunichte machen; eine ständige Gefährdung der Ernten waren die Heuschrecken, die nicht selten von Nordafrika nach Italien, Griechenland oder Kleinasien zogen und dort in großen Schwärmen die Felder ganzer Landschaften kahlfraßen. Wie aus der »Naturalis historia« des Plinius hervorgeht, haben Griechen und Römer die Heuschrecken als schlimme Bedrohung empfunden (11, 104 f.): »Man sieht sie als eine vom göttlichen Zorn verhängte Pest. Denn man bemerkt auch größere, und sie fliegen mit solchem Geräusch ihrer Flügel, daß man sie für Vögel halten könnte; sie verdunkeln dabei die Sonne, und die Völker sehen zu ihnen hinauf, bange, daß sie ihr Land bedecken könnten. Dazu haben sie hinreichende Kräfte; und als ob es noch zu wenig für sie sei, Meere überflogen zu haben, durchziehen sie auch ausgedehnte Landstriche und überdecken sie mit ihrer die Ernten vernichtenden Wolke, vieles schon durch die Berührung versengend und alles abnagend, selbst die Türen der Häuser. Italien suchen sie meistens von Afrika aus heim, und das römische Volk ist oft aus Furcht vor Getreideknappheit gezwungen, seine Zuflucht zu den Sibyllinischen Büchern zu nehmen.« Livius (59 v. Chr. – 17 n. Chr.) berichtet an mehreren Stellen, daß Heuschrecken einzelne Landschaften Italiens heimsuchten: Campanien im Jahr 202 v. Chr., den Ager Pomptinus 173 v. Chr. und Apulien 172 v. Chr. Das Ausmaß einer Katastrophe hatte die Heuschrekkenplage 125 v. Chr. in Nordafrika, wo das Getreide auf den Feldern vollständig vernichtet wurde und als Folge des Hungers Seuchen entstanden, denen mehr als hunderttausend Menschen zum Opfer gefallen sein sollen. Bisweilen geschah es, daß ein plötzlicher Witterungsumschlag die Menschen von der Heuschreckenplage befreite, was Pausanias (um 115 – Ende des 2. Jahrhunderts n. Chr.) in Kleinasien beobachtet hat (1,24,8): »Ich selbst habe es dreimal erlebt, daß Heuschrecken am Sipylosgebirge vernichtet wurden, nicht jedesmal auf die gleiche Weise. Die einen verjagte ein heftig einfallender Wind, die anderen vernichtete eine nach einem heftigen Regen des Gottes auftretende Hitze, die dritten richtete eine plötzlich einfallende Kälte zugrunde.«

Der Mittelmeerraum bietet seinen Bewohnern in vieler Hinsicht günstige Lebensbedingungen; dennoch war das Leben der antiken Bevölkerung von Unsicherheit, Entbehrungen und harter Arbeit geprägt. Getreide und Früchte mußten in vielen Gegenden unter Mühsal einem mageren Boden abgerungen werden. Die hohen Gebirgszüge erschwerten Verkehr und Austausch zu Lande, und viele Siedlungen litten unter der Wasserknappheit. Die Griechen sahen solche Schwierigkeiten aber nicht nur als Nachteil, sondern auch als eine Herausforderung, der sie die spezifische Formung ihres Charakters verdankten. Hippokrates (5. Jahrhundert v. Chr.) schreibt in dem Traktat »Über die Luft, das Wasser und das Land« (24): »Wo das Land aber kahl, wasserarm und rauh ist und vom Winter heimgesucht und von der Sonne ausgedörrt wird, da wird man finden, daß die Menschen hager, dürr, gut gebaut, straff und stark behaart sind, daß Arbeitsamkeit und Wachheit sich in hohem Grade bei derartigen Konstitutionen finden und daß ihr Charakter und ihr Temperament selbstbewußt und eigenwillig ist, daß sie an Wildheit mehr als an Sanftmut teilhaben und daß sie für Handwerk und Kunst scharfsinniger und verständiger und für den Krieg besser geeignet sind.«

Die historischen Voraussetzungen:
Neolithische Revolution, Altägypten und Mykene

»Bei den Griechen ist alles neu und – so könnte man sagen – von gestern oder vorgestern; ich meine damit die Gründung ihrer Städte, die Erfindung von Handwerk und Kunst sowie die Aufzeichnung der Gesetze.« Mit dieser prononcierten Feststellung beginnt der jüdische Historiker Flavius Josephus (um 37–97 n. Chr.) seine Erörterung über das Alter der jüdischen Kultur (Gegen Apion 1,7); er wendet sich damit gegen die zu seiner Zeit herrschende Auffassung, jegliche Untersuchung ältester Zeiten habe sich auf griechische Zeugnisse zu berufen. Die von Flavius Josephus geäußerte Ansicht stand aber keineswegs im Widerspruch zu den Vorstellungen griechischer Historiker und Philosophen des 5. und 4. Jahrhunderts v. Chr., denn Autoren wie Herodot oder Platon haben das hohe Alter und die Leistungen der ägyptischen Kultur ausdrücklich anerkannt. Nach Meinung Herodots haben sowohl die Ägypter als auch die Phönizier einen nachhaltigen Einfluß auf die kulturelle Entwicklung Griechenlands ausgeübt; er nimmt an, die Geometrie sei in Ägypten entstanden und später von den Griechen übernommen worden und die Phönizier hätten die Schrift in Griechenland eingeführt. Und noch Plutarch (um 45–125 n. Chr.) rühmt das Meer mit der Begründung, Wein und Schrift seien auf dem Seeweg nach Griechenland gelangt.

Die Auffassung Herodots und Plutarchs wurde von der modernen archäologischen Forschung insgesamt glänzend bestätigt. Die Ausgrabungen und Funde im Raum der Ägäis, auf Zypern, in Syrien und in Ägypten zeigen deutlich, daß bereits im 2. Jahrtausend v. Chr. enge Beziehungen zwischen Griechenland und den östlichen Hochkulturen bestanden haben. Nach dem Zusammenbruch der mykenischen Palastkultur war Griechenland zunächst wieder isoliert, aber die Phönizier, deren Handelsaktivitäten sich weit nach Westen erstreckten, stellten erneut die Verbindung zwischen der Ägäis und dem Vorderen Orient her. In großer Zahl wurden Handwerkserzeugnisse aus dem Osten – darunter die großen Bronzekessel, die vielleicht aus Urartu stammen – nach Griechenland gebracht, wo sie zum Vorbild für die einheimische Produktion wurden. Diese frühen Kontakte Griechenlands zum höher entwickelten Vorderen Orient und zu Ägypten haben in der archaischen Zeit die Übernahme nicht nur künstlerischer Ausdrucksformen, sondern auch technischer Errungenschaften erheblich begünstigt.

Die grundlegenden Techniken, die als Voraussetzung für die Herausbildung der östlichen Hochkulturen wie der griechisch-römischen Kultur zu gelten haben, sind während des Neolithikums entstanden – ein Vorgang, den der englische Prähistoriker Gordon Childe als »Neolithische Revolution« bezeichnet hat. Gegenwärtig wird dieser Begriff eher als irreführend angesehen, weil er den Eindruck erweckt, als habe es sich dabei um eine plötzliche, schnelle und bewußt vorangetriebene Veränderung der wirtschaftlichen und gesellschaftlichen Verhältnisse gehandelt. Demgegenüber wird von Hans J. Nissen betont, daß die für das Neolithikum typische Entfaltung der technischen Fähigkeiten des Menschen einen Zeitraum von mehreren Jahrtausenden benötigt hat und nicht als kontinuierlicher Prozeß interpretiert werden kann. Allenfalls der Hinweis auf die herausragende Bedeutung des Neolithikums für die Menschheitsgeschichte und auf die Kumulation tiefgreifender Veränderungen in verschiedenen Lebensbereichen – Nahrungsmittelgewinnung, Siedlungsweise, Herstellung von Werkzeugen und Gefäßen – kann die Verwendung des Begriffs »Revolution« für das Neolithikum rechtfertigen. Diese Sicht ist bei modernen Autoren oft mit einer spezifischen Geschichtsauffassung verbunden: Nach Meinung von Carlo M. Cipolla gab es zwei große wirtschaftliche Umwälzungen in der Geschichte, die landwirtschaftliche Revolution im Neolithikum und die Industrielle Revolution im 18./19. Jahrhundert n. Chr., die den Aufstieg der Industrie zum wichtigsten Wirtschaftssektor zur Folge hatte. Auch solche Sozialwissenschaftler wie Darcy Ribeiro, die den »zivilisatorischen Prozeß« als eine Abfolge mehrerer technischer Revolutionen auffassen, haben die eminente historische Bedeutung der Agrarrevolution hervorgehoben.

Als die entscheidende Neuerung des Neolithikums ist der zuerst im Vorderen Orient erfolgte Übergang von der Aneignung der Nahrung durch Fischen, Jagen und Sammeln von Früchten zur gezielten Produktion der Nahrung durch Anbau von Getreide und Haltung von Herdentieren (8000–6000 v. Chr.) anzusehen. Gerade die domestizierten Getreidearten, Gerste und Weizen, die aufgrund veränderter Eigenschaften deutlich ertragreicher als Wildgräser waren, trugen zur Verbesserung der Ernährung bei. Der Mensch machte sich von dem natürlichen Nahrungsangebot seiner Umwelt weitgehend unabhängig und steigerte die Menge der ihm in einem bestimmten Gebiet zur Verfügung stehenden Nahrungsmittel erheblich. Das Aufkommen von Getreideanbau und Tierhaltung bedeutete aber keinesfalls, daß die Menschen im Neolithikum auf die älteren Formen der Beschaffung von Nahrungsmitteln verzichten konnten. Fischfang, Jagd und das Sammeln von Pflanzen ergänzten vielmehr in zunächst noch beträchtlichem Umfang die Agrarproduktion.

Mit dem Übergang zu Ackerbau und Viehzucht war der Beginn der Dauerseßhaftigkeit verbunden. Es entstanden Siedlungen mit Hütten oder festen Häusern, die aus luftgetrockneten Lehmziegeln errichtet waren. Einige der bekannten neolithischen Siedlungen wurden schon durch große Befestigungsanlagen geschützt; so war Jericho von Mauern umgeben, die bei einer Breite von 1,75 Metern eine Höhe von 3 Metern hatten. Derartige Bauwerke waren Gemeinschaftsleistungen, die auf erste Ansätze sozialer Organisation hindeuten. Charakteristisch für das Neolithikum war ferner die beginnende Vorratshaltung, die notwendig wurde, weil das geerntete Getreide über einen längeren Zeitraum gelagert werden mußte. Als Material für die großen Vorratsgefäße wurde Ton verwendet, der in vielen Gegenden zu finden war und leicht geformt werden konnte. Anders als bei der Herstellung von Steingefäßen oder Körben war es erforderlich, das geformte Tongefäß zu brennen, um ihm Festigkeit und Haltbarkeit zu verleihen. Damit setzte der planvolle Gebrauch von Feuer für die Verarbeitung von Rohstoffen ein; in einem langen Prozeß erwarb der Mensch jene Fertigkeit, die es ihm später ermöglichte, auch Metalle zu bearbeiten. Allerdings begann die Keramikherstellung an vielen Orten erst längere Zeit nach der Seßhaftwerdung.

Allgemein wird angenommen, daß Getreideanbau und Tierhaltung von Vorderasien nach Südwesteuropa gelangt sind. Neolithische Siedlungen existierten zum Beispiel in Makedonien (Nea Nikomedeia, um 6200 v. Chr.) und in Thessalien (Sesklo und Dimini). In Nea Nikomedeia wurden Weizen und Gerste angebaut und Schafe sowie Ziegen gehalten; durch Knochenfunde sind zudem in geringerer Zahl

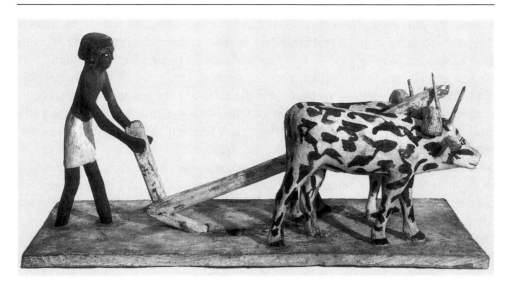

1. Pflüger mit Ochsengespann. Bemaltes Holzmodell, um 1850 v. Chr. London, British Museum

Schweine und Rinder nachgewiesen. Die wenigen Überreste von Wildtieren, nicht einmal 10 Prozent, sind ein Hinweis auf die relativ geringe Bedeutung der Jagd für die Ernährung der Dorfbevölkerung. Die Wände der strohgedeckten Häuser bestanden aus Holzpfosten, die durch Zweige oder Schilfrohr miteinander verbunden und innen- wie außenseitig mit einer dicken Lehmschicht bedeckt waren. Die lokale Keramik zeichnete sich bereits durch einen großen Reichtum an Gefäßformen und Verzierungen aus.

Die Anfänge der Metallverarbeitung im Raum der Ägäis sind in die Zeit nach 3000 v. Chr. zu datieren. Dieser bedeutende technische Fortschritt führte in Südosteuropa anders als in Ägypten und Mesopotamien aber nicht zur Entstehung einer Hochkultur. Allein die großen Stromtäler mit den fruchtbaren Böden und den Möglichkeiten künstlicher Bewässerung boten die Voraussetzungen dafür, daß Teile der Bevölkerung nicht mehr für die Erzeugung der Nahrungsmittel arbeiten mußten, sondern sich der handwerklichen Produktion, der Verwaltung und dem Priesteramt zuwenden konnten. Bedingt durch diesen Prozeß wirtschaftlicher sowie sozialer Differenzierung und vorangetrieben durch die Anforderungen des neuen Herrschaftssystems mit seinem Bedürfnis nach Repräsentation kam es in der Landwirtschaft, dem Handwerk, dem Transportwesen und der Bautechnik zu einer großen Zahl von technischen Neuerungen, die weit über den im Neolithikum erreichten Standard hinausgingen.

In der ägyptischen Landwirtschaft wurden nach 3000 v. Chr. sowohl neue Geräte verwendet als auch bislang nicht genutzte Pflanzen angebaut. Die Einführung des

Pfluges, der seit der 2. Dynastie (2780–2635 v. Chr.) belegt ist, hat die Methoden der Feldbestellung grundlegend verändert, indem hierfür nun die tierische Muskelkraft eingesetzt werden konnte. Das Tier wurde nicht mehr allein als Lieferant von Fleisch und Häuten wirtschaftlich genutzt, sondern vervielfachte jetzt die Arbeitskraft, über die der Mensch verfügte. Wie die als Grabbeigaben verwendeten Figurengruppen aus dem Mittleren Reich (2040–1785 v. Chr.) zeigen, wurden die einfachen Holzpflüge normalerweise von zwei Rindern gezogen. Auch sonst gebrauchte man Tiere für landwirtschaftliche Arbeiten; so wurde das geerntete Getreide auf der Tenne von Eseln gedroschen. Als wichtige Kulturpflanzen erscheinen in Ägypten neben den verschiedenen Getreidearten Wein und Flachs, aus dem Leinen, der wichtigste Rohstoff der ägyptischen Textilproduktion, hergestellt wurde. Seit dem Neuen Reich (1551–1080 v. Chr.) hat man ferner Sesam und Olivenbäume angepflanzt, um das für die Zubereitung von Speisen und für die Körperpflege benötigte Öl zu gewinnen.

Technische Innovationen im Bereich des Handwerks wurden zum Teil aus Mesopotamien oder Syrien übernommen; das gilt besonders für die Metallurgie, deren Entwicklung in Ägypten dadurch verzögert wurde, daß die in den Wüsten gelegenen Metallvorkommen nur schwer zu erschließen waren. Gold wurde vornehmlich als Material für Schmuck, Grabbeigaben und Luxusgegenstände verwendet. Aus Kupfer, das im 3. Jahrtausend v. Chr. auf dem Sinai abgebaut wurde, und aus Bronze, die man im 2. Jahrtausend v. Chr. in Barrenform aus Asien einführte, schufen die Ägypter Werkzeuge, mit denen Stein und Holz sehr viel besser als mit den älteren, primitiven Steinwerkzeugen bearbeitet werden konnten. Im Alten Reich (2635–2154 v. Chr.) benutzte man beim Schmelzen von Kupfer Blasrohre, um dem Feuer den zum Erreichen hoher Temperaturen notwendigen Sauerstoff zuzuführen; neben diesem Verfahren wurde im Neuen Reich außerdem der erheblich leistungsfähigere Tretblasebalg eingesetzt, der auf Grabmalereien dieser Zeit abgebildet ist. Die Ägypter kannten sowohl die Treibarbeit als auch das Gußverfahren, das selbst für so große Objekte wie Türflügel angewendet wurde. Auch für die Keramikproduktion ist die Entwicklung neuer Geräte nachweisbar. Mußte man sich im Alten Reich mit dem langsam rotierenden Drehtisch begnügen, so kam im Neuen Reich die schnell rotierende Töpferscheibe auf, die das Formen der Gefäße erleichterte. Ein weit verbreitetes Erzeugnis ägyptischer Handwerker war die Fayence, aus der sowohl kleinere Gefäße als auch Statuetten und Schmuck angefertigt wurden. Die ägyptische Fayence besteht aus Quarzsand, der mit einer dünnen Glasschicht überzogen ist. Durch den Brand bekam dieses Material Festigkeit und eine meist bläuliche oder grünliche Färbung, die sich durch den Zuschlag bestimmter Metallverbindungen variieren ließ. Überdies beherrschten die Ägypter souverän die Technik der Glasherstellung; aus undurchsichtigem, farbigem Glas wurden kleine Gefäße, in denen man etwa Salben aufbewahrte, geformt und mit Mustern versehen.

Die historischen Voraussetzungen 39

2. Hissen des Segels eines Nil-Schiffes. Kalksteinrelief im Grab des Nefer und des Kahai zu Sakkara, um 2400 v. Chr.

Das ägyptische Transportsystem war ganz auf den Nil ausgerichtet. Da nur die schmalen Streifen fruchtbaren Landes an beiden Seiten des Stromes bewohnt und kultiviert wurden und das Delta von vielen Seitenarmen des Nil durchzogen war, konnten die meisten Güter über größere Entfernungen auf dem Fluß befördert werden, während zu Lande – sieht man von Metallen und Natursteinen ab, die häufig aus entfernten Wüstenregionen herangeschafft wurden – normalerweise nur kurze Strecken bewältigt werden mußten. Die Schiffahrt war für die gesamte ägyptische Zivilisation von überragender Bedeutung. Schon im Alten Reich existierten neben den kleinen Papyrusbooten große, aus Holz gebaute Schiffe, die einen hohen Mast mit einem Rahsegel besaßen, so daß bei der Fahrt stromaufwärts die Kraft des Windes zur Vorwärtsbewegung genutzt werden konnte. Im 2. Jahrtausend v. Chr. waren die Ägypter in der Lage, mit ihren Schiffen das östliche Mittelmeer sowie das Rote Meer zu befahren und auf diese Weise Güter zu importieren, die in ihrem eigenen Land nicht vorhanden waren; dazu gehörte vor allem das Zedernholz aus dem Libanon, denn im Nil-Tal wuchsen kaum Bäume, deren Stämme für den Haus- oder Schiffbau geeignet waren.

Bei dem Landtransport wurden Esel als Lasttiere eingesetzt. Der leichte zweirädrige, von zwei Pferden gezogene Wagen wurde von den Pharaonen und den hohen

3. Kalksteinmauer um den Grabbezirk des Djoser in Sakkara, 2620–2600 v. Chr.

Würdenträgern im Kampf und bei der Jagd benutzt. Es ist anzunehmen, daß die Hyksos, Einwanderer aus dem Osten, die nach 1650 v. Chr. für etwa ein Jahrhundert Unterägypten beherrschten, Pferd und Wagen nach Ägypten gebracht haben; solche Gespanne erscheinen zuerst auf Reliefs und Grabgemälden der 18. Dynastie (1551–1305 v. Chr.), und unter den Grabbeigaben des Tutanchamun fand sich auch der Prunkwagen des Pharao.

Als ein entscheidender Fortschritt der Bautechnik ist die im Alten Reich einsetzende Verwendung von Naturstein zu bewerten, die allerdings weitgehend auf den Bau von Tempeln und Grabanlagen beschränkt blieb, während die einfachen Häuser weiterhin aus luftgetrockneten Nil-Schlamm-Ziegeln errichtet wurden, die seit der Frühzeit das wichtigste Baumaterial in Ägypten darstellten. Unter Djoser (2620–2600 v. Chr.) hat der Wesir Imhotep bei dem Bau der Grabanlage des Pharao in Sakkara Ziegel durch Kalkstein ersetzt und die Möglichkeiten des neuen Materials konsequent für die Schaffung einer monumentalen Architektur genutzt: Den Grabbezirk des Djoser umgab eine über 10 Meter hohe und insgesamt mehr als 1,5 Kilometer lange Quadersteinmauer, die durch regelmäßige Vertiefungen sowie eine Anzahl von Scheintoren stark gegliedert war; die einzelnen Blöcke dieser Mauer hatte man bereits mit großer Präzision bearbeitet. Zentrum der Anlage war die Stufenpyramide, für die ungefähr 850.000 Tonnen Kalkstein benötigt wurden. Die großen Pyramiden von Gise (um 2545–2457) wurden aus Kalksteinblöcken errichtet, die bis zu 2,5 Tonnen wogen. Für den Pyramidenbau standen den Ägyptern weder Flaschenzüge noch Kräne zur Verfügung; es waren daher riesige Rampen notwendig, um die schweren Blöcke an den für sie vorgesehenen Platz zu bringen. Der innovative Charakter der ägyptischen Architektur beschränkte sich aber nicht auf die Verwendung von Naturstein als Baumaterial; es begegnen einem mehrere neue Bauelemente, unter denen der Säule eine besondere Bedeutung zukommt. Kennzeichnend für die Tempelarchitektur war die Aufstellung einer großen Zahl von Säulen, die oft dem Stamm einer Palme oder einem Bündel von Papyrusstengeln nachgebildet sind und so die Fruchtbarkeit der Erde symbolisieren. Säule, Kapitell und Architrav ergaben schon eine funktionale Einheit.

Wichtige zivilisatorische Errungenschaften Ägyptens waren außerdem die Erfindung der Schrift und die Einrichtung des Kalenders. Obgleich diese beiden Neuerungen nicht direkt zum Bereich der Technik gehören, haben sie die Spielräume technischen Handelns beträchtlich erweitert. Mit der Schrift wurden die Voraussetzungen für eine nicht mehr an die Mündlichkeit gebundene Kommunikation geschaffen; nun konnten Informationen als Text unabhängig vom menschlichen Gedächtnis gespeichert werden. Als Beschreibstoff benutzten die Ägypter Papyrus, der an den Ufern des Nil wuchs und ohne Schwierigkeiten in großen Mengen geerntet werden konnte; längere Texte wurden auf Papyrusrollen aufgezeichnet. Der Kalender, der das Jahr in Jahreszeiten und Monate einteilt, hatte in der Antike eine große Bedeutung für die Landwirtschaft, denn mit seiner Hilfe war es möglich, den richtigen Zeitpunkt für die Durchführung der Feldarbeiten zu bestimmen und auf diese Weise möglichst gute Ernteerträge zu erzielen.

Ein mit der kulturellen und technischen Entwicklung Ägyptens und Mesopotamiens vergleichbarer Prozeß setzte im griechischen Raum erst im frühen 2. Jahrtausend v. Chr. ein, wobei zunächst Kreta das Zentrum einer eigenständigen Kultur war, die in der modernen Forschung nach dem mythischen König Minos allgemein »minoische Kultur« genannt wird. Kurz nach 2000 v. Chr. wurden die großen Paläste von Knossos und Phaistos gebaut, von denen aus weite Gebiete der Insel beherrscht wurden. Bei den Ausgrabungen haben Archäologen an verschiedenen Plätzen Kretas die Spuren wiederholter Zerstörungen festgestellt, deren Datierung aber keineswegs als gesichert gelten kann; außerdem ist unklar, wodurch die minoischen Paläste zerstört worden sind. Es spricht viel für die Annahme, daß Erdbeben während des 2. Jahrtausends v. Chr. mehrmals schwere Verwüstungen auf Kreta angerichtet haben; welche Auswirkungen der Ausbruch des Vulkans von Thera (Santorin) auf die minoische Kultur gehabt hat, ist gegenwärtig noch umstritten. Wie die in Knossos gefundenen Linear-B-Tafeln belegen, übten in der letzten Phase der kretischen Palastkultur (um 1400–1200 v. Chr.) Griechen, die vom Festland gekommen waren, die Herrschaft auf Kreta aus.

Die Inselwelt der Ägäis wurde von der minoischen Kultur nachhaltig geprägt. Der Einfluß Kretas ist besonders gut auf Thera erkennbar, wo eine durch den Vulkanausbruch verschüttete Siedlung teilweise freigelegt werden konnte. Die Wände der mehrgeschossigen Häuser hatte man mit Fresken versehen, die Pflanzen, Tiere, spielende Kinder sowie Frauen bei Kulthandlungen zeigen. Als herausragendes Dokument der ägäischen Kultur ist ein etwa 7 Meter langer Fries anzusehen, auf dem eine Küstenlandschaft mit mehreren Städten und zahlreiche Schiffe auf hoher See dargestellt sind. Gegen Mitte des 2. Jahrtausends v. Chr. wurden auf der Peloponnes und in Mittelgriechenland ebenfalls große Palastanlagen errichtet, die aber anders als die älteren Paläste Kretas stark befestigt waren. Außer in Mykene, nach dem heute die griechische Kultur der späten Bronzezeit allgemein als »mykenisch« bezeichnet wird, gab es bedeutende Paläste in Tiryns, Pylos, Orchomenos und Theben.

Die minoischen und mykenischen Paläste waren nicht nur Herrschaftszentren, sondern auch Mittelpunkte aller wirtschaftlichen Aktivitäten der Bevölkerung des Umlandes. Die landwirtschaftliche Produktion und die Tätigkeit der Handwerker wurden vom Palast aus organisiert und beaufsichtigt, Lebensmittel und Handwerkserzeugnisse hier gelagert und verteilt. Der Gebrauch der Schrift, der Linear B, diente vornehmlich dazu, die jeweiligen Bestände an Vieh oder gelagerten Gütern zu erfassen und die Abgabe von Rohmaterialien oder Fertigwaren zu kontrollieren. Diese Palastwirtschaft funktionierte ohne Einsatz von Geld und ohne Marktmechanismus; es handelte sich ähnlich wie in Ägypten und Mesopotamien um eine auf Redistribution beruhende Ökonomie. Gleichzeitig existierte ein reger Güteraustausch mit dem Osten, wobei der Bedarf an Kupfer, das auf Zypern gewonnen wurde, eine wichtige Rolle spielte.

Die Entzifferung der Linear-B-Schrift durch Michael Ventris im Jahr 1952 und die unmittelbar darauf einsetzende intensive Erforschung der in Knossos und Pylos gefundenen Schrifttafeln gestatten es heute, neben dem archäologischen Fundmaterial auch schriftliche Dokumente zur Rekonstruktion von Landwirtschaft und Handwerk im mykenischen Griechenland heranzuziehen. Dabei wird deutlich, daß die Agrarproduktion im griechischen Raum während der späten Bronzezeit, ähnlich wie zuvor in Ägypten und im Vorderen Orient, erhebliche Fortschritte gemacht hat und die Handwerker in einigen Bereichen, zu denen insbesondere die Metallverarbeitung gehörte, ansehnliche technische Fertigkeiten entwickelt haben. Die hauptsächlichen Kulturpflanzen der antiken Landwirtschaft – Getreide, Wein und der Ölbaum – waren bereits in mykenischer Zeit in Griechenland weit verbreitet. Es hat zwei Getreidearten, Weizen und Gerste, gegeben, die auf den Schrifttafeln meist im Zusammenhang mit der Erfassung von Ackerland und mit den Nahrungsmittelzuteilungen erwähnt werden. Bei den ausgeteilten Rationen entsprach einer bestimmten Menge Weizen die doppelte Menge Gerste – ein Hinweis darauf, daß der Weizen einen hohen Nährwert besessen hat; wahrscheinlich handelte es sich um Nacktweizen, der gedroschen und gemahlen werden konnte. Im Bereich der Viehzucht besaß die Schafhaltung eindeutigen Vorrang; die Herden wurden sowohl in Knossos als auch in Pylos genau registriert, wobei zwischen Widdern, Muttertieren und Lämmern unterschieden wurde. Allgemein wird jetzt die Ansicht vertreten, daß die Schafherden deshalb so sorgfältig erfaßt worden sind, weil man die Lieferungen von Rohwolle an den Palast kontrollieren wollte. Die Schafzucht diente demnach weniger der menschlichen Ernährung als vielmehr der Gewinnung von Wolle für die Textilproduktion. Auf Kreta gab es insgesamt fast 100.000 Schafe; für Pylos sind die überlieferten Zahlen wesentlich niedriger, was vielleicht damit zu erklären ist, daß in Messenien Flachs angebaut worden ist und neben Wolle auch Leinen als Material für die Anfertigung von Gewändern zur Verfügung gestanden hat. Als Arbeitstiere wurden in der Landwirtschaft Ochsen eingesetzt, während man Pferde ausschließlich zum Ziehen der leichten, zweirädrigen Wagen verwendet hat, die auf den Grabstelen aus Mykene, auf Fresken aus Tiryns und Pylos sowie auf Tongefäßen bildlich dargestellt sind. Solche Wagen wurden im Krieg und auf der Jagd benutzt; die Räder, die stets vier Speichen hatten, waren vermutlich an einer starren Achse befestigt.

Da die griechischen Metallvorkommen entweder noch unbekannt waren oder lediglich in geringem Umfang ausgebeutet wurden, verarbeiteten die Schmiede vorwiegend Kupfer aus Zypern. Aus Metall hat man Gefäße, Schmuckgegenstände, aber auch Werkzeuge, Waffen und Rüstungen hergestellt. Eine hohe handwerkliche

4. Großes Tongefäß im Lagerraum des Palastes von Knossos, nach 1400 v. Chr.

und künstlerische Qualität besaßen vor allem die Treibarbeit und die Einlegearbeit, die durch Funde auf der Peloponnes gut bezeugt sind. Aus Mykene stammen aus Bronze gefertigte Dolchklingen, in die Jagdszenen und Tierdarstellungen in Gold und Silber eingelegt sind, und in Lakonien hat man Goldbecher mit hervorragend gearbeiteten Stierfangszenen gefunden. Das Gußverfahren war für die Herstellung kleinerer Bronzefiguren geeignet, wobei man bereits im minoischen Kreta das direkte Wachsausschmelzverfahren beherrschte. Ein wichtiges Zeugnis der mykenischen Metallurgie ist der 1960 bei Grabungen in Dendra in der Argolis entdeckte, vorzüglich erhaltene Bronzepanzer.

Die minoische und mykenische Keramik wurde auf der Töpferscheibe geformt. Die Gefäße waren relativ dünnwandig, woraus hervorgeht, daß der verwendete Ton, vor dem eigentlichen Töpfern sorgfältig bearbeitet, eine hohe Elastizität besessen hat. Der Formenreichtum der Gefäße und die unterschiedlichen Verzierungstechniken lassen insgesamt eine große Kunstfertigkeit der frühgriechischen Töpfer erkennen. Ein unverzichtbares Gerät für die Textilherstellung war der vertikale Webstuhl, dessen Kettfäden durch Gewichte straff gezogen wurden. Auf den Schrifttafeln wird zwischen Wollkämmerinnen, Spinnerinnen und Weberinnen unterschieden; also war in der Palastwirtschaft die Herstellung von Stoffen arbeitsteilig organisiert, waren die tätigen Frauen auf bestimmte Arbeitsvorgänge oder Produkte spezialisiert.

In mehreren ägyptischen Gräbern aus der Zeit des Neuen Reiches sind Kreter dargestellt, die als Tribut bezeichnete Geschenke überbringen. Damit ist die Präsenz von Kretern im östlichen Mittelmeerraum eindeutig belegt. Voraussetzung solcher Kontakte war die Fähigkeit, Schiffe zu bauen, die zur Fahrt auf hoher See taugten. In der älteren griechischen Überlieferung erscheint das minoische Kreta immer wieder als die früheste Seemacht in der Ägäis. So erzählt Thukydides (um 460 – um 400 v. Chr.), Minos habe als erster eine Flotte aufgestellt und das Meer beherrscht. Einen anschaulichen Eindruck von den Schiffen der Bronzezeit vermitteln die spätminoischen Fresken von Thera. Die abgebildeten Schiffe besitzen einen langgestreckten Rumpf mit niedrigen Bordwänden; sie werden von Ruderern vorwärtsbewegt und von einem am Heck stehenden Mann mit einem langen Steuerruder, das nicht fest mit dem Rumpf verbunden ist, gelenkt. In der Mitte der Schiffe befindet sich ein Mast mit einem Rahsegel. Die Darstellungen auf kretischen Siegeln zeigen hingegen eher gedrungene Fahrzeuge, die wohl als Frachtschiffe anzusehen sind. Da man auf der Fahrt zwischen der Ägäis und Syrien in Küstennähe bleiben konnte, war es leicht möglich, mit solchen Schiffen alle wichtigen Häfen des östlichen Mittelmeerraumes zu erreichen. Wie die Entdeckung von Wracks, die vor den türkischen Küsten auf Meeresgrund liegen, jetzt zeigt, sind auf dem Seeweg erhebliche Mengen Metall nach Westen befördert worden. Das um 1200 v. Chr. am Kap Gelidonya gesunkene Frachtschiff hatte fast 700 Kilogramm Kupfer an Bord,

Die historischen Voraussetzungen

5. Bronzeklingen von drei Dolchen mit Einlegearbeit in Gold und Silber. Grabfunde aus Mykene, um 1550 v. Chr. Athen, Nationalmuseum

und zur Ladung eines bei Kap Ulu Burun gefundenen Wracks gehörten 150 Kupferbarren sowie geringe Mengen Zinn.

Imponierende technische Leistungen vollbrachten die Griechen der mykenischen Zeit im Bereich der Architektur. Die großen Festungen auf der Peloponnes haben monumentale Umfassungsmauern, die aus mächtigen, nur wenig bearbeiteten Steinblöcken aufgeschichtet worden sind. Die Ruinen von Tiryns beeindruckten noch in der römischen Kaiserzeit den griechischen Schriftsteller Pausanias (2,25,8): »Die Mauer, die allein von den Ruinen noch übrig ist, ist ein Werk der Kyklopen und aus unbehauenen Steinen gebaut, jeder Stein so groß, daß auch der kleinste von ihnen von einem Gespann Maultiere überhaupt nicht von der Stelle bewegt werden könnte.« Besonders charakteristisch für diese Bauweise ist das Löwentor in Mykene. Der breite Tordurchgang besteht aus nur drei Steinblöcken, den beiden senkrecht aufgestellten Torpfosten und dem Türsturz; über dem Tor befindet sich das etwa 3 Meter hohe Relief mit den beiden Löwen, das die Funktion eines Entlastungsdreiecks besitzt. Mit den einfachen technischen Mitteln der mykenischen Architektur konnten auch grandiose Innenräume geschaffen werden. Bestes Beispiel hierfür ist das sogenannte Grab des Atreus, das als Kuppelbau mit kreisförmigem Grundriß konzipiert war; es handelt sich um eine Scheinkuppel, bei der die horizontal aufeinandergeschichteten Steinlagen jeweils nach innen vorragen, so daß der Raum sich nach oben hin verjüngt. Bei einem Durchmesser von 14,50 Metern und einer Höhe von 13,20 Metern entsteht auf diese Weise ein überwältigender Raumeindruck, der in der klassischen griechischen Architektur kaum eine Parallele findet. Pausanias, der in Böotien ein ähnliches Tholosgrab aus mykenischer Zeit sah, äußert in der »Beschreibung Griechenlands« seine uneingeschränkte Bewunderung für dieses Bauwerk (9,38,2): »Das Schatzhaus des Minyas, ein Wunderbau, der keinem anderen in Griechenland selbst oder anderswo nachsteht, ist folgendermaßen gebaut; es ist aus Stein hergestellt, rund in der Form und nach oben nicht sehr spitz zugehend; der oberste Stein soll dem ganzen Gebäude den Zusammenhalt geben.« Welche technischen Probleme bei der Errichtung solcher Bauten zu bewältigen gewesen sind, geht aus der Tatsache hervor, daß der Türsturz am über 5 Meter hohen Eingang des Atreus-Grabes in Mykene ein Gewicht von über 100 Tonnen besitzt. Einen solchen Steinblock zur Baustelle zu transportieren und exakt in die ihm zugedachte Position zu bringen, hat angesichts fehlender technischer Hilfsmittel den koordinierten Einsatz einer großen Zahl von Menschen erfordert. Zweifellos gehören die mykenischen Bauten sowohl in ästhetischer als auch in technischer Hinsicht zu den bedeutenden Werken der griechischen Architektur. Von Pausanius werden sie sogar mit den ägyptischen Pyramiden verglichen (9,36,5): »Die Griechen aber sind stark darin, Ausländisches mehr zu bestaunen als Einheimisches, so daß sogar angesehenen Männern in ihren Schriften daran lag, die Pyramiden bei den Ägyptern aufs genaueste zu erklären, sie das Schatzhaus des Minyas und die Mauern von Tiryns aber nicht einmal erwähnten, obwohl diese nicht weniger bewunderungswürdig sind.«

Wie die Maßnahmen zur Landgewinnung und Flußregulierung in den Becken des griechischen Binnenlandes zeigen, hat die mykenische Gesellschaft bedeutende technische Kapazitäten entwickelt, um die Anbauflächen entweder zu vergrößern oder vor Überschwemmungen zu schützen. In den geschlossenen Becken, die oft keinen oberirdischen Abfluß aufweisen, bildeten sich große, meist flache Seen wie etwa der Kopaissee in Böotien. Gegen Ende der Regenzeit wurden zudem große Landflächen überflutet, da die wenigen oberirdischen und die unterirdischen Abflüsse – die Katavothren – zur Ableitung des von den Bergen zufließenden Regen-

Die historischen Voraussetzungen 47

6. Scheinkuppel im Atreus-Grab zu Mykene, um 1330 v. Chr.

wassers nicht ausreichten. Um das Land vor diesen Wassermassen zu schützen und um neue, vor Überflutung gesicherte Felder zu gewinnen, wurden in einzelnen Landschaften der Peloponnes und Mittelgriechenlands Flüsse umgeleitet und große Dammbauten errichtet; sie waren in der römischen Kaiserzeit teilweise noch funktionsfähig. In Arkadien erhielt der Olbios durch den Bau eines Grabens ein neues Flußbett, um den östlichen Teil der Ebene von Pheneos trockenlegen zu können. Bei Pausanias wird dieses Bauwerk Herakles zugeschrieben (8,14,3):

7. Reste eines Kuppelgrabes in Orchomenos, Böotien, 14. Jahrhundert v. Chr.

»Mitten durch die Ebene von Pheneos grub Herakles einen Graben als Abfluß für den Fluß Olbios, den andere Arkader Aroanios nennen und nicht Olbios. Die Länge des Grabens beträgt fünfzig Stadien (etwa 9 Kilometer); die Tiefe erreicht, soweit er nicht eingefallen ist, bis dreißig Fuß. Der Fluß fließt nämlich nicht mehr hier, sondern ist wieder in sein altes Bett zurückgekehrt, indem er das Herakles-Werk verließ.« Während dieser Kanal also bereits in der Antike verfiel und nutzlos geworden war, erfüllte der ebenfalls von Pausanias erwähnte Damm bei Thisbe in Böotien während der römischen Kaiserzeit noch voll seinen Zweck (9,32,3): »Die Ebene zwischen den Bergen würde infolge der Wassermengen ein See sein, wenn sie nicht in der Mitte einen festen Damm gebaut hätten. So leiten sie jedes zweite Jahr das Wasser auf die Seite jenseits des Damms ab und können die andere Seite bebauen.« Ein ähnliches Bauwerk schützte die Ebene von Kaphyai in Arkadien (8,23,2): »In der Ebene von Kaphyai ist ein Erddamm gebaut, durch den das Wasser aus dem Gebiet von Orchomenos daran gehindert wird, dem angebauten Land von

Kaphyai Schaden zuzufügen. Auf der Innenseite des Dammes fließt ein anderes Gewässer, der Menge nach wie ein Fluß, das in einem Erdspalt verschwindet und bei den sogenannten Nasoi wieder erscheint.« Die größten Anlagen dieser Art existierten am Kopaissee nordwestlich von Theben; hier wurde durch die Eindeichung und Trockenlegung flacher Buchten, also durch die Anlage von Poldern, Neuland für Anbau und Viehzucht gewonnen. Durch den Bau eines insgesamt etwa 25 Kilometer langen und 40 Meter breiten Grabens am Nordrand der Ebene wurde außerdem das dem See zufließende Wasser größtenteils abgeleitet, so daß der See im Sommer völlig austrocknete. Dieses komplizierte System von Wasserbauten hatte aber keinen Bestand, in späterer Zeit war die große Ebene wiederum vom Wasser bedeckt; es blieb nur die Erinnerung an den früheren Zustand.

In der späten Bronzezeit existierte in Griechenland eine Kultur, die einen wesentlich höheren technischen Standard erreicht hatte als zuvor die neolithischen Siedlungen dieses Raumes. Den Griechen war es außerdem gelungen, dauernde Beziehungen zu den Hochkulturen des östlichen Mittelmeerraumes herzustellen. Mit dem Anbau von Getreide und Wein, mit der Anpflanzung von Ölbäumen und mit der Einführung des von Ochsen gezogenen Pfluges wurden die Grundlagen der mediterranen Agrartechnik geschaffen. Keramikherstellung und Metallverarbeitung besaßen ein hohes technisches und künstlerisches Niveau, Schiffbau und Schiffahrt ermöglichten Kommunikation und Güteraustausch mit anderen Regionen, und die Fortschritte in der Bautechnik waren die Voraussetzung für die Errichtung der Paläste und Burganlagen. Es ist schwer zu beurteilen, welches Potential weiterer kultureller und technischer Entwicklung die mykenische Gesellschaft hatte, denn das Palastsystem wurde um 1200 v. Chr. durch eine Katastrophe, die über den griechischen Raum hinaus das gesamte östliche Mittelmeergebiet in Mitleidenschaft zog, völlig zerstört. Das Ende der Bronzezeit war in Griechenland mit einem tiefgreifenden Kontinuitätsbruch verbunden. Während aber die Folgen dieser Katastrophe, der Niedergang der Landwirtschaft und des Handwerks, der Verlust der Schriftlichkeit und die Unterbrechung der Beziehungen zum Osten, gut faßbar sind, bleiben ihre Ursachen rätselhaft. Die ältere Auffassung, die mykenischen Paläste seien von den einwandernden Doriern zerstört worden, ist heute allgemein aufgegeben, und für die These, die Seevölker, die von den Ägyptern unter Ramses III. (1193–1162 v. Chr.) in einer großen Seeschlacht vor der Nil-Mündung besiegt worden sind, hätten auf ihrem Zerstörungszug sowohl Griechenland verwüstet als auch das Hethiterreich zerschlagen, fehlen hinreichende Belege. Es bleibt hier lediglich festzuhalten, daß die Bevölkerung nach dieser Katastrophe nicht mehr in der Lage gewesen ist, die Errungenschaften der mykenischen Kultur zu bewahren, und daß mehrere Jahrhunderte lang Herrschaftszentren von überregionaler Bedeutung in Griechenland nicht mehr existiert haben. Im Bereich der Technik hatte der Zusammenbruch der mykenischen Kultur zunächst einen umfassenden

Kompetenzverlust zur Folge. Die griechische Welt hatte jeglichen Glanz verloren, sie war nunmehr von Armut, Isolation und einer primitiven bäuerlichen Subsistenzwirtschaft geprägt. Die Gesellschaft war wenig differenziert, der Adel ragte kaum aus der Masse der Bevölkerung heraus. Wiederum bestand eine tiefe Kluft zwischen Griechenland und den Ländern des östlichen Mittelmeerraumes, und zunächst gab es keine Anzeichen dafür, daß es den Griechen noch einmal gelingen sollte, in den Kreis der Hochkulturen einzutreten.

Der Kontext der antiken Technik: Wirtschaft und Gesellschaft

Die Technik der Antike existierte niemals losgelöst von den sozialen und wirtschaftlichen Verhältnissen, sie war vielmehr stets in die griechische und römische Gesellschaft integriert. Aus diesem Grund können Technik und technischer Wandel im antiken Mittelmeerraum nur dann angemessen verstanden werden, wenn sie im Zusammenhang mit Wirtschaft und Gesellschaft gesehen werden. Dabei ist allerdings zu beachten, daß das moderne Technikverständnis von den tiefgreifenden Veränderungen, die sich seit der Industriellen Revolution vollzogen haben, geprägt ist. Unter dem Eindruck der eminenten Bedeutung des technischen Fortschritts für das Wirtschaftswachstum neigt man heute allgemein zu der Annahme, technische Neuerungen seien das Ergebnis gezielter Forschungsarbeit und dienten primär ökonomischen Zielsetzungen. Diese von den modernen Gegebenheiten geprägte Sicht ist kaum geeignet, die für vorindustrielle Gesellschaften spezifischen Beziehungen zwischen der Technik und dem sozialen System zu erfassen. Deshalb erscheint es notwendig, zunächst die grundlegenden Merkmale von Wirtschaft und Gesellschaft der Antike klar herauszuarbeiten und so den Kontext der griechischen und römischen Technik darzustellen.

Die Gesellschaften des antiken Mittelmeerraumes – die griechischen Poleis, die hellenistischen Königreiche und das Imperium Romanum – waren Agrargesellschaften; weit mehr als die Hälfte der Menschen arbeiteten auf dem Lande, um für sich und für den Rest der Bevölkerung Nahrungsmittel, aber auch Rohstoffe wie Wolle oder Flachs zu produzieren. Die wirtschaftliche und soziale Stellung der Oberschichten beruhte vorwiegend auf dem Besitz großer Ländereien, und in vielen Regionen des Mittelmeerraumes bestand die Mehrheit der Bevölkerung aus Bauern, die einen unterschiedlichen Rechtsstatus besitzen konnten. Die Bedeutung der Landwirtschaft für die antiken Gesellschaften resultierte auch aus der Tatsache, daß Land und Stadt anders als etwa im mittelalterlichen Europa keine wesentlich voneinander getrennten wirtschaftlichen und politischen Sphären waren. Die städtischen Eliten entstammten meist der Schicht der Großgrundbesitzer, die auf diese Weise einen entscheidenden Einfluß auf Politik und Wirtschaft der Städte auszuüben vermochten, während jene Schichten, die den eigentlich urbanen Wirtschaftssektor vertraten, Handwerker und Händler, eher Randgruppen blieben. Viele der kleineren Städte im antiken Mittelmeerraum entsprachen dem Typus der Ackerbürgerstadt, waren also weniger wirklich urbane Zentren als vielmehr größere Dörfer. Das Handwerk wiederum war nicht auf die Städte beschränkt; selbst auf den Dörfern in der Umgebung größerer Städte sind Handwerker nachgewiesen, so daß die ländliche Bevölkerung nur in begrenztem Umfang auf die städtische Wirtschaft angewiesen blieb. Dies galt besonders für die Distribution von Gütern, denn es existierte kein Marktmonopol der Städte. Neben den städtischen Märkten gab es sehr viele ländliche Märkte, die in einem festgelegten Turnus abgehalten wurden und der Landbevölkerung die Möglichkeit eines regelmäßigen Austausches boten.

Die Landwirtschaft war in hohem Maße von der Produktion für den Eigenbedarf bestimmt. Die Tätigkeit der bäuerlichen Familie konzentrierte sich auf die Erzeugung der für sie selbst notwendigen Nahrungsmittel und Textilien; die Arbeitsteilung innerhalb der Familie erfolgte zwischen Männern und Frauen sowie Erwachsenen und Kindern. Die Bauern produzierten lediglich einen kleinen Überschuß und brachten somit nur wenige Erzeugnisse auf den Markt. Ihre Kaufkraft war äußerst gering; sie kauften in der Stadt vor allem solche Produkte, die sie nicht selbst herstellen konnten, etwa Geräte und Werkzeuge, die ganz oder teilweise aus Eisen bestanden, oder Keramikgefäße. Die Subsistenzproduktion war aber nicht nur für den Kleinbesitz, sondern auch für die großen Güter charakteristisch, die mit ihren Erzeugnissen die städtische Bevölkerung versorgten. Ein erheblicher Teil der Nahrungsmittel und Textilien für die Menschen, die das Land bebauten, sowie viele landwirtschaftliche Gerätschaften wurden direkt auf den Gütern produziert. Man muß annehmen, daß in der antiken Wirtschaft ein außerordentlich hoher Anteil des Produzierten für den Eigenbedarf und nicht für den Markt bestimmt gewesen ist. Märkte und Warenproduktion spielten in der Ökonomie antiker Gesellschaften eher eine untergeordnete Rolle.

Die urbanen Zentren des antiken Mittelmeerraumes waren Inseln in einer ländlichen Welt, die in vielen Regionen weit voneinander entfernt lagen und kaum in einem intensiven wirtschaftlichen Austausch standen. Nur wenige Städte – etwa Korinth, Athen, Rhodos oder Gades – können als Wirtschaftszentren von überregionaler Bedeutung bezeichnet werden; dabei spielte hier der Handel eine weitaus größere Rolle als das Handwerk. Keramik wurde im archaischen und klassischen Griechenland zwar auch für den Export produziert, aber insgesamt gesehen waren die Töpfereien für eine Stadt wie Athen wirtschaftlich bedeutungslos; die Töpfer und Vasenmacher waren eine verschwindend kleine Gruppe innerhalb der athenischen Bürgerschaft. Es ist bezeichnend, daß Xenophon (um 426 – nach 355 v. Chr.) in den »Poroi«, einer Denkschrift über Maßnahmen zur Erhöhung der Einkünfte Athens, die Keramikherstellung nicht erwähnt. Wie aus einer Bemerkung des

Pausanias hervorgeht, war in der Sicht der Griechen und Römer das Vorhandensein öffentlicher Bauten ein entscheidendes Merkmal der Städte (10,4,1): »Panopeis, eine phokische Stadt, wenn man auch einen solchen Ort eine Stadt nennen darf, der weder Amtsgebäude, noch ein Gymnasium, noch ein Theater, noch einen Markt besitzt, nicht einmal Wasser, das in einen Brunnen fließt, sondern wo man in Behausungen etwa wie in den Hütten in den Bergen an einer Schlucht wohnt.« Für das Selbstbewußtsein der Bürgerschaft einer Stadt waren nach Meinung des Redners Dion von Prusa (um 40 – nach 112 n. Chr.) vor allem politische Gegebenheiten von Belang (40,10): »Ihr wißt ja wohl, daß Gebäude, Feste, eigene Gerichtsbarkeit, der fehlende Zwang, sich in anderen Städten verhören zu lassen oder mit anderen zusammen seine Abgaben zu entrichten, als handle es sich etwa um ein Dorf, daß dieses alles dazu angetan ist, das Selbstbewußtsein einer Stadt zu heben, Geltung und Ansehen der Bürgerschaft bei den sich dort aufhaltenden Fremden und bei den Prokonsuln zu steigern.« Die antike Stadt muß vor allem als politisches, kulturelles und religiöses Zentrum gesehen werden, und diese Funktionen haben ihren Ausdruck in den öffentlichen Gebäuden, den Tempeln und der Infrastruktur gefunden.

Als Konsumzentren hatten die Städte allerdings einen nachhaltigen Einfluß auf die wirtschaftliche Entwicklung. Das Anwachsen der Städte führte zu einem Niedergang der traditionalen Subsistenzproduktion. Die Mehrheit der Bevölkerung der größeren Städte verfügte nicht mehr über eigenen Landbesitz und damit nicht mehr über die Möglichkeit, sich selbst zu versorgen. Das traf gerade für die ärmeren Schichten zu, denn die urbanen Eliten vermochten die Nahrungsmittel für sich und ihr städtisches Personal größtenteils von ihren Landgütern zu beziehen. In vielen Wohnungen konnte nicht einmal gebacken oder gekocht werden, was zur Folge hatte, daß in Rom und in anderen Städten des Imperium Romanum eine große Zahl von Bäckereien eingerichtet wurde, die die Bevölkerung mit Brot versorgten. Die Situation der armen Einwohner größerer Städte wird anschaulich von Dion von Prusa dargestellt (7,105 f.): »Für diese Armen ist es gewiß nicht leicht, in den Städten Arbeit zu finden, und sie sind auf fremde Mittel angewiesen, wenn sie zur Miete wohnen und alles kaufen müssen, nicht nur Kleider und Hausgerät und Essen, sondern sogar das Brennholz für den täglichen Bedarf; und wenn sie einmal Reisig, Laub oder eine andere Kleinigkeit brauchen, müssen sie alles, das Wasser ausgenommen, für teures Geld kaufen, da alles verschlossen und nichts frei zugänglich ist – außer den vielen teuren zum Verkauf angebotenen Artikeln, versteht sich.« Im Gegensatz dazu war das Leben in der Stadt vom Austausch, von Kauf und Verkauf bestimmt. Prononciert werden in der Rede eines Bauern bei Aristophanes diese beiden so unterschiedlichen ökonomischen Sphären gegenübergestellt (Acharner 32 ff.): »ich ... fluche / der Stadt und denke, wär' ich nur daheim / auf meinem Dorf. Dort hör' ich niemals: ›Kauft, / kauft Kohlen, Essig, Öl!‹ Da wächst in Fülle / das alles! – Hol' der Henker das Geplärr!«

Obgleich die Armut in den Städten weit verbreitet war, hatte die dort lebende Bevölkerung insgesamt eine nicht zu unterschätzende Kaufkraft, und für den Bedarf dieser Menschen wurden auf den großen Gütern des Umlandes Getreide, Wein und Olivenöl erzeugt. Das vor allem durch Immigration verursachte Bevölkerungswachstum in den großen Städten schuf die Voraussetzung für den Durchbruch der marktorientierten Landwirtschaft einerseits und für den Aufstieg des städtischen Handwerks andererseits. Die dennoch deutlich erkennbare ökonomische Schwäche von Handwerk und Handel beruhte vornehmlich darauf, daß es in der Antike nicht zur Entfaltung größerer Produktionsbetriebe oder Handelsunternehmungen kam. Im Handwerk blieb die kleine Werkstatt vorherrschend, die häufig mit einem Laden verbunden war. Die für die Ausübung eines Handwerks notwendigen Werkzeuge und das sonstige Inventar einer Werkstatt waren in den meisten Fällen nicht besonders kostspielig, so daß ein normaler Handwerksbetrieb ohne größeren finanziellen Aufwand eingerichtet werden konnte. Selbst in den bedeutenden Produktionszentren, deren Erzeugnisse im gesamten Mittelmeerraum auf den Markt gebracht wurden, waren Werkstätten mit einer größeren Zahl arbeitender Menschen eher eine Seltenheit. Normalerweise bestanden solche Produktionszentren aus einer Vielzahl von kleinen Betrieben, deren Besitzer allenfalls einen bescheidenen Wohlstand zu erlangen vermochten.

Händler konnten unter günstigen Bedingungen hohe Gewinne erzielen, aber ihr Geschäft war außerordentlich risikoreich. Im klassischen Griechenland besaßen normalerweise die Kaufleute selbst keine Schiffe, sondern schlossen für eine Handelsreise einen Vertrag mit einem Schiffseigner; die Handelsware wurde ebenfalls nicht von ihnen allein finanziert, vielmehr mit Hilfe von Seedarlehen. Um das Risiko möglichst weit zu streuen, gewährten die Geldverleiher in der Regel mehrere kleine Darlehen an verschiedene Kaufleute. Auch in römischer Zeit war für den Mittelmeer-Handel die Aktivität einzelner Kaufleute, die hohe Preise zu erzielen suchten, charakteristisch. Bei Philostratos (3. Jahrhundert n. Chr.) findet sich eine Beschreibung solcher Handelsgeschäfte (Apollonius von Tyana 4,32,10): »Aber gibt es denn deiner Ansicht nach überhaupt unglückseligere Leute als Händler und Schiffseigner? Erstens reisen sie umher, halten mit Mühe und Not Ausschau nach einem Markt für ihre Waren. Dann pflegen sie Umgang mit Proxenoi und Kleinhändlern, kaufen und verkaufen, verpfänden ihren Kopf für ungerechte Zinsen.«

Ein Handel mit einer derart schwach entwickelten Organisationsstruktur konnte den Anforderungen einer Versorgung größerer Städte mit Grundnahrungsmitteln kaum entsprechen. Aus diesem Grund wurden in Athen gesetzliche Bestimmungen über den Getreidehandel erlassen. Kam es dennoch in einzelnen griechischen Städten zur Hungersnot, kauften entweder Angehörige der Oberschicht im Ausland Getreide auf und verteilten es an die Bevölkerung oder hellenistische Könige übernahmen die Rolle eines Wohltäters und schickten Korn aus ihren Ländern in die betreffenden Gebiete. Auch in Rom versagte der Mechanismus des freien Marktes. Die Strategien der Händler beschreibt Cicero anläßlich einer Getreideknappheit in Rom im Jahr 57 v. Chr. mit folgenden Worten (De domu sua 11): »Teils hatten unsere Getreideprovinzen kein Getreide, teils hatten sie es – wahrscheinlich wegen der Habgier der Verkäufer – nach anderen Ländern verfrachtet, teils hielten sie es, um höhere Preise zu erzielen, wenn sie erst bei Eintritt einer Hungersnot eingriffen, in ihren Speichern zurück, um es dann kurz vor der neuen Ernte zu verfrachten.« Unter diesen Bedingungen waren die Republik und später die Principes gezwungen, in den Getreidehandel einzugreifen und die Verteilung an die stadtrömische Bevölkerung bürokratisch zu organisieren. Das hierfür benötigte Getreide wurde in einzelnen Provinzen – Sizilien, Afrika (das moderne Tunesien) und dann vor allem Ägypten – als Steuer eingezogen und nach Rom transportiert. Die Redistribution trat an die Stelle des Marktes. Für die Kaufleute und Schiffsbesitzer schuf man überdies Vereinigungen, Corpora, um so auf den Gütertransport leichter Einfluß nehmen zu können. Den Schiffsbesitzern, die sich verpflichteten, Transportkapazitäten für die Versorgung Roms zur Verfügung zu stellen, wurden erhebliche Privilegien eingeräumt – ein Indiz dafür, daß im Transportgeschäft normalerweise keine hohen Gewinne erzielt wurden.

   Als soziale Gruppen besaßen Handwerker und Händler in der antiken Gesellschaft allgemein ein relativ geringes Ansehen. Laut Herodot haben die Griechen ihre ablehnende Haltung dem Handwerk gegenüber von den Barbaren übernommen (2,167): »Ich sehe, daß auch bei den Thrakern, den Skythen, den Persern, den Lydern und fast allen anderen Barbaren die Handwerker und ihre Abkömmlinge in geringerer Achtung stehen als die übrigen Bürger. Wer von körperlicher Arbeit befreit ist, gilt für edler, namentlich, wer sich der Kriegskunst widmet. Das haben sämtliche Hellenenstämme übernommen, am meisten die Lakedaimonier. Am wenigsten verachtet sind die Handwerker in Korinth.« Xenophon begründet in dem Dialog »Oikonomikos« die Verachtung des Handwerks damit, daß es den Körper wie die Seele schwäche. Die Handwerker seien nämlich gezwungen, sich den ganzen Tag ruhig im Hause, bisweilen auch in der Nähe des Feuers aufzuhalten. Außerdem verfügten sie nicht über genügend Muße, um sich ihren Freunden oder einer politischen Tätigkeit widmen zu können. Bei Aristoteles werden die Handwerker und Kleinhändler aus der Bürgerschaft der skizzierten idealen Polis ausgeschlossen, obgleich die Polis ohne ihre Tätigkeit nicht existieren könnte. Wer für seinen Lebensunterhalt arbeiten mußte, konnte nach dieser Theorie nicht tugendhaft sein. Die Auffassung der römischen Oberschicht über die Achtbarkeit der Berufe hat Cicero in der philosophischen Schrift »Über die Pflichten« in folgender Weise formuliert (1,150): »Eines Freien aber nicht würdig und schmutzig ist der Erwerb aller Tagelöhner, deren Arbeitsleistung, nicht Fertigkeiten gekauft werden. Bei ihnen ist eben der Lohn ein Handgeld für den Sklavendienst. Als schmutzig haben zu

8. Bekränzung eines Vasenmalers durch Nike. Vasenbild auf einer rotfigurigen Hydria des Leningrader Malers, um 480 v. Chr. Mailand, Torno Collection

gelten auch die, die von den Kaufleuten die Ware einhandeln, um sie sofort wieder zu verkaufen. Sie würden nämlich nichts verdienen, wenn sie nicht ausgiebig lügen würden. Nichts ist aber schimpflicher als Unsolidheit. Auch alle Handwerker betätigen sich in einer schmutzigen Kunst, denn eine Werkstatt kann nicht Freies haben.«

In solchen theoretischen Ausführungen kommen die sozialen Normen einer Oberschicht zum Ausdruck, für die Muße, Freiheit vom Zwang zur Arbeit und Unabhängigkeit hohe Werte dargestellt haben. Aber die Handwerker selbst entwickelten andere Wertvorstellungen und besaßen durchaus eine positive Einschätzung ihrer Berufe. Auf athenischer Keramik des 6. und 5. Jahrhunderts v. Chr. finden sich wiederholt Werkstattbilder, die keinerlei Anzeichen für eine negative Einstellung gegenüber der Arbeit oder dem arbeitenden Menschen aufweisen; im Gegenteil: Eine rotfigurige Hydria des Leningrader Malers zeigt Vasenmaler bei der Arbeit, die gerade von Athene und zwei Niken bekränzt werden; der Handwerker beansprucht hier für sich ein Prestige, das dem von Siegern bei den athletischen Wettkämpfen gleichkommt. Ein ähnliches Selbstbewußtsein begegnet auf den Grabreliefs römischer Handwerker; oft sind hier die für den Beruf des Verstorbenen typischen Werkzeuge oder dieser selbst bei der Arbeit abgebildet. Auf der Grabstele eines

9. Selbstdarstellung eines römischen Schiffszimmermanns. Relief »Einfügung der Spanten« auf der Grabstele des P. Longidienus, 1. Jahrhundert n. Chr. Ravenna, Museo Nazionale

Schiffszimmermannes aus Ravenna wird die Arbeitsdarstellung mit den Worten »P. Longidienus, Sohn des Publius, ist eifrig bei der Arbeit« kommentiert. Es existierten zwei verschiedene soziale Welten nebeneinander: die Welt der reichen Oberschicht, die Handarbeit verachtete, und die der Handwerker, die stolz auf ihre Fähigkeiten, ihren Fleiß und ihren bescheidenen Wohlstand waren.

In allen wichtigen Bereichen der antiken Wirtschaft war neben der freien Arbeit die Sklavenarbeit weit verbreitet. Gegen Ende der archaischen Zeit (um 500 v. Chr.) setzte sich die Sklaverei, die bereits bei Homer und Hesiod erwähnt wird, in großem Umfang in Griechenland durch. Sklaven stellten seitdem in jenen Regionen, in denen es keine abhängigen Bauern wie etwa die Heloten in Sparta mehr gab, einen beträchtlichen Teil der in der Landwirtschaft tätigen Arbeitskräfte, und Handwerk sowie Bergbau waren zunehmend auf die unfreie Arbeit angewiesen. In Rom bestanden seit dem 3. Jahrhundert v. Chr. ganz ähnliche Verhältnisse. Landwirtschaft und Handel beruhten in Italien und dann auch in den westlichen Provinzen des Imperium Romanum weitgehend auf Sklavenarbeit. Der Aufstieg der antiken Sklavenwirtschaft hatte verschiedene Ursachen: Der Niedergang der traditionalen bäuerlichen Subsistenzwirtschaft in der Umgebung der größeren Städte, die Aufhebung ländlicher Abhängigkeitsverhältnisse wie der Schuldknechtschaft und die gleichzeitig einsetzende Produktion für den städtischen Markt schufen einen Bedarf an Arbeitskräften, der nur durch Verwendung von Menschen aus fremden Völkerschaften gedeckt werden konnte. Das entscheidende Merkmal der Sklavenwirtschaft bestand darin, daß die Aneignung der Arbeitskraft eines Menschen nicht aufgrund eines Arbeitsvertrages, sondern durch Kauf dieses Menschen erfolgte. Die Situation verschärfte sich noch dadurch, daß der Status der Unfreiheit vererbt wurde, also Kinder von Sklaven ebenfalls unfrei waren. Sklaverei bedeutete eine fast totale Rechtlosigkeit von Menschen, über die vom Besitzer nahezu uneingeschränkt verfügt werden konnte.

Nach Aristoteles hatte der Sklave für den Besitzer dieselbe Funktion wie ein Werkzeug; so betrachtet war es für Aristoteles möglich, von beseelten und unbeseelten Werkzeugen zu sprechen, wobei der Sklave als ein Werkzeug erscheint, das die Aufgaben vieler anderer Werkzeuge wahrnimmt. In modifizierter Form vertrat diese Auffassung später auch M. Terentius Varro, der in seinem Werk über die Landwirtschaft von 37 v. Chr. das Inventar eines Landgutes systematisch erfaßt; er unterscheidet dabei sprachbegabte, stimmbegabte und stumme Instrumente, worunter Sklaven, Ochsen und Geräte zu verstehen sind. Schon früh wurde in Griechenland gesehen, daß der Einsatz von Sklaven in der Landwirtschaft gravierende Probleme aufwarf. Nach Xenophon hing der Ertrag eines Landgutes entscheidend davon ab, daß die Sklaven sorgfältig und ausdauernd arbeiteten. Da dies aufgrund ihrer geringen Motivation normalerweise nicht erwartet werden konnte, wurde die permanente Beaufsichtigung der Sklaven zu einer der zentralen Aufgaben des Landbesitzers oder des Verwalters. Durch Zwang und Bestrafung allein konnten die Sklaven aber kaum dazu gebracht werden, effizient zu arbeiten. Lob und materielle Zuwendungen werden daher von Xenophon im »Oikonomikos« als ein geeignetes Mittel empfohlen, um die Arbeitswilligkeit der Sklaven zu erhöhen – ein Rat, der von den römischen Agronomen wiederholt wurde.

Die Sklaven, die im städtischen Handwerk tätig waren, verfügten häufig über eine durch Ausbildung erworbene berufliche Qualifikation; teilweise arbeiteten sie relativ selbständig und waren lediglich gezwungen, einen Teil ihrer Einkünfte an ihren Besitzer abzugeben. Im Imperium Romanum konnten qualifizierte Sklaven gewöhnlich damit rechnen, im Alter von etwa dreißig Jahren freigelassen zu werden oder zumindest die Möglichkeit zum Freikauf zu erhalten. Um eine solche Vergünstigung tatsächlich zu erlangen, mußte der Sklave allerdings über einen längeren Zeitraum zur Zufriedenheit seines Besitzers gearbeitet haben. Die Aussicht auf Freilassung hatte zur Folge, daß der Sklave aus eigenem Antrieb den Erwartungen, die an ihn gestellt wurden, zu entsprechen suchte; sie trug zur Stabilisierung der Sklavenwirtschaft in den Städten bei.

In der antiken Wirtschaft hatte Geld bereits eine wichtige Funktion als Zahlungsmittel, obwohl es in Griechenland oder Rom noch keine voll ausgebildete Geldwirtschaft gab. In den Städten wurden sämtliche Güter, Nahrungsmittel sowie Erzeugnisse des Handwerks, auch Mieten und Dienstleistungen jeder Art mit Münzgeld bezahlt. Gemeinwesen und Herrscher der Antike betrieben aber keine gezielte Geldpolitik. Geld wurde nicht emittiert, um bestimmte wirtschaftspolitische Ziele zu verwirklichen, sondern um die vom Gemeinwesen oder Herrscher benötigten Güter und Leistungen – Ausrüstung, Verpflegung und Sold für das Heer und die Flotte, öffentliche Bauten – bezahlen zu können. Ferner trieb man einen Teil der Steuern in Form von Geld ein. Der Nominalwert der Münzen entsprach normalerweise ungefähr dem Wert des Edelmetalls, aus dem sie bestanden. Als der Silbergehalt der Münzen im 3. Jahrhundert n. Chr. drastisch herabgesetzt wurde, kam es zu einem Verfall des Geldwertes und einem starken Preisanstieg. Es muß damit gerechnet werden, daß eine bestimmte im Umlauf befindliche Geldmenge sich durch Verlust, anderweitige Verwendung des Edelmetalls, etwa für die Schmuckherstellung, durch Horten von Münzen oder Bezahlung von Importen jährlich um etwa 2 Prozent verringert hat; es war daher selbst bei gleichbleibender Geldmenge notwendig, ständig neue Münzen zu prägen. Im 2. Jahrhundert v. Chr. waren nach neueren Schätzungen in Rom etwa 35 Millionen Denare im Umlauf, für deren Prägung 125 Tonnen Silber gebraucht wurden. Deshalb hatte der Bergbau nicht nur eine große wirtschaftliche, sondern auch eine eminent politische Bedeutung. Die Verfügung über umfangreiche Edelmetallressourcen war in der Antike eine der entscheidenden Voraussetzungen politischer Machtentfaltung.

Die Dynamik der antiken Agrargesellschaft resultierte wesentlich aus dem Bevölkerungsanstieg, dem Prozeß der Urbanisierung und einer zunehmenden Zentralisierung politischer Macht. Durch das Wachstum der Städte erhöhte sich in den Bevölkerungszentren die Nachfrage nach Agrarerzeugnissen und Produkten des Handwerks. Die Schaffung von Wohnraum und die Errichtung von Infrastrukturanlagen hatte den Aufstieg des Baugewerbes zur Folge. Im Bereich der Politik führten die wachsenden Aufwendungen für Armee und Kriegführung, ein gesteigerter Herrschaftsanspruch, der in den hellenistischen Königreichen und in der Zeit des Principats seinen Niederschlag im forcierten Ausbau einer Zivilverwaltung fand, und nicht zuletzt ein sich immer stärker artikulierendes Repräsentationsbedürfnis von Gemeinwesen und Herrschern zu einem erhöhten Finanzbedarf und damit zu einer intensiveren Besteuerung vor allem der Landbevölkerung. Der Zwang, Steuern und in vielen Regionen zusätzlich Pacht zu zahlen, oder aber die Verpflichtung, einen festgesetzten Teil der Ernten abzuliefern, nötigte die Bauern dazu, erheblich mehr zu produzieren, als sie für ihren eigenen Bedarf brauchten. Auf diese Weise wurden die bäuerlichen Familien in die lokalen und teilweise in die sich ausbildenden überregionalen Wirtschaftsstrukturen eingebunden.

Die soziale Differenzierung, die Entstehung großer Vermögen und die Tendenz, Prestige durch einen demonstrativen Konsum zu erwerben, waren Ursachen für einen verstärkten Bedarf an wertvollen Luxusgütern, der einerseits von einem spezialisierten Handwerk in den griechischen und römischen Städten, andererseits durch Importe zumal aus dem Osten gedeckt wurde. Da die Produktion von Luxusgütern normalerweise auf solche Regionen beschränkt blieb, in denen die erforderlichen Rohstoffe von hoher Qualität vorhanden waren, trug das Konsumverhalten der kleinen, aber sehr reichen Oberschicht zur Intensivierung des Handels bei. Gesellschaft und Wirtschaft der Antike waren keineswegs statisch, sondern von Entwicklungen geprägt, in deren Verlauf die sozialen und wirtschaftlichen Strukturen sich immer stärker ausdifferenzierten.

In der Diskussion über die Errungenschaften und Grenzen der antiken Technik ist immer wieder behauptet worden, die griechische und römische Gesellschafts- und Wirtschaftsstruktur habe sich hemmend auf Erfindungen und technischen Fortschritt ausgewirkt, wobei vor allem auf die Sklaverei hingewiesen worden ist. Die These, die Sklavenarbeit habe generell die Einführung neuer Techniken verhindert, stammt entgegen einer weit verbreiteten Meinung weder von Marx noch ist sie allein von Marxisten vertreten worden, sie gehört vielmehr in den Kontext der Aufklärung. Schon 1776 hat Adam Smith in dem »Wealth of nations« einen Zusammenhang zwischen Sklaverei und technischer Stagnation hergestellt: »Sklaven sind indes höchst selten erfinderisch, und die wichtigsten Erfindungen und Verbesserungen entweder im Bau von Maschinen oder in der Anordnung und Aufteilung der einzelnen Verrichtung, welche die Arbeit erleichtern und abkürzen, sind von Freien gemacht worden. Sollte ein Sklave je eine solche Verbesserung vorgeschlagen haben, so dürfte sein Herr stets bereit gewesen sein, den Vorschlag als Eingebung von Faulheit und des Wunsches zu betrachten, auf Kosten seines Herrn weniger arbeiten zu müssen.« Wahrscheinlich beruht diese Auffassung eher auf den Erfahrungen mit der Sklavenarbeit auf den großen amerikanischen Plantagen als auf einem genauen Studium der antiken Texte. Es ist heute jedenfalls unstrittig, daß gerade in solchen Epochen der Antike, in denen Landwirtschaft und Handwerk in großem Umfang auf Sklavenarbeit beruhten, bereits bekannte Geräte weiter verbessert oder neue Geräte, Verfahren und Produkte entwickelt und auch genutzt worden sind.

Als ein weiterer wirtschaftlicher Faktor, der auf die technische Entwicklung Einfluß genommen haben soll, wurde die geringe Kaufkraft der Bevölkerung genannt. Nach Meinung von Michael I. Rostovtzeff war im Imperium Romanum die Nachfrage nach Erzeugnissen des Handwerks zu gering, um einen Prozeß der Industrialisierung in Gang zu setzen. Solchen Überlegungen liegt bei vielen modernen Autoren explizit die Annahme zugrunde, im Hellenismus oder in der Zeit des Principats hätten bereits die technischen Voraussetzungen für eine kapitalistische

Wirtschaftsentwicklung und eine Industrialisierung bestanden, die Möglichkeit einer maschinellen Massenproduktion sei aber aus ökonomischen oder sozialen Gründen nicht realisiert worden. In neueren Arbeiten wurden allerdings schwerwiegende Einwände gegen eine derartige Sicht erhoben; vor allem konnte jetzt gezeigt werden, daß die Antike keineswegs jenen technischen Standard erreicht hatte, der den Übergang zur Mechanisierung oder Automatisierung der handwerklichen Produktion erlaubt hätte. Erst die von den Althistorikern früher zu wenig beachteten Erfindungen und Innovationen des Mittelalters und der frühen Neuzeit haben der Industriellen Revolution den Weg geebnet.

Eine gerechte Bewertung der Errungenschaften antiker Technik ist nur möglich, wenn man darauf verzichtet, sie an dem in der Neuzeit Erreichten zu messen. Die an sich richtige Feststellung, in Griechenland und Rom sei es nicht gelungen, durch Erfindung und Einsatz von Maschinen die Arbeitsproduktivität wesentlich zu steigern, muß ergänzt werden durch den Hinweis auf die Kumulation kleiner Fortschritte und jeweils geringfügiger Verbesserungen, die jedoch in ihrer Gesamtheit nachhaltige Wirkungen auf die antike Zivilisation besessen haben. Neben den Neuerungen in Landwirtschaft und Gewerbe sind die durchaus bahnbrechenden Leistungen auf solchen Gebieten wie der Infrastruktur oder der wissenschaftlichen Mechanik zu berücksichtigen. Außerdem darf Technik nicht nur im Kontext wirtschaftlicher Aktivität untersucht werden, denn in der Antike waren nicht allein wirtschaftliche Zielsetzungen für die technische Entwicklung entscheidend, sondern in vielen Fällen auch religiöse Überzeugungen, soziale Normen oder das Bestreben, Herrschaft zu legitimieren. Auf diese Weise kann gezeigt werden, daß Griechen und Römer einen wichtigen Beitrag zur Geschichte der europäischen Technik geleistet und die Voraussetzungen für die weitere Entfaltung der technischen Kapazitäten im Mittelalter und in der frühen Neuzeit geschaffen haben.

Das archaische und klassische Griechenland

Das »Dark Age« (1200–800 v. Chr.)

Schriftlose Gesellschaften, die keinen Reichtum an materiellen Gütern zu entfalten vermochten, haben normalerweise wenige Spuren hinterlassen und sind daher für die Archäologie sehr schwer faßbar. Dies trifft besonders für Griechenland in der Zeit nach der Zerstörung der mykenischen Paläste zu, und deswegen haben englische Altertumswissenschaftler diese Epoche der griechischen Geschichte als »Dark Age« bezeichnet, als ein dunkles Zeitalter, über das kaum etwas bekannt ist. In den vergangenen Jahrzehnten hat sich diese Situation allerdings insofern grundlegend geändert, als es den Archäologen gelungen ist, durch eine Vielzahl neuer Grabungen und durch Anwendung verbesserter Methoden ein differenziertes Bild jener Jahrhunderte zu entwerfen.

Die Grabungen in verschiedenen Landschaften Griechenlands – etwa in der Nekropole von Perati an der Ostküste von Attika – haben gezeigt, daß die mykenische Kultur nicht gleichzeitig mit der Zerstörung der Paläste vollständig ausgelöscht, sondern zunächst für einige Zeit von der Bevölkerung außerhalb der alten Machtzentren noch bewahrt und tradiert worden ist. In der Folgezeit entwickelten sich die einzelnen Regionen äußerst unterschiedlich. Zu einer gewissen Prosperität gelangte Lefkandi, ein Ort an der Südküste von Euboia; hier sind auch bereits in einer sehr frühen Phase Importe aus dem Osten feststellbar. Die qualitätvolle protogeometrische Keramik ist ein wichtiges Zeugnis für den Aufstieg des Handwerks in Attika während des 10. und 9. Jahrhunderts v. Chr. Die Entwicklung im »Dark Age« kann durch die Zahl der jeweils für die einzelnen Jahrhunderte archäologisch nachgewiesenen Siedlungsplätze veranschaulicht werden (nach W.-D. Heilmeyer):

13. Jahrhundert v. Chr.	320 Siedlungsplätze
12. Jahrhundert v. Chr.	130 Siedlungsplätze
11. Jahrhundert v. Chr.	40 Siedlungsplätze
10. Jahrhundert v. Chr.	120 Siedlungsplätze
9. Jahrhundert v. Chr.	140 Siedlungsplätze
8. Jahrhundert v. Chr.	260 (mit Neugründungen außerhalb Griechenlands)

Diese Zahlen lassen deutlich die Phasen des Niederganges und des Wiederaufstiegs erkennen. Die Siedlungen dieser Zeit waren klein und von wenigen Menschen bewohnt. Insgesamt ist für das »Dark Age« das Fehlen von Städten und von Monumentalbauten aus Stein charakteristisch. Die Kenntnis der Schrift, die in der mykenischen Kultur primär Verwaltungszwecken diente und allein von einem qualifizierten Personenkreis beherrscht wurde, war nach der Katastrophe des 12. Jahrhunderts verlorengegangen; eine der grundlegenden Kulturtechniken stand damit den Griechen nicht mehr zur Verfügung. Der Verlust handwerklicher Kompetenz und die Verarmung der Gesellschaft sind auch am Niedergang der Metallverarbeitung erkennbar. Fundkomplexe aus der Zeit zwischen 1200 und 900 v. Chr. weisen äußerst selten Gegenstände aus Edelmetall oder Bronze auf. Nach dem Zusammenbruch ihrer Handelsbeziehungen scheinen die Griechen keinen Zugang mehr zu den Metallvorkommen des östlichen Mittelmeerraumes besessen zu haben. Auf die Nutzung ihrer eigenen Ressourcen angewiesen, begannen sie, die in vielen griechischen Landschaften vorhandenen Eisenlagerstätten zu erschließen und Eisen zu verarbeiten. Dabei ist unklar, inwieweit die Griechen hierbei dem Vorbild Kleinasiens gefolgt sind; als gesichert kann jedoch gelten, daß die Hethiter bereits im 13. Jahrhundert v. Chr. über Eisenwaffen verfügt haben. Es ist bemerkenswert, daß in Griechenland die Eisenverarbeitung, die als ein bedeutender technischer Fortschritt zu werten ist, in einer Zeit des zivilisatorischen Niedergangs und der materiellen Verarmung eingesetzt hat.

Obgleich es im »Dark Age« nicht zur Entstehung nennenswerter Machtzentren kam, waren die Griechen während der Umwälzungen im Mittelmeerraum in der Lage, ihr Siedlungsgebiet erheblich auszuweiten. Sie ließen sich an der Westküste Kleinasiens nieder und errichteten dort geschlossene Ortschaften, die bald auch mit Mauern umgeben wurden. Die Ägäis, die nach Süden hin durch die Inseln Kreta, Karpathos und Rhodos vom übrigen Mittelmeer abgeschlossen wird, ist auf diese Weise zu einem griechischen Meer geworden.

Eine wichtige Voraussetzung für die Entwicklung Griechenlands im »Dark Age« und in den folgenden Jahrhunderten war die Tatsache, daß keine der Großmächte des Vorderen Orients zunächst fähig war, ihren Machtbereich nach Westen auszudehnen und den Raum der Ägäis ihrer Herrschaft zu unterwerfen. In dem Machtvakuum, das durch die über den östlichen Mittelmeerraum hinweggegangene Zerstörungswelle geschaffen worden war, konnte die griechische Kultur sich erneut entfalten, ohne irgendeinem Zwang fremder Mächte ausgesetzt zu sein. In Griechenland selbst waren die Könige schwache Herrscher, die kleine Gebiete regierten und nur wenig Macht besaßen. Unter diesen Bedingungen entstand eine aristokratische Gesellschaftsordnung, die dem einzelnen Adligen einen großen Spielraum für sein Handeln ließ und seinen sozialen Ansprüchen sowie seinem Verlangen nach Anerkennung und Ruhm kaum Grenzen setzte. Der Lebensstil und die Normen des Adels beeinflußten die Entwicklung der archaischen und klassischen griechischen Kultur tiefgreifend – ein Tatbestand, der erhebliche Auswirkungen gerade auch auf die Geschichte der Technik besaß, denn die Aufträge des Adels und der aristokratisch geprägten Gemeinwesen stellten steigende Anforderungen an die Fähigkeiten der Handwerker. Und der Kampf der Adelsfamilien untereinander um Einfluß und Prestige fand seine Entsprechung in dem Wetteifer der Handwerker, den Artefakten unvergleichliche Schönheit zu verleihen und zu diesem Zweck immer wieder neue technische Verfahren zu entwickeln.

Die Isolierung Griechenlands von den Hochkulturen des Vorderen Orients wurde noch im »Dark Age« durchbrochen. Durch die Präsenz der Griechen auf Zypern bestand eine Verbindung zum nordsyrischen Raum, und im Zuge der phönizischen Expansion im gesamten Mittelmeerraum wurden erneut Handelskontakte zwischen der Ägäis und dem Osten hergestellt. Phönizier und Wanderhandwerker aus dem Orient gelangten nach Griechenland und trugen so zur Verbreitung fortgeschrittener Techniken bei. Auf diese Weise bildete sich eine außerordentlich günstige Konstellation für eine kulturelle Entwicklung heraus: Die Griechen waren mit den Errungenschaften einer ihnen weitaus überlegenen Kultur konfrontiert, die ihnen aber nicht als überlegene politische und militärische Macht gegenübertrat. In der Begegnung mit dem Osten behielten die Griechen ihre Unabhängigkeit; die Aneignung fremder Kulturtechniken und Techniken erfolgte nicht erzwungen, sondern in einem selbstbestimmten Lernprozeß. Die Griechen erwarben so jene kulturelle und technische Kompetenz, die es ihnen schließlich ermöglichte, sich von ihren Vorbildern zu lösen und über sie hinauszuwachsen.

Die Welt des Odysseus: Landwirtschaft und Handwerk in den Epen Homers

Das archäologische Material, auf dem die Kenntnis von der frühgriechischen Gesellschaft weitgehend beruht, beantwortet keineswegs alle Fragen, die sich dem Historiker bei der Untersuchung der materiellen Kultur des »Dark Age« und der archaischen Epoche stellen. Die Organisation der Arbeit, die Lebensbedingungen der arbeitenden Menschen und ihre soziale Stellung entziehen sich vielfach der Analyse des Archäologen, und die Artefakte gewähren nur wenig Aufschluß über die Vorstellungen, die mit ihrer Anfertigung und ihrem Gebrauch verbunden gewesen sind. Die technische Entwicklung der archaischen Zeit ist aber nur zu verstehen, wenn es gelingt, die Einstellung der Griechen zum technischen Handeln und ihre Bewertung materieller Güter zumindest in den Grundzügen zu erfassen. Zu diesem Zweck ist es notwendig, die Auswertung des archäologischen Materials durch die Interpretation der Texte aus der archaischen Zeit zu ergänzen. Im Zentrum stehen hierbei die Epen Homers, die dem Historiker einen Einblick in die Gedankenwelt eines Griechen des späten 8. Jahrhunderts v. Chr. gestatten. Darüber hinaus läßt sich die Beschäftigung mit den Epen damit begründen, daß sie bereits in der Antike zum Kanon der klassischen Texte gehört haben, die immer wieder gelesen und zitiert worden sind. Im 4. Jahrhundert v. Chr. war in Athen die Meinung verbreitet, Homer »habe Hellas erzogen, und bei der Anordnung und Förderung aller menschlichen Dinge müsse man ihn zur Hand nehmen, von ihm lernen und das ganze eigene Leben nach diesem Dichter einrichten und durchführen« (Platon).

Homer darf nicht naiv als historische Quelle für die Verhältnisse seiner Epoche gelesen werden; die Epen stellen die längst versunkene Welt jener Helden dar, die vor Troja kämpften. Durch eine archaisierende Beschreibung von Waffen, Kriegstaktik oder von Herrschaftsverhältnissen schafft Homer bewußt eine Distanz zu seiner eigenen Zeit; auch die geographischen Angaben – etwa die Nennung der Burgen einzelner Herrscher – entsprechen den Verhältnissen der mykenischen Epoche. Die Schilderung Homers ist allerdings nicht frei von Widersprüchen; es finden sich immer wieder Elemente, die historisch dem »Dark Age« oder dem 8. Jahrhundert zuzuordnen sind. Die Welt des Odysseus entspringt der Imagination des Dichters; sie mit einer bestimmten Epoche der griechischen Geschichte gleichzusetzen, ist daher nicht möglich.

Es gibt in den Epen aber auch Passagen, in denen die Distanz zwischen der Zeit der Heroen und der Gegenwart des Dichters überbrückt wird: Die Vergleiche, die das erzählte Geschehen verdeutlichen sollen, verweisen auf einen den Zuhörern vertrauten Vorgang und thematisieren die sonst in den Epen nur selten berührte Welt der landwirtschaftlichen und handwerklichen Arbeit. Auf diese Weise vermitteln die zahlreichen Vergleiche ein anschauliches Bild der frühgriechischen Technik; sie zeigen außerdem, wie der Dichter technisches Handeln wahrgenommen hat. Die Sujets der Vergleiche stammen häufig aus dem Agrarbereich, vor allem aus der Viehhaltung. Homer schildert, wie große Herden von Schafen, Ziegen oder Rindern unter Aufsicht von Hirten in den Bergen oder in den Küstenebenen weiden, oder wie Kälber und Lämmer auf den Höfen großgezogen werden.

Viele der in den Vergleichen beschriebenen bäuerlichen Arbeiten stehen in engem Zusammenhang mit dem Getreideanbau; so werden im einzelnen das Pflügen, die Ernte, das Dreschen und das Worfeln erwähnt. In einigen dieser Verse stellt der Dichter nicht die Tätigkeit der Menschen, sondern die Anstrengung der Tiere in den Mittelpunkt (XIII 703 ff.): »Wie zwei rötliche Stiere den starken Pflug durch die Brache/ziehen, einmütigen Triebs; der Schweiß in reichlicher Menge/bricht an den Wurzeln der Hörner hervor und netzt ihre Stirnen./Nur durch das wohlgeglättete Joch getrennt voneinander,/streben sie vorwärts, die Furche zur Grenze des Raines zu ziehen.« Das Pflügen mit zwei Zugtieren, die unter dem Joch gehen, ist ein Homer vertrauter Vorgang gewesen, der in den Epen immer wieder dargestellt wird. Auch bei der Beschreibung des Dreschens richtet sich der Blick des Dichters auf die Arbeitstiere (XX 495 ff.): »So wie die breitgestirnten Rinder zusammen man koppelt,/leuchtende Gerste zu dreschen auf wohlgeebneter Tenne;/rasch enthülst wird das Korn von den Tritten der brüllenden Rinder.«

In den Versen, in denen der Vorgang des Worfelns zum Vergleich mit dem

Kampfgeschehen herangezogen wird, erscheint eine Göttin als diejenige Instanz, die die erwünschte Trennung von Spreu und Weizen bewirkt, ohne daß dadurch die Genauigkeit der Beschreibung beeinträchtigt wird (V 499 ff.): »Gleichwie der Wind die Spreu die heiligen Tennen entlang fegt/unter der Worfeler Schwung, wann die blondgelockte Demeter/sondert die Frucht von der Spreu im Hauche der drängenden Winde/und wie die Haufen weiß davon werden...«

Zu den ländlichen Motiven in den Vergleichen gehört ferner die Bewässerung eines Gartens (XXI 257 ff.): »So wie ein grabenziehender Mann aus der dunklen Quelle/über Saaten und Gärten den Weg bereitet dem Wasser/und den Schutt mit der Schaufel beiseite wirft aus dem Graben;/und von dem vorwärtsflutenden werden die sämtlichen Kiesel/fortgerissen...«

Unter den handwerklichen Tätigkeiten, die in den Vergleichen erwähnt werden, dominiert die Arbeit des Zimmermanns, zu dessen Aufgaben der Schiffbau, die Herstellung von Wagenrädern und der Bau eines Dachstuhls gezählt werden; die besondere Aufmerksamkeit des Dichters gilt dabei der Funktion und dem Gebrauch der Werkzeuge, von denen Beil, Richtschnur und Bohrer genannt werden. Die Arbeit des Handwerkers wird wesentlich als geschickter, auf Erfahrung und Wissen beruhender Gebrauch von Werkzeugen bestimmt (XV 410 ff.): »...wie die richtende Schnur den Balken des Schiffes/gerade mißt in den Händen des Zimmerers, der mit Erfahrung/alle Griffe der Kunst beherrscht, gelehrt von Athene.« Neben dem Zimmerer findet auch der Schmied Beachtung. Homer kennt das Verfahren, rotglühendes Eisen durch Eintauchen in kaltes Wasser zu härten (9, 391 ff.): »Wie wenn ein kluger Schmied die Holzaxt oder das Schlichtbeil/aus der Ess' in den kühlenden Trog, der sprudelnd emporbraust,/wirft und härtet; denn das erneut die Kräfte des Eisens.« Die in den Epen so oft verwendeten Vergleiche zeigen, daß Homer eine eminente Fähigkeit besaß, die grundlegenden Merkmale landwirtschaftlicher und handwerklicher Arbeit zu erfassen und einzelne Arbeiten, technische Verfahren oder den Gebrauch der Werkzeuge präzise zu beschreiben.

Die Tatsache, daß in der »Ilias« der Kampf der griechischen Helden vor Troja immer wieder mit der Sphäre alltäglichen technischen Handelns kontrastiert wird, setzt ein genuines Interesse des Dichters, aber auch seiner Zuhörer, an dieser Thematik voraus; für diese Annahme können weitere gewichtige Argumente angeführt werden. Vor allem ist darauf hinzuweisen, daß in beiden Epen Götter und Helden bei der handwerklichen Arbeit gezeigt werden und solche Szenen im Rahmen der jeweiligen Handlung durchaus bedeutsam sind: Im achtzehnten Gesang der »Ilias« wird ausführlich geschildert, wie Hephaistos für Achilleus Rüstung und Waffen schmiedet. Die Arbeit des Gottes wird wie die eines gewöhnlichen Menschen beschrieben; die Mühen der Arbeit werden dabei in geradezu realistischer Weise betont. Nur durch die von ihm geschaffenen Artefakte erweist sich der Gott bei Homer den Menschen als überlegen: Er ist etwa fähig, Dreifüße herzustel-

10. Hephaistos bei der Herstellung der Rüstung für Achilleus. Attische rotfigurige Trinkschale, um 480 v. Chr. Berlin, Staatliche Museen Preußischer Kulturbesitz, Antikenmuseum

len, die sich von selbst bewegen können (XVIII 372 ff.): »Schwitzend fand sie ihn dort um die Blasebälge beschäftigt,/eifrig am Werk, denn er bildete Dreifüße, zwanzig in allem,/rings um die Wand sie zu stellen des festgebauten Gemaches./ Goldene Räder befestigte jedem er unten am Boden,/daß sie von selbst sich bewegten hinein in der Götter Versammlung,/dann aber wieder zum Hause zurück, ein Wunder dem Auge./Diese waren fertig soweit, und nur noch der Henkel/Zierat fehlte, die macht' er zurecht und hämmerte Bänder.«

Bemerkenswert ist die Stellung dieser Szene in der Handlung des Epos. Nachdem Achilleus seine Waffen, die sein Gefährte Patroklos trug, als er dem Trojaner Hektor unterlag, verloren hatte, war er nicht mehr in der Lage, sich erneut am Kampf zu beteiligen; erst als er die von Hephaistos geschmiedeten Waffen erhielt, konnte er den Freund rächen und Hektor töten. Der Held ist auf den Handwerker und die handwerkliche Arbeit angewiesen, und der Schrecken, den sein Anblick unter den Feinden hervorruft, geht wesentlich von seinen Waffen aus.

Anders als Achilleus kann Odysseus sich aufgrund seines handwerklichen Könnens in einer Notlage selbst helfen. Um die Insel der Nymphe Kalypso verlassen zu können, ist er gezwungen, sich ein Boot zu bauen. In den entsprechenden Versen der »Odyssee« werden alle dafür notwendigen Arbeitsschritte – das Fällen der

Bäume, das Glätten und Bohren der Balken, das Zusammenfügen der Planken, die Aufstellung des Mastes, die Herstellung des Ruders sowie die Einrichtung der Takelage – eingehend beschrieben. Ohne Schwierigkeit gebraucht Odysseus die Werkzeuge des Zimmermanns, und die Hilfe der Kalypso beschränkt sich darauf, dem Helden für sein Vorhaben geeignete Werkzeuge zu bringen und ihm Tuch für das Segel zu geben. Die handwerkliche Geschicklichkeit des Odysseus wird auch in einer Schlüsselszene des Epos, im Wiedererkennen von Odysseus und Penelope, unterstrichen. Von Penelope auf die Probe gestellt, erzählt Odysseus, wie er vor langer Zeit das Ehegemach für sich und die Gemahlin gebaut hat, indem er selbst die Mauern um einen alten Ölbaum, dessen Stamm dann als Pfosten des unverrückbaren Bettes diente, errichtete, die Türen zimmerte und schließlich die Möbel mit Gold, Silber und Elfenbein verzierte. Die handwerkliche Tätigkeit steht demnach keineswegs im Widerspruch zum Selbstverständnis der homerischen Helden.

Die Einstellung des Dichters zur Zivilisation und zum technischen Handeln wird besonders deutlich in zwei Passagen, in denen über die Konfrontation des Odysseus einerseits mit den Kyklopen, kulturlosen Wilden, und andererseits mit den Phäaken, Menschen einer städtischen Zivilisation, berichtet wird. Mit folgenden Worten wird die Welt der Kyklopen charakterisiert (9,107 ff.): »... die, auf die Götter vertrauend,/nimmer pflanzen noch sä'n und nimmer die Erde beackern./Ohne Samen und Pfleg' entkeimen alle Gewächse,/Weizen und Gerste dem Boden und edle Reben, die tragen/Wein in schweren Trauben, und Gottes Regen ernährt ihn./ Dort ist weder Gesetz noch öffentliche Versammlung,/sondern sie wohnen all' auf den Häuptern hoher Gebirge/rings in gewölbten Grotten, und jeder richtet nach Willkür/seine Kinder und Weiber und kümmert sich nicht um den andern.«

Aspekte der materiellen Kultur, nämlich das Fehlen von Getreide- und Weinanbau sowie die verstreute Siedlungsweise sind an dieser Stelle entscheidende Kriterien für die Beschreibung eines fremden Volkes. Die aus den mangelnden technischen Fähigkeiten der Kyklopen sich ergebenden Konsequenzen für die Nutzung ihres Landes werden von Odysseus klar erkannt. Der Grieche führt die Tatsache, daß eine dem Festland vorgelagerte Insel brachliegt, auf das Fehlen von Schiffen zurück, das überdies jeden Kontakt der Kyklopen mit anderen Völkern unmöglich macht. Es ist auffallend, wie intensiv Odysseus die Chancen einer agrarischen Erschließung der Insel reflektiert. Er glaubt, Fremde könnten hier, begünstigt durch das Klima und die gute Bodenqualität, leicht hohe Ernteerträge erzielen und auf diese Weise die bis dahin unbewohnte und nicht bewirtschaftete Insel in eine blühende Agrarlandschaft verwandeln. Solche Überlegungen des Odysseus implizieren eine positive Bewertung des Ackerbaus. Der Unfähigkeit der Kyklopen, das Land zu bebauen, steht die Möglichkeit einer intensiven Nutzung gegenüber; der Wandel von der Brachlandschaft, auf der wilde Ziegen weiden, zum Getreide- und Weinanbau wird als wünschenswert dargestellt.

Das Gegenstück zu den Ausführungen über die Lebensweise der Kyklopen ist der Abschnitt über die Stadt der Phäaken, die zunächst von Nausikaa beschrieben wird. Bereits in den Sätzen, in denen die junge Königstochter Odysseus den Weg zum Palast ihres Vaters erklärt, stehen Hafen und Schiffshäuser, der gepflasterte Marktplatz und das Poseidon-Heiligtum im Mittelpunkt; und gerade die Bauten sind es, die das Erstaunen des Odysseus erregen, als er in die Stadt gelangt (7,43 ff.): »Staunend sah er die Häfen und gleichgezimmerten Schiffe/und die Versammlungsplätze des Volks und die türmenden Mauern,/lang und hoch, mit Pfählen umringt, ein Wunder zu schauen!« Homer zeichnet das Bild einer Stadt, deren Bevölkerung alle anderen Menschen durch ihre technischen Leistungen übertrifft, in Überfluß und Muße lebt und einen verfeinerten Lebensstil besitzt.

Die Phäaken unterscheiden sich von den Kyklopen nicht nur durch ihre städtische Kultur oder ihre Fähigkeit, mit Schiffen das Meer zu befahren, sondern gerade auch durch ihr Verhalten Fremden gegenüber. Während der Kyklop den Hinweis des Odysseus auf das Gastrecht grausam mißachtet und sogar dessen Gefährten umbringt, begegnet man Odysseus im Hause des Alkinoos mit großer Achtung. Man spendet Zeus als dem Beschützer der Hilfeflehenden ein Trankopfer und gibt dem Helden schließlich jene Gastgeschenke, um die er den Kyklopen vergebens gebeten hatte. Die in der Stadt lebenden Phäaken besitzen eine Gerechtigkeit, die sich positiv vom Verhalten des Kyklopen abhebt. Der Zustand technischer Primitivität ist im Epos mit der Mißachtung menschlicher und religiöser Normen verbunden.

Es ist sicherlich kein Zufall, daß gerade in der Stadt der Phäaken das Lied von Ares und Aphrodite vorgetragen wird, das die Überlegenheit technischen Handelns über die bloße Stärke zum Thema hat. Der Sänger Demodokos erzählt in diesem Lied, wie Aphrodite, die mit Hephaistos verheiratet ist, ein Liebesverhältnis mit dem Kriegsgott Ares begann. Hephaistos, auf Rache sinnend, schmiedete ein Netz aus feinsten Ketten, das er über dem Ehebett anbrachte. Als Ares wieder Aphrodite aufsuchte und beide das Bett bestiegen, umschlangen sie »die künstlichen Bande des klugen Erfinders Hephaistos,/und sie vermochten kein Glied zu bewegen oder zu heben«. Die Götter nun, von dem betrogenen Hephaistos herbeigeholt, um Zeugen des Ehebruchs zu werden, reagierten mit folgenden Worten (8,329 ff.): »Böses gedeihet doch nicht; der Langsame fängt ja den Schnellen!/Also fing Hephaistos, der Langsame, jetzt sich den Ares,/welcher am hurtigsten ist von den Göttern des hohen Olympos,/er, der Lahme, durch Techne...« Diese Verse sind von zentraler Bedeutung für das griechische Technikverständnis. Am Beispiel von Hephaistos und Ares wird gezeigt, daß ein Schwächerer durch technische Geschicklichkeit seine körperliche Unterlegenheit zu kompensieren und einen Stärkeren zu überwinden vermag. Der griechische Begriff, den Homer an dieser Stelle gebraucht, um die Geschicklichkeit des Hephaistos zu bezeichnen, ist »Techne«, ein Wort, das im Denken der Griechen eine bedeutende Rolle spielen sollte.

11. Blendung des Polyphem durch Odysseus und seine Gefährten. Vasenbild auf einer attischen Amphora, um 650 v. Chr. Eleusis, Museum

In der Erzählung des Odysseus über seine Irrfahrten gibt es eine Stelle, an der in ähnlicher Weise geschildert wird, wie ein Schwächerer, der über technische Fähigkeiten verfügt, einen Stärkeren bezwingt. Es handelt sich um die Geschichte von der Blendung des Kyklopen: Als Odysseus mit seinen Gefährten in der Höhle des einäugigen Polyphem eingeschlossen und ihm damit wehrlos ausgeliefert war, schlug er von einer großen Keule aus Olivenholz ein klafterlanges Stück ab, das er dann mit den Gefährten bearbeitete, wobei er vor allem die Spitze im Feuer härtete. Sobald der zurückgekehrte Kyklop, vom Wein berauscht, eingeschlafen war, brachte Odysseus die Spitze des Pfahls zum Glühen und stieß ihn mit Hilfe der Gefährten ins Auge des Kyklopen. Die Blendung wird von Homer durch zwei Vergleiche drastisch verdeutlicht; zuerst wird das Drehen des Stammes mit dem Gebrauch eines Bohrers verglichen (9,384 ff.): »...Wie wenn ein Mann, den Bohrer lenkend, ein Schiffsholz/bohrt; die Unteren ziehen an beiden Enden des Riemens,/wirbeln ihn hin und her, und er fliegt in dringender Eile.« Das Ausbrennen des Auges wird in den folgenden Versen durch den Hinweis auf das Härten von glühendem Eisen in kaltem Wasser veranschaulicht. Beide Vergleiche haben die Funktion, die strukturelle Ähnlichkeit zwischen dem Vorgehen des Odysseus und der Arbeit eines Handwerkers zu betonen. Der Gegensatz zwischen dem Griechen und dem Kyklopen, zwischen Kultur und dem Zustand der Primitivität, wird von Homer dadurch charakterisiert, daß er dem sorglosen Vertrauen des Wilden auf seine eigene Stärke die Fähigkeit des Schwächeren, Instrumente zu verfertigen, die seinen Nachteil ausgleichen, gegenüberstellt. Der Triumph über die Kraft des Kyklopen ist ein Triumph dessen, dem die Geschicklichkeit des Handwerkers zur Verfügung steht.

Eine wichtige Voraussetzung für erfolgreiches technisches Handeln ist bei Homer die kluge Überlegung (Metis). So stellt Nestor fest, bei einem Wagenrennen sei nicht allein die Schnelligkeit der Pferde, sondern in höherem Maße noch die Klugheit des Wagenlenkers entscheidend. Dies gilt nach Nestor generell für technisches Handeln; er führt in seiner an den jungen Wagenlenker Antilochos gerichteten Rede zwei Beispiele hierfür an (XXIII 315 ff.): »Kluge Besinnung fördert den Holzfäller mehr als die Stärke,/nur mit Besinnung vermag im dunkelnden Meere der Schiffer/sicher zu lenken sein schnelles Schiff, das die Winde zerrütteln.« Von Beginn an ist für den Griechen technisches Handeln nicht auf manuelle Geschicklichkeit und handwerkliche Routine beschränkt, sondern wird immer auch unter dem Aspekt der intelligenten Problemlösung gesehen.

Die Aufmerksamkeit des Dichters gilt neben dem technischen Können einzelner Helden und Handwerker auch den besonders kostbaren Artefakten, die meist fremdländischen Ursprungs sind. Die Faszination, die diese Gegenstände auf Homer ausübten, war so groß, daß er mehrmals die Geschichte ihrer Fertigung und Herkunft erzählt. In diesem Zusammenhang werden vor allem die Bewohner von Sidon als Schöpfer wertvoller Stoffe und Silbergefäße genannt. So erscheint unter den Kampfpreisen, die Achilleus für die Leichspiele zu Ehren des Patroklos gestiftet hat, ein Mischkrug aus Sidon (XXIII 741 ff.): »Erst einen silbernen Krug, getrieben; er mochte sechs Maße/fassen; an Pracht übertraf er die anderen sämtlich auf Erden,/weit; denn es hatten ihn kunstgeübte Sidonier gebildet./Und Phönizier führten ihn fort über neblige Meere,/brachten ans Land ihn im Hafen und schenkten ihn endlich dem Thoas./Doch für des Priamos Sohn Lykaon gab ihn zum Tausche/ später an Patroklos dann der Sohn des Iason Euneos.« Dieser Krater, der für den

Sieger im Wettlauf bestimmt war, hatte, wie die übrigen Preise zeigen, für die Griechen einen höheren Wert als ein Stier oder ein halbes Talent Gold. Auch der silberne, von Hephaistos hergestellte Mischkrug, den Menelaos in Sparta dem jungen Telemachos schenkte, wird mit Sidon in Verbindung gebracht. In den Versen wird ebenfalls die einzigartige Kostbarkeit dieser Gefäße gerühmt, wobei nicht der Edelmetallwert, sondern die Qualität der Arbeit ausschlaggebend ist (4,613 ff.): »Von den Schätzen, so viel ich in meinem Haus bewahre,/geb' ich dir zum Geschenk das schönste und köstlichste Kleinod:/Geb' einen Mischkrug dir von unvergleichlicher Arbeit,/aus geläutertem Silber, gefaßt mit goldenem Rande,/von Hephaistos geformt! Ihn gab der Sidonier König / Phädimos mir, der Held, der einst im Palaste mich aufnahm,/als ich von dort heimkehrte; und dir nun soll er gehören.«

Als Hekabe, die Königin von Troja, auf Geheiß Hektors eine Bittprozession der Frauen zu Athene vorbereitete, wählte sie als Gabe für die Göttin ein buntverziertes Gewand, das nach Troja gebrachte Frauen aus Sidon gewebt hatten. An solchen Stellen der Epen kommt die Bewunderung der Griechen der homerischen Zeit für kunstvoll gefertigte Metallgefäße oder Stoffe deutlich zum Ausdruck, eine Bewunderung, die durch die fremde Herkunft dieser Artefakte eher noch gesteigert wird.

Hephaistos wird bei Homer wiederholt als Schöpfer von Gefäßen und Gegenständen aus Metall – etwa den sich selbst bewegenden Dreifüßen im Olymp, den Waffen und der Rüstung für Achilleus sowie den großen goldenen oder silbernen Mischkrügen – bezeichnet, und von Athene wird gesagt, sie habe für Hera und sich selbst Gewänder gewebt. Die Rolle der Götter im Bereich des Handwerks beschränkt sich aber nicht darauf, einzelne Artefakte herzustellen; wichtiger noch ist ihre Funktion, dem einzelnen Handwerker bei der Arbeit zu helfen oder ihm überhaupt die Kenntnis eines Handwerks zu vermitteln. Sowohl die Frauen auf der Insel der Phäaken als auch Penelope verdanken ihre Fähigkeit, Gewänder zu weben, der Athene. In einem Vergleich ist außerdem die Rede von einem Zimmermann, den die Göttin in sein Handwerk eingeführt hat. Allgemein ist im Epos eine enge Beziehung zwischen Athene und dem Zimmererhandwerk festzustellen. So steht der Trojaner Phereklos, der für Paris jene Schiffe gebaut hat, mit denen dieser Helena entführte, in ihrer Gunst, und sie hilft dem Griechen Epeios beim Bau des hölzernen Pferdes. Gott der Metallurgie ist Hephaistos, der als einziger unter den olympischen Göttern mit einem körperlichen Makel behaftet ist: Lahm geboren, wurde er von Zeus auf die Erde geschleudert, wo er, von Eurynome und Thetis gerettet, heimlich das Schmiedehandwerk auszuüben begann. In die Kämpfe um Troja vermag er anders als die anderen Götter nicht direkt einzugreifen, aber immerhin unterstützt er die Griechen, indem er für Achilleus neue Waffen schmiedet und als Herr des Feuers den über die Ufer getretenen Xanthos wieder in sein Flußbett zurückdrängt. Von den Göttern wird er verlacht und von Aphrodite betrogen, doch aufgrund seiner handwerklichen Fähigkeit ist er Ares überlegen. Das Bild des Gottes ist auf diese

Weise ambivalent: Es oszilliert zwischen der Betonung seiner körperlichen Schwäche und der Bewunderung der von ihm geschaffenen Artefakte. Indem die Epen Homers die handwerkliche Fähigkeit als Gabe der Götter sehen und die kunstvollen Gegenstände rühmen, verleihen sie dem Handwerk eine Dignität, die in der archaischen Epoche Griechenlands ihren Ausdruck im Selbstbewußtsein der Handwerker, die stolz ihre Werke signierten, und in der Aufmerksamkeit, die solchen Produkten in der griechischen Öffentlichkeit zuteil wurde, finden sollte.

Die archaische Epoche: Expansion, Urbanisation und technischer Wandel (700–500 v. Chr.)

Die archaische Epoche ist durch einen beschleunigten technischen Wandel gekennzeichnet, der die Entstehung eines neuen technischen Systems zum Ergebnis hatte. In der Zeit vor den Perserkriegen wurden jene Techniken entwickelt, die zur Grundlage der antiken Zivilisation und im Hellenismus sowie in der römischen Kaiserzeit zum Ausgangspunkt für weitere technische Fortschritte wurden. Die Leistung der Griechen im 7. und 6. Jahrhundert v. Chr. hat der amerikanische Althistoriker Chester G. Starr mit folgenden Worten charakterisiert: »Hinsichtlich des technischen Wandels war das Zeitalter der Expansion eine Periode außergewöhnlicher Fortschritte. Man kann sagen, daß die griechische Welt sich in der Zeit zwischen 800 und 500 v. Chr. jenen Bestand technischer Fähigkeiten und Verfahren angeeignet hat, den die Griechen und danach auch die Römer bis zum Ende der Antike nutzten.« Die technischen Innovationen der archaischen Zeit sollte man nicht isoliert betrachten, sondern im Kontext der gleichzeitigen tiefgreifenden sozialen, wirtschaftlichen und kulturellen Veränderungen sehen. Die griechische Gesellschaft entfaltete eine hohe Eigendynamik, die keinen Lebensbereich unberührt ließ und eine erhebliche Steigerung der kulturellen und damit der technischen Kompetenz bewirkte. Auch in der archaischen Epoche war Griechenland starken äußeren Einflüssen ausgesetzt; die Beziehungen zum östlichen Mittelmeerraum hatten sich erheblich intensiviert. Die Griechen folgten in vielen Bereichen dem Vorbild des Vorderen Orients oder Ägyptens, waren in diesem Rezeptionsprozeß aber stets fähig, die übernommenen Ausdrucksformen, Kulturtechniken oder Techniken schöpferisch umzuformen und den Bedingungen ihrer eigenen Gesellschaft sowie ihren eigenen Vorstellungen anzupassen. Aus diesem Grund war die kulturelle Eigenständigkeit Griechenlands in der Konfrontation mit den weiter entwikkelten Ländern des Ostens nie gefährdet.

Zur Transformation der Gesellschaft des »Dark Age« trug die griechische Expansion im westlichen Mittelmeerraum und im Pontos-Gebiet entscheidend bei. In einer Phase starken Bevölkerungswachstums, mit dem die Nahrungsmittelproduk-

Die archaische Epoche

tion auf den kleinen Inseln der Ägäis oder in den Küstenebenen mit ihren begrenzten Anbauflächen nicht Schritt halten konnte, waren viele Städte gerade in Zeiten von Mißernten und Hunger gezwungen, einen Teil der Bevölkerung in fremde Gebiete zu entsenden. Die neuen Siedlungen lagen zumeist in den fruchtbaren Küstenebenen, denn das wichtigste Ziel der Griechen war es, Ackerland für den Getreideanbau zu gewinnen; durch die Nähe des Meeres war die Verbindung zum Mutterland gesichert. Handelsinteressen spielten bei der Expansion in den westlichen Mittelmeerraum nur eine sekundäre Rolle. In der Zeit von der Mitte des 8. Jahrhunderts bis zum 6. Jahrhundert gründeten die Griechen meist unter der Führung einzelner Aristokraten zunächst auf Sizilien (Naxos, Syrakus, Akragas) und in Unteritalien (Kyme, Sybaris, Rhegion, Kroton und Tarent), danach in Südfrankreich (Massalia), Nordafrika (Kyrene) und im Pontos-Gebiet eine Vielzahl von formalrechtlich unabhängigen Städten (Apoikien), die aber gewöhnlich enge Beziehungen zu der jeweiligen Mutterstadt (Metropolis) unterhielten. Die Herrschaftsverhältnisse im östlichen Mittelmeerraum ließen dagegen die Gründung unabhängiger griechischer Städte an den Küsten Syriens und Ägyptens nicht zu. Hier existierten aber bedeutende Handelsniederlassungen – Al Mina an der Mündung des Orontes und Naukratis im Nil-Delta –, in denen griechische Kaufleute tätig waren.

12. Säulenfront des Terrassentempels der Hatschepsut in Der el-Bahari, 1490–1468 v. Chr.

Bereits unter Psammetichos I. (664–610 v. Chr.) waren die Griechen in Ägypten präsent. Der Pharao nahm Piraten aus Ionien als Söldner in seine Armee auf und öffnete das Land erstmals fremden Kaufleuten. Im frühen 6. Jahrhundert v. Chr. wurden griechische Söldner in den Kämpfen gegen das Königreich Nubien eingesetzt; sie haben am Tempel von Abu Simbel eine Reihe von Inschriften hinterlassen, die teilweise über ihre Herkunft Aufschluß geben. Unter Amasis (570–526 v. Chr.) siedelte man die in der ägyptischen Armee dienenden Griechen bei Memphis an. Dieser Pharao gestattete es den griechischen Kaufleuten, in Naukratis Heiligtümer zu unterhalten und Handel zu treiben. Auf die Griechen des Mutterlandes muß Ägypten eine große Anziehungskraft ausgeübt haben, denn es gibt eine Reihe von Berichten über Reisen in das Nil-Land: Solon, der athenische Gesetzgeber, der Dichter Alkaios und Thales aus Milet sollen Ägypten besucht haben.

Der Einfluß der ägyptischen Kultur auf Griechenland ist am besten in der Architektur und in der Skulptur zu fassen. An den Ufern des Nils lernten die Griechen Monumentalbauten kennen, die gänzlich aus Naturstein errichtet waren; sogar die riesigen Säulen der großen Tempelanlagen bestanden aus diesem Material. Auch die unzähligen Standbilder von Göttern, Menschen und Tieren waren für die Griechen ein ungewohnter Anblick. Es gibt Anzeichen dafür, daß sie in der spätarchaischen Zeit die ägyptische Architektur und Skulptur als ein Vorbild ansahen, dem sie mit aller Energie nachzueifern suchten. So ahmte man auf Delos die ägyptischen Prozessionsstraßen nach, die auf beiden Seiten von Skulpturen liegender Sphingen oder Widder gesäumt waren, indem man mehrere Löwen aus Marmor an der Straße zum Heiligtum der Leto in einer Reihe aufstellte. Die aus der archaischen Zeit stammenden, teilweise überlebensgroßen Statuen unbekleideter Jünglinge folgen ebenfalls ägyptischen Vorbildern: Der Kuros ist aufrecht stehend, mit vorgestelltem linken Bein und mit zu Fäusten geschlossenen Händen dargestellt, ein Typus, der in Ägypten seit dem Alten Reich für das Standbild eines Mannes verbindlich war. Auch in der Wahl des Materials waren die Griechen nicht unbeeinflußt von der Kunst Ägyptens: Während die Statuetten der geometrischen Zeit (8. Jahrhundert v. Chr.) vorwiegend aus Bronze, bisweilen auch aus Ton hergestellt wurden, wagten es die griechischen Handwerker nun, harten Stein, vornehmlich Marmor, zu bearbeiten. Dem Vorbild der ägyptischen Tempelarchitektur folgend, verwendeten die Griechen etwa seit der Mitte des 6. Jahrhunderts v. Chr. beim Bau der dorischen Tempel Naturstein, der in Steinbrüchen gewonnen und glatt behauen wurde. Neben Ägypten ist der Vordere Orient zu erwähnen, der die griechische Formensprache nachhaltig geprägt und zur Durchsetzung figürlicher Darstellungen in der griechischen Vasenmalerei beigetragen hat. Die phönizischen Metallarbeiten, die Homer rühmte, machten die Griechen mit der Möglichkeit vertraut, Geschichten in Bildern zu erzählen. Keramikgefäße – Amphoren, Kratere und Schalen – waren die bevorzugten Bildträger.

Die archaische Epoche 75

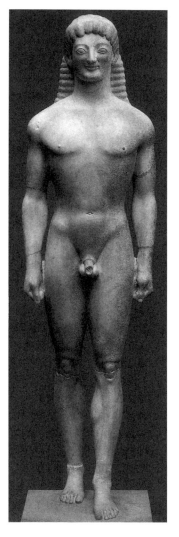

13. Kuros von Tenea. Marmorstatue, um 550 v. Chr. München, Staatliche Antikensammlungen

Die Voraussetzung für das Ausgreifen der Griechen über den Raum der Ägäis hinaus war die Entstehung von Siedlungen mit städtischem Charakter gegen Ende des »Dark Age«. Die Poleis des griechischen Mutterlandes, der Inseln und der Westküste Kleinasiens haben die Expansion vorangetrieben und auch in den Handelsbeziehungen zum Osten eine führende Rolle gespielt. Bereits in den Epen Homers finden sich Spuren dieser Entwicklung: Die Stadt der Phäaken verfügt über wichtige städtische Einrichtungen wie Schiffshäuser, Heiligtümer und einen Versammlungsplatz; in der »Ilias« erscheinen die Agora, auf der Recht gesprochen wird, und die Mauern als konstituierende Merkmale einer städtischen Siedlung. Obwohl die griechische Gesellschaft trotz der sich entfaltenden Städte eine Agrargesellschaft blieb, hatte die Urbanisation weitreichende Konsequenzen: Es entstanden in den einzelnen Regionen Zentren, die zum Träger der politischen, wirtschaftlichen, sozialen und kulturellen Entwicklung wurden. Die Agora der Polis wurde zum Ort der politischen Entscheidung, das Heiligtum die zentrale Stätte kultischer Verehrung. Mit der Urbanisation war eine steigende Mobilität der Menschen und eine zunehmende Interaktion zwischen den Poleis verbunden. Das Heiligtum des Apollon von Delphi entwickelte sich zu der bedeutendsten Orakelstätte Griechenlands, und an den panhellenischen Wettkämpfen nahmen die Adligen aller wichtigen griechischen Städte teil. Auf diese Weise wurde die Isolation, in der die Griechen des »Dark Age« gelebt hatten, durchbrochen; es kam zu einem Zusammenwirken der Poleis sowohl im griechischen Mutterland als auch in Ionien.

Mit dem Bevölkerungswachstum, der Expansion und der Urbanisation ging ein Aufschwung des Handwerks und eine Intensivierung der überregionalen Handelskontakte einher. In Athen förderte Solon das Handwerk durch gesetzliche Maßnahmen (Plutarch, Solon 22): »Da er sah, wie die Stadt sich mit Menschen füllte, die stets von allen Seiten in Attika zusammenströmten, weil man da nichts zu fürchten hatte, daß aber das Land größtenteils karg und unfruchtbar war und daß die Kaufleute denen, die nichts dagegen anzubieten haben, keine Waren zuführen, so hielt er die Bürger zu handwerklicher Tätigkeit an und gab ein Gesetz, wonach ein Sohn, den sein Vater kein Handwerk hatte lernen lassen, nicht verpflichtet war, ihn (im Alter) zu unterhalten.« Das Handwerk produzierte nicht mehr ausschließlich für den lokalen Markt, sondern exportierte Erzeugnisse von hoher Qualität in entfernt gelegene Regionen. So fand die attische Keramik, die im Verlauf des 5. Jahrhunderts die korinthischen Töpferwaren auf den überregionalen Märkten verdrängte, im westlichen Mittelmeerraum – insbesondere auf Sizilien und in den Städten Etruriens – weite Verbreitung. Auch im Agrarsektor kam es zu einem Strukturwandel. Um die wachsende Bevölkerung ernähren zu können, war es notwendig, die landwirtschaftlichen Flächen möglichst für den Getreideanbau zu nutzen. Aus diesem Grund wurde die Viehhaltung zurückgedrängt; es war charakteristisch, daß während der politischen Unruhen in Megara die Viehherden der Reichen abgeschlachtet wurden. Selbst extrem ertragsschwache Böden versuchte man zu kultivieren, wie eine bei Aristoteles überlieferte Anekdote zeigt (Athenaion politeia 16,6): »Es wird erzählt, daß Peisistratos (Tyrann von Athen) auf einer solchen Reise das Erlebnis mit dem Bauern hatte, der am Hymettos jenen Besitz hatte, der später der ›steuerfreie Hof‹ genannt wurde. Als Peisistratos sah, wie dieser nur Steine umgrub und sich abmühte, wunderte er sich und ließ ihn durch einen Sklaven fragen, was er auf diesem Feld ernte. Der Bauer entgegnete: Nur Übel und Qualen.«

Die solonischen Gesetze verboten generell die Ausfuhr von Agrarerzeugnissen aus Attika; nur Olivenöl war hiervon ausgenommen – ein Indiz dafür, daß es den attischen Bauern und Großgrundbesitzern gelungen war, durch Anpflanzungen von Ölbäumen wenigstens die Versorgung der Bevölkerung mit Olivenöl sicherzustellen und darüber hinaus noch Überschüsse zu produzieren. Der Anbau von Wein hatte in einigen Poleis ebenfalls einen Umfang erreicht, der die Ausfuhr erlaubte. Strabon erwähnt beiläufig, der Bruder der Dichterin Sappho, Charaxos, habe Wein aus Lesbos in Naukratis verkauft. Über Akragas auf Sizilien berichtet der Historiker Diodor, die Stadt habe bis zum Ende des 5. Jahrhunderts v. Chr. geradezu unermeßliche Reichtümer durch den Export von Wein und Öl nach Karthago erworben. Die im 6. Jahrhundert v. Chr. einsetzende Prägung von Münzgeld erleichterte den Austausch und Handel sowohl innerhalb der Polis als auch mit fremden Ländern. Gleichzeitig erwies die Edelmetallmünze sich als ein geeignetes Instrument zum Horten von Reichtum. Das Vermögen war auf diese Weise in höherem Maße als früher disponibel geworden, und der Vermehrung des privaten Reichtums waren keine Grenzen mehr gesetzt.

Innerhalb der Polisgesellschaft kam es in der archaischen Zeit zu einer starken sozialen Differenzierung. Der Gegensatz zwischen den Reichen und den Armen verschärfte sich im 7. Jahrhundert v. Chr. immer mehr. Er fand seinen Ausdruck in den oft blutig ausgetragenen inneren Konflikten und in der Herrschaft der Tyrannen, die an die Stelle eines in sich völlig zerstrittenen Adels traten. Die Entwicklung von Handwerk und Handel hatte eine stärkere Spezialisierung der Berufe und außerdem die Entstehung neuer Berufszweige zur Folge.

Der Aufstieg der Städte besaß gravierende Rückwirkungen auf die Kampfesweise. Kriege, in denen es meist darum ging, Beute zu machen oder sich fruchtbare Ländereien anzueignen, wurden in Griechenland nahezu ununterbrochen geführt, und die Sieger schonten nur selten die Unterlegenen. In den Auseinandersetzungen der archaischen Zeit standen sich nicht mehr adlige Einzelkämpfer, die mit ihren Zweigespannen in die Schlacht fuhren, sondern zu Fuß kämpfende Bürgeraufgebote gegenüber. Dieser Wandel in der militärischen Taktik erforderte eine neuartige Ausrüstung der Hopliten, die sich durch Helme, Brustpanzer und Beinschienen aus Bronze zu schützen suchten. Ein frühes Exemplar einer solchen Bronzerüstung, das in einem Grab bei Argos gefunden wurde, stammt aus der Zeit um 720 v. Chr.

Gegen Ende des »Dark Age« übernahmen die Griechen von den Phöniziern eine der wichtigsten Kulturtechniken: die Schrift. Die griechische Buchstabenschrift ist nicht von der mykenischen Linear-B-Schrift abgeleitet, es handelt sich vielmehr um eine abgewandelte Form der phönizischen Konsonantenschrift, die um Vokale erweitert wurde. Die Schrift besaß in der archaischen Gesellschaft eine völlig andere Funktion als in der mykenischen Zeit; sie diente nicht mehr vornehmlich wirtschaftlichen Zwecken wie der zentralen Erfassung von Gütern im Palast, son-

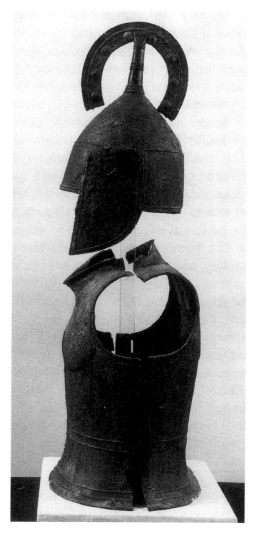

14. Bronzerüstung aus Argos: Helm und Brustpanzer, um 720 v. Chr. Argos, Museum

dern wurde jetzt für Verschiedenes gebraucht. Die Kenntnis der Schrift war weit verbreitet und nicht mehr Spezialisten vorbehalten. Wie die Inschriften der griechischen Söldner in Abu Simbel zeigen, konnten die in einer fremden Armee dienenden Griechen schreiben. Dasselbe gilt für Handwerker: Die Vasenmaler versahen ihre Bilder mit einer Vielzahl von Inschriften, die meist die Namen der dargestellten Personen nennen. Auf der François-Vase, einem prächtigen Volutenkrater in Florenz, hat man nicht weniger als 129 solcher Inschriften gezählt. Die wahrscheinlich älteste erhaltene griechische Inschrift ist auf einem Becher eingeritzt, der auf Pithekussai (Ischia) gefunden wurde; sie spielt auf ein bei Homer erwähntes Trinkgefäß Nestors an und verheißt dem Trinkenden, ihn werde »sogleich Verlangen ergreifen nach der schön bekränzten Aphrodite«. Schrift und Schriftlichkeit veränderten die Kommunikation in allen Lebensbereichen radikal. Gesetze und Verträge konnten nun aufgezeichnet werden, die Dichtung, die bislang mündlich tradiert und vom Sänger vorgetragen worden war, erhielt die Form des literarischen Textes und gewann dadurch eine völlig neue Bedeutung sowohl für den Dichter als auch für das Publikum.

Der Reichtum und das gestiegene Selbstbewußtsein aristokratischer Familien sowie mächtiger Gemeinwesen verlangten nach neuen Formen repräsentativer Kunst. Der Adel dokumentierte seinen sozialen Rang durch die Verwendung erlesener Keramikgefäße bei den Symposien oder durch die Aufstellung von überlebensgroßen Statuen auf den Gräbern im Kampf gefallener Jünglinge aus vornehmen Familien, während die Städte dazu übergingen, ihren Machtanspruch durch den Bau von Tempeln, die immer größere Dimensionen annahmen, zu betonen.

Die aus der Expansion und der Urbanisation resultierenden wirtschaftlichen, sozialen und kulturellen Veränderungen bedeuteten eine zuvor nicht gekannte Herausforderung für das griechische Handwerk. Einerseits stieg die Nachfrage nach Handwerkserzeugnissen im 8. Jahrhundert v. Chr. stark an, andererseits stellte man nun erheblich höhere Ansprüche an die Qualität der Produkte. Die Aufgaben, die die Metallurgie, die Keramikherstellung, das Bauhandwerk, aber auch die Schiffahrt zu bewältigen hatten, erforderten die Entwicklung neuer Techniken. Dieser Wandel kann besonders gut am Beispiel der Metallverarbeitung veranschaulicht werden. Es sind nur wenige Metallgegenstände gefunden worden, die aus der Zeit zwischen dem 11. und dem 9. Jahrhundert v. Chr. stammen. Damit kontrastiert die Fülle der Bronzestatuetten aus dem 8. und 7. Jahrhundert v. Chr. Diese Figuren, die gewöhnlich als Votivgaben dienten, wurden im direkten Wachsausschmelzverfahren hergestellt. Ebenso wie der Bronzeguß war die Treibarbeit bereits im mykenischen Griechenland bekannt; sie wurde in archaischer Zeit in größerem Umfang als zuvor bei der Herstellung von Bronzegefäßen und später auch von Rüstungen angewendet. Da aufgrund der Durchsetzung der Hoplitenphalanx eine hohe Zahl von Rüstungen für die Schwerbewaffneten benötigt wurde, konnten sich einzelne Werkstätten auf die Herstellung bestimmter Teile der militärischen Ausrüstung spezialisieren. Die Entwicklung des Hohlgußverfahrens, das einen wesentlichen Fortschritt in der Materialbeherrschung darstellte, ermöglichte in der spätarchaischen Zeit zum ersten Mal die Verwendung von Bronze als Material auch für größere Statuen. Das Aufkommen von Münzgeld verlangte nach einer entsprechenden Prägetechnik und führte auch zur Intensivierung des Silberbergbaus. Die Eisenverarbeitung blieb nicht auf die Herstellung von Waffen beschränkt; unter den Kampfpreisen, die

Achilleus für die Wettkämpfe zu Ehren des gefallenen Patroklos gestiftet hat, wird auch Eisen erwähnt, das für landwirtschaftliche Geräte verwendet werden sollte (XXIII 832 ff.): »Selbst, wenn weit in die Ferne die üppigen Äcker ihm reichen,/hat er daran zum Gebrauch für fünf umkreisende Jahre/reichlich genug, und es geht ihm gewiß aus Mangel an Eisen/weder ein Hirt noch ein Pflüger zur Stadt; er wird es ihm geben.« Daneben nennt die »Ilias« eiserne Äxte, die gerade die Bearbeitung von Holz erheblich erleichtert haben. Es spricht viel dafür, daß spätestens seit der archaischen Zeit der Landwirtschaft und einzelnen Handwerkszweigen eiserne Werkzeuge oder Geräteteile zur Verfügung standen.

In der Keramikproduktion sind ebenfalls wichtige technische Verbesserungen feststellbar: Die begehrte schwarz- und rotfigurige attische Keramik wurde in Töpferöfen gebrannt, die so konstruiert waren, daß die Sauerstoffzufuhr und die Temperatur exakt kontrolliert werden konnten. Nur auf diese Weise war es möglich, den Effekt der unterschiedlichen Färbung von Töpferton und aufgetragenem Tonschlicker zu erreichen.

Die Innovationen im Bereich der Bautechnik standen in engem Zusammenhang mit dem Tempelbau. Während bei älteren Bauten die Mauern aus Lehmziegeln und die Säulen aus Holz waren, wurden die dorischen Tempel des 6. Jahrhunderts völlig aus behauenen Steinen errichtet. Dabei stellte nicht allein die Konstruktion des Bauwerks, sondern vor allem auch der Transport des Baumaterials – oft mehrere Tonnen schwere Blöcke – die Architekten vor gravierende Probleme. Mit dem Anwachsen der Städte und der Intensivierung des Handels bestand zudem die Notwendigkeit, das Zentrum der Polis, die Agora, zu gestalten, Anlagen für die Wasserversorgung der Bevölkerung sowie für den Verkehr zu schaffen. Die Wasserleitung, das Brunnenhaus und die Hafenmole gehörten seit dem 6. Jahrhundert zum typischen Bauprogramm griechischer Städte. So hielt Herodot in einem längeren Abschnitt über Samos neben dem Hera-Tempel gerade Infrastrukturanlagen, nämlich die Wasserleitung des Eupalinos und die Hafenmole, für erwähnenswert.

Für die antike Technikgeschichte besitzen Monumentalarchitektur und Infrastruktur eine besondere Relevanz: Die im Bereich der Produktion bestehende Beschränkung der Technik auf die Werkstatt und die Arbeit des Handwerkers wurde bei der Errichtung von Großbauten durchbrochen. Es entstand ein neuer Stil technischen Handelns, der nicht mehr auf der mündlichen Tradierung handwerklichen Wissens, auf manueller Geschicklichkeit und einem routinierten Gebrauch der Werkzeuge beruhte, sondern auf der Fähigkeit, Großbauten und Infrastrukturanlagen zu planen, die Tätigkeit vieler Handwerker auf der Baustelle zu koordinieren, den Transport des Baumaterials zu organisieren und über die Bewältigung der technischen Probleme hinaus eine befriedigende ästhetische Form für den geplanten Bau zu finden. Es bildete sich die neue Berufsgruppe der Architekten heraus, die in der Antike neben den Mechanikern zu den Technikern schlechthin wurden.

15. Tempel der Aphaia in Aigina, um 500 v. Chr.

Auf die beträchtliche Zunahme der Transportleistungen in der archaischen Zeit hat der Archäologe Anthony Snodgrass mit Nachdruck hingewiesen. Die Kuroi aus Marmor mußten von den Marmorbrüchen auf den Inseln der Ägäis mit dem Schiff zu ihrem jeweiligen Bestimmungsort gebracht werden. Zwischen 650 und 500 v. Chr. wurden nach Auffassung von Snodgrass etwa 20.000 solcher Statuen, die jeweils zwischen 0,25 und 2 Tonnen wogen, in Griechenland aufgestellt. Da auch Marmorblöcke für den Tempelbau zu transportieren waren, ist damit zu rechnen, daß im 6. Jahrhundert v. Chr. die während eines Jahres beförderten Marmorblöcke insgesamt ein Gewicht von über 250 Tonnen besaßen. Die engen Handelsbeziehungen der griechischen Städte mit den Apoikien in Sizilien und Unteritalien sowie mit Naukratis sprechen ebenfalls für ein starkes Anwachsen der zu See beförderten Gütermenge. Mit dieser Entwicklung korrelieren die Innovationen im griechischen Schiffbau. Vor allem die Abbildungen auf attischer Keramik belegen das Aufkommen eines Segelschiffes mit gedrungenem Rumpf, das für den Transport schwerer Lasten weit besser geeignet war als die noch bei Homer beschriebenen langgestreckten, schmalen Ruderschiffe.

Durch die Innovationen in archaischer Zeit ist ein technisches System geschaffen worden, als dessen entscheidendes Merkmal die Interdependenz zwischen den verschiedenen Bereichen der Technik – Landwirtschaft, Metallurgie, Keramikproduktion, Bautechnik, Transportwesen – anzusehen ist. In keinem dieser Bereiche vollzogen sich einzelne Fortschritte unabhängig voneinander, und insgesamt existierte ein außerordentlich komplexer Zusammenhang zwischen Expansion, Urbanisation und technischem Wandel. Die Feststellung, daß die Griechen wichtige Errungenschaften aus dem Vorderen Orient und Ägypten übernommen haben, mindert keineswegs ihre Leistung; immerhin gelang es ihnen, in einem relativ kurzen Zeitraum die Rückständigkeit ihres Landes gegenüber dem Osten zu überwinden. Für den Technikhistoriker sind solche Transferprozesse ebenso wichtig wie die Geschichte der Erfindungen, denn es ist stets zu bedenken, daß die Aneignung fremder Techniken eine Gesellschaft oft nachhaltiger zu beeinflussen vermocht hat als einzelne spektakuläre Erfindungen.

Die Landwirtschaft

Von der archaischen Zeit bis zur Spätantike waren Getreide, Wein und Olivenöl im Mittelmeerraum die Grundnahrungsmittel, und die mediterrane Landwirtschaft hatte primär die Aufgabe, eine angemessene Versorgung der bäuerlichen Familien und der städtischen Bevölkerung mit diesen Nahrungsmitteln zu sichern. Ohne Zweifel war für die menschliche Ernährung das Getreide am wichtigsten, denn es lieferte den größten Teil der zum Leben benötigten Kalorienmenge. In Gesellschaften, in denen wenig Fleisch verzehrt wird, braucht ein körperlich arbeitender Mann bei einem täglichen Bedarf von etwa 3.000 Kalorien im Monat ungefähr 20 Kilogramm, im Jahr also zwischen 200 und 250 Kilogramm Weizen; für Frauen und Kinder ist eine um etwa ein Drittel niedrigere Menge anzusetzen. Der Weinkonsum der antiken Bevölkerung ist schwer zu schätzen; genaue Angaben liegen nur in einem römischen Text vor: Cato (234–149 v. Chr.) empfiehlt in seiner Schrift über die Landwirtschaft, den auf einem Landgut arbeitenden Sklaven je nach Jahreszeit zwischen 8 und 24 Liter Wein im Monat zuzuteilen; da sie in den Monaten nach der Weinlese Lauer, einen aus Preßrückständen und Wasser hergestellten Nachwein, erhielten, lag ihre jährliche Ration nur bei etwa 150 Liter. Für die freie Bevölkerung muß wahrscheinlich mit einem höheren Weinkonsum pro Kopf gerechnet werden. Im antiken Griechenland wurde Wein gewöhnlich mit Wasser vermischt, um die berauschende Wirkung des Alkohols zu mindern; stark verdünnt wurde Wein selbst von Kindern getrunken. Aus den gelehrten Bemerkungen des Athenaios (um 170–230 n. Chr.) über das Weintrinken geht hervor, daß allgemein ein Mischungsverhältnis von zwei Teilen Wein zu fünf Teilen Wasser oder von 1 zu 3 bevorzugt worden ist. Wenn bei Homer erzählt wird, man habe von dem Wein des Apollon-Priesters Maron einen Becher auf zwanzig Becher Wasser getrunken, soll damit dessen einzigartige Qualität betont werden. Wein unvermischt zu trinken, galt als eine barbarische Sitte, auf die man in Sparta sogar den Wahnsinn des Königs Kleomenes (525–488 v. Chr.) zurückführte. Olivenöl war nicht nur ein wichtiger Bestandteil der Nahrung, sondern diente außerdem zur Körperpflege und als Brennstoff für Lampen. Damit gehörte Öl für die Griechen zu den im Alltagsleben unverzichtbaren Agrarerzeugnissen. Antike Angaben über den Verbrauch von Olivenöl liegen nicht vor; aufgrund von Vergleichszahlen aus dem 20. Jahrhundert wurde in neueren Untersuchungen angenommen, der Prokopfverbrauch habe in den griechischen Städten bei etwa 25 Liter, auf dem Lande bei rund 15 Liter pro Jahr gelegen – eine Schätzung, die wahrscheinlich viel zu hoch ist. Aber selbst bei einem wesentlich geringeren Verbrauch wäre die Nachfrage nach Öl in einer mittelgroßen Stadt von 10.000 Einwohnern noch beträchtlich gewesen; vermutet man pro Einwohner im Jahr 10 Liter, hätte ein Bedarf in Höhe von 100.000 Litern Öl bestanden, die im Umland produziert oder aber importiert werden mußten.

Die kleinbäuerliche Subsistenzwirtschaft im archaischen Böotien wird von Hesiod in den »Erga«, einem längeren Lehrgedicht, das den Bruder Perses zur fleißigen Landarbeit ermahnt, anschaulich dargestellt. Der Dichter behandelt ausführlich die Arbeiten, die im Verlauf eines Jahres zu verrichten waren, sowie die technischen Hilfsmittel, die in der Landwirtschaft eingesetzt wurden. Wiederholt betont Hesiod, daß der so gefürchtete Hunger nur durch sorgfältige und unablässige Arbeit, durch die Verwendung geeigneter Geräte und durch eine umsichtige Vorratshaltung zu vermeiden sei. Das Handeln der Bauern war demnach zukunftsorientiert, nicht allein auf die Befriedigung augenblicklicher Bedürfnisse, sondern auf die Bewältigung künftiger Mangelsituationen ausgerichtet. Dementsprechend heißt es in den »Erga« (366 ff.): »Aus Vorhandenem wählen ist schön, doch quälendes Herzeleid, / Nicht Vorhandenes brauchen; ich heiße dich, dieses bedenken. / Satt sich essen am Anfang des Krugs und wieder am Ende, / Sparsam in der Mitte; das Sparen am Boden ist peinlich.« Es gab auf den Höfen nur wenige zusätzliche Arbeitskräfte, eine durch Kauf erworbene Frau und einige Knechte. Erwähnt wird auch ein Pflüger, der als Lohn für seine Arbeit Brot erhielt, also lediglich zeitweise auf dem Hof tätig war. In den warmen Jahreszeiten wurde auf dem Feld nackt gearbeitet. Kleidung und Schuhe für die kalten Wintermonate stellte das Gesinde selbst her.

In Attika waren die Bauern bereits in archaischer Zeit dem Expansionsdruck des Großgrundbesitzes ausgesetzt. Sie gerieten wegen Verschuldung – hervorgerufen vielleicht durch das Ausleihen von Saatgetreide – in soziale Abhängigkeit; sie wurden abgabenpflichtig oder sogar als Schuldsklaven in andere Regionen verkauft. Die Lage der Bauern verbesserte sich nach 594 v. Chr. durch die Reformen Solons, der einen Schuldenerlaß und ein Verbot der Schuldknechtschaft in Athen durchsetzte. Die gleichzeitig eingeführten Zensursklassen sind ein Indiz für eine starke Differenzierung der Vermögen und eine ungleiche Verteilung des Landes. Die reichen Aristokraten besaßen während des 6. Jahrhunderts v. Chr. weite Ländereien, über die aber nur wenig bekannt ist. Relativ gut faßbar ist der attische Großgrundbesitz erst für die Zeit des 4. Jahrhunderts v. Chr.

Nach Xenophon, der in der Schrift »Oikonomikos« die Verwaltung der großen Güter thematisiert, arbeiteten vorwiegend Sklaven auf diesen Ländereien; selbst der Gutsverwalter gehörte der Sklavenschaft an. Der Anbau war marktorientiert und sicherte den Besitzern ein hohes Einkommen. In der Prozeßrede gegen Phainippos werden eine Reihe von wichtigen Fakten über ein solches Landgut mitgeteilt: Der Besitz des Phainippos bei Kytheros hatte einen Umfang von 40 Stadien, etwa 8 Kilometern; auf dem Gut waren 2 Tennen vorhanden, die jeweils einen Durchmesser von 30 Metern besaßen. Phainippos ließ auf seinem Land Gerste und Wein anbauen; der Kläger behauptet, die Ernteerträge seien höher als 1.000 Medimnoi, ungefähr 33.000 Kilogramm, Getreide und 800 Metretai, etwa 32.000 Liter, Wein gewesen. Außerdem wurde täglich Holz mit 6 Eseln zum Verkauf in die Stadt gebracht. Aufgrund dieser Aussagen kann die Anbaufläche zwar nicht exakt bestimmt werden, doch legt man römische Angaben über Ernteerträge zugrunde, kommt man zu einer Fläche von 75 Hektar für den Getreideanbau und von 60 Hektar für die Weinpflanzung. Die Anbaumethoden auf solchen Gütern werden von Xenophon eingehend beschrieben; in einem fiktiven Dialog zwischen Sokrates (um 470–399 v. Chr.) und dem Großgrundbesitzer Ischomachos legt der athenische Aristokrat die Kenntnisse dar, die man benötigt, um ein Gut erfolgreich zu bewirtschaften. Diese Ausführungen haben keineswegs den Charakter einer Fachschrift; denn Xenophon versucht im Gegensatz zu den Theoretikern, vor allem praxisbezogenes Wissen zu vermitteln. Die Texte von Hesiod und Xenophon, die Schriften anderer Autoren sowie epigraphische und archäologische Zeugnisse, insbesondere die Vasenbilder, vermitteln zusammen ein recht klares Bild von der griechischen Agrartechnik.

Das wichtigste Instrument für die Bearbeitung des Bodens war der von Ochsen gezogene Pflug. Hesiod erwähnt zwei Formen des Pfluges, die sich darin unterschieden, daß bei dem einfachen Gerät Krümel und Scharbaum aus einem einzigen Stück Holz bestanden, während der andere Typ aus mehreren Teilen zusammengesetzt war. Nach Meinung Hesiods sollten für die einzelnen Teile wegen ihrer unter-

Die Landwirtschaft 85

16. Bauer mit einem von Ochsen gezogenen Pflug. Terrakotta aus Böotien, 6. Jahrhundert v. Chr.
Paris, Musée du Louvre

schiedlichen Beanspruchung beim Pflügen bestimmte Holzarten gewählt werden: Eiche für den Scharbaum, Steineiche für den Krümel und Ulmen- oder Lorbeerholz für die Deichsel. Da ein Pflug bei der Arbeit leicht zerbrechen konnte, gibt Hesiod den Rat, stets zwei Pflüge bereitzuhalten, damit man in einem solchen Fall das Pflügen nicht unterbrechen müßte. Die Bauern suchten in den Bergwäldern das geeignete Holz für den Pflug und stellten ihn auch selbst her; allenfalls nahmen sie die Hilfe eines Zimmermanns in Anspruch.

Auf einer schwarzfigurigen attischen Schale aus dem späten 6. Jahrhundert v. Chr. ist der bei Hesiod beschriebene Pflug bildlich dargestellt: Man erkennt deutlich die einzelnen Teile des Gerätes, den flachen Scharbaum und den gebogenen Krümel, der mit Hilfe eines Pflocks befestigt ist. Am Krümel ist die Deichsel angebunden. Der Pflug weist nur einen einzigen Griff auf und mußte daher mit einer

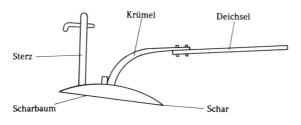

Griechischer Pflug nach Hesiod

17. Aussaat und Pflügen. Schwarzfiguriges attisches Vasenbild, um 550 v. Chr. London, British Museum

Hand geführt werden. In der anderen Hand hält der Pflüger einen Stock zum Antreiben der Ochsen. Auf diese Weise konnte der leichte Pflug kaum tief in die Erde gedrückt werden; er brach den Boden bloß an der Oberfläche auf, ohne ihn zu wenden. Diese Form des Pfluges, die im Mittelmeerraum über Jahrhunderte hinweg unverändert blieb, war den leichten Böden der mediterranen Länder durchaus angepaßt. Theophrast etwa weist darauf hin, daß ein zu tiefes Pflügen eher schädlich sein konnte, da es das Austrocknen des Bodens begünstigte. Am vorderen Ende der Deichsel war das Joch angebracht, das den Ochsen vor dem Widerrist auf ihre Nacken gelegt wurde. Bei dieser Anspannung, die auch bei Wagen üblich war, zogen stets zwei Tiere den Pflug.

Im archaischen und klassischen Griechenland stand dem Menschen neben seiner eigenen Muskelkraft nur die tierische als Energiequelle zur Verfügung, und hierbei spielten die als Zugtiere eingesetzten Ochsen die weitaus wichtigste Rolle. Nach Meinung Hesiods sollte derjenige, der Ackerbau betreiben wolle, zuerst ein Haus, eine Frau und einen Ochsen kaufen. In den »Erga« werden den Eigenschaften, die zum Pflügen verwendete Ochsen besitzen sollen, mehrere Verse gewidmet (436 ff.): »... neunjährig die Rinder / ein Paar Ochsen, dir halten; denn die haben Kraft, die nicht nachläßt, / haben noch Jugend genug; die taugen am besten zur Arbeit. / Diese bekommen nicht Streit, so daß der Pflug in der Furche / dir zerbricht, und du treibst sie vom Feld, und die Arbeit ist nichtig.«

Die Bedeutung der Ochsen für die Entwicklung der antiken Wirtschaft sollte nicht unterschätzt werden. Der von den Arbeitstieren gezogene Pflug sicherte jene hohen Ernteerträge, die es möglich machten, daß ein Teil der Menschen vom Zwang, Nahrungsmittel zu produzieren, befreit wurde und beginnen konnte, andere Tätig-

Die Landwirtschaft   87

keiten auszuüben. Was Tania Blixen in »Out of Africa« über die Ochsen des Schwarzen Kontinents geschrieben hat, trifft weitgehend auch auf den antiken Mittelmeerraum zu: »Die Ochsen haben in Afrika die schwere Last des Fortschritts der europäischen Kultur geschleppt. Überall, wo Urland aufgebrochen wurde, haben sie es aufgebrochen, keuchend und knietief im Boden vor den Pflügen stampfend, über sich die langen Peitschen in der Luft. Überall, wo eine Straße gebaut wurde, haben sie sie gebaut, unter dem Kreischen und Brüllen der Treiber, Fährten folgend im Staub und langen Gras der Steppen, wo vordem niemals Straßen waren. Vor Tagesanbruch sind sie ins Joch gespannt worden, haben hügelauf und -ab geschwitzt, durch das Geröll der Flußbetten, die glühenden Stunden des Tages lang.« Pferde waren aufgrund ihres Temperaments für die schwere, monotone Arbeit, die die Ochsen leisteten, ungeeignet; außerdem sind Pferde nicht so genügsam in der Fütterung wie Ochsen – ein Tatbestand, der angesichts des Mangels an Futterpflanzen im antiken Griechenland durchaus ins Gewicht fiel. Auf leichteren Böden zogen auch Maultiere den Pflug; es lag also kaum, wie oft behauptet wird, am Geschirr, daß Pferde in der mediterranen Landwirtschaft keine Verwendung fanden.

Das Pflügen hat die Funktion, den Boden für die Aussaat vorzubereiten. Das Brachland begann man im Winter oder im Frühjahr umzupflügen. Auf diese Weise wurde das Unkraut vernichtet und der Boden vor dem Austrocknen bewahrt. Durch das Unterpflügen des Unkrauts führte man dem Boden außerdem Nährstoffe zu. Im Herbst, unmittelbar vor Einsetzen der Regenzeit, wurde das Getreide in den durch wiederholtes Pflügen gelockerten Boden gesät; der Regen bewirkte dann ein schnelles Wachstum der Pflanzen. Das in sieben oder acht Monaten herangereifte Getreide wurde im Frühjahr, in den Monaten Mai und Juni, geerntet – ein Vorgang, den Homer eindrucksvoll beschreibt (XVIII 550 ff.): »... wo die Schnitter / mähten die wogende Saat, in den Händen die schneidenden Sicheln. / Reihweis fielen, in Schwaden gemäht, die Ähren zu Boden, / andere banden die Binder zu Bündeln mit strohernen Bändern. / Drei der Binder standen dabei, und hinter den Mähern / sammelten Knaben die Garben und trugen sie unter den Armen / rastlos heran, und schweigend stand, den Stab in den Händen, / mitten dazwischen am Schwade der Herr mit fröhlichem Herzen.«

Nach Meinung Xenophons sollten die Halme bei geringer Länge kurz über dem Boden, sonst in der Mitte abgeschnitten werden; hierfür wurden in der Antike stets Sicheln, nie Sensen verwendet. Noch auf dem Feld hat man die Halme zu Garben zusammengebunden, die dann zum Hof gebracht wurden. Schließlich wurde das Getreide auf der Tenne, einem großen Platz mit fest gestampftem Boden, gedroschen. Man trieb dabei die Zugtiere über die verstreut am Boden liegenden Halme, so daß die Körner aus den Ähren herausgetreten wurden. Die Trennung von Körnern und Spreu erfolgte beim Worfeln. Die Griechen benutzten hierfür eine

18. Frau an einer Getreidemühle. Dienerfigur aus Kalkstein, um 2310 v. Chr. Hildesheim, Pelizaeus-Museum

breite Schaufel, mit der bei Wind das gedroschene Getreide in die Luft geworfen wurde. Während die schweren Körner sogleich zu Boden fielen, trug der Wind die leichtere Spreu davon.

Zur Zubereitung der Nahrung wurden die Getreidekörner entweder im Mörser zerstampft oder mit der Mühle gemahlen. Aus einer kurzen Bemerkung bei Hesiod geht hervor, daß Mörser und Stößel normalerweise zum Haushalt der Bauern gehörten. Die Griechen stellten aus der im Mörser zerstampften oder nur grob gemahlenen Gerste, die in der Antike allgemein als das älteste Nahrungsmittel galt, die Maza her, eine Art von Knetkuchen, der in der archaischen Zeit die typische Speise der ländlichen Bevölkerung war. Aus Weizenmehl gebackenes Brot setzte sich erst allmählich als Hauptnahrungsmittel durch und verdrängte in Griechenland schließlich die Maza und in Italien den aus Spelt zubereiteten Brei.

Im archaischen Griechenland wurde das Getreide von den Frauen im Haushalt für den Bedarf der Familie gemahlen. Die dabei verwendete primitive Form der Getreidemühle war in Ägypten bereits während des 3. Jahrtausends v. Chr. allgemein gebräuchlich. Mehrere Dienerfiguren aus dem Alten Reich stellen Frauen bei der Arbeit an einer Mühle dar, die aus zwei Steinen besteht, von denen der untere, feststehende Mühlstein oft eine leichte Neigung aufweist. Die am höheren Ende des Steines kniende Frau bewegt den kleineren, oberen Stein hin und her und zerreibt

Die Landwirtschaft

so die Getreidekörner. Für Griechenland ist die Verwendung dieser Form der Getreidemühle durch eine archaische Terrakottastatuette aus Böotien belegt, und es ist anzunehmen, daß die Dienerinnen im Oikos des Odysseus auf diese Weise das Getreide gemahlen haben (20, 106 ff.): »... dort waren die Mühlen des Königs, / und es werkten im ganzen daran zwölf dienende Weiber, / Gersten- und Weizenmehl, das Mark der Männer, zu mahlen.« Die Arbeit an diesen Mühlen war, wie die Klage der Dienerin bei Homer zeigt, äußerst anstrengend und zeitaufwendig. Der Mahlvorgang mußte oft unterbrochen werden, um das Mehl zu entfernen und Getreidekörner erneut zwischen die Mühlsteine zu legen.

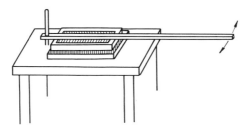

Getreidemühle des olynthischen Typs

Angesichts der Tatsache, daß das für die Zubereitung von Brot notwendige Mahlen des Getreides in den mediterranen Gesellschaften teilweise nach wie vor zu den wichtigsten Arbeitsvorgängen zu rechnen ist, verdienen technische Veränderungen der Mühle in altgriechischer Zeit die besondere Beachtung des Technikhistorikers, auch wenn sie zunächst wenig bedeutsam erscheinen mögen. Unter diesem Aspekt muß die Entwicklung der olynthischen Mühle – die nach Olynth, einem wichtigen Fundort, benannt ist – als ein wichtiger technischer Fortschritt bewertet werden. Gegenüber der älteren Mühle wies dieses Gerät zwei entscheidende Verbesserungen auf: In dem oberen, relativ großen Mühlstein war ein Trichter eingearbeitet, in den das Getreide eingefüllt wurde. Die Körner rutschten durch einen langen Schlitz zwischen die Mühlsteine, so daß während des Mahlens die bislang zwangsläufigen Arbeitsunterbrechungen vermieden wurden. Eine weitere Neuerung bestand darin, daß an der oberen Seite des Steines eine lange Stange befestigt war, deren eines Ende eine Verbindung mit einer senkrechten Achse hatte; das andere, weit über den Mühlstein hinausragende Ende diente als Griff. Da dieser Stab als Hebel wirkte, ließ sich der obere Stein auf dem flachen unteren, der auf einem Tisch auflag, relativ leicht bewegen.

Die Mühle entwickelte sich durch diese Veränderungen zu einem aus mehreren Teilen bestehenden Gerät; damit wandelte sich auch der Arbeitsprozeß grundlegend: Der obere Mühlstein wurde nicht mehr direkt, sondern durch die Bedienung eines als Hebel wirkenden Stabes bewegt, und das Getreide wurde nicht mehr zwischen die Mühlsteine gelegt, sondern in den Trichter nachgefüllt. Zwei olynthische Mühlen sind auf einer reliefverzierten hellenistischen Schale abgebildet; die beigefügten Inschriften lauten »Müller« und »der Meister der Müller«. Die Mühlen werden von Männern, die mit einem Lendenschurz bekleidet sind, bedient, während der Meister das übliche Gewand trägt. Die Schale, die den Betrieb eines Müllers zeigt, verdeutlicht den Kontext, in dem es zur Herausbildung des neuen Typs der Mühle gekommen ist: In den Städten wurde während der spätarchaischen Zeit wahrscheinlich immer weniger Getreide von den Familien für den eigenen Bedarf gemahlen. Die Getreidemühle erhielt vermutlich in dem Augenblick ihre technische Verbesserung, in dem das Mahlen des Getreides in den urbanen Zentren eine gewerbliche Tätigkeit wurde. Für die Weiterentwicklung war ein Merkmal der olynthischen Mühle von Bedeutung: Der an der senkrechten Achse befestigte Hebel wurde zwar noch hin- und herbewegt, aber es zeichnete sich für dieses Gerät bereits die Möglichkeit einer Rotationsbewegung um diese Achse ab. Dazu mußte die Konstruktion dieser Mühle allerdings noch einmal grundlegend verändert werden.

Beim Getreideanbau stellte sich den Griechen in aller Härte das Problem der Bodenerschöpfung, das systematisch zuerst von Theophrast in den Schriften zur Botanik behandelt wurde. Theophrast stellt fest, daß Weizen, der einen guten Boden braucht, das Land am stärksten aussaugt, Gerste hingegen auch auf weniger gutem Land ausreichende Erträge bringt und den Boden nicht in demselben Maße wie Weizen erschöpft. Die Bauern entwickelten verschiedene Strategien, um dieses Problem zu bewältigen und eine Bodenverbesserung zu bewirken. Die wichtigste Methode, um zu verhindern, daß die Ernteerträge ständig zurückgingen, war der Wechsel zwischen Anbau und Brache. Geradezu hymnisch rühmt Hesiod in den »Erga« das Brachland (463 f.): »Säen ins Brachland im Herbst, wenn vom Pflug der Boden noch locker. / Brachland, Abwender des Schadens, Besänftiger jammernder Kinder.« Xenophons Ausführungen über den Getreideanbau setzen ebenfalls voraus, daß das für die Aussaat bestimmte Land zuvor über ein Jahr lang brachgelegen hat, nämlich von der Ernte im Mai/Juni bis zur Aussaat im November des folgenden Jahres. Aber durch die Brache allein vermochte sich der Boden nicht zu erholen. Es erwies sich als notwendig, ihm durch Düngung neue Nährstoffe zuzuführen. Einige Verse der »Odyssee«, in denen Homer erzählt, wie Argos, der alte Jagdhund des Odysseus, seinen Herrn wiedererkennt, bieten wichtige Informationen hierzu (17, 296 ff.): »Jetzt aber lag er verachtet, denn ferne war der Gebieter, / auf dem gesammelten Haufen Mist von Rindern und Mäulern, / der am Tore des Hofes gehäuft war, daß ihn die Knechte / holten und düngten damit die vielen Äcker des Königs.«

Bereits in der homerischen Zeit wurde der Dung gesammelt und auf die Felder gebracht. Nach Meinung von Xenophon war das Abbrennen der nach der Ernte auf den Feldern stehengebliebenen Halme nützlich für den Boden; er empfiehlt ferner, die abgeschnittenen Halme auf den Misthaufen zu bringen, um so den Dünger zu vermehren, und prononciert äußert er die Ansicht, für die Landwirtschaft sei das Beste der Mist. Auch Theophrast behandelt in seinen Schriften das Problem des Düngers; dabei unterscheidet er genau die Eigenschaften des von Menschen und von verschiedenen Tierarten stammenden Dungs. Er referiert die ältere Meinung, daß die Fäkalien von Menschen der beste Dünger seien, der zweitbeste der Mist von den Schweinen, an dritter Stelle stehe der von Ziegen, an vierter der von Schafen, an fünfter und sechster der von Ochsen und von Lasttieren; außerdem wird hier noch das Stroh erwähnt. Theophrast warnt dabei vor der Gefahr der Überdüngung, die bei Getreide dazu führen könne, daß die Ähren zu schwer werden und die Halme sich legen. Bei trockenem Wetter hat seiner Meinung nach ein zu intensives Düngen zur Folge, daß das Getreide zu welken beginnt; nur in Gegenden mit hohen Niederschlagsmengen dürfe man die Felder stark düngen. Zur Zeit des Theophrast war bereits bekannt, daß durch die Aussaat von Bohnen das Land wiederum mit Nährstoffen angereichert wurde. In Makedonien und Thessalien hat man auf Brachland Bohnen gesät und dann während ihrer Blütezeit umgepflügt.

Der für den Getreideanbau und die Ölbaumpflanzungen so wichtige Dünger stand der griechischen Landwirtschaft nur in geringen Mengen zur Verfügung, denn aufgrund des Mangels an Futterpflanzen war keine Stallviehhaltung möglich. Es war daher eine Ausnahme, wenn die Bauern auf der Insel Keos ihre Schafe im Stall hielten und mit Laub, Schalen von Hülsenfrüchten und Disteln fütterten. In der neueren Forschung ist zu Recht darauf hingewiesen worden, daß Viehherden – vor allem Schafe – auch in der Nähe der Städte geweidet wurden und Xenophon in seinen Schriften mehrmals den engen Zusammenhang zwischen Ackerbau und Viehzucht betont hat. Allerdings handelte es sich hierbei um Weidewirtschaft, bei der der anfallende Viehmist für die Düngung von Anbauflächen weitgehend verlorenging. Nur die Arbeitstiere, eben die bei Homer erwähnten Ochsen und Maultiere, standen im Stall und lieferten Mist, den die Bauern auf das Ackerland bringen konnten. Daneben gab es allerdings auch die Möglichkeit, Tiere auf den Feldern weiden zu lassen. Für die Brache ist dies kaum belegt; bei Theophrast, der normalerweise gut informiert ist, wird erwähnt, daß man in besonders fruchtbaren Regionen nach der Aussaat Schafe auf den Getreidefeldern weiden ließ, um zu verhindern, daß die jungen Pflanzen zu viele Blätter entwickelten; dabei ist der Boden aber gleichzeitig gedüngt worden.

Aufgrund der Schriften von Hesiod, Xenophon oder Theophrast ist schwer zu entscheiden, welche Anbaumethoden tatsächlich in Griechenland verbreitet gewesen sind. Daher haben sich bei der Analyse der griechischen Landwirtschaft die Pachtinschriften, die die Anordnungen zur Bestellung der Felder recht genau überliefern, als außerordentlich hilfreich erwiesen. Osbornes Zusammenstellung der Bestimmungen über die Landnutzung zeigt, daß in fast allen Fällen die Zweifelderwirtschaft vorgesehen gewesen ist, also ein Wechsel von Anbau und Brache. In einigen Verträgen war die Aussaat von Hülsenfrüchten auf dem Brachland gestattet. Nach Ablauf der Pachtzeit hatte der Pächter jedenfalls die Hälfte des Landes als Brache zu übergeben.

Über die Erträge und die Produktivität der griechischen Landwirtschaft liegen keine gesicherten Angaben vor, und die modernen Schätzungen sind unzuverlässig und meistens zu optimistisch. Die von Eberhard Ruschenbusch vorgelegten Zahlen für die Getreideerträge im vorindustriellen Griechenland zwischen 1921 und 1932 sind sehr niedrig; bei Weizen lag der durchschnittliche Ertrag für Griechenland ohne Makedonien, Epirus und Thrake bei 510 Kilogramm pro Hektar, wobei die höchsten Erträge auf Kephallenia im Westen (750 Kilogramm), die niedrigsten in Arkadien und auf Euboia (410 Kilogramm) erzielt wurden. Es gab dabei starke jährliche Schwankungen: 1924 wurden in Griechenland durchschnittlich 360 Kilogramm pro Hektar, 1921 immerhin 620 Kilogramm geerntet. In einzelnen Regionen konnten die Schwankungen noch größer sein, so zum Beispiel auf den Kykladen 980 Kilogramm pro Hektar 1921, 200 Kilogramm 1930. Für Attika/Böotien werden 490 Kilogramm pro Hektar als Durchschnittsertrag angegeben: 290 Kilogramm pro Hektar 1924, 660 Kilogramm 1925 und 1932. Es gibt kein Argument für die These, daß die Erträge in der Antike wesentlich höher gewesen seien; im Gegenteil, das römische Quellenmaterial legt nahe, zumindest für Italien ähnliche Verhältnisse anzunehmen.

Einzig für die Ernte 329/28 v. Chr. in Attika verfügt man heute über genaue Informationen, denn auf einer Inschrift aus Eleusis ist das der Demeter und Kore dargebrachte Getreide verzeichnet. Da man weiß, welchen Teil der Ernte die Bauern für das Demeter-Heiligtum abliefern mußten – Weizen $1/1.200$, Gerste $1/600$ –, kann die Gesamternte leicht berechnet werden. Den Angaben der Inschrift zufolge wurden in Attika 11,35 Millionen Kilogramm Gerste und 1,08 Millionen Kilogramm Weizen geerntet. Diese Zahlen sind deswegen überraschend niedrig, weil eine solche Menge Weizen nur für die Ernährung von rund 5.400 Menschen ausreicht, in Attika aber sehr viel mehr Menschen gelebt haben. Es wird daher angenommen, daß es sich um eine extrem schlechte Ernte gehandelt hat – eine Auffassung, für die manches spricht, die aber keineswegs als gesichert gelten kann. Diese Inschrift ist auch insofern aufschlußreich, als sie eindrucksvoll bestätigt, daß in Attika wesentlich mehr Gerste als Weizen angebaut worden ist. Angesichts der niedrigen Niederschlagsmengen war es zu riskant, vor allem Weizen anzubauen; es mußte immer damit gerechnet werden, daß die Weizenernte wegen einer Dürre schlecht ausfiel.

Der Weinanbau war während der archaischen Zeit in Griechenland weit verbrei-

Die Landwirtschaft

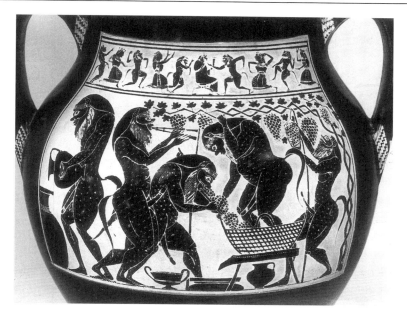

19. Weinlese. Schwarzfiguriges Vasenbild des Amasis-Malers auf einer attischen Amphora, 540/530 v. Chr. Würzburg, Martin von Wagner-Museum, Antikenabteilung

tet. In der »Ilias« wird erzählt, wie Schiffe aus Lemnos, die mit Wein beladen waren, nach Troja kamen, und Nestor erwähnt in einer Rede beiläufig, daß die Griechen ständig Wein aus Thrakien herbeischafften. Für Homer gehört der Weinanbau so untrennbar zum Leben der Griechen, daß er in der Beschreibung des von Hephaistos für Achilleus verfertigten Schildes neben der Getreideernte auch die Weinlese berücksichtigt (XVIII 561 ff.): »Ferner dann schuf er ein traubenstrotzendes Rebengelände, / schöngebildet aus Gold, doch schwärzlich erglänzten die Beeren; / dichtgereiht aber stand der Wein an silbernen Pfählen. / Rings dann zog er den Graben aus blauem Stahl, die Umzäunung / weiter aus Zinn, ein einziger Pfad nur führte zum Garten; / den beschritten die Winzer, so oft sie lasen die Ernte. / Jungfern aber und ledige Burschen mit munterem Sinne / trugen die süße Frucht gehäuft in geflochtenen Körben.«

Auch für die bäuerliche Wirtschaft war der Weinanbau von Bedeutung, wie aus den Ratschlägen Hesiods für die Arbeit in der Weinpflanzung hervorgeht. Im Februar, bevor die Schwalben kamen, sollten die Weinstöcke beschnitten werden. Die Weinpflanzung wurde im Frühjahr umgegraben; es galt nicht als ratsam, den Boden noch während der Sommermonate zu bearbeiten. Die günstigste Zeit für die Weinlese war nach Hesiod Mitte September. Die abgeernteten Trauben wurden auf einem Trockenplatz noch zehn Tage der Sonne ausgesetzt, bis man sie in Krüge füllte. Ein ähnliches Verfahren schildert Homer (7, 123 ff.): »Einige Trauben dorren auf weiter Ebene des Gartens, / an der Sonne ausgebreitet, und andere schneidet der Winzer, / andere keltert man schon.« Unter dem Keltern ist sicherlich das Austreten zu verstehen, das auf einem schwarzfigurigen Vasenbild des späten 6. Jahrhunderts v. Chr. dargestellt wird. In diesem Fall werden die Trauben sogleich bei der Lese gekeltert, also nicht erst auf dem Trockenplatz der Sonne ausgesetzt und getrocknet. Ein Satyr steht in einem Korb und bearbeitet die hineingeschütteten Trauben mit den Füßen. Der so gewonnene Saft wird in einem flachen Becken aufgefangen und fließt durch eine Tülle direkt in ein großes Vorratsgefäß, das in den Boden eingelassen ist.

In Attika gab es zur Zeit Solons größere Ölbaumpflanzungen. Durch ein solonisches Gesetz waren die Ölbäume geschützt; wer einen von ihnen grundlos fällte – und sei es auf eigenem Grundstück –, mußte eine hohe Strafe zahlen. Noch im 4. Jahrhundert v. Chr. war die Entfernung eines Ölbaumes mehrmals Gegenstand eines Gerichtsverfahrens. In einer Prozeßrede dieser Zeit wird ein Landgut erwähnt, auf dem mehr als tausend Olivenbäume wuchsen. Ein neuer Eigentümer dieser Ländereien ließ dann die Bäume, die von allen bewundert wurden, fällen, um das Holz teuer zu verkaufen. Die Griechen pflanzten Ölbäume an, indem sie einen Ast eines älteren Baumes als Setzling in den lockeren Boden einsetzten; diese Methode war schon früh bekannt, was ein Vergleich in der »Ilias« deutlich macht (XVII 53 ff.): »Wie ein Mann den schwellenden Sprößling vom Stamm der Olive / hegt am einsamen Ort, dem Wasser genügend entsprudelt; / stattlich wächst er empor, und sanft bewegt ihn die Kühlung / aller Winde, die wehn, und schimmernd prangt er von Blüten. / Aber ein jählings nahender Sturm mit gewaltigem Wirbel / reißt aus der Grube den Stamm und streckt ihn lang auf die Erde.«

Theophrast weist darauf hin, daß bei genügender Pflege ein Stück Olivenholz aus dem Stamm oder von der Wurzel ebenso wie ein abgeschnittener Ast ausschlagen – eine Eigenschaft, die die Anpflanzung von Ölbäumen wesentlich erleichterte. Die Olivenernte wird in griechischen Texten nicht beschrieben, erscheint aber als Bildmotiv auf der schwarzfigurigen attischen Keramik. Man schlug mit langen dünnen Stäben gegen die Zweige des Ölbaumes, so daß die reifen Oliven abfielen und vom Boden aufgelesen werden konnten. Die Amphore des Antimenes-Malers zeigt außerdem einen im Astwerk des Baumes sitzenden Jungen, der mit seinem Stab die oberen Zweige zu erreichen sucht.

Die Herstellung des Olivenöls ist technikhistorisch deswegen beachtenswert, weil dabei aufwendige Geräte eingesetzt worden sind, deren Entwicklung in der Antike relativ gut belegt ist. Man benötigte diese Geräte für zwei Arbeitsprozesse, nämlich für das Zerquetschen der Oliven und anschließend für das Auspressen des auf diese Weise entstandenen öligen Breies. Für das Zerquetschen, bei dem die Kerne nicht zerbrochen werden sollten, verwendete man Ölmühlen mit zwei

Die Landwirtschaft 95

20. Olivenpresse. Schwarzfiguriger attischer Skyphos, 6. Jahrhundert v. Chr. Boston, MA, Museum of Fine Arts, H. L. Pierce Fund

Läufersteinen, die um eine senkrecht aufgestellte Achse gedreht wurden. Solche Ölmühlen sind archäologisch für die 348 v. Chr. zerstörte Stadt Olynth nachgewiesen und damit einwandfrei datierbar. Die Presse, deren wichtigster Teil der lange Preßbalken war, ist auf einem schwarzfigurigen Skyphos aus dem späten 6. Jahrhundert v. Chr. abgebildet. Das Preßgut wird in einen korbartigen Behälter eingefüllt. Der Preßbalken, der an dem einen Ende – auf dem Skyphos nicht erkennbar – normalerweise in das Mauerwerk einer Wand eingelassen war, wird durch das Gewicht der großen Steine, die an seinem anderen, weit vorragenden Ende befestigt sind, herabgezogen und preßt so das Öl aus den Oliven, das in ein bereitgestelltes Gefäß fließt.

Im spätarchaischen Griechenland war man bei der Ölherstellung bereits auf solche Ölpressen angewiesen. Dies legt jedenfalls eine von Aristoteles erzählte Geschichte über den Philosophen Thales aus Milet nahe (Politik 1259a): »Als man ihn nämlich wegen seiner Armut verhöhnte und behauptete, die Philosophie sei unnütz, da habe er, weil er mit Hilfe der Astronomie eine ergiebige Olivenernte voraussah, noch im Winter mit dem wenigen Geld, das er besaß, sämtliche Ölpressen in Milet und Chios für einen geringen Betrag gepachtet, da ihn niemand überbot; als dann die rechte Zeit gekommen war und plötzlich und gleichzeitig viele Ölpressen verlangt wurden, da verpachtete er sie so teuer, wie ihm beliebte, und gewann viel Geld und zeigte so, daß es für den Philosophen leicht ist, reich zu werden, wenn er nur wolle, daß er aber darauf keinen Wert lege.«

An vielen Stellen der Epen Homers wird geschildert, wie Vieh in abgelegenen

Gebieten geweidet wird; wiederum bietet die Schildbeschreibung dafür ein schönes Beispiel (XVIII 587 ff.): »Ferner schuf eine Trift der armeskräftige Künstler, / tief in lieblichem Tal, belebt von silbrigen Schafen, / Ställe und Hütten mit schirmenden Dächern darin und Gehege.« Hesiod erzählt im Prooimion der »Theogonie«, die Musen hätten ihn schönen Gesang gelehrt, als er am Hang des gotterfüllten Helikon Schafe weidete. Das wichtigste Zeugnis zur Viehhaltung in den Bergen stellt eine kurze Passage der Tragödie »Ödipus Tyrannos« von Sophokles dar; in diesen Versen berichtet ein Hirte aus Korinth über die Herden, die im Kithairon weiden (1133 ff.): ». . . Ich weiß genau, / daß er wohl weiß, wie in Kithairons Gegend er / zwei Herden hütete, ich aber eine nur: / Da war ich diesem Mann von Frühling bis zum Arkturos / durch ganze drei Sechsmonatszeiten nah genug. / Im Winter trieb alsbald in Hürden ich mein Vieh / und er das seinige in Laios' Stallungen.«

Das hier beschriebene System der Viehhaltung ist durch den Wechsel von Sommer- und Winderweide charakterisiert. Das Vieh wurde im Frühjahr in die Berge getrieben, wo es bis zum September weidete; die Wintermonate verbrachten die Herden hingegen in den tiefer gelegenen und wärmeren Ebenen. Die Weidegründe in den Gebirgen sind in der antiken Literatur oft erwähnt. Die Phoker und Lokrer weideten große Herden am Parnaß, wobei es zu Auseinandersetzungen zwischen den Hirten um das Weideland kam. Die gemeinsame Nutzung solcher Bergweiden konnte von verschiedenen Poleis vertraglich festgelegt werden. Eine solche Vereinbarung bestand etwa zwischen Athen und Böotien für das Gebiet von Panakton am Kithairon. Von der Transhumanz der frühen Neuzeit unterscheidet sich die griechische Weidewirtschaft insofern, als die Strecken, die die Herden im Frühjahr und im Herbst zurücklegten, relativ kurz waren; die Entfernung zwischen Theben und dem Kithairon beträgt nur etwa 20 Kilometer, zwischen Korinth und dem Gebirge kaum mehr als 50 Kilometer. Bei längeren Wanderungen zogen die Herden oft durch das Territorium fremder Poleis. In einer Reihe von inschriftlich erhaltenen Verträgen wurden genaue Bestimmungen getroffen, wie lange die Herden sich jeweils auf dem fremden Gebiet aufhalten durften.

Die Weidewirtschaft hatte in der Antike die Funktion, selbst die von Besiedlungen weit entfernten und nicht zum Anbau geeigneten Landflächen agrarisch zu erschließen sowie Pflanzen, die für die menschliche Ernährung nicht verwendbar waren, als Viehfutter zu nutzen. Die Schafe lieferten einerseits Wolle, andererseits war es möglich, sie ebenso wie Rinder in Zeiten von Mißernten zu schlachten und die sonst übliche pflanzliche Ernährung zumindest teilweise durch Fleisch zu ersetzen.

Bergbau und Metallverarbeitung

Es ist in der Prähistorie allgemein üblich, die Frühgeschichte der Menschheit in Epochen einzuteilen, die nach den wichtigsten jeweils verwendeten Werkstoffen benannt sind. So spricht man von der Steinzeit, der Bronzezeit und schließlich von der Eisenzeit, die in Griechenland bald nach der Zerstörung der mykenischen Paläste eingesetzt hat. Die Entwicklung der Eisenerzeugung ist deswegen schwer rekonstruierbar, weil Eisen im Boden sehr schnell korrodiert und daher nur wenige Gegenstände aus diesem Metall gefunden worden sind. Immerhin gestatten es aber die literarischen und archäologischen Zeugnisse, die Technik der Eisenerzeugung und des Schmiedens umrißhaft zu skizzieren.

Der Gebrauch des Begriffs »Eisenzeit« für das 1. Jahrtausend v. Chr. impliziert keineswegs, daß Eisen sich anderen Metallen oder Werkstoffen gegenüber generell als Material für Werkzeuge oder Geräte durchgesetzt hat. Bronze, weitaus leichter als Eisen zu bearbeiten, blieb in vielen Bereichen das vorwiegend verwendete Metall; gerade Präzisionsinstrumente für Ärzte, Mathematiker, Architekten und Astronomen hat man weiterhin aus Bronze hergestellt. Dasselbe gilt für Geräte wie Pumpen und Waagen oder für Schlösser und Schlüssel. Selbst größere in der Landwirtschaft, im Handwerk oder im Baugewerbe eingesetzte Geräte – Mühlen, Pressen oder Kräne – bestanden aus Holz oder Stein; sie wiesen nur wenige Teile aus Eisen auf. In der Architektur wurde Eisen zur Verklammerung von Quadersteinen benutzt, aber nicht als Material für tragende Konstruktionselemente. Im archaischen und klassischen Griechenland wurde Eisen lediglich für die Herstellung von Waffen und einigen Werkzeugen verwendet. Es handelte sich primär um Schwerter und Dolche sowie um Schneidewerkzeuge wie Beile, Messer und Sicheln; außerdem sind Hammer und Meißel zu nennen. Im Schmiedehandwerk selbst brauchte man ferner noch Zange und Amboß aus Eisen. Das Aufkommen eiserner Werkzeuge hatte erhebliche Auswirkungen auf die Bearbeitung von Holz und Stein. Die eisernen Werkzeuge haben sich denen aus Bronze als weitaus überlegen erwiesen, und die Entwicklungen im Bergbau, in der Architektur und im Schiffbau müssen stets auch unter diesem Aspekt gesehen werden. Eiserne Instrumente gehörten im späten 8. Jahrhundert v. Chr. bereits zum Inventar der kleinen Bauernhöfe. Hesiod erwähnt in den »Erga« das Schärfen der eisernen Sichel als typischen Arbeitsvorgang in der Landwirtschaft.

Die Eisenvorkommen im mediterranen Raum befinden sich häufig dicht unter der Erdoberfläche, so daß die Eisenerze ohne Schwierigkeiten über Tage abgebaut werden konnten. Allerdings entstanden bei der Roheisenerzeugung und der Bearbeitung des Metalls gravierende technische Probleme. Abgesehen vom seltenen Meteoreisen, das zu Beginn der Eisenzeit in Kleinasien und im Vorderen Orient eine besondere Rolle gespielt hat, wird Eisen nur in Form verschiedener chemischer

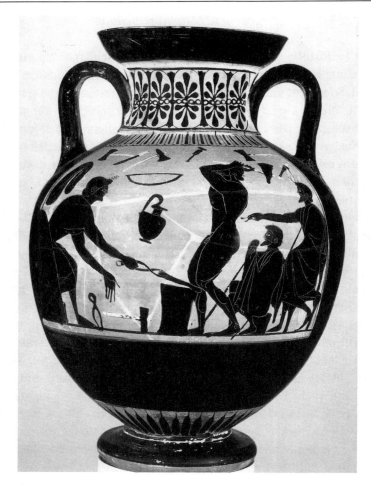

21. Schmiedewerkstatt. Schwarzfigurige attische Amphora, um 510 v. Chr. Boston, MA, Museum of Fine Arts, H. L. Pierce Fund

Verbindungen – Eisenoxid, Eisenhydroxid und Eisenkarbonat – gefunden. Bei der daher notwendigen Verhüttung des Eisenerzes konnte das Eisen aber anders als Kupfer nicht geschmolzen werden, denn die dafür erforderliche Temperatur von 1.528 Grad wurde in den antiken Schachtöfen nicht erreicht. Auch die Bearbeitung von Eisen verlangte die Anwendung neuer Techniken. Während Gold, Silber und Bronze kalt getrieben werden können und hierbei nur schwach erhitzt werden müssen, um die beim Hämmern entstehende Verhärtung des Metalls rückgängig zu machen, ist Eisen lediglich in glühendem Zustand formbar. Die Schmiede benötigten deswegen für seine Bearbeitung neue Werkzeuge, insbesondere Zangen, mit denen das Werkstück gehalten werden konnte.

Eisenoxide wurden bei einer Temperatur von etwa 1.300 Grad in den Schachtöfen zu Roheisen reduziert. Die flüssige Schlacke floß durch eine Öffnung am Boden des Ofens in eine Grube, und dem Ofen ließ sich das Eisen entnehmen, das im glühenden Zustand eine zusammenhängende, schwammartige Masse bildete. Diese Eisenluppe hat man durch wiederholtes Hämmern von den Schlackenresten befreit; die Luppe verlor dadurch ihre poröse Struktur und erhielt die Form eines Barrens. Die Arbeit der Schmiede hatte zunächst die Funktion, durch einen Stoffumwandlungsprozeß aus dem Roheisen ein schmiedbares Eisen zu erzeugen, das sich zur Herstellung von Werkzeugen eignete. Reines Eisen ist für diesen Zweck zu weich; die Härte des Metalls hängt wesentlich von der Anreicherung mit Kohlenstoff ab, die in der Antike normalerweise im Holzkohlenfeuer erzielt worden ist. Ein Kohlenstoffgehalt von über 2 Prozent ist dabei ungünstig; denn das Eisen wird spröde und ist nicht mehr schmiedbar. Aristoteles unterscheidet in den »Meteorologika« zwischen dem Roheisen und einem Schmiedeeisen, dessen Qualität vor allem darauf beruht, daß es keine Verunreinigungen und Schlackenreste aufweist. In der neueren wissenschaftlichen Literatur wurde das im Holzkohlenfeuer mit Kohlenstoff leicht angereicherte Eisen wiederholt als Stahl bezeichnet. Diese Terminologie ist deswegen irreführend, weil sie von der modernen Stahlerzeugung ausgeht, die auf einem völlig anderen Verfahren beruht. Bei der industriellen Verhüttung von Eisenerzen im Hochofen wird ein Roheisen mit einem Kohlenstoffgehalt bis zu 4 Prozent erzeugt; es ist notwendig, diesen Kohlenstoffgehalt durch Anwendung eines weiteren Verfahrens, des Frischens, erheblich zu reduzieren. In der Antike hingegen erhielt der Schmied ein Roheisen, das meistens keinen Kohlenstoffgehalt aufwies; erst indem man beim Schmieden das Eisen im Holzkohlenfeuer mehrmals zum Glühen brachte, kam es an der Oberfläche des Werkstücks zu einer Kohlenstoffanreicherung. Der Härtungseffekt wurde zusätzlich durch die Technik des Löschens, eines schnellen Abkühlens vom glühenden Eisen durch Eintauchen in kaltes Wasser, verstärkt; auf diese Weise hat man die Kristallisation des Eisens, die durch ein langsames Abkühlen hervorgerufen wird, verhindert. Das durch Löschen entstandene martensitische Materialgefüge verlieh dem Eisen die für die Herstellung von Werkzeugen notwendigen Eigenschaften, nämlich Schmiedbarkeit und Härte. Die Handwerker der Antike beherrschen diese Prozesse aufgrund von Erfahrungswissen, ohne eine genaue Kenntnis von den Ursachen der jeweils erzielten Effekte zu haben.

Gerade die literarischen Zeugnisse zeigen, daß die Griechen nicht in der Lage gewesen sind, den Vorgang der Verhüttung und des Schmiedens angemessen zu verstehen; typisch sind die Bemerkungen über die Arbeit des Schmiedes in einer medizinischen Schrift des 5. Jahrhunderts v. Chr. (Peri diaites I 13): »Handwerker schmelzen das Eisen durch Feuer, indem sie durch Luftzufuhr das Feuer dazu zwingen. Sie nehmen dem Eisen die vorhandene Nahrung weg. Nachdem sie es

22. Schmiedeofen. Schwarzfiguriges Vasenbild auf einer attischen Oinochoe, 510 / 500 v. Chr. London, British Museum

locker gemacht haben, hämmern sie es und drängen es zusammen. Durch die Ernährung mit anderem Wasser wird es stark.« Der Mediziner führt hier drei Arbeitsschritte an: Zuerst wird das Eisen mit Hilfe eines Blasebalgs zum Glühen gebracht – ein Vorgang, der hier fälschlich als Schmelzen aufgefaßt wird –, dann gehämmert und zuletzt im kalten Wasser gelöscht. Ähnlich wie der griechische Autor glaubte noch Plinius, die Qualität des Eisens hänge wesentlich von dem beim Löschen verwendeten Wasser ab (Naturalis historia 34, 144): »Der Hauptunterschied aber rührt vom Wasser her, in das es, sobald es glühend ist, getaucht wird. Da dieses Wasser das eine Mal hier, das andere Mal dort nützlicher ist, hat die Berühmtheit des Eisens die Orte bekanntgemacht, wie Bibilis und Turiasso in Spanien, Comum in Italien, obwohl sich an diesen Orten keine Eisengruben befinden.« Erst Plutarch hat in einer beiläufigen Bemerkung der »Moralia« den Effekt der Härtung auf das rasche Abkühlen nach einem vorhergehenden Erhitzen zurückgeführt. Als die für eine Schmiede typischen Instrumente und Werkzeuge nennt Herodot Blasebalg, Hammer und Amboß, die auch auf attischen Vasenbildern erscheinen. Ein Werkstattbild auf einer attischen Amphora zeigt zwei Schmiede bei der Arbeit: Der Handwerker, der mit einem schweren Hammer das Eisen bearbeitet, holt gerade zum Schlag aus, während der Gehilfe das Werkstück mit einer Zange auf dem Amboß festhält. Ein anderes Vasenbild stellt dar, wie ein Handwerker mit einer langen Zange ein glühendes Stück Eisen dem hohen Schmiedeofen entnimmt. Der Vorgang wird von einem zweiten Handwerker beobachtet, der sich abwartend auf einen langstieligen Hammer stützt.

Kupfer als ein sehr weiches Material, das sich nicht besonders gut für das Gußverfahren eignet, bildet beim Schmelzen leicht Blasen. In der Antike hat man deshalb vornehmlich Kupferlegierungen verarbeitet, von denen die Bronze, eine Legierung aus Kupfer und Zinn, am wichtigsten war. Durch die Beimischung von Zinn wird Kupfer härter, gleichzeitig aber spröder, so daß es bei einem Zinnanteil von über 10 Prozent im kalten Zustand nicht mehr durch Hämmern geformt werden kann. Bronze hat außerdem einen deutlich niedrigeren Schmelzpunkt (um 900 Grad) als Kupfer (1.083 Grad) und kann ohne Schwierigkeiten gegossen werden. Aufgrund dieser Eigenschaften war Bronze als Werkstoff für die Herstellung von Werkzeugen, Geräten oder Rüstungen dem Kupfer deutlich überlegen. Es mußte allerdings darauf geachtet werden, daß der Zinnanteil etwa zwischen 5 und 10 Prozent lag.

Die griechischen Bronzeschmiede formten Gefäße oder Rüstungsteile in kaltem Zustand durch Treibarbeit, durch Hämmern des Bronzeblechs, wobei es zu einer erheblichen Zunahme der Härte des Metalls kam. Die souveräne Beherrschung dieser Technik ist durch die große Zahl gefundener Helme und Bronzegefäße gut bezeugt. Die korinthischen Helme, die den Schädel, die Wangen und den Nasenrük-

23. Schmied mit Bronzehelm. Bronzestatuette, frühes 7. Jahrhundert v. Chr. New York, Metropolitan Museum of Art, Fletcher Fund, 1942

24. Korinthischer Helm. Bronzearbeit, Ende des 7. Jahrhunderts v. Chr. Olympia, Archäologisches Museum

ken geschützt haben, sind aus einem einzigen Metallstück gearbeitet. Da die nahezu kugelförmige Wölbung dem Helm eine große Festigkeit verlieh, war es möglich, die Partien, die den Schädel bedecken sollten, so lange zu hämmern, bis sie eine Stärke von weniger als einem Millimeter hatten; am Rand hingegen waren die Helme bis zu 5 Millimeter dick. Aufgrund der hohen Elastizität des Bronzeblechs paßten sich solche Helme eng der Form des Kopfes an; sie konnten leicht aufgesetzt werden, weil die Wangenteile nachgaben. Unter den großen Bronzegefäßen der archaischen und klassischen Zeit gilt der in einem keltischen Fürstengrab gefundene Krater von Vix als das eindrucksvollste Exemplar: Das Gefäß, das während des späten 6. Jahrhunderts v. Chr. entweder auf der Peloponnes oder in Unteritalien hergestellt worden ist, hat eine Höhe von 1,64 Metern, ein Gewicht von über 200 Kilogramm und ein Fassungsvermögen von etwa 1.200 Litern. Den mächtigen Gefäßkörper hat man in kaltem Zustand durch Treibarbeit geformt, der Fuß und die Henkel wurden gesondert angefertigt und durch Löten beziehungsweise Nieten an dem Gefäß befestigt. Abschließend hat man die Oberfläche sorgfältig geglättet, so daß alle Spuren des Hämmerns verschwanden und die Gefäßwand ein glänzendes Aussehen erhielt. Unklar bleibt allerdings, wie die griechischen Handwerker bei der Herstellung eines so großen Gefäßes vorgegangen sind. Während allgemein die Ansicht vertreten wird, man habe ein solches Gefäß aus einem einzigen runden, flachen Stück Bronze getrieben, nimmt Claude Rolley an, daß zunächst ein kleinerer, ziemlich dickwandiger Gefäßkörper gegossen worden ist, dem man dann durch Treibarbeit seine endgültige Form gegeben hat.

Im archaischen Griechenland wurde die Technik der Bronzeverarbeitung auch im Bereich der Rundplastik angewendet. Da die griechischen Bronzeschmiede bis zum späten 6. Jahrhundert v. Chr. mit Hilfe des Gußverfahrens nur kleine Statuetten herzustellen vermochten, mußten größere Statuen entweder aus Holz, Ton, Stein oder aber aus Bronzeblech, das über einen Holzkern getrieben wurde, gefertigt werden. Solche frühen Bildwerke aus Bronzeblech, die als Sphyrelata bezeichnet

25. Krater von Vix. Bronzegefäß, 6. Jahrhundert v. Chr. Châtillon-sur-Seine, Musée Archéologique

werden, hat Pausanias noch während der römischen Kaiserzeit in Griechenland gesehen; in der Beschreibung der archaischen Statue des Zeus Hypatos in Sparta erläutert er die Herstellung der Sphyrelata (3,17,6): »Rechts von der Chalkioikos ist ein Standbild des Zeus Hypatos aufgestellt, das älteste von allen, die es in Bronze gibt. Es ist nämlich nicht im Ganzen gearbeitet, sondern die einzelnen Teile sind jedes für sich getrieben und dann aneinandergefügt, und Nägel halten sie zusammen, daß sie sich nicht lösen.« In Dreros auf Kreta wurden mehrere Sphyrelata gefunden, darunter eine Statue des Apollon, die aus der Zeit zwischen 700 und 650 v. Chr. stammt und 0,80 Meter groß ist. Diese Plastik zeigt, daß die Griechen im 7. Jahrhundert v. Chr. begonnen haben, die Bronze als Material für größere Bildwerke zu verwenden.

Die seit der geometrischen Zeit (8. Jahrhundert v. Chr.) übliche Methode der Herstellung von Bronzestatuetten war das Wachsausschmelzverfahren. Bei Anwendung dieser Technik wurde die Figur zuerst aus Wachs geformt und danach vollständig mit einem Tonmantel umgeben; damit die Bronze in die Form gegossen werden konnte, fügte man an die Figur noch Gußkanäle aus Wachs an, die in einem Trichter endeten. Durch Erhitzen wurde das Wachs ausgeschmolzen und die Form gleichzeitig gehärtet, schließlich die flüssige Bronze in den so entstandenen Hohlraum eingegossen. Beim Erkalten schwindet die Bronze, weswegen man das Verfahren nur bei kleinformatigen Bildwerken anwenden konnte; bei größeren Plastiken wären starke Unebenheiten an der Oberfläche entstanden. Nachdem der Tonmantel entfernt worden war, bildete die Figur noch eine Einheit mit den Gußkanälen, die nun die Form von Bronzestäben besaßen. In seltenen Fällen wurden diese nicht beseitigt, so daß ein Aufschluß über das Gußverfahren gegeben ist. Normalerweise brach man die Gußkanäle ab und glättete die Bruchstellen, bis sie nicht mehr sichtbar waren. Tiermotive, nach dem Wachsausschmelzverfahren gegossen, sind bei Grabungen in den panhellenischen Heiligtümern, vor allem in Olympia, in großer Zahl gefunden worden; sie dokumentieren den Aufschwung der Bronzeverarbeitung in Griechenland nach dem »Dark Age«, zeigen aber auch die engen Grenzen dieser Technik. Meistens handelt es sich um ganz kleine Figuren; mit der aus Olympia stammenden Statuette eines Hengstes, der eine Länge von 0,47 und eine Höhe von 0,45 Metern besitzt, waren die Möglichkeiten des Vollgußverfahrens erschöpft. Der Guß dieser Figur ist in zwei Etappen erfolgt: Hals und Kopf sind an den zuerst fertiggestellten Körper des Pferdes angegossen.

In der spätarchaischen Zeit wurden in Griechenland zahlreiche lebensgroße oder überlebensgroße Skulpturen aus Stein oder Marmor aufgestellt. Mit den gebräuchlichen Techniken der Bronzeverarbeitung konnten solche Formate nicht geschaffen werden; gleichzeitig hatte sich aber gezeigt, daß das Wachsausschmelzverfahren der Arbeit in Stein gegenüber erhebliche Vorteile besaß; denn man konnte ein Bildnis in Wachs leicht modellieren und daher wiederholt korrigieren und umfor-

26. Apollon. Sphyrelaton aus Dreros, 7. Jahrhundert v. Chr. Heraklion/Kreta, Museum. – 27. Kuros. Bronzestatuette, um 650 v. Chr. Delphi, Museum

men. Es schien deswegen zweckmäßig zu sein, das Gußverfahren auch für große Statuen anzuwenden. Tatsächlich gelang es den griechischen Bronzegießern nach einer Phase des Experimentierens, ein neues Verfahren, den Hohlguß, so weit zu entwickeln, daß im 5. Jahrhundert v. Chr. überlebensgroße Skulpturen wie der Zeus von Artemision oder eine Kolossalstatue wie die 9 Meter hohe Athene Promachos auf der Akropolis von Athen aus Bronze geschaffen werden konnten. Nach antiker Überlieferung waren Rhoikos und Theodoros, die zur Zeit des Tyrannen Polykrates (um 540–522 v. Chr.) in Samos tätig waren, Erfinder des Hohlgußverfahrens. Inzwischen weiß man aufgrund neuerer archäologischer Funde, daß diese Technik bereits im 7. Jahrhundert bei dem Guß der Greifenköpfe, die als Verzierung der großen bronzenen Kessel dienten, angewendet worden ist; gerade für Samos sind solche Greifenprotome nachgewiesen. Rhoikos und Theodoros haben demnach den Hohlguß nicht entwickelt, sondern dieses Verfahren allenfalls zum ersten Mal genutzt, um größere Bildwerke zu schaffen. Wie die in Athen gefundenen Reste eines Gußmantels für einen etwa 1 Meter großen Kuros zeigen, hat es um 550 v. Chr. auch in anderen Regionen Griechenlands Bemühungen gegeben, im Bereich der Großplastik zum Gußverfahren überzugehen. Die Äußerungen antiker Autoren über Theodoros sind dennoch aufschlußreich: In der spätarchaischen Zeit trat der Techniker aus dem Schatten der Anonymität heraus; man begann, der technischen Leistung eines einzelnen Beachtung zu schenken. Theodoros war im 5. Jahrhundert v. Chr. wegen der Qualität seiner Arbeiten berühmt; in Delphi hielt man einen großen silbernen Krater für sein Werk – eine Ansicht, der Herodot ausdrücklich mit dem Argument zustimmt, es handle sich um ein außergewöhnliches Gefäß. Ferner berichtet der Historiker, Theodoros habe den Smaragd im Siegelring des Polykrates geschnitten, und andere Autoren erwähnen seine Tätigkeit bei dem Bau des Artemis-Tempels in Ephesos. Für diesen Künstler ist charakteristisch, daß er nicht routiniert ein tradiertes Handwerk ausgeübt, sondern exzeptionelle Artefakte in verschiedenen Bereichen geschaffen und auch neue technische Lösungen angestrebt hat. Zu den frühesten Großbronzen, die im Hohlgußverfahren hergestellt worden sind, gehört der Apollon von Piräus, eine 1,92 Meter hohe Statue im spätarchaischen Stil, die sich noch eng an die gleichzeitig geschaffenen Kuroi aus Marmor anlehnt. Allerdings ist die Datierung dieser Plastik umstritten; es wurde die Ansicht geäußert, sie stamme aus dem späten 2. Jahrhundert v. Chr. und sei eine Kopie einer archaischen Marmorstatue. Vielleicht sind aber die stilistischen Unstimmigkeiten dieses Standbildes eher auf die Anwendung einer noch wenig erprobten Technik als auf eine späte Entstehungszeit zurückzuführen. Im 5. Jahrhundert v. Chr. waren nämlich alle Unsicherheiten in der Bronzeverarbeitung verschwunden, und gerade der Zeus von Artemision zeigt, welche Vollendung die griechischen Bronzegießer gerade in der Darstellung einer weit in den Raum ausgreifenden Bewegung zu erreichen vermocht haben.

   Die Einführung des Hohlgußverfahrens ist in mehrfacher Hinsicht als ein technikhistorisch bedeutsamer Vorgang anzusehen: Der gesamte Arbeitsvorgang hatte erheblich an Komplexität gewonnen und damit höhere Anforderungen an die Kooperationsbereitschaft sowie an die Fähigkeit gestellt, einen längeren Arbeitsablauf im voraus zu planen. Die Anwendung des Gußverfahrens in der Großplastik bedeutete ferner, daß nun mehr Bronze als bei der Herstellung der viel kleineren Statuetten zu gleicher Zeit geschmolzen und für den Guß bereitgestellt werden mußte. Welche Probleme dabei auftauchen konnten, beschreibt Jahrhunderte später, am 6. Juli 1507, Michelangelo: »Wisse, daß wir meine Figur gegossen haben, wobei ich jedoch nicht eben viel Glück gehabt habe; und zwar weil Meister

28. Apollon. Bronzestatue, 530 / 520 v. Chr. Athen, Nationalmuseum

Bernardino entweder in Unkenntnis oder aus Mißgeschick das Material nicht gut geschmolzen hat. Über das Wie ließe sich jetzt lang und breit schreiben: Kurz, meine Figur ist nur bis zum Gürtel herangekommen; der Rest des Materials, das heißt die Hälfte des Metalls, ist im Ofen geblieben, weil es nicht genügend geschmolzen war; so daß ich, um es herauszuholen, den Ofen zerstören lassen muß, und dies tue ich gerade, und ich werde ihn noch in dieser Woche wieder aufbauen lassen; in der nächsten Woche werde ich das obere Stück noch einmal gießen und die Form vollends anfüllen.«

29. Zeus. Bronzestatue von Kap Artemision, um 460 / 450 v. Chr. Athen, Nationalmuseum

Unter der Voraussetzung eines komplexer gewordenen Produktionsprozesses trat an die Stelle des einzelnen Handwerkers, der aufgrund seines Könnens mit wenigen Werkzeugen qualitätvolle Gegenstände anzufertigen vermochte und allenfalls die Unterstützung weniger Gehilfen benötigte, die größere Werkstatt, die bereits durch eine Spezialisierung der einzelnen Handwerker und eine beginnende Arbeitsteilung gekennzeichnet war. Der strukturelle Wandel der handwerklichen Produktion läßt sich am besten an den Werkstattbildern der attischen Keramik ablesen. Während Bronzeschmiede bei der Treibarbeit meistens allein abgebildet werden, arbeiten in der Bronzegießerei, die auf einer rotfigurigen Trinkschale aus der Zeit um 480 v. Chr. dargestellt ist, sechs Handwerker, die verschiedene Tätigkeiten ausüben; sie

Bergbau und Metallverarbeitung 109

werden beim Schmelzen des Metalls im Ofen, beim Zusammenfügen einer Statue aus einzeln gegossenen Teilen und beim Bearbeiten der Oberfläche eines fertigen Standbildes gezeigt. Die Werkstatt weist nun feste Installationen wie den hohen Ofen mit dem Blasebalg auf; daneben sind auch verschiedene Werkzeuge, vor allem Hämmer in unterschiedlichen Größen und Schaber für die Oberflächenbearbeitung, in großer Zahl vorhanden. Die Ausübung des Handwerks hing in steigendem Maße von der Möglichkeit ab, geeignete Werkzeuge zu verwenden.

Beim Hohlgußverfahren waren umfangreiche Arbeiten notwendig, um den Guß einer Statue vorzubereiten. Zunächst wurde das Standbild – wahrscheinlich mit Hilfe eines Gerüstes aus Metall oder Holz – grob aus Ton geformt. Auf diesen Kern wurde anschließend eine Wachsschicht aufgetragen, die man entsprechend den Vorstellungen der Handwerker von der fertigen Skulptur bis in alle Feinheiten hinein modellierte. Diese Wachsschicht umgab man mit einem Tonmantel, der zuerst aus feinem, danach aus gröberem Material bestand. Durch Metallstäbe wurden Kern und Mantel so miteinander verbunden, daß sie ihre Lage zueinander nicht mehr verändern konnten, wenn das Wachs ausgeschmolzen und die Form gehärtet wurde. Im 5. Jahrhundert v. Chr. modifizierten die griechischen Bronzegießer dieses Verfahren, das als direkter Guß bezeichnet wird, und gingen zum indirekten Guß über, der es ermöglichte, verschiedene Teile einer Plastik, etwa Rumpf, Gliedmaßen und Kopf, einzeln zu gießen. Der indirekte Guß hatte den Vorteil, daß die Bronze für die gesamte Skulptur nicht auf einmal geschmolzen werden mußte und bei einem Fehlguß nicht das ganze Standbild mißlungen war. Der Arbeitsvorgang war allerdings wesentlich komplizierter geworden: Der Handwerker begann die Arbeit mit der Herstellung eines Tonmodells, von dem Negativformen abgenommen wurden. Die Innenseite dieser Formen wurde mit Wachs bestrichen, danach füllte man den Hohlraum mit einer Mischung aus Ton, Sand und anderem Material aus. Der Guß der einzelnen Teile erfolgte dann in derselben Weise wie bei dem älteren Verfahren. Die verschiedenen Teile der Statue fügte man zusammen, indem man zwischen ihnen eine Verbindung aus Wachs herstellte, diese mit Ton umgab, das Wachs ausschmolz und in den dadurch entstandenen Hohlraum Bronze goß. Eine sorgfältige Bearbeitung der Oberfläche ließ die Gußnähte nahezu unsichtbar werden; teilweise sind sie nur durch eine Verfärbung des Metalls, die durch das Erhitzen hervorgerufen wurde, erkennbar. Das Verfahren, ein Standbild aus einzelnen gegossenen Teilen zusammenzufügen, erschien dem Maler der Erzgießerschale als so typisch, daß er eine der beiden Bronzeskulpturen in einem unfertigen Zustand darstellt, in dem Kopf und Körper noch nicht miteinander verbunden sind. Der Kopf ist aber schon gegossen und liegt bereit, damit die Statue vollendet werden kann. Auf der Schale bleibt die Formung des Tonmodells unberücksichtigt; dieser erste wichtige Arbeitsschritt bei dem Guß einer Großbronze erscheint auf einer anderen attischen Vase aus dem 1. Drittel des 5. Jahrhunderts

v. Chr.: Athene, die in der linken Hand einen Tonklumpen hält, wird bei der Modellierung eines durch einen starken Tonauftrag sehr realistisch dargestellten Pferdes gezeigt. Größere Statuen wurden normalerweise in der Nähe ihres künftigen Standortes gegossen; zu diesem Zweck eingerichtete Gießereien waren daher nur kurze Zeit in Betrieb. Die Bronze wurde dort in großen Tontiegeln geschmolzen, die ein Ausflußloch aufweisen, das ihre Funktion klar erkennen läßt. Wie Brandspuren an der Innenseite von Fragmenten zeigen, wurde die Bronze zusammen mit Holzkohle in den Tiegel eingefüllt; der Brennprozeß fand also im Tiegel statt.

Die Technik, Metallteile durch Lot dauerhaft miteinander zu verbinden, führt Herodot auf Glaukos von Chios zurück, der im Auftrag des Lyderkönigs Alyattes (um 605–560 v. Chr.) als Weihgeschenk für den delphischen Apollon einen Krater aus Silber mit einem Untersatz aus Eisen herstellte. Am Beispiel dieses Werkes erläutert Pausanias die für die archaische Zeit neuartige Technik (10,16,1): »Von den Weihgeschenken, die die lydischen Könige schickten, war nichts mehr übrig als nur der eiserne Untersatz des Mischkessels des Alyattes. Das ist ein Werk des Chiers Glaukos, der das Schweißen des Eisens erfand. Jedes Stück des Untersatzes ist an dem anderen nicht mit Nadeln oder Stiften befestigt, sondern nur die Verbindungsmasse hält es zusammen und ist selbst für das Eisen die Verbindung.« Die von Glaukos entwickelte Methode wurde im Verlauf des 6. Jahrhunderts v. Chr., entsprechend modifiziert, auf den Bronzeguß übertragen und ersetzte die ältere Technik, getriebene Teilstücke einer Statue mit Hilfe von Nägeln zu befestigen. Das entscheidende Problem, das sich beim indirekten Guß stellte, die Verbindung der einzeln gegossenen Teile, war damit in ästhetisch angemessener Weise gelöst worden. Die technischen Neuerungen im Bronzeguß eröffneten neue Spielräume künstlerischen Gestaltens. Die Standbilder der Götter erhielten nun, wie Dion aus Prusa in der olympischen Rede sagte, in Anlehnung an die Gottesvorstellung der Dichter und Gesetzgeber das Aussehen »eines Menschen von überwältigender Schönheit und Größe«.

Die Entwicklung des Bergbaus im archaischen und klassischen Griechenland stand in engem Zusammenhang mit der Gold- und Silberförderung. In einer Zeit, in der die aristokratische Oberschicht sich immer unverhüllter zu bereichern suchte und die Macht der Städte immer stärker von ihren finanziellen Ressourcen abhängig war, begannen die Griechen den Abbau gold- und silberhaltiger Erze zu forcieren. Zwei Gemeinwesen der archaischen Zeit verdankten ihr Ansehen und ihre Macht vor allem der Edelmetallförderung: Thasos und Siphnos. Thasos, eine Polis auf der gleichnamigen Insel in der nördlichen Agäis, besaß auf eigenem Territorium reiche, zuerst von den Phöniziern entdeckte und ausgebeutete Goldvorkommen und darüber hinaus auf dem Festland die Bergwerke im Pangaion-Gebirge. Die Erträge aus dem Edelmetallabbau wurden an die Bürgerschaft, die von allen Abgaben befreit war, verteilt. Als die Stadt 494 v. Chr. von Histiaios, dem früheren Tyrannen von

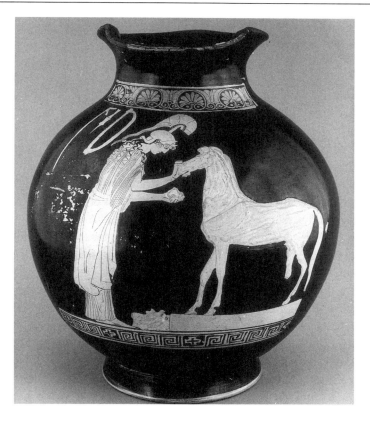

30. Herstellung eines Tonmodells. Rotfigurige attische Oinochoe, um 470 v. Chr. Berlin, Staatliche Museen Preußischer Kulturbesitz, Antikenmuseum

Milet, bedroht wurde, verwendeten die Thasier ihre Einkünfte aus den Bergwerken dazu, eine Kriegsflotte zu bauen und die Mauern der Stadt zu verstärken. Siphnos, eine kleine Kykladeninsel, auf der im 6. Jahrhundert v. Chr. große Mengen Gold und Silber abgebaut wurden, verfügte über einen geradezu märchenhaften Reichtum. Der zehnte Teil der Erträge aus dem Bergbau ging damals nach Delphi, wo die Siphnier ein Schatzhaus errichteten, das noch heute wegen seiner Reliefs berühmt ist. In Siphnos selbst waren Agora und Prytaneion aus weißem parischen Marmor erbaut. Pausanias berichtet, daß die Bergwerke später wegen eines Wassereinbruchs aufgegeben werden mußten. Sicherlich wurde aber noch 480 v. Chr. auf Siphnos Bergbau betrieben; denn als Mitglied der attischen Symmachie zahlte die Insel einen hohen Tribut.

Die Metallvorkommen Athens lagen im Südosten von Attika in der Gegend von Laurion. Die Gebirge dieser Region bestehen aus zwei mächtigen, horizontal gelagerten Kalksteinformationen, die durch eine Schicht Schiefer getrennt sind; das ältere Gesteinsmassiv ist von einer jüngeren Erdschicht überlagert. Die Erzlagerstätten befanden sich vor allem in den Berührungszonen zwischen der oberen Erdschicht und der oberen Kalksteinformation (1. Kontakt) sowie zwischen dem Schiefer und der unteren Kalksteinformation (3. Kontakt). Bei dem abgebauten Erz handelte es sich um Bleiglanz, der je Tonne Blei etwa 25 bis 40 Kilogramm Silber als Beimengung enthielt. Der systematische Abbau der Bleierze setzte unter dem Tyrannen Peisistratos (561 – 527 v. Chr.) ein, der auch in Thrakien Bergwerke besaß. Aus dem in Laurion gewonnenen Silber ließ Peisistratos Münzen prägen; er verwendete dieses Geld vor allem zur Stabilisierung seiner Herrschaft, etwa für die Durchführung seines anspruchsvollen Bauprogramms oder für die Bezahlung von Söldnern. Nach dem Sturz der Tyrannis 510 v. Chr. wurden die Erträge aus den attischen Bergwerken, wie in Thasos und Siphnos, an die Bürgerschaft verteilt.

Der Abbau der Bleierze des 1. Kontaktes wurde dadurch entscheidend erleichtert, daß die Erzgänge an vielen Stellen zu Tage traten und somit anfangs ein Tagebau möglich war. Durch Vortrieb horizontaler Stollen folgten die Bergleute dann den Erzgängen. Erst um 500 v. Chr. begannen die Athener senkrechte Schächte abzuteufen, um so die tieferen Erzlagerstätten zu erschließen. Es ist symptomatisch, daß Kallias, ein Angehöriger einer alten Adelsfamilie, der während dieser Zeit im Bergbau großen Reichtum erworben haben soll, einen Beinamen getragen hat, der auf den Besitz solcher Schächte schließen läßt. Durch Abteufen von Schächten erreichte man 483 v. Chr. bei Maroneia die außerordentlich reichen Erzlager des 3. Kontaktes. Athen verfügte dadurch plötzlich über erhebliche Geldmittel, die auf Anraten des Themistokles (um 525 – nach 460 v. Chr.) für den Bau von Kriegsschiffen verwendet wurden. Die Aufstellung einer Flotte aus Trieren war die Voraussetzung dafür, daß die Griechen wenige Jahre später den persischen Angriff bei Salamis zurückschlagen konnten. Die Athener selbst begriffen die Bedeutung des Silberbergbaus für die Geschichte ihrer Stadt; in der 472 v. Chr. aufgeführten Tragödie »Perser« des Aischylos antwortet der Chorführer auf die Frage der persischen Königin nach dem Reichtum der Athener mit der prägnanten Feststellung (238): »Silbers eine Quelle hegen sie, des Bodens größter Schatz.«

Im Verlauf des 5. Jahrhunderts v. Chr. verwandelte sich das Gebiet nördlich von Kap Sunion in einen einzigen großen Bergwerksdistrikt mit mehr als 2.000 Schächten, etwa 200 Anlagen zur Aufbereitung und Verhüttung des geförderten Erzes sowie Siedlungen für die Bergwerkssklaven. Die Erzvorkommen selbst blieben Eigentum der Polis, die durch Beamte – die Poletai – die einzelnen Gruben für einen Zeitraum von drei oder sieben Jahren verpachten ließ. Wie die erhaltenen Grubenpachtlisten aus dem 4. Jahrhundert v. Chr. zeigen, sind für solche Konzessionen teilweise geringe Geldbeträge gezahlt worden. Zumindest in dieser Zeit waren im Bergbau viele Kleinpächter tätig; es kam nicht zur Herausbildung größerer Bergbauunternehmen. Reiche Aristokraten, die sich durch Grubenpacht zuweilen direkt an der Erzförderung beteiligten, erzielten im späten 5. Jahrhundert v. Chr. große Einkommen, indem sie den Pächtern Sklaven für die Arbeit in den Bergwerken und Aufbereitungsanlagen vermieteten. Xenophon erwähnt in den »Poroi«, daß Nikias 1.000 Sklaven, Hipponikos, ein Nachfahre des Kallias, 600 Sklaven im Bergwerksdistrikt von Laurion arbeiten ließ. Organisationsstruktur und Rechtsverhältnisse hatten deutliche Auswirkungen auf den Abbau des Erzes. Da man oft nahe beieinander liegende Gruben verpachtete, gab es im Gebiet von Laurion unter Tage kein weitverzweigtes System längerer Stollen; in vielen Fällen waren die von den einzelnen Schächten ausgehenden Stollen nicht länger als 30 oder 40 Meter; daneben sind jetzt aber auch Stollen mit einer Länge von über 100 Metern nachgewiesen. Die Teufe der Schächte lag durchschnittlich zwischen 25 und 55 Meter; teilweise erreichte man Tiefen bis zu 120 Meter. Die Schächte waren rechteckig und hatten Abmessungen von 130 mal 190 Zentimetern oder von 190 mal 200 Zentimetern. Wesentlich enger waren die Stollen, die bei einer Weite von 60 bis 90 Zentimetern normalerweise etwa 90, zum Teil aber bloß 60 Zentimeter hoch waren. Die Gesamtlänge der vorwiegend während des 5. und 4. Jahrhunderts v. Chr. angelegten Stollen wird neuerdings auf etwa 300 Kilometer geschätzt. Die geringe Höhe und Weite der Stollen sind darauf zurückzuführen, daß die griechischen Bergleute den ohnehin hohen Arbeitsaufwand beim Vortrieb im harten Kalkstein oder Schiefer nicht noch erhöhen wollten; außerdem war aufgrund dieser Abmessung eine besondere Sicherung der Grubenbauten – etwa durch Zimmerung – nicht notwendig. Zum Teil besaßen die Stollen gewölbte Decken, die einigem Druck standhielten und dadurch relativ sicher waren. Neben den Erzgängen existierten Erzstöcke, große Erzanhäufungen, durch deren Abbau unterirdische Räume von erheblichen Dimensionen geschaffen wurden. Hier ließ man Sicherheitspfeiler aus gewachsenem Gestein stehen, um einen Bergbruch zu verhindern. Das athenische Bergwerksgesetz, das die Arbeit in den Gruben umfassend regelte, drohte jedem, der diese Pfeiler beseitigte, die Todesstrafe an. Ein gravierendes Problem stellte die Belüftung dar, die man durch Abteufen von Luftschächten zu verbessern suchte; auf diese Weise entstand ein Wetterzug, der für den Austausch der von den Bergwerkssklaven verbrauchten Luft sorgte. Da die Erzlager in Attika über dem Grundwasserspiegel lagen und die Gegend um Laurion allgemein sehr wasserarm war, benötigte man keine Anlagen für die Entwässerung der Gruben. Beim Vortrieb der Stollen und beim Abbau des Erzes verwendete man eiserne Werkzeuge, insbesondere den Schrämhammer sowie Hammer und Meißel. Wie das gewonnene Erz gefördert worden ist, bleibt angesichts der lückenhaften Überlieferung unklar. Mechanische Fördereinrichtungen sind nicht nachweisbar; wahrscheinlich wurde das Erz in Körben oder Ledersäcken durch die niedrigen Stollen zu den Schächten gezogen und dann über Leitern zum Bergwerkseingang getragen. Diese Annahme wird durch eine kurze Bemerkung bei Plutarch gestützt, der das Graben, Tragen und Reinigen als die

Haupttätigkeiten der Bergleute bezeichnet und dabei mit »Tragen« zweifellos die Förderung meint. Die Bergwerkssklaven wurden Sackträger genannt, was ebenfalls als Hinweis auf die typische Form der Förderung aufgefaßt werden kann.

Das geförderte Erz wurde in der Nähe der Bergwerke aufbereitet und verhüttet. Zu diesem Zweck hatte man im Gebiet von Laurion eine Vielzahl von Werkstätten mit entsprechenden Einrichtungen gebaut. Die Aufbereitung wurde in der Antike als eine Reinigung des Erzes, als eine Beseitigung aller Unreinheiten aufgefaßt. Man unterscheidet hierbei die trockene und die naßmechanische Aufbereitung. Das Ziel dieser Prozesse war die weitgehende Aussonderung tauben Gesteins und die Anreicherung des Erzes für die Verhüttung. Zunächst trennte man an Sortiertischen aus hellem Kalkstein das erzhaltige und taube Gestein. Die Erzklumpen wurden anschließend in Mörsern bis zur Größe von Hirsekörnern zerkleinert. Das Waschen diente der nochmaligen Trennung von metallhaltigen und tauben Partikeln. Für diesen Arbeitsvorgang waren Waschtische installiert, die aus einer etwa quadratischen, leicht geneigten Steinfläche und einem um die Plattform herumgeführten Wasserkanal bestanden. An den beiden vorderen Ecken waren kleine tiefere Becken in den Kanal eingelassen. Wenn man Wasser in den Kanal einleitete und das körnige Material in den Wasserstrom hineingab, blieben die metallhaltigen Teilchen wegen des hohen Gewichts von Bleiglanz in den tieferen Becken hängen, während das taube Material weiter fortgetragen wurde. Auf dem Waschtisch selbst wurde zuletzt das für die Verhüttung bestimmte Material getrocknet. Um für den Reinigungsprozeß stets genügend Wasser zur Verfügung zu haben, hatte man die Waschanlagen mit Zisternen ausgestattet, die normalerweise durch Holzdächer vor der Sonneneinstrahlung geschützt waren. Durch den Wasserkanal um den Waschtisch herum konnte das Wasser aufgefangen und der Zisterne wieder zugeführt werden. Die Struktur der Anlage zeigt, wie sparsam man im Distrikt von Laurion mit Wasser umzugehen gezwungen gewesen ist. Neben den rechteckigen Waschtischen wurden auch Reste von kreisförmigen Waschanlagen gefunden, die wahrscheinlich aus dem 4. Jahrhundert v. Chr. stammen. Es handelte sich jeweils um einen großen Ring aus Kalksteinblöcken, in den eine Wasserrinne mit leichtem Gefälle und unmittelbar aufeinanderfolgenden Vertiefungen eingearbeitet war. Derartige Waschanlagen hatten dasselbe Funktionsprinzip wie die rechteckigen Waschtische: Am höheren Ende wurde ständig Wasser in die Rinne gegossen und das zerkleinerte Erz hinzugefügt. Auch bei dieser Anlage wurde das taube Material vom Wasserstrom weiter fortgetragen als die schweren erzhaltigen Körner.

In großen Schachtöfen schmolz man zunächst die noch verbliebenen Schlacken aus; als schwierig erwies sich die Trennung von Bleiglanz und Silber. Zuerst wurde Bleiglanz im Holzkohlenfeuer in metallisches Blei umgewandelt; dieses oxidierte zu Bleiglätte, die an der Oberfläche des geschmolzenen Bleis abgeschöpft werden konnte. Derart entfernte man das gesamte Blei, und das reine Silber blieb übrig.

Bergbau und Metallverarbeitung 115

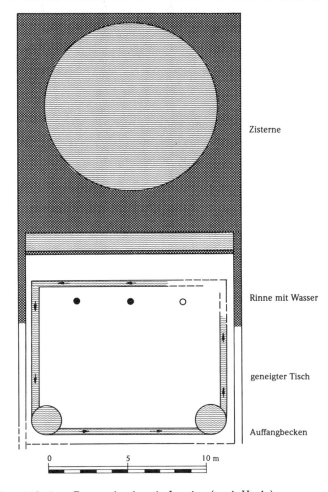

Grundriß einer Erzwaschanlage in Laurion (nach Healy)

Obgleich solche Anlagen zur Aufbereitung und Verhüttung des Erzes in vielen Teilen der Region von Laurion zu finden sind, fällt die Konzentration von Werkstätten in Thorikos an der Ostküste Attikas auf. Ursache für die Standortwahl war wohl die Tatsache, daß diese Ortschaft, die einen durchaus städtischen Charakter besaß – es gab sogar ein Theater –, über einen guten Hafen verfügte, der den Abtransport des Metalls und den Import etwa von Holz erleichterte. Wie aus einer Rede des Demosthenes (384–322 v. Chr.) hervorgeht, kam Holz für die Silberbergwerke aus Euboia. Während des Peloponnesischen Krieges zeigte sich schnell, daß der Silberbergbau in Attika keineswegs eine krisensichere Einnahmequelle für die Athener darstellte. Nach der spartanischen Besetzung von Dekeleia im Jahr 412 v. Chr.

flohen viele Sklaven aus dem Bergwerksdistrikt, und wenige Jahre später mußte hier der Bergbau gänzlich eingestellt werden, was erhebliche Rückwirkungen auf die athenische Wirtschaft zur Folge hatte. Welche Bedeutung die Bergwerke von Laurion im 4. Jahrhundert v. Chr. abermals für Athen erlangt haben, dokumentiert vor allem die Abhandlung Xenophons über die Einkünfte. In den wahrscheinlich kurz nach 355 v. Chr. entstandenen »Poroi« schlägt er vor, den inzwischen wieder aufgenommenen Silberbergbau spürbar zu aktivieren und gleichzeitig, nach dem Vorbild von Nikias und Hipponikos, den Pächtern Sklaven als Arbeitskräfte zur Verfügung zu stellen. Die durch Vermietung von »Staatssklaven« erzielten Einkünfte sollten an die Bürger verteilt werden und unabhängig von allen wirtschaftlichen Konjunkturen deren soziale Existenz sichern. Bereits in hellenistischer Zeit waren die Silberbergwerke von Laurion so weit erschöpft, daß sich ein weiterer Abbau nicht mehr lohnte. Allerdings wurden die Schlacken – die Überreste der Bergbautätigkeit des 5. und 4. Jahrhunderts v. Chr. – in späterer Zeit mit verbesserter Technik noch einmal verhüttet; denn sie erwiesen sich noch als so silberreich, daß es unter Augustus erneut eine nennenswerte Silberproduktion in Attika gab. Insgesamt sollen in der Laurion-Region während des 5. und 4. Jahrhunderts v. Chr. etwa 2 Millionen Tonnen Blei und 8.500 Tonnen Silber abgebaut und verhüttet worden sein. Als man im 19. Jahrhundert den Plan faßte, die antiken Schlacken nochmals zu schmelzen, um Silber zu gewinnen, schätzte man das Gewicht der Halden auf 1,5 Millionen Tonnen. Diese Zahlen dokumentieren den beachtlichen Umfang der athenischen Aktivitäten im Bergbau, die das Gebiet von Laurion durch Anlage von Verkehrswegen oder durch den Bau von Werkstätten für die Aufbereitung und Verhüttung vollständig verwandelt haben. Bereits im 4. Jahrhundert v. Chr. galt die Gegend als ungesund. Sokrates meint in einem bei Xenophon überlieferten Gespräch, es werde in Athen als hinreichende Entschuldigung akzeptiert werden, wenn ein junger Politiker zugeben muß, er habe Laurion nicht besucht, um sich über den Stand des Silberbergbaus zu informieren. Eine solche Aussage war insofern typisch für die griechische Mentalität, als die Sorge der Athener allein dem Wohlergehen des Politikers, nicht aber der Situation der Bergwerkssklaven galt.

Keramikherstellung

Keramik und deren Produktion hatten für die griechische Gesellschaft eine gegenwärtig nur schwer vorstellbare Bedeutung, die völlig verschiedene Aspekte des Alltagslebens erfaßte. Hierbei ist zu berücksichtigen, daß Ton das wichtigste Material für die Herstellung von Geschirr und Gefäßen gewesen ist. Es gab zwar die großen Mischgefäße aus Bronze oder Geschirr und Trinkgefäße aus Edelmetall, aber ausschließlich als Weihgaben oder Gegenstände, deren Besitz und Gebrauch einer verschwindend kleinen, sehr reichen Oberschicht vorbehalten blieb. Doch in der spätarchaischen und klassischen Epoche hat selbst die Aristokratie Keramikgeschirr bevorzugt und bei den Symposien verwendet. Der steigende ästhetische Anspruch, der von der Oberschicht an solche Gefäße gestellt wurde, stimulierte Töpfer und Vasenmaler dazu, in der Gestaltung der Keramik immer wieder neue Wege zu beschreiten. Die beeindruckende Schönheit derartiger Gefäße darf nicht dazu verleiten, andere Funktionen der Keramik zu übersehen. Die großen, schmucklosen Tongefäße dienten als Behälter für Flüssigkeiten: Wein und Olivenöl wurden in Amphoren gelagert und transportiert. Wichtig für die Landwirtschaft waren außerdem die Pithoi, bauchige Vorratsgefäße von beträchtlichem Fassungsvermögen, die von Bauern und Großgrundbesitzern für die Aufbewahrung der Ernten genutzt wurden. In Hydrien brachten Frauen das Wasser vom Brunnen zu ihrem Haus. Keramik wurde aber keineswegs nur für den Gebrauch im Haushalt oder in der Landwirtschaft hergestellt; man verwendete Tongefäße ebenfalls im Kult und im Kontext von Bestattung und Grab. Es gab einige Gefäßformen, die einzig für solche Zwecke bestimmt waren, etwa die weißgrundigen Lekythen, die gemeinhin einen Verstorbenen beim Abschied von den Angehörigen zeigen, oder Lutrophoren, die auf den Gräbern von unverheiratet Verstorbenen aufgestellt wurden.

Der attischen Keramik kommt darüber hinaus die außerordentlich wichtige Funktion eines bevorzugten Bildträgers zu. Eine angemessene Bewertung dieses Aspekts ist nur möglich, wenn man bedenkt, daß es damals für die Griechen kaum eine andere Möglichkeit gegeben hat, den privaten Raum mit Bildern zu versehen. Das Relief war dem öffentlichen Bauwerk, dem Denkmal oder dem Grabmal vorbehalten, und das Tafelbild existierte noch nicht. Vasenbilder, die Szenen aus dem Mythos oder Situationen des Alltagslebens darstellen und den Betrachter mit den Göttern der Polis, mit der Realität der Gesellschaft und mit den allgemein geltenden Idealen sowie Normen konfrontieren, dürfen nicht als belanglose Verzierung gesehen werden. Gefäß und Bild gehören zusammen. Erst das Bild verleiht dem Gefäß eine Bedeutung, die über seinen Gebrauch weit hinausweist. Aus diesem Grund sollte man die im griechischen Töpferhandwerk erzielten technischen Fortschritte nicht für marginal halten; sie erhellen vielmehr die Essenz der archaischen und klassischen Keramik.

Schon im »Dark Age« beherrschten die Griechen die grundlegenden Techniken der Keramikherstellung. Die protogeometrischen Gefäße aus Attika wurden auf der Töpferscheibe gedreht, die allgemein bekannt war. So vergleicht Homer in der »Ilias« den Reigen der Mädchen und Knaben mit der Rotation der Töpferscheibe (XVIII 600 f.): »So wie wenn ein Töpfer die passende Scheibe / sitzend mit prüfenden Händen erprobt, wie schnell sie sich drehe.« In den verschiedenen Landschaften Griechenlands prägten sich unterschiedliche Stile sowohl des Töpferns als auch der Vasenmalerei aus; die besonderen Eigenschaften der lokalen Tonvorkommen spielten dabei eine Rolle. So hatten die polychrom bemalten korinthischen Gefäße eine charakteristische helle Färbung. Korinth war im 7. und frühen 6. Jahrhundert v. Chr. das wichtigste Zentrum der Keramikproduktion; die Töpfereien lagen hier in einem eigenen Stadtviertel. In Athen kam gegen Mitte des 6. Jahrhunderts v. Chr. der schwarzfigurige Stil auf, der sich bald auch andernorts einer großen Schätzung erfreute. Die attische Keramik setzte sich in Griechenland wie im Westen sehr schnell durch und dominierte im 5. Jahrhundert v. Chr. auf den Märkten für Qualitätserzeugnisse. Die wirtschaftliche Bedeutung der Keramikproduktion beruhte, abgesehen von dem großen Bedarf an Tongefäßen, darauf, daß weder die bäuerlichen Familien noch die Bevölkerung der Städte in größerem Umfang Töpferwaren für den Eigenbedarf herstellten. Da man zum Töpfern besondere Instrumente wie die Töpferscheibe und zudem handwerkliche Fähigkeiten benötigte, war das Formen der Gefäße Aufgabe spezialisierter Handwerker. Im spätarchaischen Athen besaßen die Töpfer und Vasenmaler ein hohes Sozialprestige und Selbstbewußtsein;

31. Arbeit in einer Tongrube. Korinthischer Pinax, um 550 v. Chr. Berlin, Staatliche Museen Preußischer Kulturbesitz, Antikenmuseum

Keramikherstellung 119

32. Töpferei. Schwarzfiguriges Vasenbild auf einer attischen Hydria, um 510 v. Chr. München, Staatliche Antikensammlungen

sie waren wohlhabend, so daß sie kostbare Weihgaben auf der Akropolis aufstellen konnten, und sie waren stolz auf ihre handwerklichen Fähigkeiten und auf ihre Erzeugnisse, was in der Gewohnheit, die eigenen Werke zu signieren, zum Ausdruck kam.

Für die Qualitätskeramik war eine sorgfältige Aufbereitung des verwendeten Tons überaus wichtig. Ton, ein Verwitterungsprodukt von Feldspat, findet sich – durch Erosion aus den ursprünglichen Lagern entfernt und mit Pflanzenresten, Steinen und Sand vermengt – meistens in sekundären Lagerstätten, nur wenige Meter unter der Erdoberfläche. Je nach Beimengung unterschieden sich die Tonsorten aus den verschiedenen Regionen. Voraussetzung für die attischen keramischen Erzeugnisse waren Tonvorkommen von außergewöhnlicher Qualität. Der Ton wurde über Tage abgebaut und danach in den Töpfereien aufbereitet, um ihn von den Verunreinigungen zu befreien. Zu diesem Zweck vermengte man ihn in Schlämmgruben mit Wasser; die Fremdstoffe sanken in der Tonbrühe allmählich zu Boden oder setzten sich an der Oberfläche ab, so daß sie leicht entfernt werden konnten. Gleichzeitig wurden durch wiederholtes Schlämmen die feineren und die groben Tonpartikel getrennt; man erhielt auf diese Weise einen feinen Ton mit einer hohen Plastizität. Sobald das Wasser verdunstet war, wurde er der Schlämmgrube entnommen und längere Zeit gelagert. Vor dem Formen der Gefäße bearbeitete man den Ton noch einmal intensiv. Er wurde mit den Füßen getreten und mit den Händen geknetet, um zu vermeiden, daß Luftblasen beim Brand der Gefäße Schäden verursachten; außerdem erhöhte man so die Formbarkeit des Materials.

Die Gefäße wurden zumeist auf der Töpferscheibe geformt, die auf mehreren korinthischen Pinakes – kleinen Tontäfelchen mit Darstellungen von den einzelnen Arbeitsvorgängen in der Töpferei – und auf einigen attischen Vasen abgebildet ist. Es handelte sich dabei um ein Instrument, das aus einer einzigen mächtigen Scheibe bestand, die fest mit einer Achse, die sich in einem Spurstein drehte, verbunden war. Die Scheibe diente zugleich zum Formen des Gefäßes und als Schwungscheibe; sie besaß deshalb einen wesentlich größeren Durchmesser, als er für das Formen der Gefäße erforderlich gewesen wäre. Die Arbeit wurde dadurch erheblich erschwert; denn der Töpfer mußte weit vorgebeugt und mit ausgestreckten Armen arbeiten. Herstellung und Installation einer Töpferscheibe verlangten bereits eine hohe Präzision, weil beim Töpfern, um die Gefäßwände hochziehen zu können, eine große Rotationsgeschwindigkeit unerläßlich war. Nur bei einem regelmäßigen Lauf war es möglich, den Gefäßen eine exakt kreisrunde Form zu geben. Deshalb mußten die Scheibe genau zentriert und die Achse so gelagert sein, daß eine möglichst geringe Reibung entstand. Beim Töpfern arbeitete man zu zweit an der Scheibe, während ein junger Gehilfe mit der Hand antrieb und dabei die Drehgeschwindigkeit regulierte, konnte der Töpfer sich ganz seiner eigentlichen Arbeit, dem Formen des Gefäßes, widmen. Zunächst zentrierte der Töpfer einen sorgfältig gekneteten Tonklumpen auf der rotierenden Scheibe; danach wurde der Klumpen mit den Daumen

33 a und b. Töpfer bei der Arbeit: Zentrieren des Tons und Abdrehen des fertigen Gefäßes. Schwarzfigurige Vasenbilder auf einer attischen Kleinmeisterschale, um 550 v. Chr. Karlsruhe, Badisches Landesmuseum

34. Feuerung des Töpferofens. Fragment eines korinthischen Pinax, um 550 v. Chr. Berlin, Staatliche Museen Preußischer Kulturbesitz, Antikenmuseum

in der Mitte so ausgehöhlt, daß er die Form eines dickwandigen Gefäßes mit hohem Boden erhielt. Anschließend zog der Töpfer die Gefäßwand hoch, indem er Ton vom Gefäßboden aufnahm und nach oben trieb. Dabei bearbeitete er die Gefäßwand koordiniert mit beiden Händen von innen sowie von außen und gab dem Gefäß die gewünschte Form. Das fertig Geformte wurde von der Scheibe genommen, indem man vorsichtig einen Draht oder eine Schnur durch die starke Bodenplatte zog. Nach dem Trocknen, das in der Regel einen Tag dauerte, wurde in einem weiteren Arbeitsgang die Oberfläche des nun lederhart gewordenen Gefäßes auf der Scheibe geglättet; außerdem fügte man Teile wie den Fuß und die Henkel mit Hilfe von Tonschlicker, der als Klebemasse diente, an.

Die auf den korinthischen Pinakes dargestellten Töpferöfen besaßen zwei übereinander liegende Kammern, die durch eine von einem Pfeiler gestützte Lochtenne getrennt waren. Die untere Kammer und der ihr vorgebaute Schürkanal nahmen das Feuerungsmaterial auf. In die obere Kammer, die als Brennraum bezeichnet wird, setzte man durch eine große Öffnung, die anschließend zugemacht wurde, die getrockneten Gefäße ein. Die Töpferöfen waren oben durch eine Kuppel abgeschlossen, die mit einem großen Abzugsloch versehen war. Wie die bildlichen Darstellungen zeigen, hatten die Öfen eine beachtliche Höhe.

Es war durchaus möglich, einfache Keramik im offenen Feuer, also ohne den aufwendigen Bau eines großen Töpferofens, zu brennen, aber erst mit Hilfe des korinthischen Töpferofens gelang es, beim Brennen der Keramik Temperaturentwicklung sowie Sauerstoffzufuhr genau zu regulieren. Gerade dies war notwendig, um den Effekt der schwarz-roten Färbung attischer Vasen zu erzielen. Vor allem durch die Arbeiten des Chemikers Theodor Schumann konnte geklärt werden, welche Verfahren die Töpfer und Vasenmaler bei der Herstellung der schwarzfigurigen und seit 525 v. Chr. rotfigurigen Keramik angewendet haben; es ist deutlich geworden, daß das glänzende Schwarz der attischen Töpferware nicht durch einen Farbauftrag zustande gekommen ist. Die Vasenmaler benutzten vielmehr einen durch mehrmaliges Schlämmen gewonnenen Schlicker aus besonders feinen Tonpartikeln, der sich in seinen Eigenschaften kaum vom Töpferton unterschied. Es bestand lediglich ein schwacher Kontrast in der Farbe von Töpferton und Malschlikker. Erst beim Brand der Ware entstanden die unterschiedlichen Farben: Bei den Gefäßen des schwarzfigurigen Stils wirken die Figuren wie Silhouetten vor der hellroten Gefäßwand. Die Details der Gesichter, der Haare oder der Gewänder sind durch Linien erfaßt, die man in den aufgetragenen Malschlicker eingeritzt hat, wodurch der Töpferton freigelegt worden ist. Der rotfigurige Stil erwies sich dann der schwarzfigurigen Vasenmalerei überlegen, weil er eine differenziertere Binnenzeichnung der Figuren erlaubte. Der Vasenmaler legte bei Gefäßen dieses Stils zuerst den Umriß der Figuren fest, fertigte die Binnenzeichnung an und trug dann den Malschlicker auf die Gefäßwand auf. Voraussetzung dafür, daß der Ton beim Brand die charakteristische Farbe attischer Vasen – das warme, helle Rot und das glänzende Schwarz – annahm, waren sein hoher Eisengehalt sowie die Tatsache, daß Töpferton und Malschlicker während des Brennens unterschiedlich reagierten.

Beim Brand der Gefäße folgten drei Phasen aufeinander. In der ersten, etwa acht Stunden dauernden Phase wurde für eine starke Sauerstoffzufuhr gesorgt. Das im Ton enthaltene Eisenoxid (Fe_2O_3) führte eine vollständige Rotfärbung der Gefäße herbei. Durch eine Unterbrechung der Sauerstoffzufuhr und durch Verbrennen von grünem Holz erzeugten die Töpfer in der zweiten, relativ kurzen Brennphase eine reduzierende Atmosphäre im Ofen; bei einer Temperatur von etwa 900 bis 950 Grad entstand das schwarze, magnetische Eisenoxid (Fe_3O_4); die Gefäße nahmen nun eine tiefschwarze Farbe an. In der dritten Brennphase wurde schließlich bei langsam sinkender Temperatur dem Innern des Ofens erneut Sauerstoff zugeleitet. Während das Eisenoxid im Töpferton nochmals zu Fe_2O_3 oxidierte und sich dabei rot färbte, blieb der Malschlicker, der anders als der Töpferton beim Brand versinterte und bei der niedriger werdenden Temperatur nicht mehr oxidierte, schwarz. Der auffallende Glanz der schwarzen Flächen rotfiguriger Vasen hatte seine Ursache darin, daß die äußerst feinen Tonpartikel des Malschlickers sich beim Trocknen und Brennen parallel anordneten und eine besonders glatte Oberfläche bildeten.

Beim Töpfern der großen Vorratsgefäße wurde eine völlig andere Technik angewendet. Ein Pithos konnte nicht wie ein kleineres Gefäß auf der Töpferscheibe

Textilproduktion 123

35. Herstellung eines Tongefäßes auf der Töpferscheibe. Vasenbild auf einem rotfigurigen attischen Krater, 5. Jahrhundert v. Chr. Caltagirone, Museo Civico

hochgezogen werden; die Gefäßwand mußte man allmählich aufbauen, indem man einen Tonring anfertigte, ihn trocknen ließ und dann einen weiteren Tonring ansetzte. Dieses Verfahren wurde solange fortgesetzt, bis das Gefäß die erwünschte Höhe hatte. Dabei bedienten die Töpfer sich des Drehtisches, der von einem Gehilfen langsam bewegt wurde, damit das Gefäß sich besser von allen Seiten bearbeiten ließ. Da fetter Ton beim Brennen sehr stark schrumpft, hat man den für die Herstellung einer solchen groben Töpferware gebrauchten Ton durch Zusätze wie Sand oder zerkleinerte Keramikscheiben gemagert. Das Formen eines Pithos hat keineswegs als anspruchslose Aufgabe gegolten, wie eine Redewendung zeigt, die davor warnt, etwas mit Schwierigkeiten zu beginnen; die bei Platon überlieferte Version lautet, »mit dem Pithos anfangen das Töpferhandwerk zu lernen«.

Textilproduktion

Max Weber machte in seinen Vorlesungen zur Wirtschaftsgeschichte darauf aufmerksam, daß der Konsumbedarf in Mitteleuropa während des Mittelalters und der frühen Neuzeit wesentlich höher gewesen ist als in der Antike, was seiner Meinung nach auf den klimatischen Unterschied zwischen dem Mittelmeerraum und den Ländern nördlich der Alpen zurückzuführen sei. Als Beispiel hierfür nennt er die Kleidung: »Man kann nicht sagen, daß die Griechen nackt gingen: ein Teil des Körpers war bedeckt; aber ihr Kleiderbedarf war mit dem des Mitteleuropäers nicht zu vergleichen.« Jede technikhistorische Analyse der antiken Textilherstellung hat einige Tatbestände in Rechnung zu stellen: Viele Griechen arbeiteten in der Hitze der Sommermonate nackt oder allenfalls leicht bekleidet auf den Feldern oder in den Werkstätten, und nackt beteiligten sich die Athleten an den sportlichen Wettkämpfen. Überdies war die Kleidung der Frauen und Männer sehr einfach im Schnitt und daher leicht herstellbar. Die meisten Kleidungsstücke bestanden aus einem größeren Tuch, das gefaltet getragen wurde. Die Entwicklung einer gewerblichen Textilherstellung in der Antike wurde außerdem dadurch verzögert, daß die Wollarbeit traditionell zum Aufgabenbereich der Frauen gehörte und Kleider in vielen Familien für den eigenen Bedarf angefertigt wurden.

Schon für die archaische Zeit sind erhebliche Qualitätsunterschiede in der Kleidung belegt; gerade im Zusammenhang mit den zahlreichen kritischen Bemerkungen über Reichtum und Luxus in einzelnen griechischen Städten wie Sybaris werden immer wieder kostbare Stoffe und Kleider erwähnt, für die Wolle von hoher Qualität verwendet worden ist oder die man in aufwendiger Weise verziert hatte. Besonders die purpurfarbenen Gewänder sollten den sozialen Rang und den Reichtum ihrer Träger demonstrativ zur Schau stellen, und Frauen trugen durchsichtige Kleider, um die Schönheit ihres Körpers zur Geltung zu bringen. Die Griechinnen waren bereits in der archaischen Zeit fähig, beim Weben Stoffe mit ornamentalen und figürlichen Verzierungen zu versehen. Der Sinn für schöne Stoffe war schon früh entwickelt; so verweilt Homer in der »Ilias« bei der Beschreibung jener Stoffe, die Helena und Andromache in Troja webten (III 125 ff., XXII 440 f.): Helena »... wob ein purpurnes, großes / Doppelgewand und wirkte hinein die zahllosen Kämpfe / rossebezähmender Troer und erzumschirmter Achaier, / welche sie ihretwegen von Ares' Händen erduldet.« Auch Andromache, die Gemahlin Hektors, war am Webstuhl tätig; »... sie wob im Innern des hohen Palastes ein Gewebe / purpurn und doppelt gelegt, mit farbigen Blumen gemustert.«

Bedingt durch einen steigenden Bedarf an Luxusgewändern bildeten sich während des 6. und 5. Jahrhunderts v. Chr. vorwiegend in solchen Gebieten, die auch wegen ihrer Schafzucht berühmt waren, Zentren der Textilproduktion heraus, die allgemein anerkannte Qualitätsstandards entwickelten und Wolle sowie Stoffe exportierten. So sollen die Sybariten Kleider aus milesischer Wolle getragen haben, die auch in Athen verarbeitet wurde. Um die einheimische Textilherstellung zu fördern, ließ der Tyrann Polykrates Schafe aus Milet und Attika nach Samos bringen. Nach dem Peloponnesischen Krieg existierten in Athen spezialisierte Werkstätten, in denen bestimmte Gewänder angefertigt wurden, und die meisten Bewohner von

Megara sollen nach Meinung Xenophons ihr Geld mit der Herstellung von Mänteln verdient haben. Das macht verständlich, warum Sokrates in einem von Xenophon wiedergegebenen Dialog Aristarchos, einem verarmten Athener, den Rat gegeben hat, die Frauen seiner Familie Kleidung für den Verkauf herstellen zu lassen. Es bleibt allerdings unklar, inwieweit die Entstehung einer gewerblichen Textilproduktion technische Fortschritte in der Wollverarbeitung herbeigeführt hat. Im Fall des Aristarchos mußten für die Etablierung einer Werkstatt nur die notwendigen Rohstoffe gekauft werden, da die im Haushalt vorhandenen Instrumente und Geräte für die gewerbliche Produktion ausreichten.

Die antiken Texte bieten nur wenige Informationen zur griechischen Textilherstellung; viele Fragen können daher nicht beantwortet werden. So ist nicht bekannt, wie intensiv Flachsanbau und Leinenweberei im klassischen Griechenland betrieben worden sind. Einige Zeugnisse weisen darauf hin, daß sowohl in der mykenischen Epoche als auch später in der römischen Kaiserzeit auf der Peloponnes Flachs angebaut worden ist. Der wichtigste Rohstoff für Textilien war zweifellos Wolle. Nach modernen Schätzungen mußten etwa 4 bis 10 Schafe gehalten werden, um genügend Wolle für die Herstellung der Kleidung einer erwachsenen Person zu gewinnen. Schon deshalb hatte die Schafzucht für die Wirtschaft der Antike eine überragende Bedeutung. Schafen, die Wolle von hoher Qualität lieferten, wurden in Megara Lederdecken aufgelegt, um das Vlies vor Verunreinigungen zu schützen – ein Verfahren, das Diogenes der Kyniker (4. Jahrhundert v. Chr.) angesichts einiger nackter Kinder mit den Worten kommentierte, es sei besser, eines Megarers Schafbock als sein Sohn zu sein.

Zwei Arbeitsvorgänge sind bis heute für die Textilproduktion grundlegend: das Spinnen und das Weben. Beim Spinnen wurde die gereinigte Rohwolle, die aus kurzen Fasern bestand, zu Garn, einem langen, gedrehten Faden, weiterverarbeitet. Als Hilfsmittel verwendeten die Griechinnen Spinnrocken und Spindel. Zuvor war es notwendig, die verfilzten Wollfasern zu trennen und durch das Krempeln zu ordnen. Vermutlich stellten die Griechinnen anschließend ein Vorgarn her, das bereits aus längeren Fadenstücken bestand. Sie wickelten die Wolle in diesem Zustand um die Spitze des Spinnrockens und befestigten gleichzeitig einen Faden an der Spindel, einem längeren, dünnen Holzstab, an dessen unterem Ende die Spinnwirtel angebracht war, ein Schwunggewicht aus Ton. Zu Beginn des Spinnvorganges wurde die Spindel in eine Drehbewegung versetzt. Wie Vasenbilder zeigen, hielten die Frauen den Spinnrocken in der linken Hand und zogen mit Daumen und Zeigefinger der rechten Hand immer neue Fasern aus dem Wollknäuel, wobei durch die Rotation der Spindel der Faden gedreht wurde. Der Faden wurde immer länger, bis die Spindel schließlich den Boden erreichte. Nachdem man den Faden aufgewickelt hatte, konnte das Spinnen erneut fortgesetzt werden. Platon, der in dem Dialog »Politikos« ausführlich auf die Wollverarbeitung eingeht, um an diesem Beispiel die wesentlichen Merkmale technischen Handelns zu erläutern, betont, daß man Kettfäden und Schußfäden auf unterschiedliche Weise gesponnen hat. Der Kettfaden war stärker und nicht nur lose zusammengedreht; der Grund hierfür ist in den größeren Belastungen zu suchen, denen die Kettfäden beim Weben ausgesetzt waren.

Das Weben wird von Platon anschaulich als eine zur Wollverarbeitung gehörende, verbindende Technik bezeichnet, die durch ein gerades Zusammenflechten von Schußfaden und Kette ein Gewebe hervorbringt. Für diese Arbeit benutzte man in Griechenland den vertikalen Webstuhl, der auf mehreren böotischen und attischen Vasenbildern der archaischen und klassischen Zeit dargestellt ist. Das eindrucksvolle Bild auf der Lekythos des Amasis-Malers aus der Mitte des 6. Jahrhunderts v. Chr. vermittelt eine genaue Vorstellung vom griechischen Webstuhl. Zwei senkrecht aufgestellte Pfosten trugen den Tuchbaum, von dem die Kettfäden herabhingen. Große Webgewichte zogen jeweils mehrere dieser Kettfäden straff. In der Mitte des Webstuhls war ein dünner Stab waagerecht angebracht. Die Kettfäden hingen wechselweise vor und hinter diesem Trennstab, wodurch das natürliche Fach gegeben war. Wenn man den Schlingenstab, mit dem die hinter dem Trennstab herabhängenden Kettfäden verbunden waren, nach vorn zog, entstand das künstliche Fach. Beim Weben führte man den Schußfaden, der auf dem Weberschiffchen aufgewickelt war, abwechselnd durch das natürliche und das künstliche Fach hindurch. Dabei wurde der Faden nach oben an das schon fertige Gewebe angeschlagen. Der Tuchbaum konnte gedreht werden; denn es war erforderlich, das

36. Frauen am Webstuhl. Schwarzfiguriges Vasenbild des Amasis-Malers auf einer attischen Lekythos, um 550 v. Chr. New York, Metropolitan Museum of Art, Fletcher Fund, 1931

Textilproduktion 127

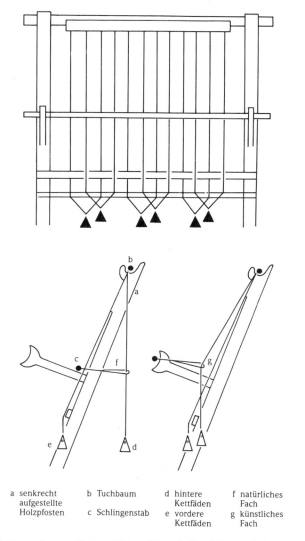

a senkrecht aufgestellte Holzpfosten
b Tuchbaum
c Schlingenstab
d hintere Kettfäden
e vordere Kettfäden
f natürliches Fach
g künstliches Fach

Vereinfachte Darstellung des vertikalen Webstuhls mit Gewichten; links unten bei geöffnetem natürlichen Fach, rechts unten bei geöffnetem künstlichen Fach (nach Wild)

fertige Gewebe immer wieder aufzurollen, damit zwischen Tuchbaum und Trennstab genügend Raum für das Fach blieb. Auf der Lekythos überragt der Webstuhl die Frauen, die im Stehen zu arbeiten und beim Anschlagen des Schußfadens den rechten Arm weit nach oben zu führen hatten. Angesichts der Breite eines solchen Webstuhls mußte eine Weberin hin- und hergehen, um das Weberschiffchen durch das Fach zu führen. So wird von der Nymphe Kalypso in der »Odyssee« erzählt, sie sei, in ihrer Grotte mit schöner Stimme singend, am Webstuhl hin- und hergelaufen

37. Penelope vor ihrem Webstuhl. Rotfiguriges Vasenbild auf einem attischen Skyphos, um 430 v. Chr. Chiusi, Museo Nazionale Etrusco

38. Handwerker mit Bohrer. Rotfiguriges Vasenbild auf einer attischen Hydria, um 500 v. Chr. Boston, MA, Museum of Fine Arts, Francis Bartlett Fund

39. Frau vor einer Kleidertruhe. Terrakottarelief aus Lokroi, Italien, 460 / 450 v. Chr. Tarent, Museo Nazionale

und habe mit goldenem Weberschiffchen gewebt. Wie eine rotfigurige, um 430 v. Chr. entstandene Darstellung der Penelope zeigt, hatte man den Webstuhl im Detail verbessert, ohne seine Grundkonstruktion zu verändern. An die Stelle des Tuchbaumes sind drei horizontale Stäbe getreten, deren Funktion im einzelnen nicht klar ist. Der Stoff, soweit er bereits fertiggestellt ist, weist eingewebte Motive ähnlich denen auf, die Homer in der »Ilias« beschrieben hat.

Stoffe gehörten zu den wertvollsten Gebrauchsgegenständen, die eine griechische Familie besaß. Man legte sie in Truhen, um sie vor Schaden zu bewahren. Insbesondere Motten bedrohten die so geschätzten Stoffe oder die zur Verarbeitung bereitliegende Wolle. Die Ausrede, die in der Komödie »Lysistrate« eine Athenerin gebrauchte, als sie entgegen der Absicht der Frauen, von ihren Männern fernzubleiben, nach Hause eilt, entbehrt daher nicht jeder Grundlage (728 ff.): »Ich muß nach Haus. / Ich hab' daheim milesische Wolle liegen, / die mir die Motten fressen.« Die Herstellung von Kleidertruhen war eine wichtige Aufgabe des Tischlerhandwerks.

Die Brennstoffe

Die Haushalte hatten in der Antike gewöhnlich einen niedrigen Bedarf an Brennstoffen, die vor allem für die Zubereitung von Nahrungsmitteln, zum Kochen oder zum Backen von Brot, benötigt wurden. Gewerbezweige wie die Metallverarbeitung und die Keramikproduktion verbrauchten hingegen für die Verhüttung von Erzen, das Schmieden von Eisen, das Schmelzen von Bronze oder den Brand der Keramik, also für die Umwandlung und Formung von Stoffen, erhebliche Mengen Feuerungsmaterial. Da keine Antriebsmaschinen existierten, wurde thermische Energie grundsätzlich nicht in kinetische umgewandelt. Im antiken Griechenland war die Muskelkraft der Menschen und der Tiere die einzige Energiequelle für den Antrieb von Geräten oder für das Bewegen von Lasten. Die Nutzung des Windes als Antriebskraft blieb auf die Schiffahrt beschränkt.

Da in der Metallurgie und im Töpferhandwerk für die Stoffumwandlung hohe Temperaturen erforderlich waren, kam der Qualität der Brennstoffe eine besondere Bedeutung zu. Kohle wurde in sehr wenigen Gebieten abgebaut und nur in äußerst begrenztem Umfang als Brennstoff verwendet. Dies lag nicht allein an den geringen Kohlevorkommen des Mittelmeerraumes, sondern vor allem daran, daß bei Verhüttungsprozessen Kohle durch ihre Verunreinigungen – zumal durch ihren Schwefelgehalt – die Qualität der Metalle negativ beeinflußte.

Der Bedarf der Haushalte an Brennholz ist zumindest zum Teil von den großen Landgütern gedeckt worden, wie das Beispiel des Phainippos zeigt. Während die Töpfer für das Brennen der Keramik vorwiegend Holz verwendeten, bevorzugte man in der Metallverarbeitung Holzkohle als Brennstoff. Nach Theophrast waren einige Baumarten, darunter insbesondere mehrere Arten der Eiche, als Brennstoff wenig geeignet. Für verschiedene Arbeiten wählten die Handwerker jeweils eine Holzkohle, die aus einem ganz bestimmten Holz gebrannt war. Bei der Eisenverarbeitung nahm man Holzkohle aus Kastanienholz und bei der Verhüttung von Silbererzen solche aus Pinienholz, während Schmiede die Kohle aus Fichtenholz besonders schätzten. Allgemein bestand die Auffassung, Holz von alten Bäumen sei zu trocken, um daraus Holzkohle herzustellen. Für brauchbar hielt man hingegen das Holz von jungen Bäumen mit gekappten Spitzen; denn es hatte genügend Saft. Man vermied aber, Bäume, die an feuchten, schattigen Plätzen wuchsen, für solchen Zweck zu fällen. Ein Holzkohlenmeiler, der aus glatten Holzscheiten hoch aufgeschichtet und vollständig mit Zweigen und Erde abgedeckt wurde, schwelte mehrere Tage lang, wobei man mit Spießen Öffnungen für die Luftzufuhr schuf; gleichzeitig war darauf zu achten, daß kein offenes Feuer ausbrach. Die Holzkohle wurde in den abgelegenen Waldgebieten gebrannt. Für Attika ist bekannt, daß die Bewohner von Acharnai, die in einer Komödie des Aristophanes als Chor erscheinen, im dichtbewaldeten Parnes-Gebirge als Kohlenbrenner tätig gewesen sind.

Landtransport und Schiffahrt

Die Entwicklung der Transporttechnik – von Wagenbau, Anschirrung und Schiffbau – war von vielen Faktoren abhängig: Einerseits spielten naturräumliche Gegebenheiten eine große Rolle, andererseits hatten die Menge der benötigten und beförderten Güter sowie die Infrastruktur eines Landes eine entscheidende Bedeutung. Für die Griechen war das Meer eine natürliche Infrastruktur, die sie zwecks Schiffahrt in Anspruch nehmen konnten. Sie benötigten nur ihre Boote, um Güter zur See zu transportieren. Der Bau von Hafenanlagen war bis zur spätarchaischen Zeit weitgehend überflüssig; denn an vielen Küsten existierten Buchten, die als Häfen dienten, und die leichten Boote, die keinen Tiefgang hatten, konnten ohne Schwierigkeiten an Land gezogen werden. Völlig anders stellte sich die Situation im Binnenland dar. Der Einsatz von Wagen, die von Tieren gezogen wurden, war nur dort möglich, wo es ein System befahrbarer Wege gab. Doch gerade in den gebirgigen Landschaften des mediterranen Raumes war die Anlage solcher Wege oder Straßen mit großem materiellen Aufwand verbunden, der die Kapazitäten vieler kleinerer Städte überstieg. Zudem erwies sich die Trassenführung oft als außerordentlich schwierig, und wegen der vielen Flußläufe und Täler war der Bau von Brücken notwendig. Ein Straßennetz, das den Anforderungen eines Verkehrs mit hohem Güteraufkommen genügte, entstand allmählich im Verlauf der griechischen und römischen Geschichte, wobei in vielen Gebieten des Mittelmeerraumes erst die Bautätigkeit der römischen Kaiser die Voraussetzung für ein steigendes Verkehrsaufkommen zu Lande schuf. Aber selbst mit einem schließlich geschaffenen Straßennetz blieb die Schiffahrt in der vorindustriellen Zeit dem Landtransport weit überlegen.

Während die Handelsschiffe keiner Muskelkraft als Antrieb bedurften, war der Landtransport auf die Zugkraft der Tiere angewiesen, die viele Ruhepausen benötigten und gefüttert werden mußten. Die Last, die mit einem Wagen befördert werden konnte, war überdies um vieles kleiner als die Ladung eines mittelgroßen Handelsschiffes. In eindrucksvoller Weise hat Adam Smith im »Wealth of nations« die Kapazität von Schiffahrt und Landtransport gegenübergestellt. Seine Bemerkungen stimmen für alle jene Epochen, in denen der von Tieren gezogene Wagen und das Segelschiff die wichtigsten Transportmittel gewesen sind, und damit für die Antike: »Ein schwerer Wagen, von zwei Fuhrleuten begleitet und mit acht Zugpferden bespannt, braucht zum Beispiel etwa sechs Wochen, um annähernd vier Tonnen Fracht von London nach Edinburgh und zurück zu befördern. In ungefähr der gleichen Zeit bringt ein Schiff mit sechs oder acht Mann Besatzung, das zwischen den Häfen von London und Leith verkehrt, gewöhnlich 200 Tonnen Waren hin und zurück. Sechs oder acht Personen können mithin in der gleichen Zeit auf dem Wasserweg zwischen London und Edinburgh die gleiche Ladung befördern wie 100

Fuhrleute mit 400 Pferden auf 50 schweren Wagen. Es müßte also für die billigste Landfracht von 200 Tonnen von London nach Edinburgh der Lohn für 100 Fuhrleute in drei Wochen sowie Unterhalt und Abnutzung, die in etwa gleich hoch sind, für 50 Fuhrwerke und 400 Pferde berechnet werden. Dagegen muß man für die Beförderung der gleichen Fracht auf dem Wasser lediglich den Unterhalt für sechs oder acht Seeleute in Rechnung setzen; dazu kommen noch Kosten für die Abnutzung des Schiffes bei einer Last von 200 Tonnen und für das höhere Risiko, also die Differenz zwischen den Versicherungsprämien für die Beförderung zu Lande und zu Wasser.« Unter derartigen Bedingungen wurden in der Antike generell Massengüter wie Getreide, Wein und Olivenöl über weite Entfernungen fast ausschließlich mit Schiffen transportiert; dasselbe galt für Produkte des Handwerks wie Qualitätskeramik und Textilien oder für schwere Güter wie Marmor.

Dennoch sollte die Bedeutung des Landtransportes nicht unterschätzt werden. Der englische Althistoriker Keith Hopkins wies nachdrücklich darauf hin, daß der Transport insbesondere von Agrarerzeugnissen über kurze Distanzen, beispielsweise vom Hof eines Bauern zur nächstliegenden Stadt, wahrscheinlich den größten Teil des gesamten Transportaufkommens ausgemacht hat. Die griechischen Städte erhielten normalerweise die meisten Nahrungsmittel, aber auch Brennholz oder Rohstoffe wie Wolle aus ihrem Umland. Innerhalb der Städte waren ebenfalls große Mengen von Gütern zu befördern; die Schiffe im Hafen mußten entladen, die Rohstoffe zu den Werkstätten, die Waren zu den Märkten, die Baumaterialien zu den Baustellen gebracht werden. Für solche Transporte über kurze Distanzen wurden Wagen eher selten verwendet. Es gibt einige Hinweise darauf, daß hierfür

40. Lastenträger. Schwarzfiguriges Vasenbild auf einer attischen Amphora, um 520 v. Chr. Berlin, Staatliche Museen Preußischer Kulturbesitz, Antikenmuseum

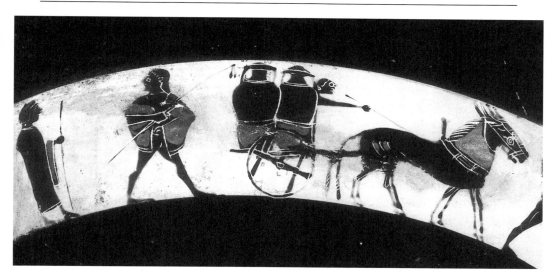

41. Wagen mit zwei Maultieren. Schwarzfiguriges Vasenbild auf einer attischen Schale, um 550 v. Chr. Paris, Musée du Louvre

Tragtiere, denen man die Last auf ihre Rücken packte, eine wichtige Rolle gespielt haben. Daneben wurden viele Lasten von den Menschen selbst mit primitiven Hilfsmitteln befördert; durch attische Vasenbilder ist dies mehrfach belegt. Häufig genügte den Griechen eine einfache Holzstange, die, auf die Schulter gelegt, das Tragen erleichterte. Den dafür erforderlichen Kraftaufwand konnte man reduzieren, indem man die Last gleichmäßig auf beide Enden der Stange verteilte, wie dies das Bild eines Mannes mit zwei großen Fischen auf einer spätarchaischen Amphora zeigt. Mit Hilfe einer Stange war es möglich, selbst Lasten, die für eine Person zu schwer waren – etwa eine mit Öl gefüllte große Amphora –, zu befördern; in diesem Fall wurde die Stange von zwei Männern getragen. Das für die Versorgung der Haushalte benötigte Wasser wurde in den griechischen Städten vom Brunnen oder von einem zentral gelegenen Brunnenhaus geholt, da ein Leitungsnetz fehlte. Als Gefäße benutzte man die Hydrien aus Ton, die von den Frauen auf dem Kopf getragen wurden.

Der Wagen war in Griechenland schon früh ein wichtiges Transportmittel. In den »Erga« Hesiods gehört er zu den unentbehrlichen Gerätschaften des Bauern; der Dichter gibt den Rat, beim Holzfällen geeignete Stücke für die Achse und den Radkranz zu wählen und aufzubewahren (455 ff.): »Meint wohl ein Mann, wohlhabend im Geist: rasch bau ich den Wagen; / Tor der und kennt sich nicht aus: der Wagenhölzer sind hundert! / Vorher um diese sich kümmern; so daß sie im Hause bereitstehen.« Als Maße für das Rad werden 10 Handbreit genannt, etwa 0,75

Meter; damit ist der innere Durchmesser des Rades gemeint. Dem entspricht die Angabe, daß das Holz für die Felgen die Länge von 3 Handspannen, etwa 0,67 Meter, haben sollte; denn der Radkranz wurde wahrscheinlich aus 4 solchen Hölzern zusammengefügt und hätte damit einen Umfang von ungefähr 2,35 Metern gehabt. Es kann zwischen drei verschiedenen Typen von Rädern unterschieden werden: dem Scheibenrad, dem Strebenrad und dem Speichenrad. Das Scheibenrad bestand aus fest aneinandergefügten, kreisrund zugeschnittenen Brettern, hatte also keinen Radkranz. Bei den beiden anderen Typen gab es zwei Möglichkeiten, Radkranz und Nabe zu verbinden: entweder durch Speichen, die von der Nabe strahlenförmig ausgingen, oder durch ein stärkeres Holzstück, das die Nabe umfaßte und auch am Radkranz befestigt war. Da diese Konstruktion wenig stabil war, verstärkte man sie durch zwei weitere Streben, die aber die Nabe selbst nicht berührten.

Nach den Vasenbildern zu urteilen, waren jene zweirädrigen Wagen, die auf dem Lande zur Beförderung von Personen oder Lasten gebraucht wurden, üblicherweise mit Strebenrädern versehen. Sie besaßen eine relativ kleine, nahezu quadratische Plattform und eine Mitteldeichsel, an der das Joch mit Hilfe eines Seiles befestigt wurde. Auf der Keramik aus der archaischen Zeit sind vorwiegend zweirädrige

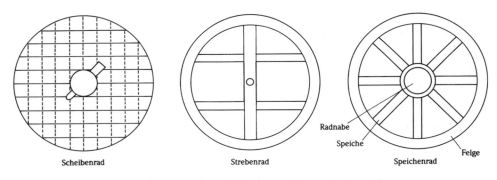

Verschiedene Typen des Wagenrades (nach Landels)

Wagen dargestellt, und nichts berechtigt zu der Annahme, daß der bei Hesiod erwähnte Wagen vierrädrig gewesen ist, wie von einigen Gelehrten vermutet wurde. Der in der »Ilias« ausdrücklich als vierrädrig bezeichnete Wagen war das Fahrzeug eines Königs, nämlich des Priamos; er gehörte somit nicht in den Kontext der bäuerlichen Wirtschaft. Einen vierrädrigen Wagen mit einer beweglichen Vorderachse herzustellen, erforderte ein weitaus höheres handwerkliches Können als der Bau eines zweirädrigen Karrens; es ist kaum anzunehmen, daß die böotischen

42. Wagen mit zwei Maultieren. Schwarzfiguriges Vasenbild des Amasis-Malers auf einer attischen Lekythos, um 550 v. Chr. New York, Metropolitan Museum of Art, Walter C. Baker Gift, 1956

Bauern, deren Leben Hesiod beschreibt, hierzu in der Lage gewesen sind. Immerhin scheint der vierrädrige Wagen dann in der klassischen Zeit zumindest in einigen Regionen eine weitere Verbreitung gefunden zu haben. Auf einem Relief aus Mesambria, einer prosperierenden Apoikie an der Küste des Schwarzen Meeres, ist ein zweiachsiger Wagen mit großen Speichenrädern zu sehen. Mit einem so konstruierten Gefährt konnten erheblich schwerere Lasten als mit dem zweirädrigen Karren befördert werden. Aufgrund solcher Entwicklungen im Wagenbau und des voranschreitenden Ausbaus der Straßen wurde der Landtransport mit der Zeit leistungsfähiger; er war der Schiffahrt zumindest dann überlegen, wenn die Landroute um einiges kürzer als der Seeweg war. Als die Spartaner im Sommer 413 v. Chr. durch die Besetzung von Dekeleia die Straßenverbindungen zwischen Oropos und Athen unterbrachen, mußten die aus Euboia importierten Nahrungsmittel, die zuvor über Land transportiert worden waren, mit Schiffen um Sunion herum nach Athen gebracht werden; nach Thukydides war der Transport dadurch zeitaufwendiger und teurer geworden.

Die Transporttechnik war in Griechenland so effizient, daß sich auch außergewöhnlich schwere Lasten über längere Strecken befördern ließen. Gerade im Zusammenhang mit den großen Bauprojekten war es notwendig, Material von den Marmorbrüchen bis zur jeweiligen Baustelle zu schaffen. Welche Bedeutung der Transport bei der Durchführung derartiger Vorhaben gehabt hat, wird daran deut-

43. Wagen mit zwei Pferden. Relief aus Mesambria, um 450 v. Chr. Sofia, Archäologisches Nationalmuseum

lich, daß unter den Handwerkern und Gewerbetreibenden, die vom Bau des Parthenon in Athen profitiert haben, auch die Stellmacher, die Besitzer von Zugvieh und die Fuhrleute aufgeführt werden. Eine längere Inschrift aus der Zeit um 330 v. Chr. bietet aufschlußreiche Informationen über den Transport der Säulentrommeln für die Vorhalle des Telesterions in Eleusis. Um die 14 Säulen aufzurichten, mußten 140 Säulentrommeln aus Marmor vom Pentelikon nach dem ungefähr 35 Kilometer entfernten Eleusis gebracht werden. Bei einem spezifischen Gewicht von 2,73 wogen die transportierten Marmorblöcke etwa 7,5 Tonnen, also bei weitem mehr als eine übliche Wagenladung. Dementsprechend hoch war die Zahl der eingesetzten Ochsengespanne. Da es unmöglich ist, viele Tiere nebeneinander einen schweren Wagen ziehen zu lassen, müssen die Ochsen hintereinander angespannt gewesen sein. Die Marmorblöcke wurden auf schwere Wagen geladen, die vermutlich mehr als vier Räder hatten. Wie die Erwähnung der Stellmacher unter den für das perikleische Bauprogramm tätigen Handwerkern zeigt, mußten für solche Transportaufgaben besondere Fahrzeuge angefertigt werden. Auch auf Sizilien setzten die Griechen für den Transport von Baumaterial mehrachsige Wagen ein. Diodor (1. Jahrhundert v. Chr.) überliefert, daß man die Steine für den Tempel der Mütter auf eigens für diesen Zweck konstruierten Wagen von Agyrion nach Engyon hat bringen lassen.

Im Schiffbau kam es während der archaischen Zeit zu mehreren folgenreichen Neuerungen, durch die die Grundlagen des griechischen und römischen Seewesens geschaffen wurden. Die bei Homer beschriebenen Schiffe waren lange, schmale

44. Ruderboot. Vasenbild auf einem korinthischen Krater, spätes 8. Jahrhundert v. Chr. Toronto, Royal Ontario Museum

Boote, die Ruderer, die hintereinander an den beiden Bordseiten saßen, vorwärtsbewegten. Diese Schiffe besaßen zwar einen Mast und ein Segel, konnten aber nur bei günstigen Windverhältnissen gesegelt werden. Aus jenem Typ des Ruderbootes, der sich auch auf frühen Vasenbildern findet, wurden neue Schiffstypen entwickelt, die speziellen Zwecken dienten. Den Griechen kam es darauf an, die Zahl der Ruderer eines Schiffes zu erhöhen, ohne dessen Seetüchtigkeit durch eine übermäßige Verlängerung des Rumpfes zu beeinträchtigen. Dabei orientierten sie sich ohne Zweifel an dem Vorbild der phönizischen Schiffe, die bereits um 700 v. Chr. mehrere Ruderreihen an jeder Bordseite und hohe Bordwände hatten. Die griechischen Schiffe erhielten an jeder Bordseite eine zweite Reihe von Ruderbänken; die Ruderer der oberen Reihe saßen über dem freien Raum zwischen den Ruderern der unteren. Dabei mußte man die Bordwände erhöhen, wobei in den Rumpf Öffnungen für die Riemen der Ruderer der unteren Reihe eingelassen wurden. Solche Ruderschiffe mit einem Rammsporn aus Metall am Bug wurden im Krieg verwendet; ihre

45. Schiff beim Landen am Strand. Schwarzfiguriges Vasenbild auf dem Krater des Ergotimos und Kleitias (François-Vase), um 570 / 560 v. Chr. Florenz, Museo Archeologico

46. Handelsschiff mit gerefftem Segel und Kriegsschiff. Schwarzfiguriges Vasenbild auf einer attischen Schale, um 540 v. Chr. London, British Museum

Aufgabe war es, im Gefecht die feindlichen Boote durch einen Rammstoß zu beschädigen oder zu versenken. Die neue Taktik des Seekrieges, die nach Thukydides zum ersten Mal in den Auseinandersetzungen zwischen Korkyra und Korinth während des 7. Jahrhunderts v. Chr. Anwendung fand, stellte hohe Anforderungen an die Manövrierfähigkeit der Schiffe; außerdem war es während eines Krieges notwendig, militärische Operationen zur See unabhängig von den Windverhältnissen durchführen zu können. Aus diesen Gründen waren die griechischen und römischen Kriegsschiffe bis zur Spätantike stets Ruderschiffe; nur bei günstigem Wind wurde gesegelt. Vor einer Seeschlacht hat man Mast und Segel oft an Land gebracht, damit sie der Mannschaft im Gefecht nicht hinderlich waren.

In der Zeit der Perserkriege setzte sich dann ein neuer Schiffstyp durch, die Triere, die nach Auffassung von Thukydides zuerst in Korinth gebaut wurde. Die Flotte, die Themistokles 483 v. Chr. aufstellen ließ, bestand aus Trieren, und es waren diese Schiffe, mit denen die Griechen 480 v. Chr. bei Salamis den entscheidenden Sieg über die Perser errangen. Die Triere besaß eine dritte Reihe von Ruderbänken. Aufgrund einer Mannschaft von nunmehr 170 Ruderern übertraf sie ihre Vorgänger an Schnelligkeit und Manövrierfähigkeit. Die Anordnung der Ruderbänke ist auf einem Marmorrelief aus Athen gut erkennbar: Die Männer der unteren Reihe saßen nur knapp über dem Wasserspiegel und waren wie die der mittleren Reihe von den hohen Bordwänden verdeckt. Sichtbar blieben hingegen die Ruderer der oberen Reihe, deren Riemen wahrscheinlich auf Auslegern ruhten, die weit über den Rumpf hinausragten. Die Kriegsschiffe mit mehreren Ruderreihen unterschieden sich auch dadurch von den Booten des »Dark Age«, daß sie ein durchgehendes Deck hatten, das dem Schiffskörper insgesamt eine größere Festigkeit verlieh. Neben den schnellen Ruderschiffen erscheint auf den Vasenbildern der archaischen Zeit das Handelsschiff, das einen kurzen, gedrungenen Rumpf und hohe Bordwände besaß. Es hatte weder Ruderbänke noch Rammsporn; es nutzte den Wind als Antriebskraft und war somit echtes Segelschiff. Speziell für den Gütertransport konstruiert, wurde es nicht für militärische Zwecke eingesetzt. Die klar ausgeprägten Merkmale der beiden Schiffstypen sind auf einem schwarzfigurigen Vasenbild erfaßt, das die Begegnung eines Handelsschiffes mit einem schnellen Kriegsschiff auf hoher See darstellt.

Die griechischen Schiffe wurden wie ihre phönizischen Vorbilder mit zwei Steuerrudern gelenkt, die auf beiden Bordseiten mit einer Balkenkonstruktion am Heck befestigt waren; ein Steuermann, der auf einem erhöhten Aufbau saß, bediente die Steuerruder, die schräg nach hinten im Wasser lagen. Sowohl die Kriegs- als auch die Handelsschiffe hatten einen einzigen Mast mit einem großen Rahsegel, dessen Bedienung durch eine Vielzahl von Tauen erleichtert wurde; die Geitaue erlaubten es, bei stürmischem Wetter die Segelfläche zu verkleinern. Während im mittelalterlichen und neuzeitlichen Schiffbau die Zimmerleute zuerst die Spanten

47. Triere. Marmorrelief, um 400 v. Chr. Athen, Akropolismuseum

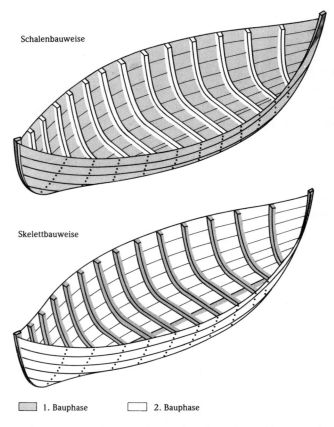

Schematische Darstellung des Schiffbaus (nach Höckmann)

an den Kiel anfügten und so das Skelett schufen, an das sie die Planken annagelten (Skelettbau), verband man in der Antike die Planken miteinander und stabilisierte dann den Rumpf durch Einfügen der Spanten (Schalenbau). Eine feste Verbindung der Planken wurde erreicht, indem man in die einzelnen Planken an genau gegenüberliegenden Stellen Löcher bohrte, in die Zapfen eingefügt wurden. Nach Theophrast hatten die griechischen Schiffbauer eine präzise Kenntnis, welche Holzarten im Meerwasser schnell faulten und daher ungeeignet waren. Die Griechen verwendeten für die Planken vor allem Tannen- und Fichtenholz, während ihnen das Eichenholz für den Kiel der Trieren zweckmäßig erschien, der besonders belastet wurde, wenn die Schiffe an Land gezogen wurden.

Der Bau leistungsfähiger Handelsschiffe war eine grundlegende Voraussetzung für die kulturelle und wirtschaftliche Entwicklung Griechenlands. Die Intensivierung des Güteraustausches im Gebiet des Schwarzen Meeres sowie im Raum der

Ägäis und des östlichen Mittelmeeres war nur aufgrund der Fortschritte im Schiffbau möglich. Als die phönizischen Städte im Osten von den Assyrern erobert und unterworfen wurden, waren die Griechen bereits in der Lage, zwischen Griechenland und den weit im Westen gelegenen Apoikien sowie den Emporien in Ägypten und Syrien enge Handelsverbindungen zu unterhalten. Die Präsenz von Kriegsflotten sicherte das Meer gegen Piraten, und auf diese Weise war es Städten wie Korinth, Aigina oder Athen möglich, Güter aus dem gesamten Mittelmeergebiet zu beziehen und eigene Waren in andere Länder zu exportieren. Zu Schiff wurden die großen Kuroi oder Baustoffe aus den Marmorbrüchen von Paros zum Festland gebracht, Städte, die lediglich über eine begrenzte Anbaufläche verfügten, mit Getreide, Wein und Öl versorgt. Gleichzeitig förderte die Schiffahrt den kulturellen Austausch mit fremden Völkern. Die dadurch vermittelten Anregungen fanden in der griechischen Kunst und Literatur einen deutlichen Niederschlag. Ohne das Anwachsen der Transportkapazitäten und ohne die Verbindungen zu den Ländern des Ostens hätte Griechenland kaum jenen Glanz entfaltet, der für die archaische Kultur charakteristisch ist.

Bautechnik und Infrastruktur

Am eindrucksvollsten sind die technischen Veränderungen der spätarchaischen Zeit im Bereich der Bautechnik sichtbar. Noch um 700 v. Chr. bestanden die Bauten in Griechenland aus Lehmziegelwänden und Holzsäulen, und erst seit Ende des 8. Jahrhunderts sind Dachziegel nachweisbar. Monumentalbauten, die denen der mykenischen Epoche vergleichbar wären, fehlten völlig. In den Jahrzehnten nach 600 v. Chr. änderte sich diese Situation schlagartig; es kam in den Städten Griechenlands sowie in den Apoikien des Westens zu einem imponierenden Aufschwung von Bautätigkeit und Bautechnik. In geradezu fieberhafter Aktivität errichteten die Städte große Tempel aus Stein, wobei sie einander zu übertreffen suchten und den Bauten immer größere Dimensionen gaben. Monumentale Tempel und andere öffentliche Gebäude sollten das Prestige einer Stadt oder auch ihres Tyrannen erhöhen. In der griechischen Öffentlichkeit fand die Architektur eine weite Resonanz, wie die Aussage Herodots zeigt, er habe über Samos ausführlich berichtet, »weil die Samier die gewaltigsten Bauwerke geschaffen haben, die sich in ganz Hellas finden«.

In außerordentlich schneller Folge entstanden während des 6. Jahrhunderts v. Chr. in Griechenland, auf Sizilien und in Unteritalien dorische Tempel, von denen der Artemis-Tempel in Kerkyra auf Korfu der älteste ist. Dieses Bauwerk aus der Zeit um 590 v. Chr. weist bereits alle wesentlichen Charakteristika eines dorischen Tempels auf. Die langgestreckte Cella war von einer Ringhalle mit 8

Säulen an den Fronten und 7 Säulen an den Langseiten umgeben. Der Tempel hatte eine Breite von 22,40 und eine Länge von 47,60 Metern, seine Säulen waren über 6 Meter hoch. Tempel in den anderen Städten hatten ähnliche Dimensionen. Der nur wenige Jahrzehnte später errichtete Apollon-Tempel in Syrakus war bei etwa gleicher Breite um rund 8 Meter länger als der Tempel von Kerkyra; die Säulenschäfte, die aus einem einzigen Stein gearbeitet sind, haben eine Höhe von mehr als 6,50 Metern. In diese Zeit gehörte auch der ältere, später von den Persern zerstörte Tempel der Athene auf der Akropolis in Athen; an seine Stelle trat im 5. Jahrhundert v. Chr. der Parthenon. Um 540 v. Chr. wurde in Korinth der Tempel des Apollon fertiggestellt; die 17 Säulen, die noch aufrecht stehen, sind ein beeindruckendes Zeugnis für die monumentale Wirkung archaischer Architektur. Der Tempel hatte an den Fronten 6, an den Langseiten 15 Säulen, die wie in Syrakus aus einem einzigen Steinblock bestanden. Ebenfalls kurz nach der Mitte des 6. Jahrhunderts v. Chr. wurde der älteste Tempel von Paestum, der Hera-Tempel I, vollendet, dessen Säulenreihen ganz erhalten geblieben sind; auffallend ist die hohe Zahl von Säulen, 9 an den Fronten und 18 an den Langseiten.

Im Westen bestand die Tendenz, nach dem Vorbild der ionischen Städte – Samos und Ephesos – immer größere Tempel zu bauen. In der Stadt Selinus auf Sizilien wurden zwischen 550 und 530 v. Chr. drei dorische Tempel errichtet, die größer als der Apollon-Tempel von Syrakus waren. Nach Vollendung des dritten Tempels wurde noch in der archaischen Zeit ein weiteres Bauwerk begonnen, das bei einem Grundriß von 50,07 mal 110,12 Metern und einer Säulenhöhe von 14,70 Metern die traditionellen Dimensionen griechischer Architektur völlig sprengte. Der Bau blieb unvollendet; er teilte sein Schicksal mit dem Zeus-Tempel in Athen, einem ähnlich ehrgeizigen Projekt der Peisistratiden, und mit dem unter dem Tyrannen Polykrates begonnenen Hera-Tempel auf Samos. Derartige Pläne, die weder die technischen noch die wirtschaftlichen Möglichkeiten der betreffenden Städte berücksichtigten, waren Ausdruck einer Mentalität, die architektonische Wirkung in einer übersteigerten Monumentalität suchte und die Grenzen dessen, was realisierbar war, nicht mehr erkannte oder akzeptierte. Allein in Ephesos gelang es, ein Bauwerk von solchen Ausmaßen nach rund einhundertzwanzig Jahren Bauzeit tatsächlich zu vollenden. Nach Plinius hat das Artemision – ein Dipteros, dessen ungedeckter Sekos von 2 Säulenreihen umgeben war – 127 Säulen von 18,90 Metern Höhe besessen; die Breite des Tempels soll etwa 65 Meter, seine Länge 125 Meter betragen haben. Auf den Betrachter muß das Artemision einen überwältigenden Eindruck gemacht haben, und so ist erklärlich, daß es in der Zeit des Hellenismus zu den Sieben Weltwundern gerechnet wurde. Der Bau ist aber nicht allein wegen seiner Größe und Ausstattung für den Technikhistoriker von hohem Interesse, sondern vor allem deswegen, weil die Architekten über die bautechnischen Probleme, die sich ihnen stellten, eine Schrift verfaßt haben, die später von Vitruv

Bautechnik und Infrastruktur 143

48. Apollon-Tempel in Korinth, um 540 v. Chr.

und Plinius ausgewertet worden ist. Es besteht also die Möglichkeit, den Arbeitsstil von Architekten der archaischen Zeit zumindest ansatzweise zu analysieren.

In der archaischen und klassischen Epoche war der Tempel der wichtigste Bautypus der griechischen Architektur. Prononciert stellte Georges Roux fest, die griechische Architektur sei in den Heiligtümern und für die Heiligtümer geschaffen worden. Daneben erhielten im späten 6. und 5. Jahrhundert v. Chr. andere Bautypen eine wachsende Bedeutung: In vielen Städten wurde das politische Zentrum, die Agora, mit öffentlichen Bauten versehen. Dabei wurde der Bautypus der Stoa entwickelt, einer langgestreckten, an einer Langseite offenen Säulenhalle. In Griechenland war es nicht notwendig, weite Innenräume für große Menschengruppen zu schaffen; denn das öffentliche Leben spielte sich weitgehend unter freiem Himmel ab. Die Kulthandlungen wurden am Altar vor dem Tempel, nicht im Tempel vollzogen; die Cella hatte nicht die Funktion eines Versammlungsraumes, sondern diente dazu, das Bild des Gottes aufzunehmen.

Der griechische Tempel beruhte ebenso wie die anderen Bautypen auf den relativ einfachen Prinzipien der Gebälkarchitektur. Die Statik der Gebäude und die Überdachung der schmalen Innenräume waren für die Architekten eher unproblematisch. Erst Gewölbe und Kuppelbau erforderten neue technische Lösungen und neue

Architekturelemente, um den Schub abzuleiten. Als Baumaterial wurde für die Mauern, die Säulen und den Architrav Stein – meist Sedimentgesteine wie Kalkstein – verwendet, den man in Steinbrüchen gewann, die normalerweise von den Baustellen nicht weit entfernt lagen. Marmor als Baumaterial setzte sich nur langsam durch und wurde in der archaischen Zeit oft nur für einzelne Architekturelemente gebraucht. Säulen oder Säulentrommeln erhielten bereits im Steinbruch ihre Form, und die für die Mauern benötigten Quadersteine hat man in der gewünschten Größe aus dem Fels herausgearbeitet, wobei man den Steinblock durch Schrotgräben vom übrigen Gestein trennte und dann durch Keilspaltung vom Untergrund ablöste. Das Mauerwerk bestand aus horizontalen Lagen von Quadersteinen, die so gesetzt wurden, daß die vertikalen Stoßfugen sich jeweils genau über der Mitte des Steins darunter befanden. Man brachte die Steine in die vorgesehene Position, indem man sie über eine Rampe, die aus Erdreich aufgeschichtet war, in die Höhe zog. Etwa seit 525 v. Chr. wurden dann Kräne eingesetzt. Um die Quader für die Mauern und den Architrav sowie die Säulentrommeln heben zu können, hatte man in sie Löcher eingearbeitet oder Hebebossen stehengelassen, so daß sich ein Seil anlegen oder eine Hebezange ansetzen ließ; dabei war darauf zu achten, daß der Stein beim Anheben im Gleichgewicht blieb.

Über die Hebevorrichtungen dieser Zeit liegen kaum Informationen vor, doch vermutlich hat man sie während des Hellenismus nicht wesentlich verändert; spätere Beschreibungen bieten daher zumindest einige Anhaltspunkte für die Re-

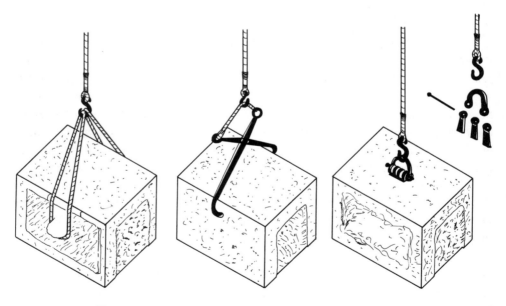

Vorrichtungen zum Heben schwerer Steinblöcke (nach Adam)

Bautechnik und Infrastruktur 145

49. Hera-Tempel in Paestum (Poseidonia), um 530 v. Chr.

konstruktion dieser Geräte. Nach Vitruv und Heron bestanden die Kräne meist aus einem starken Baumstamm, der durch Hebetaue aufrecht gehalten wurde. In der aristotelischen »Mechanik« wird die Rolle als Instrument zum Heben schwerer Lasten behandelt; dabei vertritt Aristoteles die Ansicht, daß eine Kombination von zwei Rollen das Heben einer Last in höherem Maße erleichtert als die Verwendung einer einzigen Rolle. Als weitere Hilfsmittel werden Winde und Hebel angeführt; das Seil wurde also auf eine Winde gewickelt, die mit einem Hebel gedreht wurde.

Die technische Leistung beim Transport und beim Heben der Steinblöcke sollte nicht unterschätzt werden; denn es waren Lasten von erheblichem Gewicht zu bewältigen. Die monolithen Säulen des Apollon-Tempels von Korinth wiegen etwa 26 Tonnen, die Blöcke des Architravs 10 Tonnen. Um das Gewicht der beförderten Blöcke zu senken, ging man in der spätarchaischen Zeit dazu über, Säulentrommeln zu verwenden. Die Mauern wurden ohne Mörtel errichtet; einen festen Verbund der Blöcke erreichte man durch Klammern aus Metall, die in Vertiefungen an den Oberseiten nebeneinanderliegender Steine eingefügt und mit Blei befestigt wurden. Während damit eine horizontale Verbindung zwischen den Quadern gegeben war, wurde ein vertikaler Verbund mit Hilfe von Dübeln geschaffen. Dieses Verfahren gab vor allem den Säulen, die aus mehreren Trommeln bestanden, ihre Festigkeit.

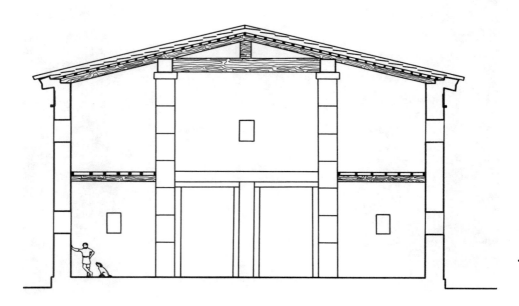

Griechische Dachkonstruktion: Skeuothek des Philon (nach Adam)

Die Dachkonstruktion entsprach dem Prinzip des Pfettendaches. Die Pfetten – in Längsrichtung liegende Balken, die die Sparren stützen – ruhten bei den Dächern der Tempel oft auf den Wänden der Cella; bei der Skeuothek des Philon lagen sie auf den beiden Säulenreihen auf. Die Funktion der Fußpfette wurde normalerweise vom Gesims übernommen, während die Firstpfette von Querbalken getragen wurde. Eine solche Konstruktion erlaubte keine großen Spannweiten; aus diesem

50. Schatzhaus der Athener in Delphi, spätes 6. Jahrhundert v. Chr.

Grund fügte man bei vielen Tempeln noch eine Säulenreihe oder gar zwei in die Cella ein. Gerade der Bautypus der Stoa, der für private und öffentliche Tätigkeiten viel Platz bot, ließ sich aufgrund seiner geringen Tiefe leicht überdachen. Gebäude mit großen Innenräumen waren im klassischen Griechenland äußerst selten; in einem solchen Fall war es erforderlich, die Dachkonstruktion durch eine Vielzahl von Säulen abzustützen. Das im 5. Jahrhundert v. Chr. errichtete Telesterion in

Eleusis sollte nach den Plänen des Architekten Iktinos bei einem Grundriß von 49 mal 51 Metern 4 Säulenreihen mit jeweils 5 Säulen erhalten, doch diese Absicht erwies sich wegen der notwendigen Spannweite von etwa 10 Metern als nicht ausführbar. Als die unterbrochene Bautätigkeit wieder aufgenommen wurde, ließ der Architekt Koroibos daher insgesamt 42 Säulen aufstellen.

Bei dem Bau des Artemisions in Ephesos hatten die Architekten Chersiphron und Metagenes eine Reihe gravierender technischer Probleme zu lösen. Der Tempel stand auf feuchtem Boden, weswegen es schwierig war, für den Bau ein festes Fundament zu schaffen. Man ließ deswegen aus Samos den Architekten Theodoros holen, der die Empfehlung gab, als Grundlage für den Bau zerkleinerte Holzkohle zu nehmen. Der weiche Boden zwang die Architekten außerdem, für den Transport der schweren Steinblöcke, die aus einem etwa 12 Kilometer entfernten Steinbruch kamen, auf Wagen zu verzichten und andere Vorrichtungen zu konstruieren. Über das Vorgehen der beiden Architekten liegt bei Vitruv ein anschaulicher Bericht vor, der sicherlich zu den wichtigsten Dokumenten der antiken Technikgeschichte zu rechnen ist und daher hier wiedergegeben werden soll (X 2, 11 ff.): »Es ist nicht abwegig, auch eine geniale Erfindung des Chersiphron zu beschreiben. Als dieser nämlich aus den Steinbrüchen zum Diana-Tempel in Ephesos Säulenschäfte transportieren wollte, er aber wegen der Größe der Lasten und des weichen Bodens der Feldwege kein Zutrauen zum Transport auf Karren hatte, versuchte er es, damit die Räder nicht einsinken sollten, so. Er fügte vier vierzöllige Holzbalken, davon zwei als Querhölzer so lang wie die Säulenschäfte, zusammen und verklammerte sie miteinander. In die Enden der Säulenschäfte führte er mit Bleiverguß starke Eisenzapfen wie Spindeln ein. In das Holzgerüst fügte er eiserne Ringe ein, die die Eisenzapfen umschließen sollten. Ebenso verband er die Enden mit hölzernen Backenstücken. Die Eisenzapfen aber, in die Ringe eingelassen, bewegten sich ganz frei. Als nun vorgejochte Ochsen das Gestell zogen, wurden die Säulenschäfte dadurch, daß sie sich mit ihren Eisenzapfen in den Ringen drehten, unaufhörlich fortgerollt. Als sie aber die Säulenschäfte so transportiert hatten und der Transport der Architrave bevorstand, übertrug Metagenes, des Chersiphron Sohn, das Verfahren vom Transport der Säulenschäfte auch auf den der Architrave. Er ließ nämlich Räder von ungefähr 12 Fuß Durchmesser anfertigen und brachte mitten zwischen ihnen die Enden der Architrave an. In der gleichen Weise fügte er an den Enden der Architrave Zapfen und Ringe ineinander. Als so das aus vierzölligen Hölzern bestehende Gerüst von Ochsen gezogen wurde, brachten die in die Ringe eingefügten Zapfen die Räder zur Drehung, die Architrave aber, zwischen die Räder wie Wagenachsen eingefügt, gelangten in derselben Weise wie die Säulenschäfte ohne Verzug zum Bauplatz.«

Angesichts einer Höhe der Säulen von über 18 Metern erwies es sich auch als äußerst schwierig, die Architrave auf die Säulen zu setzen. Chersiphron ließ zu

Bautechnik und Infrastruktur 149

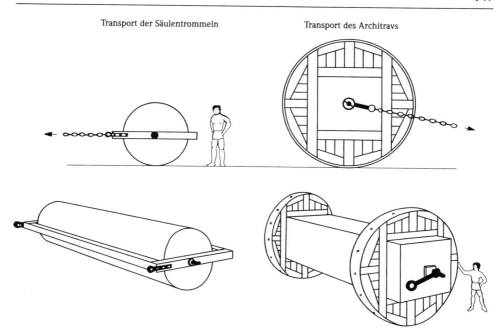

Transport der Säulentrommeln   Transport des Architravs

Methoden des Transportes schwerer Steinblöcke beim Bau des Artemis-Tempels von Ephesos
(nach Adam)

diesem Zweck eine Rampe aus Sandsäcken anlegen; sobald der Stein die richtige Position hatte, konnte man die unteren Säcke entleeren und ihn sich langsam setzen lassen. Dies gelang nicht immer auf Anhieb. Plinius überliefert die Geschichte, daß Chersiphron wegen eines Architravs, der nicht die vorgesehene Lage eingenommen hatte, schon an Selbstmord dachte, als ihm Artemis im Traum erschien und verkündete, sie selbst habe den Stein zurechtgerückt. Und tatsächlich hatte der Stein sich über Nacht so gesenkt, daß er richtig lag.

Die Architekten der spätarchaischen Zeit verfügten über ein ausgeprägtes Selbstbewußtsein; sie hatten eine klare Vorstellung von der Bedeutung ihrer Leistung. Das dokumentiert etwa die Inschrift am Apollon-Tempel in Syrakus: »Kleomenes hat (den Tempel) für Apollon gemacht, Sohn des Knidieidas, und Epikles die Säulen, schöne Werke.« Eine besonders exzeptionelle Form der Selbstdarstellung wählte der Architekt Mandrokles aus Samos, der zu Beginn des Skythenfeldzuges des Dareios eine Brücke über den Bosporos gebaut hatte, damit das persische Heer nach Europa hinübergeführt werden konnte. Mandrokles ließ ein Bild der Brücke malen und weihte es dem Hera-Tempel seiner Heimatstadt. In einer beigefügten Inschrift erhob er den Anspruch, wie ein siegreicher Feldherr oder Athlet Ruhm für seine Heimatstadt erworben zu haben: »Über die fischreichen Fluten des Bosporos schlug eine Brücke / Mandrokles, und er gab Hera dies Bildnis zum Dank. / Sich errang er den Kranz und Ruhm seiner Vaterstadt Samos, / Weil er getreulich erfüllt König Dareios' Begehr.«

Viele Architekten verfaßten Bücher über ihre Bauten; davon ist allerdings nicht eines erhalten geblieben, aber Vitruv nennt wenigstens eine Reihe von Autoren und die von ihnen behandelten Werke. Demnach schrieb Theodoros über den Hera-Tempel in Samos, verfaßten Chersiphron und Metagenes ein Buch über den Artemis-Tempel in Ephesos, Iktinos und Karpion eine Schrift über den Parthenon in Athen, äußerten sich Pytheos über den Athena-Tempel in Priene und Philon über die Skeuothek in Piräus. Da der Bericht Vitruvs über den Transport von Steinblöcken beim Bau des Artemis-Tempels in Ephesos mit großer Wahrscheinlichkeit auf die Schrift von Chersiphron und Metagenes zurückgeht, ist die Annahme berechtigt, daß technische Probleme in den Texten der Architekten ausführlich behandelt worden sind. Im Zuge der Demokratisierung wurde in den griechischen Städten begonnen, über das Bauwesen in der Volksversammlung öffentlich zu diskutieren, wie Platon dies im »Protagoras« beschreibt (319b): »Ich halte nämlich, wie auch wohl alle Hellenen es tun, die Athener für weise, und nun sehe ich, wenn wir in der Volksversammlung zusammenkommen und es soll im Bauwesen der Stadt etwas geschehen, so holen sie Baumeister zur Beratung über die Bauvorhaben, wenn im Schiffswesen, dann die Schiffbauer, und in allen anderen Dingen ebenso, welche sie für lehrbar und lernbar halten.« Einige Architekten waren fähige Redner, und noch Cicero kannte die Rede Philons über die Skeuothek. In der Kaiserzeit behauptete Valerius Maximus (1. Jahrhundert), die Athener hätten Philon nach seinem Rechenschaftsbericht wegen seiner Eloquenz ebenso gerühmt wie wegen seiner Fähigkeiten als Architekt. Angesichts der engen Beziehungen zwischen Bauwesen und Politik konnte es nicht ausbleiben, daß ein Architekt wie Hippodamos aus Milet, dem man ein extravagantes Auftreten nachsagte, sich der politischen Theorie zuwandte und eine Schrift über die ideale Polis schrieb.

Die Philosophen wiederum billigten den Architekten die Fähigkeit zur rationalen Begründung ihres Handelns zu und sahen daher einen deutlichen Unterschied zwischen der Tätigkeit der Architekten und der unreflektierten Routine der Handwerker. Aristoteles hat dies in der »Metaphysik« klar formuliert und im Rahmen seiner Erkenntnistheorie dem Architekten als Techniker eine hohe Dignität zugestanden (981a 30 ff.): »Deshalb stehen auch die Architekten in jeder Hinsicht bei uns in höherer Achtung, und wir meinen, daß sie mehr wissen und weiser sind als die Handwerker, weil sie die Ursachen dessen, was hervorgebracht wird, wissen, während die Handwerker manchen leblosen Dingen gleichen, welche zwar etwas hervorbringen, etwa das Feuer die Wärme, aber ohne das zu wissen, was es hervorbringt; wie jene leblosen Dinge nach einem natürlichen Vermögen das hervorbringen, was sie hervorbringen, so die Handwerker durch Routine. Nicht nach der größeren Geschicklichkeit zum Handeln schätzen wir dabei die Weisheit ab, sondern darum bezeichnen wir die Architekten als weiser, weil sie im Besitz des Begriffes sind und die Ursachen kennen.« Es gab allerdings auch kritische Stimmen. In der Komödie des Aristophanes wird der Architekt und Astronom Meton, der die Stadt der Vögel aufsucht und dort mit Lineal und Zirkel einen komplizierten Grundriß einer Polis entwirft, lächerlich gemacht und davongejagt.

Die Architekten sind seit der archaischen Zeit auch am Ausbau der Infrastruktur beteiligt gewesen, und gerade hier wird der technische Aspekt ihrer Tätigkeit deutlich. So modern der Begriff der Infrastruktur ist, so alt sind diese Einrichtungen selbst. Unter Infrastruktur versteht man öffentliche, vom Gemeinwesen oder einem Herrscher finanzierte Anlagen, die der Allgemeinheit dienen. Die Verkehrswege beispielsweise können große Bedeutung für die Wirtschaft besitzen; denn Straßen, Brücken, aber auch Kanäle und Häfen erleichtern den Handel und die Versorgung der Bevölkerung mit lebenswichtigen Gütern. Andere Infrastruktureinrichtungen sollen vornehmlich die Wohlfahrt der Bevölkerung fördern; dies trifft etwa auf ein Leitungsnetz für die Wasserversorgung von Privathaushalten zu. In der Antike gab es zwei wichtige Infrastrukturbereiche: den Verkehr und die Wasserversorgung. Beide fanden schon in der griechischen Öffentlichkeit Beachtung. Es ist in diesem Zusammenhang signifikant, daß Herodot in seiner Aufzählung der Bauwerke auf Samos neben dem Hera-Tempel gerade die Wasserleitung und den Hafen berücksichtigt hat.

Für die Griechen war Wasser vorrangig Trinkwasser; es wurde vor allem für die Haushalte benötigt. Die griechische Landwirtschaft war so vollkommen an das mediterrane Klima angepaßt, daß auf eine künstliche Bewässerung der Felder verzichtet werden konnte; allein Gartenland wurde bewässert, indem man Quellwasser zu den Beeten und den Obstbäumen leitete. In den niederschlagsarmen Regionen Griechenlands war man für die Versorgung mit Wasser auf Brunnen angewiesen. Welche Schwierigkeiten für die Bevölkerung in Attika damit verbunden gewesen sind, erfährt man durch die Ausführungen Plutarchs über die Gesetzgebung Solons; aus diesem Text geht hervor, daß keineswegs überall durch Abteufen eines Brunnens das Grundwasser erreicht worden ist (Solon 23): »Da aber das Land weder durch stets Wasser führende Flüsse noch durch Seen oder durch starke Quellen hinreichend bewässert ist, sondern die meisten gegrabene Brunnen benutzen, so gab es ein Gesetz, daß, wo sich ein öffentlicher Brunnen innerhalb eines Hippikon befinde – das ist eine Strecke von vier Stadien – man diesen benutzen solle; wenn er weiter entfernt ist, solle man eigenes Wasser suchen; wenn man auf 18 Meter Tiefe im eigenen Boden kein Wasser finde, soll man es vom Nachbarn holen dürfen.« Vier Stadien sind immerhin rund 750 Meter; diese Entfernung wurde zum Wasserholen noch für zumutbar gehalten. Durch die bis zu 30 Meter tiefen Brunnen, die im Stadtgebiet von Athen zahlreich nachgewiesen werden konnten, wurde das Grundwasser für die Wasserversorgung erschlossen. Der Brunnenmund hatte oft eine Keramikfassung, die auf der schwarzfigurigen Darstellung eines Ziehbrunnens gut erkennbar ist. Die Installation eines Hebebalkens, an dem als Gegengewicht ein größerer Stein befestigt war, sollte das Heben der schweren, mit Wasser gefüllten Gefäße erleichtern. Die Funktionsweise des Hebegerätes wird in der »Mechanik« des Aristoteles präzise analysiert: Durch die Verwendung des Hebebalkens wurde das Herablassen des Gefäßes in den Brunnen erschwert, weil sich dabei der Stein am Ende des Balkens anhob, aber mit Hilfe dieses Gegengewichts ließ sich das gefüllte Gefäß anschließend mit geringer Anstrengung heben. Insgesamt gesehen war eine Arbeitserleichterung erreicht.

Mit dem Anwachsen der Bevölkerung in den urbanen Zentren reichten die Brunnen für die Versorgung mit Wasser nicht mehr aus; es war daher notwendig, das Wasser entfernt gelegener Quellen in die Städte zu leiten oder mit neuen Methoden weitere Grundwasservorkommen zu erschließen. In vielen griechischen Städten hat man zu diesem Zweck Sickergalerien angelegt, unterirdische Stollen mit einem geringen Gefälle, die in einen Hang hineingetrieben wurden. Auf diese Weise war es möglich, Wasser, das durch die durchlässigen Schichten fortlaufend einsickerte, aufzufangen und zum Eingang des Stollens zu leiten. In Athen wurden um die Mitte des 6. Jahrhunderts v. Chr., wahrscheinlich während der Tyrannis des Peisistratos, solche Sickergalerien unter der Pnyx geschaffen. Für Akragas auf Sizilien ist ein System von Sickergalerien archäologisch nachgewiesen, und bei den Wasserleitungen, die die Athener während der Belagerung von Syrakus auf der Hochebene westlich der Stadt zerstört haben, handelte es sich wahrscheinlich ebenfalls um derartige Anlagen.

Wasser aus Quellen, die auf dem Lande oder in den Bergen lagen, hat man in Leitungen aus Tonröhren in die Städte geführt. Die Griechen, die hohe Ansprüche an die Versorgung mit Trinkwasser stellten, empfanden bei dem Bau von Leitungen selbst ein schwieriges Gelände nicht als unüberwindliches Hindernis und unternahmen große Anstrengungen, um die Wasservorkommen des Umlandes für die städtische Bevölkerung zu erschließen. Als die bedeutendste zu diesem Zweck errichtete Anlage muß die Wasserleitung von Samos gelten, die unter dem Tyrannen Polykrates – vermutlich gleichzeitig mit der Stadtmauer – gebaut worden ist. Die Schwierigkeit für den Architekten Eupalinos bestand darin, daß die Quelle, deren Wasser nach Samos geleitet werden sollte, von der Stadt durch einen Höhenrücken getrennt war. Es gab in dieser Situation zwei Möglichkeiten: Entweder man führte die Leitung um den Hügel herum und nahm eine längere Trasse in Kauf, oder man mußte einen Tunnel durch den Berg graben. Eupalinos wählte – aus unbekannten Gründen – die zweite Lösung. Man begann den Vortrieb des Stollens zugleich auf beiden Seiten des Berges und arbeitete anschließend in zwei Etappen: Zuerst wurde der horizontale Tunnel angelegt und danach, unmittelbar neben diesem, der tiefere Leitungsgraben,

Bautechnik und Infrastruktur 153

51. Eupalinos-Tunnel auf Samos, um 530 v. Chr.

der ein Gefälle aufweist und am Südausgang 5 Meter tiefer liegt als am Nordeingang. Die Länge der Tunnelstrecke, die an mehreren Abschnitten durch Ausbauten aus Stein vor Bergbruch gesichert wurde, beträgt ungefähr 1.040 Meter. Die Tonröhren der Wasserleitung wurden am Boden des Leitungsgrabens verlegt; da die Röhren mit der Zeit durch Kalkablagerungen und Lehm verstopft wurden, hat man sie später an ihrer Oberseite aufgeschlagen. Die täglich durch die Leitung von Samos geflossene Wassermenge wird auf 400 Kubikmeter geschätzt. Beeindruckend ist die perfekte Planung des Tunnels. Lange Zeit war unklar, wie es Eupalinos bewerkstelligt hat, die Richtung des Vortriebs so genau zu bestimmen, daß beide Stollen am Durchstoßpunkt tatsächlich aufeinandertrafen. Ohne eine komplizierte Vermessungstechnik ließ er wahrscheinlich zuerst die Gerade der Tunneltrasse auf dem Bergrücken abstecken. Für diese These spricht, daß der Tunnel an der Stelle des Berges liegt, die leicht begehbar ist. Es galt dann, das Höhenniveau der Tunneleingänge festzulegen. Dies gelang mit einer erstaunlichen Präzision; die Höhendifferenz der beiden Eingänge beträgt nur 0,5 Meter.

Am Ende der Sickerstollen oder der Wasserleitungen standen in der Regel Brunnenhäuser, in denen das Wasser aus einem flachen Becken geschöpft werden konnte. In Athen wurden die Überreste eines solchen Brunnenhauses, die aus dem 6. Jahrhundert v. Chr. stammen, an der Südostecke der Agora gefunden. Pausanias hat das Gebäude fälschlich mit der Enneakrounos des Peisistratos identifiziert; nach Thukydides lag dieser Bau des Tyrannen – ein Laufbrunnen mit 9 Wasserspeiern – jedoch im Süden der Stadt, in der Nähe der Kallirrhoe-Quelle. Auch in anderen Städten existierten solche Gebäude für die Wasserversorgung. In Megara soll nach Meinung des Pausanias bereits der Tyrann Theagenes, der im späten 7. Jahrhundert v. Chr. herrschte, die Errichtung eines Brunnenhauses veranlaßt haben. Der vor einigen Jahrzehnten ausgegrabene Bau, der in das 5. Jahrhundert v. Chr. gehört, ist insofern beachtenswert, als er neben dem Schöpfbecken auch ein großes Wasserreservoir gehabt hat. Das bei Tageszeiten mit einem niedrigen Verbrauch zufließende Wasser ging daher nicht wie bei einem Laufbrunnen verloren, sondern wurde gespeichert und stand der Bevölkerung zur Verfügung. In dem Auffangbecken, das eine etwa 14 mal 17 Meter große Grundfläche hatte, standen 35 Säulen, die das Dach trugen, das Schutz vor der Sonne bot. Gerade dieser Typus des mit einem Reservoir verbundenen Brunnenhauses zeigt, wie sparsam die Griechen mit dem so knappen Wasser umzugehen gezwungen gewesen sind.

Das Aufkommen der Brunnenhäuser samt der damit verbundenen Möglichkeit, Wasser zu holen, ohne die gefüllten Gefäße aus einem tiefen Brunnen heraufziehen zu müssen, hat auf die Griechen einen tiefen Eindruck hinterlassen, wie die vielen bildlichen Darstellungen von Brunnenhäusern in der archaischen Kunst zeigen. Eines der ältesten Vasenbilder mit einem derartigen Bau findet sich auf dem großen Krater von Ergotimos und Kleitias in Florenz; durch eine Inschrift ist das mit zwei Wasserspeiern versehene Gebäude als »Quelle« bezeichnet. Auf attischen Hydrien der Zeit um 530 v. Chr. taucht das Motiv der Frauen, die am Brunnenhaus Wasser holen, relativ häufig auf. Der Brunnen ist auf solchen Darstellungen durch ein Dach geschützt, das von dorischen Säulen getragen wird, und die Wasserspeier haben die Form von Löwenköpfen. Während, nach den Vasenbildern zu urteilen, am Ziehbrunnen wohl häufig Männer tätig gewesen sind und die schwere Arbeit, das Wasser zu heben, verrichtet haben, sind auf diesen Hydrien nur Frauen zu sehen. Durch die technischen Veränderungen, die eine erhebliche Arbeitserleichterung bedeuteten, wurde das Wasserholen zu einer reinen Frauenarbeit.

Auch im Bereich der Verkehrsinfrastruktur vollbrachten die Griechen beachtliche Leistungen. Angesichts der Bedeutung der Schiffahrt ist hier an erster Stelle der

52. Das Brunnenhaus des Theagenes in Megara, Nachfolgebau aus dem 5. Jahrhundert

Hafenbau zu nennen. Dort, wo natürliche Buchten fehlten, schuf man durch eine lange, weit in das Meer hinausgebaute Mole ein künstliches Hafenbecken, das den Schiffen Schutz bot. Eine Mole entstand, indem man große, unbearbeitete Steine ins Meer hinabließ, bis sie den Wasserspiegel überragten. Solche Bauten erreichten erhebliche Dimensionen. Die ungefähr 600 Meter lange Mole von Eretria auf Euboia beispielsweise wurde in bis zu 20 Meter tiefem Wasser errichtet, und die bei Herodot erwähnte Mole von Samos hatte eine Länge von 370 Metern.

Etwa um 600 v. Chr. wurde mit großem Aufwand eine weitere, für den Handel wichtige Infrastruktureinrichtung geschaffen: der Diolkos am Isthmos von Korinth. Dieser teilweise mit großen Steinen gepflasterte Weg verband die Ägäis mit dem Korinthischen Golf; die Spurrillen deuten auf eine Benutzung mit Wagen hin. In mehreren antiken Texten wird allgemein davon gesprochen, daß Schiffe auf diesem Weg über den Isthmos gezogen worden sind; allerdings ist dies nur für Kriegsschiffe im Falle militärischer Auseinandersetzungen wirklich belegt. Beladene Handelsschiffe konnten wohl kaum auf diese Weise von einem Golf zum anderen geschleppt werden. Daher ist anzunehmen, daß nur die Schiffsladungen auf dem Diolkos transportiert und auf der anderen Seite des Isthmos wieder auf ein Schiff verladen worden sind. Dabei mag der Transport von Baumaterial, etwa von Marmor aus Paros, eine wichtige Rolle gespielt haben. Der Diolkos, der der Stadt Korinth hohe Durchgangszölle einbrachte, ersparte den Handelsschiffen die weite und gefährli-

53. Diolkos am Isthmos von Korinth, 6. Jahrhundert v. Chr.

che Fahrt um Kap Malea, die Südspitze der Peleponnes – ein nicht zu unterschätzender Vorteil für die griechische Schiffahrt.

Es existierte in Griechenland ein Wegenetz, das die Städte und kleinen Ortschaften miteinander verband. Die Straßen waren gepflastert und wurden von Wagen befahren, deren Räder die typischen Spurrillen hinterlassen haben. Die Trassenführung der Straßen paßte sich so geschickt dem Gelände an, daß bei der Anlage des Wegenetzes nur selten größere Brücken oder ähnliche Bauwerke errichtet werden mußten. Die Konstruktion der Brücken war sehr einfach: Man baute einen festen Steindamm und ließ dabei ziemlich schmale Öffnungen für den Wasserlauf frei. Ein solcher Durchlaß wurde mit der Kragsteintechnik überbrückt, die nur geringe Spannweiten zuließ. Mit dieser primitiven Technik konnten durchaus wichtige Verkehrsverbindungen geschaffen werden. Als Euboia sich im Jahr 410 v. Chr. den Gegnern Athens anschloß, wurde die Insel aus strategischen Gründen mit dem Festland durch eine etwa 60 Meter lange Brücke verbunden. Auf beiden Seiten des Euripos, der Meerenge bei Chalkis, wurden zunächst Dämme aufgeschüttet; die Brücke selbst bestand aus einer Holzkonstruktion.

Kommunikationstechnik

Das Aufkommen von Schriftlichkeit und Lesefähigkeit hatte einen beträchtlichen Einfluß auf die Entwicklung der griechischen Gesellschaft. In den Bereichen von Politik, Recht, Wirtschaft und Kultur gewannen schriftliche Ausdrucksformen – Volksbeschlüsse, Gesetze, Verträge, literarische oder philosophische Texte – an Bedeutung. Durch die Schrift wurde die Möglichkeit eröffnet, über große Distanzen hinweg Kommunikation zwischen Menschen herzustellen und Informationen kontrollierbar und unabhängig vom menschlichen Gedächtnis zu speichern. Bereits in der Antike waren hierfür technische Faktoren von hoher Relevanz: Die Wahrnehmung von Texten und der Umgang mit ihnen werden nicht unerheblich von dem Charakter der Schrift sowie von dem zur Verfügung stehenden Beschreibstoff bestimmt. Schon Herodot hat diese Zusammenhänge gesehen. Er fügt in den »Historien« dem Abschnitt über die Anfänge der griechischen Schrift einige Bemerkungen zur Entwicklung des Beschreibstoffes an; es heißt an dieser Stelle über die Ionier (V 58): »Sie übernahmen die Buchstaben von den Phöniziern, bildeten sie auch ihrerseits ein wenig um und nannten sie Phoinikeia, was recht und billig war, denn die Phönizier hatten sie ja in Hellas eingeführt. Ebenso nennen die Ionier von alters her die Bücher ›Häute‹, weil sie vor Zeiten in Ermangelung von Byblos auf Ziegen- und Schafhäuten schrieben. Noch heute schreiben viele Barbarenvölker auf solchen Häuten.« Die Ausführungen Herodots implizieren, daß die Griechen im 5. Jahrhundert v. Chr. für längere Texte Papyrus – hier als Byblos bezeichnet – als Beschreibstoff verwendet haben. Damit übereinstimmend äußert Theophrast in einer Schrift zur Botanik die Ansicht, den Griechen sei allgemein bekannt, daß aus Papyrus Bücher hergestellt werden. Die archäologischen Zeugnisse belegen ebenfalls die Verwendung der Buchrolle im spätarchaischen und klassischen Griechenland. Eine rotfigurige Schale des Duris (um 480 v. Chr.) zeigt eine Schulszene mit einem Lehrer, der eine Papyrusrolle in den Händen hält, und ein Relief aus Grottaferrata stellt einen sitzenden Mann beim Lesen dar.

Die Papyrusrollen wurden aus Ägypten importiert, wo man sie sofort nach der Ernte aus den Stengeln der an den Ufern des Nils wachsenden Pflanze herstellte. Die zwischen 5 und 10 Meter langen Rollen wurden einseitig beschrieben, wobei man den Text in Spalten von gleicher Zeilenlänge aufteilte. Wie das Relief aus Grottaferrata sehr schön verdeutlicht, rollte der Leser das Buch mit der rechten Hand auf, so daß zumindest eine Spalte sichtbar wurde; die bereits gelesenen Partien wurden mit der linken Hand wieder zusammengerollt; während des Lesens hielt der Grieche das Buch also fortwährend in beiden Händen. Da nach beendeter Lektüre sich der Textanfang im Inneren der Rolle befand, mußte der ganze Vorgang in umgekehrter Richtung wiederholt werden, damit der nächste Leser den Anfang des Buches vor sich hatte.

Das Buch entfaltete als neues Medium in Griechenland eine ungeheure Wirkung. Einzelne Autoren konnten nun Dichtungen und historische Darstellungen, philosophische Traktate und fachwissenschaftliche Schriften veröffentlichen und ihre Einsichten und Thesen einem größeren Leserkreis – auch außerhalb der eigenen Polis – zugänglich machen. Von verschiedenen Berufszweigen wurden diese neuen Möglichkeiten intensiv genutzt. Es waren zumal die Ärzte, die in ihren Schriften die Symptome bestimmter Krankheiten systematisch zu erfassen suchten und einzelne Krankengeschichten mitteilten, damit sich Kollegen dieser Informationen bei ihren Therapieversuchen bedienen könnten. Schriftliche Aufzeichnungen über Wetterlage und Krankheiten hatten vor allem den Zweck, genauere Prognosen zu ermöglichen (Epidemien III 16): »Ich meine, daß ein wichtiger Bestandteil der ärztlichen Kunst auch die Fähigkeit ist, über schriftliche Aufzeichnungen richtig urteilen zu können. Denn wer sie richtig beurteilt und anwendet, kann, so scheint mir, keine großen Fehler in der Techne begehen. Man muß jede einzelne Wetterlage und dazu die Krankheit genau studieren und erkennen, was in der Wetterlage und in der Krankheit zum Guten und was in ihnen zum Schlechten zusammenwirkt, welche Krankheit langwierig und tödlich, welche langwierig und heilbar, welche akut und tödlich, welche akut und heilbar ist. Man hat die Möglichkeit, mit Hilfe dieser Erwägungen die Ordnung der Krisentage zu erkennen und danach die Prognosen zu treffen. Wer hierin Einsicht hat, kann wissen, welche Kranken er wann und wie behandeln muß.«

Die Bedeutung des Buches für die Verbreitung philosophischer Ideen geht aus einigen Bemerkungen bei Platon hervor; in der Verteidigungsrede vor Gericht stellt Sokrates fest, die Thesen des Anaxagoras (um 500 – um 428 v. Chr.) seien der Jugend Athens bekannt, denn man könne dessen Schriften auf dem Markt kaufen, und im »Phaidon« berichtet Sokrates, er habe sich – angeregt dadurch, daß ihm jemand

54. Lesender Jüngling mit Buchrolle. Marmorrelief, um 400 v. Chr. Grottaferrata, Museum der Abtei

einige Abschnitte aus dem Werk des Anaxagoras vorgelesen hatte – dessen Bücher besorgt und sie gelesen. In dieser Zeit begannen einzelne Athener, Bücher zu sammeln und eigene Bibliotheken aufzubauen. Xenophon berichtet, ein gewisser Euthydemos habe viele Schriften der berühmten Dichter und Philosophen, darunter alle Werke Homers, besessen. Das Gespräch, das Sokrates mit diesem Büchersammler führt, macht deutlich, welche Funktion man in Athen dem Buch allgemein zuschrieb. Sokrates fragt nämlich, warum Euthydemos Bücher kaufe, und will, als er keine Antwort erhält, wissen, ob er etwa Arzt, Architekt oder Mathematiker werden wolle. Man glaubte also, das Lesen von Büchern diene dazu, sich die für die Ausübung eines qualifizierten Berufes erforderlichen Informationen anzueignen.

Über die Möglichkeit, mit Hilfe von Büchern Wissen zu erwerben und einen Beruf zu erlernen, äußerte sich Platon im »Phaidros« eher kritisch. Nach seiner Auffassung kann jemand, der lediglich medizinische Schriften gelesen hat, für sich nicht in Anspruch nehmen, Arzt zu sein; denn Bücher vermitteln allenfalls Vorkenntnisse, nicht jedoch das medizinische Wissen selbst. Im Schlußabschnitt des Dialogs erzählt Platon die Geschichte von dem ägyptischen Gott Theuth, der zuerst Zahl und Rechnung, dann aber auch die Buchstaben erfunden hatte. Der Nutzen der Schrift wird in dieser Geschichte vom ägyptischen König Thamus bezweifelt (275 a): »Diese Erfindung wird den Seelen der Lernenden vielmehr Vergessenheit einflößen aus Vernachlässigung der Erinnerung, weil sie im Vertrauen auf die Schrift nur von außen vermittels fremder Zeichen, nicht aber innerlich sich selbst und unmittelbar erinnern werden. Nicht also für die Erinnerung, sondern für das Erinnern hast du ein Mittel erfunden.« Texte bieten nach Platon keine klaren und sicheren Informationen, sie können allein von denjenigen verstanden werden, die zuvor schon Kenntnis von dem behandelten Gegenstand hatten. Die entscheidenden Nachteile des Buches sieht der Philosoph darin, daß es schweigt, wenn man es befragt, und daß es dem Wissenden genauso zugänglich ist wie dem Unwissenden (275 d): »Du könntest glauben, die Texte sprächen, als verstünden sie etwas, fragst du sie aber lernbegierig über das Gesagte, so enthalten sie so doch stets nur ein und dasselbe. Ist ein Text aber einmal geschrieben, so schweift er auch überall gleichermaßen unter denen umher, die ihn verstehen, und unter denen, für die er sich nicht gehört, und versteht nicht, zu wem er reden soll und zu wem nicht.« Diese Kritik konnte aber die Entwicklung des Buchwesens nicht hemmen; für die Schule des Aristoteles wurde die Bibliothek zu einem unverzichtbaren Instrument wissenschaftlichen Forschens. Die Geschichte der antiken Kultur war seit dem 4. Jahrhundert v. Chr. essentiell eine Geschichte der antiken Bibliotheken, die das vorhandene Wissen bewahrten, neues aufnahmen und das alles der Intelligenz zugänglich machten.

Der Einfluß Ägyptens und des Vorderen Orients auf die technische Entwicklung Griechenlands wurde von den Griechen selbst anerkannt. Die griechische Technik ist daher stets im Kontext der Technikgeschichte des östlichen Mittelmeerraumes zu sehen. Daneben bleibt zu konstatieren, daß es den Griechen gelungen ist, jene Elemente östlicher Technik, die sie rezipiert hatten, mit den eigenen Traditionen zu verbinden, in ihr kulturelles System zu integrieren und eigenständig weiterzuentwickeln. Im Bewußtsein ihrer eigenen Leistung begannen die Griechen, sich von den Wurzeln ihrer Kultur im Osten zu emanzipieren und ihre Eigenständigkeit durch die These vom Gegensatz zwischen Hellenen und Barbaren zu betonen. Die Übernahme der grundlegenden Kulturtechniken konnte nicht geleugnet werden, doch die Griechen erhoben den Anspruch, zu deren Verbesserung beigetragen zu haben – eine Ansicht, die in dem von einem anonymen Autor geschriebenen Nachwort zu Platons »Nomoi« glänzend formuliert wird (987 d): »Laßt uns annehmen, daß die Griechen alles, was sie von den Barbaren übernommen haben, zu etwas Schönerem gemacht haben.«

Technikbewertung und technische Fachliteratur im antiken Griechenland

Prometheus: Wandlungen eines Mythos

Zwischen der Entwicklung der Technik – der Werkzeuge und Geräte, der Verfahren sowie der Produkte – und dem technischen Denken bestand in der Antike ein enger Zusammenhang, der es als geboten erscheinen läßt, die mit der Technik verbundenen Vorstellungen, die allgemeine Bewertung von Technik und schließlich die Entfaltung des technischen Wissens in die Darstellung einzubeziehen. Aus einem weiteren Grund verdienen die Texte zum griechischen Technikverständnis Beachtung: Die Griechen entwickelten in jenen Mythen, die das technische Handeln thematisieren, Denkmodelle, denen noch moderne Analysen verpflichtet sind; außerdem gelang es ihnen, die theoretischen Grundlagen einer wissenschaftlichen Untersuchung technischer Hilfsmittel zu formulieren. Die griechische Konzeption der Mechanik, die als technische Disziplin definiert wurde, übte in der frühen Neuzeit einen nachhaltigen Einfluß auf die Herausbildung der modernen Mechanik aus. Reflexion über technische Vorgänge und deren wissenschaftliche Analyse sind als ein überaus wichtiger Beitrag der Griechen zur allgemeinen Technikgeschichte zu bewerten.

In den Epen Homers sind Athene und Hephaistos jene Gottheiten, die einen besonderen Bezug zur Technik haben: Sie selbst stellen Artefakte her, lehren einzelne Menschen das Handwerk und stehen den Handwerkern bei ihrer Arbeit zur Seite. Das technische Handeln der Götter hat bei Homer keine Bedeutung für die Menschheit insgesamt. Der Gedanke, durch das Aufkommen bestimmter Techniken habe sich das menschliche Leben grundsätzlich verändert, ist nicht einmal angedeutet. Aber im Prometheus-Mythos, dessen älteste Fassungen in den Gedichten Hesiods vorliegen, geht es um diese Problematik: um das Verhältnis zwischen Menschen und Göttern sowie um die Rolle der Technik bei der Emanzipation des Menschen von seinen ursprünglichen Lebensbedingungen. Dabei dürfen jene Problemhorizonte, die sich in den Texten des 5. und 4. Jahrhunderts v. Chr. finden, allerdings nicht von vornherein für den Prometheus-Mythos vorausgesetzt werden, denn der Mythos unterlag beträchtlichen Wandlungen. Mit der Entfaltung technischer Kapazitäten in der spätarchaischen und klassischen Zeit gelangte die Reflexion über Technik zu neuen Einsichten; die Figur des Prometheus wurde neu interpretiert. Allein der Raub des Feuers und die Vorstellung, dadurch habe sich die Situation der Menschen elementar verändert, sind allen Fassungen des Mythos gemeinsam.

Bei Hesiod wird der Mythos mit unterschiedlichen Akzentuierungen sowohl in der »Theogonie« als auch in den »Erga« geschildert. In dem Gedicht über die Landwirtschaft hat die Erzählung vom Feuerraub die Funktion, die Mühsal des menschlichen Lebens und den Zwang zu unablässiger Arbeit zu erklären: Die Landarbeit sei notwendig geworden, weil Zeus aus Zorn über Prometheus den Menschen die Mittel zum Leben genommen habe. Vor dem Feuerraub sei er von Prometheus hintergangen worden – Hesiod spielt hier auf die ungleiche Verteilung des geschlachteten Opfertiers an – und habe im Gegenzug das Feuer verborgen, das Prometheus wiederum entwendet und im Narthex-Stengel den Menschen gebracht habe. Als Reaktion auf den Feuerraub habe Zeus die anderen Götter beauftragt, die Frau zu kreieren und sie mit Liebreiz und Verschlagenheit auszustatten. Pandora – so lautete der Name der ersten Frau – sei aber nicht allein als Übel zu den Menschen geschickt worden, sondern habe außerdem einen riesigen, von den Göttern mit allen denkbaren Übeln angefüllten Krug erhalten. Obgleich den Menschen das Feuer nicht mehr genommen werden konnte, hatte sich ihre Lage durch den Versuch des Prometheus, die Götter zu hintergehen, dramatisch verschlechtert (90 ff.): »Nämlich zuvor, da lebten der Menschen Stämme auf Erden / frei von allen den Übeln und frei von elender Mühsal / und von quälenden Leiden, die Sterben bringen den Menschen. / Doch als das Weib von dem Tonkrug den mächtigen Deckel emporhob, / ließ es sie los; es brachte ihr Sinn viel Unheil den Menschen. / Einzig die Hoffnung blieb da in unzerstörbarer Wohnstatt, / innen unter dem Rande des Krugs, und flog nicht ins Freie / auf und davon; denn vorher ergriff sie den Deckel des Kruges, / wie es der Träger der Aigis gewollt, Zeus, Herr der Gewitter. / Aber die anderen durchschweifen, unzählbare Plagen, die Menschheit; / nämlich voll ist die Erde von Übeln, voll auch die Salzflut; / Krankheiten kommen bei Tag zu den Menschen, andere zur Nachtzeit, / wie sie wollen, von selbst, und bringen den Sterblichen Schaden, / schweigend, denn ihre Stimme nahm fort Zeus' planender Wille. / So ist's gänzlich unmöglich, dem Sinn des Zeus zu entkommen.«

In der »Theogonie«, die eine Genealogie der Götter bietet, wird das Geschehen wesentlich unter dem Aspekt der Auseinandersetzung unter den Göttern gesehen. Nachdem Zeus seine Herrschaft angetreten hat, bestraft er die Söhne des Titanen Iapetos: Atlas muß das Himmelsgewölbe tragen, während Prometheus an einen Pfosten gebunden wird, wehrlos einem Adler ausgeliefert, der täglich seine stets nachwachsende Leber frißt. Der Opfertrug von Mekone – Prometheus hat den Göttern listig die Knochen, den Menschen das Fleisch des Opfertieres zugeteilt – wird ebenso wie der Feuerraub und die Erschaffung der Frau ausführlich beschrieben. Das Leid, das die Frauen den Männern zufügen, wird durch einen Vergleich mit den Bienen verdeutlicht (594 ff.): »Wie wenn in den gewölbten Stöcken / Bienen die Drohnen nähren, die sich verschworen haben zu schlimmen Tun. / Die Bienen mühen sich den langen Tag über bis zum Untergang der Sonne, / Tag um Tag, und

55. Die Bestrafung des Prometheus. Lakonische Schale, um 550 v. Chr. Vatikan, Museo Etrusco Gregoriano

stapeln das helle Wachs; / die Drohnen aber bleiben in den gewölbten Körben / und raffen fremde Mühe in ihren Bauch.« Am Schluß dieses Abschnittes betont Hesiod noch einmal, daß es unmöglich sei, Zeus zu hintergehen, und daß selbst der listige Prometheus der Strafe nicht habe entgehen können.

Die Geschichte des Prometheus ist in der von Hesiod überlieferten Fassung von den Lebensbedingungen einer bäuerlichen Bevölkerung her zu begreifen; im Zentrum des Mythos steht das Problem der Ernährung. Die Geschichte setzt mit der Verteilung des Opfertieres zwischen Göttern und Menschen ein, und die Wegnahme des Feuers ist unter demselben Aspekt zu sehen: Ohne Feuer kann der Mensch das Fleisch nicht zubereiten; rohes Fleisch zu essen gilt jedoch als tierisch. Der Gewinn des Menschen aus dem Opfertrug ist somit von Zeus zunichte gemacht worden. Der biologisch falsche Vergleich mit den Bienen erklärt die Erschaffung der Frau: Nachdem die Menschen das Feuer von Prometheus zurückerhalten haben und ihre Ernährung gesichert ist, sendet Zeus die Frau, die dem Mann – wie die Drohnen den Bienen – alles mühsam von ihm Herbeigeschaffte wegißt. Eine Beziehung des Prometheus zur handwerklichen Technik ist bei Hesiod nicht gegeben. Trug und Feuerraub verbessern nicht die Situation des Menschen, sondern provozieren die Rache der Götter.

Völlig andere Vorstellungen begegnen in einem kurzen Text, der unter den

»Homerischen Hymnen« überliefert ist und das Wirken des Hephaistos rühmt: »Muse mit heller Stimme! Hephaistos, den ruhmvollen Denker, / preise im Lied! Mit Athene, der eulenäugigen Göttin, / lehrte er herrliche Werke die Menschen auf Erden, die früher / hausten wie Tiere in Höhlen der Berge. Doch jetzt in der Lehre / jenes ruhmvollen Künstlers Hephaistos lernten sie schaffen, / bringen sie leicht ihre Zeit dahin zum Ende des Jahres, / leben in Ruhe und Frieden in ihren eigenen Häusern.« In diesem Hymnus werden zwei Stadien der Menschheitsgeschichte unterschieden: das tierische Leben in der früheren Zeit und die neue Epoche, in der die Menschen nicht mehr in Höhlen, sondern in eigenen Häusern wohnen. Diesen Wandel führte das Eingreifen von Hephaistos und Athene herbei, die die Menschen »herrliche Werke« lehrten. Die von den Göttern bewirkte Aneignung technischer Fertigkeiten ermöglichte also eine deutliche Verbesserung der Lebensverhältnisse, ein Heraustreten aus einem tierischen Zustand. Eine ähnliche Wertung trifft auch Xenophanes (um 580–um 500 v. Chr.) in dem folgenden Fragment (18): »Wahrscheinlich nicht von Anfang an haben die Götter den Sterblichen alles gezeigt, sondern mit der Zeit finden sie suchend das Bessere.« Bei Xenophanes sind allerdings nicht mehr die Götter, sondern die Menschen für den Wandel verantwortlich. In beiden Texten ist gegenüber Homer und Hesiod ein neues Denkmodell erkennbar: Es wird eine Entwicklung zu besseren Lebensverhältnissen postuliert.

Aischylos hat in der Tragödie »Der gefesselte Prometheus« derartige Vorstellungen aufgegriffen und den Prometheus-Mythos dementsprechend radikal umgeformt. Er gab dem Feuerraub eine völlig neue Bedeutung und machte Prometheus zu einem Heros der Technai, des technischen Könnens. Die Tragödie beginnt mit der Bestrafung des Titanen, der von Hephaistos an die Felsen des Kaukasus angeschmiedet wird. Der Feuerraub, der in der Vergangenheit liegt, wird als Grund für die Bestrafung genannt (7 ff.): »Denn deine Blüte, allwirksamen Feuers Glanz, / fürs Erdvolk stahl, gab er sie hin; für solche Art / von Freveltat gebührt der Götter Strafe ihm, / auf daß er lerne, sich des Zeus Herrschergewalt / zu fügen, menschenfreundlich Wesen abzutun.« Philanthropie war das Motiv für den Feuerraub, der Wunsch, die Menschheit, die Zeus vernichten wollte, zu retten. In einem Monolog äußert sich Prometheus selbst in ähnlicher Weise (107 ff.): »Weil ich den Menschen ihren Teil / gewährt, bin solcher Not ich qualvoll unterjocht. / Im Narthex-Stengel wohl verhüllt, erbeut des Feuers / Urquell ich heimlich, der als Lehrer aller Techne / dem Erdvolk sich erwies und Helfer voller Macht. / Solcher Versündigungen Buße zahl ich nun, / in freier Luft durch Fesseln klammernd festgekeilt.« Das Feuer hat hier nicht mehr wie bei Hesiod die Funktion, den Menschen die Zubereitung der Nahrung zu ermöglichen; es wird vielmehr als Lehrer jeder Techne bezeichnet. Im 5. Jahrhundert v. Chr. verstand man unter »Techne« zunächst die verschiedenen Zweige des Handwerks, darüber hinaus andere Disziplinen wie Medizin, Musik oder Rhetorik. Als gemeinsame Merkmale dieser zunächst so unterschiedlich wirkenden Disziplinen können vor allem die Lehrbarkeit, die Befolgung bestimmter Regeln bei Ausübung des Berufs, die Realisierung eines für positiv gehaltenen Zwecks und die Tätigkeit von ausgebildeten Spezialisten genannt werden. Die Verbindung zwischen dem Feuer und den Technai wird auch an späterer Stelle der Tragödie, im Dialog des Prometheus mit den Töchtern des Okeanos, nachdrücklich betont (252 ff.): »Pr.: Dazu hab ich das Feuer ihnen überbracht. / Ch.: Ist jetzt glutäugigen Feuers Herr das Eintagsvolk? / Pr.: Wodurch es erlernen wird viele Technai einst.« Durch die Gabe des Feuers wurde also ein Lernprozeß ausgelöst, der die Entwicklung der verschiedenen Technai zur Folge hatte; dabei war wohl primär an die Schmiede und die Töpfer gedacht, die ohne Feuer ihre Arbeit nicht verrichten konnten.

Die Tragödie des Aischylos ist keineswegs ohne innere Widersprüche. Neben dieser in den ersten Szenen dargelegten Version des Mythos findet sich eine völlig andersartige, eigenständige Konzeption, in der der Feuerraub überhaupt keine Rolle mehr spielt und Prometheus als Bringer aller technischen Fertigkeiten, aller Technai, erscheint. Der Gedanke, daß die Menschen der Frühzeit wie die Tiere gelebt haben, wird breit ausgeführt, damit anschließend die positive Wirkung der Gaben des Prometheus um so klarer dargelegt werden kann. Eine radikalere Umwertung des Mythos ist nicht denkbar: Bei Hesiod lebten die Menschen vor dem Feuerraub frei von Übeln und Mühsal, bei Aischylos werden sie durch Prometheus davon befreit; in einem großartigen Monolog, der zu den eindrucksvollsten griechischen Texten über Technik und technisches Handeln gehört, werden die Überwindung des früheren tierhaften Zustands der Menschheit und die Erfindung der Technai gefeiert (442 ff.): »Was beim Erdvolk es an Leiden gab, / das hört nun: wie ich jene, kindischblöd zuvor, / verständig machte und zu ihrer Sinne Herrn. / Mein Wort soll keine Schmähung für die Menschen sein, / daß meine Gaben gut gemeint sind, kund nur tun; / vordem ja, wenn sie sahen, sahn sie ganz vergeblich; / vernahmen, wenn sie hörten, nichts, nein: nächtgen Traums / Wahnbildern gleich, vermengten all ihr Leben lang / sie blindlings alles, wußten nichts vom Backsteinhaus / mit sonnengebrannten Ziegeln noch von Holzbaus Kunst / und hausten eingegraben gleich leicht wimmelnden / Ameisen in Erdhöhlen ohne Sonnenstrahl. / Es gab kein Merkmal für sie, das des Winters Nahn / noch blütenduftgen Frühling noch, an Früchten reich, / den Herbst klar angab, nein, ohne Verstand war all / ihr Handeln, ehe nunmehr ihnen Aufgang ich / der Sterne zeigte und schwer deutbaren Untergang. / Sodann die Zahl, den höchsten Kunstgriff geistger Kraft, / erfand ich für sie, der Schriftzeichen Fügung auch, / Erinnerung wahrende Mutter allen Musenwerks. / Auch spannt als erster ich ins Joch mächtig Getier, / Lasten ziehend und tragend Fron zu tun, auf daß / den Menschen größter Arbeitsmühn Abnehmer nun / sie würden; vor den Wagen führt ich zügelzahm / das Roßgespann, ein Prunkwerk überreicher Pracht. / Das Meer zu kreuzen, sann kein andrer aus als ich / linnenbe-

flügelt Fahrzeug für das Schiffervolk... / Das Weitere hör von mir noch, und du staunst noch mehr, / was für Hilfsmittel, was für Künste ich ersann, / Dies als das größte; wenn in Krankheit man verfiel, / keinerlei Abwehr gab's da, einzunehmen nichts, / zu salben nichts noch zu trinken; nein, Heilmittel ganz / entbehrend, siechten hin sie, bis ich ihnen dann / Mischungen zeigte sänftigender Arzneien, / durch die man aller Krankheit sich erwehren kann. / ... Soweit nun hiervon, endlich, was der Erdenschoß / verbarg dem Menschenvolk an Schätzen hohen Werts, / als Erz und Eisen, Silber sowie Gold, wer mag / behaupten, daß er früher es entdeckt als ich? / Niemand, das weiß ich, der nicht eitlem Prahlen frönt. / Doch kurzen Worts alles umfassend wißt; es kommen / alle Technai den Sterblichen von Prometheus her.«

Obwohl die Auflistung der Gaben des Prometheus weder einer klar erkennbaren Systematik noch der Chronologie der Erfindungen folgt, ist sie nicht willkürlich: Zuerst werden die grundlegenden Kulturtechniken genannt, die Kenntnis der Sterne, Zahl und Schrift, anschließend die Anschirrung der Tiere und die Schiffahrt; nach einem Exkurs über Medizin und Mantik, die die Menschen vor Krankheiten schützen beziehungsweise vor künftigen Gefahren warnen sollen, erscheint die Verarbeitung der Metalle. Ein deutlicher Akzent liegt auf der Entfaltung der intellektuellen Fähigkeiten, die hier als notwendige Voraussetzungen technischen Handelns gesehen werden. Im letzten Vers des Monologs wird nicht nur ein einheitlicher Ursprung aller Technai im Wirken des Prometheus behauptet, sondern zugleich Hephaistos und Athene jegliche Bedeutung für den Bereich des Handwerks abgesprochen. Das Handeln des Prometheus und die Erfindung der Technai werden in dieser Tragödie des Aischylos eindeutig als nützlich für die Menschen bewertet. Anders als bei Hesiod wird der Titan für den Feuerraub allein bestraft, während die Menschen für die Gaben des Prometheus nicht mit einer von Zeus verhängten Verschlechterung ihrer Lebenssituation zu bezahlen haben.

Die positive Sicht der Technai im »Gefesselten Prometheus« spiegelt die sozialen und wirtschaftlichen Veränderungen in Athen während des 6. und frühen 5. Jahrhunderts v. Chr. wider. Der Aufschwung des Handwerks und das gestiegene Selbstbewußtsein der Handwerker, die stolz auf ihre Fähigkeiten und Leistungen waren, schufen ein soziales Klima, in dem technisches Handeln zunehmend Anerkennung fand; gleichzeitig hatten die bäuerlichen Erfahrungshorizonte in einer Stadt wie Athen ihre Geltung weitgehend verloren. Die neuen Akzente, die der Mythos in der Tragödie erhalten hat, stellen einen Reflex auf die Vorstellungswelten einer städtischen, mit dem Handwerk vertrauten Bevölkerung dar.

Der Prometheus-Mythos gewann in den philosophischen Diskussionen des 4. Jahrhunderts v. Chr. über Mensch und Technai erneut an Aktualität. Da die Gestalt des Prometheus das technische Können der Menschen symbolisierte, war es möglich, allgemeine Aussagen über die Technai und ihre Bedeutung zu treffen, indem man den Mythos vom Schicksal des Titanen thematisierte und die Einführung der Technai durch Prometheus sowie die Folgen dieser Tat darstellte. Bei Platon erscheint der Prometheus-Mythos im Kontext der kritischen Auseinandersetzungen mit den Sophisten, den professionellen Rhetoriklehrern. Im »Protagoras«, einem frühen platonischen Dialog, in dem über ein Gespräch zwischen Sokrates und dem Sophisten Protagoras berichtet wird, geht es um die Frage, ob dieser für sich in Anspruch nehmen könne, die politische Tugend zu lehren. Als Sokrates deren Lehrbarkeit überhaupt bezweifelt und seine Meinung mit dem Argument begründet, es gäbe im Gegensatz zu allen anderen Technai keine Fachleute für Politik, versucht Protagoras seine Position zu erhärten, indem er eine stark modifizierte Fassung des Prometheus-Mythos vorträgt. In diesem Text – von dem keineswegs sicher erwiesen ist, daß er lediglich die Anschauungen einer älteren Schrift des Protagoras referiert – führt Platon die Erfindung der Technai nicht mehr auf das Handeln der Götter, sondern auf die Natur des Menschen zurück. Die Theorie der Techne bekommt auf diese Weise eine anthropologische Dimension, die weder bei Hesiod noch bei Aischylos gegeben war. Um zeigen zu können, inwiefern die Technik durch die Konstitution des Menschen bedingt ist, geht Platon auf die Schöpfung aller Lebewesen durch Epimetheus ein und behauptet, die Schöpfung der Menschen sei gänzlich verunglückt. Während die Tiere mit Eigenschaften ausgestattet worden seien, daß jede Art überleben konnte, hätte Epimetheus den Menschen bei der Verteilung der natürlichen Fähigkeiten übersehen (320 d ff.):

»Er verlieh nun einigen Stärke ohne Schnelligkeit, die Schwächeren aber begabte er mit Schnelligkeit, einige bewaffnete er, anderen, denen er eine wehrlose Natur gegeben, ersann er eine andere Kraft zur Rettung. Welche er nämlich in Kleinheit gehüllt hatte, denen verlieh er Flügel zur Flucht oder unterirdische Behausung, welche aber zu bedeutender Größe ausgedehnt, die rettete er eben dadurch, und so auch verteilte er alles übrige ausgleichend. Dies aber ersann er so aus Vorsorge, daß nicht eine Gattung gänzlich verschwände. Als er ihnen nun ausreichenden Schutz vor gegenseitiger Ausrottung verliehen hatte, begann er, ihnen auch leichte Anpassung an die von Zeus eingesetzten Jahreszeiten zu ersinnen durch Bekleidung mit dichten Haaren und starken Fellen, hinreichend, um die Kälte, aber auch vermögend, die Hitze abzuhalten, und außerdem zugleich jedem, wenn es zur Ruhe ging, zur eigentümlichen und angewachsenen Lagerbedeckung dienend. Und an den Füßen versah er einige mit Hufen und Klauen, andere mit blutlosen Häuten. Hiernächst wies er dem einen diese, dem anderen jene Nahrung an, dem einen aus der Erde die Kräuter, dem anderen von den Bäumen die Früchte, einem anderen Wurzeln, einigen auch verordnete er zur Nahrung anderer Tiere Fraß... Wie aber Epimetheus doch nicht ganz weise war, hatte er unvermerkt schon alle Kräfte aufgewendet für die unvernünftigen Tiere; übrig also war ihm, noch unbegabt, das Geschlecht der Menschen, und er wieder ratlos, was er diesem tun sollte.«

In dieser Situation trat Prometheus auf und sah »die übrigen Tiere zwar in allen Stücken weislich bedacht, den Menschen aber nackt, unbeschuht, unbedeckt, unbewaffnet«. Um den so nicht überlebensfähigen Menschen zu retten, raubte er dem Hephaistos und der Athene die Begabung zum technischen Handeln samt dem Feuer und schenkte beides den Menschen. Aufgrund der Gaben des Prometheus waren sie in der Lage, die materiellen Güter, die sie zum Überleben benötigten, selbst herzustellen, nämlich Wohnung, Kleidung, Schuhwerk und Decken für das Lager, und sie konnten sich nun die Nahrungsmittel der Erde aneignen. Allerdings blieben die Menschen den wilden Tieren unterlegen; deshalb bauten sie Städte, um sich zu retten. Da sie aber nicht über die Fähigkeit des Zusammenlebens verfügten, kam es zu Streitigkeiten, und sie zerstreuten sich wieder. In dieser Situation sandte Zeus, besorgt um die Menschen, Hermes auf die Erde, damit er ihnen Scham und Recht bringe. Und anders als bei den verschiedenen technischen Fähigkeiten, die jeweils nur wenige in einer Gesellschaft besitzen müssen, bestimmte Zeus, daß alle Menschen Anteil an Scham und Recht haben sollten, weil sonst den Städten keine Dauer beschieden wäre.

Platon versucht mit dieser Version des Mythos zwei grundlegende Tatbestände zu erklären: einmal die aus den Mängeln der menschlichen Natur resultierende Notwendigkeit technischen Handelns, zum anderen die Grenzen der materiellen Technik, die allein nicht vermag, das Überleben der Menschen zu sichern, da die im Zuge technischer Entwicklung zunehmende Vergesellschaftung auch spezifische soziale Fähigkeiten erfordert, die bei Platon mit den Begriffen »Scham« und »Recht« umrissen werden. Zugleich wird gezeigt, daß die Möglichkeit einer Arbeitsteilung, wie sie im Bereich der materiellen Technik existiert, auf dem politischen Sektor nicht denkbar ist; denn jeder Mensch in einer differenzierten städtischen Gesellschaft bedarf der politischen Tugend. Insbesondere die These, der Mensch sei aufgrund seiner natürlichen Konstitution auf die Technik angewiesen, fand sowohl in der antiken Philosophie als auch in der modernen Wissenschaft – etwa in der Anthropologie Arnold Gehlens – große Resonanz. Dabei sind in der modernen Theorie die bereits in der antiken Diskussion erhobenen Einwände gegen die Auffassung Platons unbeachtet geblieben.

Es gibt zwei wichtige antike Antworten auf den platonischen Prometheus-Mythos. Die eine stammt von Aristoteles, der in seiner zoologischen Schrift über die Teile der Tiere das Problem der Technik aufgreift und erörtert, die andere von Diogenes dem Kyniker, dessen Ansichten in mehreren Texten von Dion aus Prusa referiert werden. Aristoteles geht von der Tatsache aus, daß der Mensch als einziges Lebewesen einen aufrechten Gang besitzt; er braucht deswegen keine Vorderbeine, sondern ist von der Natur mit Armen und Händen ausgestattet worden. Bereits Anaxagoras, auf den Aristoteles hier verweist, hat gemeint, der Mensch sei das intelligenteste Lebewesen, weil er Hände habe. Aristoteles akzeptiert prinzipiell die

Annahme eines Kausalzusammenhangs zwischen Anatomie und Intelligenz, leitet ihn aber anders ab: Da der Mensch das intelligenteste Lebewesen sei, habe er von der Natur Hände erhalten; denn die Hand sei eine Art Werkzeug, und die Natur habe den Lebewesen jeweils nur solche Werkzeuge zugeteilt, die sie auch zu gebrauchen vermögen. Die Hand wiederum ist bei Aristoteles jenes Organ, das technisches Handeln ermöglicht (687 a): »Die Hand scheint nun nicht ein Werkzeug, sondern gleichzeitig viele Werkzeuge zu sein, sie ist gleichsam ein Werkzeug für viele Werkzeuge. So hat die Natur dem Lebewesen, das sich die meisten Technai anzueignen vermag, als das nützlichste Werkzeug von allen die Hand gegeben.« Unter dieser Voraussetzung kann Aristoteles die Ansicht zurückweisen, der Mensch sei nicht schön, sondern das am schlechtesten ausgestattete Lebewesen, da er – und hier wird Platon fast wörtlich zitiert – unbeschuht und nackt sei und keine Organe zu seiner Verteidigung habe. Während die Tiere jeweils nur über eine Methode der Verteidigung verfügen und diese nicht wechseln können, sind dem Menschen viele Formen der Verteidigung möglich, und gerade die Hand gestattet es ihm, einen Speer oder ein Schwert, jede andere Waffe oder jedes andere Werkzeug zu ergreifen. Die Anatomie der Hand ist nach Meinung des Aristoteles diesem Zweck hervorragend angepaßt; denn die Finger können einzeln gebraucht oder aber zur Faust geschlossen werden. Die Überlegenheit des Menschen den Tieren gegenüber beruht auf seiner Intelligenz und seiner Anatomie; von einer mangelhaften Ausstattung durch die Natur kann keine Rede sein.

Die Position des Diogenes ist nicht leicht zu erfassen, da seine Schriften – falls er je welche verfaßt hat – nicht überliefert, aber sehr bald nach seinem Tod Sprüche von ihm und Anekdoten über ihn gesammelt worden sind, wobei sich das authentische Material und die späteren Erfindungen nur schwer voneinander unterscheiden lassen. Immerhin vertreten Philologen gegenwärtig die Ansicht, Dion von Prusa habe für seine Darstellung der Philosophie des Diogenes ältere Zeugnisse verwendet und die von ihm referierten Anschauungen gingen auf Diogenes selbst oder zumindest auf die Generation seiner Schüler zurück. In dem Abschnitt, in dem Dion die Kritik an der menschlichen Lebensweise wiedergibt, findet sich eine neue Interpretation des Prometheus-Mythos, die in der Behauptung gipfelt, der Titan sei für seine Taten zu Recht bestraft worden. Diogenes vergleicht dabei zunächst das Leben der Tiere mit dem der Menschen und stellt den von Aischylos postulierten Vorrang der menschlichen Lebensweise radikal in Frage (6, 22 f.): Den Tieren »genügt Wasser zum Trinken und Gras zum Fressen, die meisten von ihnen sind nackt das ganze Jahr hindurch, ein Haus betreten sie nie, brauchen kein Feuer und leben so lange, wie ihnen von der Natur bestimmt ist, vorausgesetzt, daß sie nicht eines gewaltsamen Todes sterben. Kräftig und gesund leben sie alle zusammen und haben weder Arzt noch Medikamente nötig. Die Menschen dagegen hängen zäh am Leben und verfallen auf die verschiedensten Mittel, um den Tod hinauszuzögern, und trotzdem erreicht kaum einer von ihnen ein hohes Alter. Sie leben mit Krankheiten beladen, die alle auch nur zu nennen gewiß nicht leicht ist, und die Heilmittel, die die Erde ihnen zu bieten hat, reichen für sie nicht mehr aus, sie nehmen Messer und Feuer hinzu.« Die Gründung der Städte, die den Menschen Schutz gewähren sollten, wird von Diogenes ebenfalls negativ bewertet; denn hier kommt es seiner Meinung nach vor allem zu gegenseitigem Unrecht und zu Untaten untereinander.

Jene Errungenschaften, die bei Aischylos und Platon noch als nützlich für die Menschen gefeiert worden sind, verfallen nun dem Verdikt des Diogenes, und so ist es nur konsequent, wenn das Handeln des Prometheus nicht mehr für menschenfreundlich gehalten wird (6,25): »Deswegen erzählt auch der Mythos, wie ich glaube, daß Zeus den Prometheus wegen der Erfindung und Weitergabe des Feuers bestrafte, weil er nämlich in dem Feuer Ursprung und Beginn der menschlichen Verweichlichung und Bequemlichkeit sah. Denn gewiß hat Zeus die Menschen nicht gehaßt oder ihnen etwas Gutes vorenthalten.« Dem Einwand, der Mensch könne nicht wie ein Tier leben, da er nackt sei und kein Fell habe, hält Diogenes entgegen, der Mensch sei nicht von Natur aus, sondern allein aufgrund seiner Lebensweise wenig widerstandsfähig. Die These einer Notwendigkeit technischen Handelns kann nach Diogenes nicht damit begründet werden, daß der Mensch in einer ihm feindlichen Umwelt ohne Technai nicht zu überleben vermöge; für den Kyniker gilt vielmehr das Prinzip, daß »es in keinem Raum ein Lebewesen« gibt, »das nicht auch in ihm leben könnte«. Die Tatsache, daß die ersten Menschen ihr Leben »ohne Feuer, ohne Häuser, ohne Kleidung und ohne Nahrung, soweit sie nicht von selbst wuchs«, zu erhalten in der Lage waren, widerlegt schließlich die These, der Mensch sei ohne Technik nicht überlebensfähig. Dem technischen Handeln wird somit nicht allein jeglicher Nutzen abgesprochen, sondern es wird auch ein enger Zusammenhang zwischen den Erfindungen und dem menschlichen Hang zum Vergnügen hergestellt, wobei sich nach Meinung des Diogenes das Streben nach Vergnügen in sein Gegenteil verkehrt (28 f.): »Aber ihr Scharfsinn und ihre ganze unendliche Erfindungsgabe in allem, was das tägliche Leben betrifft, habe den späteren Geschlechtern nichts genützt; denn die Menschen stellten ihre Klugheit nicht in den Dienst der Tugend und Gerechtigkeit, sondern in den Dienst des Vergnügens. Auf der Jagd nach Vergnügen um jeden Preis werde ihr Leben immer freudloser und mühsamer, und während sie glaubten, für sich selbst vorzusorgen, kämen sie vor lauter Sorge und Voraussicht erbärmlich um. Und deswegen werde sicher zu Recht von Prometheus erzählt, er sei an einen Felsen gekettet worden und ein Adler habe an seiner Leber gefressen.«

Auch die Vorstellung, durch die Erfindung der Technai sei es dem Menschen gelungen, sich aus dem tierhaften Leben herauszuarbeiten, wird revidiert. Die Tiere werden zum Vorbild für das menschliche Verhalten; die Anpassung an die wechselnden Jahreszeiten gelingt den Tieren, ohne daß sie technische Hilfsmittel benötigen (32): »Die Störche zögen vor der Hitze des Sommers in gemäßigte Zonen und blieben dort so lange, wie es ihnen gefalle; dann aber flögen sie alle zusammen wieder weg, um dem Winter zu entgehen.« Die Kritik des Diogenes an der Technik ist wesentlich eine Kritik am Gebrauch der Artefakte. Es gibt in den antiken Zeugnissen keinen Hinweis darauf, daß Diogenes die Nutzbarmachung der Natur als problematisch empfunden hätte; seine Argumentation zielt eher auf die These ab, daß bei genauer Analyse der Gebrauch der Artefakte sich für den Menschen nicht als nützlich erweist, sondern ihn verweichlicht und krank macht, und daß die Steigerung der Bedürfnisse sowie die Jagd nach dem Vergnügen das Leben nicht bereichert, sondern freudlos macht. Das Niveau der Argumentation des Kynismus erweist sich vor allem daran, daß die Annahme, die Technik sei unerläßlich, überzeugend widerlegt wird. Die Technik wird nicht als Antwort auf eine Problemsituation gesehen, in der das Überleben der Menschen in Frage gestellt wird, sondern als Antwort auf die Entwicklung der Bedürfnisse, für die der Mensch jeweils selbst verantwortlich ist.

Eine ähnliche Sicht findet sich bei dem Aristoteles-Schüler Dikaiarchos (um 350–um 290 v. Chr.), der eine Kulturgeschichte Griechenlands verfaßt hat. Der Text selbst ist verloren, aber M. Terentius Varro und der spätantike Philosoph Porphyrios (um 234–301/05 n. Chr.) bieten je eine knappe Zusammenfassung des Werkes; es ist daher möglich, dessen Inhalt in seinen Grundzügen zu erfassen und zu skizzieren. Dikaiarchos ist in seiner Darstellung der Entwicklung der menschlichen Lebensverhältnisse nicht mehr dem Prometheus-Mythos, sondern dem ebenfalls von Hesiod erzählten Mythos vom »Goldenen Geschlecht« verpflichtet. Diese märchenhafte Erzählung über die Abfolge der Geschlechter, die jeweils nach den wichtigsten Metallen – Gold, Silber, Kupfer, Eisen – benannt sind, hatte bei Hesiod noch keinen Bezug zur technischen Entwicklung, wird von Dikaiarchos aber als Denkmodell gebraucht, um zumindest das früheste Stadium der Menschheitsgeschichte zu charakterisieren. Im Naturzustand lebend ernährten sich die Menschen von den Früchten, die von selbst wuchsen, und töteten keine Tiere; bei der Beschreibung dieses Zustandes bezog Dikaiarchos sich wahrscheinlich explizit auf die folgenden Verse über das Goldene Geschlecht (Erga 117 ff.): »Frucht brachte der nahrungsspendende Boden / willig von selbst, vielfältig und reich. Vollbrachten in Ruhe / gerne und froh ihre Werke, gesegnet mit Gütern in Fülle.« Da die Ernährung der natürlichen Konstitution des Menschen angepaßt war, gab es, wie Dikaiarchos meint, keine Krankheiten, auch Kriege und Aufstände waren unbekannt; denn es existierte für diese Menschen nichts, um das zu kämpfen sich gelohnt hätte. Das Leben der frühen Menschen wird resümierend mit den Begriffen »Gesundheit«, »Friede« und »gegenseitige Zuneigung« gekennzeichnet. Es folgte die Lebensweise der Nomaden, die große Viehherden – nach Meinung des Dikaiarchos zuerst Schafe – hielten und wilde Tiere jagten. Gleichzeitig entstand das Privateigentum, und es kam zu Kriegen um den Besitz begehrter Güter. Das dritte Stadium schließlich war das des Ackerbaus, wobei zugestanden wird, daß in dieser Epoche die vorangegangenen Formen der Aneignung oder Erzeugung von Lebensmitteln, das Sammeln von Früchten oder die Viehzucht, partiell beibehalten wurden.

Die Vorstellung des Prometheus-Mythos, die Menschen hätten Feuer und Technai oder, laut Platon, zumindest die Befähigung zum technischen Handeln einem einmaligen Akt eines Gottes zu verdanken, wird zugunsten der Auffassung, sie selbst hätten ihre Lebensweise Schritt für Schritt weiterentwickelt, aufgegeben. Wichtiger noch als dieser Verzicht auf die Annahme eines göttlichen Eingreifens waren für das spätere Verständnis der Kulturentwicklung die Identifizierung der Frühzeit der Menschheit mit den Lebensverhältnissen des »Goldenen Geschlechts« sowie die eher kritische Sicht der folgenden Entwicklung. In der Darstellung des Dikaiarchos sind die Fortschritte in der Agrartechnik untrennbar mit Erscheinungen wie Krieg und Streben nach Reichtum verbunden, so daß sie sich nicht mehr eindeutig als Nutzen für die Menschheit bewerten lassen. Die Auffassungen des Diogenes und Dikaiarchos haben die Entwicklung der antiken Technik sicherlich nicht unmittelbar beeinflußt, aber sie wirkten langfristig auf das Denken literarisch geschulter Intellektueller, die Technik zunehmend als ein Mittel zur Steigerung nicht naturgegebener Bedürfnisse ansahen.

Die Theorie der Techne

In der griechischen Philosophie wurde zwar keine allgemeine Theorie der Techne entworfen, aber in verschiedenen Zusammenhängen wurden spezielle Probleme technischen Handelns thematisiert, um etwa am Beispiel der Medizin oder der handwerklichen Arbeit Kriterien für die Beurteilung der Sophistik oder der Rhetorik zu gewinnen, deren Vertreter für sich beanspruchten, eine Techne zu lehren. Bei Aristoteles, der annimmt, technisches Handeln und Naturprozesse hätten prinzipiell dieselbe Struktur, dient der Hinweis auf einzelne Technai oder bestimmte technische Verfahren zur Erklärung von Naturvorgängen. Die Untersuchung technischer Sachverhalte beschränkte sich dabei stets auf Aspekte, die für die Diskussion der behandelten philosophischen Probleme von Relevanz waren, kann also nur in solchen Kontexten angemessen verstanden werden. Die Überlegungen der Philosophen galten zunächst zwei Problembereichen: dem Gebrauch der Werkzeuge und der Bestimmung der Merkmale technischen Wissen; außerdem thematisiert Aristoteles immer wieder die Zielgerichtetheit technischer Prozesse. Es entspricht dem Entwicklungsstand antiker Technik, wenn meistens die Arbeit der Handwerker im Zentrum der Texte steht.

Der platonische Dialog »Kratylos« behandelt das Problem der Natur technischen

Handelns und die Funktion der Werkzeuge im Rahmen einer sprachtheoretischen Untersuchung, in der es unter anderem um die Analyse des Benennens und die Bedeutung des Wortes geht. Die handwerkliche Technik dient hier als Paradigma, mit deren Hilfe die sprachtheoretische Argumentation entfaltet wird. Zunächst stellt Sokrates in dem Gespräch fest, daß nicht nur die Dinge ein eigenes, vom Betrachter unabhängiges Wesen besitzen, sondern auch die Handlungen. Diese Sicht hat weitreichende Konsequenzen für das technische Handeln (387 a): »Also auch die Handlungen gehen nach ihrer eigenen Natur vor sich und nicht nach unserer Vorstellung. Wie wenn wir unternehmen, etwas zu zerschneiden, sollen wir dann jeder schneiden, wie wir wollen und womit wir wollen? Oder werden wir nur dann, wenn wir jeder nach der Natur des Schneidens und Geschnittenwerdens und mit dem ihm Angemessenen schneiden wollen, es wirklich schneiden und auch einen Vorteil davon haben und die Handlung recht verrichten, wenn aber gegen die Natur, dann es verfehlen und nichts ausrichten?«

Nach Platon ist technisches Handeln der Willkür des Menschen insofern entzogen, als es für die einzelnen Handlungen jeweils eine angemessene Art und Weise, sie auszuführen, gibt und jede Abweichung von dem, was der Natur dieser Handlung entspricht, zur Folge hat, daß das intendierte Ziel verfehlt wird. Effizientes technisches Handeln setzt demnach ein Wissen von der Natur des jeweiligen technischen Vorgangs und den Gebrauch eines dafür geeigneten Werkzeuges voraus. Im folgenden führt Platon die Tätigkeit verschiedener Handwerker – darunter des Webers – an, um diesen Sachverhalt exemplarisch zu verdeutlichen: Ein gelernter Weber verwendet in angemessener Weise – diese Wendung bedeutet der Webtechnik entsprechend – das Weberschiffchen. Platon weist dann mit Nachdruck darauf hin, daß das Weberschiffchen nicht vom Weber, sondern vom Tischler hergestellt wird. Damit ist die Anfertigung geeigneter Werkzeuge zum Problem geworden: Es erhebt sich die Frage, an welchem Vorbild der Tischler sich orientiert, wenn er das Weberschiffchen herstellt. Er schaut dabei nicht – so Platon – auf ein konkretes Modell, sondern hat eine abstrakte Vorstellung von dem, was zum Weben geeignet ist. Die Herstellung von Werkzeugen kann als ein Vorgang beschrieben werden, bei dem die adäquate Natur auf das Werk übertragen wird – ein Gedanke, den Aristoteles später präzisiert hat. Um dies aber zu realisieren, ist es notwendig, die richtige Form eines Werkzeuges zu finden, die ebenfalls nicht in das Belieben des Handwerkers gestellt ist (389 c): »Das seiner Natur nach jedem angemessene Werkzeug muß man herausgefunden haben und dann in dem niederlegen, woraus es so gemacht werden soll, nicht wie es jedem einfällt, sondern wie es die Natur mit sich bringt.« Nach Meinung Platons ist die ideale Form eines Werkzeuges vorgegeben; der Handwerker beschränkt sich allein darauf, das der Natur Entsprechende zu erkennen und zu realisieren. Dabei stellt sich allerdings die Frage, wer eigentlich weiß, welche Form eines Werkzeuges dem Zweck wirklich angemessen ist (390 b):

»Wer wird nun aber erkennen, ob das gehörige Bild des Weberschiffchens in irgendeinem Holze liegt? Der sie gemacht hat, der Tischler, oder der sie gebrauchen soll, der Weber?« Die Antwort, die Platon gibt, ist eindeutig: Wer das Werkzeug gebraucht, soll bei seiner Herstellung die Aufsicht führen; denn er vermag am besten zu beurteilen, ob es gut gearbeitet ist oder nicht. Im »Kratylos« wird der Zusammenhang zwischen den Technai als hierarchisch strukturiert beschrieben. In diesen Äußerungen Platons beginnt sich bereits das Problem technischer Sachzwänge abzuzeichnen: Mit der Ansicht, technisches Handeln sei nicht willkürlich und der Ablauf eines technischen Vorgangs oder die Form eines Werkzeuges seien in der Natur dieses Vorgangs selbst begründet, wird jeglicher Spielraum im Bereich des Technischen negiert. Dabei scheint das einzige Kriterium zur Beurteilung der angemessenen Form eines Werkzeuges seine Effizienz zu sein; die Möglichkeit anderer Kriterien wird hier jedenfalls nicht erwogen.

In den Schriften des Aristoteles bewegt sich die Analyse technischen Handelns auf einem ungleich höheren Abstraktionsniveau als in den platonischen Dialogen. Dies hängt damit zusammen, daß Platon in seinen Ausführungen über die Technai an einem konkreten Gegenstand philosophische Probleme zu veranschaulichen sucht, die seiner Meinung nach schwer zu verstehen sind. Aristoteles hingegen will die grundlegenden Strukturen jener Prozesse beschreiben, in denen etwas entsteht. In der »Metaphysik« formuliert er in der ihm eigenen, äußerst knappen, aber sehr präzisen Sprache die Prämissen, von denen die folgenden Darlegungen ausgehen. Auf alles, was wird, trifft zu, daß es durch Natur, durch Techne oder von selbst wird, und ferner, daß es wird durch etwas, aus etwas und etwas. In einer weiteren Prämisse führt er den Begriff des Stoffes ein: »Alles aber, was wird, sei es durch Natur, sei es durch Techne, hat einen Stoff.« Diese Aussagen scheinen in ihrer Allgemeinheit wenig Bezug zum Bereich der Technik zu haben, aber sie sind für Aristoteles die Voraussetzung für eine allgemeine Theorie technischen Handelns, die aufgrund ihres philosophischen Niveaus noch heute Beachtung verdient.

Das technische Hervorbringen bezeichnet Aristoteles als Poiesis, als ein »Machen«; im Akt der Poiesis wird etwas geschaffen, das zuvor schon als Bild in der Seele vorhanden ist. Auf diese Weise kann das technische Handeln in zwei Phasen zerlegt werden: in den Akt des Überlegens und in den des Tuns. Jedes Herstellen hat somit zwei Voraussetzungen: Es müssen einerseits das Bild dessen, das geschaffen werden soll, und andererseits der Stoff, aus dem etwas geschaffen werden soll, vorhanden sein. Aristoteles erläutert diese Auffassung vom technischen Herstellen am Beispiel der Anfertigung einer Bronzekugel (1033 a): »So macht einer nicht den Stoff, die Bronze, ebensowenig auch die Kugel, ausgenommen im akzidentellen Sinne, weil die Bronzekugel eine Kugel ist und er diese macht. Denn dies Einzelne machen heißt aus dem überhaupt vorhandenen Stoff dies Einzelne machen. Ich meine, das Erz rund machen heißt nicht das Runde oder die Kugel machen, sondern etwas anderes, nämlich diese Form in einem anderen hervorbringen.« Das Zusammenwirken dessen, der ein Instrument gebraucht, mit demjenigen, der es herstellt, wird auch bei Aristoteles thematisiert, wobei er genauer als Platon herausarbeitet, worin die unterschiedliche Kompetenz beider besteht (»Physik« 194 b): »Der Steuermann weiß, welche Form ein Ruder hat und ordnet es an, der Handwerker aber weiß, aus welchem Holz und durch welche Bewegungen es hergestellt wird.« Der Vorgang der Übertragung der Form auf den Stoff wird in einem zoologischen Werk beschrieben, in dem der Hinweis auf das technische Handeln die Konzeption im Tierreich, die als Übertragung der Form auf den Stoff gedacht wird, verdeutlichen soll (730 b): »In derselben Weise geht weder etwas vom Zimmermann auf das Holz, das sein Material ist, über, noch ist ein Teil der Techne des Zimmermanns in dem hergestellten Produkt gegenständlich vorhanden, sondern die Form und die Vorstellung wird von jenem durch eine Bewegung im Stoff hervorgebracht. Und die Seele, in der die Vorstellung vom Objekt wie auch das handwerkliche Wissen vorhanden sind, bewegt die Hände oder irgendeinen anderen Körperteil und verursacht so eine ganz spezifische Bewegung – und zwar verschiedene Bewegungen bei verschiedenen Objekten, stets aber dieselbe bei demselben Objekt –, die Hände aber bewegen die Werkzeuge, die Werkzeuge aber den Stoff.« Das Werkzeug wird hier als das Hilfsmittel gesehen, das den Menschen befähigt, das in seiner Vorstellung befindliche Bild auf den Stoff zu übertragen.

Indem technisches Handeln das, was in der Vorstellung existiert, im Stoff zu realisieren sucht, ist es notwendig zielgerichtet. In dieser Hinsicht besitzen Naturprozesse und Akte technischen Herstellens nach Aristoteles prinzipiell dieselbe Struktur – eine These, die ihren prononcierten Ausdruck in der »Physik« findet (199 a): »Wie nun jedes getan wird, so wächst es auch, und wie es wächst, so wird jedes getan, wenn nichts diese Vorgänge behindert. Es wird aber um eines Zweckes willen hergestellt, und also ist auch das Wachstum um eines Zweckes willen. Wenn etwa ein Haus zu dem gehören würde, was von Natur aus wird, würde es genauso entstehen wie jetzt aufgrund der Techne.« An anderer Stelle wird dieser Gedanke noch einmal aufgegriffen (199 b): »Und wenn die Schiffbautechnik direkt zum Holze gehörte, so würde sie in gleicher Weise wie die Natur tätig sein.« Voraussetzung der strukturellen Übereinstimmung von Naturprozessen und technischem Herstellen ist nach Aristoteles die für sein Denken zentrale Auffassung, daß die Technai die Natur nachahmen. Zuerst wurde dieser Gedanke von Demokrit (um 460 – um 370 v. Chr.) formuliert, allerdings noch in der naiven Form, daß die Menschen die Tiere zum Vorbild nahmen, die Spinne beim Weben und Stopfen, die Schwalbe beim Hausbau und die Singvögel beim Gesang. Bei Aristoteles ist das Verhältnis zwischen Techne und Natur nicht nur in Einzelfällen, sondern grundsätzlich so strukturiert, daß die Techne entweder die Natur nachahmt oder aber sie vollendet.

Die Zahl und einfache mathematische Verfahren wie das Messen und Zählen spielten in der griechischen Philosophie seit den Pythagoreern eine große Rolle. Da im Bereich der Empirie die Sinne getäuscht werden können und sinnliche Wahrnehmung nicht zuverlässig ist, schien es notwendig zu sein, durch Messungen oder ähnliche Methoden Gewißheit zu erlangen. Im »Politikos« wird von Platon zum ersten Mal behauptet, daß die Meßtechnik für die Technai insgesamt unverzichtbar ist; prägnant heißt es, die Messung habe an allem Technischen Anteil. Im »Philebos« sucht er dann das Verhältnis von Mathematik und Technai näher zu bestimmen. Nach seiner Meinung wären die Technai ohne Zahlen, Messen und Wiegen eher wertlos und auf bloße Mutmaßungen angewiesen. Da er aber selbst sieht, daß nicht alle Technai in gleicher Weise mathematische Verfahren anwenden, besteht einerseits die Notwendigkeit zu differenzieren, andererseits die Möglichkeit, eine Systematik der Technai entsprechend dem Ausmaß, in dem sie auf mathematischen Verfahren beruhen, zu entwerfen. Zunächst konstatiert Platon, daß es mehrere Technai gibt, die aufgrund von Erfahrung und Gewöhnung ausgeübt werden; dazu gehören Medizin, Landbau und Truppenführung. Anders verhält es sich bei dem Handwerk der Zimmerleute (56 b): »Das Zimmerhandwerk aber, glaube ich, das sich der meisten Maße und Werkzeuge bedient und sich dadurch eine hohe Exaktheit sichert, ist technischer als viele andere Wissenszweige.« Als Kriterium für die Bewertung, wie technisch ein Wissen ist, dient hier der erreichte Grad der Exaktheit; im Fall des Zimmerhandwerks führt Platon die hohe Genauigkeit auf die Verwendung von Werkzeugen, die der Geometrie entlehnt sind – etwa Zirkel und Lineal –, zurück. Die Technai lassen sich entsprechend der von ihnen erreichten Exaktheit einteilen; ihnen in dieser Hinsicht überlegen sind die mathematischen Disziplinen, von denen die theoretische Mathematik wiederum für exakter gehalten wird als die praxisorientierten Zweige dieser Wissenschaft. Obgleich Platon ohne Zweifel der abstrakten Erkenntnis einen höheren Rang einräumt als der empirischen Wahrnehmung, die nicht zu Wissen, sondern allenfalls zu einem bloßen Meinen gelangt, hält er im Bereich des technischen Handelns – etwa beim Hausbau – das Arbeiten mit geometrischen Instrumenten durchaus für legitim. Allerdings wird gefordert, daß jeder, der die angewandte Mathematik für seine Zwecke nutzt, über die Kenntnis der theoretischen Mathematik und ihrer Prinzipien verfügen soll.

Auch Aristoteles beschäftigt sich wiederholt mit dem Problem, welches Wissen dem technischen Handeln zugrunde liegt, wobei er eine Reihe neuer Gesichtspunkte entwickelt. So differenziert er zwischen dem Handwerk und der Tätigkeit des Architekten, indem er darauf verweist, daß Handwerker meistens ohne Überlegung aufgrund von Routine arbeiten, während die Architekten die Ursachen dessen, was sie schaffen, angeben können. An die Stelle der Exaktheit als des entscheidenden Kriteriums für die Bewertung der Technai treten die Ursachenerkenntnis und die Fähigkeit zur Begründung jedes einzelnen Arbeitsschrittes. Wichtige Überlegungen gelten dem Unterschied zwischen dem theoretischen Wissen und der Techne. Treffend stellt Aristoteles fest, daß die Techne im Gegensatz zum theoretischen Wissen, das den Bereich des notwendig Seienden und des stets Gleichbleibenden untersucht, ein Werden dessen intendiert, das nicht notwendig ist. Obgleich Wissenschaft und Technai sich grundlegend durch die Wahl ihrer Objekte unterscheiden, ist es möglich, daß ein Mathematiker und ein Handwerker dieselbe geometrische Figur – etwa den rechten Winkel – zu ihrem Gegenstand machen, allerdings mit unterschiedlichen Intentionen, der Handwerker, um zu sehen, wie der Winkel bei seiner Arbeit zu gebrauchen ist, der Mathematiker hingegen, der die Wahrheit erforscht, um zu erkennen, welche Eigenschaften er hat. Der Aspekt der Exaktheit technischen Wissens bleibt bei Aristoteles nicht gänzlich unbeachtet. In den Abschnitten der »Metaphysik« über die mathematischen Prinzipien wird der Grundsatz formuliert, daß eine Wissenschaft um so genauer sein wird, je stärker von besonderen Gegebenheiten wie Größe oder Bewegung abstrahiert wird. In der Harmonik und Optik erreicht man exaktes Wissen, indem die Objekte nur insoweit untersucht werden, als man sie als Linien oder Zahlen auffaßt. Aufschlußreich für die frühe Geschichte der technischen Fachliteratur ist die Tatsache, daß dies ausdrücklich auch für die Mechanik behauptet wird. Von Beginn an gehörten Mechanik und Mathematik zusammen.

Der Glanz der theoretischen Äußerungen des Aristoteles über die Technai beruht weniger auf der Formulierung völlig neuer Einsichten als vielmehr auf der prägnanten Kürze seiner Definitionen, die sämtliche Elemente der vorangegangenen theoretischen Diskussionen in sich aufnehmen (735 a): »Die Techne nämlich ist Prinzip und Form dessen, was wird, aber in einem anderen.« Die philosophischen Erörterungen über die Techne waren in technikhistorischer Hinsicht keineswegs bedeutungslos. Durch diese Diskussionen und Analysen hatte das technische Handeln die Dignität eines Gegenstands philosophischer Untersuchung erhalten, und damit war eine wesentliche Voraussetzung dafür geschaffen, daß die Mechanik sich als eigenständige wissenschaftliche Disziplin konstituieren konnte. Ferner war es gelungen, die grundlegenden Merkmale technischen Handelns, die Funktion der Werkzeuge und die Bedeutung mathematischer Verfahren klar zu erfassen. An diesen Erkenntnissen konnte die technische Fachliteratur anknüpfen.

Bereits in der vorsokratischen Philosophie wurde die Überlegenheit der Menschen gegenüber den Tieren auf die Techne zurückgeführt. Die körperliche Schwäche und das technische Geschick werden von Anaxagoras eindrucksvoll kontrastiert (DK59 B21 b): »In allen anderen Dingen stehen wir den Tieren nach, aber aufgrund von Erfahrung, Gedächtnis, Intelligenz und Techne gebrauchen wir sie, wir gewinnen den Honig und melken sie, und wir halten sie und treiben sie zusammen.« Das in der archaischen Literatur häufig ausgedrückte Bewußtsein der Schwäche und Hinfälligkeit des Menschen ist im Verlauf des 5. Jahrhunderts v. Chr. einem Selbstgefühl gewichen, das von der Erfahrung geprägt war, sich mittels technischer Kompetenz behaupten zu können. Das Durchsetzungsvermögen den Tieren gegenüber sowie die Fähigkeit, das stürmische Meer zu befahren und die Erde zu nutzen, werden in der Tragödie emphatisch gerühmt. Ein Chorlied der sophokleischen »Antigone« beschreibt den Menschen als ein Wesen, das jeden Raum und alle Lebewesen seinen Interessen unterwirft (332 ff.): »Vieles ist ungeheuer, nichts / ungeheuerer als der Mensch. / Das durchfährt auch die fahle Flut / in des reißenden Südsturms Not; / das gleitet zwischen den Wogen, / die rings sich türmen! Erde selbst, / die allerhehrste Gottheit, / ewig und nimmer ermüdend, er schwächt sie noch / wenn seine Pflüge von Jahre zu Jahre, wenn / seine Rosse sie zerwühlen. / Völker der Vögel, frohgesinnt, / fängt in Garnen er, rafft hinweg / auch des wilden Getiers Geschlecht, / ja die Brut der salzigen See / in eng geflochtenen Netzen, / der klug bedachte Mann, besiegt / mit List und Kunst das freie / bergbesteigende Wild und umschirrt mit dem / Joch den mähnigen Nacken des Rosses und / auch des unbeugsamen Bergstiers.«

Für die Griechen der archaischen Zeit waren Getreideanbau und Viehzucht unproblematisch; die landwirtschaftliche Arbeit war in die religiöse Vorstellungswelt dieser Zeit eingebunden. Das Wachsen und Reifen des Getreides, der für die Pflanzen notwendige Regen und die Vermehrung der Tiere wurden als Gaben der Götter gesehen. Besondere Rituale hatten die Funktion, die Gewährung solcher Gaben zu sichern: Es war üblich, die Götter um gute Ernten zu bitten, und es ist charakteristisch, daß Hesiod die Darstellung der Aussaat mit der Aufforderung verbindet, zu Zeus und Demeter zu beten. Außerdem wurde den Göttern von den Ernten und von den neugeborenen Tieren Dankopfer dargebracht. Die Griechen glaubten, das Wachstum des Getreides werde von Demeter garantiert; als die Göttin um ihre von Hades in die Unterwelt entführte Tochter Kore trauerte, wären die Menschen fast ausgerottet worden (Demeter-Hymnos 302 ff.): »Jedoch die blonde Demeter / ... schickte den Menschen ein Jahr, so grausig und hündisch wie keines / über die Erde, die so viele ernährt. Kein Samen im Boden / keimte; die schön bekränzte Demeter ließ ihn verkommen. / Rinder zogen vergeblich über die Äcker die vielen / krummen Pflüge; nutzlos fiel in die Erde das weiße / Korn. Und sie hätte das ganze Geschlecht der sterblichen Menschen / ausgerottet durch schrecklichen Hunger.« Doch die von den Göttern geschlossene Vereinbarung, daß Kore nur einen Teil des Jahres in der Unterwelt verbringen mußte, sicherte den Menschen auf Dauer die Ernährung. Weit verbreitet war auch die Auffassung, Gerechtigkeit werde durch reiche Ernten und durch die Fruchtbarkeit der Tiere belohnt; so heißt es bei Hesiod (»Erga«, 230 ff.): »Nie wird der Hunger Begleiter bei rechtlich handelnden Männern, / nie der Ruin, sie vollbringen ihr Werk für festliche Freuden. / Reichen Ertrag bringt denen ihr Land, und auch auf den Bergen / bringt der Eichbaum Eicheln im Wipfel, Bienen im Stamme. / Und ihre wolligen Schafe sind schwer von lastenden Flocken.« Die religiöse Überzeugung, daß die Götter für die Menschen sorgten, blieb während des 5. und 4. Jahrhunderts v. Chr. nicht ohne Einfluß auf die Formulierung naturphilosophischer, insbesondere kosmologischer Theorien. Auch die sich seit Anaxagoras immer stärker durchsetzende Vorstellung einer vernünftigen Schöpfung hatte erhebliche Konsequenzen für die philosophischen Bemühungen, das Verhältnis der Menschen zur Welt zu bestimmen.

Im »Timaios«, dem umfassenden Entwurf einer Kosmologie, führt Platon die Schöpfung auf den Willen des Gottes zurück, »daß alles gut und nach Möglichkeit nichts schlecht« sein solle. Da das mit Vernunft Begabte notwendig schöner ist als das Vernunftlose, »gestaltete er das Weltall, indem er die Vernunft in der Seele, die Seele aber im Körper schuf, um so das seiner Natur nach schönste und beste Werk zu vollenden«. Nachdem die Himmelskörper geordnet waren, gibt der Schöpfergott den von ihm geschaffenen unsterblichen Göttern den Auftrag, sterbliche Lebewesen zu erzeugen und ihnen Nahrung zu gewähren. Die Götter bildeten, dieser Aufforderung entsprechend, den Menschen und ließen Pflanzen wachsen, damit er etwas zu essen habe. In Platons Kosmologie ist also von vornherein für die angemessene Nahrung des Menschen gesorgt; die Pflanzen sind der Menschen wegen geschaffen worden. In radikaler Weise bezieht Xenophon in den »Memorabilia« die gesamte Schöpfung, nicht allein die Entstehung der Pflanzen, auf den Menschen. In einem der Dialoge dieser Schrift versucht Sokrates, den Atheisten Euthydemos von der Fürsorge der Götter für die Menschen zu überzeugen, indem er postuliert, die Götter hätten alles für die Menschen geschaffen: Die Sonne gewährt das Licht, dem Bedürfnis nach Ruhe ist durch die Dunkelheit der Nacht entsprochen. Die Erde bringt die für den Menschen notwendige Nahrung hervor, das Wasser sichert das Wachstum der Pflanzen, und das Feuer schützt vor Kälte und Dunkelheit; außerdem ist es für das Handwerk unentbehrlich. Das Klima wiederum entspricht den Bedürfnissen der Menschen: Im Sommer hält die Sonne so ausreichend Abstand zur Erde, daß die Hitze nicht schadet, im Winter wird es nie übermäßig kalt. Dieser Argumentation begegnet Euthydemos mit dem Einwand, das alles nütze auch den Tieren, weswegen eine allein auf den Menschen gerichtete göttliche Fürsorge nicht evident sei. Sokrates geht nun einen Schritt weiter und erklärt, auch die Tiere seien der Menschen wegen entstanden. Er begründet diese Sicht mit dem Nutzen, den die Menschen von den Ziegen und Schafen, Pferden, Ochsen und Eseln haben. Die Tiere sind für die Menschen von noch größerem Vorteil als die Pflanzen; denn sie dienen nicht allein der Ernährung, sondern helfen dem Menschen auch bei der Arbeit und lassen sich, obgleich sie stärker seien, für alle seine Zwecke gebrauchen. Xenophon greift in diesem Dialog viele Einzelaussagen älterer Texte auf, aber nie zuvor ist der Mensch so nachdrücklich in das Zentrum der Schöpfung gestellt, sind alle Naturerscheinungen so systematisch auf den Menschen bezogen worden. Beachtenswert ist dabei die Argumentationsstruktur: Die von Sophokles in der »Antigone« beschriebene Indienstnahme der Erde und der Tiere durch die Menschen wird von Xenophon als von den Göttern gewollt legitimiert.

Ähnliche Vorstellungen finden sich bei Aristoteles, der allerdings keine göttliche Schöpfung mehr annimmt, sondern von dem Gedanken einer Natur ausgeht, die die Lebewesen hervorbringt und ihnen auch Nahrung bietet. Dies gilt besonders für die neugeborenen Tiere, für die entweder eine geeignete Nahrung sogleich bereitsteht oder die vom Muttertier gesäugt werden. Aristoteles verallgemeinert diese Feststellung, indem er behauptet, generell sei für die Lebewesen ausreichend Nahrung vorhanden. Unter solchem Aspekt stellen Pflanzen und Tiere primär die Grundlage für die menschliche Ernährung dar. Dezidiert wird diese Auffassung in der »Politik« vertreten (1256 b): »Es ist offensichtlich auch im Fall der ausgewachsenen Tiere anzunehmen, daß die Pflanzen der Tiere wegen und die übrigen Tiere für die Menschen da sind, die zahmen Tiere aber für die Arbeit und als Nahrung, von den wilden, wenn nicht alle, so doch die meisten zur Nahrung und zu sonstigem Nutzen, damit Kleider und andere Gegenstände aus ihnen gefertigt würden. Wenn nun die Natur nichts unvollkommen und nichts zwecklos macht, so ist es notwendig, daß die Natur dies alles der Menschen wegen geschaffen hat.« An anderer Stelle spricht Aristoteles davon, daß die Natur Erde und Meer als Nahrungsquelle darbiete. Solche Aussagen sind nicht als bloße Theorie zu bewerten; sie beschreiben vielmehr die in Griechenland übliche Praxis, die in der »Physik« mit den Worten charakterisiert wird: »Wir gebrauchen alles, als wäre es unseretwegen vorhanden.«

In welchem Ausmaß Nützlichkeitserwägungen die Einstellung der Griechen zur Natur geprägt haben, zeigen eindrucksvoll die Schriften des Theophrast zur Botanik. In den Ausführungen über die Bäume steht der Gesichtspunkt der Verwertung von Holz deutlich im Vordergrund. Schon die Einleitung zu diesem Abschnitt nennt als Themen vorrangig technische Fragen (5,1): »Es soll versucht werden, in derselben Weise über Holz zu sprechen, welche Eigenschaften jede Holzart besitzt, zu welchem Zeitpunkt es zu schlagen ist, für welche Gegenstände welches Holz geeignet ist, und ob es schwer oder leicht zu bearbeiten ist.« Der Akzentsetzung entsprechend geht Theophrast zunächst ausführlich auf das Fällen der Bäume ein; von den verschiedenen Baumarten behandelt er zuerst Tannen und Kiefern, die er als die nützlichsten Bäume bezeichnet. Der Verwendung von Holz im Schiffbau sowie im Hausbau ist ein längeres Kapitel gewidmet, und eine Liste der verschiedenen Baumarten erfaßt genau, für welchen Verwendungszweck ihr Holz besonders gut geeignet ist. Ein Einwand gegen die Abholzung von Waldflächen ist bei Theophrast nicht erkennbar. Die Griechen hatten einen hohen Bedarf an Holz, und der Wald diente ihnen vor allem dazu, es zu liefern. Der Botaniker sah seine Aufgabe darin, das für die Holzverarbeitung notwendige Wissen aufzuzeichnen und zusammenzufassen.

Für die moderne Vorstellung, in der Antike hätte noch ein harmonisches Verhältnis zwischen dem Menschen und der Natur bestanden und die Griechen hätten eine Scheu davor besessen, die Natur ihren Interessen zu unterwerfen, gibt es in den antiken Texten keinen Anhaltspunkt. Für das religiöse Bewußtsein waren Ackerbau und Viehzucht durch die Opfer, die Handwerke durch die Herkunft der Technai von den Göttern legitimiert, und die philosophische Theorie, die Erde sei mit allen Pflanzen und Tieren für den Menschen geschaffen, bestärkte die Griechen in der Auffassung, sie könnten die Natur uneingeschränkt nutzen, um ihre Bedürfnisse zu befriedigen.

Die Entstehung der Mechanik

Die Entstehung einer wissenschaftlichen Disziplin, deren Objekt die mechanischen Instrumente und ihre Wirkung gewesen sind, ist auf verschiedene Faktoren zurückzuführen. Zu den konzeptionellen Voraussetzungen der Mechanik gehörten die pythagoreische These, gesichertes Wissen sei nur mit Hilfe mathematischer Methoden zu gewinnen, sowie die aristotelische Auffassung, eine wissenschaftliche Disziplin müsse über Ursachenkenntnis verfügen. Mit der Anwendung arithmetischer und geometrischer Verfahren in der Harmonik und Optik existierte bereits ein Modell für die mathematische Analyse mechanischer Instrumente, und in der »Physik« wurde bereits bei der Untersuchung von Bewegungen ein Zusammenhang zwischen Größen wie Kraft, Gewicht, Zeit und Strecke hergestellt. Besondere Aufmerksamkeit galt rotierenden Körpern, deren Bewegung nicht leicht zu beschreiben war; so diskutiert Aristoteles in der »Physik« die Meinung, rotierende Kugeln oder Räder seien in Wahrheit im Ruhezustand. In derartigen theoretischen Erörterungen wurde das methodische Instrumentarium einer wissenschaftlichen Mechanik geschaffen.

Neben den theoretischen Voraussetzungen war die technische Entwicklung von entscheidender Bedeutung für die Mechanik. Seit der spätarchaischen Zeit verwendeten die Griechen in verschiedenen Bereichen zunehmend komplizierte Geräte. Dabei handelte es sich vor allem um Baukräne zum Heben schwerer Lasten oder um Apparate, mit deren Hilfe im Theater der Schauspieler, der eine mythische Gottheit verkörperte, aus der Höhe auf die Bühne herabgelassen wurde. Im späten 5. Jahrhundert v. Chr. setzte dann der Bau aufwendiger Belagerungsvorrichtungen ein, die eine schnelle Einnahme einer befestigten Stadt ermöglichen sollten. Diese Geräte hat man – unabhängig, ob sie zu zivilen oder militärischen Zwecken gebraucht wurden – als »Mechanai« bezeichnet. Das griechische Substantiv »Mechané« oder auch »Mechanema« bedeutete in der älteren Literatur sowohl List als auch allgemein Hilfsmittel und erscheint oft in der Schilderung von Notlagen; normalerweise gebrauchte man »Mechané«, um sich aus einer Gefahr zu retten. Im späten 5. Jahrhundert v. Chr. wurde dieser Begriff, der seine ursprüngliche Bedeutung nie verlor, zu einem Terminus technicus für Geräte wie Kräne oder Theaterapparate, und in etwa gleichzeitigen Texten erscheint ein neues Wort als Bezeichnung für den Beruf eines Herstellers von Mechanai.

Die einfachen mechanischen Instrumente – der Hebel, die Winde und der Keil – spielten eine wichtige Rolle in der Medizin des 5. Jahrhunderts v. Chr.: Die Ärzte setzten sie als Hilfsmittel beim Strecken einer verkrümmten Wirbelsäule oder von gebrochenen Gliedmaßen sowie beim Einrenken von Gelenken ein. In den chirurgischen Schriften des »Corpus Hippocraticum« sind die Mediziner, die gewohnt waren, Krankheiten und Therapie exakt zu beschreiben, ausführlich auf den Gebrauch dieser Instrumente eingegangen. Die dabei verwendete, aber unscharfe Terminologie offenbart, daß ihnen noch keine mechanische Fachliteratur vorgelegen hat. Der Einsatz von mechanischen Instrumenten wird in diesen Schriften für den Fall empfohlen, daß sich eine Streckung mit bloßer menschlicher Kraft nicht erreichen läßt. Da bestimmte Wirkungen nur mit Hilfe solcher Instrumente erzielt werden können, wird ihnen selbst eine gewisse Kraft zugeschrieben. Eine erste Systematik der mechanischen Hilfsmittel findet sich in der Schrift über die Knochenbrüche (31): »Von allen Instrumenten, die von den Menschen entwickelt wurden, sind am stärksten die folgenden drei: die Winde, der Hebel und der Keil. Ohne diese oder ohne eines von diesen allen vollenden die Menschen keine von den Arbeiten, die eine große Kraft erfordern.« Ein wesentlicher Vorteil der Anwendung einer Winde wird außerdem darin gesehen, daß die zur Streckung benötigte Kraft zu jedem Zeitpunkt genau reguliert werden kann. Als besonders wirkungsvolles Gerät gilt eine mit Winden und anderen Vorrichtungen ausgestattete Bank, die eine kombinierte Anwendung von Hebeln und Winden erlaubt. Der Verfasser der Schrift über die Gelenke sieht den Wert der mechanischen Hilfsmittel für den Arzt darin, daß mit ihnen jedes Gelenk eingerenkt werden kann. Die Ausführungen der Mediziner sind technikhistorisch deswegen überaus relevant, weil sie die früheste Beschreibung der einfachen mechanischen Instrumente und ihrer Funktionsweise darstellen. Die Mediziner sind es gewesen, die allgemeingültig formuliert haben, daß mit diesen Instrumenten Wirkungen zu erzielen sind, für die menschliche Kraft allein nicht ausreicht. Da das Wissen der Ärzte wesentlich praxisorientiert gewesen ist, hat sich ihnen die Frage nach deren Ursachen nicht gestellt.

Nach Diogenes Laertios (Ende des 2. Jahrhunderts n. Chr.) soll der Pythagoreer Archytas aus Tarent (erste Hälfte des 4. Jahrhunderts v. Chr.) als erster die Mechanik unter Anwendung mathematischer Methoden dargestellt haben. Diese Angabe ist durchaus glaubwürdig; denn bei Vitruv wird Archytas zu jenen Autoren gerechnet, die Bücher über mechanische Geräte – de machinationibus – geschrieben haben. Demnach wäre die Mechanik in Süditalien im Umfeld der Pythagoreer zu einem Zeitpunkt entstanden, zu dem Dionysios, der Tyrann von Syrakus (um 430–367

Die Entstehung der Mechanik

v. Chr.), die Entwicklung von Belagerungsgeräten entscheidend vorantrieb. Die Schrift des Archytas hat – so Diogenes Laertios – mit dem Satz »Dies habe ich von Teukros dem Karthager gehört« begonnen. Die Möglichkeit eines Kontaktes mit einem karthagischen Techniker war um 400 v. Chr. durchaus gegeben; denn Dionysios ließ auch aus karthagischen Gebieten Handwerker nach Syrakus kommen. Ein karthagischer Einfluß auf die Entstehung der Mechanik ist sehr wohl denkbar, aber er kann nicht genauer bestimmt werden. Die Zahl an Zeugnissen ist zu gering, als daß sich der Inhalt der Schrift des Archytas rekonstruieren ließe. Immerhin gibt es bei Platon in dem kurzen Abschnitt über Kreisbewegungen eine Bemerkung, die wahrscheinlich auf einen älteren Text zur Mechanik zurückgeht. Angesichts der Rezeption pythagoreischen Denkens bei Platon ist es durchaus möglich, daß er an dieser Stelle Ausführungen des Archytas referiert (»Nomoi« 893 c): »Wir begreifen ferner, daß eine solche Bewegung, indem sie bei dieser Umdrehung den größten sowie den kleinsten Kreis zugleich herumbewegt, sich selbst in einem bestimmten Verhältnis den kleinen und den größeren Kreisen mitteilt und selber langsamer und schneller entsprechend diesem Verhältnis ist. Daher ist sie auch zur Quelle alles Wunderbaren geworden, weil sie zu gleicher Zeit großen und kleinen Kreisen Langsamkeit und Schnelligkeit in harmonischem Verhältnis verleiht, ein Zustand, den man eigentlich für unmöglich halten sollte.« Platon beschreibt hier das Phänomen, daß bei der Rotationsbewegung konzentrischer Kreise die Lineargeschwindigkeit eines Punktes um so höher ist, je größer der Kreis ist, auf dem sich dieser Punkt befindet. Schon früh stand also die Analyse der Rotationsbewegung im Zentrum des Versuchs, die Wirkung der mechanischen Instrumente zu erklären. Auf diese Konzeption konnte Aristoteles zurückgreifen, als er sich den Problemen der Mechanik zuwandte.

Von der Forschung ist der Text über die Mechanik, der im Corpus der aristotelischen Schriften überliefert ist, meist Aristoteles abgesprochen worden, ohne daß dafür jemals überzeugende Argumente geltend gemacht werden konnten. Es ist das Verdienst von Fritz Krafft, das Interesse der Wissenschaft auf diese lange Zeit völlig vernachlässigte Schrift gelenkt zu haben, der tatsächlich eine große wissenschaftshistorische Bedeutung zuerkannt werden muß. Das Werk von Aristoteles stellt das früheste erhaltene Zeugnis der griechischen Mechanik dar; es bietet die Möglichkeit, Methodik und Fragestellung dieser Disziplin in ihren Anfängen zu untersuchen. In der Einleitung der Schrift geht Aristoteles kurz auf die Funktion der Mechanik, ihren Gegenstand und ihre Stellung im System der Wissenschaften ein; dabei begründet er zunächst die Notwendigkeit technischen Handelns. Er weist darauf hin, daß Naturprozesse häufig dem entgegengesetzt sind, was die Menschen jeweils für nützlich halten. Der Mensch, der sich aufgrund dieser Diskrepanz gezwungen sieht, gegen die Natur zu handeln, bedarf dafür der Techne. Die Mechané wird nun als der Teil der Techne definiert, der dem Menschen in dieser schwierigen Lage Hilfsmittel bereitstellt. Seine Auffassung über das Verhältnis von Mensch, Natur und Techne verdeutlicht Aristoteles, indem er den Dichter Antiphon (spätes 5. Jahrhundert v. Chr.) zitiert (847 a): »Durch Techne beherrschen wir das, dem wir von Natur aus unterlegen sind.« Dies ist aber immer dann der Fall, wenn das Schwächere ein Stärkeres beherrscht. Eine solche Formulierung, die an die Erzählung Homers über Hephaistos und Ares erinnert, zeigt, in welchem Ausmaß die Mechanik an das ältere Technikverständnis anknüpfen konnte. Doch bereits der nächste Satz macht die Differenz zwischen dem traditionalen Denken und dem Ansatz der wissenschaftlichen Mechanik deutlich: Es geht nicht mehr um einzelne Personen oder um das Verhältnis zwischen Tieren und Menschen, sondern um abstrakte Größen. Aristoteles nennt als Beispiel für den angeführten generellen Sachverhalt die Bewegung schwerer Gewichte durch eine kleine Kraft. Damit ist das Thema der Mechanik genannt; es handelt sich um solche Instrumente, die es ermöglichen, mit geringer Kraft große Gewichte zu bewegen. Zuletzt wird der enge Zusammenhang zwischen der Mechanik einerseits und der Physik und Mathematik andererseits hervorgehoben. Mathematische Verfahren haben dabei die Funktion, zu zeigen, wie die mechanischen Bewegungen ablaufen.

Bereits am Anfang der Schrift wird dem Hebel eine zentrale Stellung im System der mechanischen Instrumente zugewiesen. Für Aristoteles ist es erstaunlich, daß eine kleine Kraft mit Hilfe des Hebels ein großes Gewicht zu bewegen vermag. Als Ursache hierfür nennt er die Kreisbewegung, die das größte Wunder aller Erscheinungen sei. Bei dem Versuch, die Wirkung der mechanischen Instrumente zu erklären, geht er deduktiv vor: Von der Kreisbewegung werden die Merkmale des Waagebalkens abgeleitet, und auf diesen wird das Prinzip des Hebels zurückgeführt; die übrigen mechanischen Instrumente beruhen nach Aristoteles fast ohne Ausnahme auf dem Hebelprinzip. In einer ausführlichen und überaus subtilen Analyse der Kreisbewegung behandelt er das schon von Platon erwähnte Problem der Bewegung konzentrischer Kreise. Seiner Auffassung nach wird die Geschwindigkeit eines Punktes auf dem kleineren Kreis durch die größere Abweichung von der natürlichen geradlinigen Bewegung stärker abgebremst als die eines Punktes auf dem größeren Kreis. Als Ergebnis dieser Ausführungen kann die allgemeine Regel formuliert werden, daß ein Punkt, der weiter vom Mittelpunkt entfernt ist, sich schneller bewegt als ein Punkt, der sich näher am Mittelpunkt befindet. Für das von Aristoteles beschriebene Phänomen ist entscheidend, daß der Punkt auf dem größeren Kreis in derselben Zeit eine längere Strecke zurücklegt als ein Punkt auf einem kleineren Kreis und damit bei gleicher Winkelgeschwindigkeit eine höhere Lineargeschwindigkeit hat. Es folgen die Ausführungen über die Waage. Hier faßt Aristoteles den Punkt, an dem der Waagebalken von einem Seil gehalten wird, als Mittelpunkt, und die beiden Arme des Waagebalkens auf jeder Seite des Mittelpunktes als Radien auf. Somit ist die Voraussetzung dafür gegeben, daß sich die in der Untersu-

56. Waage. Schwarzfiguriges Vasenbild des Taleides-Malers auf einer attischen Amphora, um 550 / 540 v. Chr. New York, Metropolitan Museum of Art, Joseph Pulitzer Bequest

chung der Kreisbewegung erzielten Resultate auf die Waage übertragen lassen. In diesem Kapitel wird die Frage behandelt, warum größere Waagen exakter sind als kleinere. Das Problem wird mit Hilfe der im vorangegangenen Abschnitt formulierten Regeln der Kreisbewegung gelöst: Je weiter ein Gewicht vom Mittelpunkt entfernt ist, um so stärker und damit besser sichtbar wird der Ausschlag der Waage sein.

Im Kapitel über den Hebel können die gewonnenen Erkenntnisse deswegen Anwendung finden, weil Hebel und Waagebalken gleichgesetzt werden. Derart ist es möglich, nicht mehr von zwei unterschiedlichen Größen, nämlich Gewicht und Kraft, auszugehen, sondern, wie bei der Waage, von zwei Gewichten, und zwar von dem bewegenden und dem bewegten Gewicht. Der Drehpunkt des Hebels wiederum entspricht beim Waagebalken jenem Punkt, an dem das Seil befestigt ist. Auch für den Hebel gilt also, daß er dasselbe Gewicht um so stärker bewegen wird, je weiter es vom Drehpunkt entfernt ist. Aufgrund dieser Voraussetzungen war Aristoteles fähig, das Hebelprinzip zu formulieren (850 b): »Das Verhältnis des bewegten Gewichtes zu dem bewegenden Gewicht ist umgekehrt proportional dem Verhältnis der einen Länge zu der anderen Länge.« Die Ausdrucksweise ist hier unpräzise, aber die folgenden Erläuterungen zeigen eindeutig, daß für Aristoteles das bewegende Gewicht sich auf der Seite des längeren Hebelarms befindet. Das Hebelgesetz ist damit durchaus richtig erfaßt worden.

Die Geometrie hat in der Mechanik zwei Funktionen: Zum einen werden aus der geometrischen Analyse der Kreisbewegung allgemeine Regeln abgeleitet, zum anderen reduziert Aristoteles die mechanischen Instrumente – Waagebalken und Hebel – auf ihre geometrischen Eigenschaften, so daß es möglich wird, die zuvor formulierten Regeln auf diese Instrumente zu beziehen. Mit den Ausführungen über die Kreisbewegung, den Waagebalken und den Hebel schuf Aristoteles die Grundlage für die Behandlung weiterer Instrumente, Werkzeuge und Geräte, die sich – nach seiner Meinung – fast alle vom Hebel ableiten lassen. Der Rekurs auf das Hebelprinzip erlaubt es, die Wirkung einzelner technischer Instrumente oder Geräte genau zu erfassen. So erfolgreich jenes Vorgehen in vielen Fällen ist, so verfehlt sind einige Thesen, die bestimmte Vorrichtungen oder Instrumente mit dem Hebel gleichsetzen. Vor allem ist es Aristoteles nicht gelungen, die anderen einfachen mechanischen Instrumente angemessen zu beschreiben und zu erklären. Dies gilt etwa für den Keil, den er für eine Kombination aus zwei Hebeln hält, und für die Rolle, deren Wirkung er zwar mit der des Hebels vergleicht, aber ohne zu bemerken, daß die Rolle, anders als der Hebel, keine Kraftersparnis bringt, sondern nur einen effizienten Einsatz einer gegebenen Kraft ermöglicht.

Trotz solcher Schwächen sollte die Leistung des Aristoteles nicht unterschätzt werden. Auch wenn diese Schrift nicht als anwendungsorientiert bezeichnet werden kann, bedeutet die mathematische Analyse mechanischer Instrumente ohne Zweifel einen erheblichen Zuwachs an technischer Kompetenz. Es war möglich geworden, die für die Leistungsfähigkeit eines Instruments entscheidenden Faktoren exakt zu bestimmen. In der aristotelischen Mechanik sind Fragestellung und Methodik der technischen Fachliteratur skizziert, deren Wissenschaftlichkeit durch die Untersuchung der Ursachen mechanischer Wirkungen und durch die Anwendung mathematischer Verfahren gesichert wurde. Damit war im 4. Jahrhundert v. Chr. nicht nur eine wichtige Voraussetzung für die Kommunikation der Techniker, sondern auch der Rahmen für weitere technische Fortschritte geschaffen. Die Entstehung der Mechanik als einer wissenschaftlichen Disziplin war zudem Ausdruck eines bedeutsamen Wandels technischen Wissens. Beruhte das Können des Handwerkers noch weitgehend auf manueller Geschicklichkeit und mündlich tradiertem Wissen, so wurde im Zeitalter der klassischen griechischen Philosophie auch das technische Wissen – zumindest partiell – wissenschaftlich. Spezialisten formulierten es als ein theoretisches Regelwissen.

Der Hellenismus

Die Entwicklung der Militärtechnik

Die Epoche des Hellenismus (336–30 v. Chr.) begann mit dem Feldzug des Makedonenkönigs Alexander (356–323 v. Chr.) gegen Persien. Bedingt durch die makedonisch-griechische Expansion kam es zu einem umfassenden Wandel der politischen und kulturellen Verhältnisse im östlichen Mittelmeerraum, im Vorderen Orient und in Ägypten. Nach dem frühen Tod des Königs löste das Alexander-Reich sich zwar in einer Phase lang andauernder Kriege zwischen den makedonischen Würdenträgern und Heerführern auf, aber auf dem Gebiet des eroberten Perserreiches entstanden makedonisch-griechische Königreiche, die sich von den älteren Königtümern in Griechenland wie Sparta oder Makedonien durch ihre Größe und ihren Reichtum unterschieden. Die griechische Führungsschicht sah sich nun einerseits vor ungewohnte, völlig neue Aufgaben, insbesondere auf dem Sektor der Verwaltung, gestellt, erhielt andererseits einen Zugriff auf Ressourcen, die unvergleichlich größer waren als die der griechischen Poleis oder selbst Makedoniens. Es boten sich gänzlich neue Perspektiven und Handlungsspielräume, und die zunehmend intensiver werdenden Kontakte mit fremden Kulturen begünstigten Entwicklungen in allen Bereichen der griechischen Zivilisation.

Hans-Joachim Gehrke hat wiederholt darauf hingewiesen, daß die neuen Königreiche aus Kriegen hervorgegangen waren und die Herrscher sich durch militärischen Erfolg zu legitimieren suchten. Armee und Militärtechnik gehörten im Zeitalter des Hellenismus von Beginn an zu den entscheidenden Machtfaktoren. Bereits die militärischen Erfolge Philipps II. von Makedonien (reg. 359–336 v. Chr.) und seines Sohnes Alexander beruhten wesentlich darauf, daß sie auf ihren Feldzügen die Kompetenz von Technikern und militärtechnische Neuerungen gezielt einsetzten. Nie zuvor war Technik so konsequent in den Dienst militärischer Zwecke gestellt worden wie unter Alexander und unter den Diadochen, die um sein Erbe kämpften. Die Tendenz zu einer Technisierung des Krieges läßt sich bis in das frühe 4. Jahrhundert v. Chr. zurückverfolgen. Als Dionysios, der Tyrann von Syrakus, im Jahr 399 v. Chr. einen Feldzug gegen die Karthager, die weite Gebiete im Westen Siziliens beherrschten, vorbereitete, holte er eine große Zahl von Handwerkern aus Unteritalien sowie aus Griechenland und selbst aus den karthagischen Gebieten nach Syrakus; er zahlte hohe Löhne und motivierte die Techniker außerdem durch große Geschenke. Auf diese Weise erreichte er, daß die Handwerker und Techniker mit großem Engagement auch neue Waffen entwickelten; besonders wichtig war der Bau neuartiger Belagerungsgeräte. Dionysios reagierte damit auf die Erfahrungen des vorangegangenen Krieges. Bei der Belagerung von Selinunt hatten die Karthager mehrere hölzerne Türme, die die Mauern der Stadt überragten, sowie Rammböcke erfolgreich eingesetzt. Gerade die fahrbaren Türme, von denen aus die Verteidiger der Stadt beschossen werden konnten, verschafften den Karthagern bei der Belagerung eine erdrückende Überlegenheit.

Der Vorstoß des Dionysios richtete sich gegen Motye, eine karthagische Kolonie, die auf einer kleinen, dem Festland vorgelagerten Insel im äußersten Westen Siziliens lag. Die Einwohner hatten vor dem Angriff den Damm, der die Stadt mit dem Festland verband, abgebrochen, um den Griechen den Zugang zu versperren. Vor Motye angelangt kundschaftete Dionysios mit seinen Architekten zunächst die Gegend genau aus. Techniker, nun im Heer anwesend, hatten die Aufgabe, sämtliche Bauarbeiten, die zur Einschließung einer Stadt notwendig waren, zu planen und zu überwachen. Die Griechen bauten einen etwa 1 Kilometer langen Damm zur Insel und konnten so die großen Belagerungsgeräte an die Stadtmauern heranführen. Die mit Rädern versehenen Türme waren 6 Stockwerke hoch und hatten schmale Fallbrücken, die man auf die Mauern herablassen konnte, so daß Soldaten in die Stadt einzudringen vermochten. Die neuen Belagerungsvorrichtungen erwiesen sich als effizient: Motye wurde erobert.

Der Bau und der Einsatz solcher Türme veränderte grundlegend die militärische Strategie und Taktik bei Belagerungen. In der archaischen Zeit und während des 5. Jahrhunderts v. Chr. konnte eine gut befestigte Stadt kaum im Sturm genommen werden; eine Belagerung mußte daher normalerweise so lange aufrechterhalten werden, bis den Einwohnern die Nahrungsmittel ausgingen und sie zur Übergabe der Stadt bereit waren, um dem Hungertod zu entgehen. Auf diese Weise konnten Belagerungen sich über Jahre hinziehen; selbst das mächtige Athen brauchte zu Beginn des Peloponnesischen Krieges mehr als zwei Jahre, um das kleine Potidaia auf der Chalkidike einzunehmen. Eine Stadt wie Athen, das durch die langen Mauern mit dem Hafen verbunden war und aufgrund der Überlegenheit seiner Flotte sich auf dem Seeweg mit Nahrungsmitteln zu versorgen vermochte, war faktisch uneinnehmbar. Durch die Entwicklung der Belagerungstechnik waren nahezu alle Städte verwundbar geworden. Ihre Lage verschlechterte sich im Verlauf des 4. Jahrhunderts v. Chr. noch dadurch, daß die Weiterentwicklung der Katapulte es möglich machte, auch schwere Steine gegen die Mauern oder in die belagerte Stadt zu schleudern. Man reagierte auf diese militärtechnischen Neuerungen, indem man die Städte immer stärker zu befestigen suchte. Selbst in der politischen Theorie wurden diese Entwicklungen reflektiert, wie folgende Überlegungen des Aristoteles (1330 b) zeigen: »Was die Mauern betrifft, so haben jene, die erklären, eine Polis, die nach Tugend strebe, habe keine solchen nötig, etwas gar zu altertümliche Ansichten, vor allem, da sie sehen, wie es jenen Städten geht, die sich mit

Die Entwicklung der Militärtechnik

dergleichen Erklärungen gebrüstet haben. Einem ebenbürtigen und an Zahl nicht sehr überlegenen Feinde gegenüber ist es nicht ehrenvoll, hinter festen Mauern Schutz zu suchen. Da es aber durchaus vorkommen kann, daß die Masse der Angreifer für die menschliche Tapferkeit einer Minderzahl zu groß wird, so muß man, wenn man sich retten und nicht Unglück und Mißhandlung erleiden will, annehmen, daß die zuverlässigste Festigkeit der Mauer auch am kriegsgemäßesten ist; dies gilt vor allem heute, wo so präzise Geschütze und Belagerungsgeräte erfunden worden sind... Wenn es sich aber so verhält, dann soll man nicht nur Mauern darum ziehen, sondern sie auch instandhalten, damit sie in einem für die Stadt würdigen und für den Kriegsfall bereiten Zustand bleiben, vor allem im Hinblick auf die neuen Erfindungen.«

Die Erfindung des Katapultes gehörte ebenfalls zu den Rüstungsanstrengungen in Syrakus während des Jahres 399 v. Chr. Zuvor gab es zwei Möglichkeiten, einen entfernten Gegner zu treffen: den Pfeilschuß und den Speerwurf. Als weiteres Hilfsmittel kam allenfalls die Schleuder in Frage, die die Wirkung eines Steinwurfs erhöhte. Der in römischer Zeit in Alexandria lebende Mechaniker Heron (1. Jahrhundert) nennt als Ziel des Baus von Katapulten die Vorwärtsbewegung eines Geschosses über eine weite Distanz zu einem bestimmten Ziel mit einer hohen Durchschlagskraft. Ihren Ausgang nahm die Entwicklung der Katapulte vom gewöhnlichen Bogen. Es war unmöglich, ihn über ein gewisses Maß hinaus zu vergrößern, um Reichweite und Durchschlagskraft der Pfeile zu erhöhen, da er sich dann nicht mehr spannen ließ. Aus diesen Gründen wurde der verstärkte Bogen mit einer Schußrinne und einem Spannmechanismus versehen, der so konstruiert war, daß ein Soldat den Bogen spannte, indem er das Katapult mit seinem Körpergewicht gegen den Boden drückte. Der Schlitten, der die Sehne hielt, konnte arretiert werden, so daß der Bogen gespannt blieb, bis der Pfeil abgeschossen wurde. Eine Weiterentwicklung war das Torsionsgeschütz, bei dem die Spannung durch zwei senkrecht stehende Sehnenbündel erzeugt wurde. In die Sehnenbündel fügte man zwei feste Holzstäbe ein, an deren Enden die Sehne befestigt war. Der Spannmechanismus dieses Katapultes war zusätzlich mit einer Winde ausgestattet. Durch Drehen der Winde wurde der Schlitten mit der Sehne nach hinten gezogen, wodurch sich die Stellung der Holzstäbe so veränderte, daß durch die Drehung der Sehnenbündel eine Spannung entstand. Die Ballisten, mit denen man Steine von einem Gewicht bis zu 120 Kilogramm zu schleudern vermochte, waren ähnlich konstruiert. Auf die Zeitgenossen machte das Katapult einen großen Eindruck; die Reaktion des spartanischen Königs Archidamos (reg. 361–338 v. Chr.) schildert Plutarch in den »Moralia« (219 a): »Als er aber ein Geschoß sah, das von einem gerade erst aus Sizilien herbeigeschafften Katapult abgeschossen worden war, rief er aus: ›Beim Herakles, jetzt ist es zu Ende mit der Tapferkeit.‹«

Von den Technikern, die unter Philipp II. und Alexander tätig gewesen sind, nennt Vitruv Polyeidos, Diades und Charias. Diese Aufzählung ist keineswegs vollständig und kann durch Angaben anderer Texte ergänzt werden. So erwähnt Biton (3. Jahrhundert v. Chr.) in einer Schrift über Militärtechnik den Makedonen Poseidonios, der für Alexander einen fahrbaren, etwa 30 Meter hohen Turm mit einer Fallbrücke gebaut hat. Nach den Ausführungen Vitruvs zu urteilen, waren diese Techniker Innovationen gegenüber äußerst aufgeschlossen; fortlaufend verbesserten sie die älteren Geräte, entwickelten neue Vorrichtungen und schrieben darüber Bücher. Über Diades heißt es bei Vitruv (10, 12, 3): »So gibt Diades in seinen Schriften zu erkennen, daß er die beweglichen Türme erfunden hat, die er, in ihre einzelnen Bestandteile zerlegt, im Heere mit sich zu führen pflegte, außerdem den Mauerbohrer und das Hebegerät, mit dem man geradewegs auf die feindliche Mauer hinübergehen kann, ferner den ›mauerbrechenden Raben‹, den einige auch ›Kranich‹ nennen. Ebenso verwendete er einen mit Rädern versehenen Widder, von dessen Konstruktion er eine Beschreibung hinterlassen hat.«

Die militärtechnische Überlegenheit der makedonischen Armee hatte einen entscheidenden Anteil an den Erfolgen Alexanders in der ersten Phase des Krieges gegen die Perser. Es gelang den Makedonen auf ihrem Vormarsch, wichtige und stark befestigte Städte wie Halikarnassos, Sidon und Gaza mit Hilfe der neuen Belagerungstechnik schnell zu erobern. Die Belagerungsgeräte waren in kurzer Zeit einsatzbereit, da sie vom Heer mitgeführt wurden und nicht erst an Ort und Stelle gebaut werden mußten. Bei solchen Belagerungen, die in der griechischen Historiographie weite Beachtung fanden, wurden in großem Umfang technische Hilfsmittel eingesetzt, und Techniker – etwa Diades bei der Belagerung von Tyros – leiteten die notwendigen Erdarbeiten sowie den Einsatz der Geräte. Der Krieg hatte sein Gesicht verändert; im Vergleich mit dem Alexander-Feldzug wirken die militärischen Operationen des Peloponnesischen Krieges knapp einhundert Jahre zuvor geradezu primitiv. Als besonders spektakulär wird in den antiken Alexander-Biographien die Einnahme von Tyros (332 v. Chr.) beschrieben. Die Stadt, die als Festung und Hafen eine eminente strategische Bedeutung besaß, hatte den Makedonen die Tore nicht geöffnet, und so faßte Alexander den Beschluß, sie zu erobern. Da Tyros auf einer Insel lag, war es zunächst notwendig, einen Damm zu errichten, um für die Armee einen Zugang zur Stadt zu schaffen. Um die Arbeiter vor den Angriffen der Tyrier zu schützen, stellte man zwei große Türme mit Katapulten am Ende des Dammes auf. Die Tyrier aber konnten mit einem brennenden Schiff, das sie am Damm auflaufen ließen, alle makedonischen Vorrichtungen in Brand setzen und vernichten. Alexander ließ im Gegenzug den Damm nun breiter aufschütten und den Fortgang der Arbeiten durch eine größere Anzahl von Türmen sichern. Aus Zypern und Phönizien wurden Techniker zusammengezogen, um den Bau neuer Belagerungsgeräte zu beaufsichtigen. Die Katapulte wurden jetzt nicht nur auf dem Damm, sondern auch auf Schiffen aufgestellt. Die Stadt konnte daraufhin von allen

Die Entwicklung der Militärtechnik

Seiten mit Ballisten beschossen werden, und es glückte den Makedonen, auf der Seeseite größere Breschen in die Mauer zu schlagen. Über Fallbrücken, die auf den Schiffen installiert waren, drangen sie schließlich in die Stadt ein.

Genauso berühmt war in der Antike die Belagerung der Stadt Rhodos durch Demetrios Poliorketes (um 336–283 v. Chr.) in den Jahren 305/304 v. Chr. Demetrios griff Rhodos an, weil es sich geweigert hatte, seine Neutralitätspolitik aufzugeben und für den Krieg gegen Ptolemaios I. (um 367–283 v. Chr.), der über Ägypten herrschte, Schiffe zu stellen. Da die Flotte des Demetrios unangefochten das Meer beherrschte, konnte er mit seinem Heer auf der Insel landen, die Stadt einschließen und sogar die Hafenmole besetzen. Gezielt nutzte er die neuen Möglichkeiten der Belagerungstechnik. In seinem Heer war der athenische Architekt Epimachos tätig. Demetrios selbst soll in ungewöhnlicher Weise an militärtechnischen Fragen interessiert gewesen sein, wie Plutarch schreibt (Demetrios 20): »Bei Demetrios hingegen war auch das Befassen mit niederen Dingen königlich, sein Verfahren hatte Größe, und seine Werke zeigten außer der Solidität und technischen Vollendung eine gewisse Höhe und Kühnheit des Gedankens, so daß sie nicht nur des Geistes und der Machtvollkommenheit, sondern sogar der Hand eines Königs würdig erschienen. Durch ihre Größe setzten sie sogar die Freunde in Schrecken, durch ihre Schönheit erregten sie selbst das Gefallen der Feinde.« Die Rhodier verteidigten sich jedoch überaus geschickt, so daß sie die Stadt im Jahr 305 v. Chr. noch zu halten vermochten.

Zu Beginn des folgenden Jahres konstruierte Epimachos einen fahrbaren Turm, mit dem die Entscheidung herbeigeführt werden sollte. Dieser monumentale Turm, den man »Helepolis« – »Städtezerstörer« – nannte, hatte eine Höhe von 39 Metern; an der Basis betrug die Seitenlänge 21 Meter, und er war mit 8 Rädern versehen, die mit Eisenbändern beschlagen waren. Ein besonderer Mechanismus ermöglichte es, bei der Vorwärtsbewegung die Richtung zu verändern. Über dem Unterbau, der Platz für etwa 800 Mann zum Vorwärtsschieben bot, erhob sich der eigentliche Turm, der 9 Stockwerke besaß. Hier waren zahlreiche Katapulte und Ballisten aufgestellt; die Schußöffnungen konnten die Soldaten zum Schutz vor feindlichen Geschossen durch mit Wolle gefüllte Häute abdecken. Gegen Brandpfeile war der Turm an den drei Frontseiten durch Eisenplatten geschützt. Nach Plutarch war das Vorrücken des Turmes ein beeindruckendes Schauspiel. »Daß er bei der Bewegung nicht schwankte, noch sich auf die Seite neigte, sondern aufrecht auf seiner Basis und unerschütterlich im Gleichgewicht mit lautem Knarren und Krachen vorrückte, erregte zugleich Bestürzung in den Herzen der Zuschauer und erfreute ihre Augen.« Die Rhodier verfügten aber ebenfalls über die neueste Kriegstechnik. Durch konzentrierten Beschuß mit Ballisten gelang es ihnen, die Eisenplatten der Helepolis zu durchschlagen und den ganzen Turm durch Brandpfeile zu gefährden, so daß Demetrios ihn zurückziehen lassen mußte. Als ein erneuter Angriff der Helepolis zu erwarten war, hatte der Stadtarchitekt von Rhodos, Diognetos, einen genialen Einfall, wie das Vorrücken des Turmes zu verhindern sei. Wie Vitruv (10, 16, 7) schreibt, »ließ er an der Stelle, an der die Annäherung der Machina zu erwarten war, ein Loch in die Mauer brechen und ordnete an, daß alle insgesamt, sowohl Amtsträger als auch Privatleute, Wasser, Kot und Schlamm, soviel jeder hätte, durch dieses Loch über vorgeschobene Rinnen vor die Mauer schütten sollten. Als dort eine große Menge Wasser, Schlamm und Kot bei Nacht ausgegossen worden war, blieb die Machina, als sie sich am folgenden Tage gegen die Mauer vorbewegte, noch bevor sie nahe an die Mauer herankam, in dem feuchten Boden, weil sich ein Morast gebildet hatte, stecken und konnte nicht vorwärts und später nicht rückwärts bewegt werden. Daher zog Demetrios, als er gesehen hatte, daß er durch die Klugheit des Diognetos überlistet war, mit seiner Flotte ab.« Ihre gigantische Größe, die zunächst als Vorteil erschien, weil man eine ungeheuere Kampfkraft in dem Turm konzentrieren konnte, wurde der Helepolis letztlich zum Verhängnis. Sie symbolisierte die hellenistische Technik und ihre Schwächen. Später konstruierte man leichtere Türme, die dementsprechend beweglicher waren.

In der Folgezeit wurde die Militärtechnik zu einem wichtigen Zweig der allgemeinen Mechanik. So behandelt Philon von Byzanz (3. Jahrhundert v. Chr.) in der systematischen Darstellung der Mechanik auch den Bau von Katapulten. Dieser Text ist deswegen besonders aufschlußreich, weil in ihm nicht allein die in den Armeen verwendeten Katapulte beschrieben werden, sondern auch auf die Versuche der Techniker eingegangen wird, die Ballisten zu verbessern und dabei das Problem der Abmessungen der einzelnen Teile dieser Katapulte zu lösen. Die Schwierigkeit bestand darin, das mit verschiedenen Ballisten nicht unbedingt dieselbe Wirkung erzielt wurde. Während einige Geräte eine hohe Reichweite und große Durchschlagskraft besaßen, erwiesen sich andere geradezu als untauglich, ohne daß die Techniker fähig waren, für diesen auffallenden Tatbestand eine Ursache anzugeben. Nach Philon kam es in dieser Situation darauf an, die Maßeinheit zu finden, die beim Bau der Ballisten allen Teilen zugrunde gelegt werden könnte. Als Vorbild für eine solche Problemlösung nennt Philon den Bildhauer Polyklet, der in seinem »Kanon« die Proportionen des Menschen arithmetisch erfaßt hatte. Die Lösung fanden Techniker in Alexandria, denen von den Ptolemäern die Mittel für umfangreiche Versuchsserien zur Verfügung gestellt wurden. Philon hält die Förderung durch die »technikliebenden Könige« dabei für entscheidend; denn ein solches Problem lasse sich nicht allein mit den Methoden der theoretischen Mechanik lösen, vielmehr müsse eine große Zahl praktischer Versuche durchgeführt werden, um durch schrittweise Verbesserungen zu einem Ergebnis zu gelangen. Als Maß für alle anderen Teile der Ballisten wurde der Durchmesser der Öffnung für die Spanner bestimmt. Auf diese Weise war es möglich, für Ballisten verschiedener Größe die Maße der einzelnen Teile exakt festzulegen.

Von den militärtechnischen Traktaten der hellenistischen Zeit ist nur Weniges überliefert; neben Philons »Belopoiika« existiert noch die dem pergamenischen König Attalos I. (reg. 241–197 v. Chr.) gewidmete Schrift des Biton, der Katapulte und Ballisten, aber auch den von Poseidonios für Alexander gebauten fahrbaren Turm exakt beschreibt. Als ein weiteres Belagerungsgerät erscheint die Sambuca, eine Leiter auf einem fahrbaren Untersatz, die so geschwenkt werden konnte, daß die Soldaten leicht die Mauer einer Stadt ersteigen konnten. Häufig scheint die Sambuca auf Schiffen installiert worden zu sein; auf diese Weise war es möglich, Hafenstädte von der Seeseite her anzugreifen.

Autoren der augusteischen Zeit, etwa Athenaios Mechanicus und Vitruv, haben die verlorene hellenistische Literatur umfassend ausgewertet und gewähren so einen Überblick über den Inhalt dieser Texte und die Errungenschaften hellenistischer Militärtechnik. Auffallend ist die große Zahl namentlich genannter Techniker, denen die Entwicklung neuer oder die Verbesserung alter Geräte zu verdanken war und die über ihre Erfindungen geschrieben haben. Gerade hier zeigt sich, in welchem Umfang Krieg und Rüstung eine Domäne der Techniker geworden waren.

Gleichzeitig mit der Verbesserung der Belagerungsgeräte erfolgte die Entwicklung von Waffen für die Verteidigung der Städte, so daß der militärtechnische Vorteil, den die Belagerer einer Stadt zunächst hatten, langsam aufgehoben wurde. Bereits vor der Belagerung von Rhodos hatte der Techniker Kallias einen Kran entworfen, der, auf einer Stadtmauer aufgestellt, es ermöglichen sollte, die Geräte des Angreifers zu fassen und in die Stadt zu heben. Gegenüber einem Turm wie der Helepolis mußte sich eine solche Vorrichtung als wirkungslos erweisen, aber bei der römischen Belagerung von Syrakus in den Jahren 213/212 v. Chr. spielte ein derartiges Hebegerät, der Tolleno, eine große Rolle. Es handelte sich um einen mächtigen Balken, dessen Mitte so an einem hohen Gerüst befestigt war, daß er nach jeder der beiden Seiten gesenkt werden konnte. In Aktion wird dieses Gerät von Polybios beschrieben (8,8): »Andere Geräte wiederum richteten sich gegen die Angreifer, die unter dem Schutz von Schirmdächern, um gegen die durch die Mauern geschleuderten Geschosse gesichert zu sein, vorgingen. Sie warfen Steine auf das Vorderschiff, groß genug, daß die Kämpfenden, die dort standen, die Flucht ergreifen mußten; zugleich ließ man eine an einer Kette befestigte eiserne Hand herab, mit der die Bedienung dieses Gerätes den Bug des feindlichen Schiffes, wo es ihn zu fassen bekam, ergriff. Dann senkte man den Hebelarm diesseits der Mauer, hob dadurch den Bug in die Höhe und stellte das Schiff senkrecht auf das Heck, machte darauf den inneren Hebelarm am Boden fest und ließ das Tau, das die Kette und die daran befestigte Hand hielt, plötzlich los. Dadurch fielen einige Schiffe auf die Seite, andere kenterten, die meisten kamen, wenn das Schiff aus der Höhe herabstürzte, unter Wasser und liefen voll, so daß die Verwirrung vollständig war.«

Auf der Landseite war der Kampf für die Römer wegen der guten Ballisten ebenfalls verlustreich: »Schon in weiter Entfernung erlitten seine Leute durch die Katapulte und Steinwurfgeräte Verluste, Instrumente von erstaunlicher Wirkung dank der Erfindungsgabe ihres Baumeisters Archimedes und mit den Mitteln, die König Hieron zur Verfügung gestellt hatte, in großer Menge angefertigt. Wenn sie sich aber der Stadt zu nähern versuchten, wurden sie daran unter Verlusten durch den Pfeilhagel gehindert, der ihnen aus den oben erwähnten Löchern in der Mauer entgegenschlug... Nicht weniger Schaden richteten die oben geschilderten Geräte mit den Greifhänden an, die die Männer mitsamt ihren Waffen packten, in die Höhe hoben und dann zu Boden fallen ließen.« Die Römer verzichteten in dieser Situation darauf, ihre Belagerungstechnik anzuwenden, und verließen sich wieder auf die konventionelle Methode, die Stadt auszuhungern: »Im Besitz so großer Machtmittel zu Wasser und zu Lande, hätten die Römer hoffen dürfen, sich der Stadt sofort zu bemächtigen, wenn man den Syrakusanern den einen Mann hätte wegnehmen können; da er aber zur Verteidigung zur Verfügung stand, wagten sie nicht einmal einen Versuch mit den Methoden, in denen ihnen die Abwehr des Archimedes überlegen war.« Der Mathematiker Archimedes (287–212 v. Chr.), der die Verteidigung von Syrakus organisiert und mit seinen Geräten und Katapulten eine römische Armee in Schach gehalten hatte, kam um, als die Römer schließlich durch Verrat in die Stadt eindrangen und sie eroberten.

Technik und Herrschaftslegitimation

Die technische Entwicklung verlief im Zeitalter des Hellenismus extrem uneinheitlich. Während es in einigen Wirtschaftszweigen kaum zu Veränderungen der Herstellungstechnik oder der Produkte kam und in anderen Bereichen Neuerungen sich allenfalls nur langsam und in begrenztem Umfang durchsetzten, gab es auf einzelnen Gebieten technische Leistungen von ungewöhnlich hohem Rang. Zudem hatten regionale Sonderentwicklungen aufgrund der Weite des nun von den Griechen beherrschten Raumes eine größere Bedeutung als zuvor. Dennoch weist die hellenistische Technik auch einheitliche Strukturen und einen spezifischen Stil auf.

Ein großes Interesse bestand an der Landwirtschaft, der zahlreiche Fachschriften gewidmet wurden. Varro führt in seiner Liste der älteren agronomischen Literatur mehr als vierzig Autoren auf, von denen die meisten im Zeitalter des Hellenismus gelebt haben. Als herausragende Autorität auf diesem Gebiet galt der Karthager Mago (3. Jahrhundert v. Chr.), dessen systematische Darstellung der Landwirtschaft sowohl in die griechische als auch in die lateinische Sprache übersetzt und in diesen Fassungen schnell zu einem Standardwerk wurde. Noch der berühmte Columella folgte im 1. Jahrhundert n. Chr. an vielen Stellen den Ausführungen Magos. Welche Fortschritte in der Agrartechnik erzielt worden sind, läßt sich aufgrund der schlechten Quellenlage nicht entscheiden. Da die in Catos Schrift »De agricultura« erwähnten Geräte für die Wein- und Ölerzeugung wahrscheinlich auch im östlichen Mittelmeerraum weit verbreitet gewesen sind, kann angenommen werden, daß die Wein- und Ölpressen in diesem Zeitraum erheblich verbessert worden sind. In den von Alexander eroberten Gebieten setzte sich die griechische Agrartechnik nur in sehr begrenztem Umfang durch; die ägyptischen Bauern zum Beispiel arbeiteten weiterhin mit ihren primitiven Geräten auf den Feldern. Als die wichtigste Veränderung der ägyptischen Landwirtschaft in der ptolemäischen Zeit ist die Verdrängung des Emmer, des unter den Pharaonen hauptsächlich angebauten Getreides, durch Weizen, der sich besser zur Herstellung von Brot eignet, anzusehen. Auch der Anbau von Wein und die Anpflanzung von Ölbäumen im Fayum, wo viele Makedonen und Griechen Land erhalten hatten, stellte für Ägypten eine beachtenswerte Neuerung dar.

Die größte Herausforderung für die Griechen war die Verwaltung des komplizierten, sich über das ganze Nil-Tal erstreckenden Bewässerungssystems; denn es erwies sich als notwendig, ununterbrochen für die Instandhaltung der Kanäle, Deiche, Schleusen und Wasserhebegeräte zu sorgen. Vor allem mußten die Kanäle ständig von Schlammablagerungen befreit werden, weil sonst das Wasser sich nicht mehr über die Felder verteilte. Wie die von dem amerikanischen Papyrologen Naphtali Lewis ausgewerteten Dokumente zeigen, sind die im Bewässerungswesen tätigen Techniker – die in den Texten als Architekten bezeichnet werden – Griechen gewesen. So bieten mehrere Papyri aufschlußreiche Informationen über Kleon und Theodoros, die etwa von 260 bis 240 v. Chr. die Arbeiten am Bewässerungssystem im Fayum geleitet haben, und vermitteln ein anschauliches Bild von den Aufgaben und Schwierigkeiten, die diese Techniker zu bewältigen hatten, sowie von ihrer Stellung in der griechischen Administration. Kleon besaß einen direkten Zugang zum König, und von einem seiner Söhne wird berichtet, daß er dem Herrscher in Alexandria wertvolle Geschenke gebracht hat. Das Einkommen Kleons belief sich auf rund 5.000 Drachmen im Jahr, was etwa dem Verdienst von 15 Handwerkern entsprach. Er war verantwortlich für den Bau neuer Bewässerungsanlagen sowie für die erforderlichen Säuberungs- und Reparaturarbeiten. Zu diesem Zweck stand den Technikern eine große Zahl von Arbeitskräften zur Verfügung; teilweise wurden aber auch Verträge mit Privatpersonen geschlossen, die sich verpflichteten, etwa die Kanäle in einer festgelegten Frist zu reinigen, wobei die Bewässerung der Felder nicht unterbrochen werden sollte. Die Vertragspartner hatten die für die Arbeiten nötige Ausrüstung zu stellen. Aus verschiedenen von Lewis zitierten Papyri geht außerdem hervor, daß Kleon und Theodoros auf eine gute Kooperation mit anderen Verwaltungsinstanzen angewiesen gewesen sind. Theodoros beispielsweise brauchte die Erlaubnis eines höheren Beamten, um in einer Notsituation Lasttiere, die bei den Erdarbeiten dringend benötigt wurden, requirieren zu können. Kleon scheint weitreichende administrative Kompetenzen besessen zu haben; so wurde er von einem Untergebenen gebeten, für einen bestimmten Ort die Steuern zu reduzieren, damit die Bevölkerung, die zu unumgänglichen Arbeiten herangezogen werden mußte, dafür materiell entlastet würde.

Die Ptolemäer sorgten nicht nur dafür, daß das bestehende Bewässerungssystem intakt blieb, sondern ließen auch umfangreiche Maßnahmen zur Neulandgewinnung im Fayum durchführen. Das Fayum, eine etwa 40 Meter unter dem Meeresspiegel liegende Senke westlich des Nil-Tals, erhielt das Wasser von einem Seitenarm des Stromes, vom Bahr Jusuf. Auf diese Weise hatte sich im Fayum ein riesiger See gebildet, der von weitläufigen Sumpfgebieten umgeben war. Unter dem Pharao Amenemhet III. (1840–1795 v. Chr.) konnten Teile dieser Senke erstmals trockengelegt und landwirtschaftlich genutzt werden. Ptolemaios II. Philadelphos (282–246 v. Chr.), der Land benötigte, um seine Veteranen ansiedeln und seine Anhänger durch Schenkungen belohnen zu können, ließ durch Ableitung des zufließenden Wassers den Wasserspiegel des Sees um etwa 8 bis 10 Meter absenken, wodurch große Flächen für neue Siedlungen und für die landwirtschaftliche Nutzung erschlossen wurden. Darüber hinaus war es möglich, mit dem abgeleiteten Wasser Wüstengebiete in Anbauflächen zu verwandeln. Der Umfang der von Ptolemaios II. angeordneten Arbeiten wird durch die Tatsache verdeutlicht, daß von den mindestens 114 bekannten Dörfern im Fayum 66 einen griechischen Namen getragen haben, wahrscheinlich also Neugründungen aus hellenistischer Zeit gewesen sind.

Für die Bewässerung von etwas höher gelegenen Feldern setzte man Wasserhebegeräte ein, die entsprechend der im 4. Jahrhundert v. Chr. entwickelten Terminologie als Mechanai bezeichnet wurden. Eine wichtige Rolle spielte dabei die archimedische Schraube, ein Gerät, das Wasser zwar nur über eine geringe Höhendifferenz zu heben vermochte, aber wesentlich effizienter als das traditionelle ägyptische Schaduf war, das dem griechischen Ziehbrunnen ähnelte. Es handelte sich bei der archimedischen Schraube, die übrigens noch im 20. Jahrhundert in Ägpyten für die Bewässerung der Felder im Delta verwendet wurde, um einen längeren Stamm, um den schraubenförmig dünne Stäbe aus biegsamem Weidenholz herumgelegt wurden. Durch Bestreichen mit Pech wurden diese Stäbe befestigt und abgedichtet. Anschließend deckte man die in mehreren Schichten übereinandergelegten Hölzer mit Latten ab, so daß zwischen dem Stamm und dieser Außenseite ein Hohlraum entstand. Drehte man die in einem ziemlich flachen Winkel aufgestellte Schraube, wurde das Wasser in den Kammern gehoben und so in einen höher gelegenen Kanal eingeleitet. Durch die von einem auf der Schraube stehenden Mann mit den Füßen bewirkte Rotation entstand ein kontinuierlicher Wasserfluß; bei dem Schaduf hingegen erfolgte der Arbeitsvorgang in mehreren Etappen: Der am Hebebalken befestigte Eimer wurde zuerst gefüllt, dann gehoben und zuletzt geleert. Die Schraube soll von dem jungen Archimedes während seines Aufenthaltes in Ägypten erfunden worden sein; im 1. Jahrhundert v. Chr. führte Diodor die hohen landwirtschaftlichen Erträge im Delta auch auf die mit Hilfe dieses Gerätes erzielte gute Bewässerung zurück.

In Ägpyten waren die Ernten wesentlich von der natürlichen Überflutung des Nil-Tals und von dem Bewässerungssystem abhängig; in welchem Ausmaß die Griechen begonnen haben, dabei auf die technischen Hilfsmittel zu vertrauen, belegt ein Brief des Griechen Philotas an König Ptolemaios. Der Briefschreiber unterbreitet dem König in einer Zeit, in der es mehrere Jahre hintereinander keine normalen Überschwemmungen mehr gegeben hatte und eine Hungersnot drohte, das Angebot, ihm eine Mechané vorzuführen, mit der das Land gerettet werden könnte. Es kann hier nur ein Wasserhebegerät gemeint sein, das nach Ausbleiben des Hochwassers die Bewässerung der Felder im Nil-Tal sichern sollte, damit die Aussaat sofort aufgehen konnte. Dabei geht aus dem Text nicht hervor, um welches Wasserhebegerät es sich gehandelt hat und wie realistisch der Vorschlag des Philotas gewesen ist; signifikant ist der Papyrus aber deswegen, weil in ihm eine ganz spezifische Einstellung gegenüber der Technik zum Ausdruck kommt: Im Hellenismus konnte ein Grieche behaupten, die Rettung des Landes hänge von einer Mechané, von der Erfindung eines Gerätes ab. Eine solche Aussage wäre im klassischen Griechenland undenkbar gewesen.

Im Handwerk und in der Bautechnik sind einzelne Innovationen feststellbar, die später auf die römische Technik einen großen Einfluß ausgeübt haben. Nach dem Niedergang der bemalten Keramik begann sich im hellenistischen Kleinasien eine reliefverzierte Keramik durchzusetzen, die sich am Vorbild von Metallgefäßen orientierte und teilweise bereits mit Formschüsseln hergestellt wurde. Daneben hielt sich die Applikentechnik, bei der man ein mit Hilfe eines Models aus Ton geformtes flaches Relief mit Tonschlicker dem fertigen, aber noch nicht gebrannten Gefäß applizierte. Durch die Verwendung von Formschüsseln wurde der Vorgang des Töpferns grundlegend verändert; denn Form und Dekor der fertigen Gefäße waren damit vorgegeben. Die dickwandigen Modeln selbst wurden aus Ton gefertigt, wobei man den Dekor mit Punzen in die Innenwand einstempelte und anschließend die Schüssel brannte. Der Töpfer mußte bei rotierender Scheibe nur noch den Ton an die Innenseite des genau zentrierten Models drücken und die Gefäßwand hochziehen. Da Ton beim Trocknen schrumpft, konnte man das geformte Gefäß, dessen Außenseite nun mit Reliefs versehen war, bald der Formschüssel entnehmen. Insgesamt wurde dieser Fertigungsprozeß arbeitsteilig organisiert. Der Töpfer stellte den Model nicht selbst her, sondern bezog ihn von einem spezialisierten Formschüsselmacher, der wiederum mit Stempeln arbeitete, die ein Punzenschneider lieferte. Der Töpfer gestaltete nicht mehr den Dekor selbst, den er allenfalls durch die Wahl des Models noch zu beeinflussen vermochte. Das Töpfern war somit zu einer handwerklichen Routinearbeit ohne Spielraum künstlerischer Gestaltung geworden. Da sich die Formschüsseln häufig verwenden ließen, konnten Serien von Gefäßen, die sich fast völlig glichen, produziert werden. Auf diese Weise war in der Keramik die Singularität des Artefakts prinzipiell verschwunden. Auch die Erfindung des Glasblasens im 1. Jahrhundert v. Chr. kann der hellenistischen Zivilisation zugerechnet werden; der Aufstieg des Glases als neuer Werkstoff ist jedoch untrennbar mit dem Imperium Romanum verbunden.

Die bautechnischen Innovationen stehen in ihrer Bedeutung denen der archaischen Zeit kaum nach: Bogen und Gewölbe erschienen im Hellenismus als neue Bauelemente, die der antiken Architektur bis dahin ungeahnte Möglichkeiten eröffneten. Gleichzeitig verwendete man neue Werkstoffe, unter denen die gebrannten Ziegel und der Mörtel am wichtigsten waren, damit konnten die Beschränkungen der Quadersteinbauweise überwunden werden. Aber noch blieb die Gewölbearchitektur auf wenige Bautypen, und das Mörtelmauerwerk auf einige Regionen beschränkt. Bei Bogen und Gewölbe trat das Problem des Seitenschubs auf, das die Griechen bei Toröffnungen und bei unterirdischen Bauwerken wie Zisternen noch vernachlässigen konnten, da die Mauern, die das Tor begrenzten, oder aber das einen unterirdischen Raum umgebende Erdreich den Schub auffingen. Erst die Römer waren fähig, auf der Grundlage der Errungenschaften hellenistischer Bautechnik eine Architektur zu schaffen, in der Bogen und Gewölbe zu zentralen Elementen wurden.

Gerade im Bereich der Infrastruktur gelang es den griechischen Technikern, Anlagen zu errichten, die neue Maßstäbe setzten und später für römische Architekten zu verbindlichen Vorbildern wurden. Zu den beeindruckendsten Bauwerken der antiken Wasserversorgung gehörte die Leitung, die Wasser vom Madradag-Gebirge über eine Entfernung von 42 Kilometern nach Pergamon führte, der neuerrichteten Residenz jener Könige, die über weite Teile Kleinasiens herrschten. Die Leitung bestand aus Tonröhren, die bei einer Länge von 50 bis 70 Zentimetern einen Durchmesser von 16 bis 19 Zentimetern hatten. Da es nicht möglich war, wesentlich größere Rohre aus Ton herzustellen, führte man die Stränge parallel nach Pergamon. Bis zur Wasserkammer am Berg Hagios Georgios handelte es sich um eine Freispiegelleitung, die ein Gefälle aufwies, so daß das Wasser kontinuierlich abfloß. Zwischen dem Hagios Georgios und dem Burgberg von Pergamon lag ein etwa 200 Meter tiefes Tal, das durchquert werden mußte. Hier legten die Techniker eine Druckleitung an; auf diese Weise konnte das Wasser bis zu den Palästen auf der Spitze des Berges geleitet werden. Für die Druckstrecke wurden Metallrohre verwendet, die in Steinblöcken gelagert waren. Ihre Trasse ist aufgrund dieser Lagerung noch heute gut erkennbar. Die Kapazität der Leitung lag nach modernen Schätzungen bei rund 2.700 Kubikmetern pro Tag.

Der Leuchtturm von Alexandria, der auf der Insel Pharos stand und von ihr seinen

Namen erhalten hatte, gehörte zu jenen Bauwerken, die einerseits dem allgemeinen Nutzen dienten und andererseits das Prestige der jeweiligen Dynastie erhöhen sollten. Der Pharos, der insgesamt etwa 100 Meter hoch war, bestand aus drei stufenförmig voneinander abgesetzten Bauteilen: dem monumentalen, rechteckigen Turm, auf dem ein ungefähr 27 Meter hohes Oktogon stand; die Spitze bildete ein Rundbau, in dem das auf eine Entfernung von über 50 Kilometer sichtbare Feuer brannte. Mit der Errichtung des Turmes wird ein Sostratos aus Knidos in Verbindung gebracht, wobei unklar ist, ob dieser Grieche der Architekt gewesen ist oder aber die Baukosten, die sich auf 800 Talente beliefen, bezahlt hatte. Über diesen Sostratos erzählt Lukian eine Geschichte, deren Wahrheitsgehalt kaum zu ermitteln ist, die jedoch zeigt, wie ein antiker Schriftsteller das Selbstbewußtsein eines hellenistischen Architekten einschätzte: »Erinnere dich, wie es jener knidische Baumeister machte, der den berühmten Leuchtturm auf Pharos, eines der größten und schönsten Werke in der Welt, baute, um aus dessen Spitze den Seefahrern bei Nacht ein Zeichen zu geben, damit sie sich vor den Klippen von Parätonium hüteten, zwischen die man ohne die äußerste Gefahr nicht geraten kann. Wie er dieses Werk vollendet hatte, grub er seinen eigenen Namen in den Stein, woraus es erbaut ist; den Namen des damaligen Königs hingegen bloß auf den Kalk, mit dem er den Stein überzog, wohl wissend, daß diese Aufschrift in ziemlich kurzer Zeit mit der Tünche abfallen und alsdann jedermann die Worte lesen würde: ›Sostratos, des Dexiphanes Sohn, aus Knidos, den erhaltenden Göttern, für die Seefahrer.‹ Dieser Sostratos sah also über die kurze Zeit seines eigenen Lebens hinaus in die jetzige, und alle die künftigen Zeiten hinaus, solange der Leuchtturm von Pharos als Denkmal seiner Kunst dauern wird.« Plinius bestätigt, daß der Pharos eine Inschrift mit dem Namen des Sostratos aufwies, meint aber, der Architekt habe dafür die Erlaubnis des Königs erhalten.

Um die Mentalität der Techniker einer Epoche zu erfassen, ist es bisweilen sinnvoll, auch solche Pläne, die nicht realisiert worden sind, in die Betrachtung einzubeziehen; während das tatsächlich errichtete Bauwerk oft von Zugeständnissen des Architekten an die jeweiligen Umstände geprägt ist, offenbart der nicht verwirklichte Bauplan unverfälscht die Intentionen seines Urhebers. Daher darf eine von Vitruv überlieferte Geschichte über den makedonischen Architekten Deinokrates das Interesse des Technikhistorikers beanspruchen. Vitruv berichtet, Deinokrates habe sich zum Heer Alexanders begeben, um in die Umgebung des Königs aufgenommen zu werden. Zunächst nicht vorgelassen, warf er sich wie Herakles ein Löwenfell um und begab sich zum Platz, an dem Alexander gerade Recht sprach (II praef. 2): »Da der ungewöhnliche Auftritt das Volk abgelenkt hatte, erblickte ihn auch Alexander. Voller Verwunderung befahl er, ihm Platz zu machen, damit er herankäme, und er fragte ihn, wer er sei. Jener aber sagte: ›Ich bin Deinokrates, ein Architekt aus Makedonien. Ich bringe dir Pläne und Entwürfe, die deiner, erlauchter Herrscher, würdig sind. Ich habe nämlich dem Berg Athos die Form einer männlichen Statue gegeben, in deren linker Hand ich die Mauern einer sehr umfangreichen Stadt dargestellt habe, in deren Rechten ich eine Schale angebracht habe, die das Wasser aller Flüsse, die an diesem Berge fließen, auffangen soll, damit es sich von dort ins Meer ergieße.‹« Diese Geschichte dokumentiert eindrucksvoll das nahezu grenzenlose Vertrauen des Architekten in die Möglichkeiten der Technik.

Tatsächlich gestaltete man bei der Gründung von Städten die Landschaft in großem Umfang um und paßte sie den Wünschen der Herrscher oder den Bedürfnissen der Bevölkerung an. Das früheste und ein bedeutsames Beispiel hierfür ist Alexandria. Die Stadt wurde auf der Landenge zwischen dem Mareotis-See und dem Mittelmeer angelegt. Um zwei große, sichere Hafenbecken zu schaffen, errichtete man einen über 1 Kilometer langen Damm zwischen dem Festland und der Insel Pharos. Das Becken des Königshafens in der Nähe des Palastes wurde ebenso wie der Kibotoshafen von Menschen ausgehoben, und zwischen diesem Hafen und dem Mareotis-See wurde ein Kanal gegraben, der den Transport der Güter vom Binnenland nach Alexandria erleichtern sollte. Völlig andere Schwierigkeiten waren in Pergamon zu bewältigen, wo die Attaliden auf einem steilen Berggipfel eine Residenz mit Tempeln, Gymnasien, Theater und Agora schufen. Die Baukomplexe und die weiten Platzanlagen wurden dem Gelände in idealer Weise angepaßt, zugleich aber gab man der Landschaft durch gewaltige Substruktionen neue Konturen. So wurde es möglich, bei der Anlage der Terrassen, über den Hang hinausgehend, den urbanen Raum zu erweitern. Die Gestaltung des Geländes durch Schaffung von weiträumigen Terrassen war nicht allein für Pergamon charakteristisch, sondern allgemein ein Kennzeichen hellenistischer Architektur, das außerdem im Asklepios-Heiligtum auf Kos wie im Athene-Heiligtum von Lindos klar zum Ausdruck gelangt ist. Im 1. Jahrhundert v. Chr. knüpften die Römer an solche Vorbilder an, wenn sie einen so grandiosen Komplex wie das Fortuna-Heiligtum von Praeneste errichteten.

Neben der Überwindung natürlicher Gegebenheiten war eine prestigesteigernde Monumentalität ein weiteres wichtiges Charakteristikum hellenistischer Technik. Dies gilt nicht nur für Bauwerke, sondern auch für andere Artefakte. Nachdem Demetrios Poliorketes die Belagerung von Rhodos abgebrochen hatte, beauftragten die Rhodier den Bildhauer Chares von Lindos damit, eine riesige Bronzestatue des Sonnengottes herzustellen; das Bildwerk sollte aus dem Erlös des Verkaufs der Kriegsbeute finanziert werden und damit für alle Zukunft an den denkwürdigen Sieg über Demetrios erinnern. Bereits in der klassischen Zeit war es üblich, Statuen am Ort ihrer Aufstellung zu gießen und auch aus mehreren Teilen, die jeweils einzeln gegossen wurden, zusammenzusetzen. Bei einer Statue, mehr als 30 Meter hoch, waren die traditionellen technischen Verfahren des Bronzegusses dennoch nicht anwendbar. Daher entschloß sich Chares zu einem völlig unkonventionellen Vorgehen: Man fing an, die unteren Teile der Statue zu gießen, stabilisierte den fertigen Guß von innen mit Steinen und einem Gerüst, umgab ihn mit Erdreich und stellte die Form für den nächsten Guß her; so wurde in vielen Etappen die Statue schließlich vollendet. Plinius gibt in der »Naturalis historia« eine Beschreibung der durch ein Erdbeben umgestürzten Statue und ihrer Anfertigung (34, 41): »Vor allem aber bewunderungswürdig war der Koloß des Sonnengottes zu Rhodos, den Chares aus Lindos, ein Schüler des erwähnten Lysippos, gefertigt hatte. Dieses Bildwerk war 70 Ellen (etwa 33 Meter) hoch. Es wurde 66 Jahre später durch ein Erdbeben umgestürzt, erregt aber auch liegend Staunen. Nur wenige können seinen Daumen umfassen, seine Finger sind größer als die meisten Standbilder. Weite Höhlungen klaffen in den zerbrochenen Gliedmaßen; innen sieht man große Steinmassen, durch deren Gewicht der Künstler der Statue beim Aufstellen festen Stand gegeben hatte. Sie soll 12 Jahre Arbeit beansprucht und 300 Talente gekostet haben, die man aus dem Kriegsmaterial des Königs Demetrios erlöst hatte, das er aus Überdruß an der langen Belagerung von Rhodos zurückgelassen hatte.«

Ein anderes Prestigeprojekt war der Bau der »Syrakusia«, eines großen Frachtschiffes, das Hieron, der Herrscher von Syrakus (306–215 v. Chr.), in Auftrag gegeben hatte. Nach den Berechnungen von Lionel Casson hatte die »Syrakusia« eine Ladekapazität von knapp 2.000 Tonnen und war damit das größte je in der Antike gebaute Schiff. Von den drei Decks diente das untere zur Aufnahme der Ladung; im mittleren Deck lagen die Kabinen. Dieser Segler, der bei ungünstigem Wind auch von Ruderern vorwärtsbewegt werden konnte, hatte eine verschwenderische Ausstattung. Auf dem oberen Deck befanden sich ein Gymnasium und Wandelgänge mit bewässerten Gartenanlagen; es gab ein Heiligtum der Aphrodite und eine Bibliothek. Der Verteidigung dienten acht Türme, davon zwei am Heck und zwei am Bug; außerdem war die »Syrakusia« mit einem von Archimedes entworfenen Katapult ausgerüstet. Zu groß, um in den Häfen des Mittelmeeres anlegen zu können, schickte Hieron das Schiff mit einer Getreideladung nach Ägypten, wo gerade eine Hungersnot herrschte, und schenkte es dem Ptolemäer, der es an Land ziehen ließ. Dieses Schicksal des Seglers hinderte Dichter und Historiker nicht, die Leistung Hierons zu rühmen, und noch Athenaios zitiert in den »Deipnosophistai« eine lange Beschreibung der »Syrakusia«. Bemerkenswert sind dabei die Hinweise auf eine Beteiligung des Archimedes am Bau des Schiffes; vor allem erregte Aufsehen, daß er aufgrund der Verwendung einer Kombination von Rollen – also eines Flaschenzuges – es mit der Unterstützung nur weniger Menschen vom Stapel lassen konnte. Die Stilisierung des Archimedes bei Plutarch als eines Mathematikers, der sich nur theoretischen Fragen zuwandte und technischen Problemen mit Distanz gegenüberstand, entspricht eher den vom Platonismus geprägten Ansichten des Schriftstellers der römischen Kaiserzeit als der Position des hellenistischen Wissenschaftlers, der gewohnt war, Theorie und Praxis zu verbinden.

Technische Leistungen fanden im Hellenismus weite Anerkennung, sie wurden gerühmt und legitimierten so die Herrschaft der Könige. Die Bewunderung großer Bauten und monumentaler Skulpturen führte schließlich dazu, daß man einigen von ihnen einen besonderen Rang zuerkannte, indem man von den sieben Weltwundern sprach. Das früheste Zeugnis für diesen Kanon unvergleichlicher Bauten und Kunstwerke ist ein Epigramm der »Anthologia Graeca« (9, 58): »Babylons ragende Stadt, ich sah sie mit Mauern, auf denen / Wagen fahren, ich habe Zeus am Alpheios gesehn, / sah des Helios Riesenkoloß und die hangenden Gärten, / auch den gewaltigen Bau der Pyramiden am Nil / und des Mausolos mächtiges Mal; doch als ich dann endlich / Artemis' Tempel erblickt, der in die Wolken sich hebt, / blaßte das andere dahin. Ich sagte: ›Hat Helios' Auge / außer dem hohen Olymp je etwas gleiches gesehn?‹«

Die Automatentechnik in Alexandria

Spiele, Feste und Umzüge boten den hellenistischen Königen die Gelegenheit, ihre Macht, ihre Verfügungsgewalt über die Menschen und die Natur sowie ihren unermeßlichen Reichtum demonstrativ zur Schau zu stellen und programmatisch bestimmte Aspekte ihrer Herrschaft zu betonen. Unter all diesen Ereignissen war der Festzug des Ptolemaios II. Philadelphos im Stadion von Alexandria wegen der dabei entfalteten Pracht besonders spektakulär; er dauerte vom frühen Morgen bis zum Eintritt der Dunkelheit. Tausende von Menschen, die die verschiedensten mythischen Gestalten verkörperten, nahmen an ihm teil; auf vielen Wagen wurden Szenen aus dem Mythos dargestellt oder Standbilder von Königen und Göttern mitgeführt. Unzählige exotische Tiere wurden gezeigt, darunter Elefanten, Antilopen, Kamele, Leoparden, eine Giraffe und ein Nashorn, ebenso kostbare Gegenstände, etwa Throne aus Gold und Elfenbein, goldene Dreifüße oder silberne Weinpressen. Auf einem der Wagen befand sich eine Gewandfigur der sitzenden Nysa, der Amme des Dionysos; was der Historiker Kallixeinos darüber zu berichten weiß, klingt selbst im Kontext seiner Ausführungen über diesen Festzug geradezu sensationell (Athenaios 198 f.): »Das 8 Ellen hohe Bildnis der sitzenden Nysa war angetan mit einem gelben, golddurchwirkten Chiton und einem lakonischen Mantel. Es konnte aber auf mechanische Weise aufstehen, ohne daß jemand Hand anlegte, und nachdem es Milch aus einer goldenen Schale gespendet hatte, setzte es sich wieder.« Demnach wurden in Alexandria gegen Mitte des 3. Jahrhunderts v. Chr. Bildnisse hergestellt, die sich aufgrund eines verborgenen Mechanismus selbst zu bewegen vermochten. Angesichts anderer Zeugnisse über die im Ptolemäerreich arbeitenden Mechaniker darf die Beschreibung des Kallixeinos durchaus als glaubwürdig gelten.

Einen Einblick in die Technik des hellenistischen Automatenbaus gewährt eine Schrift Herons, der in der frühen Kaiserzeit in Alexandria als Mechaniker tätig gewesen ist. Zweifellos geht seine Darstellung auf hellenistische Autoren zurück; denn Heron sagt selbst, er sei bei der Beschreibung eines Automatentheaters weitgehend einer Schrift Philons aus Byzanz gefolgt. Zunächst unterscheidet er zwischen fahrenden und stehenden Automaten. Bei der Konstruktion eines fahrenden Automaten war das Problem des Antriebs und der Steuerung zu lösen. Als Antrieb diente der Zug eines Gewichtes, an dem die auf einer Achse aufgewickelte Schnur befestigt war. Senkte sich das Gewicht, wurde die Schnur langsam abgewickelt und versetzte so die Achse mit den Rädern in eine Drehbewegung; der Automat begann zu fahren. Dieser Mechanismus ist von Heron exakt beschrieben worden (2, 6f.): »Alle diese fahrenden Automaten erhalten den Antrieb zur Bewegung durch eine Schnur oder vielmehr ein Gegengewicht aus Blei. Gemeinsam ist dem bewegenden und dem bewegten Gegenstande eine Schnur, deren eines Ende an den bewegenden Körper gebunden, deren anderes aber mittels einer Öse an dem bewegten Gegenstande befestigt ist. Der bewegte Körper ist eine Achse, um welche die Schnur gewickelt ist. An der Achse sitzen Räder fest. Wenn daher die Achse sich dreht und die Schnur sich abwickelt, drehen sich auch die Räder, die auf dem Boden ruhen.« Um zu verhindern, daß das Gewicht sich zu schnell senkte und damit den Automaten nur kurz und ruckartig in Bewegung brachte, wurde die Geschwindigkeit der Bewegung des Gewichtes durch folgende Vorrichtung reguliert (2, 8): »Das Gegengewicht befindet sich in irgendeinem Gewichtskasten und kann passend und leicht in demselben hinuntergleiten. In den Gewichtskasten wird bei fahrenden Automaten entweder Hirse oder Senfkorn geschüttet, weil beides leicht und schlüpfrig ist, bei den stehenden Automaten tut man trockenen Sand hinein. Wenn dies nun durch den Boden des Gewichtskastens ausläuft, so senkt sich allmählich das Gegengewicht und bringt durch das Anziehen jeder einzelnen Schnur die Bewegung hervor.«

Bei dem stehenden Automatentheater hat man ebenfalls den Zug des Gewichtes als Antrieb genutzt, nun allerdings nicht, um den Automaten zu bewegen, sondern einzelne Figuren oder Gegenstände auf der Bühne. Ein Automatentheater brachte verschiedene Szenen eines Mythos zur Aufführung (21, 1): »Die Bühne soll sich automatisch öffnen, und man soll sehen, wie ihre Figuren einem bestimmten Theaterstück entsprechend sich bewegen. Hat die Bühne sich dann automatisch geschlossen, so soll nur ganz wenig Zeit verstreichen, dann wird wieder geöffnet, und es erscheinen andere Bilder.« Philon hatte für sein Automatentheater die Geschichte von Nauplios gewählt. In der ersten Szene wurde gezeigt, wie die Griechen ihre Schiffe ausbesserten, wobei einige Figuren mit dem Hammer arbeiteten. Es war notwendig, mit Hilfe eines Mechanismus die Arme dieser Figuren auf und nieder zu bewegen. Da mit dem Zug eines Gewichtes jedoch nur eine Rotationsbewegung erzeugt werden konnte, mußte Philon einen komplizierten Transmissionsmechanismus konstruieren: Der Arm wurde durch eine Achse mit einem kleinen, beweglichen Balken verbunden, der hinter der Kulisse unsichtbar blieb. An der Spitze des Balkens war ein Gewicht befestigt, an seinem anderen Ende befand sich ein Sternrad, dessen Zähne bei einer Umdrehung den Balken herunterdrückten und anschließend losließen, so daß er in seine Ausgangslage zurückkehrte. Durch die Achse wurde diese Bewegung auch auf den Arm des Griechen vor der Kulisse übertragen, und es mußte so aussehen, als ob eifrig gehämmert würde.

Neben solchen Automaten konstruierten die Techniker in Alexandria auch Instrumente, die auf den Prinzipien der Hydromechanik beruhten oder die Eigenschaften der Luft nutzten, um bestimmte Effekte zu erzielen. Es entstand eine neue technische Disziplin, die Pneumatik, deren Aufgabe es war, solche Geräte zu beschreiben und ihre Funktionsweise zu erklären. Voraussetzung hierfür war die zufällige Entdeckung des Ktesibios (frühes 3. Jahrhundert n. Chr.), daß Luft ein Stoff ist und komprimiert werden kann. Bei Vitruv liegt über die Erfindungen des Ktesibios ein ausführlicher Bericht vor; es handelt sich um einen der äußerst seltenen antiken Texte, in denen genau beschrieben wird, wie ein neues technisches Prinzip gefunden worden ist (9, 8, 2 f.): »Ktesibios aus Alexandria hat auch die Kraft der natürlichen Luft entdeckt und die pneumatischen Instrumente erfunden. Es ist wert, daß Lernbegierige erfahren, wie diese Entdeckung gemacht worden ist. Ktesibios war in Alexandria als Sohn eines Barbiers geboren. Er zeichnete sich durch Begabung und großen Fleiß vor den übrigen aus und hatte, wie man sagt, große Freude an mechanischen Dingen. Als er nämlich in der Barbierstube seines Vaters den Spiegel so aufhängen wollte, daß, wenn der Spiegel herabgezogen und wieder nach oben gezogen wurde, eine verborgene Schnur ein Gewicht nach oben und nach unten gleiten ließ, brachte er folgende Vorrichtung an: Unter einem Balken an der Decke befestigte er eine hölzerne Rinne und versah sie mit Rollen. Durch die Rinne führte er zu einer Ecke eine Schnur und machte dort ineinandergefügte Röhren fest. In diesen Röhren ließ er eine an der Schnur befestigte Bleikugel hinabgehen.« Die Installation des Ktesibios hatte also den Zweck, das Hochschieben des Spiegels durch Anbringen eines verborgenen Gegengewichtes zu erleichtern. Dabei machte er folgende Erfahrung: »Wenn das Gewicht in den engen Röhren hinabglitt und die Luft zusammenpreßte, drängte es infolge des schnellen Hinabgleitens die durch Zusammenpressung verdichtete Luft durch die Öffnung in die freie Luft und erzeugte dadurch, daß sie auf Widerstand stieß, bei der Berührung mit ihr einen hellen Ton. Als Ktesibios also erkannt hatte, daß infolge der Berührung mit der äußeren Luft und durch das Herauspressen der inneren Luft Luftströme und Töne entstanden, machte er sich diese ersten Erkenntnisse zunutze und stellte als erster hydraulische Geräte her. Ebenso entwickelte er Geräte zum Ausspritzen von Wasser und Automaten sowie viele Arten ergötzlicher Dinge.«

In der modernen technikhistorischen Literatur wurde wiederholt kritisierend hervorgehoben, daß die Automaten und pneumatischen Geräte eher Erstaunen und Verwunderung hervorrufen als praktischen Zwecken dienen sollten. Hermann Diels etwa äußerte in seinem einflußreichen Buch über die antike Technik die Meinung, diese Technik habe so »einen Zug in das Spielerische« bekommen. Tatsächlich gehörten die Automaten in den Kontext des Hofes von Alexandria und hatten die Aufgabe, durch ihre überraschenden Effekte zur Unterhaltung der höfischen Gesellschaft beizutragen. Obgleich eine Verwendung von Automaten im Produktionsbereich nicht intendiert gewesen ist, besitzen sie eine eminente technikhistorische Bedeutung. Für die alexandrinischen Mechaniker bestand die Möglichkeit, frei von wirtschaftlichen Zwängen komplizierte Mechanismen zu konstruieren und zu erproben. Da bei der Bewegung der Automaten keine großen Gewichte zu bewältigen waren, brauchten die Techniker auch keine Rücksicht auf die Grenzen der Materialbeherrschung zu nehmen und gelangten unter solch günstigen Umständen zu technischen Lösungen, die weit in die Zukunft vorauswiesen. So war das für den Antrieb der Automaten gewählte Prinzip – der Zug eines Gewichtes – im Mittelalter grundlegend für die Funktionsweise der mechanischen Uhr, und die Umwandlung der Rotationsbewegung in eine schlagende Bewegung in der ersten Szene von Philons Automatentheater nahm das Prinzip der Nockenwelle vorweg, das im mittelalterlichen Gewerbe vielfach wirtschaftlich genutzt wurde. Die Automatentechnik stellte für die Mechaniker ein großes Experimentierfeld dar und trug so entscheidend dazu bei, das Verständnis für komplizierte Mechanismen, vor allem für die Transmission von Bewegungen, zu erhöhen.

Allerdings wurden auch einzelne Instrumente entworfen, die einen erheblichen praktischen Nutzen besaßen. Ktesibios erfand eine später von Vitruv und Heron beschriebene Doppelkolbendruckpumpe, die so konstruiert war, daß jeweils ein Kolben sich senkte, während der andere sich hob. Durch Ventilklappen wurde erreicht, daß der Zylinder sich mit Wasser aus einem Behälter füllte, wenn der Kolben stieg. Da stets einer der beiden Kolben heruntergedrückt wurde, konnte mit dieser Pumpe ein konstanter Wasserstrahl erzeugt werden; damit eignete sich dieses Gerät hervorragend zum Feuerlöschen.

In zwei Bereichen machte der Instrumentenbau während des Hellenismus faszinierende Fortschritte, nämlich beim Bau von Uhren und von astronomischen Modellen. Allgemein wurde in der Antike der Tag in zwölf Stunden eingeteilt, deren Länge sich im Verlauf des Jahres mit der Länge des Tages veränderte. Die Zeit wurde also nicht absolut gemessen, sondern man las die Tageszeit am Gang der Sonne oder an der Länge des Schattens ab. Die Sonnenuhr erleichterte dies, indem ein Stab, der einen Schatten warf, mit einem Liniensystem verbunden wurde, auf dem die Stunden für bestimmte Jahreszeiten eingezeichnet waren. Eine Zeitmessung, bei der es nicht darauf ankam, die Tageszeit festzustellen, vielmehr eine bestimmte

Zeitlänge exakt zu erfassen, wurde bei den athenischen Gerichtssitzungen erforderlich. Beiden Parteien, der Anklage sowie der Verteidigung, wurde nämlich dieselbe Redezeit zugestanden, die vom Streitwert abhing. Man verwendete zu diesem Zweck die Klepsydra, ein größeres Gefäß mit einem Auslaufrohr, das bei Unterbrechungen zugehalten wurde. Das Gefäß füllte man vor Beginn der Rede mit der festgesetzten Wassermenge, deren Auslaufen dann das Ende der zugebilligten Redezeit anzeigte. Der Klepsydra fehlten allerdings alle Merkmale einer richtigen Uhr; denn die Zeit ließ sich noch nicht optisch darstellen. Immerhin war das Grundprinzip der Wasseruhr gegeben: Mit Hilfe von auslaufendem Wasser war es möglich, Zeitabschnitte genau zu erfassen. Bei der Konstruktion einer Wasseruhr waren zwei Probleme zu lösen. Es mußte die jahreszeitlich bedingte unterschiedliche Länge der Stunden berücksichtigt werden, und es erwies sich als notwendig, den Wasserabfluß zu regeln, weil das Wasser um so langsamer abfloß, je weniger noch im Gefäß war. In geradezu genialer Weise bewältigte Ktesibios diese Schwierigkeiten; er schuf einen Typ der Wasseruhr, der bis zur Spätantike verbindlich blieb. Bei dieser Uhr wurde Wasser in ein Becken eingeleitet, in dem sich ein scheibenförmiger Schwimmer befand. Auf diesem war ein langer Stab mit einer kleinen Figur an dessen Spitze befestigt. Die Figur wies mit einem Zeiger auf Linien, die auf einer neben dem Becken stehenden Säule aufgezeichnet waren und die einzelnen Stunden angaben. Füllte sich das Becken, stieg der Schwimmer und zeigte die Stunden an. Um den für eine exakte Zeitmessung notwendigen gleichbleibenden Wasserzulauf zu garantieren, brachte Ktesibios zwischen der Leitung und dem Becken ein kegelförmiges Regulierbecken an. In dieses kleine Becken wurde ein schwimmender Kegel so eingefügt, daß er bei einem zu starken Wasserzulauf die Einlauföffnung verschloß; es handelte sich hierbei um den ersten automatischen Regelmechanismus. Der in den einzelnen Monaten unterschiedlichen Stundenlänge wurde dadurch Rechnung getragen, daß das Liniensystem auf der Säule für jeden Monat eine andere Stundenlänge angab und die Säule so gedreht werden konnte, daß der Zeiger stets auf die entsprechenden Monatslinien deutete. Eindrucksvoll ist die Entwicklung der Zeitmessung von Plinius in der »Naturalis historia« für das republikanische Rom beschrieben (7, 212ff.): »Die Einteilung in Stunden hat man erst später in Rom verwendet; auf den Zwölf Tafeln (um 450 v. Chr.) wird nur vom Auf- und Untergang der Sonne gesprochen, einige Jahre später kam noch der Mittag hinzu, indem ein Amtsdiener der Konsuln es ausrufen mußte, wenn er von der Kurie aus die Sonne zwischen der Rednerbühne und dem Gebäude der griechischen Gesandten erblickte; neigte sich die Sonne von der Maenius-Säule nach dem Gefängnis zu, so rief er die letzte Tagesstunde aus; dies geschah aber nur an heiteren Tagen bis zum Ersten Punischen Krieg. Daß L. Papirius Cursor (Consul 293 v. Chr.) der erste gewesen ist, der den Römern eine Sonnenuhr aufgestellt hat, und zwar 11 Jahre vor dem Krieg mit Pyrrhos an dem von seinem Vater gelobten,

von ihm aber eingeweihten Tempel des Quirinus, überliefert Fabius Vestalis...
Dennoch waren auch dann bei bewölktem Himmel die Stunden ungewiß, bis Scipio
Nasica (Consul 162/155 v. Chr.) zuerst durch die Wasseruhr eine gleiche Einteilung der Nacht- und der Tagesstunden einführte. Diese Uhr, die mit einem Dach
überdeckt war, stiftete er im Jahre der Stadt 595 (159 v. Chr.); so lange hat das
römische Volk keine feste Tageseinteilung gehabt.«

Unter den astronomischen Modellen, die die Bewegungen der Himmelskörper
veranschaulichen sollten, war in der Antike jenes besonders berühmt, das Archimedes konstruiert hatte und das alle Vorbilder bei weitem übertraf (Cicero, De republica 1, 22): »In diesem Punkte müsse man die Erfindung des Archimedes bewundern, weil er ausgedacht habe, wie eine einzige Umdrehung trotz höchst unähnlicher Bewegungen die ungleichmäßigen und verschiedenen Umläufe erhalten bleiben lasse. Als Gallus diese Kugel in Bewegung setzte, geschah es, daß der Mond der
Sonne in ebenso vielen Umläufen auf dem Planetarium folgte, wie er in Tagen am
Himmel selbst nachrückte, weshalb auch auf der Kugel eben jene Sonnenfinsternis
sich darstellte und der Mond dann auf jenen Grenzpunkt fiel, welcher den Erdschatten bildet.« Die Funde aus dem Wrack von Antikythera haben eindrucksvoll bestätigt, daß diese Beschreibung des archimedischen Planetariums keine Fiktion gewesen ist.

Das Imperium Romanum

Innovation und Techniktransfer in der Landwirtschaft und im Gewerbe

Rom war in der Zeit der frühen Republik keineswegs von den kulturellen Entwicklungen des Mittelmeerraumes unberührt geblieben; bereits während des 5. und 4. Jahrhunderts v. Chr. standen Mittelitalien und damit Rom unter starkem griechischem Einfluß. Es existierten enge Kontakte zu einer griechischen Stadt wie Masilia, und die Verträge mit Karthago belegen, daß römische Händler während dieser Jahrhunderte in Teilen des westlichen Mittelmeergebietes präsent gewesen sind. Der massive Export attischer Keramik nach Italien vermittelte den Etruskern die griechische Bildsprache. Unter den archäologischen Überresten aus dieser Zeit finden sich viele Zeugnisse für die Rezeption griechischer Kunst. Insbesondere jene Szenen, die in die Cisten von Praeneste – bronzene Gefäße, in denen Frauen ihre Toilettenartikel aufzubewahren pflegten – eingraviert sind, zeigen mit aller Deutlichkeit, daß Stil und Sujets der griechischen Malerei in Mittelitalien und Rom heimisch geworden waren. Schon vor dem expansiven Ausgreifen Roms nach Griechenland und Kleinasien war die Einbindung der Republik in die hellenistisch geprägte Welt des Mittelmeeres so weit fortgeschritten, daß ein römischer Senator, Quintus Fabius Pictor, in den letzten Jahrzehnten des 3. Jahrhunderts v. Chr. eine Darstellung der römischen Geschichte in griechischer Sprache schreiben konnte. Während jenes Jahrhunderts wurde Rom in den hellenistischen Wirtschaftsraum integriert, wobei es zur Anpassung an die Verhältnisse in den höher entwickelten griechischen Städten und Königreichen kam. Die Römer begannen, Münzen zu prägen und die Organisationsformen der karthagischen und griechischen Gutswirtschaft zu übernehmen. Gleichzeitig setzte die Sklaverei sich in der Landwirtschaft durch und verdrängte auf dem Großgrundbesitz andere Formen abhängiger Arbeit.

In der Zeit zwischen dem Ersten Punischen Krieg (264–241 v. Chr.) und dem Principat des Augustus (27 v. Chr. – 14 n. Chr.) haben die Römer aufgrund ihrer erfolgreichen Kriegführung und durch Annexion der besiegten Länder, die sie zu Provinzen machten, die iberischen und keltischen Stämme im Westen, Numidien und Karthago in Nordafrika sowie die griechischen Königreiche und Städte im Osten ihrer Herrschaft unterworfen. Der gesamte Mittelmeerraum von der Iberischen Halbinsel bis Syrien wurde durch das Imperium Romanum, das eine effiziente Verwaltung schuf und den inneren Frieden sicherte, politisch geeint. Einerseits bedeutete das für die Beherrschten eine deutliche Minderung ihrer Rechte, andererseits wurden außerordentlich günstige Bedingungen für die zivilisatorische und

Innovation und Techniktransfer 209

57. Landwirtschaftliche Arbeiten. Sarkophag des L. Annius Octavius Valerianus, römische Kaiserzeit. Vatikan, Museo Laterano

58. Pflügender Bauer mit Ochsengespann. Bronzefigur aus der Provinz Britannia, römische Kaiserzeit. London, British Museum

59. Römischer Pflug. Votivgabe, römische Kaiserzeit. London, British Museum

wirtschaftliche Entwicklung geschaffen. In einer lang dauernden Friedenszeit prosperierten die Städte, kam es zu einer Blüte der Landwirtschaft und des Gewerbes. Gleichzeitig forcierte die römische Verwaltung den Ausbau der Infrastruktur sowohl in Italien als auch in den Provinzen. Angesichts des Glanzes der städtischen Zivilisation wie der in vielen Regionen des mediterranen Raumes feststellbaren Urbanisierung darf allerdings nicht vergessen werden, daß im Imperium Romanum die Landwirtschaft weiterhin der wichtigste Wirtschaftssektor geblieben ist und die ländlichen, aber auch die städtischen Unterschichten in großer Armut gelebt haben.

Die technische Entwicklung im Imperium Romanum war zugleich von Innovationen und vom Techniktransfer geprägt. Die Romanisierung der nordwestlichen Provinzen hatte die Übernahme der griechisch-römischen Technik zur Folge. Die Anpassung der einheimischen Oberschichten an den römischen Lebensstil, die Stationierung und Ansiedlung römischer Soldaten und die damit verbundene Ausbreitung städtischen Lebens führten dazu, daß die Erzeugnisse des römischen Handwerks zunächst importiert und dann in diesen Provinzen selbst produziert wurden. Der Ausbau urbaner Zentren mit den typischen Repräsentationsbauten und der Infrastruktur erforderte den Einsatz der römischen Bautechnik. Die Einführung der im mediterranen Raum längst verbreiteten Techniken hat innerhalb weniger Jahrzehnte ein Gebiet wie Gallien von Grund auf verwandelt. Durch die Romanisierung glichen die Provinzen des Imperium Romanum sich immer stärker einander an. Daneben sind jedoch auch regional begrenzte Entwicklungen erkennbar; dies trifft gerade für Gallien und das römische Germanien zu. Dort sind neue Geräte benutzt oder technische Verfahren angewendet worden, die einen wesentlichen Beitrag zur antiken Technik darstellen. Die politische Einheit des Mittelmeerraumes beschleunigte in hohem Maße die Transferprozesse: Einerseits konnten neue Produkte schnell eine weite Verbreitung finden, andererseits war es den Handwerkern möglich, ihre Werkstätten in sehr entfernte Gebiete zu verlegen. Aber es blieb während der späten Republik und des Principats nicht bei dem Transfer bereits bekannter Techniken. Die politische und wirtschaftliche Durchdringung großer Binnenräume, die Versorgung der großen Städte sowie der an den Grenzen des Imperiums stationierten Legionen und das wachsende Repräsentationsbedürfnis der städtischen Eliten stellten neue Anforderungen an Landwirtschaft, Handwerk und Transportwesen. Die römische Gesellschaft war in der Lage, auf diese Herausforderungen zu reagieren; auch in der römischen Epoche war die Innovationsfähigkeit ein hervorstechendes Kennzeichen des technischen Systems der Antike.

Die technischen Neuerungen in der Landwirtschaft bestanden vor allem in der Verbesserung der bei der Feldarbeit und der Wein- sowie Ölerzeugung verwendeten Geräte, aber auch in anderen Methoden der Düngung. Viele solcher Innovationen waren mit dem Übergang von der traditionalen Landwirtschaft zu einer auf wenige

60. Dreschen mit Ochsen und Pferden. Mosaik aus einer römischen Villa in Nordafrika, römische Kaiserzeit. Tripoli, Museum

Produkte spezialisierten, marktorientierten Gutswirtschaft eng verbunden und wurden von den Agronomen reflektiert, die in ihren Schriften demonstrieren wollten, mit welchen Mitteln in der Landwirtschaft möglichst hohe Erträge erzielt werden könnten. Daneben wiesen auch die Instrumente der römischen und italischen Kleinbauern, deren Arbeit Vergil (70–19 v. Chr.) in den »Georgica« beschreibt, besondere Eigenheiten auf, durch die sie sich von den griechischen Geräten unterschieden. Dies trifft insbesondere auf den römischen Pflug zu, dem Vergil einige Verse gewidmet hat und der durch Reliefs, Kleinplastiken und Votivgaben gut bezeugt ist. Es handelt sich um einen bis in das 20. Jahrhundert hinein im Mittelmeerraum weit verbreiteten Typ des Pfluges, dessen Scharbaum am untersten Ende des Krümels befestigt ist (I 169 ff.): »Jung in den Wäldern, mit mächtiger Kraft gebogen, verwächst zum / Krümel die Ulme, empfängt die Form des gerundeten Pfluges. / In den Krümel fügt sich vorn, 8 Fuß lang, die Deichsel, / seitlich 2 Bretter und unten mit doppelten Rücken der Scharbaum.« Varro erwähnt ebenfalls Bretter, die man an den Pflug angebracht hat, um breite Furchen zu ziehen. Auf solche Weise ließ sich der Acker tief aufbrechen, so daß beim ersten Pflügen große Erdschollen vom Boden losgerissen wurden. Um den stark beanspruchten Scharbaum vor einer schnellen Abnutzung zu schützen, versah man ihn an seiner Spitze mit einer eisernen Pflugschar, die vornehmlich in den nordwestlichen Provinzen archäologisch gut nachgewiesen werden konnte. Das Pflugmesser, sogenannte Sech, das vor dem Scharbaum das Erdreich durchschneidet, wird in der antiken Literatur nur von Plinius erwähnt. Als Neuerung bezeichnet er, der sich in der »Naturalis historia« immer wieder an technikhistorischen Fragen interessiert zeigt, den in der Provinz Raetia verwendeten Räderpflug, der ebenfalls mit einem Sech ausgerüstet gewesen ist. Beachtenswert bleibt die Tatsache, daß dieser Pflug von zwei bis drei Paar Ochsen gezogen worden sein soll – der erste Hinweis darauf, daß in der Landwirtschaft nicht bloß ein Zugtierpaar dem Ackergerät vorgespannt gewesen ist. Die schweren Böden in den nördlich der Alpen gelegenen Provinzen erforderten andere Methoden der Bearbeitung als die leichten, humusarmen im Mittelmeerraum. In den nordwestlichen Provinzen, in denen lokale und mediterrane Traditionen eine enge Verbindung eingingen, wurde auf neue Herausforderungen immer wieder mit innovativen Techniken geantwortet. Der von Plinius erwähnte Räderpflug samt dem üblichen Ochsenvorspann ist hierfür nur ein Beispiel. Es gibt jedoch viele Belege dafür, daß auf leichteren Böden auch Maultiere zum Ziehen verwendet worden sind. Kleinbauern, die nur über wenig Land verfügten, konnten sich Ochsen, die allein als Arbeitstiere zu gebrauchen waren, aber kaum leisten. Es gibt eine Reihe von Hinweisen darauf, daß im bäuerlichen Milieu mit Kühen gepflügt worden ist (Anthologia Graeca 9, 274): »Mühsam schneidet die Kuh auf dem Feld im Kreise die Furchen, / während dem Stachel sie folgt, der ihr den Schenkel zersticht. / Dann, nach den Mühen des Pflügens, erwarten sie andere Schmerzen, / wenn sie dem saugenden Kalb wieder das Euter entbeut. / Überlaste sie nicht! Sieh, wenn du sie schonend behandelst, / nährt sie das kleine Kalb, Bauer, zur Kuh dir heran.«

In verschiedenen Regionen Italiens wurde das Getreide auf unterschiedliche Art und Weise geerntet. In Umbrien hat man die Halme direkt über dem Boden abgeschnitten, während in Picenum der Ährenschnitt verbreitet war und die Halme auf dem Feld stehenblieben. In den meisten Landschaften Italiens hielt man mit der linken Hand die Halme an ihrer Spitze fest und schnitt sie mit der Sichel in der Mitte ab – ein Vorgang, der auf dem Sarkophag des L. Annius Octavius Valerianus sehr schön dargestellt ist. Im Imperium Romanum war bereits die ausbalancierte Bogensichel im Gebrauch, die sich besser als die einfache Hakensichel handhaben läßt, da ihr Schwerpunkt in der Griffachse liegt.

Wie in Griechenland war es auch im Römischen Reich üblich, zum Dreschen Zugtiere zu verwenden, die auf der Tenne die Getreidekörner aus den Ähren austraten. Columella empfahl, hierfür eher Pferde als Rinder einzusetzen. Die Tendenz, für immer mehr Arbeitsvorgänge Geräte zu entwickeln und zu nutzen, hatte auch für das Dreschen Gültigkeit. Bei Varro und Columella wird der Dreschschlitten erwähnt, der aus mehreren zusammengefügten Brettern bestand, an deren Unterseite Steine oder eiserne Zacken befestigt waren. Durch das Gewicht des Treibers oder eine Last beschwert, zogen Ochsen den Dreschschlitten über die Tenne, so daß die Getreidekörner von den Ähren getrennt wurden. Ein anderes Gerät, das vor allem in Spanien verbreitet gewesen ist, für Italien aber nicht nachgewiesen werden kann, hatte Achsen, die mit Zacken versehen waren, und Räder. Dieser wahrscheinlich von den Karthagern entwickelte Typ des Dreschschlittens hatte den Vorteil, daß er sich leichter ziehen ließ, ohne deswegen weniger effizient zu sein. Im Mittelmeerraum hat man das Getreide meistens unmittelbar nach der Ernte auf der Tenne gedroschen; wenn bei der Ernte nur die Ähren abgeschnitten wurden, bestand außerdem die Möglichkeit, des Getreide sogleich in Scheunen zu bringen und den Winter über mit Stöcken zu dreschen. Da mit Hilfe des Worfelkorbs Spreu und Körner auch bei Windstille getrennt werden konnten, waren Dreschen und Worfeln nicht mehr an bestimmte Jahreszeiten gebunden. Der längliche und an einer Schmalseite offene Worfelkorb wurde geschüttelt, so daß die Spreu an die Oberfläche gelangte und mit der Hand durch die offene Seite leicht entfernt werden konnte.

Im Norden Galliens sowie in den germanischen Provinzen wurde die Getreideernte mittels eines Mähgerätes durchgeführt, das die Erntearbeiten durch den Einsatz tierischer Kraft wesentlich erleichterte und beschleunigte. Auf mehreren

61. Bauer mit Worfelkorb. Relief, römische Kaiserzeit. Mainz, Mittelrheinisches Landesmuseum

Reliefs kann man sehen, wie ein Tier – meist ein Esel – einen zweirädrigen Kasten über ein Feld schiebt. Die Deichseln waren an der Rückseite angebracht, und hinter dem Tier ging gewöhnlich ein Landarbeiter, der das Gerät lenkte; der an der Vorderseite offene Kasten besaß in Höhe der Ähren eine Reihe Greifzähne. Wurde das Gerät über ein Getreidefeld geschoben, gerieten die Ähren zwischen die Greifzähne, wurden vom Halm abgetrennt und fielen in den Kasten. Es gab nach Auffassung des Palladius (4./5. Jahrhundert) zwei Bedingungen für den Einsatz dieses Gerätes: Die Felder mußten eben sein, und man mußte auf das Stroh verzichten können. Für die Grundbesitzer lag der Vorteil des Gerätes darin, mit ihm Zeit und Arbeitskräfte zu sparen. Beides war in Nordgallien nicht unwichtig; denn in diesem wenig urbanisierten Gebiet war es wohl schwierig, Tagelöhner für die Erntearbeiten anzuwerben, und bei den klimatischen Bedingungen in dieser Region mußte es wünschenswert sein, die Ernte möglichst schnell einzubringen.

Ein gravierendes Problem der römischen Landwirtschaft war die Bodenerschöpfung. Es gab mehrere Methoden, dem Acker neue Nährstoffe zuzuführen. Durch die Aussaat von Lupinen wurde der Boden mit Stickstoff angereichert, die Stoppelfelder wurden abgebrannt, und es wurde Mist auf den Acker gebracht. Diese Methoden änderten aber nichts an der Tatsache, daß man auf einem Feld nur jedes zweite Jahr Getreide anbauen konnte. Die Agronomen widmeten dem Problem der Bodenerschöpfung und der Düngung große Aufmerksamkeit. Die Schwierigkeiten wuchsen noch dadurch, daß die Transhumanz sich in Italien in einem vorher nicht bekannten Ausmaß durchgesetzt hatte; die so verursachte Trennung von Viehwirtschaft und Anbau hatte zur Folge, daß auf den Landgütern lediglich der Mist der Arbeitstiere anfiel. Wie wertvoll dieser für die Gutsbesitzer gewesen ist, zeigen die folgenden Ratschläge Catos (5,8): »Sieh zu, daß du einen großen Misthaufen hast; den Dung halte sorgsam zusammen; beim Ausmisten laß ihn ausklauben und zerkleinern; im Herbst laß ihn vom Hof fahren.« Ein sorgfältiges Düngen zählte nach Cato zu den wichtigsten Voraussetzungen erfolgreicher Landwirtschaft (61,1): »Was heißt, den Acker gut bebauen? Gut pflügen; was ist das Zweite? Pflügen; was kommt drittens? Düngen.« Bei Vergil werden die Möglichkeiten der Bodenverbesserung eingehend beschrieben (1,71 ff.) »Alle zwei Jahre auch laß nach der Ernte ruhen das Brachfeld / und den ermüdeten Boden durch Liegen sich härten und stärken; / hat sich gewandelt des Jahres Gestirn, so säe den gelben / Spelt dort, wo du Hülsenfrucht sonst mit rasselnder Schote / oder zierlicher Wicken Frucht und herbe Lupinen / bargest, zerbrechliche Halme und dichte, rauschende Büschel. / Leinsaat dörrt den Boden dir aus, es dörrt ihn der Hafer, / dörrend entsaugt ihm Mohn den Schlaftrunk des Vergessens. / Fruchtwechsel aber macht leicht auch diese Mühsal, nur darfst du / dich nicht scheuen, mit kräftigem Mist den Boden zu düngen / und auf erschöpfte Äcker die schmutzige Asche zu streuen. / So erholen sich auch durch den Wechsel der Feldfrucht die Fluren, / bleibt inzwischen auch ungepflügt nicht fruchtlos die

62 a. Gallisches Mähgerät. Grabrelief, römische Kaiserzeit. Virton, Musée Gaumais. – b. Rekonstruktion des gallischen Mähgerätes (nach H. Cüppers)

Erde. / Oft auch half es, ertragloses Land in Flammen zu setzen / und die trockenen Stoppeln in prasselnder Glut zu verbrennen.«

Folgt man den Bemerkungen Columellas, so hat man im 1. Jahrhundert allgemein über sinkende Erträge geklagt. Prononciert beginnt Columella die Vorrede zu seinem Buch über die Landwirtschaft mit folgender Feststellung: »Oft höre ich, wie die Ersten unserer Bürger bald über die Unfruchtbarkeit der Äcker klagen, bald über die Ungunst des Wetters, die schon lange den Früchten schade; manche höre ich

63 a bis d. Transport von Dünger; Zerstampfen der Weintrauben; Olivenernte; Pressen der Oliven. Mosaiken von Saint-Romain-en-Gal, römische Kaiserzeit. Saint-Germain-en-Laye, Musée des Antiquités Nationales

auch, die diese Klagen sozusagen durch eine bestimmte Begründung abschwächen, weil sie meinen, durch allzu große Ergiebigkeit in der Vergangenheit sei der Boden völlig erschöpft und ausgemergelt und könne daher nicht in der früheren Fülle den Menschen Nahrung bieten.« Die Antwort Columellas auf diese Klage besteht in der Aufforderung, für eine bessere Düngung des Bodens zu sorgen. Die Geflügelhaltung auf dem wird von ihm ausdrücklich mit dem Argument empfohlen, mit dem Dung

Innovation und Techniktransfer 217

der Vögel könne man die magersten Weinpflanzungen und jegliches Garten- und Ackerland verbessern. Gerade Taubenmist galt hierfür als besonders geeignet. Das Düngen der Felder wurde allgemein als so charakteristisch für die Landarbeit empfunden, daß der Künstler, der das große Mosaik von Saint-Romain-en-Gal schuf, den Transport von Mist in seinen Zyklus landwirtschaftlicher Arbeiten aufnahm.

Wie gezielt an einer Verbesserung der in der Landwirtschaft genutzten Geräte gearbeitet worden ist, verdeutlicht besonders die Entwicklung der Wein- und Ölpressen. Bei der griechischen Presse, die auf dem attischen Skyphos bildlich dargestellt ist, wird der lange Preßbalken durch das Gewicht eines Steines herabgezogen; in der Folgezeit versuchte man Vorrichtungen zu konstruieren, die es ermöglichten, den Druck auf das Preßgut zu verstärken. Dabei ersetzte man den Stein entweder gänzlich oder kombinierte sein Gewicht mit einer Vorrichtung, die die Bedienung der Presse erleichtern sollte. Plinius erwähnt in seinem kurzen Überblick über die Geschichte der antiken Weinpresse drei Typen: zuerst die Presse, deren Preßbalken mit Tauen, Riemen und Hebeln heruntergezogen wurde, dann die Presse mit Preßbalken und Schraube und zuletzt die direkte Schraubenpresse. Das Aufkommen der beiden neuen Geräte hat Plinius relativ genau datiert; er sagt, die Presse, deren Preßbalken mit Hilfe einer Schraube bedient wurde, sei vor etwa hundert Jahren – also um 25 v. Chr. –, die direkte Schraubenpresse vor zweiundzwanzig Jahren – also um 55 n. Chr. – erfunden worden. Mit diesen Bemerkungen ist auch ein ungefährer Zeitrahmen für die Einführung der Schraube, die in der aristotelischen Mechanik noch nicht erwähnt wird, gegeben. Für die Zeit des frühen Principats ist sie bereits als Teil verschiedenartiger Geräte – darunter eines medizinischen Instruments aus Bronze, das man in Pompeji gefunden hat, also vor 79 n. Chr. geschaffen worden sein muß – archäologisch nachgewiesen.

Das älteste bei Plinius erwähnte Gerät wurde auf den Gütern Catos eingesetzt und ist in dessen Schrift über die Landwirtschaft eingehend beschrieben. Der Preßbaum war mit einer Seilwinde verbunden, die man mittels langer Hebel drehte, so daß auf das Preßgut ein starker Druck ausgeübt wurde. Allerdings hatte diese Presse den Nachteil, daß die Winde ständig bedient werden mußte, um den Druck aufrechtzuerhalten. Bei einer von Heron erwähnten Presse war daher am Ende des Preßbaums ein Flaschenzug angebracht, mit dem ein Gewichtsstein angehoben werden konnte; das Seil des Flaschenzugs war mit der Winde verbunden. Wenn der schwere Stein mit Hilfe der Winde und des Flaschenzugs angehoben worden war, übte er durch sein Gewicht anhaltenden Druck auf das Preßgut aus. Nach Heron war bei dieser Presse die Unfallgefahr ziemlich groß, weil es leicht passieren konnte, daß einer der langen Hebel bei der Bedienung brach oder aus seiner Lagerung glitt und der dann herabfallende Stein die Arbeiter verletzte. Die Verwendung der Schraube ersetzte die Winde und die Hebel, wodurch das Gerät sehr viel sicherer wurde. Es existierten zwei Möglichkeiten, die Schrauben zu installieren. Die bei Plinius erwähnte Presse

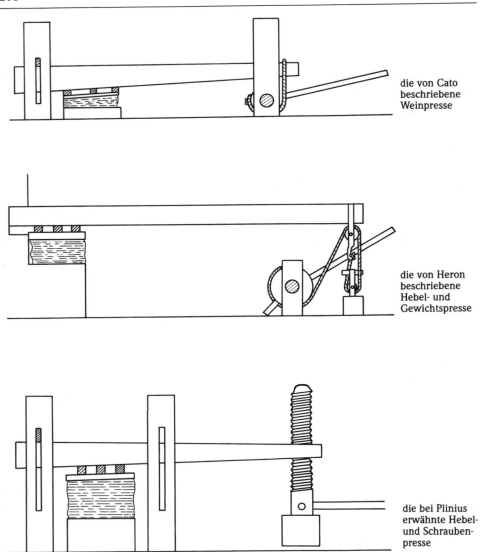

Römische Pressen (nach Drachmann)

hatte einen Preßbaum, in den ein Muttergewinde eingeschnitten war; am unteren Ende der senkrechten Schraube waren ein schweres Gewicht und Handspeichen befestigt. Drehte man die Schraube im Gewinde, hob sich das Gewicht und zog den Preßbalken herunter. Heron hingegen schlug eine andere Konstruktion vor: Die Schraube sollte beweglich am Preßbalken befestigt werden, während man das Muttergewinde mit dem Gewicht verband. Ein erheblicher Vorteil der kombinier-

Innovation und Techniktransfer

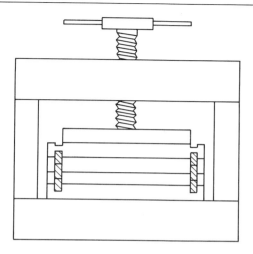

Von Heron beschriebene Schraubenpresse ohne Preßbaum (nach Drachmann)

ten Hebel- und Schraubenpressen war darin zu sehen, daß man für ihre Aufstellung wesentlich weniger Platz benötigte, weil die langen Hebel der Winde entfielen; man konnte so die Größe der Kelterhäuser stark reduzieren – ein Tatbestand, auf den Vitruv mit Nachdruck hingewiesen hat.

Bei der direkten Schraubenpresse verzichtete man gänzlich auf den Preßbalken; sie besaß vielmehr ein Rahmengestell, in dessen Querbalken über dem Preßgut die

64. Schraubenpresse. Relief, römische Kaiserzeit. Aquileia, Museo Archeologico

65. Mühlen in einer Bäckerei von Pompeji, 1. Jahrhundert n. Chr.

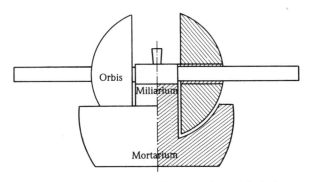

Von Cato beschriebenes Trapetum (nach Moritz)

Innovation und Techniktransfer

66. Von Pferden gedrehte Rotationsmühlen. Sarkophagrelief, 1. Jahrhundert n. Chr. Vatikan, Museo Chiaramonti

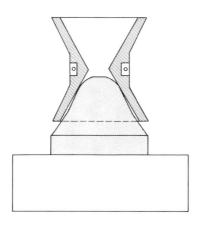

Pompejanische Rotationsmühle (nach Moritz)

67. Eine große Bäckerei. Reliefs vom Grabmal des Eurysaces an der Porta Maggiore in Rom, 1. Jahrhundert n. Chr.

Schraube eingelassen war. Durch Drehen konnte der Druck auf die Weintrauben oder Oliven direkt ausgeübt werden; allerdings war es erforderlich, den Druck durch wiederholtes Drehen zu verstärken, während er bei einer Presse mit einem Gewichtsstein so lange bestand, bis der Stein auf den Boden aufsetzte. Man schätzte diese Presse deswegen, weil zu ihrer Herstellung kein großer Materialaufwand notwendig war, sie wenig Platz beanspruchte und sich außerdem transportieren ließ. Die Pressen waren aufwendige Geräte und hatten eine lange Lebensdauer; es überrascht daher keineswegs, wenn die älteren Formen nicht sofort von der Schraubenpresse verdrängt worden sind. Ein intaktes Gerät brauchte man nicht zu ersetzen, so daß während des Principats in jenen Gegenden, in denen Wein und Öl erzeugt wurden, verschiedenartige Pressen nebeneinander existierten.

Für die Ölerzeugung wurde außerdem ein weiteres, ebenfalls von Cato beschriebenes Gerät verwendet, das Trapetum, das dazu diente, vor dem Pressen die Oliven zu zerquetschen. Es handelte sich hierbei um eine runde steinerne Wanne mit einer den Rand überragenden Säule in der Mitte. Um einen Zapfen, der oben in die Säule eingelassen war, konnte ein waagerechter Balken gedreht werden, an dem zwei Läufersteine befestigt waren. Das Gerät war so justiert, daß ein genügend großer Abstand zwischen der Wanne und den Läufersteinen, die die Form von Kugelsegmenten besaßen, blieb, damit die Kerne nicht zerbrochen wurden; nach Columella wäre dadurch die Qualität des Öls erheblich beeinträchtigt worden. Dieses Gerät ist deswegen besonders interessant, weil es zeigt, daß in der Zeit des Hellenismus und der römischen Republik Rotationsbewegungen in steigendem Umfang technisch genutzt worden sind.

Die Getreidemühle erfuhr gleichfalls eine grundlegende Verbesserung. Die hin- und hergehende Bewegung des oberen Mühlsteins wurde durch eine Rotationsbe-

Innovation und Techniktransfer

wegung ersetzt. Diese neue Mühle, die allgemein als »Pompejanische Mühle« bezeichnet wird, weil man viele Exemplare bei den Ausgrabungen in Pompeji gefunden hat, besaß einen feststehenden unteren Mühlstein, der die Form eines Kegels hatte. Der obere Mühlstein sah wie zwei Hohlkegel aus, die nach oben und unten geöffnet waren. Die beiden Mühlsteine berührten sich beim Mahlen nicht, weil dann Steinabrieb das Mehl verunreinigt hätte. Auf dem unteren Mühlstein war vielmehr ein Metallstab angebracht, auf dem ein Holzgestell auflag; an diesem Gestell war der obere Mühlstein so befestigt, daß er zum unteren einen schmalen Zwischenraum ließ, in dem die Getreidekörner zermahlen wurden. Der obere Hohlkegel diente als großer Trichter, in den das Getreide hineingeschüttet wurde, es rutschte ständig nach unten zwischen die beiden Steine.

Durch den Übergang von der hin- und hergehenden Bewegung zur Rotationsbewegung war die Voraussetzung geschaffen, die Arbeitskraft der Tiere für das Mahlen des Getreides zu nutzen. Der obere Mühlstein wurde von einem Tier, meistens einem Esel, bei größeren Mühlen auch von einem Pferd gedreht; das geschah Tag für Tag auf kleinstem Raum bei extremer Körperbiegung und mit verbundenen Augen. Das Tier wurde hier zum ersten Mal als Antriebskraft für ein Gerät gebraucht. Der Mensch hatte sich von einer anstrengenden, monotonen Arbeit befreit, sie aber nun dem Tier auferlegt. Welche Leiden diesen Eseln und Pferden zugefügt wurden, hat einfühlsam Apuleius (um 123 – nach 160) in den »Metamorphosen« beschrieben (9,13): »Es waren lauter uralte Tiere, lauter Schindmähren, die vor Schwäche schwankten. Die standen nun, den Kopf zur Erde gesenkt, ringsum an der Krippe und kauten schläfrig Spreu; der ganze Hals ein Eiterfraß, die Nüstern vom unaufhörlichen Prusten schlaff und weit offen, die Vorderblätter vom hanfenen Zugseil durchgerieben und schwärig, die Rippen bloß vom ständigen

Gepeitsche, die Hufe breit auseinandergetreten, und endlich das äußerst dürre Gerippe über und über mit bösem Grind überzogen.« Solche Mühlen wurden in den städtischen Bäckereien aufgestellt, die in Rom durchaus Großbetriebe sein konnten. Wie die Reliefs am Grabmal des Eurysaces an der Porta Maggiore zeigen, arbeiteten in einem solchen Betrieb eine Vielzahl von Menschen, und auch hier sind Mühlen und Geräte zum Teigkneten dargestellt, die von Tieren gedreht wurden.

Die technischen Neuerungen im Bereich des Bergbaus haben dazu geführt, daß man in den wichtigen Bergbaugebieten des Imperium Romanum – vor allem in Spanien – Metallvorkommen zu erschließen vermochte, die mit den Mitteln älterer Technik kaum hätten abgebaut werden können. Das trifft sowohl für den Tagebau als auch für den Untertagebau zu. Da die römische Verwaltung einen hohen Bedarf an Edelmetallen für die Münzprägung hatte, scheute sie vor keinem Aufwand zurück, um die Förderung von Gold und Silber zu ermöglichen. Das größte Problem, das sich den Römern in den spanischen Bergwerken stellte, war das Grundwasser. Man baute die Erze unterhalb des Grundwasserspiegels ab, weswegen eine Wasserhaltung notwendig wurde. Die Römer verwendeten im Bergbau dieselben Wasserhebegeräte, die in der Landwirtschaft zur Bewässerung gebraucht wurden. Diodor und Strabon berichten übereinstimmend, daß in den Bergwerken der spanischen Provinzen die archimedische Schraube eingesetzt worden ist. Da sie in einem flachen Winkel aufgestellt wurde, hat jedes einzelne Gerät das Wasser zwar nur um etwa 1,5 Meter gehoben, aber immerhin war es möglich, durch Installierung mehrerer Schrauben große Mengen von Wasser aus den Bergwerken zu leiten – eine technische Leistung, die Poseidonios stark beeindruckt hat. Neben der archimedischen Schraube wurden auch Wasserheberäder verwendet, die bei einem Durchmesser von etwa 4,5 Metern das Wasser um rund 3,6 Meter hoben. Einzelne Funde in Spanien, Wales und Dakien zeigen, daß an ihrem Radkranz Behälter angebracht gewesen sind, die sich beim Eintauchen in das Wasser gefüllt und, nach einer halben Umdrehung des Rades am höchsten Punkt angelangt, wiederum geleert haben. Im Bergwerk von Riotinto in der Provinz Baetica haben 8 Paare solcher Räder das Grubenwasser insgesamt um etwa 29 Meter gehoben. Da die engen Stollen der Bergwerke es nicht zuließen, ein solches Rad zu seinem Aufstellungsort zu bringen, setzte man die Räder normalerweise erst im Bergwerk aus den Einzelteilen zusammen.

Im Tagebau haben die Römer die Wasserkraft in großem Umfang genutzt, um alluviale Erd- und Gesteinsschichten über den Goldlagern zu beseitigen. Zu diesem Zweck benötigten sie viel Wasser; sie legten deshalb im Hochgebirge Nordwestspaniens oft mehr als 10 Kilometer lange Wasserleitungen an, deren Trasse teilweise durch schwierigstes Gelände – etwa an nahezu senkrechten Felswänden entlang – verlief. Auf diese Weise leiteten sie das Wasser aus Bächen und Quellen der Umgebung zu großen Wassertanks oberhalb der Goldlager; wenn diese Tanks

68. Bergarbeiter. Relief aus Linares, Spanien, römische Kaiserzeit. Bochum, Deutsches Bergbau-Museum

69. Archimedische Schraube aus Sotiel Coronada, Spanien, römische Kaiserzeit. Liverpool, Museum

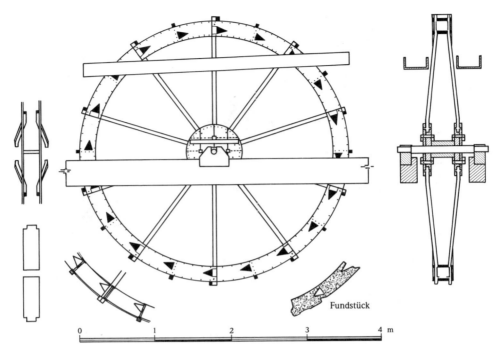

Rekonstruktion des Wasserheberades von Dolaucothi in Wales (nach Boon und Williams)

geöffnet wurden, stürzten ungeheure Wassermengen auf die oberen Erdschichten und schwemmten sie fort. Anschließend konnten sie das Goldlager durch einen ständigen Wasserstrom auswaschen und das Metall in dafür vorbereiteten Gräben auffangen.

Zwei große Inschriften aus der Zeit Hadrians (reg. 117–138) bieten eine Vielzahl von Informationen zu einzelnen Fragen der Bergbautechnik und zur sozialen Lage der in den Bergwerksdistrikten lebenden Bevölkerung. Die römische Verwaltung legte großen Wert auf die Grubensicherheit. So war vorgeschrieben, daß alle Stollen abgestützt und befestigt wurden; verrottetes Holz sollte ersetzt werden. Scharfe Strafbestimmungen richteten sich gegen jeden, der die Sicherheit im Bergwerk gefährdete oder etwa stehengelassene Stützpfeiler beschädigte. Welchen Umfang der römische Bergbau gehabt hat, mag das Beispiel von Riotinto veranschaulichen: Man nimmt heute an, daß die Römer hier von den ursprünglich vorhandenen 3 Millionen Tonnen Erz 2 Millionen Tonnen abgebaut haben; das Gewicht der antiken Schlacken in diesem Gebiet wurde auf 16 Millionen Tonnen geschätzt.

Für die römische Metallurgie war charakteristisch, daß Blei als Werkstoff immer wichtiger wurde; man benötigte das weiche und daher leicht zu bearbeitende Metall vor allem zur Herstellung von Rohren für die Wasserleitungen. Auf einen

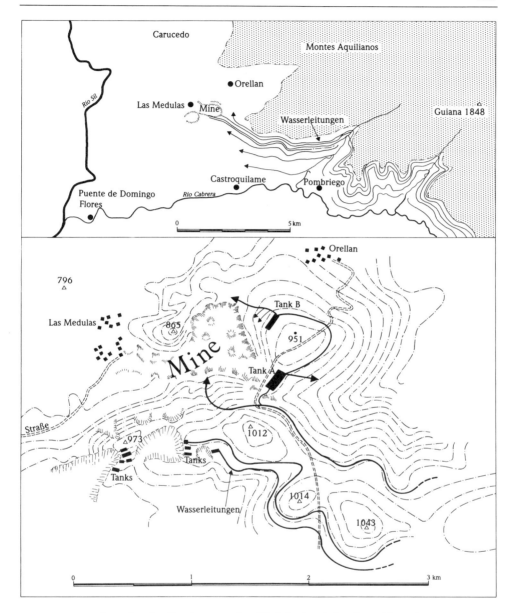

Lageplan des Tagebaus von Las Medulas (nach Lewis und Jones)

sehr hohen Bedarf läßt schon die Tatsache schließen, daß die Bleirohre der Druckleitungsstrecken einer einzigen römischen Wasserleitung – der Gier-Leitung von Lyon – ein Gewicht von 10.000 Tonnen besessen haben sollen; eine andere Schätzung beläuft sich sogar auf 40.000 Tonnen. Angesichts solcher Zahlen ist es verständlich,

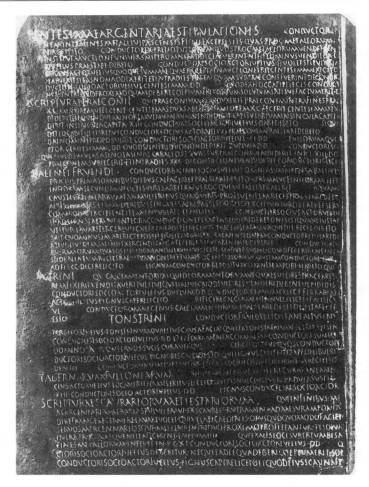

70. Lex metalli Vipascensis CIL II 5181. Römische Inschrift auf einer Bronzetafel aus Aljustrel, Portugal, 2. Jahrhundert n. Chr. Lissabon, Museu Arqueológico

daß die Römer sogleich nach der Eroberung von Britannien begonnen haben, in der neuen Provinz Blei zu fördern. Das Blei wurde in unmittelbarer Nähe der Bergwerke in Barrenform gegossen und dann durch Gallien an die Mittelmeerküste transportiert. Viele solcher Barren sind auf dem Transportweg verlorengegangen und sehr viel später gefunden worden. Aufgrund ihrer Inschriften gewähren sie interessante Aufschlüsse über die Entwicklung der Bleiverarbeitung. Vitruv stand der zunehmenden Verwendung von Bleiröhren für Wasserleitungen kritisch gegenüber; er begründete seine Meinung, Wasser aus Bleiröhren sei gesundheitsschädlich, mit dem Hinweis auf die Berufskrankheiten jener Handwerker, die in Bleigießereien arbeiteten (8,6,11): «Ein Beispiel hierfür können uns die Bleiarbeiter liefern, weil sie eine bleiche Körperfarbe haben. Wenn nämlich Blei geschmolzen und gegossen wird, dann entzieht der von ihm ausströmende Dampf, der sich an den Gliedern des Körpers festsetzt und sie von dort ausbrennt, ihren Körperteilen die wertvollen Eigenschaften des Blutes.«

Den Römern gelang es zwar nicht, das Verfahren zur Kohlenstoffanreicherung von Eisen wesentlich zu verbessern, aber sie waren in der Lage, verschiedene Qualitäten von Eisen klar zu unterscheiden. So hatten sie schnell erkannt, daß Eisen aus der Provinz Noricum besonders hart war; sie verwendeten es bevorzugt zur Herstellung von Messern und anderen Schneidewerkzeugen. In Noricum hergestellte Werkzeuge wurden oft aus mehreren Eisenstücken zusammengeschmiedet; stark beanspruchte Stellen wie die Spitze eines Meißels oder die Schneide eines Messers hatten einen relativ hohen Kohlenstoffgehalt: zwischen 0,45 und 0,9 Prozent. Die Qualität des norischen Eisens beruhte nicht auf einer besonderen Verhüttungstechnik oder auf einem sonst nicht bekannten Verfahren der Kohlenstoffanreicherung, sondern auf der Zusammensetzung des in Kärnten geförderten Eisenerzes, das einen hohen Mangangehalt aufweist. Für diese These spricht die Tatsache, daß am Magdalensberg gefundene Luppen einen Kohlenstoffgehalt von über 2 Prozent haben.

Da bei der üblichen Methode der Kohlenstoffanreicherung durch Erhitzen des Werkstücks im Holzkohlenfeuer nur die Oberfläche des Metalls gehärtet wurde, ging man dazu über, dünne Eisenplatten zunächst mit Kohlenstoff anzureichern und sie dann zu einem Werkstück zusammenzuschmieden. Dieses lamellierte Eisen hatte teilweise einen Kohlenstoffgehalt von 0,5 Prozent; doch das waren vereinzelte Fortschritte. Viele antike Fundstücke aus Eisen weisen nämlich keinen Kohlenstoffgehalt auf und machen so deutlich, wie wenig verbreitet die Technik des Eisenhärtens gewesen ist. Metalle – darunter vor allem Bronze – waren im Alltagsleben der Römer eine Selbstverständlichkeit. Viele täglich gebrauchte Gegenstände – Schüsseln, Lampen, Kochgeschirr –, aber auch Kunstwerke, mit denen man Wohnungen und Gärten ausstattete, bestanden aus Bronze und wurden vom lokalen Handwerk

71. Römischer Bleibarren, 60 n. Chr. London, British Museum

72. Schmiede. Grabrelief aus Aquileia, um 100 n. Chr. Aquileia, Museo Archeologico

hergestellt. Mehrere Grabreliefs mit der Darstellung von Läden einzelner Schmiede veranschaulichen, wie umfangreich das Angebot an Metallwaren in den römischen Städten gewesen ist.

In der Zeit des frühen Principats übernahmen die Römer die im griechischen Osten weitverbreitete Technik der reliefverzierten Keramik. In Puteoli am Golf von Neapel und in Arretium entstanden etliche, zum Teil recht große Werkstätten, die alle Regionen des Mittelmeerraumes mit Terra Sigillata belieferten. Mit dem Begriff

73. Zwei Schmiede und ihre Werkzeuge. Grabstein aus Frascati, 1. Jahrhundert n. Chr. London, British Museum

74. Schmiede bei der Arbeit: ein Gehilfe am Schmiedeherd mit dem Blasebalg; der Schmied beim Bearbeiten des Eisens. Graffito aus dem Coemeterium der Flavia Domitilla in Rom, römische Kaiserzeit. Rom, Musei Vaticani

»Terra Sigillata« wird ein dünnwandiges, rotglänzendes Geschirr, das häufig reliefverziert ist, bezeichnet. Der rote Glanz kam dadurch zustande, daß man die Gefäße vor dem Brand in eine Tonbrühe tauchte. Relativ schnell verlagerten sich die Produktionszentren nach Gallien, wo zunächst Lyon und La Graufesenque, dann Lezoux und Rheinzabern jeweils für längere Zeit eine führende Stellung in der Terra-Sigillata-Herstellung innehatten. Die gallische Keramik dominierte bald den Markt für Töpferwaren im gesamten Imperium Romanum. Die Töpfer scheinen in den gallischen Produktionszentren vorwiegend in kleinen Werkstätten gearbeitet zu haben; sie besaßen aber keine eigenen Brennöfen, sondern ließen gemeinsam ihre Erzeugnisse in großen Töpferöfen brennen, in die mehrere tausend Gefäße eingesetzt werden konnten. In La Graufesenque hat man Listen gefunden, in denen bis zu 30.000 von mehreren Töpfern zum Brennen abgelieferte Gefäße verzeichnet sind. Eine Vorstellung von den großen Brennöfen vermittelt jetzt die Rekonstruktion eines Ofens, dessen Reste in La Graufesenque entdeckt worden sind. Die Brennkammer war bei einer Breite von über 4 Metern mehr als 3 Meter hoch. Die Tonröhren, die in den Resten römischer Töpferöfen häufig ans Tageslicht gekommen sind, hatten wohl die Funktion, die Flammen und den heißen Rauch zu kanalisieren; außerdem bildeten sie zusammen mit den Ziegeln ein Gerüst, in das die Keramik möglichst platzsparend eingesetzt werden konnte. Wahrscheinlich waren die römischen Töpferöfen nicht durch eine Kuppel abgeschlossen, wie dies im archaischen Griechenland der Fall war; die Römer deckten den oben offenen Brennraum vor jedem Brand sorgfältig mit Ziegeln ab.

Obgleich die Terra Sigillata serienmäßig mit Formschüsseln produziert worden

75. Laden eines Schmieds. Marmorrelief auf einem Grabaltar, 1. Jahrhundert n. Chr. Vatikan, Galleria Lapidaria

ist, haben diese Gefäße oft eine beeindruckende Schönheit. Die Handwerker des 1. Jahrhunderts nutzten souverän die Möglichkeiten der neuen Technik; sie gingen zu einer Massenanfertigung über, ohne daß die ästhetische Qualität der Gefäße darunter gelitten hätte. Eine ähnliche Entwicklung ist in der Glasherstellung feststellbar. Zwei Erfindungen – die Fähigkeit, farbloses, durchsichtiges Glas herzustellen, und die Entwicklung der Technik des Glasblasens – hatten zur Folge, daß es zu einer plötzlichen starken Nachfrage nach Glasgefäßen kam. Im Verlauf des 1. Jahrhunderts wurde Glas ein Massenartikel, der sich in mancher Hinsicht der Keramik als überlegen erwies. Welche Faszination die großen Glasgefäße auf die römische Gesellschaft ausgeübt haben, machen besonders jene Wandgemälde augenfällig, auf denen Glasschalen mit Obst dargestellt sind.

Die Technik der Glasproduktion hat in der Antike allein Plinius beschrieben, dessen Ausführungen aber nicht sehr genau sind. Daneben existieren einige kurze Bemerkungen bei Strabon, deren Wert darin liegt, daß wichtige Entwicklungen relativ exakt datiert werden können. Glas, ein Werkstoff, der nicht in der Natur vorkommt, sondern aus Quarzsand und Soda hergestellt wird, ist bereits im Alten Ägypten und in Mesopotamien bekannt gewesen. Im Zeitalter des Hellenismus

76. Laden eines Schmieds. Terrakotta-Grabplatte, 2. Jahrhundert n. Chr. Ostia, Museo Ostiense

stellte man mit der Technik des Formschmelzens bunte Glasschalen her, deren Muster durch Einarbeitung verschiedenfarbiger Glasstücke entstand. In dieser Zeit waren die Zentren der Glasproduktion Alexandria und Sidon, Städte, in deren Umgebung Quarzsand hinreichend vorhanden war. Kurz vor Mitte des 1. Jahrhunderts v. Chr. entwickelten Glasmacher in Syrien die Technik des Glasblasens mit der Glasmacherpfeife. Durch die Verwendung von Modeln wurde es dann möglich, Glasgefäße in komplizierten Formen herzustellen. In augusteischer Zeit entstanden Werkstätten von Glasmachern in Rom. Hier verarbeitete man ein Rohglas, das in Campanien produziert wurde, wo es am Volturnus Quarzsandvorkommen gab. Den römischen Glasmachern gelang es, die Produktionstechnik entscheidend zu verbessern, so daß der Preis für Glasgefäße deutlich sank. Für eine solche Phase schnell aufeinanderfolgender Innovationen ist eine bei Petronius (1. Jahrhundert) überlieferte Anekdote über einen Glasmacher zur Zeit des Tiberius (reg. 14–37) charakteristisch (Sat. 51): »Doch hat es einen Handwerker gegeben, der eine Glasschale gemacht hat, die unzerbrechlich war. Er bekam also beim Caesar Audienz mit seinem Geschenk... Dann ließ er sie sich vom Caesar wieder reichen und warf sie auf den Estrich hin. Der Caesar erschrak so, daß es mehr nicht geht. Dagegen der

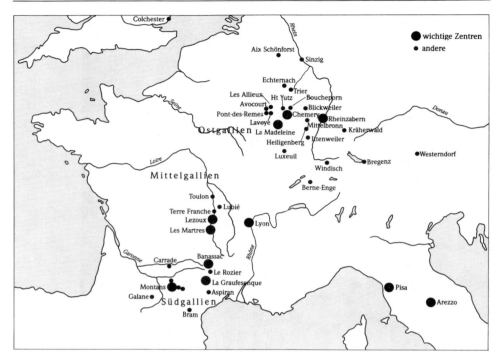

Zentren der Keramikproduktion im westlichen Imperium Romanum (nach Peacock)

andere hob die Schale vom Boden auf; sie war zerbeult wie ein Bronzegefäß; dann holte er ein Hämmerchen aus der Tasche und brachte die Schale seelenruhig hübsch in Ordnung. Nach dieser Leistung glaubte er Iuppiter persönlich zu sein, zumal nachdem der andere fragte: ›Versteht sich etwa noch jemand darauf, solche Glasgefäße herzustellen?‹ Jetzt aufgepaßt! Nachdem er verneint hatte, ließ ihm der Caesar den Kopf abschlagen, weil wir nämlich, wenn es heraus wäre, Gold für einen Dreck halten würden.«

Die Glasmacher stellten nicht nur einfache Gefäße für den Massenbedarf her, sondern auch außerordentliche qualitätvolle Produkte, für die hohe Preise bezahlt wurden. Beispiel hierfür sind die Überfanggläser, die aus zwei übereinanderliegenden, verschiedenfarbigen Glasschichten bestanden. Wie die Portland-Vase zeigt, ließen sich auf diese Weise einzigartige Wirkungen erzielen: Eine dunkelblaue Amphore wurde mit einer Schicht von weißem Glas überzogen, in die man dann eine Szene des Mythos reliefartig einschnitt. Die spätantiken Diatretgläser wiederum, die in Köln produziert worden sind, sehen aus, als seien sie von einem dünnen Maschennetz umgeben; dieser Effekt wurde durch Schliff eines zunächst dickwandigen Gefäßes erreicht.

Innovation und Techniktransfer 235

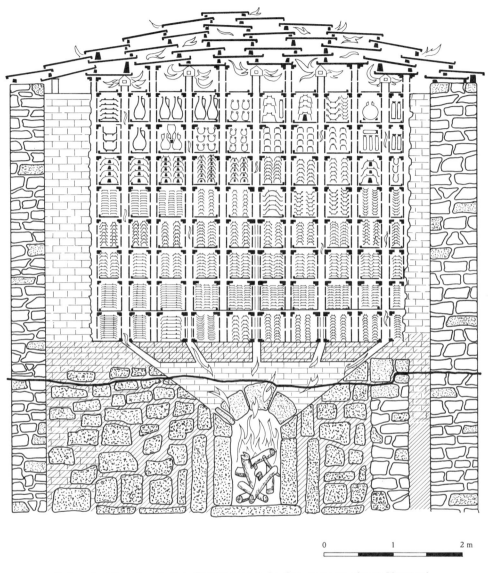

Rekonstruktion des großen Töpferofens in La Graufesenque (nach Vernhet)

Zu einem sehr gefragten Produkt der Glasmacher gehörten die Fensterscheiben, die bis zu 70 mal 100 Zentimeter groß waren. Bei ihrer Herstellung wurde zähflüssiges Glas auf eine Platte gegossen, die an den Seiten hohe Ränder hatte. Da die erhalten gebliebenen Reste der Scheiben auf einer Seite gerauht wirken, ist anzunehmen, daß man die Platte mit Sand bestreut hatte, wahrscheinlich um ein

77. Terra sigillata. Kelch aus der Werkstatt des M. Perennius Tigranus, 10 v. Chr. – 10 n. Chr. New York, Metropolitan Museum of Art, Rogers Fund, 1910

besseres Abheben der fertigen Scheibe zu ermöglichen. Die Tatsache, daß das Glas am Rand normalerweise dicker gewesen ist als in der Mitte, läßt darauf schließen, daß es nicht zugeschnitten, sondern genau in der gewünschten Größe hergestellt worden ist. Mit dem Fensterglas existierten für die Architektur völlig neue Perspektiven hinsichtlich der Beleuchtung von Innenräumen mit Tageslicht. Die Entwicklung der Glasherstellung war von weitreichenden Innovationen, die auf andere Bereiche ausstrahlten, geprägt. Bemerkenswert ist außerdem, wie schnell die in

78. Terra sigillata. Schüssel des Darbitus, um 50 n. Chr. Bonn, Rheinisches Landesmuseum

Innovation und Techniktransfer

79. Glasschale. Wandgemälde aus einer Villa in Boscoreale, um 50 n. Chr. New York, Metropolitan Museum of Art, Rogers Fund, 1903

80. Glasbecher, 1. Jahrhundert n. Chr. Berlin, Staatliche Museen Preußischer Kulturbesitz, Antikenmuseum

81. Diatretglas, 4. Jahrhundert n. Chr. Köln, Römisch-Germanisches Museum

Syrien entwickelte Technik des Glasblasens eine weite regionale Verbreitung gefunden hat.

Das Textilgewerbe gehörte im Imperium Romanum zweifellos zu den wichtigen Zweigen des städtischen Handwerks. Auch bei der Tuchherstellung setzte sich die Tendenz durch, neue Werkzeuge und Geräte zu verwenden sowie ältere Instrumente zu verbessern. Es handelte sich hier um Detailveränderungen, die jedoch in ihrer Bedeutung für den Arbeitsprozeß nicht unterschätzt werden sollten. Die Einführung der Bügelschere und damit der Schafschur scheint zunächst von marginaler Bedeutung gewesen zu sein, aber gegenüber dem älteren Verfahren, den Schafen im Sommer vor dem Haarwechsel die Wolle auszurupfen, hatte die Schur den erheblichen Vorteil, daß die Wolle nun ein zusammenhängendes Vlies bildete und leichter zu transportieren war. Der Webstuhl erhielt wahrscheinlich in der späten Republik oder im frühen Principat einen zweiten Querbalken, den Tuchbaum. Damit wurde die Kette nicht mehr durch Gewichte straff gehalten, sondern zwischen den oberen Garnbaum und den unteren Tuchbaum gespannt. Diese

Innovation und Techniktransfer

82. Schere für die Schafschur. Grabaltar, römische Kaiserzeit. Avezzano, Museo Civico

83. Spinnen. Relief vom Nerva-Forum, Rom, um 95 n. Chr.

84. Frauen am Webstuhl. Relief vom Nerva-Forum, Rom, um 95 n. Chr.

Anordnung erleichterte das Weben; denn jetzt wurde der Schußfaden nach unten angeschlagen, und das bedeutete eine erhebliche Reduzierung des Kraftaufwands. Außerdem war es nun möglich, im Sitzen zu weben. Der neue Webstuhl scheint relativ schmal gewesen zu sein, so daß die Leinenweber, die breite Leinenstoffe herstellten, an dem älteren Typ des Webstuhls festhielten. Beide Formen des Webstuhls kommen auch in den »Traumwelten« Artemidors (2. Jahrhundert) vor,

85. Webstuhl. Wandbild im Hypogäum der Aurelii, Rom, um 220 n. Chr.

der ihre Bedeutung als Traumsymbol von der Arbeitssituation der Weberinnen ableitet. Demnach meint der ältere Typus »Bewegungen und Reisen; denn die Weberin muß bei der Arbeit hin- und hergehen«. Der neue Webstuhl hingegen ist für Artemidor »Symbol der Behinderung, weil die Frauen ihn im Sitzen bedienen«.

Es gibt nur wenige Zeugnisse zur griechischen Textilherstellung, und daher bleibt unklar, inwieweit die Verfahren der römischen Walker Neuerungen gewesen sind. Es ist jedenfalls deutlich erkennbar, daß man den gewebten Stoff in den Walkereien sorgfältig weiter bearbeitet hat. Die Gewebe wurden in große Gefäße gelegt, die mit Reinigungsmittel – bevorzugt Urin – und Wasser gefüllt waren. Der Walker trat die in der Flüssigkeit liegenden Stoffe 24 Stunden lang oder länger mit den Füßen – ein Vorgang, der mehrmals auf Wandgemälden oder Reliefs abgebildet wurde. Man glättete das Tuch, indem man es zunächst mit der »Aena«, einem kleinen Holzbrett, an dem Disteln befestigt waren, aufrauhte; danach entfernte man den Gewebeflor mit einer Bügelschere. Für das Pressen des Tuches verwendete man im frühen

86. Walker. Grabrelief, römische Kaiserzeit. Sens, Musée Municipal

87. Tuchscherer. Grabrelief, römische Kaiserzeit. Sens, Musée Municipal

Principat hölzerne Schraubenpressen; ein solches Gerät wurde in Herculaneum gefunden. Hier zeigt sich, in welchem Ausmaß ein neues Instrument wie die Schraube universell eingesetzt worden ist.

Nicht die Tradition eines bestimmten Handwerks, sondern das Verständnis für technische Problemlösungen prägte die Entwicklung im Imperium Romanum. Die Römer leisteten – zusammen mit den Griechen in den östlichen Provinzen – dazu einen imponierenden Beitrag. Um Leistungen wie den Einsatz der Schraubenpresse in der Landwirtschaft angemessen einschätzen zu können, ist zu beachten, daß die damals entwickelten Formen der Presse im Mittelmeerraum bis zum 19. Jahrhundert Bestand gehabt haben. Mit dem Aufschwung der Glasherstellung gewann

Innovation und Techniktransfer

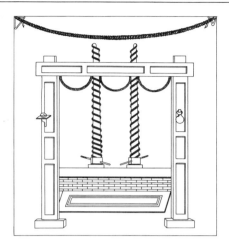

Schraubenpresse in einer Walkerei. Zeichnung nach einem Wandgemälde in Pompeji

88. Hölzerne Tuchpresse in Herculaneum, 1. Jahrhundert n. Chr.

89. Tuchprüfung. Sandsteinrelief aus Hirzweiler, 2. / 3. Jahrhundert n. Chr. Trier, Rheinisches Landesmuseum

dieser so wichtige Werkstoff erheblich an Bedeutung. Neuerungen wie das gallische Mähgerät oder der Räderpflug machen deutlich, daß die Römer überdies fähig gewesen sind, auf veränderte regionale Bedingungen zu reagieren. Angesichts solcher Fakten muß dem Imperium Romanum eine hohe Dynamik technischer Entfaltung zuerkannt werden.

Landtransport und Schiffahrt

Zu Lande blieben die Lasttiere das vorrangige Transportmittel, und unter ihnen kam dem Esel weiterhin eine besondere Bedeutung zu. Die Kleinbauern konnten sich Zugtiere und Wagen nicht leisten; sie hielten sich einen Esel, mit dem sie ihre Erzeugnisse in die nächste Stadt brachten oder Gebrauchsgüter, die sie selbst nicht herzustellen vermochten, aus der Stadt heranschafften, so wie es Vergil anschaulich beschreibt (1, 273 ff.): »Oft belastet mit Öl den Rücken des langsamen Esels / oder mit billigem Obst der Treiber, bringt den geschärften / Mahlstein heim aus der Stadt oder Klumpen klebrigen Peches.« Lucius, der durch einen unglücklichen Zufall in einen Esel verwandelte Held der »Metamorphosen« des Apuleius (2. Jahrhundert) schildert sein Leben bei einem Gärtner mit folgenden Worten (9, 32): »Morgens früh pflegte mich mein Herr mit allerlei Gartengewächs zu beladen und nach der nächsten Stadt zu führen. Wenn er da seine Ware verkauft hatte, so setzte er sich auf meinen Rücken und ritt mit baumelnden Füßen gemach wieder zu seinem Garten heim.« In allen Regionen des Mittelmeerraumes bot sich dasselbe Bild: So war die Nahrungsmittelversorgung der Bevölkerung des spätantiken Antiochia davon abhängig, daß die Bauern täglich mit ihren Eseln in die Stadt kamen, und als die Verwaltung die Bauern zwingen wollte, auf ihrem Rückweg Bauschutt abzutransportieren, erhob der Redner Libanios (314–um 396) dagegen Einspruch mit dem Argument, die Bauern könnten in Zukunft die Stadt meiden. Der Esel galt als genügsam und anspruchslos (Columella 7, 1, 2): »Ferner hält er Gewalttätigkeit und Nachlässigkeit eines unverständigen Hüters wacker aus, da er Schläge und Mangel sehr gut verträgt, weswegen er auch weniger schnell von Kräften kommt als jedes andere Arbeitstier.« Außerhalb des kleinbäuerlichen Milieus wurde der Esel als Lasttier vor allem dort eingesetzt, wo keine guten Verkehrswege existierten; so stellten Kaufleute in Süditalien Eselskarawanen zusammen, um das Getreide von den Gütern zu den Häfen zu transportieren. Ein Relief vom Grabmal der Secundinii in Igel veranschaulicht diesen Sachverhalt sehr gut: Hier sind Tragtiere beim Überqueren eines Gebirges zu sehen. Auf schwierigen Wegstrecken war der Esel als Lasttier kaum zu ersetzen. Im Osten des Imperium Romanum hat man die Waren, die aus Indien oder China importiert wurden, mit Kamelkarawanen durch die Wüsten befördert. In Ägypten stellten solche Karawanen die Verbindung zwischen Myos Hormas, dem Hafen am Roten Meer, und Koptos am Nil her.

Die schweren, ein- oder zweiachsigen Wagen, die man im mediterranen Raum benutzte, hatten große Scheibenräder. Sie wurden von Ochsen gezogen. Es ist auffallend, daß auf vielen bildlichen Darstellungen die Fuhrleute neben dem Wagen her gehen. Offensichtlich hat man im Süden an diesem Wagentyp festgehalten, ohne ihn zu verbessern. Auf einem spätantiken Mosaik aus Sizilien findet sich ein Ochsengespann mit einem Wagen, der genauso aussieht wie die Karren auf den älteren Reliefs. Völlig anders war die Situation in Gallien. In dem großen Binnenraum der gallischen Provinzen konnte man nicht auf das Meer ausweichen, wie dies in den mediterranen Ländern üblich war. Es gab zwar Binnenschiffahrtswege, aber diese reichten für den Handel und den Verkehr nicht aus. In Gallien bestand daher der Zwang, die Effizienz des Landtransportes deutlich zu erhöhen. Die Voraussetzung dafür war ein gutes Straßennetz. Die römischen Straßen wurden normalerweise so trassiert, daß sie nur geringe Steigungen aufwiesen und wenig Kurven hatten. Das beeinflußte die Wahl der Zugtiere nach ihrem Tempovermögen. Deshalb war das Pferd oder das Maultier dem Ochsen weit überlegen; doch dies

90. Esel mit Tragsattel. Bronzestatuette, römische Kaiserzeit. London, British Museum

91. Transport mit Lasttieren im Gebirge. Relief vom Grabmal der Secundinii in Igel, 3. Jahrhundert n. Chr. Trier, Rheinisches Landesmuseum

92. Zwei Frachtwagen mit schwerer Ladung. Relief aus Ephesos, römische Kaiserzeit. London, British Museum

93. Kamel. Bronzestatuette aus Syrien, römische Kaiserzeit. Oxford, Ashmolean Museum

bedingte eine andere Anschirrung. Man begann in Gallien damit zu experimentieren; denn das Joch war für das Pferd, das keinen hohen Widerrist besitzt, wenig geeignet. Insgesamt waren die Bestrebungen, das Pferd zum Ziehen schwerer Lasten zu nutzen, höchst erfolgreich. Auf einer Vielzahl von Reliefs begegnen einem Pferde oder Maultiere vor einem Wagen. Das Geschirr paßt sich besser als das Joch

94. Zweirädriger Ochsenkarren mit der Ladung einer Tierhaut. Fragment eines Sarkophages aus Rom, Porta Salaria, römische Kaiserzeit. Rom, Museo Nazionale Romano

der Anatomie des Pferdes an, was in der Haltung und der Gangart der Tiere deutlich zum Ausdruck kommt. Die für das Joch charakteristische Mitteldeichsel wurde teilweise aufgegeben, so daß die Pferde zwischen den Stangen gingen. Auf dem Relief aus Langres sieht man vier Pferde, die paarweise hintereinander angespannt sind. Wollte man die Zugkraft zweier Pferde erhöhen, so spannte man früher – etwa bei der Quadriga – vier Pferde nebeneinander. Im römischen Gallien gelang es im allgemeinen Transportwesen zum ersten Mal, die Zugkraft von mehr als zwei Tieren zu nutzen. Der Landtransport erfuhr damit eine zuvor unbekannte Schnelligkeit.

Bahnbrechend war die Anspannung eines einzigen Pferdes vor einem zweirädrigen Wagen. Auf einem Grabstein aus Verona, der von Géza Alföldy auf die Zeit zwischen 50 und 80 n. Chr. datiert wird, ist ein solcher Einspänner dargestellt. Das Pferd geht zwischen den Stangen, die an der Schulter enden. Der Zugpunkt liegt also niedriger und damit günstiger als beim Joch. Das Pferd trabt in natürlicher Haltung, ohne daß irgendeine Behinderung durch das Geschirr erkennbar wäre. Für diese Form der Anspannung gibt es in Italien und vor allem in den nordwestlichen Provinzen weitere archäologische Zeugnisse, unter denen das Relief aus Trier technikhistorisch besonders interessant ist; denn aus diesem Raum stammt auch die

95. Von Ochsen gezogener Wagen mit Scheibenrädern. Bodenmosaik in der römischen Villa von Piazza Armerina, 4. Jahrhundert n. Chr.

Landtransport und Schiffahrt

96. Zwei Maultiere im Geschirr. Relief aus Gallien, römische Kaiserzeit. Arlon, Musée Luxembourgeois

97. Von vier Pferden gezogener schwerer Wagen. Relief aus Gallien, römische Kaiserzeit. Langres, Musée

98. Einspänner. Relief von einem Grabmal aus Verona, um 50 – 80 n. Chr. Verona, Museo Archeologico

99. Einspänner. Relief aus Trier, römische Kaiserzeit. Trier, Rheinisches Landesmuseum

100. Einspänner mit schwerer Last. Relief, römische Kaiserzeit. Arlon, Musée Luxembourgeois

Landtransport und Schiffahrt 251

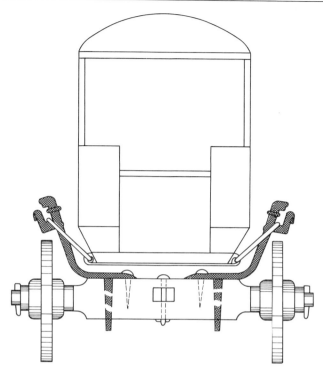

Wagenkastenaufhängung bei einem römischen Reisewagen der Principatszeit

101. Reisewagen. Grabrelief aus Virunum, römische Kaiserzeit. Klagenfurt, Kirche von Maria Saal

älteste mittelalterliche Darstellung des Kummets. Man gewinnt so den Eindruck, daß bei der Entwicklung des mittelalterlichen Pferdegeschirrs lokale, bis in die Antike zurückreichende Traditionen eine nicht unwichtige Rolle gespielt haben. Wie ein Relief aus Arlon eindrucksvoll belegt, hat man mit dem Einspänner auch Lasten transportiert. Neben dem Geschirr wurden außerdem die Wagen verbessert; sie hatten große Speichenräder und eine bewegliche Vorderachse. Bisweilen hat man sie mit einem großen Faß beladen, in dem Wein über weite Entfernungen befördert wurde. In einer Zeit wachsender Mobilität begann man, spezielle Reisewagen zu bauen. Insbesondere die Wagenkastenaufhängung erhöhte den Komfort für die Reisenden; denn nun wurde nicht mehr jede Erschütterung der Räder direkt auf das Wageninnere übertragen.

Die großen Handelsschiffe, die für einen regelmäßigen Güteraustausch im Mittelmeerraum sorgten und Getreide aus Ägypten sowie Öl aus den spanischen Provinzen nach Rom brachten, hatten eine Ladekapazität von etwa 100 bis 450 Tonnen. Es ist sogar möglich, daß einige Schiffe der Getreideflotte erheblich größer gewesen sind. Bei Lukian wird von einem Schiff erzählt, das, auf dem Weg nach Rom vom Sturm verschlagen, den Hafen von Piräus anlief; es soll 55 Meter lang und über 13 Meter breit gewesen sein, die Höhe des Rumpfes soll fast 13 Meter betragen haben. Auf der Basis dieser Daten hat Lionel Casson die Ladekapazität dieses Frachters auf 1.200 Tonnen geschätzt. Bei einer Interpretation dieses Textes ist jedoch zu berücksichtigen, daß Lukian keine realistische Schilderung bietet und seine Angaben alles andere als zuverlässig sind. So ist die Bemerkung, das Schiff transportiere genügend Getreide, um die Bevölkerung Attikas für ein Jahr zu versorgen, völlig unglaubwürdig. Wahrscheinlich hat Lukian die Größe des Schiffes stark übertrieben dargestellt, um das Erstaunen der Athener besser motivieren zu können. Es ist bezeichnend, daß jenes große Transportschiff, das den vatikanischen Obelisken nach Rom gebracht hat und das eine Ladekapazität von etwa 1.300 Tonnen besessen haben muß, keine weiteren Fahrten unternommen hat.

Gegenüber den älteren griechischen Schiffen sind im Schiffbau der römischen Zeit deutliche Fortschritte in der Takelage erkennbar. Die großen Handelsschiffe erhielten einen zweiten Mast, der schräg nach vorn weit über den Bug hinausragte und ein kleines Rahsegel trug. Über dem Rahsegel des Großmastes brachte man außerdem noch ein dreieckiges Toppsegel an. Dreimaster sind in der Antike relativ selten belegt. Die »Syrakusia« des Hieron soll drei Masten gehabt haben, und Plinius spricht davon, daß zu seiner Zeit zusätzliche Segel am Bug und am Heck gesetzt worden sind. Die zahlreichen Schiffsdarstellungen auf Reliefs oder Mosaiken zeigen aber meistens Schiffe mit höchstens zwei Masten; lediglich auf einem Mosaik in Ostia erscheint ein Dreimaster. Man setzte nicht nur das Rahsegel, sondern auch solche, die parallel zur Kiellinie gestellt waren. So besitzt das mittlere Schiff auf dem Sarkophag in Kopenhagen ein Sprietsegel, das an der einen Seite am Mast befestigt

Landtransport und Schiffahrt

102. Handelsschiff im Hafen. Relief, 2. Jahrhundert n. Chr. Rom, Museo Torlonia

103. Zwei Handelsschiffe mit einem Leuchtturm. Bodenmosaik in Ostia, 2. Jahrhundert n. Chr.

104. Handelsschiff auf hoher See. Sarkophagrelief, 2. Jahrhundert n. Chr. Beirut, Nationalmuseum

105. Schiff mit gerefftem Segel. Relief am Grabmal des C. Munatius Faustus bei dem Herkulaner Tor in Pompeji, um 60 n. Chr.

106. Drei Schiffe während eines Sturmes im Hafen. Sarkophagrelief, 3. Jahrhundert n. Chr. Kopenhagen, Ny Carlsberg Glyptotek

107. Schiff mit Sprietsegel. Relief vom Grabstein des Peison, römische Kaiserzeit. Istanbul, Archäologisches Museum

108. Entladen eines Schiffes am Strand. Mosaik, 3. Jahrhundert n. Chr. Tunis, Bardo-Museum

109. Hafenboot. Terrakotta-Grabplatte aus Ostia, um 110 n. Chr. Ostia, Museo Ostiense

ist und an der anderen Seite von dem Spriet, einer langen, schräg stehenden Stange, gehalten wird. Besonders anschaulich ist diese Form des Segels auf dem Grabstein des Peison dargestellt. Für Boote mit einem Sprietsegel war charakteristisch, daß der Mast weit vorn, in der Nähe des Bugs, stand. Mit dem komplizierten Tauwerk, das mit Rollen versehen war, ließ sich die Rah jederzeit so stellen, wie es die Windverhältnisse erforderten. Die Geitaue ermöglichten es, die Segel bei starkem Wind in der Mitte zu reffen, im ihre Fläche zu verkleinern. Man war in der Lage, bei

110. Rhein-Schiff mit einer Ladung Weinfässern. Relief aus der Gegend von Neumagen, 3. Jahrhundert n. Chr. Trier, Rheinisches Landesmuseum

111. Heck eines Rhein-Schiffes. Fragment eines Grabmonumentes, 1. Jahrhundert n. Chr. Köln, Römisch-Germanisches Museum

seitlichem Wind zu segeln und auch gegen den Wind zu kreuzen. Für einige Schiffahrtswege bietet Plinius Angaben über die Fahrtdauer: Für die Fahrt von Puteoli nach Ägypten benötigte man 9 Tage, für die von Ostia nach Gades 7 Tage. Dabei handelte es sich um einzelne, ungewöhnlich schnelle Fahrten; die durchschnittliche Reisezeit dauerte vermutlich sehr viel länger, insbesondere dann, wenn gegen den Wind gesegelt werden mußte.

Wie leistungsfähig die Schiffahrt im Imperium Romanum gewesen ist, zeigt vor allem die Versorgung der Stadt Rom mit Getreide. Es kann angenommen werden, daß etwa 80.000 Tonnen Weizen jährlich von Ägypten nach Italien transportiert worden sind. Eine solche Getreidemenge entspricht ungefähr 240 Schiffsladungen. Da nur wenige Schiffe eine zweite Ladung nach Italien bringen konnten, mußten für die Getreideflotte mindestens 200 Schiffe bereitgestellt werden. Die Seefahrt beschränkte sich in römischer Zeit schon nicht mehr auf das Mittelmeer. Nach Entdeckung der Monsunwinde segelten von Myos Hormos jährlich 120 Schiffe im Flottenverband nach Indien, und von Gades aus befuhren römische Schiffe den Atlantik. Gerade der Leuchtturm von La Coruña in Nordwestspanien bezeugt, daß die Schiffahrtsrouten im Atlantik stark frequentiert gewesen sind.

112. Treideln eines Schiffes stromaufwärts. Relief auf dem Grabmonument der Secundinii in Igel, 3. Jahrhundert n. Chr. Trier, Rheinisches Landesmuseum

Die Küstenschiffahrt im Mittelmeerraum spielte hinsichtlich des Nahverkehrs eine beachtliche Rolle. Kleinere Schiffe transportierten Güter über geringe Distanzen; sie liefen nicht nur Häfen an, sondern ankerten auch vor der Küste. Ein Mosaik aus Nordafrika veranschaulicht das Entladen eines solchen Segelbootes am Strand. Spezielle Schiffstypen wurden für den Dienst in den Häfen gebaut, so das auf einem Grabrelief aus Ostia abgebildete Ruderboot mit einem Mast für ein Sprietsegel und einem einzigen großen Steuerruder am Heck. Während im Mittelmeerraum der Flußschiffahrt nur in wenigen Ausnahmefällen – so am Unterlauf des Tiber – eine größere Bedeutung zukam, war die Situation in Gallien und Germanien völlig anders. Die größeren Flüsse nutzte man hier als wichtige Verkehrswege. So bot die Rhône die Möglichkeit, Güter von der Mittelmeerküste aus mehr als 200 Kilometer landeinwärts zu transportieren. Der Geograph Strabon hat in den Ausführungen über Gallien mehrmals betont, daß der Güteraustausch in Gallien durch die große Zahl schiffbarer Flüsse begünstigt worden sei. Um von dem einen Flußsystem zum anderen – etwa von der Saône zur Seine – zu gelangen, mußte man nur kurze Strecken zu Lande überwinden. Rhein und Mosel waren für die Versorgung der an

113. Treidelzug. Relief auf einem Grabmonument, römische Kaiserzeit. Avignon, Musée Calvet

114. Amphoren. Votivrelief, frühes 2. Jahrhundert n. Chr. New York, Metropolitan Museum of Art, Fletcher Fund, 1925

115. Zwei Männer mit einer Amphora. Relief in Pompeji, 50 – 79 n. Chr.

116. Beladen eines Schiffes mit Weinfässern. Relief von einem Grabmonument, römische Kaiserzeit. Mainz, Mittelrheinisches Landesmuseum

der Grenze stationierten Legionen wichtige Transportwege. Als eine bedeutsame technische Neuerung in der Rhein-Schiffahrt ist das Auftreten des Hecksteuerruders zu bewerten, das auf einem 1980/81 in Köln gefundenen Fragment eines Grabmonumentes abgebildet ist. Das fast senkrechte Steuerruder ist fest mit dem Achtersteven verbunden und besitzt einen langen Griff, der das Steuern erleichtern sollte. Stromaufwärts wurden die Boote oft getreidelt; das geschah in den nordwestlichen Provinzen stets mit menschlicher Muskelkraft. Der Treidelmast, an dem die Leinen befestigt waren, stand bei diesen Kähnen kurz hinter dem Bug. Maultiere wurden zum Treideln nur im Gebiet der Pontinischen Sümpfe eingesetzt, wo sie die Schiffe auf den Kanälen vorwärtszogen.

Die Untersuchung der in Mainz gefundenen Schiffe hat ergeben, daß man am Rhein zur Skelettbauweise übergegangen war, allerdings nicht mit durchgehenden Spanten, sondern mit Bodenwrangen und Auflangern. Olaf Höckmann hat den Bauvorgang dieser Boote in folgender Weise rekonstruiert: Zuerst versah man die am Kiel angebrachten Bodenwrangen mit Planken, anschließend befestigte man an dem soweit fertigen Rumpf die Auflanger, an die dann die restlichen Planken angenagelt wurden. Zuletzt fügte man weitere Bodenwrangen und Auflanger in den Rumpf ein, um ihn zu stabilisieren. Eine solche Bauweise hatte gegenüber dem im Mittelmeerraum verbreiteten Schalenbau den erheblichen Vorteil, daß die an das

Skelett angenagelten Planken nicht mehr durch Zapfen miteinander verbunden werden mußten. Die Planken waren daher erheblich dünner, konnten somit leichter gebogen und der Form des Rumpfes angepaßt werden.

Für den Transport von Flüssigkeiten verwendete man im mediterranen Raum entweder Tierhäute oder Amphoren, die in der Regel nur ein einziges Mal benutzt wurden. Deshalb existieren in den Verbraucherzentren noch heute unzählige Amphorenscherben; so besteht in Rom der Monte Testaccio südlich vom Aventin allein aus den Scherben der Amphoren, in denen vor allem Öl aus Spanien transportiert worden ist. Ungünstig für den Transport war das hohe Gewicht dieser Behälter; eine Amphore mit einem Fassungsvermögen von 25 Litern wiegt, ohne gefüllt zu sein, etwa 18 Kilogramm. Innerhalb einer Stadt mußte eine Amphore von zwei Männern getragen werden. In Norditalien und später auch in Gallien setzte sich ein neuer Flüssigkeitsbehälter durch, das aus Holz gefertigte Faß, bei dem das Verhältnis zwischen seinem eigenen Gewicht und seinem Fassungsvermögen erheblich günstiger war als bei einer Amphore und das zudem gerollt werden konnte.

Wandlungen der Bautechnik

In keinem anderen Bereich der antiken Technik kam es zu einem so schnellen und umfassenden Wandel wie im römischen Bauwesen. Während nur weniger Jahrzehnte wurden völlig neue Techniken entwickelt, die der Architektur zuvor ungeahnte Möglichkeiten eröffneten. Für diese Innovationen war nicht sosehr die Verwendung neuer Werkzeuge oder Geräte entscheidend als vielmehr die Nutzung neuer Baumaterialien. Unter den in der Bautechnik eingesetzten Geräten wurden die Kräne wesentlich verbessert. Man erleichterte das Heben schwerer Lasten durch Flaschenzüge und durch die Anbringung von Treträdern am Kran.

Voraussetzung für die in der römischen Bautechnik erzielten Fortschritte war die Übernahme des im Hellenismus zuerst in Süditalien entwickelten Mörtelmauerwerkes. Mörtel, der aus Sand und Kalk hergestellt wird, besitzt die Eigenschaft, vermischt mit kleinen Steinen, zu erhärten und ein festes Konglomerat-Gestein zu bilden. Wände aus Mörtelmauerwerk bestehen aus zwei Außenschalen und der Mörtelfüllung. Dabei änderte sich mit der Zeit das Material für die Außenschalen: Zuerst handelte es sich um unregelmäßige Bruchsteine (Opus incertum), dann um kleine, an einer Seite quadratische Tuffsteine (Opus reticulatum). Die Mauern aus solchen Tuffsteinen neigten allerdings dazu, Risse zu bekommen, weil die Fugen nicht versetzt waren. Daher hat man im frühen Principat die Mauern durch Lagen von gebrannten Ziegeln verstärkt (Opus mixtum). Nach dem Brand Roms unter Nero ging man schließlich dazu über, die Außenschalen vollständig aus Ziegeln zu errichten (Opus testaceum). Auf diese Weise wurde der Quaderstein als Material für

117. Werkzeuge und Instrumente eines Bautechnikers. Relief vom Grabstein des L. Alfius Statius, 1. Jahrhundert n. Chr. Aquileia, Museo Archeologico

118. Ziegelsteinbauweise: die große Exedra der Traian-Märkte in Rom, um 110 n. Chr.

119. Kran mit Tretrad. Relief vom Grab der Haterii, um 100 n. Chr. Vatikan, Museo Gregoriano Profano

die Mauern abgelöst und die qualifizierte Arbeit der Steinmetzen durch die Massenproduktion der Retikulatsteine ersetzt, die sich vielseitig verwenden ließen. Diese Technik eignete sich hervorragend für den Bau von Bogenkonstruktionen, wie sie für Brücken oder Aquädukte typisch waren.

In der Zeit der späten Republik entdeckten Architekten in Campanien, daß durch die Verwendung von Erden vulkanischen Ursprungs aus dem Gebiet von Puteoli

120. Mörtelmauerwerk: Ziegelmauer mit einer Mörtelfüllung. Radierung von Giovanni Battista Piranesi in »Antichità Romane«, 1756. Privatsammlung

und anderen Städten am Golf von Neapel ein Mörtel gewonnen werden konnte, der aufgrund seiner extrem hohen Festigkeit keine dauerhafte Verschalung aus Stein oder Ziegeln benötigte. Die früheste Erwähnung dieser Puteolanerde findet sich bei Vitruv (2, 6, 1): »Es gibt aber auch eine Erdart, die von Natur wunderbare Ergebnisse hervorbringt. Sie steht an im Gebiet von Bajae und der Städte, die rund um den Vesuv liegen. Mit Kalk und Bruchstein gemischt gibt sie nicht nur den übrigen Bauwerken Festigkeit, sondern auch Dämme werden, wenn sie damit im Meere gebaut werden, im Wasser fest.« Mörtel aus Puteolanerde wurde in eine Holzverschalung gegossen, die man nach dem Erhärten entfernte und anschließend wieder-

121. Opus incertum: Stützbauten der Terrasse des Tempels für Iupiter Anxur in Terracina, 1. Jahrhundert v. Chr.

verwenden konnte. Dies war aber nicht nur bei Mauern, sondern auch bei Raumdecken – bei Gewölben und Kuppeln – möglich. Damit hatten die Architekten zum ersten Mal die bautechnischen Mittel in der Hand, um weite Innenräume ohne Stützen zu konzipieren. Die Gestaltung des Raumes wurde zu einer zentralen Aufgabe der Architektur. Seit dem 1. Jahrhundert n. Chr. waren große, mit Hilfe der Gußmörtel-Technik (Opus caementicium) geschaffene Hallen sowohl für Nutzbauten als auch für Palastanlagen und Tempel überhaupt keine Seltenheit mehr. Welche Vollendung die Architekten in der Beherrschung der neuen Technik zu erreichen vermocht haben, dokumentiert das Pantheon in Rom. Dieser Tempel, der wahr-

122. Ziegelsteinbauweise: Gang vom Forum zum Palatin in Rom, 118 – 137 n. Chr.

scheinlich unter Trajan (reg. 98–117) begonnen und unter Hadrian in den zwanziger Jahren fertiggestellt worden ist, besitzt eine monumentale Kuppel mit einem Durchmesser von 43,30 Metern. Keiner der großen Kuppelbauten der Renaissance oder des Barock hat die Ausmaße der Kuppel des Pantheon übertroffen. Die ästhetische Wirkung dieses Innenraumes beruht wesentlich darauf, daß die Distanz zwischen dem Boden und dem höchsten Punkt der Kuppel genau ihrem Durchmesser entspricht; würde man die Kreislinie der Kuppel vollenden, so berührte sie den Boden. Unter bautechnischem Aspekt ist bemerkenswert, daß der Architekt sich aus Gründen der Statik bemüht hat, das Gewicht der Kuppel so gering wie möglich zu halten, und zwar mittels der Kassetten und durch die Verwendung eines leichten Gußmörtels, für den man Bimsstein als Zuschlag genommen hatte. Vergleicht man die Schwierigkeiten, die sich den griechischen Architekten beim Bau des Telesterions in Eleusis gestellt hatten, mit den Möglichkeiten der römischen Architekten, dann wird deutlich, welche eminenten Änderungen sich in der Bautechnik von der klassischen Zeit bis zum Principat vollzogen haben.

Der Ausbau der Infrastruktur

Der griechische Geograph Strabon nannte in augusteischer Zeit als signifikante Schwerpunkte der römischen Bautätigkeit die Anlage von Straßen, Wasserleitungen und Abwasserkanälen. Mit Bewunderung beschreibt er diese Infrastruktureinrichtungen: Die Straßen seien so trassiert, daß die Wagen ganze Bootsladungen befördern könnten, die überwölbten Abwasserkanäle seien groß genug für beladene Wagen, und die Aquädukte leiteten soviel Wasser wie ganze Flüsse nach Rom. Die von Strabon geäußerte Meinung entspricht voll und ganz den Auffassungen der Römer. So widmet Vitruv in seiner Schrift über die Architektur solchen Bauwerken, die dem allgemeinen Nutzen dienen, große Aufmerksamkeit; in längeren Abschnit-

123. Opus caementicium: Gewölbe der Haupthalle der Traian-Märkte in Rom, um 110 n. Chr.

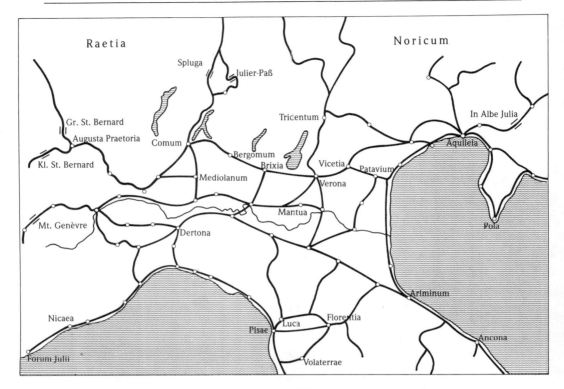

Römisches Straßennetz in Norditalien (nach Chevallier)

ten thematisiert er den Hafenbau und die Errichtung von Wasserleitungen. Es handelt sich hierbei nicht um die berufsbedingte Wertung eines Architekten. Auch ein Senator wie Cicero hatte die Bedeutung der Infrastruktur erkannt; in seiner Schrift über die Pflichten heißt es (2, 60): »Besser sind noch jene Ausgaben: Mauern, Docks, Häfen, Wasserleitungen und alles, was den Nutzen des Gemeinwesens berührt. Freilich ist, was im Augenblick gleichsam in die Hand gegeben wird, angenehmer, aber dies ist für die Zukunft dankbarer.« Augustus selbst zählt in seinem Tatenbericht die Reparatur von Wasserleitungen und die Instandsetzung der Via Flaminia von Rom nach Rimini zu seinen wichtigen Leistungen.

Straßen, Häfen, Wasserleitungen gehörten schon seit der mittleren Republik zu den zentralen Themen der römischen Politik; bereits im späten 4. Jahrhundert v. Chr. setzten gezielte Maßnahmen zum Ausbau der Infrastruktur in Mittelitalien ein. Bedingt durch die geographischen Gegebenheiten und durch die politische Situation wurde zunächst der Straßenbau vorangetrieben. Als im Verlauf der Auseinandersetzungen mit den Etruskern im Norden und den Völkerschaften der Gebirgsregionen der Herrschaftsbereich der Republik weit über Mittelitalien hin-

Der Ausbau der Infrastruktur 269

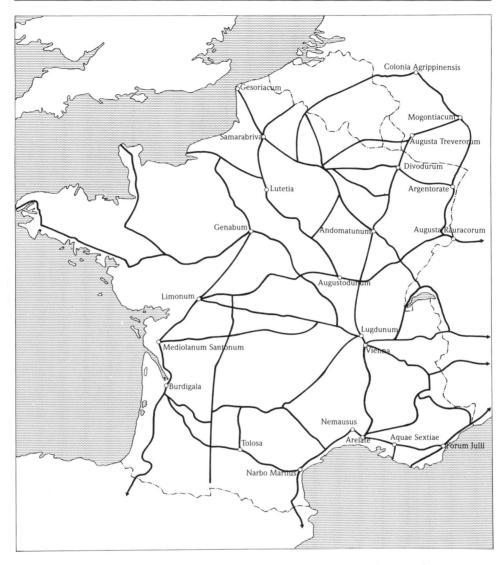

Römisches Straßennetz in den gallischen Provinzen (nach Chevallier)

auswuchs, brauchte man die Straßen, um eine Verbindung zu weit entlegenen Kolonien und zu verbündeten Städten herzustellen. Für die Durchdringung des römischen Machtbereichs spielte die Schiffahrt nämlich nur eine geringe Rolle, weil einerseits der Seeweg zu den Städten und Landschaften an der Adria-Küste um die Südspitze Italiens herum extrem lang war und andererseits Rom sich vor allem gegen Völkerschaften und Städte im Binnenland durchsetzen mußte. Die Via Flami-

124. Pflasterung der Via Appia. Radierung von Giovanni Battista Piranesi in »Antichità Romane«, 1756. Privatsammlung

nia zum Beispiel wurde 220 v. Chr. gebaut, nachdem man auf dem Ager Gallicus, dem Gebiet um Rimini, römische Bürger angesiedelt hatte. Die Pflasterung der Straßen erfolgte oft viel später, so auf der nach 312 v. Chr. angelegten Via Appia teilweise erst im 2. Jahrhundert v. Chr. Aus der Spätantike stammt eine Beschreibung dieser Straße, die zunächst Rom mit Capua verband; dabei schreibt Prokop (um 490 – nach 555) die Pflasterung allerdings fälschlich dem Censor des Jahres 312 v. Chr., Appius Claudius Caecus, zu (5, 14): »Neunhundert Jahre zuvor war die Via Appia durch den Konsul Appius erbaut worden und hatte von ihm ihren Namen erhalten. Sie führt von Rom nach Capua und ist für einen rüstigen Wanderer fünf Tagesmärsche lang, ein sehr sehenswertes Wunderwerk und dabei so breit, daß zwei Lastwagen aneinander vorüberfahren können. Das ganze Pflaster, mühlsteingroß und von Natur sehr hart, hatte Appius an weit entfernter Stelle brechen und

125. Die Via Egnatia bei Philippi

herbeischaffen lassen. Denn solches Gestein gibt es nirgendwo in dieser Gegend. Appius ließ die Bruchsteine zunächst glatt und gleichmäßig zurichten sowie rechteckig behauen, dann wurden sie so dicht gesetzt, daß kein Bindemittel oder sonst dergleichen notwendig war. So fest sind die Steine zusammengefügt und verbunden, daß sie beim Betrachter den Eindruck erwecken, nicht miteinander verfugt, sondern verwachsen zu sein. Und obschon lange Zeit Tag für Tag darüber viele Lastwagen fuhren und alle möglichen Lebewesen auf ihnen gingen, haben sich weder die Steine aus ihrer Verfugung irgendwie gelöst, noch ist einer von ihnen zerbrochen oder kleiner geworden; nicht einmal an Glanz büßten sie ein.« Die einzige antike Beschreibung des Straßenbaus findet sich in einem Lobgedicht des Statius (um 45–96) auf Domitian (reg. 81–96), der eine Verbindung zwischen der Via Appia und Neapel bauen ließ. Nach Statius markierte man zunächst die Seiten-

126. Gepflasterte Straße in Rom: die Via Biberatica hinter dem Traian-Forum, um 110 n. Chr.

ränder der Straße durch Furchen, hob dann einen tiefen Graben aus und füllte ihn mit einem nicht absackenden Material auf, damit die fertige Straße selbst bei hoher Belastung dem Druck standhielt. Für das Pflaster nahm man grobe Steine, die mit Mörtel verbunden wurden.

Bei dem Bau einer Straße versuchten die Römer, größere Steigungen möglichst zu vermeiden. Deshalb mußten besonders in gebirgigen Gegenden viele Brücken gebaut oder sogar Straßentunnel geschaffen werden. Plutarch hat die Merkmale des römischen Straßenbaus klar erfaßt (Gracchen 28): »Schnurgerade zogen die Straßen durch das Land, teils mit behauenen Steinen gepflastert, teils mit aufgeschüttetem Sand bedeckt, der festgestampft wurde. Vertiefungen füllte man aus und baute Brücken, wo Gießbäche oder Schluchten das Gelände durchschnitten, und da die

Ufer auf beiden Seiten gleichmäßig erhöht wurden, gewann das ganze Werk ein ebenmäßiges und schönes Aussehen.« Bereits im 2. Jahrhundert v. Chr. wurden in den Provinzen Straßen angelegt, die primär militärischen Zwecken dienten. Die wichtigsten Beispiele hierfür sind die Via Egnatia, die von der Adria-Küste durch Nordgriechenland nach Byzanz geführt und die Via Domitia, die eine Verbindung zwischen den spanischen Provinzen und Italien hergestellt hat. Solche Straßen sollten es den römischen Legionen ermöglichen, schnell in Kampfgebiete zu marschieren, und das geschah mit Erfolg. In der augusteischen Zeit wurde in Gallien ein Verkehrsnetz geschaffen, das aus drei Fernstraßen bestand, die von Lyon nach Westen zur Mündung der Garonne, nach Norden zur Kanalküste und zum Rhein führten. Außerdem war Lyon durch eine Straße entlang der Rhône mit Massilia verbunden. Auch wenn beim Straßenbau politische und militärische Zielsetzungen zunächst im Vordergrund standen, brachte die Verdichtung befahrbarer Verkehrswege dem Güteraustausch und Handel wesentliche Impulse. Die Bedeutung der

127. Straße in Ostia: die Via dei Balconi, um 150 n. Chr.

128. Die Milvische Brücke, 109 v. Chr. Radierung von Giovanni Battista Piranesi in »Vedute di Roma«, 1762. Privatsammlung

Straßen für die Entwicklung der Zivilisation im Imperium Romanum hat im 2. Jahrhundert Aelius Aristides (129–181) hervorgehoben: »Was Homer sagte, ›aber die Erde ist allen Menschen gemeinsam‹, wurde von euch tatsächlich wahr gemacht. Ihr habt den ganzen Erdkreis vermessen, Flüsse überspannt mit Brücken verschiedener Art, Berge durchstochen, um Fahrwege anzulegen, in menschenleeren Gegenden Poststationen eingerichtet und überall eine kultivierte und geordnete Lebensweise eingeführt.«

Hohe Ansprüche stellte man auch an das innerstädtische Straßennetz. Um die Fußgänger vor Schmutz und Nässe zu bewahren, hat man die Straßen und Bürgersteige gepflastert. In Pompeji wurden an Straßenkreuzungen hohe Trittsteine aufgestellt, so daß man die Straße überqueren konnte, ohne sie direkt betreten zu müssen. Die städtischen Magistrate trugen dafür Sorge, daß nirgends Wasserlachen stehenblieben, und größere Straßen waren oft sogar an die Abwasserkanäle angeschlossen.

Die Neuerungen der hellenistischen und römischen Bautechnik, vor allem die Konstruktion des Keilsteinbogens, gestatteten einen Ausbau der römischen Infrastruktur, der bislang unbekannte Standards setzte. Nun war es möglich geworden, mit Hilfe des Bogens beachtliche Spannweiten zu überbrücken. Bei der Anlage eines Straßennetzes brauchte man daher kaum noch Rücksicht auf das Gelände zu neh-

Der Ausbau der Infrastruktur

men; denn Flüsse und Täler ließen sich auf großen Steinbrücken überqueren. In der Zeit der späten Republik hat man in Rom und seiner näheren Umgebung mehrere Brücken über den Tiber gebaut, die einzelne Stadtviertel miteinander verbanden oder dem Fernverkehr dienten. So ließ der Censor M. Armilius Scaurus (163/ 62–89/88 v. Chr.) die ältere, nach 220 v. Chr. errichtete Brücke an der Via Flaminia durch einen Neubau – den heutigen Ponte Milvio – ersetzen; vier fast 20 Meter weite Bögen tragen den Oberbau dieser Brücke. Im Jahr 62 v. Chr. wurde der Pons Fabricius, der zur Tiber-Insel führt, fertiggestellt; seine beiden Bögen haben eine Spannweite von 24,50 Metern. Die mit einem schmalen Bogen abgeschlossene Öffnung über dem Mittelpfeiler bietet bei Hochwasser einen Durchlaß für die Fluten und mindert so den auf die Brücke ausgeübten Druck. Unter Augustus und seinen Nachfolgern wurden in Italien viele Brücken errichtet, zum Beispiel die bei Narni über den Nar. Die Bögen dieser rund 30 Meter hohen Brücke hatten eine unterschiedliche Spannweite. Dadurch sollte erreicht werden, daß ins Flußbett möglichst wenige Pfeilerfundamente eingelassen werden mußten.

Die römische Verwaltung förderte während des frühen Principats mit großem Engagement den Ausbau einer zivilen Zwecken dienenden Infrastruktur in den Provinzen. So finden sich bedeutende römische Brücken gerade außerhalb Italiens. In Spanien wurde unter Trajan von dem Architekten Gaius Iulius Lacer die Brücke über den Tajo bei Alcantara gebaut. Eine wichtige Fernstraße überquert in einer Höhe von rund 45 Metern den Fluß; die beiden mittleren Bögen, die auf 9 Meter

129. Der Ponte Grosso an der Via Flaminia über den Burano bei Cagli

starken Pfeilern ruhen, haben eine Spannweite von über 30 Metern. Der Kern der Brücke besteht aus Opus caementicium, das mit Quadersteinen verkleidet ist. Technisch weniger aufwendig ist die Brücke über den Guadiana bei Emerita Augusta; sie beeindruckt jedoch durch ihre Länge von über 700 Metern. Größte Bewunderung erregte schon in der Antike die während der Dakerkriege Trajans (101–106) von dem Architekten Apollodoros aus Damaskus errichtete Brücke über die Donau. Das Bauwerk, das nur wenige Jahre später von Hadrian aus Furcht vor einem Barbareneinfall abgebrochen wurde, kann aufgrund der archäologischen Überreste und vor allem der Abbildung auf der Trajan-Säule gut rekonstruiert werden: Die 26 Pfeiler dieser über 1.100 Meter langen Brücke waren aus Stein, die Trägerkonstruktion, die ungewöhnlich flache Bögen aufweist, bestand hingegen aus Holz. Auch in Trier verzichtete man beim Bau der Römerbrücke auf eine Bogenkonstruktion und legte das Tragwerk aus Holz direkt auf die Pfeiler auf. Bei der Überbrückung der Rhône bei Arles griffen die Römer auf den Typus der Schiffsbrücke zurück. Vermutlich wagten sie es wegen der starken Strömung nicht, im Flußbett Fundamente für die Pfeiler zu legen. Weniger aufsehenerregend als die großen Brücken der Fernstraßen war die Vielzahl von Brückenbauten, die auf Nebenstraßen kleine Bäche überquerten. Die römischen Straßen verbanden nicht nur die Zentren miteinander, sondern bildeten ein Netz von Verkehrswegen, das Güteraustausch und Kommunikation in allen Teilen des Reiches erleichtern und verbessern sollte. Eine wichtige Funktion besaßen dabei die Meilensteine und die Itinerare. Sie lieferten dem

130. Brücke über den Tagus bei Alcántara, 106 n. Chr.

131. Brücke über die Donau. Relief auf der Traian-Säule in Rom, 107 – 113 n. Chr.

Reisenden jene Informationen, die notwendig waren, um sich in dem zunächst unübersichtlich wirkenden Labyrinth von Straßen orientieren zu können.

Da an den Küsten Italiens kaum natürliche Häfen existierten, gewann in einer Phase der Intensivierung des Güteraustausches und der Handelsbeziehungen der Hafenbau an Bedeutung. Nicht ohne Grund hat Vitruv ihn in seiner Darstellung der Architektur berücksichtigt. Bei der Anlage einer Mole, die das Hafenbecken vom offenen Meer abschirmte, gebrauchten die Römer in augusteischer Zeit bereits Opus caementicium, das selbst unter Wasser erhärtet. Vitruv empfiehlt, Senkkästen aus Eichenpfählen in das Wasser hinabzulassen, den Meeresgrund zu reinigen und dann den mit Bruchsteinen vermischten Mörtel in den Senkkasten zu schütten. Wenn es erforderlich war, eine Mole im Trocknen zu errichten, ließ sich die Kastenfangdamm-Methode anwenden. Es handelte sich hierbei um doppelwandige Kästen, die mit Ton und Sumpfgras so abgedichtet wurden, daß es möglich war, sie leerzupumpen. Dann wurde das Fundament gelegt und der Pfeiler aus Gußmörtel und Mauerwerk geschaffen. Das berühmteste Bauwerk dieser Art war die Mole von Puteoli, dem in augusteischer Zeit wichtigsten Getreidehafen Italiens: Hier legten die aus Alexandria kommenden Frachtschiffe an. Auf die Zeitgenossen machte dieser Hafen einen gewaltigen Eindruck; er wird in mehreren Epigrammen gefeiert (Anthologia Graeca 7, 379): »Dikaiarcheia, sag an: Wozu diese Mole? Gewaltig / reckt sie ins Meer sich und greift bis in die Mitte der See. / Waren's kyklopische Fäuste, die dieses Gemäuer in Meeres / Fluten erbauten? Wie weit drängst du mich, Erde, zurück? – / ›Fassen muß ich die Flotte der Welt. Sieh drüben dir Rom an: / Glaubst du, ich habe den Port, der seinen Maßen genügt?‹«

Obwohl der Hafen von Puteoli in augusteischer Zeit großzügig ausgebaut worden war, blieb die Getreideversorgung von Rom anfällig gegen Störungen. Unter diesen Umständen beschloß der Princeps Claudius (reg. 41–54), einen Hafen an der Tiber-Mündung anlegen zu lassen. Die Architekten hielten diesen Plan für undurchführbar und rieten ab, doch der in seiner Umgebung als schwachsinnig geltende Claudius, der in Wirklichkeit ein eminentes Verständnis für Infrastruktureinrichtungen besaß, beharrte auf seinen Vorstellungen, und so begann man, nördlich der Tiber-Mündung zu Lande ein großes Becken auszuheben und gleichzeitig zwei Molen ins Meer vorzubauen. Auf diese Weise entstand ein einziges großes, vor den Wellen des Meeres geschütztes Hafenbecken. Am Ende einer der beiden Molen wurde ein Leuchtturm errichtet. Als Fundament diente jenes große Frachtschiff, das den vatikanischen Obelisken aus Alexandria nach Rom transportiert hatte; es wurde, mit Steinen beladen, an der Stelle versenkt, wo der Leuchtturm sich erheben sollte. Einige Jahrzehnte später ließ Trajan landeinwärts ein zweites Hafenbecken anlegen: Das sechseckige Bassin, das über 700 Meter lang war, bot mehr als 100 Schiffen Anlegeplätze. Zu den Häfen gehörten große Komplexe von Lagerhäusern; in Rom befanden sie sich am Tiber-Ufer in der Nähe des Aventin. Die Principes haben den Bau der Häfen nicht nur veranlaßt, sondern auch finanziert, was dazu beitrug, ihr Prestige zu steigern. Die Hafenszene auf dem Relief aus dem Museo Torlonia zeigt dies deutlich: Hinter dem rechten Schiff erkennt man einen Triumphbogen, der von einer Elefanten-Quadriga gekrönt ist und im Wagen dieser Quadriga steht der Princeps. Puteoli und Ostia waren nicht die einzigen Häfen, die im Principat ausgebaut wurden; unter Trajan legte man Molen auch in Centumcellae – dem modernen Civitavecchia – und in Ancona an. Über Centumcellae findet sich in den Briefen des Plinius ein anschaulicher Bericht (6, 31): »In einer Bucht wird eben jetzt ein Hafen angelegt, dessen linke Mole bereits auf solidem Fundament ruht, während an der rechten noch gearbeitet wird. Vor der Hafenausfahrt entsteht eine Insel, die als Wellenbrecher gegen die vom Wind herangetriebenen Wassermassen dienen und auf beiden Seiten den Schiffen ein sicheres Einlaufen gewähren soll. Die Anlage ist ein wahres Kunstwerk. Ein breites Lastschiff bringt gewaltige Felsblöcke heran; diese werden einer nach dem andern versenkt, bleiben durch ihr Eigengewicht an Ort und Stelle und fügen sich nach und nach zu einer Art Damm zusammen. Schon ragt ein steinerner Rücken sichtbar aus dem Wasser, der die anbrandenden Wogen bricht und weithin aufwallen läßt ... Auf die Felsblöcke will man später noch Pfeiler

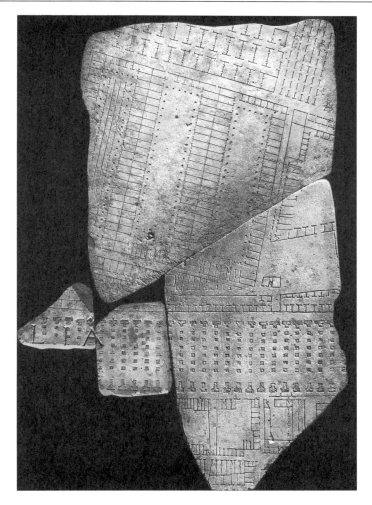

132. Lagerhäuser in Rom: Porticus Aemilia und Horrea Galbana. Fragmente des Marmorplans aus severischer Zeit, 205 – 208 n. Chr. Rom, Museo Capitolino

setzen, die mit der Zeit dem Ganzen das Aussehen einer natürlichen Insel geben sollen. Dieser Hafen wird den Namen des Erbauers tragen, trägt ihn schon jetzt und wird sich als überaus nützlich erweisen, denn die auf weite Strecken hafenlose Küste wird sich seiner als Zufluchtsort bedienen.«

Dem hellenistischen Vorbild folgend bauten die Römer nicht nur an der Tiber-Mündung, sondern auch an anderen Orten des Imperium Romanum Leuchttürme, die zum typischen Erscheinungsbild eines römischen Hafens gehörten. Dementsprechend wird auf Reliefs und Mosaiken der Principatszeit ein Hafen vor allem durch die Darstellung des Leuchtturms charakterisiert; auf dem Relief im Museo

133. Leuchtturm von Brigantium im spanischen Coruña, römische Kaiserzeit

Torlonia ist die große Flamme auf der Spitze des Turmes gut zu sehen. Ruinen solcher Leuchttürme finden sich noch heute in Civitavecchia oder in Dover. Im Unterschied dazu ist der Turm von La Coruña in Nordwestspanien hervorragend erhalten. Sein Aussehen wurde allerdings durch umfangreiche Ausbesserungsarbeiten während des 18. und 19. Jahrhunderts stark verändert.

Zum Verkehrssektor kam als zweiter wichtiger Bereich der römischen Infrastruktur die Wasserversorgung hinzu. Die ersten umfassenden Maßnahmen auf diesem

Der Ausbau der Infrastruktur

134. Wasserleitungen in der Nähe von Rom: Anio Novus und Aqua Claudia, um 50 n. Chr.

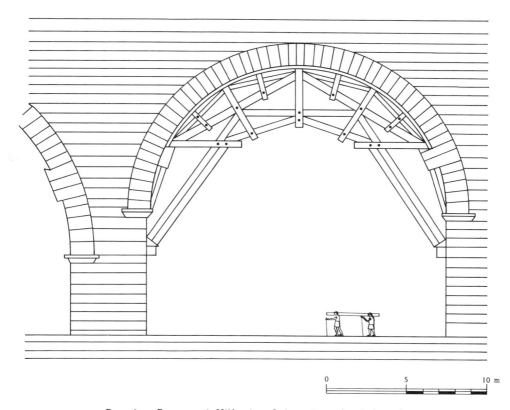

Bau eines Bogens mit Hilfe eines Lehrgerüstes (nach Adam)

135. Wasserleitungen in Rom: Anio Novus und Aqua Claudia bei der Porta Maggiore, um 50 n. Chr. Radierung von Giovanni Battista Piranesi in »Vedute di Roma«, 1775. Privatsammlung

Gebiet wurden wie der Bau der ersten römischen Fernstraße von dem Censor Appius Claudius Caecus im Jahr 312 v. Chr. veranlaßt. Das persönliche Engagement des Claudius für Infrastruktureinrichtungen geht deutlich aus seinem Verhalten während der Censur hervor: Es gelang ihm, seinen Kollegen zum baldigen Rücktritt zu bewegen und zugleich seine eigene Amtszeit zu verlängern, bis die beiden später nach ihm benannten Bauwerke – die Straße nach Capua und die Wasserleitung – vollendet waren. Ende des 4. Jahrhunderts v. Chr. reichten die verfügbaren Quell- und Brunnenwasser für die Versorgung der stadtrömischen Bevölkerung nicht mehr aus, so daß der Bau einer Wasserleitung notwendig wurde. Nach planmäßiger Suche fand man geeignete Quellen in der Nähe der Straße nach Praeneste. Von dort führte die fast 18 Kilometer lange, unterirdisch verlegte Aqua Appia dieses Wasser nach Rom. Nur vierzig Jahre später – 272 v. Chr. – begann man den Bau einer zweiten Leitung, deren Wasser oberhalb von Tibur, dem heutigen Tivoli, dem Anio entnommen wurde. Erst die Aqua Marcia, die nach 144 v. Chr. entstand, erhielt eine längere Leitungsstrecke, die auf einer für die stadtrömischen Wasserleitungen charakteristischen Bogenkonstruktion ruhte. Der Bau der Aqua Marcia, die eine Länge von über 90 Kilometern besaß, war äußerst aufwendig. Der Senat soll dem

136. Aquädukt des Nero in Rom, 54 – 68 n. Chr. Radierung von Giovanni Battista Piranesi in »Vedute di Roma«, 1775. Privatsammlung

Praetor Marcius für die Verwirklichung 180 Millionen Sesterzen zur Verfügung gestellt haben. M. Agrippa hat sich während seiner Aedilität im Jahr 33 v. Chr. dem Problem der Erneuerung der stadtrömischen Infrastruktur gewidmet, dabei verfallene Wasserleitungen reparieren und eine neue Leitung, die Aqua Iulia, anlegen lassen. Zwei weitere, unter Claudius fertiggestellte Leitungen, die Aqua Claudia und der Anio Novus, vervollständigten das System der römischen Wasserversorgung. Die Kanäle beider Leitungen wurden im letzten, etwa 10 Kilometer langen Abschnitt zusammen auf einer Bogenkonstruktion nach Rom geführt. Die beeindruckenden Aquädukte hatten die Funktion, das Wasser in großer Höhe in die Stadt zu leiten, um es leichter verteilen und möglichst in die auf den Hügeln gelegenen Stadtviertel bringen zu können. Auch Claudius gab für die Verbesserung der Wasserversorgung beträchtliche Summen aus; nach Plinius soll es sich um 350 Millionen Sesterzen gehandelt haben.

Die Baumaßnahmen auf diesem Sektor der Infrastruktur griffen weit über Rom hinaus, da sich auch die lokalen Oberschichten in den kleinen Landstädten Italiens für eine ausreichende Trinkwasserversorgung der Bevölkerung engagierten. Seit dem frühen Principat stellten die in den Kolonien angesiedelten römischen Bürger

137. Aquädukt des C. Sextilius Pollio in Ephesos, 4 – 14 n. Chr.

ebenso wie die romanisierten einheimischen Oberschichten hohe Anforderungen an die Qualität und die Menge des Trinkwassers. Die Leitungen in den Provinzen verliefen normalerweise über lange Strecken unterirdisch. Für die Überquerung von Tälern errichtete man aber prachtvolle Aquädukte. C. Sextilius Pollio ließ eine solche Bogenbrücke, die bei Ephesos den Marnas überspannt, sogar mit Marmor verkleiden. Neben dem Pont-du-Gard bei Nîmes sind besonders die Bauten in den spanischen Provinzen erwähnenswert. Wie bei dem Brückenbau bediente man sich bei der Errichtung der großen Bögen solcher Aquädukte eines Lehrgerüstes, das nach Einsetzen des Schlußsteines entfernt wurde.

Die Wasserleitungen bestanden aus mehreren Einzelelementen, die zu einem technischen Großsystem zusammengefügt wurden. An der Quelle oder an einem Fluß legte man zunächst einen Wasserfang an, der so konstruiert war, daß die Einleitung von Verunreinigungen verhindert wurde. Die Leitungen selbst waren abgedeckte Freispiegelkanäle, für die im 2. Jahrhundert v. Chr. noch Quadersteine, in der Zeit des Principats bereits Opus caementicium verwendet wurden. Gegenüber Rohrleitungen hatten die Kanäle zwei entscheidende Vorteile: Sie besaßen einen großen Abflußquerschnitt, und man konnte sie durch Einstiegsschächte

Der Ausbau der Infrastruktur

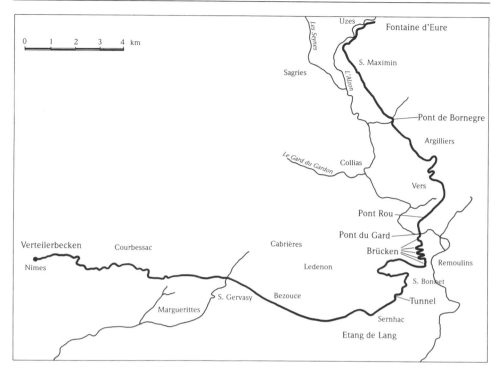

Trasse des Aquädukts von Nîmes (nach Dambre)

138. Der Pont-du-Gard in Nîmes, augusteische Zeit

139. Aquädukt von Segovia, 2. Jahrhundert n. Chr.

betreten, so daß sie leicht zu reinigen waren. Um einen ständigen Wasserabfluß zu sichern, mußte darauf geachtet werden, daß eine Leitung ein möglichst gleichbleibendes Gefälle hatte; es war bei einigen Leitungen extrem niedrig, bei der Leitung von Nîmes zum Beispiel durchschnittlich 0,35 Meter auf 1 Kilometer. Es bedurfte hierfür einer exakten Nivellierung der Trasse. Den Architekten stand zu diesem Zweck ein als Chorobat bezeichnetes Gerät zur Verfügung, das Vitruv beschreibt (8, 5, 1): »Der Chorobat aber besteht aus einem etwa 20 Fuß langen Richtscheit. Dieses hat an den äußersten Enden ganz gleichmäßig gefertigte Schenkel, die an den Enden

Der Ausbau der Infrastruktur

140. Aquädukt von Tarragona, 1. Jahrhundert n. Chr.

141. Wasserleitung von Aspendos, 2. Jahrhundert n. Chr.

nach dem Winkelmaß eingefügt sind, und zwischen dem Richtscheit und den Schenkeln durch Einzapfung festgemachte schräge Streben. Diese Streben haben genau lotrecht aufgezeichnete Linien, und jeder einzelnen dieser Linien entsprechend hängen Bleilote von dem Richtscheit herab, die, wenn das Richtscheit aufgestellt ist und alle Bleilote ganz gleichmäßig die eingezeichneten Linien berühren, die waagerechte Lage anzeigen.« Es konnte sich bei der Trassierung von Leitungen durchaus als notwendig erweisen, Tunnelstrecken anzulegen. Auf einer

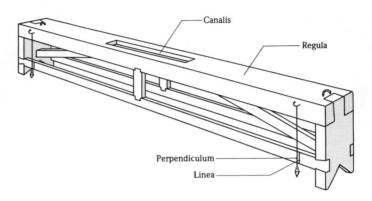

Von Vitruv beschriebener Chorobat (nach Adam)

Inschrift aus Nordafrika wird von den Schwierigkeiten berichtet, die dabei auftreten konnten. Der Veteran Nonius Datus wurde nach Saldae geholt, weil die Stollen, die von beiden Seiten des Berges vorgetrieben worden waren, sich verfehlt hatten. Nachdem Nonius Datus das Werk schließlich vollendet hatte, ließ er die Inschrift aufstellen, in der er seine Leistung selbstbewußt rühmt (CIL VIII 2728): »Ich also, der ich als erster das Niveau ermittelt, die Richtung angewiesen und die Arbeiten hatte machen lassen nach dem Plan, den ich dem Prokurator Petronius Celer gegeben hatte, habe den Bau zu Ende gebracht.«

Bei der Überquerung sehr weiter oder sehr tiefer Täler legte man Druckleitungsstrecken an. Im Fall der Gier-Leitung von Lyon waren 12 Rohrleitungen notwendig, um das Wasser des Kanals aufzunehmen. Bei der Wasserleitung von Aspendos blieben die Türme, die im Verlauf der Druckstrecke errichtet worden waren, erhalten; das Wasser wurde in ein offenes Becken an der Spitze des Turmes und dann in den nächsten Abschnitt der Druckstrecke eingeleitet. Nach Vitruv hatten diese »Colliviaria« die Funktion, den Druck in der Leitung zu reduzieren, und es ist bezeichnend, daß sie in Aspendos sich genau dort befinden, wo die Leitung ihre Richtung ändert. Am Ende einer Wasserleitung – normalerweise an der Stadtmauer oder in deren Nähe – befand sich ein Verteilerbauwerk, von dem die Rohrleitungen ausgingen, die das Wasser in verschiedene Stadtviertel führten. Die Rohre der städtischen Verteilernetze wurden aus dünnen Bleiplatten hergestellt, die man zum Rohrprofil zusammenbog und an der Nahtstelle lötete. Anders als in den griechischen Städten, wo das Brunnenhaus an einem zentralen Platz lag, waren in Rom und in kleineren Städten wie Pompeji Laufbrunnen über das gesamte Stadtgebiet verteilt. In einem Senatsbeschluß des Jahres 11 v. Chr. heißt es darüber (Frontinus 104): »Die Zahl der öffentlichen Laufbrunnen – nach dem Bericht derer, die vom Senat beauftragt waren, die öffentlichen Wasserleitungen zu inspizieren und die Anzahl der öffentlichen Laufbrunnen zu erkunden, sind es derzeit 105 – soll weder vergrößert noch verringert werden. Desgleichen sollen die für die Wasserversorgung zuständigen Curatores, die Caesar Augustus laut Senatsbeschluß und mit Zustimmung des Senates nominiert hat, dafür sorgen, daß aus dem öffentlichen Laufbrunnen so beständig wie möglich, Tag und Nacht, für den Bedarf des Volkes Wasser fließe.« Die Bewohner einer römischen Stadt brauchten keine langen Wege zurückzulegen, um Wasser zu holen. Die Häuser der reichen Familien hatten überdies einen eigenen Wasseranschluß; die Oberschichten waren daher auf die öffentlichen Brunnen nicht angewiesen. Die Gestaltung eines privaten Gartens mit einem Zierbrunnen blieb reichen Bürgern vorbehalten und war ein geschätztes Statussymbol.

In großen Städten, aber auch in Verbindung mit Thermen, Palästen und militäri-

142. Wasserverteiler in Nîmes, augusteische Zeit

143. Römische Zisterne im Castel Gandolfo, severische Zeit. Radierung von Giovanni Battista Piranesi in »Antichità d'Albano e di Castelgandolfo«, 1764. Privatsammlung

schen Stützpunkten legte man Wasserspeicher an, deren Volumen in vielen Fällen über 10.000 Kubikmeter betrug. Eine andere Möglichkeit, die Wasserversorgung auch in den trockenen Jahreszeiten zu sichern, bestand darin, Wasser in Talsperren zu speichern. So wurden in der Nähe von Emerita Augusta im Westen Spaniens zwei Staudämme gebaut, von denen der Proserpina-Damm eine Länge von 427 Metern und eine Höhe von 12 Metern hat. Dieser Damm ist zur Wasserfläche hin leicht konvex gekrümmt, um den Wasserdruck besser auffangen zu können; das Prinzip der Bogenstaumauer sollte dann in der Spätantike voll zur Anwendung gelangen.

Große Anlagen im Bereich des Wasserbaus dienten der Entwässerung. Gerade auf diesem Gebiet sind die Etrusker führend gewesen, und so ist es nicht überraschend, daß das älteste römische Bauwerk für solche Zwecke in der antiken Literatur mit dem Wirken der Könige, die aus etruskischen Geschlechtern stammten, in Verbindung gebracht wurde: Durch den Bau eines Grabens entwässerte man die Gegend des späteren Forum Romanum; später wurde dieser Graben eingedeckt und teilweise mit einem Gewölbe versehen. Er hatte nun zusammen mit einigen Seitenarmen die Funktion eines Abwassersystems – ein Bauwerk, das Plinius in der »Naturalis historia« zu den bewundernswerten Leistungen der Römer zählt (36, 104): »... die Cloacae, allerdings ein über alle Beschreibung großes Werk, da deshalb

Berge unterwühlt wurden und eine schwebende Stadt dadurch entstand, unter der man, als Marcus Agrippa nach seinem Consulat Aedil war, auf Schiffen einherfuhr. Sieben zusammengeleitete Flüsse durchfließen sie und werden gezwungen, in reißendem Strom, wie Wildbäche, alles mit fortzureißen und abzuführen, und wenn sie dazu noch durch heftige Regengüsse zu rascherem Laufe getrieben werden, so erschüttern sie Bett und Wände dieser Bauten. Bisweilen strömt auch der Tiber rückwärts hinein; dann kämpft im Inneren der Drang der Wogen von entgegengesetzten Seiten her und dennoch widersteht die Festigkeit des Baus. Die größten Massen werden darüberhin geschleppt, ohne daß die Gewölbe nachgeben; von selbst einfallende oder durch Feuersbrünste zerstörte Bauten stürzen jählings und mit Gewalt darauf, der Boden wird durch Erdbeben erschüttert, und doch besteht das Werk seit dem älteren Tarquinius, fast 700 Jahre, unzerstörbar.« Das Überlaufwasser der Brunnen schwemmte den Schmutz der Straßen in die Abwasserleitungen; dadurch wurde die Stadt sauberer und die Atemluft besser, wie Sextus Iulius Frontinus (um 30–104) feststellte.

Die Römer unternahmen wiederholt Versuche, Land zu gewinnen, indem sie größere Seen trockenlegten oder deren Wasserspiegel absenkten. Bereits im 3. Jahrhundert v. Chr. hatte man für den Lacus Velinus bei Reate einen Abfluß geschaffen, wodurch die Rosea, ein von den Agronomen hoch gerühmtes Weideland, entstand. Durch einen längeren unterirdischen Kanal senkte man den Wasserspiegel des Albaner Sees ab; diese Anlage wurde im 18. Jahrhundert von Piranesi (1720–1778) eingehend untersucht. Andere Projekte, etwa die Trockenlegung des

144. Proserpina-Staumauer im spanischen Mérida, 1. / 2. Jahrhundert n. Chr.

145. Abflußkanal am Albaner See. Radierung von Giovanni Battista Piranesi in »Descrizione e Disegno dell'Emissario del Lago Albano«, 1762. Privatsammlung

Ficciner Sees, mißlangen und konnten erst im 19. und 20. Jahrhundert realisiert werden.

Frontinus, ein hochrangiger Senator, der von Nerva (reg. 96–98) zum Curator der Wasserversorgung ernannt worden war, verdeutlicht in der Schrift über die Wasserleitungen Roms die Kriterien, nach denen römische Politiker Infrastruktureinrichtungen beurteilt haben. Im Vordergrund standen dabei zwei Begriffe: »Salubritas« und »Securitas«, Gesundheit und Sicherheit. Es war den Römern klar, daß die Infrastruktur wesentlich der Wohlfahrt der Bevölkerung diente und Ausgaben auf diesem Sektor nur bedingt nach ökonomischen Gesichtspunkten zu bewerten waren. Die Schrift des Frontinus ist unter einem weiteren Aspekt aufschlußreich; sie zeigt, wie komplex der Verwaltungsapparat für die Instandhaltung der bestehenden und die Planung neuer Leitungen notwendig gewesen ist. Straßen und Wasserleitungen gehörten zur Bandinfrastruktur, sie durchschnitten fern der städtischen Zentren das Land. Planung, Bau und Überwachung solcher Anlagen bedeuteten für die Verwaltung eine Herausforderung, der man nur durch Schaffung neuer Verwaltungsstrukturen gerecht zu werden vermochte; das Amt des »Curator aquarum« war nicht auf eine Amtszeit von einem Jahr beschränkt. Bei Frontinus wird ferner

146. Der Hafen von Ostia. Sesterz Neros, 64 – 68 n. Chr. Berlin, Staatliche Museen Preußischer Kulturbesitz, Münzkabinett

147. Personifikation der Via Traiana. Denar des Traianus, 112 – 114 n. Chr. London, British Museum

148. Triumphbogen für Augustus am Ende der Via Flaminia in Rimini, 27 v. Chr.

deutlich, daß die Principes ihre Leistungen beim Ausbau der Infrastruktur bewußt zur Legitimierung ihrer Herrschaft genutzt haben. Dies galt sowohl für den Verkehrssektor als auch für die Wasserversorgung. Auf Münzen stellte man den neuen Hafen an der Tiber-Mündung oder die Via Traiana realistisch oder symbolisch dar. Am Anfang und am Ende der von Augustus wiederhergestellten Via Flaminia in Rom

149. Triumphbogen für Traianus am Beginn der Via Traiana in Beneventum, 114 n. Chr.

und in Rimini wurden Triumphbögen errichtet, deren Inschrift auf die Leistung des Princeps verweist. In Benevent und Ancona stehen Triumphbögen, die Trajan als Erbauer der Mole von Ancona und der Via Traiana ehren. Monumentale Inschriften an der Porta Maggiore geben Kenntnis über den Bau der Aqua Claudia und des Anio Vetus unter Claudius sowie über die später unter Vespasian (reg. 69–79) durchgeführten Reparaturarbeiten an beiden Leitungen. Um den Umfang der Erdarbeiten bei der Errichtung des Trajan-Forums und der Trajan-Märkte noch der Nachwelt zu verdeutlichen, verkündet die Inschrift am Sockel der Trajan-Säule, diese sei so hoch wie der Hügel, der abgetragen wurde, um Platz für die Neubauten zu gewinnen.

Die historische Bedeutung der römischen Infrastruktur ist auch darin zu sehen, daß nach dem Zusammenbruch des Imperium Romanum der mittelalterlichen Gesellschaft für viele Jahrhunderte die alten römischen Straßen und Brücken als Verkehrswege zur Verfügung gestanden haben und damit für sie die Aufwendungen

150. Triumphbogen für Traianus auf der Mole von Ancona, 115 n. Chr.

151. Inschrift an der Basis der Traian-Säule, 113 n. Chr.

im Verkehrssektor denkbar gering gewesen sind. Noch in der Neuzeit, im 18. Jahrhundert, vermittelten die Überreste der Brücken und Aquädukte einen Eindruck von der Leistung der Römer; so schildert Rousseau in den »Confessions« die Wirkung, die der Pont-du-Gard auf ihn ausübte: »Es war das erste Bauwerk, das ich sah. Ich erwartete, ein Denkmal zu sehen, würdig der Hände, die es erbaut hatten. Doch dies Werk übertraf meine Erwartung; und das war das einzige Mal in meinem Leben. Nur die Römer vermochten diese Wirkung hervorzubringen. Der Anblick dieses einfachen und edlen Werkes machte auf mich um so mehr Eindruck, als es mitten in einer Einöde liegt, wo Schweigen und Einsamkeit den Gegenstand bedeutender und die Bewunderung lebhafter machen, denn die angebliche Brücke war nur ein Aquädukt.«

Die Technik in der römischen Literatur

Die Bewertung der Technik war in der römischen Principatszeit widersprüchlich und ambivalent; bei vielen Autoren finden sich geradezu gegensätzliche Positionen, und so entsteht ein diffuses Bild, das vom Historiker nicht vereinheitlicht werden darf. Man gewinnt den Eindruck, daß mit den technischen Fortschritten im Hellenismus und in der Principatszeit das Bewußtsein dafür gewachsen ist, welche Probleme mit der Technik verbunden sind.

Ovid (43 v.Chr.–17 n.Chr.) hat in den »Metamorphosen« den Mythos des »Goldenen Geschlechts« neu interpretiert: Jedes neue Geschlecht verfügt nach Ovid nun auch über neue Techniken, und der moralische Niedergang korreliert mit dem technischen Fortschritt. Das glückliche Goldene Zeitalter wird durch das Fehlen der Errungenschaften der griechisch-römischen Kultur charakterisiert (1, 97 ff.): »Noch umschloß da nicht ein steiler Graben die Städte, / Tuba und Hörner, gestreckt aus Erz und gebogen, und Helme, / Schwerter waren da nicht; und keiner Krieger bedürfend, / lebten die Völker dahin in sanfter, sicherer Ruhe. / Unverletzt durch den Karst, von keiner Pflugschar verwundet, / nicht im Frondienst, gab von sich aus alles die Erde; / und mit der Nahrung begnügt, die keinem Zwange erwachsen, / las man Hagäpfel da und Bergerdbeeren, des Waldes / Kirschen und, was als Frucht an dem derben Dornengerank hing, / las die von Iuppiters lichtem Baum gefallenen Eicheln.« Die Gaben des Prometheus werden als fragwürdig empfunden. Das Eiserne Zeitalter ist nun geprägt von Unrecht und Gewalt, die Metalle gelten nicht mehr wie bei Aischylos als nützlich, sondern werden als schädlich für die Menschen bezeichnet (1, 135 ff.): »Und den Boden – Gemeingut bisher wie die Luft und die Sonne – / grenzte mit langen Rainen fortan der genaue Vermesser. / Und von dem reichen Boden verlangte man nicht nur die Saat, nicht / nur die geschuldete Nahrung: Man drang in der Erde Geweide. / Schätze, die tief sie versteckt und den stygischen Schatten genähert, / grub man hervor – dem Schlechten zum Anreiz; das schädliche Eisen / ist schon getreten ans Licht und – schädlicher noch als das Eisen – / auch das Gold. Da ist, dem beide sie dienen, der Krieg und / schlägt mit blutigen Händen zusammen die klirrenden Waffen.« In seiner Kritik an der These des Poseidonios, die Philosophen hätten die in der Landwirtschaft und im Handwerk gebrauchten Geräte und Verfahren entdeckt, äußert Seneca die Ansicht, technische Erfindungen dienten nicht der Beschaffung des Lebensnotwendigen, sondern dem Luxus und der Genußsucht. Die Natur sei dem Menschen nicht feindlich, sondern biete ihm alles, was er zum Leben brauche, die wachsende Genußsucht aber schaffe nur Laster. Die Frühzeit der Menschheit wird von Seneca positiv bewertet; es gab seiner Ansicht nach keinen Mangel und keine Gewalt der Menschen untereinander. Selbst ein Autor wie Plinius, der an technischen Erfindungen sehr stark interessiert gewesen ist und in der »Naturalis historia«

eine Vielzahl von Informationen zur griechischen sowie römischen Technik bietet, beginnt seine Ausführungen über die Metalle mit einer scharfen Kritik am Bergbau. Seine Bemerkungen über das Eisen sind typisch für die Einstellung vieler römischer Autoren (34, 138): »Das Eisen ist das beste und das schlimmste Werkzeug im Leben, weil wir mit ihm die Erde aufreißen, Bäume pflanzen, Baumgärten schneiden, die Weinstöcke nach dem Abschneiden ihres unnützen Teiles zwingen, sich alle Jahre zu verjüngen, mit ihm bauen wir Häuser, hauen Steine und bedienen uns des Eisens zu allen möglichen Verwendungen, aber ebenso zum Krieg, zum Mord und Raub.«

Die Techniker hingegen besaßen ein nahezu unbegrenztes Vertrauen in die Nützlichkeit der Technik. Vitruv etwa beschreibt die Entwicklung der Menschheit ähnlich wie Aischylos als einen Fortschritt vom wilden und tierhaften Zustand zum gesitteten Leben; daß dabei der Hausbau eine große Rolle spielte, war für einen Architekten naheliegend. Die Beschreibung technischer Sachverhalte nimmt in dem Werk Vitruvs breiten Raum ein. Eingehend wird das Baumaterial – Ziegel, Mörtel, Steine und Holz – behandelt; dem Bau von Wasserleitungen und dem Uhrenbau ist jeweils ein Buch gewidmet; der Abschnitt über die »Machinae«, die mechanischen Geräte, schließt das Werk ab. Der Technikgeschichte bringt Vitruv großes Interesse entgegen. Über einzelne Architekten und Mechaniker wie Chersiphron, Ktesibios und Archimedes werden wichtige Informationen mitgeteilt. Entsprechend dem Entwicklungsstand der hellenistischen sowie römischen Technik werden die Machinae eingehend analysiert. Vitruv bietet zunächst eine klare Definition dieser Geräte (10, 1, 1): »Eine Machina ist ein beständiges, aus Holz zusammengesetztes Gebilde, das besonders befähigt ist, Lasten zu bewegen. Sie wird durch kreisförmige Bewegungen, die die Griechen ›Kyklike kinesis‹ nennen, künstlich in Bewegung gesetzt.« Einen wesentlichen Unterschied zwischen den Machinae und den Werkzeugen sieht Vitruv darin, »daß die Machinae durch mehrere Arbeitskräfte, gleichsam durch größeren Einsatz von Kraft, dazu veranlaßt werden, ihre Wirkungen zu zeigen, etwa die Ballisten und Kelterpressen. Werkzeuge aber erfüllen durch das fachmännische Vorgehen einer einzigen Arbeitskraft den Zweck, dem sie dienen sollen.« Nicht mehr die Werkzeuge, sondern die mechanischen Geräte sind jene technischen Hilfsmittel gewesen, die den in hellenistischer und römischer Zeit erreichten technischen Standard charakterisieren. Abgeleitet werden diese Geräte, die in der Regel auf der Anwendung von Rotationsbewegungen beruht haben, vom Vorbild der Natur, zumal von der Umdrehung des Weltalls. Die Technik stimmt nach Meinung Vitruvs mit den Prinzipien der Natur überein.

Etwa gegen Mitte des 1. Jahrhunderts n. Chr. hat Heron eine in arabischer Sprache überlieferte »Mechanik« verfaßt, die gegenüber Aristoteles eine Reihe von bemerkenswerten Erkenntnisfortschritten aufweist. Zu Beginn von Buch 2 behandelt er die fünf mechanischen Potenzen: die Welle mit dem Handspeichenrad, den

Hebel, den Flaschenzug, den Keil und die Schraube. Heron sieht bereits, daß die Wirkung der mechanischen Instrumente nicht beliebig vergrößert werden kann; es ist nicht möglich, den Kraftarm eines Hebels so zu verlängern, daß man mit seiner Hilfe auch extrem schwere Lasten zu bewegen vermag. Aus diesem Grund schlägt Heron vor, ein Zahnradgetriebe zu verwenden, dessen Übersetzung das Heben schwerster Gewichte ermöglicht. Dabei ergibt sich laut Heron ein Verzögerungseffekt, der um so stärker auftritt, je kleiner die bewegende Kraft im Verhältnis zum bewegten Gewicht ist. Die Relation von Weg und Kraft ist hier nicht erfaßt, weil der Zeitfaktor im Vordergrund steht. Die Schrift Herons ist durchaus anwendungsorientiert; er beschreibt einzelne Geräte, zum Beispiel Kräne und Pressen, so genau, daß sie von Technikern nachgebaut werden können.

Ausdruck einer imponierenden technischen Kompetenz ist nicht zuletzt das Werk des Frontinus über die Wasserleitungen. Dieser Senator hat es verstanden, die Einstellung der römischen Verwaltungseliten zu Infrastrukturanlagen sehr prägnant zu formulieren, wobei er immer wieder auf den Nutzen als Kriterium für die Beurteilung solcher Bauten hinweist. Nach seiner Meinung halten die Wasserleitungen Roms jedem Vergleich mit den architektonischen Schöpfungen anderer Völker stand (16): »Mit einer solchen Vielzahl von unentbehrlichen und gewaltigen Wasserleitungsbauten vergleiche man die ganz offensichtlich nutzlosen Pyramiden oder andere unnütze, von den Griechen errichtete Bauwerke, und mögen die Leute noch so viel davon reden!«

Die Spätantike

Vollendung der antiken Architektur

Die Spätantike war keine Epoche des Niedergangs und der Dekadenz, wie bisweilen behauptet worden ist, sondern eine Zeit eines beschleunigten Wandels, der alle Bereiche der Politik, der Gesellschaft und der Wirtschaft erfaßte. Der Druck, der von den germanischen Stämmen und den Sassaniden auf die Grenzen des Imperium Romanum ausgeübt wurde, nahm zu und führte zur Aufgabe von Provinzen. Im Inneren erwies sich die Teilung des Reiches nach dem Tod des Theodosius (reg. 379–395) als dauerhaft. Byzanz wurde als zweite Hauptstadt des Reiches gegründet. Mit der Anerkennung des Christentums durch Konstantin (reg. 306–337) wuchs die Kirche neben der römischen Verwaltung zu einer zweiten, das ganze Imperium umfassenden Organisation heran, die über beträchtlichen Reichtum und Einfluß

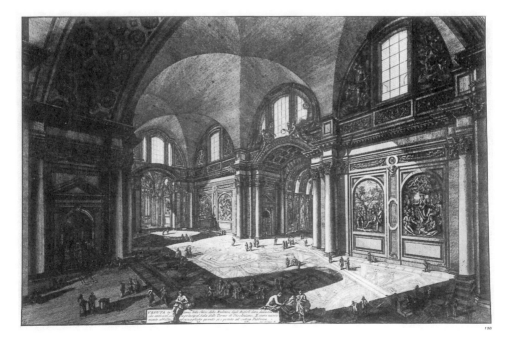

152. Diokletian-Thermen, Frigidarium (Kaltbad), in Rom, 298 – 306 n. Chr., seit 1561 S. Maria degli Angeli. Radierung von Giovanni Battista Piranesi in »Vedute di Roma« 1776. Privatsammlung

verfügte. An die Seite des paganen Philosophen trat nun der Heilige, an die des Beamten der Kleriker. Das Augenmerk im Großbauwesen galt den Kirchen. Es begannen die Pilgerreisen in das Heilige Land und zu den Eremiten in den Wüsten Ägyptens. Die Mobilität der Gesellschaft nahm zu. Die Sklaverei – früher die wichtigste Form abhängiger Arbeit auf dem Lande – verlor an Bedeutung, sie wurde weitgehend durch die an die Scholle gebundenen Kolonen ersetzt. Die künstlerischen Ausdrucksformen veränderten sich; denn die griechische Kunst war kein verpflichtendes Ideal mehr.

In der spätantiken Architektur setzte sich die Entwicklung, die in der späten Republik und im frühen Principat begonnen hatte und im Pantheon ihren ersten Höhepunkt fand, konsequent fort. Man nutzte die Möglichkeiten des Opus caementicium und des Fensterglases, um für die Thermen riesige, vom Tageslicht durchflutete und klimatisierte Säle zu schaffen. Durch glückliche Umstände blieb das Frigidarium der Diokletian-Thermen, die um 305 fertiggestellt worden waren, erhalten; es diente im frühen 16. Jahrhundert als Reithalle für die römischen Aristokraten, wurde dann aber als Schiff für die Kirche S. Maria degli Angeli unter Mitwirkung von Michelangelo (1475–1564) umgestaltet, wobei die antike Bausubstanz kaum angetastet wurde. Der weite Raum, der über 90 Meter lang, 27 Meter breit und 30 Meter hoch ist, wird von drei mächtigen Kreuzgratgewölben überdeckt, die von 8 den

153. S. Sabina in Rom, 400 – 450 n. Chr.

154. S. Giovanni in Laterano. Fresko von Filippo Gagliardi in S. Martino ai Monti in Rom, um 1650

Wänden vorgestellten Granitsäulen getragen werden. Ähnliche Dimensionen besaß die nach 312 vollendete Maxentius-Basilika auf dem Forum Romanum, deren Mittelschiff rund 35 Meter hoch war. Die großen Fensteröffnungen des noch stehenden Seitenschiffes lassen ahnen, welche Wirkungen die Architekten durch Verwendung von Fensterglas zu erzielen vermocht haben. Mit diesen Bauwerken gelangte die klassische antike Architektur zu ihrer Vollendung. Im Mittelpunkt der Bautätigkeit während der folgenden Jahrhunderte standen die Gotteshäuser, wobei man zunächst auf den Bautyp der Basilika zurückgriff. Das Mittelschiff der christlichen Basiliken wurde allerdings nicht eingewölbt, sondern erhielt eine flache Decke. Das ließ sich bewerkstelligen, weil inzwischen eine neue Dachkonstruktion

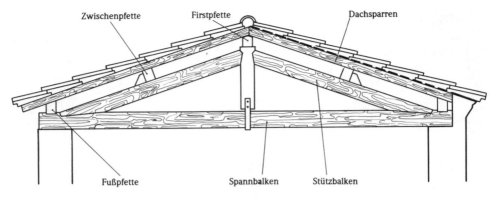

Sparrendach (nach Adam)

entwickelt worden war. Beim Sparrendach bildeten Spannbalken und Stützbalken ein unverschiebbares Dreieck, das keinen seitlichen Druck auf die Mauern ausübte. Diese Konstruktion erlaubte es, Mittelschiffe mit einer Breite von über 20 Metern zu überdachen. Der zahlenmäßig wachsenden christlichen Gemeinde stand nun ein Versammlungsraum zur Verfügung, der die Architektur auf Jahrhunderte hinaus grundlegend beeinflussen sollte.

In der byzantinischen Architektur hingegen setzte man die Tradition des Kuppelbaus fort. Nachdem die Kirche Hagia Sophia während des Nika-Aufstandes im Jahr 532 in Flammen aufgegangen war, wurde auf Betreiben Justinians (reg. 527–565) unmittelbar danach ein neuer Bau errichtet, dessen Innenraum von einer Kuppel mit einem Durchmesser von 32 Metern überwölbt war. Diese Kuppel war deutlich kleiner als die des Pantheon, bedingt dadurch, daß die architektonischen und technischen Schwierigkeiten in Konstantinopel erheblich größer waren als in Rom: Während die Kuppel des Pantheon direkt auf den starken Mauern des Baus ruht, hat die Hagia Sophia eine wesentlich komplexere Baustruktur, die Prokop in seiner Schrift über die Bauten Justinians anschaulich beschrieben hat (1, 1, 37 ff.): »In der Mitte der Kirche erheben sich 4 von Menschenhand errichtete Steinmassen, sogenannte Pfeiler, 2 gegen Norden, 2 gegen Süden; sie stehen einander gegenüber und sind sich völlig gleich, doch schließen die beiden Paare in ihrer Mitte je 4 Säulen ein. Errichtet sind die Steinmassen aus mächtigen, besonders ausgesuchten und von den Steinmetzen kunstvoll ineinander gefügten Quadern, und sie reichen bis zu großer Höhe hinauf; man könnte an jähe Felsklippen denken. Darüber wachsen 4 Bogen im Geviert empor. Ihre Enden ruhen, paarweise zusammenlaufend, auf dem Oberteil der genannten Pfeiler, ihre übrigen, aufstrebenden Bauteile verschweben in unendliche Höhe. Während sich das eine Bogenpaar gegen Osten und Westen zu im freien Raum wölbt, hat das andere eine Art Wand und ganz kleine Säulen unter

155. Die Hagia Sophia in Istanbul, 532 – 537 n. Chr. Wiederherstellung der Kuppel nach 557

156. Transport eines Obelisken zum Aufstellungsort. Relief auf dem unteren Marmorblock des Sockels vom Obelisken im Hippodrom von Istanbul, 390 n. Chr.

sich. Über den Bogen erhebt sich ein kreisförmiges Gebilde, eine Kuppel, von wo jederzeit der Tag zuerst hereinlacht... Eine riesige, dieses Kreisrund überspannende, kugelähnliche Kuppel leiht jenem besondere Schönheit. Sie scheint nicht auf dem festen Bau zu ruhen, sondern als goldene Kugel am Himmel zu hängen und so den ganzen Raum zu bedecken.« Prokop berücksichtigt in seiner Darstellung der Bautätigkeit Justinians keineswegs nur den Kirchenbau; eingehend werden Maßnahmen zur Verbesserung der Wasserversorgung von Byzanz und anderen Städten oder der Bau von Straßen und Brücken geschildert. Justinian hat sich selbst intensiv um solche Unternehmungen gekümmert, auch bei dem Bau der Hagia Sophia soll er mehrfach in die Arbeiten eingegriffen haben. Obwohl Prokop einzelne Architekten nennt, sieht er den Kaiser als das Oberhaupt der Architektur. Politik, Religion und Architektur gingen in der Person Justinians eine untrennbare Verbindung ein.

Zu den Aufgaben der Architekten gehörte stets auch die Aufsicht über den Transport großer Statuen oder Säulen. In der Spätantike sind mehrfach solche Transporte belegt. So berichtet Ammianus Marcellinus (um 330–395) über die Schwierigkeiten, einen nach Rom gebrachten Obelisken im Circus Maximus aufzustellen (17, 4): »Hohe Balken wurden nun aufgerichtet, so daß man einen Wald von Machinae zu sehen meinte, und starke, lange Taue daran befestigt, die wie ein Fadenwerk ganz dicht den Himmel überzogen. An diese Taue nun band man den von Schriftzeichen bedeckten Stein, hob ihn allmählich durch den leeren Raum in die senkrechte Lage empor und setzte ihn, nachdem er lange frei in der Luft geschwebt hatte, mit Hilfe vieler tausend Arbeiter, die gleichsam Mühlräder drehten, mitten im Zirkus nieder.« Der Aufrichtung des Obelisken im Hippodrom von Konstantinopel, die auf einem Relief an seinem Sockel bildlich dargestellt ist, war ein Epigramm der »Anthologia Graeca« gewidmet (9, 682): »Diese vierseitige Säule lag lastend schon immer am Boden; / Fürst Theodosios erst hat sie zu heben gewagt / und es dem Proklos geboten. Am zweiunddreißigsten Tage / hob dann die Säule, dies Werk riesiger Größe, sich auf.«

Verbreitung der Wasserkraft

Abgesehen von den Segelschiffen, die die Kraft des Windes nutzten, wurde in der Antike bis zum 1. Jahrhundert v. Chr. stets nur die Muskelkraft des Menschen oder der Tiere eingesetzt, um Lasten zu befördern, zu heben oder um Geräte zu bewegen. Der erste Hinweis auf die Nutzung der Wasserkraft im Imperium Romanum findet sich bei Vitruv. Während Wasserhebegeräte, etwa die archimedischen Schrauben, ohne Ausnahme von Menschen gedreht werden mußten, gab es Wasserräder, die durch die Strömung eines Wasserlaufes angetrieben wurden (10, 5, 1): »Es werden aber auch in Flüssen Schöpfräder nach den gleichen, oben beschriebenen Methoden gebaut. Ringsum werden an ihren Mänteln Schaufeln befestigt, und wenn diese von der Wasserströmung erfaßt werden, zwingen sie durch ihr Vorrükken das Rad, sich herumzudrehen. So schöpfen sie mit den Kästen das Wasser, tragen es, ohne daß Arbeiter eine Tretvorrichtung in Bewegung setzen, durch die Strömung des Flusses in Drehung versetzt, nach oben und liefern so das Wasser ab, das notwendig gebraucht wird.« Dieses Schöpfrad unterschied sich von der Wassermühle dadurch, daß ein Transmissionsmechanismus fehlte: Antriebsrad und

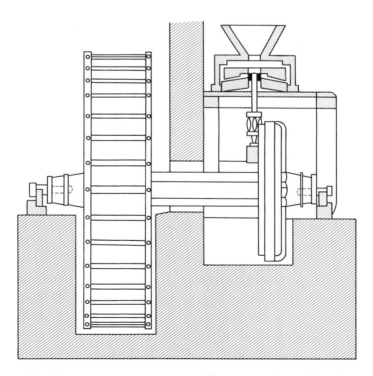

Von Vitruv beschriebene römische Wassermühle (nach Moritz)

Schöpfrad waren identisch. Bei der Wassermühle hingegen hatte das Wasserrad die Funktion eines Antriebs; die Drehbewegung des Wasserrades mußte auf den Mühlstein übertragen werden. Die früheste Beschreibung der Wassermühle, ein wichtiges Dokument der Technikgeschichte, bietet ebenfalls Vitruv (10, 5, 2): »Nach demselben Prinzip werden auch Wassermühlen getrieben, bei denen sonst alles ebenso ist, nur ist an dem einen Ende der Achse ein Zahnrad angebracht. Dies ist senkrecht auf die hohe Kante gestellt und dreht sich gleichmäßig mit dem Rad in derselben Richtung. Anschließend an dieses ist ein größeres Zahnrad horizontal angebracht, das in jenes eingreift. So erzwingen die Zähne jenes Zahnrades, das an der Achse angebracht ist, dadurch, daß sie die Zähne des horizontalen Zahnrades in Bewegung setzen, eine Umdrehung der Mühlsteine. Bei dieser Machina führt ein Trichter, der darüber hängt, das Getreide zu, und durch dieselbe Umdrehung wird das Mehl erzeugt.«

Die Herkunft der Wassermühle ist unklar. Nach Strabon soll zur Zeit von Mithridates VI. (120–63 v. Chr.) ein Exemplar im Königreich Pontos, im heutigen Kleinasien, existiert haben. Jedenfalls waren solche Mühlen im griechischen Raum während der augusteischen Epoche bekannt, wie ein Epigramm der »Anthologia Graeca« zeigt (9, 418): »Legt nur die Hand in den Schoß, Mühlmädchen, und schlaft nur lange, / wenn auch den Morgen bereits kündet der Hähne Geschrei. / Euer Geschäft hat heute Demeter den Nymphen befohlen. / Diese schwingen im Sprung oben aufs Rad sich hinauf, / drehen die Achse im Kreis, und die, mit gedrechselten Speichen, / rollt des nisyrischen Steins hohles Gewicht nun herum. / Sieh, wir genießen es wieder, das Leben der Vorzeit, wenn ohne / Arbeit wir Deos Geschenk uns zu bereiten verstehen.« Das Aufkommen der Wassermühlen hat die vom Tier gedrehte Mühle aber keineswegs schnell verdrängt. Als Caligula (reg. 37–41) alle Zugtiere in Rom requirieren ließ, konnten die Bäckereien nicht mehr ausreichend Getreide für die Bevölkerung mahlen; hieraus geht hervor, daß die Mühlen im damaligen Rom noch auf die tierische Muskelkraft angewiesen waren. Die Schilderung einer Mühle bei Apuleius deutet darauf hin, daß im 2. Jahrhundert weiterhin die Rotationsmühlen verbreitet gewesen sind. Sie werden noch in dem Preisedikt des Diokletian (reg. 284–305) aufgeführt. Die genannten Preise beliefen sich auf 1.250 Denare für eine Eselmühle, 1.500 Denare für eine Pferdemühle und 2.000 Denare für eine Wassermühle. Vielleicht ist in diesen Preisunterschieden ein Grund dafür zu sehen, daß viele Großgrundbesitzer und Bäcker zunächst an der Eselmühle festgehalten haben.

Während der Spätantike setzte sich die Wassermühle dann in großem Umfang durch. In Rom selbst bestand im 4. Jahrhundert am Abhang des Ianiculum ein Mühlenviertel, das Wasser von einem Aquädukt erhielt. Im Jahr 398 untersagten Arcadius (reg. 395–408) und Honorius (reg. 395–423), das für diese Mühlen bestimmte Wasser für andere Zwecke abzuleiten, damit die Brotversorgung nicht

Verbreitung der Wasserkraft

Rekonstruktion der Mühlenanlage bei Barbegal (nach Sagui)

157. Wassermühlen bei Barbegal in der Nähe von Arles, frühes 4. Jahrhundert n. Chr.

Unterschlächtiges und oberschlächtiges Wasserrad (nach Landels)

gefährdet würde. Prokop erwähnt diesen Komplex, der bis in die Zeit der Ostgoten fortbestanden hat (5, 19, 8): »Gegenüber, auf dem anderen Tiber-Ufer, erhebt sich ein bedeutender Hügel, wo seit alters her sämtliche Mühlen der Stadt stehen. Eine Leitung führt auf dessen Gipfel große Wassermassen heran, die dann mit aller Gewalt zu Tale stürzen.« Die Anlage bei Arles gleicht den Mühlen am Ianiculum in verschiedener Hinsicht: Die Mühlen standen hier ebenfalls an einem steilen Hang und erhielten Wasser aus einem Aquädukt. Im Mittelmeerraum waren die Mühlen auf die Wasserleitungen angewiesen; denn die meisten Flußläufe führten hier im Sommer so wenig Wasser, daß sie kein Mühlrad anzutreiben vermochten. Inzwischen haben die Archäologen insbesondere in den nordwestlichen Provinzen des

158. Geschnittener Marmor, spätantike Zeit. Trier, Rheinisches Landesmuseum

159. Schiffsmühlen auf dem Tiber. Zeichnung in dem »Codex Escurialensis«, um 1495. Madrid, Patrimonio Nacional

Imperiums die Reste zahlreicher Wassermühlen gefunden; es darf als gesichert gelten, daß bereits in der Spätantike die Wasserkraft wirtschaftlich in größerem Umfang genutzt worden ist.

Die Beschreibung bei Vitruv legt nahe, daß die Mühlen unterschlächtige Wasserräder gehabt haben. Ob das sehr viel effizientere oberschlächtige Wasserrad in der Antike bekannt gewesen ist, läßt sich nicht klar ausmachen. Die früheste literarische Erwähnung stammt jedenfalls erst aus der Zeit nach 500. Für die Mosel-Gegend ist neben dem Getreidemahlen als Arbeitsvorgang, bei dem man die Wasserkraft eingesetzt hat, das Sägen von Marmor erwähnt. Dabei mußte die Rotationsbewegung des Wasserrades in eine hin- und hergehende Bewegung umgewandelt werden. Da keine zeitgenössischen Aussagen über den Transmissionsmechanismus vorliegen, ist es nicht möglich, das Gerät zu rekonstruieren. Die Aussage des Ausonius (um 310–nach 393) wird aber einerseits durch Funde von geschnittenem Marmor in dieser Gegend und andererseits durch die Erwähnung einer mechanischen Säge bei Ammianus Marcellinus bestätigt.

Eine besondere Form der Wassermühle, die Schiffsmühle, wurde zum ersten Mal

537 während der Belagerung Roms durch die Goten auf Veranlassung des römischen Feldherrn Belisar (um 500–565) verwendet. Die Goten hatten den Aquädukt zum Ianiculum zerstört und damit die Wasserzufuhr der Mühlen unterbrochen. In dieser Situation ließ Belisar auf dem Tiber zwei Schiffe festmachen, auf denen jeweils eine Mühle installiert wurde. Als Standort hatte man den Pons Aemilius gewählt, da der Tiber zwischen den Brückenpfeilern eine besonders starke Strömung hatte. Die Schiffsmühlen erwiesen sich als außerordentlich nützlich; denn man konnte sie dem jeweiligen Wasserstand des Flusses leicht anpassen. In Rom existierten sie noch im Mittelalter und in der frühen Neuzeit.

Die Nutzung der Wasserkraft als Antrieb von Geräten wie der Getreidemühle oder der Marmorsäge muß als ein technischer Durchbruch von eminenter historischer Bedeutung gewertet werden. Doch diese Innovation ist ohne weitreichende soziale und wirtschaftliche Folgen gewesen, läßt sich also mit Ereignissen wie der Industriellen Revolution keineswegs vergleichen. Immerhin hat die Antike die Fundamente für die mittelalterliche Mühlentechnik gelegt, und diese Leistung sollte nicht unterschätzt werden.

Der Codex

In der Spätantike ersetzte der Codex – ein gebundenes Buch mit Seiten – die Buchrolle aus Papyrus als vorherrschende Buchform. Die Anfänge des Codex lagen in der Principatszeit. Bereits Martial (um 40–104) spricht in seinen Epigrammen von Büchern, die in Form eines Codex überraschend umfangreiche Texte enthalten. Als Autoren solcher Ausgaben nennt er Klassiker wie Homer, Vergil, Cicero, Livius und Ovid; daneben erwähnt er eine Edition seiner eigenen Gedichte. Mit der Buchform änderte sich auch das Schreibmaterial: Die Seiten bestanden nun vorwiegend aus Pergament, nicht aus Papyrus. In Ägypten scheint sich der Codex großer Beliebtheit bei den Christen des 2. und 3. Jahrhunderts erfreut zu haben. Diese neue Buchform dürfte man den Schreibtafeln nachgeahmt haben, die an einer Seite zusammengebunden waren und somit einem Heft glichen. Solche Tafeln sind auf einem Wandbild aus Pompeji und einem Relief aus Neumagen dargestellt.

Durch die Einführung des Codex wandelte sich das gesamte Buch- und Bibliothekswesen. Ein Codex enthält wesentlich mehr Text als eine Buchrolle; denn das Pergament ließ sich beidseitig beschreiben und zudem durch einen Buchdeckel besser schützen als die Rolle. Der entscheidende Vorteil des Codex lag überdies darin, daß man ihn wesentlich leichter benutzen konnte. Es war möglich geworden, in einem Buch zu blättern, Stellen nachzuschlagen, ohne daß ein langer Papyrus mühsam aufgerollt werden mußte. In dieser Zeit änderten sich auch die Lesekultur und das Leseverhalten: Während sich ein Senator wie Plinius noch vorlesen ließ, las

160. Rechnungsbuch in Form eines Codex. Relief vom sogenannten Circus-Denkmal aus Neumagen, um 220 n. Chr. Trier, Rheinisches Landesmuseum

man in der Spätantike selbst, und man las leise. Das Buch, das die Möglichkeit bot, mit Gott und den Heiligen Zwiesprache zu halten, wurde wichtig für das eigene Seelenheil, wurde zum Begleiter im Leben. Solchem Verständnis entsprach es, wenn man den Märtyrer, der seinem Opfertod entgegeneilt, wie der heilige Laurentius im Mausoleum der Galla Placidia zu Ravenna, mit einem Codex in der Hand dargestellt hat.

DIETER HÄGERMANN

TECHNIK IM FRÜHEN MITTELALTER
ZWISCHEN 500 UND 1000

ÖKONOMISCH-TECHNISCHE IMPULSE AUS DER NEUBEWERTUNG DER ARBEIT IN CHRISTLICHER SPÄTANTIKE UND FRÜHEM MITTELALTER

Der »Aufgang Europas«, so lautet der Titel eines vielzitierten Buches des Österreichers Friedrich Heer, ist charakterisiert durch die mähliche, langfristige Entwicklung eines ökonomischen, sozialen, technischen, demographischen und allgemeinzivilisatorischen Wachstums, das in den sich mehr und mehr beschleunigenden Prozeß wirtschaftlich-finanzieller, vor allem aber technisch-technologischer Expansion des 19. und 20. Jahrhunderts einmündet. Dieser Schub, zunächst vom alten Kontinent, dann auch von Nordamerika ausgehend, drückt heute, im Verbund mit Japan, der modernen Welt seinen Stempel auf. Andere, wesentlich ältere Hochkulturen wie China und Indien konnten einen so dominierenden Einfluß auf das Weltgeschehen nie gewinnen; jedenfalls gingen von ihnen nicht jene Impulse aus, die für die spezifisch westliche Zivilisation und deren technisches Know-how bestimmend sind und die Entwicklungstendenzen der Moderne prägen.

Der europäisch akzentuierte Geschichtsverlauf war bereits partiell im Hellenismus angelegt, der die gebündelten Erfahrungen des mediterranen alten Orients an die Weltmacht Rom weitergab, die ihrerseits den geistig-kulturellen, insbesondere aber politischen Rahmen bereitstellte, der über die christliche Kirche als eine Institution der Spätantike der Folgezeit vermittelt wurde. Gleichwohl steckten wesentliche Antriebskräfte dieser Entwicklung in der Eigendynamik der neuen Epoche, des Mittelalters, die vor allem durch ein neuartiges Zusammenspiel von Mensch und Technik, Wirtschaftsführung und Naturbeherrschung ausgezeichnet war. Die Entfaltung von technischem Können bei wirtschaftlichem Wachstum und allgemeiner Bevölkerungszunahme in einem zusammenhängenden Vorgang verlief keineswegs gradlinig ansteigend, sondern in zeitlichen Schüben und räumlichen Verdichtungen. Diese Konzentrationen waren ihrerseits an dem allgemeinen Vordringen der Zivilisation von West nach Ost, von Süd nach Nord ausgerichtet, von den römisch geprägten Provinzen über die im Laufe von Jahrhunderten christianisierte »Germania libera« jenseits von Rhein und Limes bis zur Elbe, die um 800 integraler Bestandteil des karolingischen Reiches wurde. Erst im Hochmittelalter überschritt diese Bewegung kolonisierend den Grenzfluß in vorwiegend slawisches Gebiet. Die zeitliche und räumliche Differenzierung eines historischen Gesamtprozesses, die sich auch in der unterschiedlichen Quellendichte abstrakter, schriftlicher und archäologischer Zeugnisse als Basis geschichtlicher Erkenntnis spiegelt, gilt es ständig im Auge zu behalten.

Die naturräumliche Gliederung Mitteleuropas um 900 (nach Aßelmeyer und Schlüter)

Ökonomisch-technische Impulse aus der Neubewertung der Arbeit

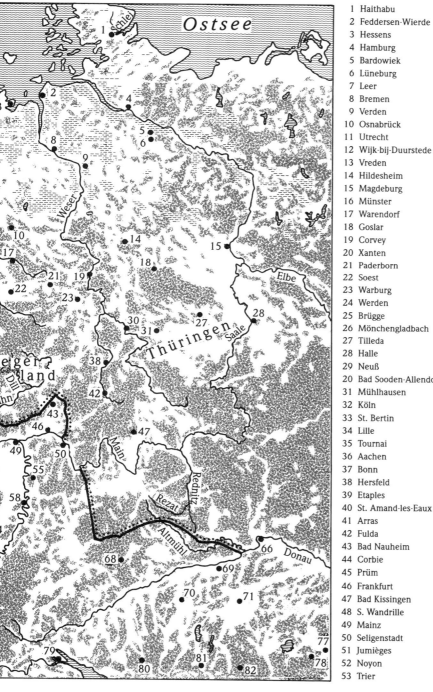

Mit dem staatlichen Zusammenbruch des römischen Imperiums zu Ausgang des 5. Jahrhunderts verschwanden nicht nur vielfach die gültigen Standards urbaner Existenz und handwerklicher Produktion, des Handels und des Geldumlaufs im Austausch der Mittelmeeranrainer, die eine gewisse Gleichförmigkeit des Lebens im Schutz der »Pax Romana« gesichert und deren Garanten nicht zuletzt die Angehörigen einer auf Rom ausgerichteten Oberschicht in militärischen und zivilen Diensten gebildet hatten, sondern auch das reichhaltige Schrifttum der Technik- und Agrarautoren, die sich mit Architektur, Kriegswesen oder Wasserbau beschäftigt hatten. Das Frühmittelalter kannte eine derartige Literatur nicht, die heute in gleicher Weise über die materielle Kultur Auskunft geben könnte.

Die germanischen Nachfolgestaaten auf ehemals römischem Boden tradierten aus ihrem Erbe eigene Befindlichkeiten und übernahmen aus dem Alltag der von ihnen eroberten Regionen Zweckdienliches. Sie schufen damit Strukturen, die sehr vielfältig waren und sich einem einheitlichen Interpretationsschema entziehen. Die Verlagerung des politischen Schwerpunktes vom Mittelmeer als »Kontinentalisierung« der Herrschaft nach Norden zwischen Seine und Rhein, die Eroberung und Integration der »Germania libera« bis zur Elbe und später darüber hinaus schufen Räume und Zonen ungleicher Kulturlage. So kontrastierte etwa der zivilisatorische Entwicklungsstand des altbesiedelten Seine-Beckens im 8. Jahrhundert deutlich mit dem Niveau der Regionen am Rand der deutschen Mittelgebirge oder am Unterlauf von Weser und Elbe. Dem Altsiedelland standen weiträumige Rodungs- und Kolonisationsgebiete gegenüber, die weder durch ein römisches Straßennetz noch durch städtische Zentren oder kirchliche Einrichtungen erschlossen worden waren, sondern sich erst in einem langen Prozeß der Angleichung dem anderswo bereits erreichten Standard annäherten. Das fränkisch-karolingische, später ottonisch-salische Imperium wirkte als früher »Schmelztiegel« unterschiedlicher Kulturstufen, Mentalitäten und technischer Standards. Dies wird augenscheinlich in den zwei berühmten Miniaturen des Reichenauer Evangeliars vom Ende des 10. Jahrhunderts, die Kaiser Otto III. (reg. 983–1002) zeigen, wie er die Gaben (Eulogiae) der vier Teile seines Reiches – Sclavinia, Germania, Gallia und Roma – entgegennimmt.

Aber nicht nur die stark voneinander abweichenden Zustände behindern die Einschätzung des Frühmittelalters, sondern auch und vor allem die reduzierte Schriftlichkeit im 6. und 7. Jahrhundert. Solchem quantitativen Problem gesellt sich erschwerend ein qualitatives hinzu: Die vielfältige mittelalterliche Geschichtsschreibung – Annalen, Chroniken, Heiligenviten – ging nur ganz sporadisch und lückenhaft auf wirtschaftliche und technische Vorgänge ein, da sie weitgehend außerhalb ihres erkenntnisleitenden »klerikalen« Interesses lagen.

Es kann auch nicht verschwiegen werden, daß die ohnehin seltenen theoretischen Versuche, die Weltgeschichte nach sachlichen Kriterien zu gliedern, für die Bestimmung des Mittelalters als eigener technikgeschichtlicher Epoche wenig hilfreich gewesen sind. Die auf Christian Thomsen zurückgehende Einteilung des Geschichtsverlaufs nach der dominierenden Verwendung von Werkstoffen – Stein, Bronze, Eisen –, die vielleicht zur Gliederung der Ur- und Frühgeschichte von gewissem Nutzen sein mag, führt das letzte dieser Zeitalter als »eisernes« bis an die Schwelle des 20. Jahrhunderts mit dem Einsatz von Kunststoffen. Die von R. J. Forbes vertretene Differenzierung historischer Abläufe nach fünf Stadien in der Geschichte der Technologie je nach der Nutzung von Muskelkraft des Menschen, Muskelkraft von Mensch und Tier, Wasserkraft, Dampfkraft (Elektrizität) und schließlich Atomenergie reiht das Mittelalter in die dritte Phase ein, die mithin vom 1. Jahrhundert v. Chr. – Erstbelege für die wasserradgetriebene Getreidemühle – bis ins 18. Jahrhundert reicht. Damit wird das Mittelalter als »lange Zwischenzeit« zu einer diffusen Grauzone, der unter technikgeschichtlichem Aspekt kaum Bedeutung zukommt. Es läßt sich hingegen erkennen, daß die zivilisatorische Entwicklung des Mittelalters, wie der allgemeinhistorische Prozeß, nicht als träger, gleichförmig fließender Strom dahingetrieben ist, sondern als Lauf, der Verdichtung und Expansion, Stagnation und Verengung aufzuweisen hatte.

So steht heute im allgemeinen Verständnis die Epoche des 11. bis 13. Jahrhunderts im Zeichen der »Industriellen Revolution«, wobei »industriell« mit »gewerblich-städtisch« zu ersetzen ist, während das 15. Jahrhundert gar als Vorlauf zum Zeitalter der »Protoindustrialisierung« gilt. Das Frühmittelalter jedoch wird häufig als Stagnationsphase, hervorgerufen durch Überbevölkerung und Unterernährung, gar als Zeitalter der Krise und Not verstanden. Die »Verelendungstheorie«, basierend auf einseitiger, methodisch höchst anfechtbarer partieller Interpretation einiger weniger Quellen, hat stillschweigend oder eingestandenermaßen Eingang in zahlreiche neuere Publikationen gefunden, die dem Mittelalter erst mit dem Urbanisierungsprozeß des 12. und 13. Jahrhunderts, in Verbindung mit dem Ausbau städtischer Gewerbe, besonders der Textilindustrie, einen eigenständigen Rang als Verdichtungsperiode von Technik und ökonomischem Wachstum beimessen. Entsprechend dem modernen Verständnis von Technik wird technisch-technologischer Wandel als Fortschritt im engeren »Maschinen«-bereich mit Walkmühle oder horizontalem Webstuhl gesehen, auch im Rüstungsbereich, während die Landwirtschaft, die bis weit in die Neuzeit hinein den wichtigsten Sektor der europäischen Volkswirtschaft gebildet hat, zumeist als Quantité négligeable außerhalb der Betrachtung bleibt. Diese hochmittelalterlichen Wachstumsprozesse sind jedoch ohne Zunahme der landwirtschaftlichen Produktivität in Verbindung mit einem beachtlichen demographischen Aufschwung seit dem 7. Jahrhundert nicht denkbar. Wenn J. C. Russell ein Ansteigen der Bevölkerung in Europa von 18 Millionen in der Mitte des 7. Jahrhunderts auf 38 Millionen um das Jahr 1000 konstatiert, wobei die runden Zahlen weniger aussagen als die unzweifelhafte Tendenz, dann ist Europa von einer gewaltigen wirtschaftlichen Dynamik erfaßt worden, deren Ursache vor allem in dem produktivitätswirksamen Fortschritt des Agrarbereichs gelegen hat, technisch-betriebswirtschaftlich sichtbar in der Verwendung des Räderpflugs und der Einführung der Dreifelderwirtschaft, um nur die wichtigsten Faktoren zu nennen. Wesentlich begünstigt wurde diese Entwicklung durch ein trockeneres, wärmeres Klima, das lediglich im 9. Jahrhundert eine Nässeperiode kurzfristig unterbrach.

Zudem kontrastiert das düster entworfene Bild der frühmittelalterlichen Krisensituation mit der staatlich-politischen Gewichtung des fränkischen Reiches und der kulturellen Einschätzung der sogenannten Karolingischen Renaissance, repräsentiert in zahlreichen Bauwerken, wertvollen Gegenständen des Kunsthandwerks und kostbar illuminierten Codices aus Kloster- und Kirchenbesitz. Das eigentliche Dilemma der Stagnationstheorie liegt darin, daß nicht nur gleichzeitiger ökonomischer Niedergang und kulturelle Blüte einander ausschließen, mehr noch, daß sie nicht zu erklären vermag, wie in einem noch weitgehend archaisch strukturierten Wirtschaftsraum Stagnation unmittelbar in Prosperität umschlagen konnte und dies ausschließlich nach Maßgabe endogener Faktoren. Eine unbefangene, quellenkritische Analyse des Frühmittelalters wird zu der Erkenntnis gelangen müssen, daß eine erste Phase ökonomischen Wachstums – Bevölkerungszunahme und technische Verdichtung als interdependente Faktoren eines Zivilisationsprozesses – bereits im 8. beziehungsweise 9. Jahrhundert nachweisbar ist, die zur Verbreitung technischer Standards wie Wassermühle und Räderpflug geführt hat. Nach einem durch exogene Faktoren – Normannen- und Ungarneinfälle – und politische Destabilisierung zu Ausgang des 9. Jahrhunderts und im 10. Jahrhundert bedingten temporären Abschwung bereitete sich vor allem im Maas-Gebiet und in Oberitalien der hochmittelalterliche Wachstumsschub vor, der eine neuerliche Verbreitung von Technik brachte.

Die Frühphase dieser Entwicklung von der Spätantike in die fränkische Epoche der europäischen Geschichte wurde entscheidend von mentalen und wirtschaftlich-sozialen Veränderungen in der Gesellschaft getragen, mitverursacht durch die theoretische Neubewertung von Arbeit, insbesondere von Handarbeit, als sozialem Phänomen, die ihrerseits wesentliche ökonomisch-technische Impulse auslöste. Im Gegensatz zu späteren Epochen war die klassische griechisch-römische Antike von der Leitvorstellung des Müßiggangs, von der Verneinung der Arbeit als sittlichem Wert und von der gesellschaftlichen Mißachtung des Arbeitenden bestimmt. Das galt freilich nur für eine dünne Oberschicht, deren Reichtum zugleich ihre Tugend war. Wie Paul Veyne zu Recht bemerkt, sind zwar klassengebundene, konfuse Vorstellungen von Arbeit aus dem Altertum überliefert, aber keine umfassende Doktrin zu Arbeit und Arbeitszeit. Selbst der moderne Begriff der Arbeit findet keine Entsprechung im Griechischen und Lateinischen, auch nicht in den sogenannten späteren Volkssprachen. Dem griechisch-römischen Honoratior war eine öffentliche Tätigkeit gestattet, Handel, zumal als Großhandel, war als Ergänzung der Erträge aus dem Landbesitz, dem Patrimonium, zulässig. Eine Tätigkeit als Arzt, Architekt oder Redner war noch ehrbar, jedwede Handarbeit aber galt als schmutzig und erniedrigend, der »Homo faber« erfuhr gesellschaftliche Ächtung. Diesem Müßiggangsideal entsprach durchaus die Einstellung der germanischen Häuptlinge, der taciteischen Gefolgsherren, die Jagd, Beutezüge und Kampf als ihr eigentliches Betätigungsfeld erachteten. Der elitären Haltung, klassengebunden und einem klassenspezifischen Wertekanon verpflichtet, publiziert und verbreitet durch Philosophen und schriftstellernde Politiker, stand allerdings die abweichende Einschätzung der Arbeitenden selbst, zumal einer durch Tätigkeit zu relativem Wohlstand gelangten »Mittelschicht«, gegenüber. Sie rekrutierte sich nicht zuletzt aus Freigelassenen, die als Bäcker, Metzger, Schmiede, Woll- und Weinhändler, Schankwirte, aber auch als Bauern ihr Dasein bewältigten, über Werkstätten und Läden, Waren und Geräte, Diener und Sklaven verfügten, und nicht eben selten ihren Stolz auf das Erreichte auf Sarkophagen und Grabstelen dauerhaft zum Ausdruck bringen ließen. Ihr »Klassenbewußtsein« basierte auf einer durchaus positiven Bewertung der eigenen Arbeit, die sich freilich deutlich von der körperlichen Mühsal der Landarbeiter und der städtischen Tagelöhner abhob. In den Kreis jener Mittelschicht gehörte, wie häufig angemerkt, der Apostel Paulus, dessen Vater Zeltmacher gewesen war.

Die negative Einschätzung von Arbeit und Arbeitenden sollte sich unter dem Einfluß des Christentums radikal, das heißt von der Wurzel her, ändern. Eine Religion, deren frühe Protagonisten selbst »kleine Leute«, Handwerker oder Fischer, waren, konnte sich eine arbeitsfeindliche Attitüde gar nicht leisten, wollte sie nicht vorab auf Breitenwirkung verzichten. Vor allem aber boten das »Alte« wie das »Neue Testament« entscheidende Wegemarken zur Interpretation von Arbeit. So stellte bereits die »Genesis« die dynamische Gestalt des Schöpfergottes, des »Creator mundi«, vor, der in einem 6-Tage-Werk, der klassischen Arbeitswoche seither, die sichtbare Welt schuf, am siebten Tag aber ruhte. Der Fall des ersten Menschenpaares, die Vertreibung aus dem Paradies mit der Wegweisung: »Im Schweiße Deines Angesichtes sollst Du Dein Brot essen!«, verband Ursünde mit Arbeit als Konstituante menschlichen Daseins überhaupt.

Wohlvertraut waren auch die Worte des Paulus aus der »Apostelgeschichte«, die bereits den später so wichtigen karitativen Aspekt von Arbeit betonen: »Ich habe es Euch allen gezeigt, daß man also arbeiten müsse und die Schwachen aufnehmen.« Das klassische Diktum zur Arbeitsmoral findet sich bekanntlich im »Zweiten Brief des Apostels an die Thessaloniker«: »Wenn jemand nicht arbeiten will, dann soll er nicht essen.« Diese Leitsätze schufen die Voraussetzung für einen mentalen Wandel, der von tiefem Einfluß auf die spätantik-frühmittelalterliche Gesellschaft im Umbruch ihrer politischen, wirtschaftlichen und sozialen Strukturen war. Träger und Motor jenes Wandels und zugleich Verwandler der realen Welt war die christliche Kirche, die durch ihre erlauchtesten Geister sprach, zudem durch das Mönchtum und die Missionare die ethischen Grundsätze in Klostergründung, Kirchenbau und Rodungstätigkeit praktisch umsetzte, dabei auch die germanisch-fränkische Adelsschicht maßgeblich beeinflußte und religiös formte. Von außerordentlichem Einfluß auf die Arbeitsdoktrin waren die verbreiteten Schriften der spätantiken Kirchenväter Ambrosius (um 339–397), Hieronymus (um 347–420) und Augustinus (354–430), die zunächst noch mit den Ansichten der heidnischen Philosophen konkurrierten, diese letztlich aber überwanden.

Die entscheidende Stimme im Konzert der Kirchenväter kommt dem heiligen Augustinus zu, der als anerkannte Autorität in seiner Schrift »Von der Arbeit der Mönche« das spezifisch christliche Arbeitsethos ausformuliert hat, das er noch um wesentliche Elemente über die Trias von Aszese, Nächstenliebe und Selbsthilfe hinaus bereicherte. Ausgehend von der Schöpfungsgeschichte: »Gott nahm den Menschen, den er gemacht hatte, und setzte ihn ins Paradies, daß er es bearbeite und bewache«, lehrt Augustin, daß nur ein Übermaß an Arbeit von der Sünde Adams herrühre. Im Zustand der Unschuld nämlich sei Arbeit keine Last, sondern eine Aufheiterung des Willens gewesen, »damit das, was Gott geschaffen hatte, mit Hilfe menschlicher Arbeit fröhlicher und fruchtbarer voranginge«. Mit anderen Worten: »Die Arbeit ist Fortsetzung des göttlichen Schöpfungswerks. Sie ist dem Menschen vor aller Sünde als Naturtrieb eingegeben, um mehr Freude und Wohlstand zu schaffen« (F. Steinbach). Später sollte Benedikt von Nursia (um 480–547?) mit seiner »Regel« den Alltag der Mönche grundlegend bestimmen, doch die Aufteilung der Stunden für Arbeit und Gebet, Lesung und Ruhe war bereits durch Augustin vorgeprägt. Auch die Handarbeit ließ sich noch durch geistig-geistliche Beschäftigung anreichern, wie dies vom heiligen Eligius von Noyon (um 588–660), der bei seiner Goldschmiedearbeit einen Psalter aufgeschlagen vor sich liegen hatte, oder vom heiligen Ansgar (um 800–865), der in seiner Bremer Klausur psalmodierend ein Fischnetz knüpfte, berichtet wird.

Dieses Arbeitsethos bildete den wichtigsten Bestandteil eines religiös fundierten Wertekanons, dessen praktische Umsetzung – dies war völlig neu – zur Sache der geistig-kulturell führenden Schichten wurde, während in der vorausgegangenen Epoche Philosophen und Politiker lediglich ihre Mißachtung jedweder körperlichen Tätigkeit als mit der angestrebten »edlen« Muße nicht vereinbar der Nachwelt als Klassenurteil schriftlich hinterlassen hatten. Jener »Lehrmeinung« des Altertums stellte das abendländische Mönchtum durch einen seiner großen Repräsentanten, Benedikt von Nursia, seine »Regel« gegenüber, die auch aus älteren Texten und Erfahrungen der frühen östlichen Mönchsväter, aber kaum weniger aus zeitgenössischen Vorschriften schöpfte. In dieser »Regel« erhielt Arbeit, konkret Handarbeit, einen herausragenden Stellenwert in der Lebensführung der Mönchsgemeinschaft.

161. Kloster und Klostergebäude: Abt Desiderius von Montecassino vor dem heiligen Benedikt. Miniatur in einem um 1071 in Montecassino entstandenen Lektionar. Rom, Biblioteca Apostolica Vaticana

Zwar gehörte harte körperliche Arbeit bereits wesentlich zum Leben der altorientalischen Mönche, der Wüstenheiligen und Eremiten, aber erst die vernünftige Ausgewogenheit der »Regula Sancti Benedicti«, die Arbeit, Lesung, Gottesdienst, Meditation, Lektüre und Ruhe in einen den wechselnden Jahreszeiten angepaßten Rhythmus brachte, die asketische Bedürfnisse, ökonomische Gesichtspunkte und Nächstenliebe als tätige »Karitas« in sich vereinigte, vermittelte in ihrer moderaten, dem einzelnen Mitglied der Gemeinschaft angemessenen Anforderung eine Norm der Lebensführung, die bei allem gesellschaftlichen Wandel von »Ora« und »Labora« bis heute in der westlichen Zivilisation Geltung beanspruchen darf.

162. Schreibarbeit als gottgefällige Tätigkeit: der Prophet Esra vor dem geöffneten Bücherschrank. Miniatur nach spätantiker Vorlage in dem vor 716 in Wearmouth-Jarrow entstandenen sogenannten Codex Amiatinus. Florenz, Biblioteca Medicea Laurenziana

Freilich nahm schon die Benediktinerregel Abschied von der streng aszetisch ausgerichteten Buß-Arbeit des orientalischen Mönchtums, das im Westen, beispielsweise im französischen Jura, noch im 5. Jahrhundert in Einzelpersonen weiterlebte, die zurückgezogen in eisigen Bergregionen – als Ersatz der unerreichbaren Wüste – unter wahrhaft erbärmlich-primitiven Bedingungen ihr Dasein fristeten, bis sie selbst beziehungsweise ihre unmittelbaren Nachfolger, durch den Zuzug zahlreicher Sympathisanten gezwungen, eine Gemeinschaft bildeten und für deren wirtschaftliche Subsistenz, auch unter Einsatz von Technik, sorgen mußten. Benedikt organisierte das Klosterleben spirituell-religiös wie wirtschaftlich-sozial, indem er die von Augustin gewünschte Zeiteinteilung des Tages und der Nacht in ein produktives Verhältnis zwischen Arbeit, geistiger Beschäftigung und Ruhe umsetzte. Das Kloster Benedikts, das der Mönch nur mit Erlaubnis des Abtes und lediglich in dringenden Angelegenheiten verlassen durfte, war auch ein abgegrenzter Wirtschaftsbereich, der weitgehend auf Eigenversorgung basierte, in dessen Klausur Hausarbeit in Küche, Backhaus und Brauerei, Handwerk für Kleider, Schuhe und Geräte sowie Gartenbau betrieben wurden. Die Arbeit auf dem Felde, besonders zur Erntezeit, war nur gelegentlich von den Mönchen mitzubesorgen. Hinsichtlich dieses Tätigkeitsbereiches war sich die Benediktinerregel offenbar mit anderen Vorschriften einig, daß die körperlich schwere Landarbeit eine Belastung der Seele darstelle und daher den Hörigen, Sklaven und Kolonen zuzuweisen sei. Hierin spiegelt sich die Wirtschaftsform der spätantiken »Villa rustica«, des Gutsbetriebes, wider, dessen Personal die Felder bestellt und abgeerntet hat.

Wenn in jüngster Zeit die frühen Mönchsregeln beziehungsweise deren Ideologieniveau gerade im Hinblick auf die Handarbeit als sehr alltäglich und bescheiden qualifiziert werden, da sie sich auf die Sorge um die Arbeitsgeräte und um die exakte Verrichtung von Arbeiten beschränkt haben, so ist dem entgegenzuhalten, daß eine Gemeinschaft, deren wirtschaftliches Überleben von der eigenen Handarbeit abhängig war, den Fragen der kostbaren, weil zumindest zum Teil aus Eisen gefertigten Werkzeuge und der mit ihnen penibel auszuführenden Tätigkeiten notwendigerweise höchste Beachtung schenken mußte; mit einer »Ideologie« der Handarbeit, auf welchem Niveau auch immer, hatte diese Besorgnis, die in gleicher Weise für den modernen Handwerks- wie Landwirtschaftsbetrieb gilt, nichts zu schaffen.

Obwohl in der Benediktinerregel die Arbeit des Schreibens beziehungsweise Kopierens unerwähnt bleibt, nahm sie im klösterlichen Arbeitsalltag einen breiten Raum ein. Ohne solche mönchische Kulturleistung wäre ein Großteil des antiken Schrifttums für immer verloren. Zumal in den Adelsklöstern der karolingischen Epoche wurde die Arbeit des Abschreibens und Ausschmückens wohl zumindest als »statusneutral« empfunden – im Gegensatz zu der Feldarbeit, der Knechtsarbeit, dem »Opus servile« der verbotenen Sonntagsarbeit. Das aus tierischer Membran gewonnene Pergament blieb bis in das 13. Jahrhundert hinein fast ausschließlich Beschreibstoff und somit Kommunikationsmittel. Schriftkultur solcher Art wurde auch in den Klöstern des heiligen Columban (um 543–615) in Luxeuil in den Vogesen und in Bobbio am Rand des Apennin gepflegt, wie zahlreiche erhaltene Codices bezeugen. Entscheidend war indessen die »Arbeitsideologie« dieses iroschottischen Missionars auf die Entwicklung von Kirche und Gesellschaft des Frühmittelalters. Arbeit war für Columban Buße, Abtötung des Leibes, härteste Entsagung. Diese Lebensform zwang er den unter seiner Leitung entstehenden Mönchsgemeinschaften in den Vogesen auf, mit der Folge eines gewaltigen Zulaufs, zumal aus den Reihen des fränkischen Adels. Lassen sich bereits die Jura-Klöster spätestens in der zweiten Generation als Rodungsklöster charakterisieren, so gilt dies ganz besonders für die Stiftungen Columbans und seiner Nachfolger.

Der religiöse Gehalt von Arbeit, noch mehr aber ihre wirtschaftliche Bedeutung als Existenzgrundlage, die stets den aszetischen Bußgedanken reflektierte, gestattete dem benediktinischen Mönchtum in seiner auf das rechte Maß zugeschnittenen Lebensführung auch den Einsatz von Technik als Ausdruck der »Ratio« des Menschen, die im Sinne von Augustin Optionen des Handelns eröffnete, was dem Tier nicht möglich ist, mit dem Ergebnis: »Aus dem einzelnen Beackern in den alten Eremitenkolonien, in denen es lediglich um die Sicherung des Existenzminimums ging, ist bei Columban geradezu ein ›landwirtschaftlicher Großbetrieb‹ geworden, den der Abt selbst leitet. Dieser Klostertyp, der aus seiner Alltagspraxis heraus schon für die Ausbildung einer praktizierenden Arbeitsethik prädestiniert sein mußte, ist seit dem 7. Jahrhundert in den Gebieten nördlich der Loire und in Austrasien bestimmend geworden, der Großteil der iro-fränkischen Klostergründungen steht in Zusammenhang mit Rodungswerk und frühem fränkischem Landesausbau. Landarbeit, Roden und Bauen sind nun fest mit dem mönchischen Tageslauf verbunden. Erst seit der irofränkischen Klostergründungsepoche nimmt die Zahl der Klöster auf dem flachen Lande, im Walde, in Sumpfgebieten und weit von den Zentren städtischer Zivilisation sprunghaft zu; das Mönchtum wird landsässig wie der fränkische Adel, der diese Klöster trägt« (F. Prinz).

Kultur und Kultivierung nahmen den erdverbundenen Sinn von »Cultura«, »unter Pflug genommenes Ackerland«, an, denen sich die Buchkultur zugesellte. Solcher Landesausbau, der im 8. Jahrhundert auch rechtsrheinische Regionen voll erfaßte und in Fulda mit Abt Sturmi (gestorben 779) einen beachtlichen »Rodungsheiligen« hatte, schuf in Verbindung mit der Errichtung einer Pfarrorganisation die unabdingbare Voraussetzung der sogenannten Karolingischen Renaissance, in der die körperliche Arbeit der Mönche bereits durch Schreibtätigkeit, Kunsthandwerk und technische Innovationen überlagert, wenn nicht gar verdrängt wurde. Die schlichte Form der Eigenbewirtschaftung nach dem Muster der frühen Mönchsgemeinden Columbans konnte nicht länger aufrechterhalten werden. Lehrreich ist in diesem Zusammenhang die Lebensgeschichte des großen karolingischen Reformabtes Benedikt von Aniane (um 750–821). Wenn sein Biograph rühmt, der Abt habe sich zunächst von seiner eigenen Hände Arbeit ernährt, so zeigt sich hierin schon das Ungewöhnliche, »Heiligmäßige« dieses Verhaltens, das nur deshalb möglich gewesen ist, weil die Mönchsgemeinschaft, die Benedikt um sich versammelt hatte, zunächst nur wenige Mitglieder zählte und Besitz verpönt war: Deshalb besaßen die Mönche weder einen Weinberg noch Zugvieh oder Pferde, bloß einen Esel, aber bereits eine Mühle, die von ihm gedreht wurde. Doch diese Gemeinschaft wuchs sehr bald kräftig an, und damit wandelte sich der Wirtschaftsbetrieb. So war

Benedikt in der Lage, in einer Hungersnot, vermutlich 793, Fleisch, Schafsmilch und Eier an Bedürftige austeilen zu lassen. Schließlich bestand die Klostergemeinschaft in Aniane aus mehr als 300 Mitgliedern, und Benedikt baute eine riesige Kirche, die mindestens 1.000 Gläubige fassen konnte. Mithin hatten sich innerhalb einer Generation die Wirtschaftsstrukturen grundlegend verändert: Handarbeit der Mönche wurde weitgehend durch Kopfarbeit des Abtes ergänzt und ersetzt.

Mit dem Wandel der Betriebssysteme ging bereits zu Zeiten Columbans ein Wechsel der Kriterien einher, die einen Ort für eine Klostergründung besonders geeignet machten. Gewiß suchte Columban zunächst die Einöde von Annegray, doch nicht viel später nutzte er die Ruinen des römischen Badeortes Luxeuil, und in Bobbio gar widmete er eine den heiligen Petrus und Paulus geweihte Kirche um, denn: »Das Gebiet war sehr fruchtbar, gut bewässert und fischreich.« Das aszesegeeignete, unwegsame Gelände wich einer landwirtschaftlich vielversprechenden Örtlichkeit. Hoben die Biographen der frühen Jura-Väter noch die Ungastlichkeit des eisigen Gebirges hervor, so geriet nicht wenigen Verfassern späterer Heiligenviten die Lage der von ihren »Helden« gegründeten Kirchen und Klöster zu einer bemerkenswerten Landschaftsschilderung, die zugleich die ökonomisch nutzbare Gunst der Lage einbezog. Dies wird besonders deutlich in dem Lebensbericht des heiligen Philibert von Jumièges (um 620–685), der die paradiesische Schönheit der Normandie rühmt und die Lage des Klosters nahe der Seine als Schlagader des Handels preist. Hier zeigt sich deutlich der Weg von der klösterlichen »Bezugswirtschaft« (P. Toubert) zur frühmittelalterlichen »Marktwirtschaft«, die im 8., sehr viel mehr noch im 9. Jahrhundert eine Fülle von Handelsplätzen als Vorstufen späterer Städte hervorgebracht hat.

Wurde ehedem den Klostervorstehern von ihren Biographen das große Lob wegen ihrer aszetischen Bußpraxis und ihrer missionierenden Wandertätigkeit gesungen, so fand jetzt mehr und mehr ihr ökonomischer Sachverstand, ihr Organisationstalent und ihr technisches Ingenium Beachtung, das sie befähigte, Flüsse umzuleiten, Mühlgräben zu ziehen, Aquädukte und Brücken zu bauen, kurzum den äußeren Lebensbereich des Klosters effektiv zu gestalten. Das war erforderlich, wenn Abteien von der Größe Corbies an der Somme mit mindestens 400 Mitgliedern zu versorgen waren. Der Abt als »Agrarfachmann« und »Ingenieur« war eine schon dem Frühmittelalter vertraute Erscheinung: so im 8. Jahrhundert Sturmi von Fulda, im 9. Jahrhundert Adalhard von Corbie sowie Irmino von Saint-Germain-des-Prés, im 10. Jahrhundert der auf vielen Sachgebieten als überragender Experte geachtete Johannes von Gorze. Die Nähe der geistlich-geistigen Oberschicht, der Bischöfe, Äbte und Mönche, zur lebensnotwendigen Tätigkeit ließ, auch wenn in den Geboten zur Sonntagsheiligung Landarbeit als Knechtsdienst und die Textilherstellung der Frauen untersagt wurden, weder das Arbeitsethos noch gar die Arbeit selbst erneut zu einem mißachteten »Negotium« der tätigen Bevölkerung absinken.

Das handwerkliche Können von Mönchen wie Tuotilo aus St. Gallen im 9. Jahrhundert, der sich besonders als Elfenbeinschnitzer hervortat, fand höchste literarische Anerkennung.

So gewiß die antike Gesellschaft den arbeitenden Menschen seit Vergils »Georgica« auch positiv einzuschätzen wußte, wiewohl die Müßiggangsideologie einer Oberschicht die zutreffende Einordnung von Arbeit und Arbeitenden in den Kanon menschlicher Werte verhinderte, so wenig wären die Intellektuellen des Altertums auf die Idee verfallen, Jupiter als »Summus agricola«, Gott als größten Landmann, zu feiern, wie es eine karolingische Schrift tat. Seit der Jahrtausendwende wurde Gottvater als Architekt und Baumeister aktiv mit Waage und Zirkel dargestellt. Das galt auch für die Ständelehre des Frühmittelalters, die, von König Alfred dem Großen (849–899) anläßlich der Übersetzung des Boethius-Textes in England entwickelt, in den folgenden beiden Jahrhunderten von Bischof Adalbero von Laon (977–um 1030) und anderen Autoren ausgebaut wurde. Danach gab es zum Gedeih der Gesellschaft außer den Betern und Kriegern (Oratores und Bellatores) den Stand der »Laboratores«, der »Arbeitenden«, insbesondere der auf dem Felde, der in der Landwirtschaft Tätigen. Die trifunktionale Ordnung war gottgeschaffen und gottgewollt: »Der Stand der Arbeitenden bringt uns Nahrung«. Auch dies war keine aus römischen Agrarschriftstellern wie Varro oder Columella destillierte Ideologie des Landmannes, kein Versatzstück aus Isidors von Sevilla (um 560–633) »Enzyklopädie«, dem wichtigsten »Sachbuch« des frühen Mittelalters, sondern ein Reflex auf die Wirklichkeit, freilich in konservierender Absicht – war doch diese übersichtliche Drei-Stände-Ordnung bereits ein Artefakt, bedroht von neueren gesellschaftlichen Entwicklungen.

Mentaler Wandel in der Einstellung zur Arbeit, wirtschaftliche Prosperität und Bevölkerungswachstum in Europa waren interdependente Faktoren eines Integrationsprozesses, der seinerseits technisch-technologische Antworten auf gesellschaftliche Veränderungen gab. Der Befehl des »Alten Testaments«: »Macht Euch die Erde untertan« gestattete, ja erforderte menschliche Aktivität, Kreativität und rationale Anwendung der Verstandeskräfte, ging einher mit der Ablösung animistischer, ländlich-bäuerlicher Vorstellungen und führte zu einer Entdämonisierung der Natur, die von Nymphen und Flußgöttern bevölkert war. So hatte schon Firmicus Maternus in seiner Polemik gegen die »heidnischen Irrtümer« in der ersten Hälfte des 4. Jahrhunderts formuliert: »Der Bauer weiß, wann er die Erde unter den Pflug nehmen muß, er weiß, wann er das Korn den Furchen anvertrauen kann, wann er die Ernte einbringen muß, die draußen in der Hitze der Sonne getrocknet hat, und wann er das getrocknete Korn zu dreschen hat... Gott verlangt nach einer sehr einfachen Sache: daß die Menschen in der Landwirtschaft dem festen Gesetz der Jahreszeiten folgen!« Dieser Zugriff auf die Wirklichkeit war heidnisch-spätantik vorgeprägt und verstärkte Tendenzen, die zu einer realistischen Betrachtungsweise

163. Gott als Baumeister der Welt mit Waage, Stechzirkel und Hörnern für Gewicht, Maß und Zahl. Miniatur in einem um 1050 in England entstandenen Psalter. London, British Library

des Alltags und seiner Erfordernisse führten. Pompejanische Fresken und römisch-christliche Sarkophagreliefs offenbaren mit figürlichen Darstellungen der Jahreszeiten – Aussaat für den Frühling, Getreideernte für den Sommer, Weinlese für den Herbst, Jagd für den Winter –, welche Bedeutung der Natur im Verhalten des menschlichen Tuns beigemessen worden ist.

In der Erfassung und Wiedergabe landwirtschaftlicher Tätigkeiten von nicht weniger als drei Jahreszeiten spiegelte sich ein Bewußtseinswandel, der sich im Frühmittelalter noch verstärken sollte: Der Grundherr stand inmitten seiner Bauern; seine Lebenswirklichkeit war bei aller »adligen« Distanz derjenigen seiner Hörigen sehr nahe; ihr Tageslauf prägte sein Weltverständnis im Gegensatz zum antiken »Dominus«. Die »Domäne als Weltbild« (L. Schneider) war nicht primär durch die Verbindung des Herrn mit tatsächlichem agrikolen Tun geprägt. So sind auf dem reichhaltigen Mosaik aus Carthago, das sich heute im Bardo-Museum von Tunis befindet, Herr Julius und seine vornehme Gemahlin nur als Empfänger von

164. Melkender Hirte und Kornschnitter. Attributive Reliefszenen zu Frühjahr und Sommer auf einer Seitenwand eines marmornen Jahreszeiten-Sarkophags, zwischen 330 und 350. Washington, DC, Dumbarton Oaks Research Library and Collection

»Eulogiae«, von jahreszeitlichen Gaben, der abhängigen Bauern, Pächter und Kolonen dargestellt; die Arbeit blieb ausgespart. Wie weit entfernt war der nordafrikanische Honoratior von den Alltagsplagen seiner Bauern, wie nah war ihnen dagegen ein Hrabanus Maurus, Abt von Fulda und Erzbischof von Mainz (um 780–858), wenn er im 19. Kapitel seines alle Lebensbereiche umfassenden Werkes »Von der Natur der Dinge« wie selbstverständlich landwirtschaftliche Anbaumethoden, so die Dreifelderwirtschaft, Düngung und Weinbau, als materielle Folie seiner Bibelexegese beschrieb.

Die gesellschaftliche Neubewertung von Arbeit, vornehmlich von Handarbeit, läßt sich deutlich an der Illustration der Kalender, vor allem der einzelnen Monate erkennen; sein Bilderkanon durfte bis weit in die frühe Neuzeit Geltung beanspruchen. Gleiches gilt für die Gattung der Monatsgedichte, die ein neues Naturgefühl vermittelt haben, das über bukolische Idyllen und delikate Landschaftsschilderungen durch die Einbeziehung der agrikolen Arbeitswelt weit hinausgegangen ist und schließlich in einer »Lyrik des Landbaus« im 8. und 9. Jahrhundert gegipfelt hat. Aus der Spätantike sind bis ins 4. nachchristliche Jahrhundert nicht weniger als einundzwanzig illustrierte Monatszyklen überliefert, davon fünfzehn als Mosaiken, einer im Manuskript, nämlich der Staatskalender von 354, der allerdings nur in zwei neuzeitlichen Kopien nach einer karolingerzeitlichen Abschrift vorliegt. Diese Zyklen, häufig kreisförmig um die vier Jahreszeiten oder in zwei Kolumnen auf Torbögen angeordnet, weisen außer den zwölf Tierkreiszeichen, dem Zodiakus, den

Monaten weitere Illustrationen zu, die sich entweder auf heidnische Feste, Götter oder jahreszeitliche Phänomene beziehen, etwa auf das jeweilige Klima. Die Sujets sind beschränkt und traditionsverhaftet. Die Zyklen, deren ältester dem ersten Viertel des 2. Jahrhunderts angehört, sind im nordafrikanischen Raum, in Rom und seiner näheren Umgebung, aber auch in den Provinzen nördlich der Alpen, so in Trier, Besançon, Saint-Romain-en-Gal, zu finden. Der nur fragmentarisch erhaltene Zyklus aus Saint-Romain-en-Gal, der dem 2. oder 3. Jahrhundert entstammt, kann geradezu als Archetypus einer Illustrationsweise gelten: Hier wurden, um Jahreszeiten und Zodiakus gruppiert, Genreszenen als optisches Erkennungszeichen einzelner Monate eingeführt, so daß neben Festen und Opferriten nicht weniger als acht Monate durch landwirtschaftliche Betätigungen charakterisiert worden sind: Bohnenaussaat, Getreidemahlen, Erntevorgänge, Pflugarbeiten und Einsaat von Korn. Nicht weniger als drei Bilder gelten der Olivenernte und der Verarbeitung dieser ölhaltigen Früchte.

Eine solch alternative Gestaltung durch Genreszenen beziehungsweise Personifikationen mit charakteristischen Attributen führte zu zwei Salzburger komputistischen Handschriften von etwa 820 mit jener als typisch früh- oder schon hochmittel-

165. Die vier Jahreszeiten: Frühlingsfeier, Getreideernte, Traubenlese und Pflügarbeit. Miniatur in einer um 1023 in Montecassino entstandenen Abschrift »Von der Natur der Dinge« des Hrabanus Maurus. Montecassino, Biblioteca Abbaziale

alterlich geltenden Zusammenfügung von Szene und Person für die einzelnen Monate. So wurden die Monate April und Juni bis Dezember durch einen Landmann verkörpert, der eine saisonale Tätigkeit ausübt, während die restlichen Monate älteren Darstellungsweisen verpflichtet geblieben sind, deren paganer Ursprung offensichtlich ist. Es ist ein zeitgenössischer Bauer, der pflügt, erntet und das Schwein schlachtet, kein Genius, Erot oder Putto, der, mit saisonalen Attributen versehen, Opfergaben darbringt, Feste feiert oder lediglich an seiner Kleidung beziehungsweise Nacktheit kenntlich die Saison vorstellt. Die um 975 in Fulda entstandene Jahresillustration zum Sakrament des Gregor und Gelasius hat zwar auf die Personifikationstradition des antiken Aratus zurückgegriffen, die Monate aber weitgehend durch agrikol-handwerkliche Attribute unter Fortlassung der Sternzeichen des Zodiakus charakterisiert.

Den gleichen Realitätssinn mit seiner Zuwendung zur Arbeit als entscheidendem Merkmal des Jahresrhythmus verdeutlichen karolingerzeitliche Gedichte, die mit Ausnahme der Monate Januar und Februar die Abfolge von März bis Dezember mit bäuerlichen Arbeiten auf dem Felde bis zum traditionellen Schweineschlachten am Jahresende besingen. Den Höhepunkt erreichte jene poetische Gattung im »Wirtschaftskalender« Wandalberts von Prüm aus der Mitte des 9. Jahrhunderts. Sein Kalender ist Teil eines Martyrologiums und deutet in Versen die Namen, Sternzeichen und Verrichtungen im Monatszyklus des Agrarjahres.

Die Nähe zu Natur und Wirklichkeit macht auch das Lorscher Arzneibuch aus dem Ende des 8. Jahrhunderts offenbar. Es enthält zum einen die Schriften des griechischen Pharmakognosten Dioskurides im Auszug, insbesondere dessen Rezepte, zum anderen aber Gedanken, die der antiken Vorlage völlig fremd gewesen sind, so die Austauschlisten, die vertraute heimische Kräuter gegen die nicht erreichbaren mediterranen Zutaten ersetzen, und Heilvorschriften, die den Menschen beziehungsweise den Patienten in das Konzept des gesunden Lebens voll einbezogen.

Schließlich ist in diesem Kontext von Neubewertung der Arbeit und Arbeitenden an den Versuch Karls des Großen (reg. 768–814) zu erinnern, auch die lateinischen Monatsnamen in der Volkssprache wiederzugeben. So berichtet sein Biograph Einhard (um 770–840), Karl habe den Juni als »Brachmanoth«, den Juli als »Hewimanoth«, den August als »Aranmanoth«, den September als »Widumanoth« (Holzmonat), den Oktober als »Windumemanoth« (Weinlesemonat) bezeichnet, während April und Dezember nach den wesentlichen christlichen Festen ihren Namen empfingen, so »Ostermanoth«, »Heiligmanoth«.

Gleichzeitig lief in dieser Sphäre mählichen mentalen Wandels eine ungebrochene Antikenrezeption weiter, die gelegentlich den Zorn der zeitgenössischen Theologen erregte. So wurden im zweiten Viertel des 9. Jahrhunderts im Aachen-Metzer Raum in einem kostbar illuminierten Codex die »Phainomena« des Aratus

Ökonomisch-technische Impulse aus der Neubewertung der Arbeit 335

166. Die personifizierten Monate im Jahreskreis. Miniatur in einem gegen 975 in Fulda entstandenen Sakramentar Gregors und des Gelasius. Göttingen, Niedersächsische Staats- und Universitätsbibliothek

(um 310–um 245 v. Chr.) kopiert, die als kostbare Leidener Handschrift vorliegt. Dieses Manuskript enthält unter anderem einen Sternbilderkatalog, ein Planetarium und den Zodiakkreis, der durch Monatsbilder älterer Vorlagen ergänzt worden ist. Doch für das Mittelalter und seine Mentalität waren nicht derartige

167. Die Arbeiten in den Monaten September, Oktober und November: Keltern der Trauben, Eichelmast und Schweineschlachten. Fries am Portikus der Abteikirche S. Zeno Maggiore in Verona, erste Hälfte des 12. Jahrhunderts

gelehrte Aufarbeitungen der Antike, sondern der agrarische Wirtschaftskalender in Bild und Wort ausschlaggebend, der, künstlerisch weiter ausgeformt, regionalen Erfordernissen angepaßt und den repräsentativen Bedürfnissen spätmittelalterlicher Auftraggeber entsprechend, noch die Illustrationsfolge der Stundenbücher der Brüder Limbourg für den Herzog von Berry aus dem 14. Jahrhundert bestimmt hat.

Wirklichkeitsnähe und Praxisbezug sind auch in einer sich wandelnden Welt der Interpretation des aus dem Altertum übernommenen Begriffs der Mechanik zu entnehmen. Für Isidor von Sevilla, dem Enzyklopädisten seiner Zeit schlechthin, der das überkommene Wissen noch einmal zu erfassen suchte, war die Mechanik der sechste Teil der Physik, Ausgangspunkt jeglicher handwerklichen und technischen Fertigung, gleichsam das Prinzip, das aller »Fabrikation« zugrunde liegt. Bereits um 800, faßbar in einem Glossar zu Alkuins (um 735–804) »Rhetorik«, ist zu erkennen, daß per Definition eine Bedeutungsverschiebung vom abstrakten Prinzip zum konkreten Begriff der Handwerkskunst stattgefunden hat, von der Lehre beziehungsweise Wissenschaft zum künstlerischen und technischen Handwerk: »Mechanik ist die Erfahrung, das Können in der Herstellungskunst in Metallen, Hölzern und Steinen.« Aus der antiken Mechanik, die von Maschinengeräten gehandelt hat, wurde ein Kunsthandwerk in verschiedenen Stoffen. Obwohl noch Teil der Physik als Fachgebiet mit Wissenschaftsrang, überwog schon bald deren praktische Seite. Von hier war der Weg nicht mehr weit zu den »Artes minores«, den »kleineren, geringeren« Künsten, die der irische Grammatiker Clemens zu Beginn des 9. Jahrhunderts – unter Auslassung der Mechanik – so definiert hat: »In der Physik sind auch noch geringere Künste, die die Pflüger (Aratores), Walker

(Fullones) und Maurer (Caementarii) ausüben und beherrschen.« Hier waren Wissenschaftsbezug und Kunsthandwerk in nützlich angewandten Tätigkeiten aufgegangen, die im Verständnis des 11. Jahrhunderts die »mechanischen Künste« insgesamt charakterisieren sollten.

Von Interesse bleibt die Definition, die der schottische Philosoph Johannes Eriugena (um 810–um 880) den erstmals so bezeichneten mechanischen Künsten im Gegensatz zu den freien Künsten, den Artes liberales, gewidmet hat: Diese, die freien Künste, wohnten von Natur aus der Seele inne, während die mechanischen Künste erst vom menschlichen Verstand ersonnen und entwickelt werden müßten. Menschliches Ingenium, ordnender Verstand und gewonnene Erfahrung seien die Grundlagen der mechanischen Künste, nicht aber Buchgelehrsamkeit. Das mag einer der Gründe sein, weshalb technische Fachliteratur antiker Herkunft in den Schreibstuben der Klöster häufig abgeschrieben worden ist, obwohl ihr Inhalt nur selten den mittelalterlichen Alltag zu beeinflussen vermocht hat. So faßte Isidor den Wissensstand von Technik und Handwerk der Spätantike zusammen, und auch Hrabanus Maurus bereitete in seinem Nachschlagewerk diese Thematik exegetisch neu auf; 1023 wurde seine Schrift in Montecassino mit höchst eindrucksvollen Bildern illustriert, wenngleich etwa die Lektüre von Plinius' »Naturgeschichte« auf Astronomie und Meteorologie im wesentlichen beschränkt blieb. Am ehesten finden sich vor dem 12. Jahrhundert Texte zur Architektur, so aus St. Gallen, oder jener frühe Typus der »Mappae clavicula« vom 10. Jahrhundert aus Schlettstadt, in dem Proportionen von Säulenbasen und Zeichnungen von Säulengebälk überliefert sind. Die wichtigste Schrift technischen Inhalts aus dem Altertum, Vitruvs zehn Bücher »Über die Architektur«, ist in einigen Dutzend Handschriften in mittelalterlichen Klosterbibliotheken vertreten. Der älteste Codex stammt aus der Zeit um 800. Sowohl der englische Gelehrte Alkuin als auch Karls Biograph Einhard haben Vitruv gelesen.

Lehrmeister im Mittelalter war hingegen die Erfahrung, nicht das Lehrbuch. Das galt für den Baubetrieb ebenso wie für die Schreibstube: Der Ältere, der Erfahrenere vermittelte seine Kenntnisse in der Praxis, im steten Umgang mit dem Jüngeren. So ist der Beitrag des Frühmittelalters zur Technikliteratur im weitesten Sinne äußerst schmal; er besteht vorwiegend aus kleineren Rezeptsammlungen. Der sogenannte St.-Galler-Klosterplan stellt ein Unikum dar, das ein karolingisches Modellkloster in einer Mischung von Maßstab und Anschaulichkeit augenfällig macht, während ein realer Aufriß erst aus dem 13. Jahrhundert bekannt ist. Kurzum: Die Überlieferung von Technikliteratur ist vorwiegend konservierend-philologisch ausgerichtet; die Lehre, die Doktrin im Verständnis Isidors, rangiert deutlich hinter der Erfahrung, der »Peritia artis«, aus der spätantik-frühmittelalterlichen Tradition einer Nähe zur Arbeit und zum arbeitenden Menschen. Der mentale Wandel war eingebettet in einen wirtschaftlich-sozialen Rahmen.

Die Grundherrschaft als Rahmen technischer Innovationen und Verbesserungen

Technikgeschichte des Frühmittelalters ist weitgehend identisch mit Agrartechnik, mit der Geschichte der Arbeitsgeräte, der Anspannformen und der Feldernutzung im Rahmen der Agrarverfassung, die nicht zuletzt durch die Grundherrschaft bestimmt wurde. Mit der Institution »Grundherrschaft« ist eine agrikole Betriebsform angesprochen, die zugleich die Lebensweise unzähliger Menschen des Mittelalters in ganz unmittelbarer Weise bestimmt hat – nur vergleichbar der industriellen Produktionsweise in der Neuzeit. Grundherrschaft bedeutete die spezielle Verknüpfung eines sachbezogenen Elementes »Grund und Boden« mit einem personenbezogenen Aspekt »Herrschaft über Land und Leute« (G. Seeliger). Sie basierte auf Herrschaft (Dominatio) von Menschen über Menschen, keineswegs auf einem partnerschaftlichen Vertrag als bloßer Landleihe. Das Obereigentum des Herrn über den Boden, konkret den Bauernhof samt Liegenschaften, verband sich mit direkter Zwangsübung, etwa der niederen Gerichtsbarkeit, über den Beherrschten, das heißt den Bauern und seine Familie im weiteren Sinn. Diese Herrschaft war freilich nicht durchgehend willkürlich, sondern blieb an Normen und Bräuche gebunden, die dem ihr Unterworfenen die Akzeptanz des Systems ermöglichten.

Charakteristikum der Grundherrschaft, die im Französischen, ganz zutreffend auf die strukturellen Merkmale grundherrschaftlicher Ökonomie abhebend »Système bipartite«, zweigeteiltes System, genannt wird, war die betriebstechnische, herrschaftsintensive Zuordnung von Bauernhöfen (Mansus, Hufe) zum Fronhof (Mansus indominicatus) eines Herrn, den dieser in Eigenregie führte beziehungsweise führen ließ. Diese Zuordnung realisierte sich durch Abgaben in Geld, häufiger in Naturalien, wie Vieh, Getreide, Braugerste, Öl, Honig, auch in Handwerksprodukten, wie Dachschindeln, Faßdauben, Arbeitsgeräten aus Eisen, vor allem aber durch Dienste, insbesondere saisonale Acker-, Pflug- und Erntearbeiten auf dem Herrenland, die entweder in Wochen pro Jahr, in Tagen pro Woche oder als »Stückdienste«, das heißt als vollständige Bearbeitung einer Parzelle, erfolgten, wozu noch Transportfuhren und andere Tätigkeiten, etwa Drusch und Wachen auf dem Herrenhof, gehörten.

Die Verzahnung von Gutsbetrieben in Eigenwirtschaft und selbständigen Bauernhöfen gab es in den nachchristlichen Jahrhunderten bereits in Ansätzen auf römischen Latifundien in Nordafrika, deren freie Pächter (Kolonen) über ihren Pachtzins hinaus, der zumeist einen festen Anteil ihrer Ernteerträge umfaßte, einige wenige

Die Grundherrschaft als Rahmen technischer Innovationen

168. Fränkischer Grundherr. Wandmalerei in der Kirche St. Benedikt zu Mals im Vintschgau, 9. Jahrhundert

Arbeitstage im Jahr auf dem Herrenland abzuleisten hatten, in Ergänzung der freien Lohnarbeit, da in Spitzenzeiten, vor allem während der Ernte, der dafür unzureichende ständige Sklavenbesatz der Güter auszugleichen war. Mit der kaiserlichen Steuergesetzgebung des 3. und 4. Jahrhunderts wurde der freie Kolone, Bauer oder Pächter, zunehmend zum »Glebae adscriptus«, zum Bodenfestgeschriebenen, der seinen Hof nicht verlassen durfte und für dessen Leistungen einschließlich der Steuer sein Herr dem Staat gegenüber haftete. Eingedenk dieser spätantiken Verhältnisse pflegten auch frühmittelalterliche Quellen die ehemals freien Bauern, die samt ihrem Betrieb, sei es aus Armut, sei es unter sonstigem Zwang, in eine Grundherrschaft einbezogen worden waren, als Kolonen zu bezeichnen, um damit deren Bindung an die Scholle und an den Herrenhof zu signalisieren, aber auch, um den ehemaligen freien Status des Hofinhabers zu kennzeichnen. Der Bauernhof selbst wurde als »Mansus ingenuilis«, als Freienhufe, bezeichnet, im Gegensatz zu dem »Mansus servilis«, der Knechtshufe, die aus der »Behausung« eines Hofsklaven mit einem selbständigen bäuerlichen Betrieb hervorgegangen war.

Im Frühmittelalter nahm das zweigeteilte System, nachweisbar zuerst in Papyri der Ravennater Kirche des 6. Jahrhunderts und in einem gleichzeitigen Testament aus dem Limousin, einen bemerkenswerten Aufschwung. Schenkungen, Formulare, Königsurkunden zeigen, daß sich diese Institution seit der zweiten Hälfte des 7. Jahrhunderts vornehmlich im zumeist gallo-römischen Altsiedelland, in einer Zone zwischen Loire und Rhein, verbreitet hat. »Mansio« – »Mansus«, ursprünglich Hof, Hofstatt, Haus – wurde mehr und mehr zur betriebstechnischen Größe als Teil der Grundherrschaft. Das galt ebenso für »Huba«, Hufe, die sich vom Landmaß zur eingebundenen Bauernstelle samt Zubehör wandelte. Diese auffällige Entwicklung, die sich im 8. Jahrhundert rapide beschleunigte, wurde durch mehrere Faktoren verursacht: Die den Rhein übergreifende fränkische Siedlung als Folge der Landnahme seit dem 4., verstärkt seit dem 5. Jahrhundert, knüpfte generell nicht an die römischen »Fundi« und »Villae rusticae« auf den Plateaus mit ihren ausgedehnten Wirtschaftsflächen an, sondern ging in die Talniederungen in Flußnähe und fand, wie von alters her, ihre wirtschaftliche Existenz in einer Wald-Weide-Wirtschaft, zumal in der Schweinemast, wie das Recht der salischen Franken lehrt.

Entsprechend war die merowingerzeitliche »Villa«, der Gutshof, erheblich kleiner und waldreicher als der römische Fundus und der spätere landwirtschaftliche Großbetrieb der Karolingerzeit. Zunächst überwog nach Zeugnis der einschlägigen Volksrechte ganz zweifellos die freibäuerliche Bevölkerung, die zumeist in kleinen Siedlungen beziehungsweise Gehöftegruppen lebte. Doch es kam seit dem 6. Jahrhundert zur Ausformung und Verdichtung der Herrschaft führender Adelsfamilien im Frankenreich, von denen die Pippiniden und Arnulfinger als Vorfahren der Karolinger durch den Sturz des merowingischen Königsgeschlechtes nur die mächtigsten und erfolgreichsten repräsentieren. Herrschaftskonzentration und Landesausbau, von denen bereits die adelsgestifteten und -beherrschten Klöster des 7. Jahrhunderts zeugen, rasante Besitzakkumulation einerseits, Besitzzersplitterung durch Erbschaft, Tausch, Kauf und Verkauf, insbesondere durch fromme Stiftungen, andererseits, steigende Getreideproduktion und veränderte Ernährungsgewohnheiten reduzierten den Anteil der älteren Wald-Weide-Wirtschaft im Rahmen der von Sklaven, unbehausten Hörigen getätigten Gutswirtschaft.

Das läßt sich an dem Umstand erkennen – am besten faßbar in rechtsrheinischen

Quellen des 9. Jahrhunderts –, daß der eigenbewirtschaftete Gutshof aus seinem Ackerland zunehmend Bauernhöfe formte und ausgliederte, die mit Sklaven als »Mansi serviles« besetzt wurden, so wie er freibäuerliche Hufen als »Mansi ingenuiles« seiner Herrschaft unterwarf. Daß es weiterhin freie Bauern gegeben hat, kann nicht bezweifelt werden, nicht nur in den Küsten- und Alpenregionen, sondern ebenso innerhalb zahlreicher Siedlungen in Gemengelage mit der königlichen, geistlichen und adligen Guts- und Grundherrschaft. Doch die zunehmende Machtkonzentration des Königtums, der Kirche und der Großen sowie die fortwährenden kriegerischen Aktivitäten der Krone, besonders Karls des Großen, die sich auf die Heeresfolge der bäuerlichen Bevölkerung stützten, führten seit Mitte des 8. Jahrhunderts verstärkt zu einer Verarmung und Verschuldung der freien Schichten; sie begaben sich zur notwendigen Subsistenzsicherung in den Schutz und damit in die Gewalt der Grundherren, die sie vor den ruinösen Kriegsfahrten zu bewahren suchten. Hierin lag begründet, daß die Freienhufe zum konstitutiven Element der »klassischen« Grundherrschaft überhaupt wurde, die freilich in der Regel nicht dem Fronhof integriert werden konnte, sondern aus ihrer räumlichen Lage heraus eine andere Art Anbindung an den Herrn beziehungsweise dessen Betrieb erforderte.

Gegenüber der sklavenbetriebenen Gutswirtschaft verfügte das bipartite System über mehrere Vorzüge: Angesichts der Erwerbungsvorgänge ließ die Zersplitterung der Besitzrechte an Grund und Boden sowie an Menschen eine zentralgesteuerte Wirtschaftsführung kaum mehr zu – so sind beispielsweise im rheinhessischen Dienheim im Frühmittelalter nicht weniger als 200 Eigentümer nachzuweisen –, während die An- und Einbindung selbständiger und eigenverantwortlicher Bauernhöfe an herrschaftliche Zentren nicht nur die Abschöpfung eines Teils vom Mehrwert an Geld und Produkten erlaubte, sondern vor allem die Inanspruchnahme von Diensten in saisonalen Spitzenzeiten, bei der Bodenbestellung und bei der Ernte; damit verringerten sich die Ausgaben des Herrn für Verköstigung, Unterbringung, Aufzucht und Bewachung seiner Hofsklaven, deren Anzahl auf das unbedingt Erforderliche reduziert werden konnte. Der Bauer beziehungsweise Grundholde jedoch blieb oder wurde Besitzer eines landwirtschaftlichen Betriebes, den er als Erbe weitergeben konnte, und er besaß stets die Möglichkeit, durch eigene Bemühungen seine Existenz nachhaltig zu verbessern. Dies traf auf die Freienhufe noch mehr zu als auf die Knechtshufe, die durch eine ständige Fronarbeit dem Herrenhof enger verbunden blieb. Nach Karl Marx konnte »unter diesen Verhältnissen überhaupt eine selbständige Entwicklung von Vermögen und, relativ gesprochen, Reichtum auf seiten der Fronpflichtigen oder Leibeigenen vor sich gehen«. Das galt freilich vorwiegend für Großgrundherrschaften, die, gleichsam bindend für beide Seiten, mit ihren Bauern Abgaben und Dienste regelten, während kleinere Grundherren nicht selten das ökonomische Potential ihrer Hörigen voll zu ihren Gunsten beansprucht haben dürften. Als Richtschnur der Belastung galt für den ehemals hofsässigen Unfreien die Abschöpfung der Hälfte seiner Arbeitskraft in Gestalt der 3-Tages-Fron in der Woche, während dem ehemals Freien häufig vierzehn Tage im Jahr beziehungsweise der »Stückdienst« abverlangt wurden. Diese wie andere Leistungen und Abgaben lasteten jedoch zumeist nicht auf der Person des Hörigen, sondern auf dem Hof, der außer von seinem Besitzer und dessen engerer Familie selbstverständlich von Knechten und Mägden bewirtschaftet wurde, die Frondienste erbrachten oder leisten konnten.

Der »Mansus« wurde auch zur Berechnungseinheit für Heeresabgaben an den König und zur Ausgangsgröße für den Reiterdienst, der den Besitz von zwölf Höfen, also eine kleinere Grundherrschaft, erforderte. Insgesamt entwickelte sich die Grundherrschaft zur ökonomischen Basis und gesellschaftlichen Voraussetzung von Vasallität und Lehnswesen als archaischen Elementen einer staatlichen Struktur. Erst die Verfügungsgewalt des Königs, der Kirchen und der Großen über zahlreiche Villikationen, grundherrlich strukturierte Hofverbände, versetzte diese Kräfte in die Lage, Benefizien und Lehen auszugeben und als Gegenleistung dafür Dienste, vor allem militärischer Natur, zu verlangen und so das Volksaufgebot durch das berittene Lehnsheer zu ersetzen.

Insbesondere die königliche Grundherrschaft, an der sich nach dem Zeugnis des Volksrechts der Bayern aus der ersten Hälfte des 8. Jahrhunderts die kirchliche orientierte, hatte Modellcharakter und erzielte nach Besitzkonzentration und Größe eine bis dahin nicht gekannte ökonomische Effizienz. Die praktische Betriebsführung der Herrenhöfe ist als Basis agrartechnischer Innovationen, Verbesserungen und Diffusionen anzusehen: Die großen Schläge der eigenbewirtschafteten Ackerflächen, die »Kulturen«, erforderten offensichtlich eine andere Art der Bestellung als die älteren kleineren Blockfluren, die gegebenenfalls auch mit dem Spaten für die Aussaat vorbereitet werden konnten, während man für die langen und schmalen Schläge den Pflug mit entsprechendem Zugvieh einsetzen mußte. Die Dreifelderwirtschaft, die sich im Altsiedelland bereits im 9. Jahrhundert durchsetzte, steigerte nicht nur die Ernteerträge, sondern führte langfristig auch zu einem Flurzwang, dem sich weder die Mansen-Bauern noch die selbständigen Landwirte in der Gemarkung widersetzen konnten.

Hinzu kam der durch die Herrenhöfe fach- und sachgerecht betriebene Ausbau von Sonderkulturen und Handwerkszweigen. In erster Linie ist dabei an den Weinbau zu denken, an die Fertigung von Holzprodukten, Textilien, eisernen Geräten und Gegenständen des Kunsthandwerks. Derartige Beschäftigungen strahlten vom Herrenhof auf die abhängigen Bauernhöfe aus. Zudem lassen sich die professionelle Eisengewinnung und -verarbeitung und die herrschaftlich bestimmte Salzproduktion im Kontext der Grundherrschaft mit beachtlichen technischen Implikationen nachweisen. Nicht allein die zunehmende Verbreitung des Beetpflugs stand in enger Beziehung zur Grundherrschaft und ihren spezifischen Methoden

169. Der Grundherr mit Jagdbläser und Hunden auf der Wildschweinhatz. Miniatur zum Monat September in einem im 11. Jahrhundert möglicherweise in der Schule von Winchester entstandenen Kalender. London, British Library

der Flurbestellung; auch der von Marc Bloch als »Siegeszug« apostrophierte Einsatz der wasserradgetriebenen Getreidemühle seit Mitte des 8. Jahrhunderts ist ohne die vielfach gesteigerte Produktion von Brotgetreide, also Weizen und Roggen, die mit einem Wandel der Ernährungsgewohnheiten und dem Kapitaleinsatz grundherrlicher Investoren einherging, nicht verständlich. Die weitverbreitete Nutzung dieser einzigen Großtechnik des Mittelalters in Gestalt der »Maschine« Wassermühle ist unlösbar mit den bipartiten Strukturen der Grundherrschaft verbunden.

Die zunehmende Produktivitätsrate der karolingischen Landwirtschaft, die ansteigende demographische Kurve, der wachsende Wohlstand insbesondere kirchlicher Einrichtungen, ablesbar an kostbaren Altargeräten, Stoffen und vor allem illuminierten Codices, führten im Gebiet zwischen Loire und Rhein schon in der ersten Hälfte des 9. Jahrhunderts häufig zu grundherrlichen Märkten als lokalen und regionalen Zentren des Handels und Verkehrs, mit denen ein beachtlicher Aufschwung der Geldwirtschaft verbunden war. So kam es nicht von ungefähr, daß immerhin 65 Prozent aller abhängigen Bauernstellen der Großgrundherrschaft Saint-Germain-des-Prés um 830 bereits Geldzahlungen leisteten. Auch der Bauer, nicht nur der Grundherr, nahm am Marktgeschehen Anteil, verkaufte seine Überschüsse und kaufte gewerbliche Erzeugnisse aller Art. Die Märkte ergänzten die Wirtschaftseinrichtungen der älteren »Civitates« in den provinzial-römischen Gebieten westlich des Rheins und in Italien, während sie im nachmaligen Deutschland nicht selten die Vorstufe der künftigen Städte bildeten.

Als typisches Beispiel einer geistlichen Grundherrschaft, ja des bipartiten Systems überhaupt, gilt zu Recht der Besitzkomplex der Pariser Abtei Saint-Germain-des-Prés, der in einem original erhaltenen »Polyptychon« (Inventar) im ersten Drittel des 9. Jahrhunderts aufgezeichnet worden ist. Es handelt sich dabei um die ökono-

170. Rodungsarbeiten mit eisenbeschlagenem Spaten und Harke sowie Aussaat im Dienst des Grundherrn. Miniatur zum Monat März in einem im 11. Jahrhundert möglicherweise in der Schule von Winchester entstandenen Kalender. London, British Library

misch selbstgenutzten Liegenschaften des Klosters, während der als Lehen, Benefiz oder Prekarie ausgetane Anteil einem anderen Verzeichnis vorbehalten war, das nur noch fragmentarisch vorliegt. Der akribisch und detailliert festgehaltene Besitz umfaßte 22 Domänen als Zentren der Bewirtschaftung, rund 1.700 eingebundene Hofstellen und 10.000 Bewohner auf den Hofstellen. Diese Villikationen lagen in der Umgebung von Paris, im Süden und Westen konzentriert; nur 3 Herrenhöfe fanden sich in vergleichsweise exzentrischer Lage.

Die Ausstattung der einzelnen Fronhöfe mit Bauernstellen verriet eine große Spannbreite von 11,5 Einheiten bis zu maximal 300. Von den nach ihrem Status spezifizierten Höfen, mithin »ingenuil« (frei), »ledil« (halbfrei) und »servil« (unfrei) waren nicht weniger als 84 Prozent ingenuil, nur 14 Prozent servil beziehungsweise ledil. Das heißt, der Ausbau und die Ausformung einer solchen Grundherrschaft im Altsiedelland beruhten vornehmlich auf der Integration einst freier Bauernhöfe in ein vom jeweiligen Herrenhof geschaffenes Geflecht von Diensten, die um verschiedene Abgaben ergänzt wurden. Das Hauptinteresse des Herrenhofes galt den Pflugdiensten: So hatten 72 Prozent aller Höfe diese saisonale Leistung zu erbringen. Ähnliches galt für Fuhrdienste zur Versorgung des Klosters, der einzelnen Villikationszentren und der Märkte. Die Höfe müssen mithin generell über Pflug, Wagen und Ochsengespann als technische Grundausstattung verfügt haben.

Wesentlich waren für die Grundherrschaft die von den hörigen Bauern geschuldeten Arbeitsdienste zur Mitbestellung der eigenen Schläge, aber auch der Weinberge. Den inneren Ausbau der Grundherrschaft signalisierte die häufige Aufteilung oder Mehrfachbesetzung von Mansen, verursacht nicht zuletzt durch das demographische Wachstum: Etwa 2,3 Kinder waren je Kernfamilie auf den Höfen von Saint-Germain-des-Prés als durchschnittlicher Nachwuchs zu verzeichnen, ungeachtet der nicht im Text erfaßten jüngeren und älteren Nachkommen. Hierin verbarg sich ein beträchtliches Potential für Rodungsarbeiten und Meliorationen sowie zur Bewirtschaftung von Sonderkulturen. In den Kontext dieser Großgrundherrschaft gehört auch die Zahl von 85 wassergetriebenen Getreidemühlen, die einen Ertrag abwarfen oder dafür vorgesehen waren. Eine derart erstaunlich hohe Anzahl von Mahlwerken kann nicht allein mit den unmittelbaren Bedürfnissen der Klosterökonomie und der Herrenhöfe samt ihrem Personal ausreichend erklärt werden; hier spielten offensichtlich »marktwirtschaftliche« Momente eine gewichtige Rolle.

Verdichtung frühmittelalterlicher Technik

Mahlwerke

War die Agrarproduktion der Grundherrschaft vornehmlich durch intensiven Getreideanbau charakterisiert, so deren technische Ausrüstung durch die wassergetriebene Getreidemühle. In den frühmittelalterlichen Quellen sind »Molendinum«, abgeleitet von »Mola« (Mühlstein), und »Farinarium«, von »Farina«, synonyme, austauschbare Begriffe. Hingegen ist das althochdeutsche »Quirn«, das mittelhochdeutsche »Kürn«, das nach einer Glosse des 10. Jahrhunderts die Handmühle wiedergibt, als Terminus technicus, sieht man von Orts- beziehungsweise Straßennamen wie Kirn oder Quirngasse ab, als sprachliches Opfer eines technischen Verdrängungsvorganges verschwunden.

Obwohl die neueste Forschung, was den Verbreitungsgrad der Wassermühle in der Antike angeht, zahlreiche Zeugnisse von deren Existenz beizubringen wußte, die nicht nur die Thesen von der völlig unzulänglichen Nutzung der hydraulischen Energie im Römischen Reich, sondern auch das vermeintlich generelle technologische Desinteresse der Alten Welt als moderne Fabeln entlarvt, läßt sich dennoch mit zureichenden Gründen behaupten, daß der von Marc Bloch in der berühmt gewordenen Abhandlung von 1935 apostrophierte »Siegeszug« der Wassermühle eindeutig dem Früh- und Hochmittelalter zuzurechnen ist. Dies läßt sich mit wenigen Zahlen verdeutlichen: So konnte neuerdings der Schwede Örjan Wikander wenigstens 50 schriftliche, ikonographische und archäologische Belege für die Existenz von wassergetriebenen Mühlen bis ins 5. nachchristliche Jahrhundert beibringen. Darunter befinden sich Mühlenanlagen aus dem städtisch-militärischen Bereich in Verbindung mit Aquädukten in Rom und Arles, aus ländlichen Gebieten mit Kanalbauten in Martres-de-Veyre, Aquitanien oder Lösenich bei Bernkastel an der Mosel und an der Grenzscheide zwischen Spätantike und Frühmittelalter Schiffs- beziehungsweise Brückenmühlen in Rom, Genf und Dijon. Diese Zeugnisse werden durch legislative Akte, Traktate von Vitruv, Plinius und Palladius sowie durch dichterische Quellen etwa der »Mosella« des Ausonius (um 310–nach 393) ergänzt, so daß kein Zweifel daran bestehen kann, daß die wassergetriebene Mühle bereits vor dem Frühmittelalter eine gewisse Verbreitung erfahren hatte, freilich mit der Einschränkung, daß bei fast allen Zeugnissen die technische Natur der Anlage im Ungewissen bleibt und daß beispielsweise die im englisch-skandinavischen Raum nachweisbaren Wassermühlen, die die Mehrzahl der frühen Belege ausmachen, in keinerlei Zusammenhang mit der mediterranen Zivilisation gestanden haben.

Das Gros der aufgefundenen Mühlen geht sehr wahrscheinlich auf autochtone Ursprünge zurück, ohne nachweisbaren Techniktransfer aus der Alten Welt. Die mühsam erstellte und in sich brüchige Bilanz von Mühlenbelegen läßt sich mit spezifizierten Angaben aus dem frühmittelalterlichen fränkischen Raum deutlich relativieren, so wenn allein im Bereich der Grundherrschaft des Klosters Saint-Wandrille in der Normandie im Jahr 787 nicht weniger als 63 Mühlen und für die ökonomisch etwa gleich ausgestattete Pariser Abtei Saint-Germain-des-Prés um 825 rund 85 derartige Anlagen nachzuweisen sind, wobei für diese Abtei weder alle eigengenutzten Mühlen noch die Mahlwerke verzeichnet sind, die Zubehör von Leihobjekten waren. Eine systematische Untersuchung der Mühlenregionen zwischen Loire und Rhein dürfte trotz des sehr disparaten und zufälligen Quellenmaterials schon für den Zeitraum vor 1000 mindestens die Mühlenzahl erwarten lassen, die das »Domesday-Book« aus der zweiten Hälfte des 11. Jahrhunderts für England mit knapp 6.000 aufweist. Zweifellos gab die Antike ihr technisches Know-how als einen wesentlichen Bestandteil der Mittelmeerkultur auch in Gestalt der Wassermühle an das Frühmittelalter weiter. Die vermehrte »Vegetreidung«, mit der Brot zur Standardnahrung aller sozialen Schichten wurde, die Formierung der Grundherrschaft mit Landausbau und Marktorientierung und die zunehmende Verfügung über Investivkapital schufen die Voraussetzungen für die Verbreitung der Mühlentechnik, der einzigen »Großtechnik«, die das Mittelalter gekannt hat, auf breiter Front, wobei jener »Siegeszug« entsprechend dem allgemeinen Kulturgefälle zwischen einst provinzial-römischen Regionen und dem ehemals »freien« Germanien zwischen Rhein und Elbe von West nach Ost erfolgte.

Doch die intensive Beschäftigung mit der »Maschine« Mühle, die als Vertikale Mühle ein komplexes System aus Antriebsrad, Wellen, Zahnrädern und Mühlsteinen darstellt, das zur Energiegewinnung zumeist Dämme, Schützen und Kanäle erfordert, darf nicht den Blick auf die mittelalterliche Realität versperren; denn vielfach war weiterhin die altüberlieferte Handmühle im ländlichen Haushalt und die Tiermühle in Gebrauch, zu denen die Zieh- oder Kastenmühle hinzukam. Die Tiermühle, insbesondere die Eselsmühle, fand sich auch im Frühmittelalter in Gegenden, deren Wasserhaushalt die Installation einer Wassermühle nicht zuließ, beziehungsweise in Wirtschaftszentren, die, von Wasserläufen entfernt, höher gelegen waren. Dies galt bereits für eine Vielzahl von Gutshöfen der gallo-römischen Provinzen, so daß es nicht erstaunt, wenn in den verbreiteten römischen Lehrbüchern zur Landwirtschaft zunächst von der Errichtung wassergetriebener Mühlen keine Rede war und erst die Schrift des Palladius aus dem 4. Jahrhundert – freilich im Zusammenhang mit den Bädern des Herrenhauses und nicht mit der Bäckerei – empfahl, den Wasserzulauf auch für das Betreiben von Mühlen zu benutzen, um die Arbeitskraft von Menschen und Tieren zu schonen.

Die Tiermühlen hatten insgesamt den Vorteil, unabhängig von naturräumlichen

Voraussetzungen überall in Verbindung mit der Bäckerei installiert und betrieben werden zu können. Wenn gerade die mittelalterliche Domäne, die im Gefüge des grundherrschaftlichen Systems die benötigte Arbeitskraft von hörigen, aber selbständig wirtschaftenden Bauern »abschöpfte« und dementsprechend das ständige Hofpersonal reduzierte, zum Motor der Mühlentechnik und deren Verbreitung wurde, dann steht das im Widerspruch zur verbreiteten Ansicht, daß insbesondere die alltägliche Verfügungsgewalt über ausreichend menschliche Arbeitskraft, die Sklaven nämlich, im Rahmen der antiken Latifundienwirtschaft den Einsatz von Technik, das heißt hier die Nutzung von Wasserenergie, verhindert hätte. Stimmte diese These, dann hätte auf den vielbeschworenen Niedergang der Sklaverei bereits nach dem 3. Jahrhundert ein mächtiger Aufschwung der Agrartechnik, unter anderem mit der Wassermühle, erfolgen müssen.

De facto wurde auf den Arbeitskräftemangel beziehungsweise die steigenden Lohnkosten mit dem Einsatz der Getreidemähmaschinen reagiert, allerdings nur auf den vergleichsweise großen und ebenen Getreideschlägen der späteren Picardie und der Agrarzonen bis in den Trierer Raum hinein. Trotz des wiederum von Palladius konstatierten Rationalisierungs- und Kostenersparniseffektes wurde diese Technik im Frühmittelalter nicht weiter benutzt. Das lag sicher einerseits daran, daß zunächst in der merowingischen Epoche die Feld-Weide-Wirtschaft auf verkleinerten Höfen dominierte, andererseits daran, daß die Feldarbeit einschließlich der Ernte im sich entfaltenden bipartiten System unter Bedingungen erfolgte, die den Einsatz einer derartigen »Maschine« nicht erforderlich machten. Waren in der Antike Mühle und Bäckerei, sei es im städtischen Gewerbe, sei es im Großhaushalt des Landgutes, eng verbunden, so begünstigte nun gerade die räumliche Trennung beider Tätigkeitsfelder die allgemeine Nutzung der Getreidemühle durch die ländliche Bevölkerung und schuf dadurch verstärkte Investitionsimpulse für die Grundherren.

Gegenüber der Spezialistentätigkeit des Müllers, der mit dem wassergetriebenen Mahlwerk eine hochkomplizierte Anlage zu warten hatte, war das Bedienen einer Handmühle eine sozial sehr gering angesehene Tätigkeit. So erfährt man aus den »Fränkischen Geschichten« des Bischofs Gregor von Tours (um 538–594), daß um 584 am merowingischen Königshof eine Verschwörung entdeckt wurde, in der die Erzieher der Kinder Chilperichs I. (gestorben 584) verwickelt waren. Die Strafe folgte auf dem Fuß: »Septimina aber wurde mit Droctulf hart gegeißelt und mit glühenden Eisen im Gesicht gebrannt, und es wurde ihr alles genommen, was sie hatte, und sie wurde nach dem Hof Marlenheim (Elsaß) gebracht, daß sie dort die Mühle drehte und den Mägden im Textilhaus den täglichen Bedarf an Mehl bereitete. Droctulf wurden die Haare und Ohren abgeschnitten, und er wurde zu einem Weinberg geschickt, um dort zu arbeiten.« Die eigentlichen adligen Rädelsführer kamen mit Enteignung und Verbannung davon. Der Bericht zeigt deutlich, daß die

171. Hand-Getreidemühle aus Mayener Basalt-Lava. Fund aus dem späten 7. Jahrhundert im frühgeschichtlichen Viertel der Siedlung Geismar in Hessen

Erzieher durch Mahltätigkeit für kasernierte Mägde beziehungsweise durch Arbeit im Weinberg, die schon in der Antike häufig durch angekettete Sklaven besorgt wurde, auf der untersten Stufe der sozialen Leiter angelangt waren. Entsprechend galt das Drehen einer Handmühle durch fromme Männer als Zeichen besonderer Entsagung und Demut, so daß irischen Heiligen bereits am Ende des 6. Jahrhunderts Engel beziehungsweise Gott selber zur Hilfe kamen und ihnen aus Erbarmen die manuelle Mahltätigkeit abnahmen.

Am Ersatz der Tier-, am ehesten wohl der Eselsmühlen, die vor allem in mediterranen, trockenen Regionen südlich von Loire und Apennin verbreitet waren, durch wassergetriebene Mahlwerke läßt sich der Wandel grundlegender Strukturen einer Klostergemeinschaft innerhalb weniger Jahrzehnte eindrucksvoll nachvollziehen. So verfügte die Abtei des großen Reformabtes Benedikt von Aniane, der zu den wichtigsten Ratgebern Ludwigs I., des Frommen (reg. 814–840) zählte, in ihren Anfängen nach alter Väterweise nur über wenig Besitz »weder Weinberg, noch Zugvieh noch Pferd« als Standardausrüstung des 9. Jahrhunderts: Lediglich ein Esel stand der Mönchsgemeinschaft zur Verfügung. Dieser drehte eine Mühle, denn aus seinem Stall stahl ein undankbarer Gast, der dort sein Nachtlager gefunden hatte,

172. Die »mystische« Mühle mit Getriebe und Schütter. Relief an einem steinernen Kapitell in der Kirche Sainte-Madelaine zu Vézelay, zweites Viertel des 12. Jahrhunderts

das Mühleisen. Mit dem Anwachsen der Klostergemeinschaft, die noch vor Ende des 8. Jahrhunderts mehr als 300 Mitglieder hatte, vermehrte sich rapide der Besitz, nicht zuletzt durch königliche Schenkungen, worunter sich 799 zwei wassergetriebene Mühlen aus Fiskalvermögen befanden.

Für die Zieh- oder Kastenmühle, die aus der spätmittelalterlichen Epoche besser bekannt ist, so aus Speyer, Augsburg und aus Konstanz, läßt sich ebenfalls ein frühmittelalterlicher Beleg finden. So wird in den Wundertaten des heiligen Wunibald (701–761), die sich an seinem Grab im mittelfränkischen Kloster Heidenheim ereigneten, berichtet, daß eine Magd aus dem nahegelegenen Dorf in die Mühle ging, um dort das Korn ihres Herrn zu mahlen, die Mühle aber durch einen Mann, der das Korn der Mönche ausmahlte, besetzt fand und deshalb warten mußte, bis sie an die Reihe kam. Als dies soweit war, »ging sie herum und mahlte«. Diese Mühle war offenbar nicht Teil der direktbewirtschafteten Liegenschaften des Klosters, sondern unterstand einem Müller, der gegen Entgelt mahlen ließ.

Hand-, Zieh- und Tiermühlen mögen durchaus weite Verbreitung gehabt und
behalten haben, von entscheidender Bedeutung für die Entwicklung der mittelalterlichen Gesellschaft wurde hingegen das wassergetriebene Mahlwerk, zunächst als
Getreidemühle im Agrarsektor, dann seit dem 11. Jahrhundert in einem langdauernden Diversifikationsprozeß vorwiegend als Walk- und Papiermühle, als Stampfe
und Eisenhammer im gewerblich-städtischen Umfeld, das die »Industrielle Revolution« des Mittelalters ermöglichte. Voraussetzung für diesen Technikschub war der
Einsatz der Nockenwelle, die eine kreisende Bewegung des Rades in ein rhythmisches Auf und Ab beziehungsweise Hin und Her der Arbeitsgeräte umwandelt.

Horizontale Wassermühlen

Im allgemeinen Verständnis wird die Wassermühle mit der Vertikalen oder Vitruvschen Mühle gleichgesetzt, die durch ein unter-, mittel- oder oberschlächtig mit
Wasserkraft angetriebenes senkrechtes Mühlrad mittels waagerechter Welle, Zahnrädern und eines Eisenteils ein aus zwei Steinen bestehendes Mahlwerk bewegt und
damit das Mahlgut, hauptsächlich Brotgetreide, zerkleinert beziehungsweise fein
ausmahlt. Neben dieser komplexen Maschine, die in Verbindung mit Mühlenhaus,
Stau, Schütz und Kanal schon im Frühmittelalter als Werkstatt (Officina) beziehungsweise in einer Urkunde aus Fulda, die sich auf eine Mühle in Mainz bezieht,
als »Fabrik« (Fabrica) bezeichnet worden ist, läßt sich die in der Forschung wenig
beachtete und lediglich als Randerscheinung gewertete Horizontale Wassermühle,
auch »Greek-« oder »Norse-mill« genannt, nachweisen. Bedingt durch zumeist
fehlende Quellenaussagen über die technische Gestalt einer solchen Anlage, konnten bisher weder die exakten Phasen der historischen Entwicklung dieses Mühlentyps noch seine zeit-räumliche Verbreitung ermittelt werden. Setzt die ikonographische Dokumentation mittelalterlicher Vertikaler Mühlen bereits im 12. Jahrhundert
ein, so bleibt die bildliche Darstellung Horizontaler Mühlen an spätmittelalterliche,
frühneuzeitliche »Fachliteratur« gebunden.

Die Horizontale Mühle spielt in der Forschung zumeist die Rolle eines technischen Kuriosums, das bestenfalls als Vorläufer der »eigentlichen«, der Vitruvschen
Wassermühle betrachtet wird. So sprach Marc Bloch von einem technischen Rückschritt, was sich mit der allgemeinen negativen Einschätzung ihres angeblichen
Ursprungslandes, dem Balkan, sehr gut vertrug. Eine Zusammenstellung der Belege,
die zum Teil erst in den letzten Jahrzehnten ermittelt werden konnten, läßt indessen deutlich werden, daß solche Mühlen mehr als eine nur temporäre, gar regressive Erscheinung und ein primitiver Vorläufer der »eigentlichen« Wassermühle
gewesen sind; denn sie stellen bis in die neueste Zeit aufgrund ihrer Konstruktionsmerkmale in einigen Regionen Europas und darüber hinaus eine ernst zu nehmende

Alternative zu Vertikalen Mühlen dar. Dieser Mühlentyp war weiter verbreitet und sehr viel leistungsfähiger, als man bislang angenommen hat. Auch wenn er von Plinius beschrieben worden ist, gilt er nicht als römische Erfindung, sondern als technologischer Import aus den Bergen des Libanon, Asiens oder des Balkan und Griechenlands. Dieser strikten Ortung steht indessen die Tatsache entgegen, daß sich Horizontale Mühlen in Dänemark schon für das 1. nachchristliche Jahrhundert und in England für das 3. und 4. Jahrhundert nachweisen lassen. Eine gesicherte Migration solcher Technik von Ost nach West beziehungsweise von Süd nach Nord läßt sich jedenfalls nicht feststellen; sie könnte unabhängig in mehreren Kulturkreisen entstanden sein.

Das horizontale Wasserrad dieses Mühlentyps besteht aus paddelartigen Flügeln, die kranzförmig am unteren Ende eines oft direkt im Wasserlauf senkrecht aufgestellten Baumes befestigt sind. Die kreisende Bewegung überträgt sich also nicht über ein geschlossenes Rad, sondern über offene Paddel. Häufig wird ein gebündelter Wasserstrahl über ein Gerinne seitlich an die Paddel geführt, die »frei« liegen. Der Baum sitzt im Gebäudeboden des Radhauses oder Verschlags mit einem Dorn aus Metall oder Hartholz meist auf einem Holzschweller auf. Er ragt durch den Boden der über dem Radhaus liegenden Mahlkammer und endet im Spundloch des Läufersteins, während der Bodenstein fest im Holzboden verankert ist. Der »schmetterlingsförmige« Gegenstand, der, in einer Kerbe des Läufersteins befestigt, die Kraft der Welle überträgt, war in der Regel aus Eisen, konnte aber, wie in einer englischen Mühle des 9. Jahrhunderts archäologisch festgestellt wurde, auch aus Hartholz sein. Daraus dürfte sich ein nicht geringer Beschaffungskostenvorteil für den Betreiber ergeben haben. Das entscheidende Konstruktionsmerkmal war jedoch, daß die Umsetzung der Wasserkraft direkt über die Welle auf Mühleisen und Läuferstein erfolgte, so daß komplizierte Bauteile der Vertikalen Wassermühle, vor allem die Zahnräder beziehungsweise Kammrad und »Laterne«, entfielen. Von Nachteil war hingegen, daß einer Umdrehung des Rades auch nur eine Umdrehung des Mahlwerkes entsprach und daß lediglich bei einem stetigen und kräftigen Wasserstrahl unmittelbar auf die Paddel des »Quirls« bessere Produktionsleistungen zu erzielen waren.

Eine Horizontale Wassermühle ließ sich relativ einfach direkt über oder in Bächen mit ausreichendem Gefälle bauen. Kanalisierungsarbeiten waren in der Regel nicht erforderlich; es genügte ein Gerinne, um Wasser auf die Paddel zu leiten. Aus dem hieraus resultierenden Spritzwasser ergab sich die Notwendigkeit, einen Boden zwischen Radhaus und Mahlkammer einzuziehen, der Getreide und Mehl vor Feuchtigkeit schützte. Die Geschwindigkeit des Antriebs war ausschließlich über den Wasserdruck regulierbar, somit fast immer »einstufig«. Von nicht unerheblichem Vorteil für derartige Mahlwerke war auch die Tatsache, daß zu ihrer Anlage wie zu ihrem Betrieb keinerlei Wassergerechtsame noch Ufergrundstücke oder

173. »Paddelkranz« und Welle einer Horizontalen Wassermühle des 19. Jahrhunderts im Enza-Tal der Emilia-Romagna

Zuwegungen erforderlich waren, die nachbarschaftliche Absprachen nötig gemacht hätten – alles erwiesenermaßen Streitobjekte bei Bau und Betrieb der Vertikalen Mühle. Dies war und blieb zunächst die Mühlentechnik der kleineren Gemeinschaften und Haushalte im weithin grundherrschaftsfreien Raum, sofern die naturräumlichen Voraussetzungen, etwa in Bergregionen, gegeben waren. Sie vermochte aber in den meisten Fällen mit Mehl nur den Eigenbedarf einer kleinen Gehöftegruppe zu decken; ein Mahlangebot war von ihr nicht zu erwarten.

Nicht grundsätzlich anders dürften Technik und Verbreitung des frühmittelalterlichen Mühlenbetriebes auf den Britischen Inseln gewesen sein. Von den rund

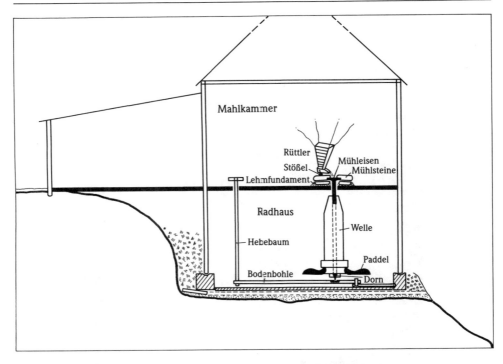

Tamworth-Mill: Schema einer Horizontalen Mühle

6.000 Mühlen, die im »Domesday-Book« Erwähnung finden, werden zahlreiche dem Typ der Horizontalen Mühle zugeschrieben. Das bleibt freilich Spekulation, da nicht eine einzige der genannten Mühlen ergraben worden ist und die Aufzeichnung selbst keine Angaben zur Technik macht. Im Hochmittelalter wurde auch hier dieser Mühlentyp zugunsten der Vertikalen Wassermühle verdrängt oder in die Bergregionen zurückgedrängt. Der Zusammenhang zwischen Mühlenbau, »Vergetreidung« und grundherrlicher Erfassung des Landes vollzog sich ungefähr in der gleichen Zeitspanne wie auf dem Kontinent. So wurde in Old Windsor bei einem steinernen Herrenhaus einer königlichen »Villa« in einer Phase ausgeweiteter Rodungstätigkeit und intensivierter Getreidewirtschaft eine Mühlenanlage mit drei vertikalen Rädern gebaut, die am Ende des 9. oder am Anfang des 10. Jahrhunderts völlig zerstört worden ist. Als Nachfolgerin dieses Mühlenkomplexes — Folge einer reduzierten Nachfrage nach Mehl in der Restsiedlung, fehlendes Know-how beziehungsweise Kapital — ließ sich eine Horizontale Mühle ermitteln, die in der ersten Hälfte des 11. Jahrhunderts zerfallen und nicht wieder aufgebaut worden ist, da der königliche Hof aus Old Windsor abzog. Noch dichter sind die archäologischen Belege in Irland, wo sich die Horizontale Wassermühle archäologisch seit dem 7.

Jahrhundert nachweisen läßt. 12 von 16 Mühlen dieser Art können, meist dendrochronologisch, ins Frühmittelalter datiert werden.

Andere europäische Regionen, in denen die Existenz solcher Mühlen später belegt ist, sind für das Frühmittelalter noch ohne Zeugnisse. Dies gilt für den Alpenraum, Frankreich, Italien, den Balkan, Kreta und Zypern, Mallorca und die Balearen.

Erwähnung verdient noch die sogenannte Tide-Mühle, die im Delta großer Ströme, die weder gestaut noch kanalisiert werden konnten, Flut und Ebbe in beiden Richtungen als Antriebskräfte genutzt hat. Dieser Mühlentyp galt bislang als islamische Erfindung, die erstmals vor ihrem Einsatz im 11. Jahrhundert bei Venedig beziehungsweise in Dover, zuvor, um 960, in Basra nachzuweisen ist. Nach jüngsten Erkenntnissen soll diese Mühlentechnik bereits in der ersten Hälfte des 7. Jahrhunderts in Island archäologisch bezeugt sein. Somit müßte auch hier mit einer Mehrfacherfindung gerechnet werden.

»Biermühlen«

Die in Verbindung mit dem sogenannten St.-Galler-Klosterplan immer wieder behauptete Existenz frühmittelalterlicher »Biermühlen« und mechanischer Getreidestampfen muß ins Reich der Phantasie verwiesen werden. Die als »Molae« im Plan bezeichneten und durch Kreise symbolisch dargestellten Mahlwerke sind als Handmühlen zur Grobschrotung von Braumalz aus der benachbarten Darre zu interpretieren – ein Vorgang, der spätestens mit Ausgang des 10. Jahrhunderts von speziellen Mühlen übernommen werden konnte, die technisch aber der üblichen Getreidemühle, mit einem gröberen Mahlgang versehen, entsprachen. Die »Pilae« im selben Plan, den »Molae« benachbart, durch zwei ovoid-bauchige Gefäße wiedergegeben, in denen sich ein rechtwinklig abgeknickter »Rührstab« befindet, müssen als Bottiche zur Bereitung der Maische vor dem eigentlichen Sud verstanden werden. Das entsprechende Segment des sogenannten St.-Galler-Klosterplans mit Speicher, Darre, Brauhaus ist mithin als ikonographischer Führer durch die frühmittelalterliche Brautechnik zu »lesen«.

Auch interpretationsbedürftige Belege von »Pisae« beziehungsweise »Pilae« in den Viten der Jura-Väter aus dem 6. Jahrhundert und aus einer St.-Galler-Urkundenformel vom Ausgang des 9. Jahrhunderts in Verbindung mit wassergetriebenen Getreidemühlen erlauben nicht den Schluß auf den frühen Einsatz einer mechanischen Getreidestampfe. Er setzte zwingend die Verwendung der Nockenwelle voraus, um die kreisende Bewegung in ein Auf und Ab zu verwandeln. Erstbelege für diese Technik stammen bezeichnenderweise aus dem Textilbereich bei Walkmühlen in Oberitalien beziehungsweise der Normandie im Verlauf des 11. Jahrhunderts

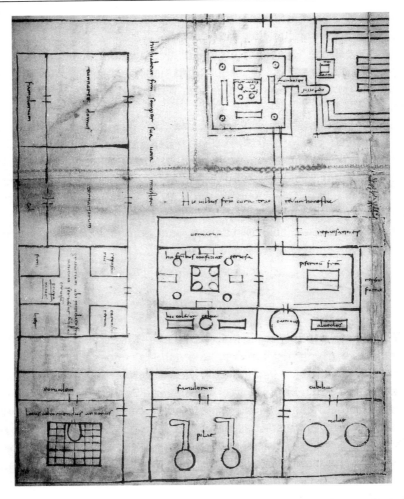

174. Der »Brauereikomplex« mit Tenne, Darre, Gebäude für die Maischeherstellung und Malzzerkleinerung sowie Sudhaus, Bäckerei und Mehlvorratskammer. Detail des um 820 entstandenen sogenannten St.-Galler-Klosterplans. St. Gallen, Stiftsbibliothek

und aus der Oberpfalz für den mechanisierten Schmiedehammer. Die »Gefäße« aus Condat beziehungsweise St. Gallen können am ehesten als Mörser zur Grützezubereitung gedeutet werden, die in demselben Werkraum untergebracht war wie die Mehlproduktion.

Vertikale Wassermühlen

Die Vertikale Wassermühle ist sicherlich das wichtigste technische Erbe, das die Antike dem Mittelalter hinterlassen hat. Dabei spielte erkennbar bis ins Hochmittelalter nur die unterschlächtig angetriebene Mühle eine wesentliche Rolle, wobei das Rad in das fließende Wasser oder den wasserführenden Kanal gehängt wurde, während das weitaus effektivere oberschlächtige Rad die Anbindung an Aquädukte verlangte, die in der Alten Welt meist zugleich und vor allem der Trinkwasserversorgung dienten. Der technische Aufwand, die Kosten und die Wartung, nicht zuletzt die mangelnde Erfahrung im Bau solcher oberirdischen Zuleitungen machten die unterschlächtige Mühle zum Standardtyp zumindest des Frühmittelalters, obwohl neuere Versuche ergeben haben, daß diese Antriebsart nur 20 Prozent der Wasserenergie in Mahlkraft umsetzt, im Gegensatz zu den 60 Prozent des oberschlächtig angetriebenen Wasserrades. Über die mittelschlächtige Mühle läßt sich derzeit überhaupt keine zuverlässige Aussage machen. Dieser Techniktransfer aus der Alten Welt geschah so wenig wie im Bereich von Architektur, Kunsthandwerk oder Waffenproduktion durch Fachliteratur, wissenschaftliche Abhandlungen und Nachschlagewerke, sondern durch Anschauung, Empirie und direkte Tradition.

Da eine derartig komplexe Anlage wie die wassergetriebene Getreidemühle nicht nur an naturräumliche, insbesondere klimatische Voraussetzungen gebunden war, so an Flüsse mittlerer Größe mit ständiger, relativ gleichmäßiger Wasserführung, sondern auch an die Verfügungsgewalt über Ufergrundstücke, Zuwegungen und über den Wasserlauf selbst, ganz zu schweigen von dem erforderlichen Investivkapital und dem technischen Know-how zum Bau der Anlage, waren solche Mahlwerke zunächst nur für Gemeinschaften zweckmäßig, deren Bedarf an ausgemahlenem Getreide die Produktionskapazität von Handmühlen weit überstieg. Diese Gemeinschaften waren weder die bäuerliche Kernfamilie samt Gesinde noch der merowingische Gutshof als Nachfolger der antiken Latifundien, zumal in der frühen fränkischen Epoche die Wald-Weide-Wirtschaft dominierte, deren Personalbedarf im Vergleich zum Getreideanbau beträchtlich geringer war.

Es ist daher nicht nur von der Zufälligkeit der Quellenüberlieferung abhängig, daß man vornehmlich in Heiligenviten, Klostergründungsgeschichten, Urkunden und Inventaren, die aus dem kirchlichen Umfeld stammen, erstmals in größerer Fülle über die Existenz beziehungsweise den Bau von wassergetriebenen Mühlen unterrichtet wird. Aus bescheidenen Anfängen wuchsen viele Klöster zu bedeutenden religiösen Gemeinschaften heran, die Hunderte von Mitgliedern umfaßten, welche es zu ernähren und zu kleiden galt. Gerade in diesen Wachstumsphasen kirchlicher Einrichtungen kam es zur Anlage von Wassermühlen als bewußt eingesetzter technischer Hilfsmittel zur täglichen Daseinsbewältigung. Zur Verbreitung der Mühlentechnik trug bei, daß insbesondere die seit dem 7. Jahrhundert den Kontinent in Wellen erfassende iro-schottische Mission mit ihrer Verdichtung in Klostergründungen – erinnert sei an Luxeuil oder Bobbio, St. Gallen oder Echternach – eine enge Kommunikation zwischen den nach einer »Regel« geordneten Konventen schuf. Dieses informelle Netz wurde durch den Zulauf erweitert, den die Klöster durch Mitglieder bedeutender Adelsfamilien, an ihrer Spitze die Merowinger, später die Karolinger, erfuhren, die häufig als Äbte die von ihnen ausgestatteten oder gar gegründeten Klöster leiteten. Klostergründung, Landesausbau und Herrschaftsverdichtung schufen günstige Voraussetzungen auch für den Techniktransfer der wassergetriebenen Getreidemühle.

Diese Technologie überschritt bereits im 8. Jahrhundert ostwärts die Rhein-Main-Linie, wovon nicht zuletzt Ortsnamen wie Mühlhausen, Mülln oder häufig Mühlheim künden. In erster Linie aber war es die Grundherrschaft, die in ihren verschiedenen Ausformungen durch ihre Träger – Kirche, Königtum, Adel – die rechtlichen, organisatorisch-ökonomischen und sozialen Voraussetzungen des Mühlenbaus auf breiter Front schuf: »Dezentralisation« der Hofverbände, Zersplitterung und Aufteilung des Besitzes, Einbeziehung ehemals freier Bauern in das Abgaben- und Leistungssystem bei gleichzeitiger »Behausung« von Hofknechten, »Vergetreidung« und Rodungstätigkeit bereiteten den Boden für diesen einzigen und einzigartigen Einsatz einer »Großtechnik« im Frühmittelalter.

Zunächst erfolgte der Bau der Wassermühle in frühen Klostergemeinschaften im Rahmen einer noch relativ »geschlossenen« Hauswirtschaft, deren Mahlkapazitäten wohl nur selten ein Angebot an die sonstige Bevölkerung erlaubten. So erwähnten bereits die frühen Lehrmeister des abendländischen Mönchtums, Johannes Kassian (gestorben 435 in Marseille) und Caesarius von Arles (gestorben 542), die wassergetriebene Mühle als allgemein in Gebrauch. Zwar forderte die berühmte »Regel« Benedikts von Nursia in ihrem 66. Kapitel die Existenz einer Mühle im Zusammenhang mit Wasser und Garten als Zubehör der klösterlichen Gemeinschaft, doch über die technische Gestalt einer solchen Mühle erlaubt dieser Passus keine Aussage. Es ist wohl eher an eine Hand- oder Tiermühle zu denken. Im Gegensatz dazu sind die Mühlen des süditalienischen Klosters Vivarium, einer Gründung des Cassiodor Senator (gestorben 580), als wassergetriebene Mahlwerke zu begreifen: »Ihr habt... ganz in der Nähe den fischreichen Pellena-Fluß..., einen Fluß, der keine Angst erregt durch gar zu hohe Wellen, aber auch keine Verachtung verdient wegen seiner Niedrigkeit. Geschickt gelenkt, fließt er auf Euren Grund, wohin es nötig ist, und reicht aus für Eure Gärten und Mühlen.« Zum Wirtschaftsideal des abendländischen Mönchtums gehörte die wassergetriebene Mühle sicherlich nicht. Die um 480 verfaßte Vita des Germanus von Auxerre (um 380 – um 450) läßt erkennen, daß Askese und Handmühle unlösbar miteinander verbunden gewesen sind, wenn von dem Alltag des Heiligen berichtet wird: »Bei den Mahlzeiten nahm er zunächst Asche, dann Gerstenbrot; die Gerste hatte er selber ausgesät und gemahlen.«

175. Älteste bekannte Darstellung einer unterschlächtig betriebenen Wassermühle samt Mühlenhaus in einem Herrschaftssitz mit Burg und Kirche. Miniatur in einer in der ersten Hälfte des 12. Jahrhunderts entstandenen Handschrift. London, British Library

Die Lebensgeschichten der Jura-Väter aus dem Anfang des 6. Jahrhunderts vermitteln einen Einblick in die langsame Genese einer Klostergemeinschaft, die schließlich über Rodungstätigkeit hinaus auch Technik zur Daseinsgestaltung eingesetzt hat. So hatte der Gründer von Saint-Claude, dem früheren Condat, der heilige Romanus, gleichsam als Ersatz für die unerreichbare Wüste der östlichen Anachoreten eine unwirtliche Berghöhe im französischen Jura als Bleibe ausgesucht, die oberhalb des Zusammentreffens zweier Flußläufe lag, das dem Kloster seinen Namen gab. Hier führte der Heilige ein asketisches Leben: »Mit Samenkörnern und Hacke ausgestattet, begann er ... den notwendigen bescheidenen Lebensunterhalt nach Art der Mönche durch Handarbeit zu beschaffen«, nicht anders als knapp ein Jahrhundert später der heilige Columban in Annegray. Das zivilisationsfeindliche, entbehrungsreiche Leben des Romanus reizte zur Nachahmung. So entstand zunächst eine kleine Gemeinschaft, die mit Wohnraum versorgt werden mußte. Der Zulauf hielt unvermindert an, und die Vita schildert die Schwierigkeiten, die es bereitete, den Lebensunterhalt der Brüder zu sichern, zumal in dem Bergmassiv nur wenig bebaubares Ackerland verfügbar war, das zudem durch »unbarmherzige Regengüsse« fortgeschwemmt wurde. »Doch«, fährt der Biograph fort, »schließlich wollten die heiligen Väter solcher Plage so weit wie möglich entgehen. Deshalb suchten sie in den benachbarten Wäldern nach einem ebenen und fruchtbaren Platz. Sie fällten Tannen und rissen die Stümpfe aus. Mit der Sichel bearbeiteten sie die Wiesen, mit dem Pflug ebneten sie den Boden. So schufen sie Ackerland, das der Not von Condat abhelfen konnte... Als der selige Romanus starb, hinterließ er gegen hundertfünfzig Brüder, die er nach seiner Ordnung ausgebildet hatte.«

Mit der wirtschaftlichen Expansion stellte sich alsbald Wohlstand ein, »die Ernte auf den damals noch jungen Feldern (war) überreich«, viele Mönche überließen sich dem Wohlleben und Schlendrian. Der Ausbau der Klostergemeinschaft, verstärkte Rodungstätigkeit, sichtbar an Feldern und Wiesen, führten zu technischen Investitionen, zunächst zur Anschaffung von Pflügen, und zur Umstellung der Nahrungsgewohnheiten auf Brot; denn sonst wäre nicht recht verständlich, warum die Gersten- oder Hafergrütze von den Mönchen als »Brei der Prüfung« eingeschätzt worden ist. Daß dies Realität gewesen ist, wird durch eine fromme Anekdote über den Diakon Sabinianus bestätigt. Er war bereits zu Lebzeiten des Romanus »technischer Leiter« des Klosters und »besorgte zum allgemeinen Nutzen am benachbarten Fluß unterhalb des Klosters Condat eifrig die Mühlen und Mörser für die Bedürfnisse der Brüder«. Sowohl die beträchtliche Menge des zu mahlenden Weizens als auch die erwünschte Qualität führten bereits im 5. Jahrhundert selbst im unwirtlichen Jura zur Anlage von Wassermühlen, zu einer technischen Reaktion auf offenkundige Anforderungen. Sabinianus hatte als verantwortlicher Mühlenaufseher ein Erlebnis, das möglicherweise auf dem Hintergrund des klösterlichen Wohllebens und der damit verbundenen mangelnden Zucht der Mönche zu interpretieren ist. Dabei legt die fromme Anekdote in aller wünschenswerten Klarheit Details der Bauweise von Mühlgräben offen.

Man kann davon ausgehen, daß nur sehr selten Mühlen direkt an einem Flußlauf errichtet worden sind. Schwankungen des Wasserstandes wirkten sich dann unmittelbar auf die Produktion aus, und gelegentliche Störungen des Bootsverkehrs waren nicht zu vermeiden. In der Regel wurde wohl der Mühlenbau mit der Anlage von Dämmen und Kanälen kombiniert, um dergestalt ein Höchstmaß an störungsfreier hydraulischer Energie zu gewinnen. Dies galt auch für die Mühlen am Condat. »Eines Tages«, so berichtet der Gewährsmann, »wollte der heilige Sabinianus das Bett jenes Baches, der das Mühlwasser heranführte, für den Lauf der sich drehenden Maschine (Rotalis machina) sorgfältig vertiefen, wobei er mit Hilfe der Brüder zwei Reihen miteinander verbundener Stämme befestigte und wie üblich durch hineingeflochtenes Weidenwerk und mit einer Packung aus Stroh und Steinen anfüllte. Da schnellte plötzlich aus dem Spreu eine riesige Schlange hervor.« Die Brüder gerieten in Panik; da sie sich vor dem Angriff der Schlange fürchteten, suchten sie das Reptil im kalten Wasser. Vergebens. Dabei ging der Tag zur Neige, ohne daß sie ihre Arbeitszeit nützlich verwendet hätten. Versehen mit dem Kreuzeszeichen an Händen und Füßen trat der Diakon zwischen das Flechtwerk des Kanals und verjagte so die Schlange. Es ist nicht ohne hohe Symbolkraft, wenn die Schlange in einem Mühlgraben auftaucht und damit die technische Einrichtung, eine »List« des menschlichen Verstandes, eingesetzt zur Erleichterung der biblischen Vorschrift: »Im Schweiße deines Angesichts sollst du dein Brot essen!«, als Instrument der Verführung zu Wohlleben und Zuchtlosigkeit bezeichnet.

Eine andere Anekdote, die höchst aufschlußreich die Thematik – Einsatz von Mühlentechnik im Klosterbereich – behandelt und zugleich deren Einsatz begründet, überliefert Bischof Gregor von Tours in seinem »Buch der Väterleben« aus der zweiten Hälfte des 6. Jahrhunderts. Die Rede ist von dem Abt Ursus, der aus Cahors stammte, zunächst in der Gegend von Bourges Kirchen stiftete, schließlich in Loches am Indre unterhalb des Berges ein Kloster gründete und eine Gemeinschaft um sich versammelte, die den Worten der Genesis und des heiligen Paulus folgend »mit eigenen Händen arbeiten und Nahrung von der Erde im Schweiß ihres Angesichts gewinnen (sollte)«. Für Ursus selbst war diese alte Väterweise ein leichtes: »Er verzichtete nämlich auf Speis und Trank.« Gleichwohl verschloß er seine Augen vor der Realität des Klosteralltags und den Mühen seiner Brüder nicht: »Denn als dies geschah und die Brüder die Mahlsteine (Mola) mit der Hand drehten und den zur Nahrung notwendigen Spelz beziehungsweise den Weizen zerkleinerten, schien es ihm offenkundig sinnvoll, im Flußbett jenes Indre eine Mühle (Molendinum) zu errichten; man rammte quer durch den Fluß Stämme, reicherte sie mit Haufen großer Steine an, errichtete einen Damm und sammelte das Wasser im Kanal, dessen Kraft das Rad der Mühle (Fabrica) mit großer Geschwindigkeit drehen machte.«

Der Autor zieht, sicherlich mit dem Abt-Ingenieur dieser Anlage einig, den Schluß: »Und mit diesem Werk hob er die Arbeitsmühe der Mönche auf und übertrug einem der Brüder die Ausführung der notwendigen Tätigkeit.« In dieser Summe sind ganz modern Rationalisierungseffekt und Arbeitserleichterung ausgesprochen, die der Mühlenbau bewirkt hatte. In der Erzählung folgt die Auseinandersetzung mit einem mächtigen Westgoten, einem Ketzer und Günstling König Alarichs, der dem Abt die »Fabrik« abschwatzen wollte, was freilich auf erbitterten Widerstand des Ursus stieß. Daraufhin griff der Gote zu Gegenmaßnahmen, baute in bewußter Konkurrenz zum Kloster stromabwärts eine eigene Mühle, deren Rückstau den Kanal der Klostermühle überflutete und diese funktionsuntüchtig machte. Durch inständiges Gebet der Mönchsgemeinschaft geschah das Wunder: Am dritten Tag meldete der Kustos der Mühle, daß sich das Rad des eigenen Mahlwerkes wieder mit höchster Geschwindigkeit drehte. Man eilte zum Fluß: Die Konkurrenzmühle war spurlos verschwunden, nichts war übriggeblieben: »weder Holz, noch

Stein, noch Eisen noch irgendein Indiz ihrer Existenz.« Entkleidet man diese Geschichte ihres hagiographisch-wunderbaren Gewandes, so zeigt sich, daß die klösterliche Mühlentechnik auch laikalem Verständnis zugänglich war, die Auseinandersetzung über Wasserläufe alltäglich, so daß schließlich Gott den Seinen zu Hilfe kommen mußte. Technik und ihre Anwendung sind aber im göttlichen Heilsplan verankert und helfen dem Menschen den biblischen Auftrag zu erfüllen: »Macht euch die Erde untertan.«

Daß sich die wassergetriebene Getreidemühle seit dem Ausgang der Antike – Ausonius hörte bereits um 370 ihr Klappern an der Ruwer, Sidonius Apollinaris (um 430–479) erwähnte die »Rotationsmaschine« um 465 als ganz selbstverständlich – zur effektiven Nutzung der Wasserkraft tatsächlich auf breiter Front durchzusetzen begann, bezeugen auch die sogenannten Volksrechte einzelner germanischer Stämme im ehemals Römischen Reich, der Westgoten und der Langobarden, ferner der Alemannen und Bayern, nicht zuletzt der Franken, die gallo-römische und germanische Gebiete unter ihrer Herrschaft vereinigten. Diese Volksrechte, besser vielleicht Stammesrechte, enthalten von Fall zu Fall formulierte Bußgeldkataloge, mit denen je nach dem juristisch-sozialen Stand des Täters und des Opfers Verletzungen der Rechts- und Friedensordnung durch Geldzahlungen sowie Leibesstrafen abgelöst und gesühnt werden konnten. Das betraf insbesondere den weiten Bereich der Diebstahlsdelikte, Mord und Totschlag, Sittlichkeitsverbrechen, Haus- und Landfriedensbruch.

Das Edikt König Rothars von 643, das wichtigste Gesetz der Langobarden, enthält drei Paragraphen, die von der Brandlegung einer Mühle, von deren Abschlagen und vom Öffnen des Wehrs handeln. Der sicher nicht seltene Rechtsfall wird derart entschieden: »Wer eine Mühle auf fremden Land baut, das er nicht als sein Eigen nachweisen kann, verliert die Mühle und sein ganzes Werk; und jener habe sie, dem das Land beziehungsweise das Ufer gehört.« Ein Reflex auf diese Bestimmungen findet sich noch in zahlreichen Dokumenten des Früh- und Hochmittelalters, vor allem aus Oberitalien, in denen neben der eigentlichen Mühle Mühlenplatz, Ufer, Wasserlauf, Kanal und Zuwegung häufig Gegenstand der Beurkundung sind. Einrichtung und Betrieb einer Wassermühle waren an ein Konglomerat von Besitz- und Nutzungsrechten gebunden.

In der sogenannten Saalfränkischen Einung aus dem Anfang des 6. Jahrhunderts, die ebenso wie das spätere Gesetz der Franken noch eine relativ homogene Gesellschaft von freien Wald- und Weidebauern, in der Schweine- und Rinderdiebstahl keine Seltenheit waren, archaisierend widerspiegelt, während der Ackerbau, im Gegensatz zur Realität zumindest des 7. und 8. Jahrhunderts, eine untergeordnete Rolle spielt, sind gleichwohl drei Paragraphen der Mühle gewidmet. Der erste gilt dem Diebstahl von fremdem Brotgetreide aus einer Mühle – ein Vergehen gleich jenem im Kloster Heidenheim, wo eine Magd das Korn beziehungsweise das Mehl der Mönche gestohlen hat. Eine Aussage zur Mühlentechnik erlaubt dieser Passus jedoch nicht. Eine zweite Strafandrohung betrifft den Diebstahl des Mühleisens, das offenbar ein begehrtes Objekt gewesen ist, während die Erörterung eines weiteren Deliktes unmittelbar zur wassergetriebenen Mühle hinführt: »Wer den Stau einer fremden Getreidemühle bricht, der werde zu schulden... verurteilt.« Ebenfalls in der älteren »Einung« findet sich der Titel »Von der Wegsperrung«, der unter anderem die Absperrung des Weges, der zur Mühle führt, mit einer hohen Geldstrafe bedroht. Hierin deutet sich die nicht eben seltene Gemengelage von Mahlwerken in der Zone verschiedener Eigentümer von Rechten an Gewässern, Ufern und Grundstücken an, zudem der Versuch des »Gesetzgebers«, das Mahlangebot zu garantieren und den Zugang zur Mühle offenzuhalten. Es hat seinen guten Grund, wenn seit dem frühen Mittelalter in Schenkungs-, Kauf- und Tauschurkunden die Pertinenzformel, die das Zubehör des fraglichen Vertragsgegenstandes, wie Häuser, Wiesen, Äcker, aufführt, um Gewässer und Wasserläufe ergänzt worden ist.

Im Recht der Bayern, aufgezeichnet wohl um 750, findet sich ein Mühlenparagraph im gewohnten Kontext von Diebstahlsdelikten mit der Besonderheit: »Und wenn er (ein Freier) in der Kirche, oder im Hofe des Herzogs oder in der Schmiede (Fabrica) oder in der Mühle etwas stiehlt, zahle er den dreifachen Satz der Diebstahlsbuße«, mit der Begründung: »weil diese vier Häuser öffentliche Gebäude sind und immer frei zugänglich«. Die Mühle hatte somit den Rang einer öffentlichen Einrichtung, die stets »offen« sein mußte, ungeachtet, ob sie herrschaftlich, genossenschaftlich oder »privat« geführt wurde, vergleichbar dem Hof des Herzogs als Sitz der legitimen Gewalt und des Gerichts, der Schmiede als Produktionsstätte der wichtigen Waffen und eisernen Gerätschaften und der Kirche als geistlicher Institution und Verwalter der heilsnotwendigen Sakramente. Die Mühle hatte ein öffentliches Mahlangebot zu bieten, sie war somit zu einem entscheidenden Strukturmerkmal jenes sozialen Gebildes geworden, das man heute als mittelalterliches Dorf bezeichnet. Nicht der Zwang, ausgedrückt im Mühlenbann, schaffte die Voraussetzung für Schmiede und Mühle im Dorf, sondern das Bedürfnis der einzelnen ländlichen Haushalte, die sich hinsichtlich der Eisengeräte und des Mehls an den professionell-handwerklichen Fachmann, den Schmied und Müller, wandten. Damit ist ein wertvoller Beweis für die arbeitsteilige Gesellschaft des Frühmittelalters gewonnen, die im Agrarsektor hauptsächlich Schmied und Müller hervortreten ließ, deren praktische Fertigkeiten im Umgang mit Eisen und mit wassergetriebenen Mahlwerken sie zu gesuchten Spezialisten machten, deren sozialer Status die Schranken der Grundherrschaft bereits in frühen Zeiten durchstieß.

Was die räumliche Ausbreitung der Mühlen über den ehemals gallo-römischen Bereich hinaus anlangt, so signalisieren bereits die »Rechte« der Alemannen und Bayern einen Techniktransfer, der wesentlich über Klöster und Königshöfe erfolgt sein dürfte, deren Größe und Organisationsstruktur samt Umland die Anlage solcher

176. Großes Fischnetz. Miniatur in dem um 830 in Saint-Germain-des-Prés entstandenen sogenannten Stuttgarter Psalter. Stuttgart, Württembergische Landesbibliothek

Mahlwerke begünstigt hat. Im bayerischen Raum werden merowingerzeitliche Mühlen erwähnt, auch die Pertinenzformel »Gewässer und Wasserläufe« begegnet nicht selten in Urkunden, wobei zu beachten ist, daß dieses Zubehör keineswegs immer auf Mühlgräben verweist, sondern die Anlage von Fischteichen meint, des öfteren wahrscheinlich beides. So bestand der Ort Mülln bei Salzburg bereits im Jahr 788, woraus sich schließen läßt, daß die dortige Mühle mit einem künstlichen Kanal von der Salzach her betrieben worden ist. Die wassergetriebene Mühle im bayerischen Raum während des 8., vor allem des 9. Jahrhunderts war eine selbstverständliche Einrichtung: Sogar die abgelegene Kirche, das Bistum Staffelsee auf der Insel Wörth, verfügte um 805 über ein eigengenutztes Mahlwerk.

Was den alemannisch-elsässischen Raum im 8. Jahrhundert betrifft, so ist in den zahlreich überlieferten Privaturkunden aus St. Gallen, sieht man von drei Erwähnungen in Pertinenzformeln ab, überhaupt nur zweimal die Existenz einer Mühle überliefert, und zwar wurde kurioserweise einmal, 790, eine halbe Mühle aus Privathand an das Kloster gegeben, ein anderes Mal, 797, behielt sich der Schenker hingegen ausdrücklich sein Recht an einer halben Mühle vor. Bis weit ins 9. Jahrhundert hinein sind lediglich an 10 Orten der St.-Galler-Grundherrschaft Mahlwerke belegt, die bezeichnenderweise nicht mit Haupthöfen verbunden waren. Eine so spärliche Dokumentation liegt in der spezifischen Art der Quellen begründet. Es handelt sich dabei um Schenkungs- und Tauschurkunden, nicht um Inventare und Urbare, in denen zumindest Teile des Besitzstandes einschließlich der Mühlen aufgezeichnet worden sind. Des weiteren kann nicht erwartet werden, daß »Privatleute« im 8. und 9. Jahrhundert derartige kostspielige und technisch komplexe Anlagen Klöstern in Fülle gestiftet hatten; der Vorbehalt in der Urkunde von 797 gibt hier einen deutlichen Hinweis. Lägen die Polyptychen und Urbare aus Saint-Germain-des-Prés oder Prüm beziehungsweise die Summe aus Saint-Wandrille nicht vor, so wäre die Kenntnis über diese Mühlenlandschaften so gering wie etwa über die zweifellos vorhanden gewesene der bedeutenden Abtei Saint-Denis. Was Corbie angeht, so kann nach dem Statut des Abtes Adalhard (um 751–826) die Zahl der eigengenutzten Mühlen in unmittelbarer Nähe des Klosters mit mindestens 12 erschlossen werden; die tatsächliche Anzahl dieser Anlagen im Gesamtbesitz des reichen Klosters bleibt unbekannt. Somit ist die Quellenlage bei der Beurteilung der Mühlendichte einzelner Klöster und Grundherren, ja ganzer Regionen, von ausschlaggebender Bedeutung.

Was etwa den Güterkomplex der reichen Reichsabtei Lorsch anlangt, so läßt sich dank der guten Quellenlage für deren rechtsrheinischen Besitz im Zeitraum von 766 bis 783 immerhin die Existenz von 5 Mühlen nachweisen, die allesamt aus Privatbesitz stammten. Das Rhein-Main-Gebiet wurde im Laufe des 8. Jahrhunderts im Wege des Techniktransfers von West nach Ost überschritten. Bezeichnenderweise verfügte aber die bedeutende Abtei Fulda, die im 9. Jahrhundert über nicht weniger als 10.000 Bauernhufen geboten haben dürfte, ausweislich der Schenkungsurkunden bis zum Jahr 801 lediglich über 3 Wassermühlen in der Stadt Mainz, von denen eine – als »Fabrik« bezeichnet – »gelegen am Platz, der in der Volkssprache ›Hrachatom‹ genannt«, das sind Kornhäuser, am Ufer des Rheins mit einer Mühle bei Mainz-Kastel identifiziert werden kann. Obwohl insgesamt Etappen und Umfang dieses Techniktransfers in die ehemalige »Germania libera« weitgehend unbekannt sind, fällt dann und wann ein bezeichnendes Schlaglicht auf Art und Umstände der Diffusion und auf die Herkunft ihrer Träger. Diese Vermittlung technischen Knowhows stand in Verbindung mit fränkischer Herrschaftsausdehnung und Christianisierung, die über Thüringen hinaus die Oberweser bereits im 8. Jahrhundert erreichte.

So berichtet die noch am Ausgang jenes Jahrhunderts verfaßte Lebensgeschichte des heiligen Emmeram, die auch die Wunder einschließt, die sich an seinem Grab in Regensburg zugetragen haben sollen, in einer umständlichen Erzählung von einem Mann, der am Grab des Heiligen um Verminderung seiner Sündenstrafen beten wollte, auf dem Hinweg aber in einer einsamen Gegend von Räubern ergriffen und an eine fränkische Familie verkauft worden war. Sie veräußerte ihn weiter nach Thüringen in ein Gebiet, das unmittelbar an Heidenland – gemeint ist die Region der oberen Weser – angrenzte. Dann fährt der Bericht fort: »Und während der Greis« – er war es zum Zeitpunkt der Aufzeichnung – »erkannte, daß er jenen benachbart war, die den heidnischen Aberglauben praktizierten, begann er mit den Kräften und Fähigkeiten, durch die er herausragte, seinem weltlichen Herrn würdigen Dienst anzubieten. Er hatte nämlich große Erfahrungen in handwerklicher Tätigkeit, so daß er eine Mühle errichtete, die seinem Herrn nicht geringen Vorteil verschaffte und sich in der Bauweise von Gebäuden wunderbar hervortat. Dies brachte ihm Dank vor dem Angesicht seines Herrn ein.« Der Techniktransfer erfolgte durch befähigte Persönlichkeiten, nicht durch gelehrtes Buchwissen und Spezialliteratur. Ebenfalls nach Thüringen verweist eine Urkunde Karls des Großen. Am 25. Oktober 775 übertrug er dem Kloster Hersfeld seinen Zehnt-Besitz in dem Dorf (Villa) Mühlhausen. Als Bewohner dieses Ortes werden genannt: »Franken, die hier leben.« Der Ortsname, erstmals mit dieser Urkunde belegt, läßt an der Existenz einer Mühle keinen Zweifel; es kann überdies vermutet werden, daß die fränkischen Siedler die Mühlentechnik nach Thüringen gebracht hatten.

Schließlich verdient in diesem Zusammenhang Erwähnung, daß bereits für den Zeitraum zwischen 800 und 1000 im karolingischen Grenzort Bardowick archäologisch eine Getreidemühle nachgewiesen werden konnte, die mittels eines von der Ilmenau abgezweigten Kanals, der wenig später wieder in den Fluß einmündete, betrieben wurde. Es wurden 5 Mühlsteine aus rheinischem Basalt gefunden sowie Reste einer hölzernen Plattform, auf der das Mühlengebäude gestanden haben muß. Das Wassergerinne lief zwischen hölzernen Befestigungen mit einem Gefälle von ungefähr 30 Zentimetern, so daß auf eine unterschlächtig betriebene Mühle geschlossen werden kann. Dem entspricht, was in der zweiten Hälfte des 12. Jahrhunderts der Bosauer Pfarrer Helmold in Ostholstein über die frühsächsische Besiedlung im Kolonisationsgebiet jenseits der Elbe mitgeteilt hat: »Noch gibt es viele Spuren jener alten Bevölkerung... Ebenso zeigen die Dämme, die an sehr vielen Bächen aufgeführt sind, um Gewässer für die Mühlen zu stauen, daß jener ganze Landstrich von den Sachsen bewohnt war.« Mithin galten damals die Sachsen in den Augen der Nordalbingier als Träger dieses frühen Techniktransfers und damit einer höheren Zivilisation, sichtbar auch an ihren Mühlgräben.

Zurück in die Kernregionen des fränkischen Imperiums, zu denen seit dem letzten Viertel des 8. Jahrhunderts auch das ehemalige Langobardenreich in Ober- und Mittelitalien gehört hat. Einen genaueren Einblick in die Verbreitung, die Besitzverhältnisse und technischen Details der Mühlenanlagen bieten Quellen aus diesem Raum, vor allem aus der Mailänder Gegend. Die Erhellung dieser Mühlenlandschaft verdankt die Wissenschaft den neueren intensiven Untersuchungen von Luisa Chiappa Mauri. Die Lombardei war durch zahlreiche ständig fließende Wasserläufe mit mittlerer Geschwindigkeit ausgezeichnet und verfügte über günstige Böden für den Getreideanbau – beides gute Voraussetzungen zur Anlage wassergetriebener Mühlen. Vorteilhaft war zudem die Existenz von Städten: an vorderster Stelle die antike Metropole Mailand als Erzbistum, Pavia, die Hauptstadt des Langobardenreiches bis 774, dazu Como, Lodi, Cremona, Bergamo und Brescia, allesamt auch geistliche Zentren. Obschon die Erwähnung von Mühlen im 8. Jahrhundert nicht gerade häufig ist – erst für das 9. und 10. Jahrhundert ist eine steil ansteigende

Kurve zu verzeichnen –, so bieten diese Belege, zumeist in urkundlicher Form, Details zur Lage der Mahlwerke, vom Zubehör und von der technischen Ausrüstung, die dergestalt in den Quellen nördlich der Alpen fehlen.

Im Gegensatz zur Francia zwischen Loire und Rhein ist die urbariale Dokumentation für Nord- und Mittelitalien im 8. und 9. Jahrhundert mehr als bescheiden: von den wichtigen Abteien sind lediglich S. Giulia in Brescia und Bobbio einschlägig dokumentiert. In Bobbio waren um 865 nur 3 Gutsbezirke mit Mühlen ausgestattet. Die geringe Mühlendichte dürfte nicht zuletzt auf die schlechten Wasserverhältnisse am Abhang des Apennin zurückzuführen sein, die bereits den Nachfolgern Columbans zu schaffen machten. Anders dagegen in Brescia, wo am Ende des 9. Jahrhunderts nicht weniger als 23 Höfe von S. Giulia mit Mühlen versehen waren, und dies ohne Berücksichtigung der wichtigen Stadthöfe. Von diesen Mühlen gehörten nur 5 zu Teilen, von einem Drittel bis zu einem Zwölftel, dem Kloster. Es handelte sich dabei um »Molina communia«, gemeinsame Mühlen mehrerer Besitzer beziehungsweise um Anlagen, deren Ertrag jeweils quotiert war, keinesfalls um Mahlwerke einer Dorfgenossenschaft. Mühlen und deren Erträge unterlagen wie alle anderen Wirtschafts- und Rechtsobjekte der Zersplitterung und Aufteilung durch Kauf, Verkauf, Tausch und Erbe.

Die italienischen Belege lassen erkennen, daß der Wert der Mühlen – immer im Verhältnis zu sonstigem Landbesitz – wegen der extrem günstigen Ertragsquote als sehr hoch zu veranschlagen war. Die Dokumentation zur früh- und hochmittelalterlichen Mühlenlandschaft in der Lombardei widerlegt eine Hypothese der älteren und neueren Forschung, die vor allem auf den Aufsatz von Marc Bloch zurückgeht: Der als Auslöser und Motor des Mühlenbaus apostrophierte Mühlenbann, das angebliche Recht des Grundherrn, die abhängige Landbevölkerung zum Benutzen seiner Mühle zu zwingen, läßt sich bis ins 13. Jahrhundert hinein in Italien tatsächlich nicht belegen; ebenso schweigen die Quellen zu Bannmühlen und deren Vorrechten. Das gilt in gleicher Weise für die städtischen Statuten aus diesem Zeitraum, die keinerlei Bannrechte festlegten.

Dies schließt freilich nicht aus, daß Mühlenbesitzer gelegentlich versucht haben dürften, mit dem Recht des Stärkeren ausgestattet, konkurrierende Mühlen auszuschalten, um ihre eigenen Anlagen rentabler zu gestalten, und damit eine Art Mühlenmonopol errichteten. Ein derartiger Fall wird aus der nordflandrischen Abtei Saint-Bertin berichtet, freilich mit einer Verzögerung von nicht weniger als hundertfünfzig Jahren, die möglicherweise die Realität des ausgehenden 10. Jahrhunderts in die Zeit um 800 transponiert hat. Damals hatte der Abt-Ingenieur Odland einen Stau in schwierigem Gelände zum Betreiben einer Mühle in einiger Entfernung vom Kloster angelegt. Der Gewährsmann ergänzt: »Er (Odland) setzte fest, daß niemand eine Mühle außerhalb des genannten Ortes anlegen durfte. Das ist bis jetzt zum Nutzen unseres Klosters eingehalten worden.«

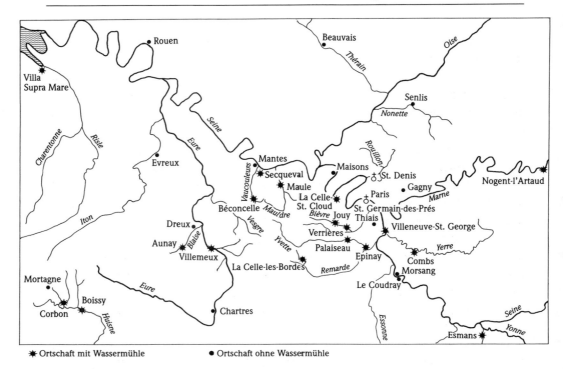

Mühlenlandschaft des Klosters Saint-Germain-des-Prés um 830

✵ Ortschaft mit Wassermühle   ● Ortschaft ohne Wassermühle

Als aussagekräftiges Beispiel einer grundherrlich geformten Mühlenlandschaft des 9. Jahrhunderts sei aufgrund der vorzüglichen Quellenlage der Besitz des Pariser Klosters Saint-Germain-des-Prés gewählt, das als bestes Paradigma des bipartiten Systems in der Francia überhaupt gilt. Der heute erkennbare Besitzstand dieser Großgrundherrschaft umfaßte insgesamt 85 Mühlen, die in 16 der aufgenommenen 22 Domänen verzeichnet sind. Unbekannt ist, wie erwähnt, die Anzahl der eigengenutzten Mahlwerke in Klosternähe und der als Bestandteile von Prekarien oder Benefizien ausgetanen Anlagen. Wenn daher Georges Duby die Abtei des heiligen Germanus als »sehr unvollständig mit Mühlen ausgestattet« wähnte, dann widerlegt bereits die überlieferte Zahl der Anlagen ein derartiges Pauschalurteil. Tatsächlich waren nämlich alle Wirtschaftshöfe, mit Ausnahme der Domänen, deren hydrologische Bedingungen die Installation von wassergetriebenen Getreidemühlen nicht zuließen, mit Mahlwerken versehen. Man kann davon ausgehen, daß die angeblich erst im 11. und 12. Jahrhundert erfolgte systematische Besetzung aller Wasserläufe in der Ile-de-France zu Beginn des 9. Jahrhunderts weit fortgeschritten, in einigen Regionen sogar schon abgeschlossen war. Im übrigen war in der jeweiligen Landschaft nicht nur ein Grundherr als Mühlenbauer vertreten.

Bei der Untersuchung der örtlichen Verhältnisse scheint sich jedoch zunächst die bisher weithin angenommene Rolle der Wassermühle als Einrichtung großer grundherrlicher Wirtschaftsbezirke zu bestätigen, die die Versorgung der eigenen »Familie«, also aller in die Grundherrschaft eingebundenen Personen, primär zum Ziel hatte, während das Mahlangebot an weitere Bevölkerungsteile lediglich sporadisch und in geringem Umfang erfolgte. Insbesondere in den große Villikationen im Süden von Paris, deren zentrale Wirtschaftshöfe bis zu 200 Hektar Salland und bis zu 100 hörige Bauernstellen umfaßten, scheint die Anlage von zuweilen sogar 4 Mühlen an der Eigennutzung orientiert gewesen zu sein. Doch wird man sich hüten müssen, diese Aussage zu verallgemeinern, da es auch in diesem Raum eine zusätzliche Ausstattung an Mahlwerken gegeben haben dürfte, die lediglich quellenbedingt nicht in Erscheinung tritt. Daß die Interessen der Pariser Abtei über eine Bedarfsdeckung der eigenen Wirtschaft und der »Familie« weit hinausgegangen sind, zeigen die Verhältnisse in anderen Domänen des Klosters.

In Villemeux, dem zwischen Dreux und Chartres gelegenen Haupthof der größten Villikation, die das Polyptychon von etwa 825 verzeichnet, listet der Text über 500 Hektar Salland und 270 gut ausgestattete Bauernhöfe auf, die, über mehrere Dörfer verteilt, auf einem ausgedehnten Plateau intensiven Getreideanbau betrieben. Diese Region war schon damals dicht besiedelt; bereits im 8. Jahrhundert erwähnt eine Urkunde Karls des Großen hier zwei ländliche Marktorte. Begünstigt durch die hydrologisch vorteilhafte Lage baute die Abtei in Eigeninitiative und durch Erwerb von Dritten eine geschlossene Mühlenlandschaft auf, in der sich an den Ufern der Flüsse Eure und Blaise auf ungefähr 25 Kilometern 28 Mühlen befanden. Davon lagen 9 direkt bei dem Herrenhof von Villemeux, der mit Gesinde, hörigen Bauern und sonstiger Bevölkerung über eine beachtliche Mahlkundschaft verfügte. Mühlenbau, -pacht und -erwerb waren hier schon im 9. Jahrhundert offenkundig vertraute Bestandteile ländlichen Wirtschaftens.

Welches ökonomische Potential für das Kloster in dem systematischen Ausbau beziehungsweise Erwerb solcher Mahlwerke lag, verdeutlicht ein Blick auf die Zinsleistungen: 1.490 Scheffel (1 Scheffel entsprach rund 50 Litern) Brotgetreide, 117 Scheffel Braugerste, 16 Schillinge Silber und umfangreiche Vieh-, Geflügel- und Fischabgaben gingen von 22 dieser Mühlen ein. Allein die Getreideeinnahmen entsprachen dem Saatgut für 500 Hektar Ackerland. Hier wurde über den Rahmen der »Familia« hinaus fremde Mahlkundschaft angesprochen. 4 Mühlenneubauten des Abtes Irminon (gestorben um 825), mit dem sich in der Quelle auch die Renovierung von Mühlen mit besserem technischen Standard oder besserer Nutzung von hydraulischer Energie verbindet, lieferten noch keinen Zins; das spricht für erkannte Einnahmechancen, die zur Zeit der Güteraufnahme noch nicht ausgeschöpft waren. Berechnet man die von den Wassermühlen der Abtei eingegangenen Mahlzinsen, dann wird deutlich, wie rentabel das in derartige Anlagen investierte

Kapital gearbeitet hat. Die jährlichen Zinsleistungen schwankten zwar je Mühle und deren Leistungsfähigkeit zwischen 10 und 140 Scheffeln, doch insgesamt belief sich der Zins durchschnittlich auf 60 bis 100 Scheffel. Er summiert sich zu der beachtlichen Ziffer von 4.750 Scheffeln oder rund 150 Tonnen Brotgetreide pro Jahr. Bei einem für die karolingische Landwirtschaft wohl kaum zu hoch angesetzten Ertragsverhältnis von 1 zu 3,7 (Aussaat zu Ernte) entsprach dies einem Reinertrag an Getreide aus rund 600 Hektar Salland.

Der Eigenbedarf des Pariser Klosters lag für die Speisung der Mönche nach einer von Ludwig dem Frommen bestätigten Zuweisung von 829 bei 1.640 Scheffel Brotgetreide und damit deutlich niedriger als die Einnahmen aus den Mühlen, so daß, ein zusätzlicher hoher Verbrauchs- oder Nutzungsanteil des Abtes vorausgesetzt, eine nicht unerhebliche Quote dieses Getreidezinses in den Handel, insbesondere auf den Pariser Markt, gegangen sein dürfte. Ähnlich der Sonderkultur Wein, den die Abtei auch aus dem entfernten Anjou über Transportdienste ihrer Hörigen in die Seine-Metropole schaffen ließ, ging Getreide aus den Überschüssen in einen Wirtschaftskreislauf ein, in dem wassergetriebene Mühlen als technische Großanlagen eine wichtige Funktion zu erfüllen hatten. Administrativer Zwangsmaßnahmen, etwa eines Mühlenbannes, bedurfte es in jener Phase des Mühlenbaus zur allgemeinen Diffusion dieser Technik nicht. Dem intensivierten Getreideanbau und der Nachfrage nach feinem Mehl in Land und Stadt entsprachen technisches Knowhow der Grundherren und ausreichendes Intensivkapital, die den »Siegeszug« der Wassermühle begründeten.

Selbst der von der Forschung häufig als Musterbeispiel für Ineffizienz und Niedergang der karolingischen Agrarwirtschaft herangezogene Königshof von Annapes im Tal der Lys, einem der ersten Zuflüsse der Schelde, hatte im ersten Drittel des 9. Jahrhunderts immerhin 5 Mühlen, die 800 Scheffel Getreide jährlich zinsten, mithin je Mühle im Schnitt nicht weniger als 160 Scheffel. Dieser Ertrag lag deutlich über den bereits als exzeptionell gut eingestuften Durchschnittswerten von Saint-Germain-des-Prés. Mithin muß die Akzeptanz solcher Mahlwerke im bäuerlichen Umfeld von Annapes beachtlich gewesen sein; der Zins dürfte eine ansehnliche Einnahmequelle des »Fiscus« dargestellt haben. Auch in der karolingischen Krongüterordnung, dem »Capitulare de villis«, wurde die Sonderabrechnung der Mühlenüberschüsse gefordert. Der vermeintliche Niedergang der frühmittelalterlichen Agrarwirtschaft läßt sich jedenfalls kaum mit derartig exzellenten Ertragsziffern wahrscheinlich machen.

Selbst Mühlen wie jene im Statut des Adalhard von Corbie erwähnten, deren Mahlertrag zur Gänze an das Kloster ging, um die Brotversorgung zu gewährleisten, waren verpflichtet, jährlich 2.000 Scheffel Mehl abzuliefern, wozu noch Getreide, Braugerste und die Mästung von Geflügel kam. Solchen Zins konnten sie zweifelsfrei nur aus ihrem Mahlangebot an die Nachbarschaft erwirtschaften, was durch die

Bestimmung erhärtet wird, daß sie zum Mästen der Gänse und Hühner auf »eigene« Kleie und Abfälle des Klosters zurückgreifen mußten. Mit anderen Worten: Selbst strikt eigengenutzte grundherrliche Mühlen waren im ersten Drittel des 9. Jahrhunderts bereits zum Teil auf den Zuspruch der ansässigen Bevölkerung ausgerichtet, mithin »marktorientiert«. Die »Marktorientierung« der Mühlen und ihr besonderer Rechtsschutz ließen sie zu öffentlichen Einrichtungen werden, zu unverzichtbaren Elementen des mittelalterlichen Dorfes außerhalb der kirchlichen Klausur.

Was den Müller angeht, den eigentlichen Betreiber der komplexen technischen Anlage, so dürfte sein rechtlicher und sozialer Status temporär und regional geschwankt haben, doch als wichtiger Spezialist mit bedeutenden handwerklichen Fähigkeiten wird er sich stets aus der Masse der landbebauenden Bevölkerung herausgehoben haben. Insgesamt stand wohl sein gesellschaftliches Ansehen in einem direkten Verhältnis zum jeweils erreichten technologischen Niveau seiner Anlage. So wurde in den »Fränkischen Geschichten« des Bischofs Gregor von Tours aus dem 6. Jahrhundert ein Gesandter am Königshof dem allgemeinen Spott preisgegeben mit dem Hinweis auf seine Abkunft von einem Müller oder Wollarbeiter, wohl Walker, wobei die Textilarbeit noch mehr deklassierte als die Tätigkeit in der Mühle, die hier sehr wahrscheinlich als Eselsmühle zu deuten ist.

In späteren Quellen indessen findet man den Müller, sofern die Dokumente von seiner Existenz überhaupt berichten, in einer herausgehobenen Position, die seiner handwerklich-technischen Spezialisierung entsprach und ihm ähnlich dem Schmied oder Salzsieder eine Stellung an der Spitze des Grundhörigenverbandes zumaß oder ihn gar als freien Pächter auswies, dessen Bindung an den Mühleneigentümer nur noch über den Jahreszins erfolgte. – Doch es gibt Gegenbeispiele. So gehörte zur Mühle, die am 31. Januar 804 von Zuzo und seiner Frau Helmwind dem Kloster Lorsch in Pfungstadt übertragen wurde, der Müller noch als unlösbares menschliches Zubehör, das zusammen mit einer Hufe und einer Braupfanne den Besitzer wechselte. – Anders ist die rechtliche und soziale Stellung des Müllers im bekannten Testament des Diakons Adalgisel-Grimo aus Verdun von 643 zu interpretieren. Dieser Müller betrieb mit seinem Gesinde nicht weniger als 4 Mühlen an der Crusnes. Der Ertrag sollte nach dem Willen des Erblassers dem Armenhaus in Mercy zugute kommen. Der Müller unterstand sicherlich der Herrschaft Grimos, vielleicht war er sein Freigelassener, der in Teilpacht die Mühlen versorgte. Jedenfalls wurde nur der Ertrag aus diesen Mühlen, keinesfalls der Müller samt Gesinde als bloßes Zubehör, wie in der Pfungstadter Stiftung hundertsechzig Jahre später, einer fremden Institution übereignet.

Das »klassische« Dokument zur rechtlich-sozialen Stellung des Müllers im Rahmen der geistlichen Grundherrschaft, sofern die Mühlen vorwiegend in Eigennutzung standen und für die Bedürfnisse des Konvents Getreide ausmahlten, liefert wieder das Statut des Abtes Adalhard von Corbie, das um 822/23 aufgezeichnet

177. Fischfang. Medaillon auf einer Seitenwand der Mitte des 9. Jahrhunderts in der Schule von Reims entstandenen sogenannten Stephan-Burse. Wien, Kunsthistorisches Museum, Schatzkammer

worden ist. Um die tägliche Versorgung mit mindestens 450 Broten für die um Gäste, Arme und Kranke erweiterte Klostergemeinschaft sicherzustellen, verfaßte der Abt eine »Verwaltungs- und Produktionsvorschrift«, die auch Pflichten und Rechte des Müllers festlegte. Diese beleuchten zugleich die Dienstleistungen, die von einem »normalen« Bauern im Rahmen der Fronhofwirtschaft generell verlangt wurden. Die Überschrift lautet wörtlich: »Mit den Mühlen und Brauhäusern soll es so gehalten werden«: »Erstens wollen wir, daß jedem Müller ein Hof und sechs bonniers Ackerland (etwa 8,5 Hektar) gegeben werden soll; weil wir wollen, daß er etwas hat, von dem er das, was ihm befohlen wird, auszuführen vermag und er jenes Mahlen unbeschadet macht; das heißt, daß er Ochsen und anderes Vieh hat, mit dem er arbeiten (hier: pflügen), wovon er selbst und seine ›Familie‹ leben, wovon er Schweine, Gänse und Hühner füttern, die Mühlen zusammenfügen (erhalten) kann, und alles Bauholz, das zum Ausbessern jener Mühle dient, heranführen, den Damm ausbessern, Mühlsteine heranbringen kann; und alles, was hier nötig zu haben oder zu machen ist, soll er haben und machen.« Dieser Aufgabe als Müller stand seine »Entpflichtung« als Bauer gegenüber: »Und daher wollen wir nicht, daß er irgendeinen anderen (Knechts-)Dienst tut, weder mit dem Karren noch mit dem Pferd, nicht mit seinen Händen Arbeit (auf dem Feld) verrichtet oder durch Ackerbestellen, noch durch Säen, weder durch Getreide- noch Heuernte einbringen oder durch Braugerste herstellen noch Hopfen oder Holz liefern noch durch irgend etwas anderes zum Herrendienst (beiträgt), sondern er soll insoweit nur sich und seiner Mühle dienen. Schweine aber, Gänse und Hühner, die er von seiner Mühle zu mästen hat, soll er von seinem Ertrag nähren, und Eier soll er liefern und das, wie wir gesagt haben, was für die Mühle nötig ist, soll er machen beziehungsweise was von der Mühle kommen soll (2.000 Scheffel Mehl jährlich aus allen Mühlen), für jenes soll er entsprechend sorgen.« Wesentlich ist in diesem Teil des Statuts die Passage: »Wir wollen auch, daß jene Müller jeweils eine selbständige Anlage (Causa) mit sechs Rädern (Rotae) zu versorgen haben. Wenn sie aber sechs nicht haben wollen, sondern nur die Hälfte jener Anlage, dies sind drei Räder, dann habe er nur die Hälfte jenes Ackerlandes, das zu jenem Hof gehört; dies sind drei ›bonniers‹, und sein Genosse (habe) die anderen drei, und sie sollen beide gemeinsam sowohl das gesamte Mahlen als auch den ganzen Dienst besorgen, soweit er zu jener einen Mühle gehört sowohl hinsichtlich der Arbeit als auch des Dammes oder des Wehrs oder was soweit den einzelnen Mühlen aufgetragen ist.«

Der Müller war zwar ein technischer Spezialist, der für seinen Grundherrn, hier für das Kloster Corbie, eine Mühlenanlage betrieb, die im konkreten Fall nicht weniger als 6 Wasserräder, das heißt einzelne Mahlwerke, umfaßte beziehungsweise umfassen konnte, für die ein »Job-sharing« vorgesehen war, der aber zugleich als selbständiger Bauer wirtschaftete, über einen landwirtschaftlichen Betrieb mit zureichender Ausstattung an Ackerland, Vieh und Geräten verfügte, von dem jeder andere Grundholde sich, seine Familie und das Gesinde ernährte und von dem er seine Abgaben und Dienste für den Grundherrn erbrachte. Auch der Müller blieb in den allgemeinen grundherrschaftlichen Wirtschaftsbetrieb eingebunden, seine technisch-handwerklichen Fähigkeiten machten ihn aber von den üblichen bäuerlichen Diensten und Lasten frei. An Stelle von landwirtschaftlichen Frondiensten hatte er für den Erhalt und die Funktionstüchtigkeit seiner großen Mühlenanlage zu sorgen, wozu vor allem die Beschaffung des notwendigen Bauholzes für Räder, Wellen und Zahnräder, der Mahlsteine und die Instandhaltung der Staus samt Gerinnes gehörten. Als Spezialist hob er sich aus der Masse der Hintersassen heraus. Seinen Dienst verrichtete er in eigener Zuständigkeit außerhalb fremder Weisungsbefugnisse, etwa des Meiers. Seine Arbeit machte ihn de facto »frei«.

Kanal- und Wasserbauten

Kanäle, zumeist als Aquädukte (Wasserführungen) und Gräben (Fossae) bezeichnet, gehörten zu den wichtigsten Voraussetzungen, um die erforderliche Wasserenergie ständig und problemlos für den Radantrieb der Mühlen nutzen zu können. In der

Anlage solcher Mühlgräben mit Dämmen und Teichen erlangte man bereits im Frühmittelalter vor allem durch die Abt-Ingenieure Fertigkeiten, die den späteren Generationen beim Bau städtischer Kanäle zur Trinkwasserversorgung und zur Brauchwasserentsorgung aus Gewerbebetrieben ebenso zugute kamen wie den Entwässerungsmaßnahmen samt Deichbau an der Nordseeküste, wozu dann auch die verstärkte Schiffbarmachung von Flüssen gehörte.

Die Errichtung überregionaler Wasserleitungen zur Versorgung urbaner Zentren und Militärlager, die teils in der Erde, teils oberirdisch über Brückenkonstruktionen geführt wurden, welche etwa in Rom, Venafro oder Barbegal auch der Nutzung der Wasserenergie dienten, hörte mit dem Ende des römischen Imperiums auf. Die Zeit der kombiniert unter- und oberirdischen Wasserleitungen war vorüber. Fehlende zentrale Planung, Niedergang des Städtewesens und der großen Heerlager, Probleme bei der Materialbeschaffung, Wartungs- und Reparaturkosten erklären jene Einbuße an zivilisatorischer Qualität der mediterranen Kultur. Nun ersetzten natürliche Wasserläufe in Dörfern und Hausbrunnen in städtischen Siedlungen bis weit ins Spätmittelalter hinein die technisch aufwendigen Wasserversorgungs- und Abwasserentsorgungssysteme.

Die Leistungen des Frühmittelalters, soweit aus schriftlichen Zeugnissen oder archäologischen Funden bekannt, galten in der Regel der Anlage von Mühlengräben, Staus und Wehren zur Nutzung der Wasserenergie. Dies war überall erforderlich, wo die naturräumlichen Voraussetzungen solche Nutzung nicht oder nur sehr eingeschränkt zuließen. Nachrichten über derartige Mühlengräben liegen seit Anfang des 5. Jahrhunderts vor: So wußte Venantius Fortunatus (um 535–nach 600) von einem kurvenreichen Kanal zu berichten, der in einer Befestigungsanlage oberhalb der Mosel bei Neuf-sur-Moselle eine Mühle mit Wasser versorgte. Es ist nicht verwunderlich, wenn aufwendige Anlagen mit den schon häufig erwähnten, als Kultur- und Kommunikationszentren führenden großen Abteien wie Saint-Denis und Corbie in der Francia in Verbindung zu bringen sind. Hinzu trat das ostfränkische Fulda bereits im 8. Jahrhundert. So wagte sich die Abtei Saint-Denis, die bereits im 7. Jahrhundert über einen Aquädukt verfügte, wohl Anfang des 9. Jahrhunderts an die Umleitung eines Gewässers in einem künstlich angelegten Bett. Von einem nordwestlich der Abtei in die Seine einmündenden Fluß wurde ein Kanal mit geländebedingt nur leichtem Gefälle bis zum Kloster gegraben, der später den Namen »Crould« erhielt und der die Klostermühle antrieb. Das geringe Gefälle des Kanals zwang zu einer jährlichen Reinigung, die schon 862 als alte Gewohnheit bezeichnet wurde; ohne die regelmäßige Säuberung wäre die Mühle außer Funktion gesetzt worden. Zu den Reinigungsarbeiten wurden auch Hörige des Klosters herangezogen, die sich dieser Pflicht nicht versagen durften.

Mit ähnlichen Problemen hatte die Abtei Corbie nahe der Somme als Folge eines vergleichbaren Kanalbauprojekts zu kämpfen. Auch hier hatte man Wasser aus einem Zufluß der Somme, der Ancre, die unweit des Klosters vorbeifloß, durch einen mehrere Kilometer langen Kanal zur Abtei abgeleitet. Damit sollte die Abtei, die am Rand des Plateaus oberhalb der Somme lag, mit Wasser versorgt werden. Zwischen der Ancre, die in den frühesten Quellen »Corbie« genannt wird und damit namengebend für das Kloster gewesen ist, und der Somme floß der künstliche Wasserlauf, der nach seiner vornehmsten Bestimmung zum Vermahlen des Brotgetreides seit dem Hochmittelalter nachweislich »La Boulangerie« hieß, nur mit geringem Gefälle. Erst auf dem letzten Abschnitt vor seinem Eintritt in die Somme, wo die Mühlen installiert waren, verfügte er über einen stärkeren Druck. Auch hier war zur Funktionserhaltung die regelmäßige Reinigung des Kanalbettes nötig, der sich die Brüder, unter ihnen der Novize, spätere Abt und Nachfolger Adalhards, sein Bruder Wala (um 755–836), unterzogen. An diesem Kanal, der in den ersten Jahren des 9. Jahrhunderts angelegt worden sein dürfte, befanden sich die Mühlenanlagen, von denen Adalhard in seinem »Statut« spricht. Da Adalhard sie im Plural erwähnt, die Zahl der ihnen zugewiesenen Hilfskräfte 12 betrug, läßt sich vermuten, daß an jedem Kanalufer mindestens 6 Mahlwerke als jeweils eine Einheit hintereinander aufgereiht waren. Das ist selbst angesichts des beträchtlichen Brotbedarfs der Abtei, verursacht durch die große Klostergemeinschaft, eine höchst ungewöhnliche Konzentration von Wasserrädern beziehungsweise von Mahlwerken an nur einem Wassergraben. Die Massierung von Mahlwerken weist aber nicht unbedingt auf einen großen und besonders leistungsfähigen künstlichen Wasserlauf hin. Denn der durch das geringe Gefälle bedingte schwache Wasserdruck vermochte lediglich kleine Wasserräder anzutreiben, so daß der Mahlbedarf der Abtei nur durch eine Vervielfachung der Räder erreicht werden konnte. Unter den gegebenen topographischen und hydrologischen Bedingungen stellte diese Mühlenkette eine technisch höchst anspruchsvolle Lösung dar, deren Wartung Adalhard in seinen »Statuten« einen entsprechend hohen Rang einräumte. Insgesamt läßt sich konstatieren, daß die Abt-Ingenieure des karolingischen Zeitalters durch technische Anlagen und Wehren Mühlenlandschaften schufen, die nicht selten noch in der frühen Neuzeit vorhanden waren.

Die bisher erwähnten Wasserleitungen, Mühlengräben und Kanäle mit Ausnahme der Ilmenau in Bardowick wurden allesamt im linksrheinischen Teil des fränkischen Reiches vorzugsweise auf ehemals gallo-römischem Boden angelegt. Doch es gibt auch rechtsrheinische Beispiele, etwa in Ostfranken. Es handelt sich dabei um die Ableitung der Fulda in das gleichnamige Kloster, die der Gründer und erste Abt Sturmi nach Abschluß der eigentlichen Bauarbeiten um 770, die die Klosteranlage und die Kirche umfaßten, ins Werk gesetzt hatte. So berichtet sein Schüler, Weggefährte, späterer Amtsnachfolger und Biograph Eigil (gestorben 822): »Danach überlegte er schon bald, wie er die Vorschrift der heiligen Regel erfüllen könne, daß verschiedene handwerkliche Tätigkeiten innerhalb des Klosters ausgeführt werden könnten, damit nicht etwa für die Brüder irgendeine Notwendigkeit entstünde, sich außerhalb umzutun.« Seine Überlegungen führten dazu, »daß er soviel Erdarbeiter wie möglich versammelte, und da er selbst von scharfem Verstand (Ingenium) war, untersuchte er überall den Lauf des Flusses Fulda und leitete in nicht geringer Entfernung vom Kloster das fließende Wasser von seinem eigenen Lauf ab und ließ es durch nicht kleine Gräben ins Kloster einfließen, so daß der Druck des Flusses (Impetus) das Kloster Gottes erfreute«.

Diese Schilderung einer Flußumleitung zum Nutzen einer Klostergemeinschaft, die zugleich das Kurzporträt eines Abt-Ingenieurs aus dem 8. Jahrhundert bietet, der Planer, Explorator und Bauleiter in einer Person gewesen ist, verweist nicht unmittelbar auf die Anlage einer Wassermühle. Vielmehr besagt der Auszug aus der Biographie zunächst nur, daß Sturmi, den Vorschriften der Regel des heiligen Benedikt folgend, alle materiellen Bedürfnisse der Mönche, soweit möglich, innerhalb der Klosteranlage befriedigt sehen wollte, indem er entsprechende Werkstätten, wozu sicher auch Küche und Brauhaus gehörten, errichten ließ, um das »Umherschweifen« seiner Mitbrüder außerhalb der Klausur zu verhindern. Zu den Werkstätten im weiteren Sinn zählte nicht unbedingt eine wassergetriebene Mühle; dennoch machen Länge und Anlage des Kanals den Bau eines mit hydraulischer Energie betriebenen Mahlwerkes wahrscheinlich. Das Kloster Fulda war innerhalb einer um 700 aufgegebenen merowingischen »Curtis« erbaut worden, an deren Südseite in geringer Entfernung der Waidesbach vorbeifloß, während die Fulda in einer Distanz von mehr als 200 Metern östlich von der Sturmi-Kirche ihren Lauf nach Norden nahm. Was hätte also nähergelegen, als den Waidesbach zum Zweck der Trink- oder Brauchwasserentnahme in das Kloster zu leiten statt mit offenbar vielen Arbeitern auf großer Strecke aufwendig zu bauen?

Obwohl der genaue Verlauf des Kanals in seiner Gänze bis heute nicht exakt festgestellt werden konnte, läßt sich schlüssig annehmen, daß er ungefähr 1.500 Meter lang, 1,40 Meter tief und 1,80 Meter breit gewesen ist, mit einem Erdaushub von rund 3.400 Kubikmetern. Diese künstliche Wasserführung durchschnitt bei insgesamt 5 Metern Gefälle den Waidesbach, nahm dessen Wasser auf und führte über das östliche Areal der späteren ummauerten Klosteranlage in die etwa 80 Meter entfernte Fulda zurück. Da der zeitgenössische Bericht unmißverständlich den »Impetus« des Flusses erwähnt, der dem Kloster zur Freude gereicht hat, kann vermutet werden, daß Sturmi das stärkere Gefälle des Kanals vom Klosterareal bis zu seinem Wiedereintritt in die Fulda zur Gewinnung hydraulischer Energie genutzt hatte. Somit könnte die spätere Quadmühle auf eine frühe karolingerzeitliche Wassermühle zurückgehen.

Die meist von Klostergenossenschaften ausgeführten Kanalbauten und Flußumleitungen des frühen Mittelalters blieben bei allem technischen und organisatorischen Aufwand, den ihre Errichtung für den jeweiligen Auftraggeber bedeuten mochte, Bauvorhaben begrenzten Umfangs, die aufgrund individueller dringender Bedürfnisse nach Wasser und Wasserenergie infrastrukturelle Maßnahmen im lokalen Rahmen darstellten. Für Kanalbauten, die der Erweiterung des wohl wichtigsten Transportwegenetzes des Frühmittelalters dienten, nämlich der Flußschiffahrt, fehlen weitgehend einschlägige Belege.

Ein um so größerer Stellenwert kommt vor diesem Hintergrund dem wohl bekanntesten Wasserbauprojekt des frühen Mittelalters, dem Kanalbau Karls des Großen, der »Fossa Carolina«, zwischen Altmühl und schwäbischer Rezat zu, mit der 793 eine Überbrückung der europäischen Wasserscheide zwischen den Flußsystemen der Donau (Altmühl) und des Rheins (Rezat, Rednitz, Main) in einem durchgehenden Wasserweg als schiffbarer Kanal versucht worden ist. Da hierbei in einem Beschluß, der an moderne Verkehrsplanung denken läßt, ein überregionaler Verkehrsweg geschaffen werden sollte, gilt die »Fossa Carolina« als »der« Kanalbau des Mittelalters überhaupt – eine Einschätzung, die freilich nur dann zutreffend ist, wenn die Verbindung von Wasserwegen, nicht aber der Bau von Mühlen-, Be- und Entwässerungsgräben generell die Aussage bestimmt. So wird dieser Kanal als eine »der bedeutendsten Ingenieurleistungen des Abendlandes« und zugleich als »einziges Wasserstraßenprojekt des Abendlandes in tausend Jahren« beurteilt (K. Schwarz). Hinzu kommt, daß die zeitgenössische Quellendichte über den Vorgang ganz ungewöhnlich ist und daß die »Fossa Carolina« eines der eindrucksvollsten frühmittelalterlichen Bodendenkmäler Deutschlands, wenn nicht gar Europas, darstellt. Die Berichte finden sich in den gewöhnlich gutunterrichteten Reichsannalen und in den sogenannten Einhard-Annalen; ein Rest des Kanalprojektes ist im Gelände sichtbar zwischen den Orten Treuchtlingen beziehungsweise Graben und Weißenburg.

Die Altmühl war als Wasserweg nicht nur für den königlichen Hof und Troß sowie das Heer interessant, sondern auch als Handelsweg von zentraler Bedeutung, der zwei Flußsysteme von europäischem Rang und zwei Kernlandschaften des fränkischen Reiches hätte verbinden können. Die Wasserscheide zwischen Altmühl und dem Quellgebiet der schwäbischen Rezat liegt bei etwa 420 Meter NN, das heißt nur 12 Meter über mittlerem Altmühl-Niveau. Hier wurde auf dem Scheitel des Geländes mit dem Aushub begonnen. Der »Kanal« ist als Sohlgraben mit einer Länge von ungefähr 1.300 Metern im Gelände nachweisbar, die Breite beträgt rund 30 Meter. Er zieht vom Nordrand des Dorfes Graben zur Wasserscheide, biegt dort östlich ab und verliert sich im Quellgebiet der Rezat im Gelände. Der Erdaushub wurde auf zwei begleitenden Wällen bis zu 6,5 Meter Höhe aufgeschüttet, die Sohle des Grabens erreichte ihre tiefste Stelle bei 410 Meter NN und liegt heute stellenweise 5 Meter unter dem Geländeniveau. Wälle und Aushub sind bei Graben am stärksten und dort auch auf einer Länge von etwa 300 Metern wassergefüllt, sie verflachen in Richtung Nordosten. Der gesamte Grabenaushub dürfte rund 120.000 Kubikme-

178. Das Südende der »Fossa Carolina« beim Dorf Graben

tern entsprochen haben, so daß ein Baubeginn erst im Herbst 793 ausgeschlossen werden kann. Vom Ostende der Fossa aus, Richtung Weißenburg, scheint ein 100 Meter langes und 11,5 Meter breites künstliches Rezat-Bett, das heute verlandet ist, aber durch Luftbildaufnahmen erschlossen werden konnte, eine Verlängerung der karolingischen »Fossa« darzustellen. Während dieser Kunstbau wahrscheinlich zur Gesamtplanung der »Fossa Carolina« hinzuzurechnen ist, können die neuerdings vermuteten Stau- und Überleitungsvorhaben in Gestalt moderner Schleusen an der Altmühl als Bestandteile der karolingischen Planung, weil damals technisch nicht durchführbar, ausgeschieden werden. Auf eine geplante Aufstauung der Altmühl bei 417 Meter NN weisen die Quellen keineswegs hin.

Zudem scheint ein durchgehender Kanal von der Altmühl bis zur schiffbaren Rezat überhaupt unwahrscheinlich zu sein, da eine Speisung durch die Rezat wegen Wassermangels kaum möglich gewesen wäre. Man hätte dafür die Kanalsohle auf mittleres Altmühl-Niveau bei 408 Meter NN ausheben und einen Kanal von über 5 Kilometer Länge bis zum niveaugleichen Übergang in die Rezat anlegen müssen. Die Bodenbefunde und die Quellenaussagen widersprechen einer solchen Planung. Die sogenannten Einhard-Annalen nennen für die »Fossa« 2.000 Schritt (1.500 Meter) Länge und 100 Fuß (30 Meter) Breite, die dem Bodenbefund ziemlich genau entsprechen. Die erhaltene »Fossa Carolina« läßt sich somit lediglich als das mittlere Teilstück einer torlosen Kanal- beziehungsweise Weiherkette erklären. Wegen der in der Karolingerzeit nicht verfügbaren Schleusentechnik hat es wohl Überlaufwehre gegeben und auch zu Altmühl und Rezat feste Dämme. Schiffe mußten somit getreidelt und über die Dämme gezogen oder umgesetzt werden, was für die Verhältnisse der Zeit noch vergleichsweise »bequem« erscheint.

Nicht eindeutig klären läßt sich der genaue Zeitraum der Bautätigkeit. Die sogenannten Einhard-Annalen nennen als einzige Quelle Baubeginn und -ende als identisch mit Karls Anwesenheit vor Ort, die von Spätsommer bis Weihnachten 793 gedauert hat. Es ist jedoch fraglich, wenn nicht unwahrscheinlich, daß erst mit Karls Eintreffen der Bau begonnen haben soll. Berechnungen, die unter anderem von 4.720 Arbeitern beziehungsweise 7.500 dort tätigen Personen ausgehen, sind vor diesem Hintergrund hinfällig; sinnvolle Zahlen lassen sich nur schwer gewinnen. Der vorhandene Aushub konnte nach J. Röder von 2.000 Arbeitern in 60 Tagen bewältigt werden. Ohne das weitblickende Ingenium Karls des Großen und die großartigen Leistungen seiner Baumeister schmälern zu wollen, muß man feststellen, daß die »Fossa Carolina« die wasserbautechnischen Grenzen der Zeit verdeutlicht. Denn widriges Wetter und schlechter Untergrund dürften kaum die einzigen Gründe für den Abbruch des Unternehmens gewesen sein, das in seiner Kühnheit in die ferne Zukunft wies und erst heute vollendet worden ist.

Übernahmen und Neuerungen im Agrarbereich

Pflüge

Wesentliches agrikoles Produktionsgerät ist der Pflug. Erst die Ausbildung einer Pflugtechnik im Verbund mit bestimmten Bodennutzungsformen ermöglichte den Prozeß der »Vergetreidung«. Im Begriff des »Pfluges« war der technologische Fortschritt des 1. nachchristlichen Jahrtausends eingefangen, der zugleich ökonomisches Wachstum signalisierte. Der Pflug kann zu Recht als »Leitgerät« der mittelalterlichen Agrarproduktion angesehen werden, dessen Diffusion im Rahmen der Grundherrschaft als des signifikanten Wirtschaftssystems des Zeitalters erfolgt ist. Es kommt nicht von ungefähr, daß es in der einschlägigen umfangreichen Literatur alle nur denkbaren Komposita zu Pflug und Haken gibt, um die Grundformen voneinander absetzen und zugleich spezifische Typologien für beide Geräte aufstellen zu können. So wird zwischen Beet-, Wende-, Räder- und Kehrpflug beziehungsweise zwischen Handsohlen-, Jochsohlen- und Grindelradhaken unterschieden, um die Konstruktions- und Einsatzvielfalt von Pflug und Haken zu veranschaulichen.

Allgemein wird angenommen, daß sich aus jungsteinzeitlichen Handhaken bereits in der Bronzezeit gespanngezogene Jochhaken entwickelt haben, die als Karren- oder Schwinghaken im Mittelalter in vielen Regionen fortexistierten. Insbesondere der Typus »Døstrup«, ein kombinierter zweigliedriger Jochhaken mit Sohle

179. Einsatz des Jochsohlenhakens mit einfachem Sterz. Federzeichnung nach spätantiker Vorlage in dem um 830 in Reims entstandenen sogenannten Utrecht-Psalter. Utrecht, Biblioteek der Rijksuniversiteit

und Haupt, war bis in den Vorderen Orient verbreitet, während der Jochsohlenhaken vom Typ »Walle« aus einem Stück bestand, dem noch ein Sterz als Griff hinzugefügt wurde. Mit dem Haken wurden Saatfurchen gezogen, die etwa 5 Zentimeter tief lagen; der Boden wurde beidseitig schwach gehäufelt, ein großer Teil des Bodenaushubs fiel in die Furchen zurück, zwischen den Furchen blieben unbearbeitete Erdsäume.

Im Gegensatz dazu wendet, krümelt und vermischt der Pflug den Boden stets einseitig. Bei seinem Einsatz auf Grünland wird dieses in Form rechteckiger Schollen um 180 Grad, bei einem Umbruch des Ackers um 155 Grad gewendet. Der Pflug erreicht eine Gangtiefe von 10 bis 14 Zentimetern. Durch Schar und Streichbrett wird der Boden angehoben und seitwärts versetzt, gewendet und gelockert. Die Pflugfurche bleibt stets frei. Dieser Saatbettbau mit Breitsaat statt Saatfurchenbau bei Einzelkornsaat mittels Haken führt zu einer guten Durchlüftung des Bodens, zur Regulierung des Wasserhaushalts, zur besseren Humusbildung, zur Mineralienzufuhr aus tieferen Bodenschichten und vor allem zur wirkungsvollen Bekämpfung von Unkraut und Gräsern und damit zu einer Ertragssteigerung.

Pflüge, aber auch entwickelte Jochsohlenhaken waren durch eine Vierkant- oder Vierseitenkonstruktion ausgezeichnet, die sich horizontal aus Grindel (Pflugbaum) und Sohle, vertikal aus Griessäule und Sterz(e) zusammensetzte. Der Grindel beziehungsweise dessen Ende führte direkt zum Joch der Zugtiere oder zu einem Radvorgestell, auf dem dieser jeweils auflag. Entscheidend für die Funktion des Pfluges war die asymmetrische Schar beziehungsweise die einseitige Führung der symmetrischen Schar in Verbindung mit dem Streichbrett, die erst das einseitige Schollenwenden ermöglichte. Unterstützt wurde das Ritzen des Hakens wie das Aufreißen des Pfluges durch den Einsatz des Vormessers oder Sechs, das den Boden vor dem Hauptarbeitsgang vertikal durchschnitt und die Schar führte. Da von der Schar, dem Grindel und Streichbrett einseitige Kräfte ausgingen, war zur Stabilisierung des Gerätes zumeist der Vorspann eines zweirädrigen Karrengestells erforderlich. Radvorgestell und Pflug gehörten funktionell zusammen, während eiserne Schar und Sech bereits Teile des technisch ausgereiften Hakens sein konnten. Der Haken war das »klassische« Bodenbearbeitungsinstrument der mediterranen Welt, deren Böden leicht, krümelig, von Erosion und Austrocknung bedroht, nur ein Ritzen und Auflockern vertrugen. Doch blieb dieses Instrument auch in Gebirgszonen und auf steinigen Böden verbreitet, die ein eigentliches Pflügen in langen Streifen nicht zuließen. Der Pflug wurde primär auf schweren, vor allem nassen Böden eingesetzt, auf der Geest oder auf sandigem Terrain, um mit seiner Hilfe Plaggen zur Düngung in den Boden einzuarbeiten, was zu einer beträchtlichen Schädigung des Naturraumes Heide bereits in frühgeschichtlicher Zeit geführt hat.

Die historische Genese dieser Produktionsgeräte in ihrer gegenseitigen Abhängigkeit nachzuvollziehen, ist alles andere als eine einfache Aufgabe. Zunächst geht die reinliche Scheidung in zwei grundsätzlich verschiedene Arbeitsgerätetypen, was die Entwicklung und die Anwendung der verschiedenen Haken- und Pflugformen anlangt, ausschließlich auf die definitorischen Bemühungen der modernen Forschung zurück. Vor allem muß das archäologisch-ikonographische Material befragt werden, weil die sonstigen historischen Zeugnisse selten Auskunft über technische Details geben. Versagt bei den Haken die Bodendenkmalforschung fast gänzlich, da Holz als Rohstoff in der Regel im Laufe der Zeit verrottet ist, so lassen bronzezeitliche Felsritzzeichnungen aus Val Camonica bei Brescia nicht nur die Benutzung von Handhaken erkennen, sondern auch von Gespannjochhaken. Was den Pflug betrifft, so sind gelegentlich bestimmte Eisenteile erhalten, Vormesser (Seche), symmetrische wie asymmetrische Pflugscharen, Ketten, die zur Befestigung des Grindelendes am Radvorgestell dienten, doch ihre Datierung wird zumeist durch den Umstand erschwert, daß solche Funde durch die Schwere des Materials häufig in tiefere Bodenzonen abgesackt sind und sich damit »älter« geben, als sie

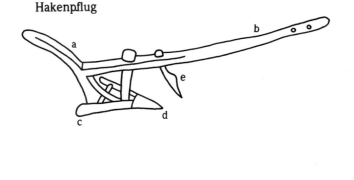

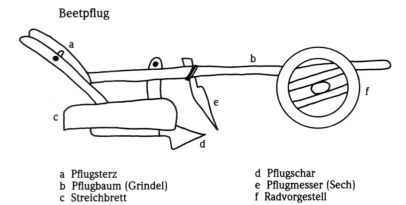

a Pflugsterz
b Pflugbaum (Grindel)
c Streichbrett
d Pflugschar
e Pflugmesser (Sech)
f Radvorgestell

Haken- und Beetpflug

180. Einsatz des »modernen« Räderpflugs mit Doppelsterz, Schar, Sech, Streichbrett und Grindelkette an doppeltem Ochsengespann. Miniatur zum Monat Januar in einem im 11. Jahrhundert möglicherweise in der Schule von Winchester entstandenen Kalender. London, British Library

tatsächlich sein mögen. Überdies gestatten derartige Überreste keineswegs eine exakte Rekonstruktion frühgeschichtlicher oder mittelalterlicher Pflüge, zumal sich das entscheidende Instrument, das schollenwendende hölzerne Streichbrett, archäologisch nicht nachweisen läßt. Es wird erst in einer Glosse des 11. Jahrhunderts als »Moltpret« erwähnt und übersetzt »Dentalia«, was eigentlich den angespitzten Scharbaum beziehungsweise die Schar selbst meint, die, ergänzt um ein seitlich befestigtes Brett, die Scholle gewendet hat. Diese ganz unmittelbare Verbindung von Sohle zur Erdbewegung und Streichbrett erklärt vielleicht, warum auf frühmittelalterlichen Darstellungen das Streichbrett trotz seiner offenkundigen Bedeutung für das Pflügen kaum oder nur unzureichend hervorgehoben ist. Es wurde nicht als Einzelteil, sondern als integriertes Zubehör der Sohle betrachtet und oft dementsprechend flüchtig wiedergegeben.

Die älteste Illustration eines Pfluges im modernen Sinn stammt aus einem englischen Kalender, der im frühen 11. Jahrhundert entstanden ist. Der Pflug, gezogen von zwei Paar Ochsen am Doppeljoch, ist als »modernes« Bodenarbeitsgerät charakterisiert durch das Radvorgestell, an dem der Grindel mittels eines Kettenringes befestigt ist, durch Sech, Schar und integriertes Streichbrett und zweihändigen Sterz, den der Pflüger führt, während ein Knecht die Ochsen lenkt. Aus der ersten Hälfte des 9. Jahrhunderts ist in dem berühmten Stuttgarter Psalter, benannt nach seinem heutigen Aufbewahrungsort, während die kostbare Handschrift aus Saint-Germain-des-Prés stammt, die Darstellung eines technisch ausgereiften komplexen Vierkantjochsohlenhakens überliefert. Der Haken, ausgestattet mit Schar, Sech und Streichbrett, wird am einhändigen Sterz von einer Person geführt, die mit ihrer freien Hand das Ochsenpaar lenkt, dessen Doppeljoch den Grindel unmittelbar

181. »Moderner« kleiner Räderpflug an einem Maulesel im Brustgeschirr mit asymmetrischer Schar, Sech, Streichbrett und doppeltem Sterz. Detail auf der Zierleiste des mehrfarbig gestickten, vor 1082 entstandenen Leinen-Wollteppichs des Bischofs Odo von Bayeux. Bayeux, (ehemaliges) Grand Seminaire

trägt. Die Illustration aus Saint-Germain ist um so bemerkenswerter, als man weiß, daß gerade die Pariser Abtei, die den Psalter in ihrer Schreibstube anfertigen ließ, auch den »modernen« Räderpflug gekannt und vielfach eingesetzt hat.

Man muß mit vielfältigen mittelalterlichen Konstruktions- und Anwendungsmöglichkeiten von Pflug und Haken rechnen, die möglicherweise in Bauart und Funktion nicht so klar geschieden werden können, wie dies moderne Definitionen nahelegen. So könnte der »Haken« im Stuttgarter Psalter, zumindest was das Zusammenwirken von Sech, symmetrischer Schar und einseitigem Streichbrett anlangt, als Vorläufer des späteren »Rheinischen Hunspflugs« angesehen werden, dessen Grindel ebenfalls unmittelbar auf dem Ochsenjoch ruhte, wobei die Griessäule, am Pflock erkennbar, beweglich war, um die gewünschte Sohlentiefe zu ermöglichen. Einen veritablen Räderpflug mit allen wichtigen Komponenten weist der Teppich von Bayeux aus dem letzten Drittel des 11. Jahrhunderts auf: Vierkantkonstruktion, doppelter Sterz, asymmetrische Schar, Streichbrett, Sech und relativ kleines Radvorgestell. Dieser Pflug wird bemerkenswerterweise von einem Maulesel gezogen, während die wesentlich leichtere Arbeit des Eggens ein Pferd unter Kummetanspannung besorgt.

Insgesamt aber läßt sich feststellen, daß archäologische Funde nur partiell Rückschlüsse auf Konstruktionsdetails und Anwendungsart von Pflug und Haken zulassen, während die ikonographische Dokumentation zu spät einsetzt, um entscheidende Etappen der Entwicklung und Verbreitung der Pflug- und Hakentechnik und ihrer Kombinationsmöglichkeiten zeitlich meßbar zu machen. Die moderne Flur- und Siedlungsforschung vermag hier eine gewisse Abhilfe zu schaffen; vor allem bietet das Sprachmaterial bestimmte Hinweise auf die Existenz eines Gerätes, das, komplexer als der einfache Haken, eine wesentlich intensivere Bearbeitung des

Bodens erlaubte und daher früh einen »Eigennamen« nach einem oder mehreren signifikanten Konstruktions- oder Anwendungsmerkmalen erhielt.

Zwar liegt bereits aus dem 1. nachchristlichen Jahrhundert mit der vielzitierten Plinius-Stelle aus dessen »Historia naturalis« ein Hinweis auf ein pflugähnliches Arbeitsgerät vor, das mit einer eisernen Schar, vermutlich auch mit schmalen Streichleisten ausgestattet war und dessen Grindelende auf einem kleinen Räderpaar auflag. Jene Vierkantkonstruktion, dem späteren Jochkarrenhaken nicht unähnlich, laut Plinius erst in seiner Zeit in Rhätien, mithin der heutigen Ostschweiz, in Gebrauch gekommen, ist eher als technisch gelungene Fortentwicklung des Hakens denn als Vorstufe des eigentlichen Pflugs zu bezeichnen, da ihr dessen entscheidendes Merkmal, das schollenwendende Streichbrett, gefehlt hat. Von besonderem Interesse ist die angezogene Stelle bei Plinius auch deshalb, weil der Autor die Pflugschar, deren Typologie er vorstellt, als das augenfällige Charakteristikum des Bodenbearbeitungsgerätes angesehen hat. So war die erste dieser Formen, die er beschreibt, durch das Zusammenwirken von Sech und Schar ausgezeichnet,

182. Verwendung des Jochkarrenhakens mit Doppelsterz. Reliefierte Bronzeplatte auf der Holztür der Abteikirche S. Zeno Maggiore in Verona, erste Hälfte des 12. Jahrhunderts

während das Gerät aus Rhätien ohne Vormesser über eine spatenförmige Schar verfügte. Bemerkenswert fand der Autor hingegen die Hinzufügung von zwei Rädern, das heißt des für den Pflug konstitutiven Rädervorgestells. Die Erfindung des asymmetrisch beziehungsweise einseitig arbeitenden Pflugs dürfte aber schwerlich in Italien oder der Mittelmeerwelt gemacht worden sein. So kennt das klassische Latein nur den Terminus »Aratrum« für das Bodenbearbeitungsgerät, den symmetrisch arbeitenden Haken, dazu noch Begriffe für Teile, die eine technische Entwicklung und Verbesserung signalisieren, wie Schar (Vomer) und – wiederum in der zitierten Passage aus der »Historia naturalis« – das Sech, hier als gebogenes Messer (Culter inflexus), das den dichten Boden vor dem eigentlichen Aufreißen aufschneidet. Kulter, Sech, auch Sichel haben über das Gallo-Römische beziehungsweise das Mittelalter Eingang in das Alt- und Mittelhochdeutsche gefunden und bezeugen damit den Techniktransfer dieser Instrumente. Aber auch das keltische Erbe ist zu berücksichtigen. So sind in dem vor der Zeitenwende aufgegebenen »Oppidum« Manching bei Ingolstadt verschiedene, zumeist schmale und lange Pflugschare neben Sensen, Sicheln und Laubmessern gefunden worden.

Tatsächlich lassen sich Spuren vom Einsatz des Pflugs mit Radvorgestell und Streichbrett nach heutigen Erkenntnissen im 1. Jahrhundert v. Chr. im Bereich der Nordseeküste nachweisen. Dieses Faktum hing sehr wahrscheinlich mit bedeutsamen Klimaveränderungen zusammen, da das etwa gegen Mitte des 1. vorchristlichen Jahrtausends einsetzende feucht-kühle Klima eine ältere warm-trockene Phase ablöste und dementsprechend die Vegetation veränderte, die Geestböden auswusch und in den Niederungen der Marschen eine stagnierende Nässe zur Folge hatte, die Wildgraswuchs begünstigte. Der schwere, zähe Boden bedurfte zur Bearbeitung eines entwickelteren Instrumentes, als es der Haken war. Der Pflug brach die Erde in rechteckigen Streifen um und bekämpfte gleichzeitig durch seine Arbeitstiefe den Gras- und Unkrautbewuchs. Das ließ sich bei den Ausgrabungen der Feddersen Wierde an der Nordseeküste nordöstlich von Bremerhaven im fossilen Gelände feststellen: Die Ackerbeete waren durch wasserabführende Gräben unterteilt, die noch erkennbaren Ackerfurchen erstaunlich gerade und gleichmäßig gezogen; die volle Wendung der Schollen in einer Höhe von 12 Zentimetern und einer Breite von 25 Zentimetern betrug 180 Grad und setzt den Einsatz des Wendepflugs voraus. Die Verwendung eines Sechs ließ sich nicht nachweisen, wahrscheinlich ersetzte der spitze Winkel zwischen Scharbaum und Brett das Vormesser. Ebenfalls vorhandene Reste von kleinen Rädern lassen auf einen Pflugkarren schließen. Eine asymmetrische Schar wurde nicht entdeckt, lediglich eine zweiseitige. Doch es ist zu bedenken, daß häufig genug derartige symmetrisch geformte Metallteile gefunden worden sind, deren einseitige Abnutzungsspuren auf eine leichte Verlagerung des Hakens hindeuten, somit die Arbeitsweise – nicht die Konstruktion – der asymmetrischen Schar vorweggenommen wurde.

Dennoch wird man die Entstehung beziehungsweise den Einsatz des schweren Pflugs nicht ausschließlich mit der Nordseeküste in Verbindung bringen dürfen. Sprachliche Befunde und archäologische Zeugnisse geben Hinweise auf die frühe Existenz dieser Technik auch in anderen Regionen. So dokumentieren die Funde von asymmetrischen Scharen, die in das 1. bis 4. nachchristliche Jahrhundert datiert werden können, aber ebenso von Grindelketten die Anwendung des Beetpflugs in einem breiten zentraleuropäischen Gürtel über Südengland, Nordfrankreich, Thüringen bis in die Ebenen von Theiß und Moldau und zur Ukraine. Damit ist angezeigt, daß der Pflug keineswegs als Technikexport aus der Alten Welt nach Norden und Osten gelten kann; nicht einmal der später so häufige West-Ost-Transfer läßt sich hier eindeutig belegen. Man wird der asymmetrischen Schar allein bei der Diffusion der Pflugtechnik keine allzu große Bedeutung beimessen dürfen, weil auch eine Fülle einseitig abgenutzter symmetrischer Schare überliefert ist, die eine »pflugähnliche« Hakenführung gestattet haben.

Der Begriff »Pflug« ist seit dem 9. Jahrhundert in althochdeutschen Sprachdenkmälern belegt und glossiert in aller Regel das lateinische »Aratrum«, gelegentlich »Dentilia« (Zähne), Scharbaum oder Schar. Die jüngere sprachgeschichtliche Forschung lehrt, daß der Terminus »Pflug« zu einer Wortgruppe gehört, der auch »Pfad« und »Pader« (Paderborn) zuzurechnen sind, die besonders häufig in einem Gebietsstreifen festzustellen ist, »der auf den Lößböden des Hügel- und Berglandes beiderseits der Leine und Weser aus dem Harzvorland westwärts ins Osnabrückische reicht, sich in der Geest der östlichen Niederlande fortsetzt und dort im Süden die Marsch am Niederrhein erreicht« (H. Kuhn). In diesem Gebiet, das zum Siedlungsraum der Weser-Rhein-Germanen gehört hat, ist auch das Verb »plögen« (pflügen) verbreitet, das ursprünglich weitgehend auf das Niederdeutsche beschränkt blieb. Das Wort selbst entstammt dem Sprachschatz einer vorgermanischen Bevölkerung, »die im nördlichen Mitteleuropa in vorgeschichtlicher Zeit den Ackerbau entwickelte und den germanischen Sprachen (der Eroberer) in der Form des Substrats eine Reihe von Bezeichnungen vermittelte, die sich auf die umgebende Natur, den Ackerbau und das Handwerk beziehen« (R. Schmidt-Wiegand).

Das Wort »Pflug« ist zusammen mit anderen erst nach der ersten germanischen Lautverschiebung im 2. Jahrtausend v. Chr. in das Westgermanische gekommen. Wort und Sache sind mithin älter. Zum Begriff »Pflug« aus einer erschlossenen Wurzel »Plok/Plog« finden sich auch Entsprechungen im Ostbaltischen, Litauischen und Lettischen, die allesamt zum Bedeutungsfeld »reißen, aufreißen« gehören. Selbst im Bulgarischen und Russischen macht der Terminus »Pflug« den älteren Bezeichnungen für diese Bodenbearbeitungsgeräte Konkurrenz. So enthält das Wort »Pflug« in sich keineswegs a priori den technisch hochentwickelten Wendepflug, sondern verweist zunächst nur auf ein Instrument, das den Boden aufreißt oder furcht. Der inhaltliche Rahmen, den das Wort »Aufreißer« bietet, war immerhin so weit gesteckt, daß es sowohl den urtümlichen Haken als auch den eisenzeitlichen Beetpflug mit Rädervorgestell und Streichbrett bezeichnen konnte. Name und Sache sind in einer Region bezeugt, deren schwere Böden den Einsatz des tiefgehenden Pfluggerätes erforderlich gemacht haben. Dessen seit dem 1. vorchristlichen Jahrhundert nachgewiesene Existenz hat möglicherweise den auch im Westgermanischen vorhandenen, »Arder«, »Ard« oder »Arl« entsprechenden Terminus für Haken verdrängt, so daß dort mit dem Begriff »Pflug« zugleich die fortschrittlichere Technik Einzug gehalten hat.

Die Vermutung dürfte indessen berechtigt sein, daß der sogenannte Pflug sich von dem Haken bereits in frühgeschichtlicher Zeit durch auswechselbare, zunächst hölzerne, später bronzene und dann eiserne Pflugschar als Instrument des »Aufreißens« unterschieden hat, zu dem noch das Radvorgestell und das Streichbrett hinzugekommen sind, während die Integration des Sechs oder Vormessers einer späteren Epoche vorbehalten blieb. Daß die Schar als der essentielle Teil des Bodenbearbeitungsgerätes angesehen worden ist, belegt nicht zuletzt Plinius mit seiner Typologie der Pflugscharen. Noch in Texten des 6., 9. und 10. Jahrhunderts gilt die Pflugschar (Vomer) pars pro toto für den Pflug beziehungsweise den Haken. Im Gegensatz zum »Aratrum« ist im Pflug das wesentliche Moment des »Aufreißens« im Wort selbst enthalten und zugleich die moderne Pflugtechnik.

Der Wortschatz der Franken, die erobernd seit dem 4. Jahrhundert gallo-römisches Gebiet westlich des Rheins besiedelten, gibt, soweit überhaupt faßbar, nur einen ganz spärlichen Beleg für Pflug und Haken. In einer Fassung des Fränkischen Volksrechtes, die gegen 600 aufgezeichnet worden ist, findet sich als glossierende Bemerkung für »Aratrum« »Angun«, das sprachlich im Althochdeutschen zu »Haken« gehört. Mithin waren weder das »moderne« Gerät noch der Begriff »Pflug« den Franken hinreichend vertraut. Sie hielten offenbar, zumal der Ackerbau nach Aussage ihres Volksrechtes im Verhältnis zur Wald-Weide-Wirtschaft von untergeordneter Bedeutung war, an der alten Hakentechnik und dem entsprechenden Vokabular fest. Das sollte sich indessen bald ändern. Das Edikt des Langobardenkönigs Rothar aus dem Jahr 643 setzt hingegen den Terminus »Plovum« neben das althergebrachte »Aratrum«. Hieraus könnte auf zwei in Bauweise und Funktion unterschiedliche Bodenbearbeitungsgeräte geschlossen werden: auf den römischen Haken und auf den Pflug, der den Langobarden aus ihren alten Wohnsitzen an der Unterelbe beziehungsweise Ostseeküste bereits vertraut gewesen ist.

Mit dem 9. Jahrhundert wird »Aratrum« wie selbstverständlich – in süddeutschen Handschriften – mit »Pflug« glossiert. Das kann nur bedeuten, daß dieser Terminus nicht allein das mit Rädervorgestell und Streichbrett versehene Instrument meint, sondern auch den gerade im Alpenraum mit seinen schwierigen Geländeverhältnissen und steinigen Böden zur Bodenbearbeitung eher geeigneten Haken, der bis in die Neuzeit in Gebrauch geblieben ist und für den die deutsche

183 a und b. Getreideernte mit der Sichel sowie Heumahd mit der doppelgriffigen Sense und einem Wetzstein am Gürtel des Mähers. Miniaturen zu den Monaten August und Juli in dem um 900 entstandenen Martyrologium des Wandalbert von Prüm. Rom, Biblioteca Apostolica Vaticana

Sprache lediglich in bayerisch-österreichischen Dialekten im »Arl« einen zusätzlichen Begriff zum Pflug zur Verfügung stellt.

Das Pflug- oder Vormesser, eine technische Neuerung, das den Boden vor dem eigentlichen Pflügen vertikal aufschneidet, geht in der Bezeichnung »Sech« oder »Kulter« (»Kolter«) auf eine Rückbildung aus »Secum« und »Seca« beziehungsweise »Culter« zurück und findet über das Gallo-Romanische Eingang in die deutschen Mundarten. Die »Schar« hängt sprachlich eindeutig mit »Scheren«, Schneiden, zusammen und gilt als Sammelbegriff für alle Formen, die einem Pfeil, Speer, Dolch oder Spaten entsprechen können. Diese Schar dürfte als früheste technische Ergänzung des »Aufreißers«, der Pflugsohle, anzusehen sein. Das moderne Französisch hingegen hat konkurrierend zum antiken »Aratrum« mit »Charrue« einen weiteren Begriff ausgebildet, der dem deutschen Pflug entspricht, aber in der Benennung selbst eines seiner wesentlichen Konstruktionsmerkmale, das Radvorgestell, offenlegt. So entwickelte sich einerseits aus dem lateinischen »Aratrum« der französische »Araire« und aus dem Mittellateinischen »Carruca«, zuerst in der Bedeutung eines vierrädrigen Wagens in der ältesten Fassung der »Lex Salica« im 6. Jahrhundert überliefert, »Charrue«, der (Räder-) Pflug. Als unzweifelhaft frühester Beleg für

»Carruca« in der Bedeutung des Bodenbearbeitungsgerätes gilt ein Passus in dem »Polyptychon« von Saint-Germain-des-Prés aus den zwanziger Jahren des 9. Jahrhunderts.

Ältere Belege für »Carruca« in der Bedeutung von Räderpflug liegen möglicherweise in den bereits im 8. Jahrhundert aufgezeichneten Volksrechten der Alemannen und ribuarischen Franken vor. Vielleicht gilt das ebenso vom Recht der Bayern, das zwischen »Plovum« und »Aratrum« differenziert und damit zwei unterschiedlich konstruierte und angewendete Ackergeräte erfaßt. Auf jeden Fall lassen sich im ersten Drittel des 9. Jahrhunderts im westlichen Teil des Frankenreiches sprachlich zwei Bodenbearbeitungsgeräte nachweisen. Noch vor der Bedeutungsverengung auf »Räderpflug« ist das mittellateinische »Carruca« als Karch (Karren) allgemein für Wagen in süddeutsche Dialekte eingedrungen. Entscheidend für die Übernahme der Bezeichnung »Carruca« für den »Pflug« dürfte die Ausrüstung dieses Instruments mit dem Radvorgestell gewesen sein.

Was zuvor sprachlich weder »Aratrum« noch »Pflug« zu leisten vermochten, vermittelte seither zuverlässig die »Carruca«. Hier ist ein Konstruktionsmerkmal zum Benennungskriterium geworden, vielleicht in der Weise, in der einst die auswechselbare Schar dem »Pflug« in der Bedeutung »Aufreißer« seinen Namen gegeben hat. Der neue Begriff signalisierte nicht nur den Einsatz des Gerätes, sondern zugleich seine weite Verbreitung im fränkischen Imperium. Im Edikt von Pîtres, das 864 Karl der Kahle (823—877) erlassen hat, bezeichnet »Carruca« in Verbindung mit »Indominicata« das »Pflugland des Herrenhofes«. Aber bereits in der bekannten karolingerzeitlichen Krongüterverordnung, dem »Capitulare de Villis«, das nach seiner handschriftlichen Überlieferung vor 835 entstanden sein muß, findet sich ein Paragraph, der verlangte, daß die Kuhbestände (Vaccaritiae) und Pflugochsenbestände (Carrucae), die zum Herrendienst bestimmt waren, nicht vermindert werden dürften, wobei zwischen dem Räderpflug und den Ochsen eine direkte sprachlich-inhaltliche Verbindung hergestellt worden ist, die zudem ausweist, daß Ochsen als das Zugvieh schlechthin gegolten haben.

Man wird trotz solcher eindeutigen Belege für das Frühmittelalter generell und auch danach unter jeweiliger Berücksichtigung topographischer Gegebenheiten und des latenten Kulturgefälles mit vielerlei Pflug- und Hakenformen zu rechnen haben. Dafür liefert die technisch-ökonomisch weit fortgeschrittene Ile-de-France mit der Abtei Saint-Germain-des-Prés ein vorzügliches Beispiel. Einerseits gibt es in dem »Polyptychon« des Pariser Klosters den ersten sprachlich unzweideutigen Hinweis auf den Räderpflug, andererseits in dem fast gleichzeitig mit diesem Inventar entstandenen Psalter eine Darstellung des komplex gebauten Vierkantjochsohlenhakens, der auf den mittelschweren Plateaulößboden eingesetzt worden ist. Die Variabilität in Aussehen und Anspannung galt auch für die Räderpflüge selbst: So wird das relativ kleine Radvorgestell des Pflugs auf der Randleiste des Teppichs von Bayeux von einem Maultier gezogen, während die schweren, großrädrigen Pflüge in den englischen Kalendern aus dem 11. Jahrhundert von zwei Ochsenpaaren bewegt werden.

In den Texten aus Saint-Germain-des-Prés und aus der Paris benachbarten Abtei Saint-Maur-des-Fossés ist die »Corvada« als Pflugleistung ausgewiesen, die mindestens ein Paar Ochsen als Zugvieh, oft ein Doppelgespann, aber wie in Saint-Maur-des-Fossés sogar sechs Tiere verlangt hat. Auch die Auflistung von »Mansi carroperarii« (Pflughufen beziehungsweise anspannfähigen Hufen) und »Manoperarii« (Handarbeitshufen) im »Polyptychon« von Saint-Maur läßt begrifflich den gewichtigen, wenn nicht gar ausschlaggebenden, konstitutiven Unterschied zwischen Bauernhöfen, die mit ochsengezogenen Pflügen Ackerdienst leisteten und die in aller Regel als ingenuil, frei, qualifiziert wurden, und jenen erkennen, die zunächst mit Spaten und Schollenhammer den Herrenacker bestellten und meist als Knechtshufen bezeichnet wurden. Mit der Verfügung über Pflug, Wagen und Spannvieh verband sich die Leistung der Heeresdienstabgabe als Äquivalent zur tatsächlich geleisteten Heeresfolge mit ochsengezogenen Karren noch im späten 8. Jahrhundert.

Aber nicht nur Dienste der fronenden Bauern führten zu Pflug und Pfluganspannung, sondern auch jährlich geforderte Abgaben: So wird im Text von Saint-Maur die Ablieferung von »eiserner Pflugschar und Vormesser« verlangt; so sind nach dem ältesten Teil des Weißenburger Urbars, der um 820 zu datieren ist, 16 Personen gehalten, nicht weniger als 18 Pflugschare zu zinsen, wahrscheinlich als Sonderleistungen handwerklicher Spezialisten. Selbst im weitgehend noch gutsherrlich geführten Fuldaer Wirtschaftshof Kissingen wurden um 835 außer Sicheln, Kesseln und Beilen auch Eisenteile gefordert, die zur Ausstattung von zwei Pflügen taugten; zu denken ist an Schar, Messer und Grindelketten.

In welchem Maß Pflüge oder hochentwickelte Vierkantjochsohlenhaken nach dem Muster des Stuttgarter Psalters verbreitet gewesen sind, läßt sich erahnen, wenn man weiß, daß von 1.700 Bauernstellen in Saint-Germain-des-Prés, die den halben Klosterbesitz repräsentiert haben, nicht weniger als 72 Prozent zum Pflugdienst herangezogen worden sind, der damit quantitativ und qualitativ die bedeutsamste Arbeitsleistung der Höfe dargestellt hat. Solche Fron erfolgte nicht durch den »Pflugpark« des Grundherrn – und in dieser Tatsache lag nicht zuletzt der entscheidende betriebswirtschaftliche Vorzug des bipartiten Systems gegenüber dem älteren merowingischen Gutshof –, sondern mit Pflug samt Ochsengespann der einzelnen Bauernwirtschaften, was einen enormen Ausbau des Sallandes und Rodungsaktivitäten zur Folge hatte. Als weitere Einsicht ergibt sich, daß der Pflug um 830 zumindest im Seine-Becken in umfassender Weise verbreitet gewesen sein muß – ein Eindruck, der durch alle grundherrschaftlich strukturierten Wirtschaftsbetriebe des karolingischen Zeitalters, von denen man aus Urkunden und Inventaren Kenntnis hat, bestätigt wird. Dies gilt ebenso für die Eifel-Region und den Niederrhein, wo Prüm und Werden begütert gewesen sind, das gilt auch für den Besitz Fuldas im fränkischen Hammelburg. Der bedrohliche Eisenmangel, der angeblich jeden technischen Fortschritt auf dem Lande verhindert und die Herstellung effektiver Arbeitsgeräte wie Pflug, Sichel, Sense und beschlagene Spaten nicht zugelassen hat, gehört ins Reich der Legende.

Dreifelderwirtschaft

Der technischen Ausrüstung der Domäne entsprach diejenige der Einzelhöfe: Salland und Ackerland der Bauern bildeten eine Flur, häufig genug in Gemengelage, so daß sich einheitliche Prinzipien der Flächennutzung und der Anbaufolge ergaben. Der Einsatz des Pflugs und die Verbreitung dieses Bodenbearbeitungsgerätes als »Leitinstrument« der Landtechnik in seinen vielfältigen Formen, die Entstehung neuer Bodennutzungssysteme und geregelter Anbauzyklen, die schließlich die Kulturlandschaft Mitteleuropas umgestalteten, begründeten einen Wachstumsprozeß, der bereits im 10. Jahrhundert die Landwirtschaft übersprang, präurbane Verdichtungszentren ergriff und den Schub auslöste, der in der Po-Ebene wie in der Landschaft zwischen Seine und Rhein als »Gewerbliche Revolution« des 12. Jahrhunderts begriffen werden kann. Insbesondere die Entstehung und Ausbreitung der sogenannten Dreifelderwirtschaft – Brache, Winter- und Sommergetreide – im karolingischen Zeitalter, die mit Rodung und der Einrichtung von Gewannfluren einherging, welche sowohl das Herren- als auch das Bauernland umfaßten, schufen die Voraussetzung für die »Vergetreidung« und Anwendung der Mühlentechnik.

Für die Bronze- und ältere Eisenzeit sind meist benachbarte fossile Blockfluren mit insgesamt über 100 Hektar Fläche nachzuweisen, deren Böden im Saatfurchenbau mit Haken oder Jochhaken über Kreuz bearbeitet worden sind, was zur Ausbildung von quadratischen Feldern, den »Celtic fields«, geführt hat. Bei einem Abstand von 25 Zentimetern und bei einer Sohlenbreite von 18 Zentimetern blieb zwischen den Furchen ein unbearbeiteter Streifen von 7 Zentimetern. Zwar verringerte die Überkreuzbearbeitung die unbehakte Fläche, doch 10 Prozent oder mehr der Felder blieben als quadratische Reststücke von 50 Quadratzentimetern übrig, als Unkrautherde, die sich zumal unter zunehmender Feuchtigkeit seit der Mitte des 1. vorchristlichen Jahrtausends auf den Ackerfurchen ausbreiteten. Diese Art der Bearbeitung und die entsprechende Form der Felder ließen zumeist nur eine ungeregelte Feldgraswirtschaft zu: Ackerbau und Viehweide im Wechsel.

Im Gegensatz dazu erlaubte der einseitig arbeitende Wendepflug den Vollumbruch der gesamten Bodenoberfläche; der Einsatz des Rädervorgestells ermöglichte das Ziehen langer und gerader Furchen, die, um häufiges und zeitraubendes Wen-

184. Frühmittelalterliche Flursysteme: Ost-West verlaufende Spuren von älteren Haken- und jüngeren Streichbrettpflügen unter heutigen Nord-Süd ausgerichteten Langstreifenfluren bei Gittrup in Westfalen

den zu vermeiden, zur Entstehung von Langstreifenfluren führten, die oft in großen S-förmigen Schleifen ausliefen, da der Pflüger bereits vor dem Ende seines Feldes mit dem Wenden begann. Die Anfurche war an einer Seite des Beetes möglich, was vor Entwicklung des eigentlichen Kehrpfluges lange, unproduktive Wege zur Folge hatte, da nur in eine Richtung gepflügt werden konnte, oder aber in der Beetmitte, was später zur Regel wurde, wobei durch das Zusammenpflügen von zwei Schollen eine Erhöhung entstand und an den Seiten sich Furchen bildeten. Diese »Wölbäkker« begünstigten offenbar eine vergleichsweise gute Regulierung des Bodenwasserhaushaltes.

Gelegentlich läßt sich der Wechsel der Flurformen und der Bearbeitungsmodalitäten archäologisch nachweisen. So haben in Gittrup im nördlichen Münsterland sächsische Siedler im 6. beziehungsweise 7.Jahrhundert Hofplätze mit blockartigen Ackerfluren angelegt: »(Heute) überlagern die Spuren älterer Langstreifenfluren alle frühmittelalterlichen Siedlungsspuren. Unter den Nord-Süd verlaufenden Wölbäckern, die Zeugnisse sowohl der Langstreifenfluren als auch der Nutzung des Beetpfluges (Streichbrettpfluges) sind, werden nun überraschend andere, Ost-West verlaufende Furchenspuren im anstehenden Sand entdeckt; (es) handelt sich dabei um Furchen, die mit einem Haken in den Sand gezogen wurden. An mehreren Stellen konnten erste, Ost-West gerichtete Wölbäckerspuren und damit der erste

Einsatz des Beetpfluges über den Ost-West gerichteten Hakenfurchen festgestellt werden. Noch in der alten Flurform wurde daher der Haken vom Streichbrettpflug abgelöst und das Flursystem geändert und Nord-Süd gerichtete Langstreifenfluren angelegt« (W. Finke). Die Umstellung erfolgte im Laufe des 8. Jahrhunderts. Erst der Einsatz des Wendepflugs ermöglichte die Düngung von Sandböden des Münsterlandes und der norddeutschen Geest durch Humusplaggen aus den angrenzenden Heiden, die regelrecht untergepflügt wurden. Eine solche Form der Bodenbearbeitung samt Düngung war in diesen Regionen die Voraussetzung für den vermehrten Roggenanbau, der häufig als »ewiger« kultiviert wurde.

Dominierte der Weizenanbau in der Francia westlich des Rheins, vor allem auf den guten Plateaulehmböden der Picardie, und jenen der Dinkel in Süddeutschland, so der Roggenanbau in Nordwestdeutschland und in slawischen Siedlungsgebieten. Man hat den Roggen als »echte Entdeckung des Frühmittelalters« (U. Dirlmeier) bezeichnet, der auch mit kargeren Böden und schlechteren, das heißt kaltfeuchteren Witterungsverhältnissen vorliebnimmt, gleichwohl sich durch seinen hohen Kleberanteil gut zur Broterstellung eignet, weshalb er in der Maximalpreisverordnung der Frankfurter Synode von 794 vor Hafer und Gerste den zweiten Rang nach dem Weizen eingenommen hat.

Bereits für das Frühmittelalter läßt sich die Einteilung des Herrenlandes, der »Culturae«, Kulturflächen, in langgezogene Schläge feststellen. Der Einsatz des Pflugs und die Ausformung von Langstreifenfluren begünstigten die Verbreitung der regelmäßigen Dreifelderwirtschaft mit Brache, Wintergetreide (Weizen, Roggen) und Sommergetreide (Hafer, Gerste). Eine derart geregelte Anbaufolge nutzte den Boden intensiver und abwechslungsreicher, da das Brachland im Gegensatz zur Einfelderwirtschaft – »Ewiger Roggenbau« – oder zur Feldgraswirtschaft erheblich reduziert wurde, jedoch das doppelte Umbrechen des für die Wintersaat bestimmten Ackers im »Brachmonat«, wie Karl der Große den Juni volkssprachlich nannte, einen gesteigerten Ernteertrag im Herbst garantierte. Auf der Brache konnten zudem regelmäßig Leguminosen angebaut werden.

Diese Bearbeitungsmethoden werden zuerst in einem Dokument aus St. Gallen von 763 urkundlich faßbar, doch das dürfte ein quellenbedingter Zufall sein, da schon im 6. Jahrhundert Gregor von Tours Ackerland in der Umgebung von Dijon erwähnt, das so vorzüglich gewesen sein muß, daß man es nur einmal zu umbrechen brauchte. Diese Anbaufolge steigerte durch den Fruchtwechsel die Getreideerträge bis zu 50 Prozent im Verhältnis zu den älteren Feldnutzungssystemen, verteilte die Pflugarbeiten, Einsaat und Ernte über das ganze Jahr und führte damit zu einer besseren und vermehrten Nutzung der bäuerlichen Arbeitskraft und zu häufigerem Einsatz der technischen Ausrüstung. Hinzu kam angesichts der breiten Palette des Getreideanbaus eine Minderung des Überlebensrisikos im Falle von Mißernten. Ohne Steigerung der Ernteerträge wären weder der Ausbau von regelrechten

185. Heumahd mit der eingriffigen Sense, Schärfen des Sensenblattes mit dem Wetzstein und Aufnahme des Heus mit der zweizinkigen Gabel. Miniatur in einem im 11. Jahrhundert möglicherweise in der Schule von Winchester entstandenen Kalender. London, British Library

Mühlenlandschaften noch die Beschickung von Märkten seitens der Grundherren, aber auch der Bauern möglich gewesen, die erste Ansätze zu einer arbeitsteiligen Gesellschaft schufen.

In den »Polyptychen« aus der westlichen Francia ist die Dreifelderwirtschaft als das charakteristische Feldnutzungssystem an den exakten Fixierungen der Pflugdienste zur Frühjahrs- und Herbsteinsaat und zum Umbrechen des Brachlandes unschwer zu erkennen, und die Existenz von Langstreifenfluren weist in dieselbe Richtung. Aber auch östlich des Rheins war das System zumindest im süddeutschen Raum weit verbreitet. Das gegen 750 aufgezeichnete Volksrecht der Bayern erwähnt nicht nur alternativ Pflug und Ard, sondern auch den Pflugdienst auf einer Streifenflur im Verhältnis von Breite zu Länge von 1 zu 10. Aus dem östlichen Frankenreich ist zudem ein direkter Beleg für die offenbar im 9. Jahrhundert bereits verbreitete Dreifelderwirtschaft bekannt, und zwar wenn Hrabnus Maurus, Abt von Fulda und Erzbischof von Mainz, in seiner bedeutenden Schrift »Von der Natur der Dinge« im 19. Kapitel die Landwirtschaft behandelt und dabei erklärt: »Der Ackerbau (Aratio) ist also zweifach: im Frühjahr und im Herbst. Zwischenzeit (Brache) ist, in welcher der Acker in jedem zweiten Jahr seine Kraft wiedergewinnt.«

Was die Bearbeitung der »Kulturen« im Rahmen der Dreifelderwirtschaft anlangt, so kann man davon ausgehen, daß die in den Quellen genannten Schläge jeweils in sich die so geregelte Fruchtfolge praktiziert haben, sonst wären weder das von den Bauern angelegentlich geforderte Aufstellen oder Verstellen von Zäunen zum Schutz vor dem weidenden Vieh noch die Zahl der Einzelgewanne verständlich, die sich in der Regel nicht durch 3 als Indikator der Dreifelderwirtschaft teilen läßt. Ob diese Schläge erst aus umfangreichen Rodungsarbeiten hervorgegangen sind, läßt

186. Getreideernte und Verladen der Garben auf einen zweirädrigen Karren unter Aufsicht. Miniatur in einem im 11. Jahrhundert möglicherweise in der Schule von Winchester entstandenen Kalender. London, British Library

sich für die westliche Francia nicht mit Sicherheit sagen. Jedenfalls kam es seit dem Frühmittelalter zur Auflösung solcher Einzelgewanne, durch die Beseitigung schützender Hecken zu zusammenhängenden Gewannfluren mit festgelegter Fruchtanbaufolge bei gleichzeitiger Verzelgung der Gesamtflur und damit zur Ausbildung des »Open-field«-Systems, wie es etwa für die Picardie charakteristisch war. Die »offene« Flur ermöglichte einen rational-effektiveren Einsatz von Technik in Gestalt des Räderpflugs.

Ob der Acker der Dorfgemeinschaft in gleicher Weise dem Rhythmus der domanialen Dreifelderwirtschaft unterworfen ist, läßt sich mangels einschlägiger Quellenaussagen nicht eindeutig beantworten. Ob die Genese der mittelalterlichen

187. Getreidedrusch, Worfeln, Zählen mit dem Kerbholz, Abtransport des ausgedroschenen und gesäuberten Getreides in einem aus Binsen geflochtenen Korb. Miniatur zum Monat Dezember in einem im 11. Jahrhundert möglicherweise in der Schule von Winchester entstandenen Kalender. London, British Library

dörflichen Flur, die jeden Bauern an den Zelgen der Gewanne beteiligt und ihm Rechte an der Allmende garantiert hat, aber generell auf Anwendung des feudalen Zwangs zurückgeführt werden muß, scheint durchaus zweifelhaft zu sein. Die Dominanz des Herrenlandes und seines fortschrittlichen Flursystems in der frühen Epoche setzte Maßstäbe des Wirtschaftens und zeitigte Erfolge, die sich in wachsendem Ernteertrag, Risikominderung und geregelter Nutzung der Arbeitskraft ausdrückten. Das erhöhte mit Sicherheit die Akzeptanz des neuen Systems. Hinzu kam, daß die Langstreifenflur dem Einsatz von Räderpflug und Ochsengespann entsprach, die zumindest im 9. Jahrhundert zur Grundausstattung der allermeisten Bauernhöfe gehörten. Mithin liegt es nahe zu folgern, daß die Bauern auf ihren Feldern die Arbeit in gleicher Weise organisiert haben, wie sie auf den Äckern des Herrenlandes verlangt worden ist. Nimmt man hinzu, daß der Grundherr verbindliche Abgabetermine vorgeschrieben hat, allgemeine kirchliche Feste sich in den Rhythmus des Landlebens als Höhepunkte des Jahres eingefügt und die Dorfgemeinschaft – im Gegensatz zur antiken »Villa rustica« – Grundherrn und Bauernschaft in enger nachbarschaftlicher Symbiose umfaßt haben, so kann davon ausgegangen werden, daß Herrenland und Bauernacker in Gemengelage einer einheitlichen Bodennutzung unterworfen gewesen sind.

Kummet und Hufeisen

Folgt man einer weitverbreiteten Ansicht, die vor allem auf eine These des amerikanischen Historikers Lynn White junior zurückgeht, so ist die Effizienz des Räderpflugs bereits im Frühmittelalter entscheidend durch den Einsatz des Pferdes als Anspanntier gesteigert worden. Voraussetzung dafür seien die Einführung einer neuen »zugkräftigen« Anschirrungsmethode gewesen, nämlich des Kummets, und der Beschlag der Pferdehufen mit Eisen. So habe um 800 das Kummet, ein später zumeist gepolsterter Kragen, der auf den Schultern des Pferdes aufliegt, die volle Zugkraft aufnimmt und im Gegensatz zu Joch, Hals- und Brustanschirrung den Blutkreislauf und die Atmung der Tiere nicht behindert, Einzug in die Agrartechnik gehalten. Die Pflugleistung habe sich verdoppelt, da das Pferd unter Kummet das Vier- bis Fünffache der Joch- oder Hals-Brustanschirrung von etwa 500 Kilopond zu leisten vermag, und diese Anspannung eine schnellere Gangart erlaubt. So habe sich schon im Frühmittelalter die Verwendung des Pferdes als Arbeitstier durchgesetzt, nicht nur vor dem Pflug, sondern auch vor dem vierrädrigen Karren, was der Transportabwicklung über Land zugute gekommen sei. Diese zunächst faszinierende These läßt sich indessen weder mit ikonographischem noch sonstigem Quellenmaterial stützen. Es ist vielmehr bekannt, daß es erst der Züchtung schwerer und im Charakter temperierter Pferderassen bedurfte, um den Einsatz der Einhufer als

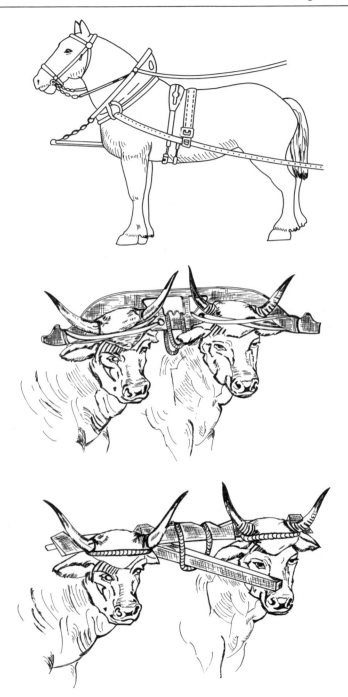

Anschirrungsmethoden: Pferdegeschirr mit Kummet, Ochsenanspannung mit Stirnjoch und Widerristjoch

Arbeitstiere auf breiterer Front zu ermöglichen. Außerdem blieben Pferde stets krankheitsempfindlicher als Rinder, ihr Bedarf an qualitativ höherwertiger Nahrung, zumal Hafer, lag beträchtlich über den Ansprüchen der Rinder, die nach ihrer vielfältigen Nutzungsphase noch als Schlachtvieh verbraucht werden konnten. Obendrein ließ sich das nervöse Pferd wesentlich schlechter leiten und lenken als das langsamere Ochsengespann.

Was das Frühmittelalter angeht, so zeigen alle einschlägigen Quellen das Pferd vor allem als Reittier, gleichsam als bewegliche Waffe des Reiters, der zum Ritter wird. Daneben erfüllte es seine Funktion als Bei- oder Packpferd und im Botendienst. Die als Erstbeleg für die Verwendung des Kummets angeführte Illustration in der sogenannten Trierer Apokalypse, die um 800 in Tours entstanden ist, zeigt denn auch bezeichnenderweise zwar ein Pferdegespann, das aber weder Pflug noch Ackerwagen zieht, sondern einen vierrädrigen Karren nach Art eines Triumph- oder Festwagens, der mit dem ungepolsterten Kummet über seitliche Zugstränge verbunden ist. Dergestalt ist das Kummet als Anspanngeschirr bereits in der Antike in Gebrauch gewesen, wie Sarkophagreliefs des 1. und 2. nachchristlichen Jahrhunderts aus Verona und Trier beweisen. Diese Anspannung wurde zwecks Personenbeförderung alternativ zur Hals- beziehungsweise Brust- und Bauchanspannung gewählt, die dem Pferd eine Zugkraft von rund 500 Kilopond ohne größere Probleme gestattete. So zeigt auch die Handschrift aus Montecassino, die Hrabanus Maurus' Werk illustriert, einen zweirädrigen Triumphwagen mit Pferden unter Joch-Brustanspannung und einen vierrädrigen, von Ochsen gezogenen Karren.

Das »klassische« Zugvieh der Antike wie des Mittelalters blieb bis weit in die Neuzeit hinein der Ochse beziehungsweise das Ochsengespann, das im Joch ging. Das Joch hatte entweder die Form des Widerristjoches, das die Kraft vom Nacken nimmt, oder die des Kopfzuggeschirres, das je nach der Art der Befestigung von Genick, Stirn oder Hörnern ausgeht. Auf dieses Joch wurde der Grindel beziehungs-

188. Vierrädriger Triumphwagen mit Kummetanspannung. Miniatur in der um 800 in Tours entstandenen sogenannten Trierer Apokalypse. Trier, Stadtbibliothek

189. Eggen mit einem Pferd unter Kummetanspannung. Detail auf der Zierleiste des mehrfarbig gestickten, vor 1082 entstandenen Leinen-Wollteppichs des Bischofs Odo von Bayeux. Bayeux, (ehemaliges) Grand Seminaire

weise das Ende des Pflugbaumes unmittelbar aufgelegt. Besonders in schwierigem Gelände erwies sich das Ochsengespann unter Joch dem Kummet wie dem späteren Brust- oder Sielengeschirr überlegen. Entsprechend spärlich ist für das Früh- und Hochmittelalter die Verwendung des Pferdes als Zugtier belegt. Es wurde offensichtlich zuerst als Anspanntier beim Eggen verwendet. Davon zeugt ein Ausschnitt aus dem Teppich von Bayeux, der zudem veranschaulicht, wie das ungleich schwerere Pflügen von einem Maulesel besorgt wird. Seit dem 8. Jahrhundert läßt sich das Pferd, das die zumeist noch ausschließlich hölzerne Egge zur Verkrümelung der Schollen und zur Bedeckung der Einsaat zieht, als »Egidari« in althochdeutschen Glossen nachweisen. Nicht zufällig nennen die karolingische Krongüterordnung neben den Kuhherden die Zugochsenherden als »Carrucae«, als »Räderpflugziehende«, und das »Domesday-Book« aus dem letzten Drittel des 11. Jahrhunderts den »Ochsenpflug« gleichsam als Maßeinheit.

Erst im 13. Jahrhundert bietet der flandrische »Vieil Rentier« eine Illustration von Pferd und Pflug als einem Arbeitsinstrument. Hier ist der Pflug beziehungsweise das Radvorgestell über ein bewegliches Ortscheit und seitliche Zugstränge mit dem gepolsterten Kummet verbunden. Es kommt sicher nicht von ungefähr, daß dieses Bild in einer Region entstanden ist, die ähnlich der Po-Ebene auch auf dem Sektor der Agrartechnik zu den fortschrittlichsten Zonen Mitteleuropas gehört hat und eine dementsprechend reiche Bauernschaft aufzuweisen hatte. Kuh und Ochse blieben das Zugvieh des Bauern, insbesondere in Süddeutschland und den Mittelgebirgsregionen, deren Höfe nicht zu den wohlhabendsten zählten. Die Termini »Pflug mit Ochsen« und »Wagen mit vier Ochsen« sind in domanialen Dokumenten auch im Spätmittelalter verbreitet. Das Pferd gehörte sehr viel mehr der adlig-ritterlichen als der eigentlich bäuerlichen Sphäre an.

Was das Hufeisen betrifft, so lassen sich bislang nur sehr unsicher Einsatz, Verbreitung und funktionale Bedeutung einschätzen. Die Römer benutzten in erster

Linie Hufschuhe, sogenannte Hipposandalen, während das Hufeisen, der eigentliche Beschlag, möglicherweise bekannt, nur wenig angewendet wurde. Auch unter den reichen Funden aus dem keltischen »Oppidum« Manching ist kein Hufeisen nachzuweisen. Der Beschlag mit Hufeisen wurde vor allem auf nassen Böden erforderlich, um die Hornschicht der Hufe vor Feuchtigkeit zu schützen und Erkrankungen vorzubeugen. Funde von Hufeisen sind in der Regel kaum exakt zu datieren, weil das Eisen häufig aufgrund seiner Schwere in tiefere Bodenschichten absackte und damit heute eine frühere Benutzungsepoche suggeriert. Immerhin gibt es vom Ende des 9. Jahrhunderts Zeugnisse in dichterischen und erzählenden Quellen, die vom Klang der beschlagenen Pferdehufe berichten oder den Eisenbeschlag selbst erwähnen, doch dabei handelt es sich stets um Boten- oder Kriegspferde. So mußten bereits um 1066 sechs Schmiede für König Edward den Bekenner je 120 »Hufeisen« liefern und »beschlagen«. Auffällig ist die Form des »ondulierten« Hufeisens, das aus mittelalterlichen Funden belegt ist. Die wellenförmige Gestaltung durch Ausbuchtung, die sicherlich auch ästhetische Momente für sich beanspruchen durfte, ging später zugunsten der rundkantig geschnittenen Eisen ohne Wellen zurück. Vielleicht liegt hierin ein Hinweis auf die zunehmende Verwendung des Hufeisens bei den Pferden, die dann als Arbeitstiere genutzt worden sind. Sehr wahrscheinlich erfolgte der technische Transfer des Pferdebeschlags von Ost nach West. So kann es kein Zufall sein, daß in langobardischen Nekropolen des 6. Jahrhunderts ganz gelegentlich Reste von Hufeisen aufgetaucht sind. Auch in Byzanz gehörten um 900 nach Ausweis des »Strategicon« Kaiser Leons VI. (886–912) Hufeisen wie Steigbügel zur Ausrüstung des Reiters.

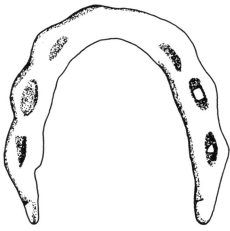

Onduliertes Hufeisen

Weinbau und Kelter

Der Weinbau bedarf im Gegensatz zum Getreideanbau kaum technischer Zurüstung; es genügen einfache Arbeitsgeräte, um die notwendigen Tätigkeiten auszuführen. Solche Instrumente wurden wie die Sonderkultur »Wein« selbst dem Mittelalter durch die Antike vermittelt. Im Mittelalter spielte der Anbau von Wein, wo immer es die Bodenverhältnisse, die Topographie und das Klima zuließen, eine wichtige Rolle als Getränk und nicht zuletzt als unverzichtbarer Bestandteil der Liturgie im Abendmahlssakrament. Seit dem 4. vorchristlichen Jahrhundert hatte sich der Weinanbau von Marseille die Rhône aufwärts in Gallien verbreitet, späte-

190. Rebmesser. Grabungsfund aus einem Silo des 10. Jahrhunderts in Villiers-le-Bel. Villiers-le-Bel, Musée du Pays de France

stens im 3. Jahrhundert n. Chr. die Pariser Region und das Mosel-Tal erreicht und von hier aus auf Rhein und Untermain übergegriffen, so daß bereits gegen Ende des 6. Jahrhunderts Venantius Fortunatus auf einer Reise von Metz nach Andernach die mit Reben bewachsenen Steilhänge des Mosel-Ufers bewundern konnte. Später versuchten sich kirchliche Einrichtungen und Städte bis nach Skandinavien hin mit der Anlage von Weingärten; mehr als ein saurer Tropfen ließ sich freilich in den nördlichen Regionen nicht gewinnen. Die arbeitstechnische Ausrüstung zum Weinbau bestand aus vergleichsweise simplen Werkzeugen: Hacke, eisenbeschlagener Spaten und Rebmesser. Zur Ernte verwendete man Korbbütten, und das Pressen erfolgte durch Stampfen mit den Füßen beziehungsweise durch die Kelter. Zur Lagerung und zum Transport waren Amphoren oder Fässer erforderlich, die auf entsprechend konstruierte Wagen oder Schiffe verladen wurden.

Die Kostbarkeit der Flüssigkeit, die intensiven und andauernden Bearbeitungsvorgänge ließen die Sorge für den Weinberg auch im bipartiten System der Grundherrschaft zunächst weiterhin Sache des Herrn oder seines Verwalters bleiben, der diese Arbeiten von seinen Hofsklaven verrichten ließ. Dazu gehörten das reihenweise Einsetzen der Schößlinge, sofern es sich um eine Neuanlage handelte, das Beschneiden der Rebstöcke, das Anbinden der Triebe an einzelne Pfähle oder laubenartige Rahmen, das mehrmalige Harken und Umgraben bei gleichzeitiger Zuführung von Dünger, vor allem von Stallmist im Frühjahr. Auch nach Ausgestaltung der »klassischen« Grundherrschaft, die nicht zuletzt das unfreie Dienstpersonal auf eigenständigen Höfen ansetzte, blieb die Fron im Weinberg ein deutliches Statusmerkmal dieser Personengruppen, ähnlich wie die Produktion und die Ablieferung von Textilien als Kennzeichen der ehemaligen Mägde galt. Selbst wenn der ehemals Unfreie auf eine »Freienhufe« gesetzt worden war, blieb ausweislich des »Polyptychons« von Saint-Germain-de-Prés die Bestellung des Weinbergs als persönliche Pflicht, nicht aber als reguläre Belastung des Bauernhofes, bestehen. Die ständige Zuwendung, die der Weinbau erforderte, ließ sich nicht in gleicher Weise auf wenige Arbeitswochen des Jahres wie Pflügen und Einsaat begrenzen und aufteilen. Deshalb erschien es zweckmäßig, die Bestellung des Weinberges wie einzelner Parzellen als »Stückwerk« zu vergeben mit der Maßgabe, daß alle erforderlichen Tätigkeiten vom Schnitt und ersten Hacken im Februar/März bis zur Lese im September und die Anfuhr der Trauben in die herrschaftlichen Kelter jeweils von einer Person beziehungsweise von einer Hofstelle im Verbund mit anderen zu erledigen waren. Daneben spielte der Teilbau (Métayage), der den Ertrag splittete, bereits eine beträchtliche Rolle.

Zum domanialen Umfeld, dem die Weinkultur stets eng zugeordnet blieb, zählten weitere Dienste und Zulieferungen der hörigen Bauernschaft, beispielsweise das Einzäunen des Weinbergs mit einem Flechtzaun, um so die Rebstöcke vor wilden Tieren zu schützen, und die Anlieferung von Pfählen zum Anbinden der Reben. Mindestens ebenso wichtig war die Abgabe von Fässern und Faßreifen beziehungsweise von Dauben und Reifen. So verlangte das Eifel-Kloster Prüm von seinem Hof Ahrweiler die Lieferung von 1 Tonne und 12 Faßreifen, aus Unkel aber nur 12 Reifen je Leistungseinheit. Die Abtei Saint-Germain ließ sich aus einer Domäne 780 Dauben für 32 Fässer anliefern samt den dazugehörenden Reifen. Aber auch Ablöse dieser Leistungen sind überliefert, so in dem um 900 entstandenen Urbar der elsässischen Abtei Marmoutier. Offensichtlich war das handwerkliche Können zur Herstellung von Dauben, Reifen und Fässern in der Bauernschaft weit verbreitet; sonst ließen sich solche allgemeinen Leistungen kaum erklären. Die Krongüterverordnung um 800 nennt unter den für erforderlich gehaltenen Handwerkern zwar keine Böttcher, aber immerhin Zimmerleute, die, wie sich aus einer Urkunde für Saint-Denis von 832 ergibt, zusammen mit 8 »Handwerkern« die Anfertigung von Fässern für den Konvent vorzunehmen hatten.

Die Fässer waren unterschiedlich groß. So bestimmte ein Zusatz zum »Polyptychon« von Saint-Germain aus der Zeit um 1000 die Stellung eines Karrens mit 2 Tonnen, wohl ein »Fuder«, bestehend aus 2 rund 150 Liter fassenden Hohlgefäßen. Besonders große Fässer mit eisernen Faßringen forderte die Krongüterverordnung für »den Kriegsdienst und die Königspfalz«. Der Teppich von Bayeux zeigt ein derartiges Fuder auf dem Transport. Setzte schon die Herstellung von Fässern und von deren Bestandteilen wie Dauben und Reifen gewisse technische Fertigkeiten in der Verwendung und Bearbeitung von Holz voraus, so galt das vermehrt für den Bau von Keltern zum Auspressen des Lesegutes.

Daß Kelter nicht überall in Gebrauch gewesen sind, belegt wiederum ein Passus aus der Krongüterverordnung, worin es wörtlich heißt: »Daß die Kelter in unseren Höfen in gutem Zustand sind; und daß die Verwalter darauf achten, daß es niemand wagt, unser Weinlesegut mit den Füßen zu stampfen und daß alles reinlich und ordentlich zugeht!« Die Form der sogenannten Korbpressung mit Hilfe der Füße findet sich häufig dargestellt. Ein frühes Beispiel aus dem Mausoleum der Konstantia in Rom zeigt eine überdachte »Wanne«, in der drei Personen die Trauben treten, wobei der Saft seitwärts austritt. Das Mittelalter übernahm die Kelter zum Auspres-

191. Böttcherarbeit mit dem Schlegel. Miniatur zum Monat Oktober in dem wohl um 1000 in Frankreich entstandenen Kalender von Saint-Mesmin. Rom, Biblioteca Apostolica Vaticana

192. Waffenträger und Weinfuder. Detail auf der Zierleiste des mehrfarbig gestickten, vor 1082 entstandenen Leinen-Wollteppichs des Bischofs Odo von Bayeux. Bayeux, (ehemaliges) Grand Seminaire

sen von Wein, Oliven und anderen Früchten aus dem technischen Fundus der Antike. Bereits Plinius beschreibt zwei Haupttypen: Die Kelter nutzt die Hebelwirkung eines schweren Balkens, der mittels Seilen oder Flaschenzügen, oft mit Hilfe einer Schraube niedergedrückt wird. Die Schrauben- oder Spindelkelter hingegen übt direkt über eine Schraube von oben Druck auf das zu pressende Gut aus.

Vorwiegend blieb die Baumkelter in Gebrauch, dokumentiert in einer Apokalypsen-Handschrift aus Gerona von etwa 975, beispielhaft noch im Jahreszeitenzyklus des Adlerturms zu Trient aus der Zeit um 1400. Eine frühe Darstellung der Baumkelter nördlich der Alpen zeigt eine Echternacher Handschrift aus dem 11. Jahrhundert, die sich als Codex Aureus heute im Germanischen Nationalmuseum zu Nürnberg befindet. In einer Bildfolge illustriert dieser Psalter das biblische Gleichnis von den Arbeitern im Weinberg des Herrn als Abbild der realen mittelalterlichen Wirklichkeit, mit Ausnahme des der Kirchenarchitektur nachempfundenen steinernen Herrenhauses. Im Umfeld der wichtigsten Tätigkeiten im Weinberg, der als Weingarten mit Flechtzaun wiedergegeben wird, findet sich eine große »Baumkelter mit Spindel beziehungsweise Schraube«. Die Schraubenpresse scheint sich erst im Spätmittelalter weiter verbreitet zu haben; zumindest läßt sie sich dann nicht selten mit Eisenschrauben versehen nachweisen.

Die Existenz von Keltern ist gelegentlich in karolingerzeitlichen Kapitularien wie Urkunden belegt, nicht eben häufig jedoch in urbarialen Texten. Das hängt offenkundig mit der Tatsache zusammen, daß Kelter wie Backhaus oder Sudpfanne – im Gegensatz zur Mühle – zumeist in ausschließlicher Eigennutzung des Grundherrn beziehungsweise des Herrenhofes gestanden haben, während der Bauer sein Lese-

193. Nutzung der Baumkelter mit Spindel. Miniatur in einem 975 entstandenen Kommentar des Beatus von Liébana zur Apokalypse. Gerona, Kathedrale

gut wie herkömmlich mit den Füßen getreten hat. Wenn aber in Wirtschaftsdokumenten die Kelter überhaupt erwähnt wird, dann meist nur, um das Ziel bäuerlicher Fronfuhren oder eine zu erbringende Bauleistung, nämlich die Errichtung einer Kelter, anzugeben.

Anders verhielt es sich in grundherrschaftlich organisierten Wirtschaftsbetrieben jenseits der Alpen. So wird in Zeugnissen aus der Abtei S. Giulia in Brescia mehrmals eine Presse erwähnt, wobei es sich allerdings um eine Olivenpresse gehandelt hat, die einen jährlichen Zinsertrag versprach. Offensichtlich war die Olivenpresse, anders als die Weinpresse, bei der Bauernschaft als Instrument zur Gewinnung des Öls begehrt, da das Zerstampfen der Oliven im Mörser oder das Zerquetschen zwischen zwei Steinen ein höchst mühsames und zeitraubendes Geschäft war. Der Faktor Zeit- und Arbeitsersparnis hat sicherlich auch in diesem Umfeld dazu beigetragen, bestimmte technische Investitionen der Grundherrschaft lohnend zu machen, da das Angebot auf interessierte Abnehmer traf.

Salzgewinnung

Salinen oder Salzwerke bildeten mit den Eisenproduktionsstätten und Mühlenanlagen die eigentlichen technischen Großanlagen des Mittelalters. Salz war schon immer ein unentbehrliches Mineral und Konservierungsmittel, das als Massengut den mittelalterlichen Handel noch vor Wein und Getreide, später auch vor Bier und Holz bestimmte. Hochmittelalterliche Förderstätten wie Bad Reichenhall, Schwäbisch-Hall und Lüneburg waren regelrechte Industriebetriebe, die jeweils mehrere hundert Salzsieder und Hilfskräfte beschäftigten, insofern gleichrangig mit den Textilfertigungsstätten in Italien und Flandern. Der gewaltige Holzbedarf der Salinen zerstörte die natürliche Umwelt, noch heute sichtbar etwa an der frühneuzeitlichen Lüneburger Heide als Folge des extensiven Holzeinschlags der Lüneburger »Sülze«.

Es war wiederum Plinius, der bereits im 1. nachchristlichen Jahrhundert wesentliche Verfahren zur Salzgewinnung beschrieben hat: Salz aus dem Meer, Salz aus natürlichen Solequellen, durch Verdunstung und Erhitzung gewonnen, und festes Steinsalz, bergmännisch abgebaut. Im Hochmittelalter trat zu diesen Produktionsmethoden das Laugverfahren im Berg selbst hinzu, das seit dem Ende des 12. Jahrhunderts in Hallein angewendet wurde.

Meersalz wurde im Altertum wie im Mittelalter an den Küsten des Mittelmeeres und des Atlantiks gewonnen, so in den »Salzgärten« Venedigs oder Chioggias, in den Mündungen von Loire und Seine, vor allem aber in der Bucht von Bourgneuf in der Vendée, später von Guérande. Gewann man das Meersalz, eine Venezianer Quelle spricht von »eßbarem Gold«, allein durch Verdunstung des Wassers an Sonne und Luft, so überwog in vorgeschichtlicher Zeit beim Siedeprozeß die sogenannte Briquetage-Technik. Dieses Produktionsverfahren konnte erst 1973 durch Beobachtungen im afrikanischen Gebiet der Manga endgültig geklärt werden, da die dortige Bevölkerung diese Technik noch heute anwendet. »Die Technologie ist erstaunlich einfach. Zunächst wird der Ofen aus über 100 auf Stützen ruhenden Tiegeln aufgebaut. Dann wird zwischen den Säulen das Feuer entzündet und in die heißen Tontiegel eine kleine Menge einer Mischung aus Kuhmist und Sohle gefüllt. Das Wasser verdampft, der Rückstand dichtet die Poren der Tiegel ab, so daß mit dem Sieden begonnen werden kann. Nach Fertigstellen der Salzkuchen – durch ständiges Nachfüllen der Sole – wird der Ofen abgerissen, und die Tonscherben werden auf einen Haufen geworfen« (H. H. Walter). Der »Rost« konnte ebenso aus gebrannten Tonstangen bestehen, auf denen die Tongefäße standen, oder Zylindersäulen trugen die tiegelförmigen Salzschalen.

In Europa ließ man bereits in der jüngeren Eisenzeit weitgehend von der »Briquetage-Technik« ab, da die Römer vor allem ausgedehnte Meersalzanlagen der Atlantik-Küste nutzten. Die Salzproduktion riß an vielen alten Städten ab oder ging unmittelbar in die jüngere Produktionsform des Salzsiedens mit Hilfe metallener Pfannen über, so wahrscheinlich im östlichen Frankreich, in der Franche-Comté, vielleicht auch in Halle. Die Lebensbeschreibungen der Jura-Väter erwähnen, daß das Kloster Saint-Claude sein Salz nicht aus dem vergleichsweise benachbarten Salins, wo um 500 genügend Salz gewonnen worden ist, sondern von der Meeresküste bezogen hat. Die Anfänge der frühmittelalterlichen Salzproduktion mit ihrer speziellen Technik, ihrer Besitz- und Arbeitsorganisation werden nur ganz sporadisch und regional höchst unterschiedlich dokumentiert. Die Analyse schriftlicher Quellen und der Ertrag archäologischer Grabungsbefunde, die freilich niemals gemeinsam ein Objekt ausleuchten, machen immerhin die Konturen von »Salzlandschaften« augenfällig. Gibt es den frühen vereinzelten Beleg für Salins-les-Bains, so fließt das Quellenmaterial für die 150 Kilometer nördlich davon an der oberen Seille gelegenen Salinen von Marsal, Moyenvic, Vic, Dieuze, Château-Salins und Rossières, die teilweise bereits in prähistorischer Zeit betrieben worden sind, seit dem Anfang des 8. Jahrhunderts in gewisser Dichte.

Für die Zeit um 700 ist die bedeutendste Saline des deutschen Südostens überhaupt, Bad Reichenhall, schon als beachtliche Betriebsanlage schriftlich nachzuweisen. Gleiches gilt für die Produktionsstätten der hessisch-thüringischen Mittelgebirge in Salzungen (775) und Bad Sooden-Allendorf (um 780), während die frühe Soleförderung in Bad Nauheim, die bereits im 10. Jahrhundert wieder zum Erliegen kam, allein archäologisch bezeugt ist. Aus dem 9. Jahrhundert ist noch Bad Kissingen erwähnenswert; die ersten sicheren Nachrichten für die späteren »Industriebetriebe« Halle und Lüneburg stammen hingegen aus der Mitte des 10. Jahrhunderts. Bekannt sind Salinen auch in England, so in Worcestershire um 700, in Italien, beispielsweise in Piacenza 613 oder in Bobbio im 9. Jahrhundert. Die später hochbedeutende Saline Wieliçka in Polen könnte ebenfalls in jenen Jahrhunderten ihren Betrieb begonnen haben. Neuere Grabungsfunde lassen eine Soleförderung in Bad Hersfeld in unmittelbarer Nachbarschaft des Klosters während des 9. und 10. Jahrhunderts erkennen, außerdem die Salzproduktion im westfälischen Soest, die zumindest nicht im Widerspruch zu Aussagen eines arabischen Reiseschriftstellers des 10. Jahrhunderts steht, der im nachmaligen Hanseort die Salzherstellung beschrieben hat. Was die Saline in Lüneburg betrifft, so ist deren Frühzeit lediglich durch die königliche Verleihung des dritten Teils vom Salzzoll an das dortige Kloster St. Michael von 956 belegt; die fortlaufende Dokumentation dieser wichtigsten Saline im Norden Deutschlands setzt erst Ende des 12. Jahrhunderts wieder ein.

Aus der urkundlichen und archäologischen Überlieferung werden auch die Umrisse der Produktionstechnik in einem Teil der genannten frühmittelalterlichen Salinen sichtbar. Sie beruhte allgemein auf dem Versieden von Quellsole, die entweder offen zu Tage trat und gesammelt werden mußte, zum Beispiel in Bad Nauheim oder Halle, oder die sich in vertieften Brunnen befand, welche zugleich der Abwehr des Süßwassers dienten und deren Fassungen aus Brettern oder Steinpackungen bestanden, beispielsweise in Bad Reichenhall oder Salins-les-Bains. In Soest wurde die Sole, so läßt der arabische Reisende wissen, der Sammelstelle entnommen und in Töpfen auf einem Ofen ausgekocht. Diese primitive Variante der älteren »Briquetage-Technik« war in allen slawischen Ländern, also jenseits der Elbe, damals ebenfalls gebräuchlich.

Über die Gestalt der Brunnen im Frühmittelalter sind wir nicht unterrichtet. Ein solcher Brunnen kann sowohl den eigentlichen Quellbrunnen als auch das Sammelbecken meinen. Außerdem ist nicht mit letzter Sicherheit auszumachen, ob etwa in Bad Reichenhall die Edelquelle, der »Gute Brunnen«, allein ausgebeutet worden ist oder weitere Salzquellen eingeleitet worden sind oder darüber hinaus kleinere Schöpfbrunnen separat bestanden haben, wie dies frühe Quellenaussagen nahelegen. Sofern eine Schöpfanlage nur zum Teil, vielleicht zu einem Drittel, übertragen worden ist, kann eine größere Brunnenanlage vermutet werden, so in Bad Reichenhall um 700, während die Übergabe oder der Besitz einer kompletten Schöpfvorrichtung in den erwähnten Salinen des Seille-Gaus auf zahlreiche kleinere Schöpfbrunnen verweist, die zunächst nur einen Besitzer gehabt hatten.

Taucht für Bad Reichenhall in der Frühzeit der Saline bei herzoglichen Verleihungen als Produktionsstätte der Siedeofen samt Pfanne auf oder der Platz des Ofens als gleichsam umfassender Begriff für die gesamte Anlage und ihre Ausstattung, so begegnet einem hier für das 12. Jahrhundert die Pfannstatt oder die Pfanne als Betriebseinheit. Ähnliches galt für die lothringischen Salinen in Marsal, Moyenvic und Vic-sur-Seille, die im 8. Jahrhundert urkundlich von einem »Sitz« ausgingen, Sammelbecken und Salzlagerplatz, Siedehütte, das Leitungssystem zur Beschickung der Öfen oder Pfannen mit Sole und die Pfannen selbst erwähnt haben, während das Prümer Urbar von 893 und die Lebensgeschichte des Abtes Johannes von Gorze gegen Ende des 10. Jahrhunderts in erster Linie die Pfanne als reale Betriebseinheit aufgeführt haben. So liegen den Berechnungen des Klosters Prüm, die seiner Saline in Vic-sur-Seille gelten, weder der Salzsitz noch der Brunnen oder die beiden Siedehäuser zugrunde, sondern die drei Pfannen beziehungsweise deren konkreter Salzgewinn in Bürden. Gleiches trifft später auf den Großbetrieb Lüneburg zu, der den Ertrag einer Pfanne, die rund 110 Liter Sole gefaßt und in einem Sud rund 15 Kilo Salz produziert hat, als »Süß« zur Basis aller Produktionsziffern gemacht hat. Aus der komplexen Salzsiedeanlage mit ihren zahlreichen technischen Schritten wurde mehr und mehr abstrahierend die Pfanne als konstante Ertragseinheit.

Salzgewinnung

194. Schöpfen mit dem »Storch«. Miniatur in dem um 1045 in der Abtei Echternach entstandenen Goldenen Evangelienbuch des Speyerer Domes. Madrid, Escorial

Das Schöpfen der im Quellbrunnen zusammengeflossenen oder in separaten Becken gesammelten Sole erfolgte, wenn nicht mit Seil und Eimer oder einer einfachen Brunnenhaspel, über eine hölzerne Vorrichtung, die in frühmittelalterlichen Quellen als »Galgen« oder »Cyconia«, das heißt Storch, bezeichnet wird, auch definiert als »Gabel mit darüberliegendem Holz, das Schwingel genannt wird«. Der bildliche Begriff des Storchs verweist, ähnlich wie die Ableitung Kran von »Kranich«, auf die steilstehende Anlage, die mit ihren unterschiedlich langen Hebelarmen an die Körperverhältnisse eines Storchvogels erinnert. Der »Galgen« diente nicht nur zum Schöpfen von Sole, sondern ganz allgemein zur Beförderung von Wasser aus Brunnen, wie es die Miniatur aus dem Echternacher Codex Escorialensis bezeugt. – Die Öfen beziehungsweise Pfannen waren in zumeist überdachten Hütten untergebracht. Eine Leitung verband häufig die Pfannen mit dem Brunnen samt Schöpfvorrichtung. Dafür, also für den Soletransport zu den Pfannen, verwendete man einfache Holzgerinne, die im übrigen schon in der keltischen Saline von Schwäbisch-Hall ausgegraben wurden. In der spätmittelalterlichen »Sülze« von Lüneburg wurden nicht weniger als 54 Häuser mit jeweils 4 Pfannen über ein derartiges Leitungssystem mit frischer Sole versorgt.

Besondere Zwischenstationen im Produktionsprozeß der Sole und dessen Dauer hingen nicht zuletzt vom Salzgehalt ab, den man gegebenenfalls vor dem Sieden zu erhöhen versuchte, meist in Verbindung mit Reinigungsmaßnahmen. In Bad Nauheim kamen archäologisch frühmittelalterliche Solereinigungsbecken und -wannen aus Lehm, Ton und Holz zum Vorschein, dazu in und über ihnen Faschinenreste mit Schilf als spezielle »Solereinigungs- und Gradierzäune«. Mit dieser Saline hat man den Erstbeleg für das als »Tröpfelgradierung« – als Vorgängerin der »Dorngradierung« – bezeichnete Verfahren, von dem man bisher angenommen hat, daß es erst 1579 in Bad Nauheim angewendet worden ist. Jüngste Forschungen lassen erkennen, daß das Verfahren noch vor diesem Datum in Bad Kissingen in Gebrauch gewesen ist.

Ein weiteres Verfahren der Sole-Kaltgradierung ließ sich in jüngeren Schichten der ausgegrabenen Saline von Bad Nauheim nachweisen, die sogenannte Beißgradierung. Sie muß im Zusammenhang mit einer besonderen Ofenart gesehen werden, mit dem »Schlotterofen«, den man aus Erde und Lehm errichtet und mit nur wenigen Steinen versteift hat. Solche Öfen wurden häufig mit Sole übergossen, so daß sich in ihren Wangen eine Salzanreicherung ergab. Wenn eine gewisse Sättigung erreicht war, zerschlug man den Ofen und warf die verkrusteten Lehm- und Erdbrocken in den Behälter mit Frischsole, in denen sich das Salz wieder auflöste und damit die Frischsole verbesserte. Dieses Verfahren war wohl bei dem niedrigen Salzgehalt von 3 Prozent der Bad Nauheimer, aber auch der Bad Hersfelder Sole von Vorteil. Doch das langwierige Produktionsverfahren, die Kosten an Holz und Personal und nicht zuletzt die zunehmende Konkurrenz waren sicherlich dafür verantwortlich, daß beide Salinen bereits im 10. Jahrhundert aufgegeben wurden. Zur Kaltgradierung kam in beiden Salinen noch die Warmgradierung hinzu, die in Bad Hersfeld in eigens dafür errichteten kreisrund verziegelten Lehmwannen, in Bad Nauheim indessen in der Pfanne selbst vor dem eigentlichen Sieden erfolgte. Der Siedeprozeß hatte zwei Phasen: das »Stören« bis zum Erreichen des Siedepunktes bei 109 Grad und der entsprechenden Sättigungskonzentration der Sole sowie das »Soggen« bei 60 bis 80 Grad bis zur Auskristallisation des Salzes.

In der Regel waren die Hütten oder Siedehäuser – in Moyenvic konnten schon für die Frühzeit der Saline Steinhäuser nachgewiesen werden – zunächst jeweils nur mit einer Pfanne bestückt. Das als Haus, Werkstatt, Stall oder Sitz bezeichnete Gebäude sollte den Sud vor Regenwasser schützen und helfen, den Feuerungsgang besser zu regulieren. In Bad Nauheim standen die Öfen frei, gleichwohl geschützt in einer umwallten Mulde. Auch in Bad Hersfeld waren sie in den Boden eingetieft und aus Basaltsteinen vulkanischen Ursprungs zusammengesetzt. Zwei parallel gesetzte Steinwangen bestimmten ihre längliche Form. In Bad Nauheim ließen sich rund 10 Öfen mit einer Länge von 1,7 bis 2,5 Metern bei noch vorhandener Höhe von 0,8 Metern nachweisen. An den Schmalseiten waren die Öfen offen und konnten von einer davorliegenden Feuerungsgrube beschickt werden.

Salzgewinnung

195 a und b. Salzsiedeofen mit apsidenförmigem Abschluß sowie eine Lehm-Gußform für Bleiplatten zur Pfannenherstellung. Grabungsfund auf dem Gelände der frühmittelalterlichen Saline »Auf dem Siebel« von Bad Nauheim

Die runden, vor allem aber rechteckigen Pfannen waren aus Metall gefertigt, im oberlothringischen Seille-Gau angeblich vor allem aus Kupfer beziehungsweise aus einer Kupferlegierung. Doch alle archäologischen Überreste solcher Pfannen sowohl aus Bad Nauheim, Bad Hersfeld, später Lüneburg als auch aus England bestehen ausschließlich aus Blei. Das Inventar des Königshofes von Annapes nennt kurz nach 800 ebenfalls eine Bleipfanne. Die Vorliebe für Blei erklärt sich aus der relativ einfachen Verfügbarkeit dieses Metalls und ferner aus dem Umstand, daß das Material der aggressiven Sole standhielt und bei einer niedrigen Schmelztemperatur leicht verformbar war. Beschädigte Pfannen konnten also problemlos wieder verwendet werden. Bevorzugt wurden schmal-rechteckige Formen, von denen ein frühneuzeitliches Exemplar aus Lüneburg überliefert ist. In Bad Nauheim galten Maße von 0,55 bis 1 mal 1,5 bis 2 Metern für die Pfanne. Hier wurden außerdem Hohlformen aus Lehm für den offenen Herdguß der Bleipfannen, sogenannte Lehmtennen, gefunden, die aus vorwiegend 2 Zentimeter starken Schichten dieses Materials bestanden. Diese Pfannen wurden offenbar auf die Steinwangen aufgesetzt, während die größeren Pfannen späterer Jahrhunderte an Haken oder besonderen Konstruktionen über dem offenen Feuer hingen.

Nach dem Ausziehen aus dem Sud mußte das Salz getrocknet werden. In der kleinen Saline von Bad Nauheim waren dafür einfache Herde vorgesehen. Im Ostalpenraum füllte man später das Salz in konisch geformte hölzerne »Perrkufen« von Normgröße und stampfte das Salz darin zu »grünen« Fudern. Die austropfende Salzlauge wurde in die Pfannen zurückgeleitet, die Salzstücke wurden entnommen und in beheizten Nebengebäuden oder auf besonderen Gerüsten im Pfannhaus selbst gedörrt, anschließend wieder zerstoßen und in Holzfässern für den Fluß- oder Landtransport »handelsfertig« verpackt.

Von den Ausmaßen der Pfannen, ihrem Material, dem Einsatz von Vorwärmwannen und Nebenpfannen, vor allem aber von der Konzentration der Sole hingen der Siedeprozeß und dessen Dauer entscheidend ab, die dementsprechend regional stark unterschiedlich waren: In Bad Nauheim erstreckte sich der Sud über 30 bis 50 Stunden, im Saulnois mit einer Konzentration von etwa 16 Prozent auf 24 Stunden, in Lüneburg und Bad Reichenhall mit der höchsten Konzentration von rund 24 Prozent auf etwa 3 Stunden. Die Sudperiode währte im Alpengebiet und im Seille-Gau von April bis November/Dezember, aber in Lüneburg wurde fast durchgehend gesotten, mit dem Ergebnis, daß hier 1497 in einer Sudperiode auf 214 Pfannen, in 54 Häusern verteilt, rund 17.000 Tonnen Salz produziert werden konnten. Die Jahresproduktion einer Salzsiede in Vic-sur-Seille, deren Ausbeute 893 dem Kloster Prüm zustand, betrug 576 »Bürden«, so daß auch hier jährlich mit einigen Tonnen Salz gerechnet werden darf.

Daß der Verbrauch von Holz als »dem« Brennmaterial des Mittelalters, ergänzt lediglich durch Stroh, beträchtliche Ausmaße bereits im 1. Jahrtausend angenommen haben dürfte, läßt sich vermuten, wenngleich keine diesbezüglichen Quellenaussagen vorliegen. Ohne Verfügungsgewalt über Wälder ließ sich keine Saline betreiben, so daß die herrschaftliche Produktionsform, die zugleich das Einschlagrecht umfaßte, gleichsam vorgegeben war. Holztransporte und deren Organisation dürften zu den kostentreibenden Faktoren der Salzgewinnung zu rechnen sein, die vor allem den »Pächtern« der Salinen oblag, die wie in Vic-sur-Seille die tatsächliche Salzherstellung besorgten, während sich die Klöster Prüm und Mettlach als Herrschaft mit einem festen Anteil an dem Ertrag begnügten, der freilich noch einen schwunghaften Handel mit dem Mineral erlaubte.

Die Salinen befanden sich also weitgehend in der Verfügungsgewalt von weltlichen Großen, Kirchen und Klöstern, nicht zu vergessen des Königtums, wie die Frühgeschichte der Salinen von Bad Sooden-Allendorf, Salzungen, Halle und vor allem Lüneburg lehrt. Bad Reichenhall gehörte den bayerischen Agilolfingerherzögen, die bereits um 700 Salzburger kirchliche Einrichtungen mit bedeutendem Pfannenbesitz versahen. Die zahlreichen Salzbrunnen und Siedehäuser im ostlothringischen Saulnois waren in der Hand alemannischer Herzöge und einheimischer Grafen, aber auch des Bistums Metz. Ab und an wird vom Besitz einzelner Privatpersonen berichtet. So erwarb Niederaltaich schon im 8. Jahrhundert zu den 5 »Mansen« aus Herzogsbesitz noch 3 Pfannstätten von Adligen in Bad Reichenhall hinzu, so daß es mit dem Altbesitz, zumindest nach Ansicht eines Schreibers des 12. Jahrhunderts, über 8 Pfannstätten verfügte. Bereits 823 hatten kleine Freie ihren Besitz an dem »Salzquell« in Bad Kissingen an Fulda vergeben, und Ende des 10. Jahrhunderts baute der ökonomisch versierte Abt Johannes von Gorze seinen Pfannenbesitz im Saulnois durch Wiederherstellung und Aufkauf zur Salzproduktion aus. Mit dem 8. Jahrhundert setzte die lange Reihe der Schenkungen von Soleanteilen, Pfannstätten und Bezugsrechten ein, desgleichen der Zollüberschreibungen und -nachlässe für kirchliche Einrichtungen. So erhielt die Abtei Hersfeld schon 775 den zehnten Teil von Salzungen, einschließlich der dortigen Saline, und Kempten wurde im 9. Jahrhundert mehrfach Zollbefreiung für sechs Karren Salz aus der Reichenhaller Saline gewährt, die ins Allgäu transportiert wurden.

Salinenbeteiligungen empfingen im Saulnois vornehmlich die Abteien Weißenburg und Gorze, Prüm und Mettlach. In Bad Reichenhall waren Salzburger Kirchen, aber auch die bayerischen Klöster Mondsee, Niederaltaich, Tegernsee, Benediktbeuren und Kremsmünster mit Anteilen versehen. Über die Bad Nauheimer Saline verfügte sehr wahrscheinlich die Einhard-Stiftung Seligenstadt, während Hersfeld im unmittelbaren Umfeld der Abtei eine Salzsiederei betrieb. Die kirchlichen Institutionen, insbesondere die Klöster, waren offensichtlich bestrebt, aber durch ihren häufig marktfernen Standort auch gezwungen, die Selbstversorgung mit Salz, ähnlich wie mit Öl und Wein, durch Eigenbesitz oder Bezugsberechtigung zu sichern. Die Ausweitung der Siedebetriebe, die Erschließung neuer Quellen, die technisch verbesserte Aufbereitung der Sole, die Dauerbeschäftigung von Spezialisten zu günstigen Konditionen garantierten Überschüsse, die auf den Markt gelangten. Der ausgedehnte Salzhandel auf dem Fluß- und Landweg ist ohne eine Überschußproduktion nicht zu erklären, wobei die Grundherrschaft eines ihrer konstitutiven Elemente, die Fuhr- und Transportdienste, als Logistik zur Verfügung gestellt hat. Schenkungen, Kauf und Verkauf, Tausch und Erbgang ergaben eine starke Zersplitterung der Anteile an den Salinen. Im Laufe der Jahrhunderte wurde aus der direkten Beteiligung des Besitzers am Produktionsvorgang oder zumindest aus einer gewissen Aufsicht über die Produktionsabläufe lediglich ein bloßer Bezug von Salzquantitäten durch den Eigentümer.

Die Salinen im Saulnois wie in Bad Reichenhall, nicht weniger in der hessisch-thüringischen Salzlandschaft von Bad Sooden-Allendorf, Salzungen oder Halle-Giebichenstein, die im 8., 9. und 10. Jahrhundert schriftlich dokumentiert sind, waren zunächst herrschaftlich organisiert. Die Arbeit verrichteten Hörige beiderlei Geschlechts als »Menschenzubehör« der Saline. Nur im Textilgewerbe und im Zusammenhang mit der Salzgewinnung fand die Tätigkeit von Frauen urkundliche Erwähnung. Auch archäologisch wurde die Tätigkeit weiblicher Arbeitskräfte in den Salinen nachgewiesen, zum Beispiel in Bad Nauheim, wo bei Grabungen Wirteln und Glättglassteine im Produktionsarsenal aufgetaucht sind.

Zu Beginn des 8. Jahrhunderts setzten sich andere Produktionsverhältnisse durch, die dem Spezialisten und seinen Fertigkeiten Rechnung trugen und ihm in den langsam sich ausbildenden grundherrschaftlichen Formen eine gewisse Eigenständigkeit in der gewerblichen Produktion verliehen, wie dies für den Schmied, vor allem aber für den Müller galt. Als vorzügliches Zeugnis dieser Entwicklung kann die Organisation des »Salzsitzes« der Abtei Prüm gelten. Das 893 aufgezeichnete Urbar des Eifel-Klosters widmet der entfernt gelegenen klösterlichen Saline im Saulnois ein eigenes Kapitel, das einzigartige und umfassende Einblicke in die Modalitäten der Salzherstellung und -vermarktung gewährt und zugleich die rechtliche und soziale Stellung der Salzsieder im Kontext der klösterlichen Großgrundherrschaft signifikant umreißt.

Der klösterliche Besitz in Vic-sur-Seille war im engeren Sinn nicht grundherrschaftlich organisiert, denn die Produktionsstätte hatte weder »Herren-Salzsitz« noch abhängige »Hörigen-Sitze«, sondern bildete, den konkreten Produktionsbedingungen entsprechend, eine einzige betriebliche Einheit, in deren Zentrum Brunnen, Schöpfanlage, Solesammel- und Verteilerbecken sowie Siedehäuser mit Pfannen standen. – Ähnlich wie bei Schmied und Müller läßt sich konstatieren, daß herausgehobene Funktionen, besondere technische Fertigkeiten und spezielle Gewerbe anfangs zumindest eine gewisse soziale, später auch rechtliche Binnendifferenzierung der Hörigenschicht zur Folge hatten. Die Salzproduktion Prüms in Vic-sur-Seille erfolgte zwar im grundherrschaftlichen Verbund, beruhte aber allein auf der eigenständigen Tätigkeit von technisch qualifizierten Salzsiedern. Mehrere Nebengewerbe dürften vorhanden gewesen sein: eine Böttcherei für die Fässer, Korbflechterei für die »Bürden«, Schmiede zur Herstellung der Bleipfannen, Zimmerer und Maurer zum Bau und zur Ausbesserung der Brunnenfassungen und Schöpfvorrichtungen.

Der Text des Urbarkapitels geht von der Beschreibung der Produktionsstätten aus: Genannt werden 2 Siedehäuser mit 3 Sudpfannen. Von jeder dieser Pfannen – sie waren die Grund- und Bemessungsgrößen in den Augen des klösterlichen Inventarschreibers – mußten, gemessen in konkreten »Bürden«, im Monat 14 Bürden Salz abgeliefert werden. Von den insgesamt 42 Bürden – 3 Pfannen à 14 Einheiten – erhielt der Sieder 4, der Siedemeister 2 zusätzlich, sofern die klösterliche Aufsichtsperson, die im Saulnois oder in Metz residierte, dieser Quote zustimmte. Mithin verblieben 18 Bürden für den direkten Nutzen des Klosters, während 24 Einheiten an die Sieder selbst gingen. Daraus folgt, da jeder Sieder 4 Bürden bekommen hat, daß zur Zeit der Aufzeichnung insgesamt 6 anteilberechtigte Sieder in Vic-sur-Seille für Prüm tätig gewesen sind.

Das Inventar ging also im Gegensatz zu modernen Bilanzierungen nicht von der Gesamtproduktion als Ausgangspunkt der Berechnung aller Daten der Salzverteilung aus, sondern zunächst von dem unabdingbaren Anteil an der Erzeugung, die der Eigenversorgung des Klosters diente, und von der Bezahlung der vor Ort tätigen technischen Spezialisten. Daß sie weiterhin zum Rechts- und Sozialverband der Grundherrschaft Prüm gehört haben, wird vor allem am Kopfzins deutlich, den sie neben anderen geringfügigen Abgaben auf ihr Höfchen, zur Ablöse von Gastung und Huldigungsgeschenken und für die Nutzung der herrschaftlichen Allmende, der Weide, als »Nebenerwerbslandwirte« zu zahlen hatten. Weitere Abgaben der Sieder, die nicht in ihrer Rechtsposition oder in der Erbleihe ihrer kleinen Bauernstellen samt Weidegerechtsame begründet gewesen sind, erklären sich ausschließlich aus der Überlassung des Betriebes, der Betriebsmittel und eines Teiles der Produktion. So waren für die als »Storch« apostrophierte Schöpfanlage samt dem nicht näher beschriebenen Sammel- und Leitungssystem pro Jahr insgesamt 15 Schillinge zu zinsen. Dazu kamen ein allgemeiner Tribut pro Pfanne für deren Benutzung, und, sofern eine längere Siedeperiode vom Magister gestattet worden war, eine zusätzliche Abgabe von 100 Maß Salz je Pfanne an die Abtei.

Deutlich erkennbar ist, daß die Mischung aus Hörigkeit, Pacht und Anteilsbeteiligung eine letzte Stufe der Binnendifferenzierung innerhalb der qualifizierten Grundherrschaft als Betriebs-, Lebens- und Rechtsgemeinschaft dargestellt hat. Ihre »Leihe«- und Abgabenformen bestimmten zwar noch im weitesten Sinne den Produktionsrahmen, doch der eigentliche Betrieb lag in den Händen hochqualifizierter Sieder, die den Arbeitsablauf mit allen zusätzlichen Handwerken und Transportaufgaben, zu denen auch die Holzzufuhr zu rechnen sein dürfte, und die

Vermarktung des kostbaren Minerals autonom gestalteten. Das Kloster hingegen gewann mit einem organisatorischen Minimum durch das kluge »Splitting« des Ertrages im Verhältnis 1 zu 3 zwischen sich und den Produzenten garantierte Salzquoten, die weit über den Eigenverbrauch hinausgingen und auch marktferne Regionen wie die Eifel mit der lebensnotwendigen Speisewürze versorgen konnten. Der Gewinn Prüms allein aus dem Verkauf der frei bleibenden Menge von jährlich 240 Bürden Salz – 30 bei 8 Monaten Produktion – betrug 16 Gewichtspfund Silber ohne Berücksichtigung zusätzlicher Verkäufe aus dem Eigenanteil durch die hörige Bauernschaft. Sozialgeschichtlich bleibt von großer Bedeutung, daß sich zwischen grundherrliche Hörigkeit, Pacht und kapitalistische Lohnarbeit im Spätmittelalter bereits im 9. Jahrhundert eine Phase früher »Erbarbeit« des technischen Spezialisten – Sieder, Müller, Schmied – geschoben hat, die sich bis zum tatsächlichen Besitz am Produktionsmittel verdichten konnte, wodurch beträchtliche Aufstiegschancen eröffnet wurden.

EISENPRODUKTION

Das Ausmaß der Eisenerzeugung und -verarbeitung bestimmte den Stand der Technik des Frühmittelalters. Der jüngeren Epoche der »Eisenzeit« zugehörig, die erst im 20. Jahrhundert durch die »Kunststoffzeit« abgelöst wurde, charakterisierte die zunehmende Nutzung dieses Metalls den fortschreitenden Zivilisationsprozeß, auch wenn Holz, zumindest nördlich der Alpen, weiterhin der Hauptwerkstoff blieb, von dem allerdings vergleichbare Innovationsschübe nicht ausgingen, wie sie sich mit der Verwendung von Eisen beim Einsatz von Mühle und Pflug verbanden.

Die wissenschaftliche Diskussion über die Rolle des Eisens im Frühmittelalter, das als Indikator des technischen Fortschritts, vor allem in der Landwirtschaft, gilt, wird von den Historikern einerseits und den Archäologen andererseits bestimmt, die beide nicht selten zu gänzlich unterschiedlichen Einschätzungen kommen. Die traditionelle Geschichtsschreibung will im allgemeinen Kontext der »Industriellen Revolution« des Hochmittelalters erst mit der »zisterziensischen Eisenproduktion« (Ph. Braunstein) einen wirklichen Aufschwung der Eisenherstellung und -verarbeitung erkennen, während in ihrer Auffassung das Frühmittelalter durch weitgehenden Eisenmangel gekennzeichnet sei, der zudem die Verbreitung effizienter Produktionsmethoden in der Landwirtschaft stark behindert habe. Ein solches Pauschalurteil beruht nicht zuletzt auf der partiellen und höchst einseitigen Interpretation einiger weniger Quellen zur karolingischen Wirtschaftsgeschichte.

Um so mehr gewinnt die Aussagekraft des archäologischen Materials an Bedeutung. Anders als vergängliche organische Stoffe wie Holz und Textilien, sofern diese nicht durch besondere Umstände konserviert worden sind, hinterläßt Eisen, wie andere Metalle und Glas, Keramik sicht- und greifbare Spuren im Boden in Gestalt von Werkzeugen, Gebrauchsgegenständen und Waffen oder deren Fragmenten. Solche Bodenfunde gehen als Siedlungsüberreste, Horte und vor allem als Grabbeigaben nahtlos von der älteren Eisenzeit ins Frühmittelalter über. Die Auswertung der Einzelfunde, vor allem aber systematische archäologische Landesaufnahmen, etwa in Schleswig-Holstein, der Normandie und in skandinavischen Regionen, haben zu Forschungsresultaten geführt, die eindeutig belegen, daß es in Mitteleuropa im 1. Jahrtausend n. Chr. kaum Siedlungen gegeben hat, für die Eisenverarbeitung nicht nachgewiesen werden kann: »Das Fehlen solcher Aktivitäten stellt die Ausnahme dar« (W. Janssen). Spekulative Geschichtsdeutung wird den objektiven Befund der Spatenforschung anerkennen müssen. Vom schriftlichen Material können nur Ergänzungen und Akzentuierungen des sozial-ökonomischen Umfeldes der Eisenerzeugung und -verarbeitung erwartet werden; sie mögen dem Grabungsbefund als Folie zur allgemeineren Einordnung dienen.

Der Einsatz der Getreidemühle und des Räderpflugs, die anhaltende Binnenrodung, besonders nördlich der Alpen, seit dem 6./7. Jahrhundert, die mit einer Vervielfachung der Siedlungen, aber auch der Klöster und Kirchen einhergegangen ist, der internationale Ruf, dessen sich die karolingische Waffenproduktion bereits im 8. Jahrhundert erfreut hat, signalisieren eine hochstehende, weitverbreitete Eisenindustrie. Die geschilderten Aktivitäten, die zu Landesausbau und kriegeri-

196. Spatenschuh aus Eisen. Grabungsfund aus dem karolingerzeitlichen Friedhof in Villiers-le-Sec. Paris, Musée Nationale des Arts et Traditions Populaires

scher Eroberung geführt haben, sind ohne den entsprechenden Einsatz von Gerätschaften aus Eisen beziehungsweise mit Eisenanteilen nicht denkbar. Die alltägliche Verfügbarkeit von Eisengeräten wurde in einem detaillierten Verbot der Sonntagsarbeit als Teil der »Allgemeinen Ermahnung« von 789 vorausgesetzt. So war unter anderem zu unterlassen: »in den Wäldern zu roden oder Bäume zu fällen oder Steine zu bearbeiten oder Häuser zu errichten«. Von einer »mageren (Eisen-)produktion im bäuerlichen Nebengewerbe« (G. Duby) kann ernsthaft keine Rede sein.

Vom Altertum bis ins Mittelalter gab es nachweislich Bergwerks- und Verhüttungszentren in Gallien, Germanien, vor allem im Alpenraum. Lagerstätten befanden sich vornehmlich auf Elba, in der Lombardei, im Baskenland und im englischen Forest of Dean, auch in der Normandie. Hingegen waren die großen Vorkommen phosphorreicher Erze in Lothringen, Luxemburg, in Ost- und Mittelengland mit den damals bekannten Abbaumethoden noch nicht nutzbar. Seit der La-Tène-Zeit, in der Mitte des 1. vorchristlichen Jahrtausends, wurden bevorzugt Oberflächeneisenerze mit über 40 Prozent Eisengehalt abgebaut, vor allem in den sandig-feuchten Niederungen im nördlichen Mitteleuropa. Daneben gab es einfachen Tagebau in Gruben, die bis 12 Meter tief waren und eine glockenförmige Gestalt hatten, beispielsweise auf dem Dachsberg bei Augsburg, wo bis ins Hochmittelalter rund 6.000 Eisenerzgruben festgestellt worden sind. Die Kunst des Schachtbaus, angeblich erst im 13. Jahrhundert praktiziert, wollen jüngst Hobby-Archäologen am Nordwestrand des Sauerlandes im märkischen Naturschutzgebiet »Hemeraner Felsenmeer« entdeckt haben: den ältesten Erztiefbau in Deutschland vor tausend Jahren.

Erzabbau läßt sich zum Beispiel im Linksrheinischen, nämlich im Bereich des »Bleibergs« bei Mechernich in Nordrhein-Westfalen, seit der Römerzeit nachweisen, vor allem aber im Bergischen und im angrenzenden Märkischen Land, so daß Franz Petri 1955 von einem »Vorruhrgebiet« sprechen konnte, in dem bereits um die Zeitenwende ein schwunghafter Handel mit Eisenbarren betrieben worden sei. Die archäologischen Funde lassen erkennen, daß seit der römischen Kaiserzeit vermehrt ein Technologietransfer der Eisengewinnung sowie der Eisenverarbeitung von Süd nach Nord stattgefunden hat, in den der untere Donau-Raum und slawisches Gebiet einbezogen gewesen sind. Während in den ersten Jahrhunderten n. Chr. die Produktion bei den germanischen Stämmen ein gewisses Limit noch nicht überschritt, kam es seit der Völkerwanderungszeit zu einem beträchtlichen Aufschwung, der Waffen- und Geräteherstellung gleichermaßen betraf. Allein in Schweden sind über 4.000 Fundstellen registriert, die mit Eisengewinnung und -verarbeitung in Zusammenhang gestanden haben.

»Die Geschichte der Schmiedeproduktion in der nachrömischen Zeit ist mit der Entwicklung der gesamten Zivilisation Europas untrennbar verbunden. West-, Süd- und Südosteuropa sind jene Gebiete, wo alte Erfahrungen mit frischen Kräften der sich durchsetzenden germanischen, baltischen und slawischen Völkerschaften erneuert wurden und wo sie am ehesten ihre neue Blüte erlebten. Jedoch der Prozeß des völligen Ausgleichs der mitteleuropäischen Länder mit den erwähnten geographischen Räumen erfolgte langsam und setzte sich bis in das hohe Mittelalter fort« (R. Pleiner). Das Rheinland wurde zur Schnittstelle dieses Transfers in die »Germania libera«. Doch auch der Voralpenraum mit seiner keltischen Vergangenheit aus der La-Tène-Zeit, ausweislich der reichen Funde seiner »Oppida«-Kultur – beispielhaft in Manching bei Ingolstadt als dem Verarbeitungszentrum – dürfte nach Nord und Süd technisches Know-how überliefert haben, das noch im Frühmittelalter wirksam war. Im 8., 9. und 10. Jahrhundert entstanden oder fortentwickelten sich wichtige Eisenhüttenreviere: im Siegerland, im Lahn-Dill-Gebiet, im Sauerland, im Bergischen Land, im bayerischen Alpenvorland, in Schwaben und Vorarlberg, im Kärntner Lavant-Tal und auch in der Oberpfalz, von deren Eisenreichtum die Ende des 8. Jahrhunderts entstandene Emmeram-Vita zu berichten weiß. In der südlichen Frankenalb bei Kehlheim sind karolingerzeitliche Gruben wahrscheinlich gemacht worden. Die reiche Eisenerzeugung und -verarbeitung in den Bergzonen von Brescia und Graubünden, welche die urbariale Überlieferung aus S. Giulia und Chur vorstellbar macht, widerlegt die Vermutung eines lediglich bäuerlichen Nebengewerbes. In England spezialisierte sich schon im 8. Jahrhundert eine Messerindustrie. So erhielt um 740 Bischof Lul von Mainz (710–786) vier Messer von der Insel, »nach unserer Art gefertigt«. In St. Gallen schrieb der Mönch Notker (um 840–912) »Die Taten Karls des Großen« und verfaßte dabei ein Lobgedicht auf das Eisen und die eisenstarrende Heeresmacht des fränkischen Königs, der dem Langobardenreich ein Ende bereitet hat. Nicht von ungefähr geben Urkunden aus diesem Kloster Eisen und Eisenbarren als Verrechnungseinheit und Äquivalent zu Geld anderen Abgaben und Leistungen den Vorzug.

Eisenerzeugung und -verarbeitung

Das Eisenerz wurde im einfachen Tagebau, gelegentlich bereits unter Tage, im nördlichen Mitteleuropa vor allem als Brauneisenerz in Feuchtgebieten abgebaut. Holzkohle, der zweite wichtige Rohstoff zur Verhüttung wie zur Verarbeitung des Metalls, wurde in der Nähe der Erzlagerstätten in der sogenannten Grubenverkohlung gewonnen. Neuere Versuchsverhüttungen haben ergeben, daß für 1 Kilogramm verwertbares Eisen etwa 10 bis 30 Kilogramm Holzkohle benötigt werden, was 50 bis 200 Kilogramm Frischholz entspricht.

Die Erzklumpen wurden soweit möglich von Verunreinigungen befreit, gewaschen und durch »Pochen« zerkleinert. Die eigentliche Verhüttung erfolgte in kleinen einfachen Schachtöfen, in denen sich die Schlacke sammelte. Aber auch Öfen mit Schlackenabstich ohne vertieften Herd sind bezeugt. Nach der Art ihrer Belüftung waren die Öfen entweder Wind- oder Gebläseöfen. Die Windöfen wurden freistehend auf Anhöhen und Bergrücken errichtet, wobei die in einen Windkanal geleiteten Aufwinde die Flammen anfachten. Die wohl verbreiteteren Gebläseöfen wurden mittels Blasebälgen durch tönerne »Düsenziegel« belüftet. Die künstliche Belüftung gestattete es, die Schächte niedriger und gedrungener zu halten, und machte obendrein den Verhüttungsprozeß witterungsunabhängiger. Windöfen hingegen mußten einen möglichst hohen und schmalen Schacht haben, um als Esse den gewünschten Effekt zu erzeugen. Die Konstruktion solcher Herde und Schächte war weder regional noch gar für eine bestimmte Epoche einheitlich. So hatten die Öfen einen Schacht von 0,6 bis 0,9 Meter Höhe bei 0,3 bis 0,5 Meter Weite, und der Herd war etwa 50 Zentimeter eingetieft. Die höchste Temperatur entstand nahe den Windöffnungen. Bei freistehenden Öfen bestand der Schacht zumeist aus gemagertem Lehm, bei eingetieften war er ausgehöhlt und mit einer Lehmmasse gefüttert. Zur Verhüttung wurde der Ofen vorgeheizt, der Schacht lagenweise mit Erz und Holzkohle beschickt und der Ofen angeblasen. In Temperaturbereichen über 700 Grad begann die Reduktion des Eisens aus den Erzen auf direktem Weg. Dabei »zerrann« das Erz, die Schlacke wurde ab 1.050 bis 1.100 Grad flüssig und floß in den teilweise mit Holzkohleresten und Asche gefüllten Herd, während sich das ausgetriebene Eisen in schwammig-luppigem Zustand an der Gebläseöffnung absetzte. Zumal im Frühmittelalter waren die Öfen mit Schlackenabstich weiter verbreitet. Ofentypen, deren Herd nicht eingetieft war, erforderten einen Abstich, damit die Schlacke den Windkanal nicht verstopfte und den Verhüttungsprozeß zum Erliegen brachte. Nach diesem Vorgang erhielt das ganze Verfahren den Namen »Rennverhüttung«. »Rennofen« wurde zur Sammelbezeichnung für alle Herd- und Ofenkonstruktionen, die schwammig-luppiges Roheisen ausbringen konnten. Die Schmelzdauer betrug 4 bis 6 Stunden, in den seltener nachzuweisenden Windöfen erheblich länger, wobei jeweils 150 bis 170 Kilogramm Erz und 300 Kilogramm Holzkohle verarbeitet wurden. Die gute Führung der Schmelze ergab ein kompaktes Produkt, die Eisenluppe. Zur Gewinnung des ausgetriebenen Eisens mußte der Ofen aufgebrochen und der Schacht abgetragen werden. Das erklärt die Größe und Dichte der Verhüttungsplätze, wie das Beispiel des Dachsberges bei Augsburg lehrt.

Das Produkt aus dem Rennverfahren war eine schwammig-poröse, mit Schlackeresten durchsetzte inhomogene Rohluppe als Ausgangsmaterial. Zur Gewinnung technisch verwertbaren Eisens mußte die Rohluppe mehrfach ausgeheizt, das heißt auf Schweißglut erhitzt und durchgeschmiedet werden. So entstanden Roheisenstücke, oft in Barrenform, die auch als Handelsprodukt oder als Zahlungsmittel verwendet werden konnten. Untersuchungen haben ergeben, daß alle bis heute bekannten Verfahren der Warmverformung bereits in prähistorischer Zeit bekannt gewesen sind. Durch Abschroten, Strecken und Breiten wurde in den Schmieden die gewünschte Grundform bei Temperaturen über 800 Grad Celsius erreicht. Die Verbindung von Eisen unterschiedlicher Qualität erfolgte über das Feuerschweißen. So wurde beispielsweise bei der Waffenproduktion eine härtere Schale um einen Weicheisenkern gelegt; hierbei handelte es sich um das Damaszieren. Zum Härtungsverfahren gehörten vor allem das Aufkohlen und das Abschrecken in Flüssigkeit. Die Kaltverformung erfolgte durch Nachhämmern des fertig geschmiedeten Gegenstandes. Die Herstellung der sogenannten wurmbunten Klingen erforderte den höchsten Grad der Feuerschweißtechnik (Schweißdamast). Damaszierte Schwerter wurden bereits im 4. Jahrhundert angefertigt, und die Produktion dieser gesuchten Waffen nahm im Frühmittelalter ständig zu.

»Das Prinzip des Damaszierens besteht darin, kohlenstoffarmes Eisen (Ferrit) mit kohlenstoffreichem Stahl (Perlit) zu verschweißen (miteinander zu verschmieden). Auf diese Weise gelingt es, harten spröden Stahl mit weichem zähem Eisen zur

Zunächst werden Eisen- und Stahlstreifen in »Sandwichart« aufeinandergelegt und in glühendem Zustand zu einem vierkantigen Strang geschmiedet (Schweißdamast).

Dieser Strang wird glühend um die Längsachse verwunden, wodurch ein Rundstab ähnlich einem Seil entsteht.

Der Rundstab wird wieder kantig geschmiedet.

Zwei solcher Stäbe, einer mit Linksdrall, einer mit Rechtsdrall, werden zusammengeschweißt.

Die Stäbe werden flach geschmiedet.

Die Stahlkanten werden angeschweißt.

Die Stahlkanten werden angeschliffen. Bei dieser einfacheren Art des Damastes geht das Muster ganz durch die Stärke der Klinge.

Bei der Deckschichttechnik wird unter die Damastschicht eine Stahlschicht geschweißt und auf diese nochmals eine Damastschicht. Bei dieser Technik ist es auch möglich, daß beide Seiten der Klinge völlig verschiedene Muster zeigen. Die Deckschichttechnik wurde wohl deshalb zum weitaus überwiegenden Teil verwendet, weil sie es ermöglicht, die Schneide fast unbegrenzt zu schleifen.

Technik des Damaszierens

Herstellung von zugleich harten und elastischen Schwertklingen zu verbinden. Derartige subtile Kunstschmiedearbeiten verlangten nicht nur hohes technisches Können, sondern auch die Kenntnis der Materialeigenschaften des Eisens aus unterschiedlichen Lagerstätten. Denn vom einfachen Raseneisenerz bis zu den manganhaltigen Vorkommen im Siegerland oder dem titanreichen Eisen aus Noricum bestehen beträchtliche Qualitätsunterschiede, die es zu berücksichtigen galt. In vielen Fällen stand der Schmied vor dem Problem der Anreicherung des Eisens mit Härtemitteln wie Kohlenstoff oder Stickstoff... Drei Lamellen kohlenstoffreichen Stahls und – im allgemeinen – vier Lamellen kohlenstoffarmen Eisens werden zu einem Damaststab zusammengeschmiedet. Mehrere solcher Eisen-Stahl-Damaststäbe ergeben nun – ihrerseits zusammengeschweißt – die mittlere Bahn der Schwertklinge. Nach der Ausformung ging der Schmied daran, die Schwertschneiden beidseitig anzuschmieden. Das Ergebnis war eine hochwertige Klinge aus sogenanntem Volldamast. (Dann) mußte die Klinge ausgiebig geschliffen und poliert werden, um die Damastmuster und den Farbkontrast von Eisen und Stahl wirksam werden zu lassen. Je näher die Schwertfeger dem Kern kamen, desto vielfältiger trat das Muster hervor« (H. Roth). Das von Hand mittels Feile vorgenommene Polieren und das Schleifen von Schwertern mittels eines von Handkurbel angetriebenen runden Schleifsteins zeigt erstmals ikonographisch in einer Doppelszene der soge-

197. Polieren mit der Feile und Schärfen einer Schwertklinge mittels eines mit Kurbel bewegten Schleifsteins. Federzeichnung nach spätantiker Vorlage in dem um 830 in Reims entstandenen sogenannten Utrecht-Psalter. Utrecht, Bibliotheek der Rijksuniversiteit

nannte Utrechter Psalter von 830, der auf eine spätantike Vorlage zurückgeht. Das Prinzip des Kurbelantriebs ist seit alters durch die Handmühle bekannt.

Die Eisenerzeugung und -verarbeitung war an Erzvorkommen und Lagerstätten, Waldbestand für die Herstellung der benötigten Holzkohle, an Öfen und Schmelzen vor Ort und verarbeitende Werkstätten, Schmieden, gebunden, die keinesfalls zwingend in unmittelbarer Nähe der eigentlichen Produktionsstätten lagen. Die prähistorische Spatenforschung konnte außerhalb der bäuerlichen Siedlungsgebiete im Bereich der großen unfruchtbaren Sandflächen Nordwestdeutschlands geschlossene Verhüttungszentren nachweisen, von denen Eisen in Form von Barren, vielleicht auch als Rohluppe, in benachbarte Regionen transportiert wurde. So fanden sich etwa im Neumünsteraner Sander Rennöfen, Ausheizherde und Meilergruben, so daß dort vor Ort Eisenverhüttung, Aufbereitung der Luppen und Gewinnung der Holzkohle im Verbund stattfanden. Im oldenburgischen Isernbarg stellten Spezialisten Eisenbarren her. Im südjütländischen Drengsted konnten auf 20.000 Quadratmeter Fläche nicht weniger als 125 Rennöfen gezählt werden. In der Völkerwanderungszeit lief die auf große Verhüttungsplätze konzentrierte Produktion aus. Im westfälischen Warendorf ließen sich für das Frühmittelalter in der bebauten Zone, die auf landwirtschaftlicher Basis 4 Gehöftegruppen mit 46 Häusern umfaßte, Rennfeuerschlacken, zusammengeschmolzene Eisenluppe und zahlreiche Eisengeräte nachweisen. Zu jeder Gehöftegruppe gehörte im 7. und 8. Jahrhundert ein Schmied, der am Rand des bebauten Areals tätig war und sich auf Eisenproduktion und Eisenverarbeitung spezialisiert hatte. Arbeitsteilige gewerbliche Tätigkeit stand neben der subsistenzsichernden Landwirtschaft, vergleichbar den späteren grundherrschaftlich strukturierten Wirtschaftshöfen der mittleren Karolingerzeit.

Die große Grabung von Feddersen Wierde an der Nordseeküste ergab, daß im Bereich der landwirtschaftlich bestimmten Gehöftegruppe des Siedlungshorizontes aus dem 2. und 3. nachchristlichen Jahrhundert auf dem »Hofplatz« des herausgehobenen »Herrenanwesens« Eisenverarbeitung stattgefunden hat, die, in den folgenden Perioden ausgelagert, schließlich ein Werksgelände von mindestens 3.600 Quadratmetern beanspruchte. Da nur Schlacken aus Schmiedeöfen zum Vorschein gekommen sind, kann angenommen werden, daß auf der Feddersen Wierde das Metall lediglich verarbeitet worden ist. Die wahrscheinlich auf der angrenzenden Geest geschmolzene Luppe wurde in die Siedlung transportiert, dort von ihren Schlacken befreit, zusammengeschweißt und weiterverarbeitet. Auch die notwendige Holzkohle mußte eingeführt werden, denn es gab in der Marschzone kaum Wald. Ein aufgefundener Eisenbarren zeigt allerdings, daß nicht nur Luppe aus Raseneisenerz eingeführt worden ist, sondern bereits geformtes Roheisen. Waffen spielten hier gegenüber Agrargeräten, Gebrauchsgegenständen aus Eisen und Handwerkszeug eine untergeordnete Rolle; die »Kriegsproduktion« nahm im Gegensatz zur These von G. Duby – »Wenn Eisen, dann Waffen« – einen ganz bescheidenen

Rang ein. Unter den Funden dominieren Werkzeuge, Beschläge, Nägel, Messer, Ketten, Pflugschare, Sicheln und Spatenschuhe. Das Schmiedehandwerk ging schon in der Vorvölkerwanderungszeit eine Symbiose mit der Landwirtschaft und anderen Handwerkszweigen, insbesondere mit denen des Schiffbauers und Zimmermanns, ein. Wie dicht die spezialisierten eisenproduzierenden und -verarbeitenden Siedlungen gestreut gewesen sind, ist nicht mit hinreichender Gewißheit zu ermitteln, da die tatsächliche Produktionsphase nicht annähernd genau bestimmt werden kann, so daß die Fülle der Grabungsfunde die Dichte eines Netzes suggeriert, dessen Fäden jedoch in verschiedenen Zeitabschnitten entstanden sind. Die Verbindung archäologischer Nachweise mit den Ergebnissen der Namensforschung, hier der Eisentoponyme – etwa vom Typus »Eisenach« oder »Ferrières« –, läßt beispielsweise für die Normandie ein feinmaschiges Geflecht von »Eisenorten« bereits im Frühmittelalter erkennen, dessen Knotenpunkte jeweils kaum mehr als 20 Kilometer voneinander entfernt gewesen sind, was einer Tagesreise entsprochen hat.

Gerätschaften und Schmiedehandwerk

Zur Grundversorgung der landwirtschaftlich und handwerklich tätigen Bevölkerung mit Eisenprodukten bedurfte es nicht einmal dieser hochspezialisierten Siedlungen. Der eisenproduzierende und -verarbeitende Schmied war auch in rein ländlichen Siedlungen überaus häufig anzutreffen. Hier konnte die Schmiede einem größeren Wirtschaftshof angeschlossen sein; sie konnte im bipartiten System der Grundherrschaft eigenständig auf Pacht- und Abgabenbasis produzieren; sie konnte aber auch als gleichsam »öffentliche« Einrichtung neben Kirche, Herzogshof und Mühle als »Fabrik« bestehen und jedermann zugänglich sein, wie es das im 8. Jahrhundert aufgezeichnete Volksrecht der Bayern verlangte. Und wenn der gelehrte Enzyklopädist des 6./7. Jahrhunderts, Isidor von Sevilla, den Schmied als Sammelname für jedweden Handwerker bezeichnet hat, dann wird die soziale Wirklichkeit dieser Definition entsprochen haben. Weder die als »Siegeszug« apostrophierte Verbreitung der wassergetriebenen Getreidemühle oder die zunehmende Nutzung des Räderpflugs noch die großen Rodungsvorgänge des Frühmittelalters sind ohne ansteigende Kurve der Eisenproduktion und -verarbeitung denkbar. Für die Mahlwerke brauchte man das »Mühleisen« bei der Lagerung der Welle und zu deren Befestigung am Läufer; der Pflug bestand wesentlich aus eiserner Schar und Sech; zur Getreideernte war die Sichel, zur Heumahd die Sense unerläßlich. Die Ausweitung der »Kulturfläche« im Landesausbau durch die Grundherrschaft verlangte nach eisernen Instrumenten wie Äxten, Beilen, Hacken, Messern, Keilen und eisenbeschlagenen Spaten, die in vielen Funden vorliegen und auf deren Existenz zudem schriftliche Quellen und ikonographische Zeugnisse hinweisen.

Es führt in die Irre, wenn man annehmen wollte, daß zwischen der hochgerühmten Waffentechnologie mit dem Schwerpunkt auf Brünne und Schwert als Standardausrüstung des fränkischen Kriegers und dem Niveau des allgemein produzierenden Schmiedehandwerks in Qualität und Quantität ein deutliches Gefälle zu Lasten der Agrartechnik bestanden hätte. Denn nicht nur im ländlichen, sondern auch im städtisch-gewerblichen Umfeld läßt sich das Eisenhandwerk für das Frühmittelalter belegen. Das gilt für die Handwerkersiedlungen und Hafenplätze in Birka, Ribe, besonders aber für Haithabu, die Vorgängerin Schleswigs an der Schlei. Hier wurden Eisen und Buntmetalle von spezialisierten Handwerkern verarbeitet, die weitgehend von ihrer Kunstfertigkeit lebten. Das Eisenhandwerk war ebenfalls in zahlreichen italienischen Städten verbreitet. Die führende Rolle von Brescia als Eisenproduktions- und -verarbeitungszentrum wird durch die Dokumente der dortigen Abtei S. Giulia erhärtet.

Was den Schmied selbst angeht, der in der frühmittelalterlichen Gesellschaft neben dem Müller die entscheidende handwerklich-gewerbliche Funktion ausgeübt hat, so ist seine Werkstatt durch gelegentliche Grabungsfunde bezeugt, etwa in Feddersen Wierde. Hier fand man viereckige, birnenförmige und runde Gruben, die nur 15 bis 25 Zentimeter eingetieft waren und zu denen vereinzelt schmale Rinnen führten, die als Windkanäle gedeutet werden. Der Boden der Gruben bestand aus rotgebranntem Ton, mitunter auch aus Lehm. Rechteckige Wannen von 2 bis 2,5 Zentimetern mit Lehmmantel dienten offenbar zur Aufbereitung der Eisenluppe. Zwei Ausheizherde hatten die Ausmaße von ungefähr 1 Quadratmeter. Einen derartigen Herd hatte wohl der Kompilator der sogenannten Xantener Annalen vor Augen, wenn er zum Jahr 868 eine Feuererscheinung in Sachsen mit »der Eisenmasse im Schmelzofen, der Funken sprüht«, vergleicht. Einfache Röstgruben wurden ebenfalls gefunden. In Feddersen Wierde dürften Granitsteine als Ambosse verwendet worden sein. An weiteren Arbeitsinstrumenten fanden sich Eisendorne, Meißel, Feilen, Gelenkzangen, Dengelamboß zum Dünnschlagen von Schneiden bei Sicheln, Sensen und Messern sowie Hämmer. Schmiedegräber aus dem westfälischen Beckum (6./7. Jahrhundert), aus Mondéville, Frénouville und Hérouvillette in der Normandie (4.–6. Jahrhundert) bargen unter anderem Schmiedezangen, Hämmer, Scheren, Feilen, Wetzsteine, Stichel, Punzen, Ambosse und Blasebälge.

In aller Regel ist der Schmied durch Hammer, Zange und Amboß als seine persönlichen Werkzeuge charakterisiert, zum Beispiel im Utrecht-Psalter und im Stuttgarter Codex. Zwar gibt es nach Aussage der schriftlichen Quellen aus dem 8. und 9. Jahrhundert, die bereits eine durchaus arbeitsteilige Epoche auch im Handwerk vorstellbar machen, ausgewiesene Spezialisten unter den Schmieden, so die Schwertfeger im alemannischen Volksrecht oder in St. Gallen, den Grobschmied in den Statuten Adalhards von Corbie, aber die älteren Grabfunde lassen den Schmied als universalen Metallhandwerker erkennen, der die unterschiedlichsten Ferti-

198. Waffenschmiede: Siegfried und der Schmied Mimir am Amboß mit handbetriebenem Blasebalg. Holzrelief vom Portal der Stabkirche zu Hyllestad in Norwegen, 13. Jahrhundert. Oslo, Universitetets Oldsaksamling

gungsbereiche beherrscht hat. Dies trifft etwa für die 30 ausgewerteten Schmiedegräber in Westnorwegen zu, die neben typischem Schmiedewerkzeug landwirtschaftliches Gerät wie Sicheln, Sensen, Hacken, Pflugschare enthielten, außerdem Zimmermannsgerät wie Axt, Bohrer, Säge, Hobel, Schabeisen, schließlich auch Fischfanggerät. Der Hort von Mästermyr auf Gotland gilt als vielseitigster Fund von Werkzeugen und eisernen Gebrauchsgegenständen sowie von Utensilien aus Kupfer und Bronze. Der »Werkzeugkasten« mit 131 Stücken präsentiert die ganze Bandbreite von Eisengeräten: von einer Handwaage über Schloß- und Beschlägeteile bis zu eigentlichen Werkzeugen. Daß der Besitzer dieser Kiste ein polytechnischer Handwerker gewesen sein könnte, der von Hof zu Hof wanderte, ist eine durchaus plausible Annahme.

Der Schmied dürfte ausweislich der Grabbeigaben – zumal im ländlichen Bereich – zunächst für alle Metallarbeiten zuständig gewesen sein, die Grob- und Edelmetallverarbeitung gleichermaßen umfaßten, so daß die Wieland-Sage vom kunstfertigen Schmied mit der sozialen Wirklichkeit in der ersten Hälfte des nachchristlichen Jahrtausends übereingestimmt hat. In der zweiten Hälfte dieser Epoche ist angesichts der gestiegenen Anforderungen an die Qualität von Schmuck, Waffen und nicht zuletzt von Kultgegenständen eine steigende Tendenz zur Spezialisierung und Arbeitsteilung festzustellen, die schon in den frühen Volksrechten erkennbar ist. So sind in den Gesetzen der Burgunder aus dem letzten Jahrzehnt des 5. Jahrhunderts Gold-, Silber- und Eisenschmiede belegt. Im 8. und 9. Jahrhundert treten zum Eisen- oder Grobschmied in den legislativen Texten, Inventaren und Statuten gelegentlich Schwertfeger, Schildmacher und Schleifer hinzu – ein deutlicher Hinweis auf die gestiegene Waffenproduktion, die eine Spezialisierung des Gewerbes verlangt hat. Aus England sind bereits für die Mitte des 8. Jahrhunderts Messerschmiede bekannt. Die Produktion der qualitätvollen »Ulfberth«-Schwerter, ursprünglich Erzeugnisse eines berühmten Klingenschmieds wohl fränkischer Herkunft, dann im Laufe von drei Jahrhunderten »Markenprodukt« aus verschiedensten Werkstätten, war ein einzigartiges Phänomen sowohl hinsichtlich des Techniktransfers als auch des Qualitätsanspruchs.

Die soziale Stellung des Schmiedes aus Grabfunden, die im 7. Jahrhundert auch rechtsrheinisch abbrechen, erschließen zu wollen, ist ein schwieriges Unterfangen, da in der Regel vor allem Werkzeuge und Gegenstände des allgemeinen Bedarfs als Beigaben ins Grab gelegt worden sind; nur ganz selten finden sich Waffen wie im Grab von Hérouvillette aus dem Anfang des 6. Jahrhunderts, die auf ein beträchtliches Ansehen des Bestatteten schließen lassen. Generell signalisieren Beigaben aus Eisen und Edelmetallen einen herausgehobenen Sozialstatus des Toten; denn ein Herr dürfte seinem Sklaven keine kostbaren Arbeitsinstrumente und wertvollen Gebrauchsgegenstände für das Jenseits mitgegeben haben. Den antiken Verhältnissen entsprechend war das Spektrum des sozialen Standes sehr breit gefächert; es reichte gewiß vom freien »Dorfschmied« über den abhängigen Handwerker eines Wirtschaftshofes vom Zuschnitt des »Herrenanwesens« in Feddersen Wierde bis zum gutsässigen Hörigen, dem Hofsklaven, der als Spezialist unmittelbar der Herrschaft diente.

Der tatsächliche Anteil der hörigen, jedoch selbständig tätigen und produzierenden Schmiede im Rahmen des frühmittelalterlichen grundherrschaftlichen Gefüges

199. Schmieden mit handbetriebenem Blasebalg: Eva beim Bälgeziehen und Adam am Amboß zu Seiten des Gottes Pluto. Reliefs an einem byzantinischen Elfenbeinkästchen, 10./11. Jahrhundert. Darmstadt, Hessisches Landesmuseum

dürfte relativ hoch gewesen sein, weil jedem Grundherrn daran gelegen sein mußte, Rohstoffe und Spezialisten der Metallverarbeitung in unmittelbarer Nähe zu haben. Da diese hofbezogenen Werkstätten ganz und gar für den Herrenbedarf gearbeitet haben, tauchen sie so gut wie nie in Inventaren, die Abgaben und Dienste verzeichnen, auf, zumal die Schmiedewerkstatt im Gegensatz zur Mühle, dem Brauhaus oder der Weinpresse als immobilares Zubehör des Herrenhofes niemals genannt wird. Das Schmiedewerkzeug wurde als persönliches Rüstzeug des Schmiedes angesehen, entsprechend dem Zimmermannsgerät oder der Ausstattung der Maurer.

Gelegentlich erfährt man von der Anbindung freier Schmiede an einen bipartit organisierten Wirtschaftsbetrieb, so im Falle der Grundherrschaft von Saint-Germain-des-Prés. Für die Überlassung einer halben Hofstelle zinsten Schmiede aus Boissy mit einer Waffenabgabe oder mit Gerätschaften »aus ihrer Schmiede«. Daß es schließlich gänzlich freie Schmiede gegeben hat, die nicht einmal durch Leihe herrschaftlich eingebunden gewesen sind, bezeugen etwa Schenkungsurkunden des 9. Jahrhunderts aus Freising und dem flandrischen Saint-Bertin. Den gleichsam »öffentlichen« Charakter der »Dorfschmiede« läßt auch das Volksrecht der Bayern aus der Mitte des 8. Jahrhunderts erkennen, wonach der Hof des Herzogs, als Sitz der Rechtsprechung und der »Verwaltung«, die Mühle, die Kirche und die Schmiede jedermann frei zugänglich sein mußten.

Abgesehen von den archäologischen Funden, die nur selten eine präzise sozialgeschichtliche Interpretation zulassen, begegnet einem das Schmiedehandwerk in seinem Facettenreichtum am ehesten in Rechtszeugnissen wie Urkunden und in erzählenden Quellen. Das gilt bereits für die Klosterregel des heiligen Benedikt, deren Bedeutung für das werdende Abendland gar nicht überschätzt werden kann. Seine Vorschrift widmet den Eisengeräten und ihrer sorgfältigen Betreuung einen eigenen Paragraphen. Auch die Jura-Väter in der Jahrtausendmitte führten ihre Rodungsarbeiten mit Eisenwerkzeugen durch, zu denen bald ein Pflug gehörte. St. Columban benutzte wie selbstverständlich zum Holzspalten Keil und Axt. Die Lebensgeschichte des heiligen Sturmi, des Gründers von Fulda, schildert anschaulich, wie der Gottesmann von Hersfeld aus, auf der Suche nach einem geeigneten Ort für seine Klostergründung, allein das wilde Gebirge durchstreifte und mit dem Eisen in seiner Hand, einer Machete nicht unähnlich, einen schützenden Zaun nächtens für seinen Esel errichtete. Die Monatsillustration in einem englischen Kalender des 11. Jahrhunderts macht ebenfalls die unlösbare Verknüpfung von Brandrodung und Einsatz von Eisengeräten, wozu der beschlagene Spaten gehört hat, augenfällig.

Die »Rüstungsproduktion« nahm in den alten Benediktinerabteien einen nicht geringen Stellenwert ein. Das hing mit der geforderten Wehrhaftigkeit zum eigenen Schutz, vor allem aber mit der Pflicht zur Teilnahme am königlichen Heeresaufgebot zusammen, vor dem nur nachgewiesene Armut zu schützen vermochte. Daß die Klöster als Waffenschmieden sehr geschätzt waren, ergab sich auch aus dem Umstand, daß beispielsweise Fulda im Rahmen eines Vergleichs mit weltlichen Vertragspartnern unter anderem 8 Schwerter übergab, ein andermal im Tausch Pferd, Schild und Lanze. Schwerter sind als Gaben der Klöster Lorsch und St. Gallen bezeugt.

In bezug auf die Grundherrschaft läßt sich feststellen, daß zumal die Wirtschaftshöfe des Königtums wie der Klöster Schmiede verschiedener Spezialisierung beschäftigt – das Krongüterverzeichnis nennt gar Eisen- und Bleiminen und intendiert damit eigene Verhüttungsprozesse – oder im Verbund mit dem bipartiten System freie Metallwerker als Pächter gewonnen haben, die ihren Zins in Form von Eisengerätschaften abzuliefern hatten. Von einem domanialen Nebengewerbe in dem Verständnis, daß diese Schmiede neben oder in Ergänzung ihrer Hauptbetätigung in der Landwirtschaft noch der Eisenerzeugung und -verarbeitung nachgegangen wären, kann nicht die Rede sein, selbst wenn die Agrarproduktion weiterhin zumeist dem notwendigen Lebensunterhalt der Handwerksbetriebe gedient haben wird. Bäuerliche Subsistenzwirtschaft und Holzschlagrechte banden den Schmied fest in dörfliche Strukturen ein, die vorwiegend herrschaftlich überlagert waren. Das galt auch für die namentlich aufgeführten Eisenproduzenten und Schmiede im sogenannten churrhätischen Reichsurbar, das wohl um 900 angelegt worden ist und

Gerätschaften und Schmiedehandwerk

auf eine reiche Eisenerzeugung und -verarbeitung in Vorarlberg verweist. Die Gestaltung der Produktion und der eigentlichen Verarbeitung geschah in freier Tätigkeit; die als Königszins deklarierte Abgabe umfaßte in Bludenz, wo ausdrücklich 8 Öfen genannt werden, den sechsten Teil der Eisenerzeugung. Abgaben in Barren oder Klumpen beziehungsweise in Gerätschaften, Sicheln und Sensen, wurden dem »Schultheiß« geschuldet, sofern er sein Gericht abhielt. Hier lag zweifellos bereits – oder wieder – professioneller Bergbau samt Verarbeitung vor, der sich gänzlich von der agrikolen Grundherrschaft als Betriebsform gelöst hatte und nur noch im herrschaftlichen Koordinatensystem Teilpacht und Gerichtsabgaben leistete.

Das Erzvorkommen war im Gegensatz zur späteren »Bergfreiheit« noch herrschaftsgebunden. Wem die Betriebsanlagen gehört haben, läßt sich nicht mit Sicherheit ausmachen. Laut Urbaren und urbarialen Texten rechneten Eisengeräte, Werkzeuge, Pflugschare, aber auch Eisenklumpen entweder zusätzlich zu den agrikolen Abgaben oder sie wurden als spezifische Leistung gefordert. Die Verarbeitung des Roheisens im grundherrschaftlichen Wirtschaftsverbund geschah etwa in Altenstadt, worüber der Abt von Weißenburg unmittelbar verfügte. Hier hatten einzelne Hufen nicht nur Sicheln und Äxte zu liefern, sondern auch Scharen für Pflüge und Steinmetzhämmer für die Bedürfnisse des Wirtschaftshofes anzufertigen. Diese handwerkliche Leistung wurde als Äquivalent für die Überlassung einer Werkstatt »auf dem Hügel« und »in einem anderen Hof« gefordert. Daraus ergäbe sich einer der seltenen Belege für eine Schmiede, die aus der Herrengewalt unmittelbar in die Verfügung eines Pächters übergegangen war, der seine Spezialfertigkeiten teilweise in den Dienst der Abtei gestellt hat. Im Fuldaer Wirtschaftshof Kissingen, der noch weitgehend als eigenbewirtschafteter Gutsbetrieb geführt wurde und 4 Hufen Salz produzierte, standen fünfeinhalb kleinere Hofstellen in enger Verflechtung mit dem Haupthof und waren gehalten, insgesamt jährlich Eisen abzuliefern, dessen Menge für 2 Pflüge ausreiche, während der ganze »Hof« verpflichtet war, genannte »Utensilien«, Beile, Pfannen und Kessel, zum Nutzen der Brüder in den einzelnen Jahren zu verbessern und zu reparieren. Zweifellos saß auf dem Wirtschaftshof Kissingen ein Schmied, der die Produktion und die Ausbesserung vornahm.

Von hohem Interesse sind schließlich die Abgaben, die die Abtei S. Giulia in Brescia von ihren Hörigen eingetrieben hat: Gerätschaften wie Pflugschare, Beile, Hacken, Sägen, vor allem aber Eisenklumpen, ausgedrückt in Eisenpfunden, die teilweise in die Hunderte gingen. Auch hier waren in der nördlich gelegenen Region der Brescianer Alpen Spezialisten zwar noch im grundherrlichen Umfeld tätig, doch von einem bloßen domanialen Nebengewerbe kann keine Rede sein. Die Eisenbarren dürften überwiegend für den Handel bestimmt gewesen sein, da es die Abtei in der Regel vorzog, die benötigten Geräte als Fertigprodukte zu beziehen, um damit den Eigenbetrieb zu entlasten. Allerdings dürfte die Waffenschmiede mit ihren besonderen Qualitätsanforderungen in herrschaftlicher Regie gestanden haben, wie dies der sogenannte St.-Galler-Klosterplan und die Statuten von Corbie nahelegen. Die oft geäußerte, an vermeintlich sehr geringer Eisenerzeugung und -verarbeitung orientierte These, es habe sich bei dem Metall, das im Frühmittelalter verarbeitet worden ist, um Alteisen gehandelt, das man eingeschmolzen und dann erneut bearbeitet habe, findet in den Zeugnissen keine Bestätigung.

Waffen- und Kriegswesen

Die frühmittelalterliche »Rüstungsindustrie« muß angesichts der Bodenfunde und der schriftlichen Quellen einen ganz beträchtlichen Umfang gehabt haben. Sie stand gleichwertig neben den Produktionsbereichen der Agrargeräte und der Gebrauchsgegenstände. Die germanischen Eroberungen weiter Teile des Römischen Reiches in der sogenannten Völkerwanderungszeit, die militärischen Auseinandersetzungen des Frühmittelalters, insbesondere die kriegerische Expansion des karolingischen Reiches, das vom Wiener Wald bis zur Bretagne, von Elbe/Schlei bis an die Pyrenäen und nach Rom reichte, aber auch die folgenreichen Normanneneinfälle im 9. Jahrhundert sind ohne hochstehende Waffentechnologie und entsprechende Kriegsgeräte nicht vorstellbar.

Die Rohstoffbasis bildete das Schmiedeeisen. Zwar dürfte es spezielle Werkstätten für Königtum, Adel und Klöster als Großabnehmer gegeben haben, aber eigentliche Großwaffenmanufakturen nach antikem Muster sind nicht überliefert. Wie aus Corbie, Bobbio und dem sogenannten St.-Galler-Klosterplan bekannt, arbeiteten in den Werkstätten Spezialisten der Metallverarbeitung nebeneinander, unter ihnen Klingenschmiede, Schleifer, Polierer und Schildemacher. Sehr wahrscheinlich produzierten vor allem die klösterlichen Werkstätten in erster Linie für den Eigenbedarf in dem Sinn, daß die Abteien ihre Vasallen, das heißt die kriegerische Mannschaft, mit Waffen ausstatteten. Dieser Vorgang wurde von einem königlichen Verbot ausgenommen, das den Kirchen untersagte, Brünnen und Schwerter an Fremde zu verschenken und zu verkaufen. Weder die frühmittelalterliche Agrargesellschaft noch das entstehende Vasallenheer sind ohne ausreichende Eisenproduktion und -verarbeitung denkbar. Die erwähnten »Ulfberth«-Schwerter sind nur die bekanntesten Erzeugnisse dieser fränkischen Schmieden. So rühmte schon Cassiodor (um 490–583) im Auftrag des Ostgotenkönigs Theoderich (um 456–526) die wurmbunten Schwerter der Warnen des Elbe-Saale-Gebietes mit ihren damaszierten Klingen. Paulus Diaconus (720–um 797) pries die langobardischen Waffen, Notker von St. Gallen die eisenstarrende Rüstung des fränkischen Heeres. In einem Wikingerlied aus dem 9. Jahrhundert wurden die Lanzen aus »Westerlanden« und die »wallonischen« Schwerter besungen.

Aber auch die Sarazenen schätzten die fränkische Produktion. So mußten als Lösegeld für den gefangenen Bischof von Arles 876 außer je 150 Sklaven und Mänteln, wohl Friesentuche, 150 Schwerter übergeben werden. Eindeutig belegen wiederholt königliche Ausfuhrverbote den schwunghaften Handel mit den geschätzten fränkischen Waffen. Im Jahr 779 wurde die Ausfuhr von Brünnen untersagt, 803 erging das Verbot, Händler mit militärischen Ausrüstungsgegenständen zu beliefern, darunter mit Brünnen und Schwertern. Die bekannte Raffelstetter Zollordnung von 805 bestimmte, daß Händler, die zu den Slawen und Awaren reisen, Waffen oder Brünnen nicht mitführen dürfen. Sollten diese bei ihnen gefunden werden, so sind sie zu konfiszieren. Mithin muß es zahlreiche Waffenschmieden gegeben haben, die für einen großen Markt produzierten. 811 wurde das schon zitierte Verbot an Bischöfe, Äbte und Äbtissinnen gerichtet, Brünnen oder Schwerter an Fremde zu geben, mit Ausnahme an eigene Vasallen. Karl der Kahle schärfte 864 dieses Embargo erneut ein und erinnerte daran, daß es bestimmten Plätzen im Königreich vorbehalten sei, mit Waffen zu handeln. Ihm sei ferner zu Ohren gekommen, daß Brünnen, Waffen und Pferde an die Normannen verkauft oder als Lösegeld gezahlt worden seien. Belegt ist hingegen, daß die Normandie als »Eisenlandschaft« selbst über eine reiche eigenständige Waffenproduktion verfügt hat; denn es wurden in Gräbern aus dem Beginn des 6. Jahrhunderts Schwerter, Schildbuckel, Speere, Wurfäxte (Franzisken), Kurzschwerter (Saxe), Pfeil- wie Lanzenspitzen und Pferdetrensen als Beigaben gefunden.

Die Waffenherstellung beschränkte sich keineswegs auf herrschaftliche Zentren des Adels, der Königshöfe und Klöster, sondern war allgemein verbreitet. So wurden im Rahmen des bipartiten Systems auch Waffen gezinst. In Boissy und Villemeux, zu Saint-Germain-des-Prés gehörig, waren je 6 Speere und 6 Lanzen beziehungsweise allein 6 Lanzen zu liefern. Die angelegentlich erwähnten Äxte könnten auch als Kriegswaffen Verwendung gefunden haben. Daß Waffen in der Symbolik von Herrschaft seit germanischen Zeiten eine beträchtliche Rolle gespielt haben, bedarf keiner ausführlichen Erklärung; erinnert sei nur an die Schilderhebung, an die Heilige Lanze und an das Reichsschwert. Waffen galten als kostbare Geschenke, Rüstungen als wertvolle Testierobjekte. So besaß Markgraf Eberhard von Friaul (gestorben um 866) laut Testament nicht weniger als 3 Garnituren von unterschiedlichem Wert.

Was gehörte im Frühmittelalter zur »Standardausrüstung« eines Kriegers? Archäologische Funde und schriftliche Zeugnisse lassen diese Ausrüstung konkret erkennen: Galt in taciteischer Zeit als Bewaffnung eines Germanen der Besitz von Schild und Lanze – ein Begriffspaar, das einem noch in offiziellen Dokumenten und in Illustrationen des 8. und 9. Jahrhunderts begegnet –, so wurde diese Kombination vielfach durch Lanze und Schwert, also durch Angriffswaffen, abgelöst, besser wohl: ergänzt. Die Vita des heiligen Lambert aus dem Ende des 7. Jahrhunderts zählt die »klassische« Ausrüstung auf: Brünne, das heißt ein Hemd mit aufgenähten Eisenringen oder -lamellen, Helm, Schild, Lanze, Schwert, aber auch Pfeile und Köcher. Das Waltharius-Epos aus dem 9. Jahrhundert führt auf: Brünne, Beinschienen, Helm,

200. Krieger mit Schild und Lanze. In Silber getriebene und vergoldete Phalera vermutlich aus Oberitalien, Fund aus dem 6. Jahrhundert im Grab eines vornehmen Herrn in Ittenheim bei Straßburg. Straßburg, Musée Archéologique

Spatha, das zweischneidige Schwert, Sax, das einschneidige Schwert, Lanze und Schild. Das zweischneidige Schwert wurde links, das einschneidige rechts getragen. Brauchte man Schwert, Lanze und Speer vor allem beim Zweikampf, so Pfeil und Bogen auf der Jagd.

Die Wurfaxt in der Form eines einschneidigen Beiles galt als typisch fränkische Waffe; daher der Name »Franziska«. Sie verschwand aber im Laufe des 7. Jahrhunderts. Das Charakteristikum der Sachsen war hingegen das Kurzschwert. Im Unterschied zu den Goten, Wandalen, Langobarden und Byzantinern fehlte dem fränkischen Heer der vorkarolingischen Epoche die Reiterei als wesentlicher Kampfverband. Doch das sollte sich in den folgenden Jahrhunderten ändern.

Da Grabbeigaben in der späten Merowingerzeit, im Laufe der Christianisierung, auch im rechtsrheinischen Gebiet sehr viel seltener geworden sind, müssen Einzelfunde, Texte und ikonographische Zeugnisse diesen Mangel beheben. Erlasse forderten für den Reiter seit 792/93 Schild, Lanze und Schwert, das mit einer Länge

201. Sax, das kurze einschneidige Hiebschwert, mit Dekor. Grabungsfund aus dem Anfang des 7. Jahrhunderts in Löhnberg. Wiesbaden, Museum, Sammlung Nassauischer Altertümer

von mehr als 1 Meter den Kampf über eine größere Distanz erlaubte, für Reiter und Fußsoldaten Schild, Lanze, Pfeil und Bogen. Ikonographische Zeugnisse, besonders aus dem Stuttgarter Psalter, lassen als weiteres kriegerisches Zubehör Helm, Brünne und Beinschienen erkennen. Das Recht der ripuarischen Franken verweist in einer karolingerzeitlichen Handschrift auf den signifikant unterschiedlichen Wert der wichtigsten Ausrüstungsgegenstände: Der Helm kostete 6 Schillinge, die Brünne 12, Schwert mit Scheide 7, Beinschienen 6, Schild und Lanze 2 Schillinge – eine Staffelung, die in etwa dem Eisenanteil und der Schwierigkeit der handwerklichen Fertigung entsprochen haben dürfte.

In der mittleren Karolingerzeit erfolgte eine Umstrukturierung der Kampfverbände, indem die schwere Reiterei die Fußsoldaten unterstützte. Wenn eine Verordnung von 805 vorsah, daß jeder Reiter über eine Brünne verfügen sollte, andererseits der Besitz von 12 Hofstellen, was einer kleineren Grundherrschaft entsprach, zur Anschaffung dieser Brünne verpflichtete, so ergab sich daraus die sozial und ökonomisch abgehobene Stellung des berittenen Kriegers, der zum Ritter wurde und sich nach unten von dem einfachen Freien ständisch abgrenzte. Der Besitz von bloß 3 bis 5 Hofstellen legte den Eigentümer oder den Verband lediglich auf die Entsendung eines Fußsoldaten fest.

Die militärischen Erfolge der schweren Reiterei, die in der Schlacht von Tours und Poitiers 732 gegen die andrängenden Araber ihre »Feuertaufe« bestanden haben soll, brachte Lynn White junior mit dem zunehmenden Gebrauch des Steigbügels in Verbindung, der dem Reiter einen besonderen Halt gegeben und die Stoßkraft seiner Lanze erheblich gesteigert hätte. Diese »Schubkraft« habe letztlich dem Abendland seine militärische Überlegenheit schon im 8. Jahrhundert gesichert. Für eine derartige Innovation gibt es jedoch keine Hinweise in schriftlichen Dokumenten oder auf zeitgenössischen bildlichen Darstellungen. Der Kampf mit eingelegter Lanze läßt sich erst viel später belegen. Keinesfalls kam der fränkischen Kavallerie bei der Verwendung des Steigbügels eine Vorreiterrolle zu. Denn Steigbügel aller Art gehörten bereits zu den »Standardbeigaben« langobardischer Nekropolen des 7. Jahrhunderts. Schon Chinesen und Awaren haben im 6. und 7. Jahrhundert Kriegspferde im Sattel und mit runden Steigbügeln geritten. Die Nachbarschaft zum Awarenreich jenseits des Wiener Waldes dürfte die Einführung dieser Reittechnik in Mitteleuropa beschleunigt haben. Wie wirksam der Reiter seine Lanze führen konnte, ohne Stoßkraft aus dem Halt in den Steigbügeln zu beziehen, bezeugt das Bodenmedaillon einer Silberschale aus Isola Rizza bei Verona aus dem 7. Jahrhundert, das einen wahrscheinlich byzantinischen Reiter mit Helm und Lamellenpanzer wiedergibt, der zwei mit Schild und Schwert bewaffnete langobardische (?) Krieger mit der Stoßlanze niedermacht. – Erst die Züchtung schwererer und größerer Pferderassen, die der stärkeren Belastung durch den gepanzerten Reiter gewachsen waren, führte allgemein zur Verwendung von Sattel und Steigbügel und zum Beschlag der Hufen mit Eisen, so daß Roß und Reiter zu einer »Kampfmaschine« wurden. Die Ausbildung des Reiterheeres erfolgte sehr allmählich. Reiterkämpfe sind aus der frühmittelalterlichen Epoche nur selten belegt, etwa 876 bei Andernach. Ein bewußt taktischer Einsatz von Reiterabteilungen ist nicht bezeugt; sie verstärkten lediglich die Krieger zu Fuß und kämpften mit ihnen zusammen, wobei auch sie absaßen.

202. Apfelförmiger Steigbügel awarischer Herkunft. Grabungsfund aus dem Anfang des 7. Jahrhunderts im ungarischen Bicske. Budapest, Magyar Nemzeti Múzeum

Bau und Bautechnik

Die technikhistorische Einschätzung des frühmittelalterlichen Bauwesens in seiner qualitativen wie quantitativen Dimension wird durch den Umstand stark behindert, daß aus der Fülle des einst Vorhandenen lediglich einige, zudem im Laufe der Jahrhunderte häufig um- und ausgestaltete Großbauten, vor allem Kirchen, überdauert haben, während Zeugnisse der Profanarchitektur bis auf wenige Reste gänzlich verschwunden sind. Holzbauten gar, die zum Beispiel überall in dem weiten Raum nördlich der Alpen gestanden hatten, sind fast nur noch mit den Methoden der Spatenforschung im Boden selbst nachzuweisen. Ferner war einer ausreichenden Bewertung der Bautechnik abträglich, daß sich die professionelle Forschung nahezu allein mit den noch existenten steinernen Bauten der vergangenen Epochen unter kunsthistorischen Aspekten gewidmet hat, ohne den Bauelementen der Völkerwanderungszeit und der Präromanik sowie deren Komponenten wirklich nachzuspüren. Den bautechnischen Problemen der Jahrhunderte vor der Gotik wurde wenig Interesse zuteil, und die Fragen des Bauhandwerks im sozialen und ökonomischen Umfeld blieben am Rand der Betrachtung. Die Baustelle als Sammelpunkt verschiedenster Aktivitäten rückt erst mit den Großbauten des Hochmittelalters und mit den Bauhütten ins allgemeine Blickfeld. Lediglich die sogenannte Karolingische Renaissance regte zur Auseinandersetzung mit dem frühmittelalterlichen Bauwesen an. Der offenkundige Rückgriff auf antike und spätantike Bauwerke, Formelemente und Materialien sowie die reichlicher fließenden Quellen ließen eine Beschäftigung mit den konzeptionellen Überlegungen und mit der praktischen Ausführung der karolingerzeitlichen Großbauten geboten erscheinen.

Antike Tradition und »Karolingische Renaissance«

Die Bauherren und Baumeister jener Epoche orientierten sich an dem in Rom entstandenen Massenbau mit seinen Pfeilern, Tonnengewölben und Kuppeln, an der von den Griechen zuvor ausgebildeten Säulenarchitektur und an der »modernen« byzantinisch-orientalischen Baukunst. Wenn der Mangel an Wölbungen in frühmittelalterlichen Bauwerken mit einem vermeintlichen technischen Unvermögen der Epoche in Verbindung gebracht wird, so widerlegen allein das um 515 entstandene Theoderich-Grab in Ravenna mit seiner steinernen Kuppel von 276

Tonnen Gewicht, später das Tonnengewölbe der Aachener Pfalzkapelle, das sehr wohl eine sichere Beherrschung dieser Bautechnik verrät, solche Behauptungen. Über die Gestaltung eines Bauwerkes entschieden offensichtlich das gewählte Vorbild und die funktionale Bestimmung. In Spanien, Norditalien und Gallien führte man während des 6. bis 9. Jahrhunderts mit steinernen Gewölben die Errungenschaften der Römerzeit fort, ebenso den Mauerverbund aus Stein- und Ziegellagen, die Füllmauer, die Backsteinmauer und die Mauer aus mörtellos zusammengefügten Hausteinen.

Was die Fülle der steinernen oder aus einer Kombination von Stein und Holz errichteten Großbauten anlangt, so ergibt eine Addition aus frühmittelalterlichen Quellen aller Art rund 300 Kathedralen, 1.200 Klöster und 30 Königspfalzen. Stets haben lokale und regionale Bräuche, die Verfügbarkeit von Material, die Finanzierungsmöglichkeiten der Bauherren und die lange Fertigungszeit den Umfang der Bauten, aber auch konstruktive Merkmale und künstlerische Ausgestaltung bestimmt. Ein weiteres, nicht unwesentliches Hindernis zur Beurteilung frühmittelalterlicher Bauleistungen und -techniken ist in dem Umstand zu sehen, daß so gut wie keine bautheoretischen Schriften oder konkreten Baupläne vorliegen. Zwar war das Standardwerk der Antike, Vitruvs »Zehn Bücher über die Architektur«, in mindestens 30 mittelalterlichen Klosterbibliotheken vorhanden, zwar versuchte sich der Biograph Karls des Großen, Einhard, in der Interpretation »dunkler Stellen« aus diesem Werk, aber der tatsächliche Einfluß dieses Autors auf gewisse Bauelemente wie Säulen und Maßzahlen läßt sich mit Sicherheit nur an einer karolingischen Elfenbeinarbeit aus Seligenstadt, einer Gründung Einhards, und aus den Proportionen der Kirche St. Michael in Hildesheim wahrscheinlich machen. Sieht man von »Rezepten« ab, die sich mit dem Brückenbau und mit Bauten im Wasser beschäftigten, technische Hinweise zur Nutzung von Bauholz oder zur Gestaltung von Säulenbasen und -kapitellen gaben, so erfolgte die Unterweisung im Bauhandwerk vor Ort durch praktische Anleitung und konkrete Mitarbeit, nicht anders als in der Schmiede, in der Mühle, oder in der Schreibstube. Bauzeichnungen sind bislang nicht bekannt geworden, denn der St.-Galler-Klosterplan, der Planmaß und Anschaulichkeit verbindet, ist von einer praktikablen Bauskizze, einem Aufriß, noch weit entfernt.

Bauhandwerk

Das ergrabene Umfeld von Kirchen, Klosteranlagen und Pfalzen läßt an der Existenz eines arbeitsteiligen Bauhandwerks keinerlei Zweifel aufkommen: Steinmetze, Zimmerleute, Maurer, Schmiede, Glaser waren auf der Baustelle präsent. An der Spitze stand der Architekt, den Isidor von Sevilla und, im Anschluß an ihn, Hrabanus

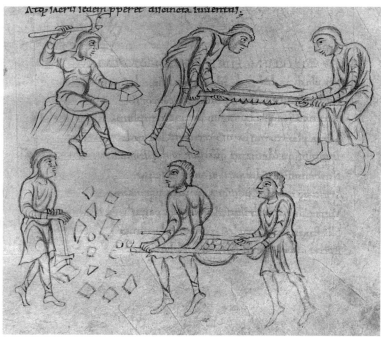

203 a und b. Vermessen der Mauer und Aufmauern unter Bauleitung sowie Quaderbehandlung, Steinsägen und -transport. Federzeichnungen in einer im 10. Jahrhundert im Kloster St. Gallen entstandenen Handschrift mit Texten des Prudentius. St. Gallen, Stiftsbibliothek

Maurus praxisnah als »Maurer« definieren, »der die Fundamente vorbereitet und berechnet«. Konzeptionelle Fähigkeiten und praktische Erfahrungen gingen bei den Kunsthandwerkern jener Epoche eine Symbiose ein, der sich Dispositions- und Organisationstalent hinzugesellten. Daß das 9. Jahrhundert über sehr genaue Vorstellungen von einer entwickelten und arbeitsteiligen Bautechnik verfügt hat, verdeutlicht die grundlegende Aussage des Hrabanus Maurus zur Baudurchführung in Stein: »Es sind Teile der Bauten (Bauausführung): Disposition, Konstruktion und Ausschmückung.« Die Disposition wird erläutert als »Beschreibung des Baugrundes und der Fundamente«.

Daß es eine Art von Bauhütte als Zusammenfassung der arbeitsteilig tätigen Handwerker unter Führung eines Baumeisters auch im Frühmittelalter gegeben hat, zumal auf den Großbaustellen, belegen nicht nur archäologische Funde an Werkzeugen und Materialien, sondern auch Paragraphen des langobardischen Volksrechts, das selbständig tätige, eigenverantwortliche Bauhandwerker nennt, sowie didaktische Rechenbeispiele Alkuins aus dem Bereich des Baugewerbes, die vor allem Löhne betreffen. Wandernde Handwerkerkolonnen waren offenbar keine Seltenheit. Gegen 675 befanden sich gallische Bauarbeiter aus dem Frankenreich in England, um in Wearmouth eine Steinkirche »nach römischer Art« hochzuziehen. Auch der Missionar Wilfrid von York (gestorben um 710) brachte Maurer vom Festland auf die Insel. Noch um 1015 ließ Bischof Meinwerk Pfalz- und Kirchenbauten in Paderborn durch »griechische Werktätige« ausführen. Gelegentlich waren statt der freien Wanderbauhandwerker auch grundherrschaftlich eingebundene Spezialisten am Werk. So dokumentiert das Urbar der Abtei S. Giulia in Brescia die Existenz von 8 Hofinhabern, die über Naturalabgaben hinaus »zur Herstellung von Mauern, Häusern und Hütten« jeweils 90 Tage im Jahr auf dem zugeordneten Herrenhof zu arbeiten hatten.

Steinbau

Die Steinbauweise gelangte mit Hilfe der Kirche, des Königtums und gelegentlich auch schon des Adels langsam, aber stetig vom Süden und Südwesten über den Rhein voran und erfaßte im 9. und 10. Jahrhundert auch das steinarme Gebiet zwischen Weser und Elbe, im Zuge der sogenannten Zweiten Christianisierung im Hochmittelalter die ostfriesischen Küstenregionen und Skandinavien, wo steinerne Kirchen seither wie anderswo das Dorfzentrum bildeten.

Die römische Tradition des Steinbaus wurde zunächst in den linksrheinischen Gebieten des Frankenreiches bewahrt oder erneuert, in den alten Städten und in Klosteranlagen, die nicht selten antike Baureste zum Neubau benutzten. Dies galt für die Columban-Stiftung Luxeuil in den Vogesen, für Saint-Wandrille in der

204. Der Einhard-Bogen. Modell nach der karolingischen, nicht erhaltenen Goldschmiedearbeit aufgrund einer Zeichnung des 17. Jahrhunderts. Seligenstadt, Landschaftsmuseum

Normandie sowie für Seligenstadt, für dessen Bau Einhard Sandstein aus einem römischen Heerlager verwendete. Der von Angilbert (um 740–814) gerühmte Luxusbau der Thermen in Aachen ging auf antike Vorbilder zurück, die Aachener Pfalzkapelle adaptierte den spätantiken Gewölbebau aus Byzanz und Ravenna, der sogenannte Einhard-Bogen gar verknüpfte en miniature einen römischen Baukörper mit der christlichen Heilsgeschichte. Selbst auf königlichen Höfen, die nicht als Pfalz dienten und nicht über antiken Fundamenten errichtet waren, sind repräsentative Bauten aus Stein bezeugt, beispielsweise auf dem Hof Annapes in der Nähe von Lille und auf seinen benachbarten Dependancen.

Daß dem »freien Germanien« die Steinbauweise ursprünglich fremd gewesen ist, belegen nicht nur antike Autoren vom Rang des Tacitus, sondern auch der spätere alt- und mittelhochdeutsche Wortschatz, der in diesem Bereich so gut wie ausschließlich dem Lateinischen entlehnt oder sehr früh »eingedeutscht« worden ist.

Der spürbare Einfluß der Bauweise in Stein, wie sie in Kathedralen, Klosteranlagen und Bauten des Königtums faßbar wurde, dehnte sich kaum auf die Baupraxis des ländlich-bäuerlichen Umfeldes aus. Nicht von ungefähr rühmte der Verfasser der zu Ausgang des 8. Jahrhunderts entstandenen Emmeram-Vita die vielen Steinbauten in Regensburg, die im 12. Jahrhundert mit der ersten steinernen Brücke über die Donau gekrönt wurden. Der relativ seltenen Steinbauweise diesseits der Alpen entspricht die Tatsache, daß bis heute nur ein einziges frühmittelalterliches Steinmetzgrab gefunden worden ist, erkenntlich an dem beigegebenen Werkzeug, einer sogenannten Spitzfläche. Sie war ein Kombiwerkzeug, das zur Herstellung von Teilsteinen mittels der Schneide und zur Bearbeitung des gebrochenen Steins mit Hilfe der Vierkantspitze diente. Weitere wichtige Handwerkzeuge waren die Fläche als Beil zum Behauen der Steine, Schlageisen mit Holzklöppel und eine Art Pickel. Überdies gibt es Hinweise auf Steinmetzhämmer, deren Lieferung zu den Pflichten von Hörigen der Grundherrschaft des Klosters Weißenburg im Elsaß gehört hat.

Die Verwendung von Marmor, vorwiegend für Säulen und Mosaikfußböden, blieb im wesentlichen auf Italien beschränkt. Die Bearbeitung dieses Materials bezeugt zum Beispiel die illuminierte Handschrift aus Montecassino. Sie zeigt das Zersägen von Marmor, allerdings mit einem ungeeigneten, weil gezackten Blatt. Offensichtlich war das mechanische Zerteilen von Marmorblöcken mittels Wasserkraft, worüber Ausonius in seiner spätantiken »Mosella« berichtet, nicht mehr bekannt.

Neben Haustein wurden auch Ziegel- und Backsteine verwendet, die einem aber für das Frühmittelalter relativ selten begegnen, obwohl Lehm und gebrannter Ton zu den bevorzugten Baustoffen der Antike zählten. Deshalb nimmt nicht wunder, daß gerade der aus Spanien oder Nordafrika stammende sogenannte Ashburnham-Pentateuch des 7. Jahrhunderts die verschiedenen Phasen der Ziegelherstellung und des Ziegelbaus detailliert dargestellt hat.

Ziegelsteine fanden bei gehobenem Bedarf Verwendung, so wenn Wandflächen aus Mischmauerwerk hochgezogen wurden. Die Anfertigung quadratischer Ziegelsteine gab Einhard über einen seiner Amtleute bei einem kundigen Handwerker in Auftrag. Die relativ geringe Anzahl der Steine läßt auf ihre noch untergeordnete Bedeutung als Baumaterial schließen: 60 Stück, die 2 Fuß lang und 4 Finger dick waren, und 200 Stück von 0,5 Fuß und 4 Finger Länge und 3 Finger Dicke. Häufiger als Ziegelsteine lassen sich Dachziegel finden, bezeichnenderweise noch aus dem 6. Jahrhundert in Verdun und in Clermont. Nördlich der Alpen hatte der Dachziegelbrand keine verbreitete Tradition. Immerhin ergeben sich aus neueren Grabungsfunden konkrete Hinweise auf die Dachziegelproduktion auf der Reichenau, während in St. Gallen statt der Leistenziegel auf allen Dächern eichene Schindeln verwendet wurden. Der vor allem in Nord- und Nordostdeutschland so verbreitete Backsteinbau war ein hochmittelalterliches Phänomen, das die Zisterzienser mitgestaltet haben, indem sie vor Ort produzierten und auf diese Weise zumindest

205. Gebrauch der sogenannten Spitzfläche im Steinbau. Zeichnung in einer im zweiten Viertel des 11. Jahrhunderts wohl in Canterbury entstandenen Abschrift der Gedichte Caedmons. Oxford, Bodleian Library

teilweise von dem kostspieligen und aufwendigen Steintransport unabhängig wurden. Links des Rheins hatte sich im Frühmittelalter die antike Tradition ein Stück weit erhalten. In Paris konnte durch Grabungen im Stadtgebiet die Existenz karolingerzeitlicher Ziegler erschlossen werden. Der dort entstandene Stuttgarter Psalter zeigt nicht zufällig Arbeiter bei der Herstellung von Ziegeln. In einer in Saran (Loiret) ausgegrabenen Ziegelei des 8. bis 10. Jahrhunderts wurde in einem Ofen ein Antefix mit Gesichts- und Kreuzdekor geborgen.

Baustoffe

Kalk zum Löschen war als wichtiges Baumaterial überall bekannt. Sein Mangel konnte Bauvorhaben verzögern oder verhindern. So berichtete Gregor von Tours von der Suche nach Kalk und einem wunderbaren Fund, der erst den Bau eines Pariser Oratoriums ermöglichte. Daß Kalk zumindest auf größeren Baustellen allgemein genutzt worden ist, belegt das bayerische Volksrecht aus dem 8. Jahrhundert durch die Verpflichtung der Kirchenhörigen zum Bedienen der Kalköfen. Folgt man der Lebensgeschichte des Gründers von Fulda, Sturmis, dann ließ dieser bereits bei Baubeginn einen Kalkofen errichten, mithin zum Zweck von Steinbauten im Klosterbereich.

Mörtel war vor der Verbreitung des romanischen und gotischen Quader- und Hausteinbaus als Bindemittel bei der Errichtung von Steinmauern und Gewölben unerläßlich. Er läßt sich in den Bauresten des frühen Mittelalters stets nachweisen, und in den Quellen wird er gelegentlich erwähnt, manchmal samt der einschlägig beschäftigten Arbeiter. In welch hohem Maße die Errichtung steinerner Großbauten im Frühmittelalter auf die massenhafte Verwendung von Mörtel angewiesen war, zeigt der archäologische Nachweis von nicht weniger als 14 Groß-Mörtelmischern des 9. und 10. Jahrhunderts im Bereich von Kirchenbauten. In diesen Geräten wurde in einer in den Boden eingelassenen Wanne mit hochgezogenem Rand aus bestrichenem Flechtwerk die Mörtelmasse durch ein mechanisches Rührgestänge zubereitet. Die unter anderem in Zürich, Augsburg, Mönchengladbach und Posen nachgewiesenen Geräte gehören mit ihrer Größe von 2 bis 4 Metern Durchmesser einem einheitlichen technischen Bautypus an. Um einen in der Wanne stehenden Mittelpfosten lief ein von Hilfskräften bedientes drehbares Rührwerk mit Stäben, mit dem bis zu 1 Kubikmeter Frischmörtel in einem Durchgang gemischt werden konnte. Solche Geräte ließen sich bisher nur auf Großbauten der karolingisch-ottonischen Epoche feststellen, nach der Jahrtausendwende verliert sich ihre Spur.

Die Verwendung von Metall als Baumaterial ist bislang nicht hinreichend geklärt. Eisennägel waren schon im 6. Jahrhundert so begehrt, daß sie gelegentlich von Plünderern in Säcken davongetragen wurden, wie Gregor von Tours berichtet. Metall brauchte man im frühmittelalterlichen Bauwesen hauptsächlich bei der Abdeckung der Dächer bedeutender Bauten und bei der Verglasung von Fensteröffnungen. Die Kirche Saint-Martin in Tours wurde auf Befehl Chlothars I. (511–561) mit Zinn gedeckt. Die Kirche Saint-Vincent in Paris trug als Dach Platten aus vergoldetem Kupfer. Ein Kupferdach hatte auch im 11. Jahrhundert die Stiftskirche St. Simon und Juda in der Goslarer Pfalz; die Platten stammten aus der Kupferproduktion des Rammelsberges.

Dasjenige Metall, das meist zur Dachdeckung benutzt wurde, war Blei, das nach

206. Mechanischer Mörtelmischer mit Ringgräbchen. Grabungsfund im karolingerzeitlichen Pfalzbereich in Zürich

den Vorschriften der karolingerzeitlichen Krongüterordnung in eigenen Gruben gewonnen werden sollte. Tafeln aus Blei verwendete Einhard zur Eindeckung seiner Basilika in Seligenstadt. Bei deren Beschaffung hatte er große Schwierigkeiten zu überwinden und hohe Kosten zu tragen. Bekannt ist die Schenkung von 8.000 Pfund Blei für die Dächer des Klosters Saint-Denis durch König Dagobert (reg. 623–639), die von den Bleiabgaben aus Melle im Poitou gekommen sind. Bleiabdeckungen waren auch in England und Irland gebräuchlich.

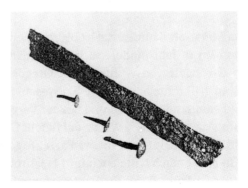

207. Eisenband und -nägel für einen Türbeschlag. Grabungsfunde aus dem 9. beziehungsweise 10. Jahrhundert in Villiers-le-Sec. Paris, Musée Nationale des Arts et Traditions Populaires

Gerüste und Transportmittel

Über Hilfsmittel am Bau unterrichten gelegentlich schriftliche Aussagen, aber auch Illustrationen zur Geschichte des »Alten Testamentes«, vornehmlich zum Bau der Arche Noah und des Turms von Babel. Zu den notwendigen Hilfsmitteln zählten neben Seilen, Leitern und Laufschrägen vor allem Gerüste als Arbeitsbühnen und Schal- beziehungsweise Lehrgerüste zum Bau gemauerter Bogen als Stütze und Formgeber. Angeblich repräsentierten Auslegergerüste allein die übliche Gerüstbauweise im Frühmittelalter: »Die Gerüstbohlen oder auch Flechtwerk liegen auf waagerechten Auslegern, runde, halbierte oder geviertelte Rundhölzer oder Kanthölzer, die auf die Maueroberkante aufgelegt und im Baufortgang eingemauert werden; sie werden mittels Bügen oder Spreizen von unten dreiecksmäßig gegen die Mauer abgestützt« (Binding-Nußbaum). Das Stangen- oder Standgerüst soll erst im Hoch- und Spätmittelalter weitere Verbreitung erfahren haben, was die Zunahme der Großbauten und der Illustrationen verständlich macht. Aber schon merowingerzeitliche Quellen erwähnen Gerüste dieser Art von einer beträchtlichen Höhe, die gelegentlich 18 bis 20 Meter erreichte. Sie wurden von Isidor von Sevilla und, ihm folgend, von Hrabanus Maurus als »Maschine« bezeichnet. Aber auch Miniaturen des 11. Jahrhunderts lassen einfache Pfostengerüste erkennen, so wiederum das Manuskript in Montecassino und die englische Aelfric-Paraphrase zum Pentateuch, die überdies den Gewölbebau, das Eindecken des Daches mit Leistenziegeln und den Eisenbeschlag einer Tür mit den entsprechenden Werkzeugen veranschaulicht.

Der Vertikaltransport erfolgte durch Arbeitskräfte über Leitern, Laufschrägen und mittels eines Vorläufers der später ikonographisch nachgewiesenen Bauwinden und Lastkräne in der Grundform eines Galgens: »Er besteht aus einer vertikalen, meist mit Fußstreben versehenen Kransäule und einem der Säule horizontal aufsitzenden Ausleger, der durch eine ihn unterfangene Strebe dreiecksförmig gegen die Säule abgestützt ist. Das Zugseil wird beim Galgen über eine Rolle am Ende des Auslegers geführt, deren Achslager zumeist fest im Holz sitzt« (Nußbaum-Binding). Als Vorläufer des »Galgens« ist ein Lastkran zu bezeichnen, der auf einem Fresko in der südfranzösischen Abtei Saint-Savin-sur-Gartempe aus der Zeit um 1100 abgebildet ist. Dieser Portalkran besteht aus zwei Säulen, die durch einen Querriegel verbunden sind, der seinerseits die Seilrolle trägt. Das Seil wird von einem Bauarbeiter bedient, der damit Material in einem Eimer, sehr wahrscheinlich Mörtel, nach oben befördert. Zum Transport auf der Baustelle benutzte man Bottiche, Eimer, Kästen mit Bügelgriff, Tragbahren, Schultertragen, Tragschlaufen, vor allem aber Mulden, teilweise mit langem, horizontalem Griff, die eine Beförderung auf der Schulter ermöglichten. Die einrädrige Schubkarre zum Transport ist erst in Illustrationen des 13. Jahrhunderts aus England und Flandern überliefert.

208. Der Turmbau zu Babel: Zimmerer und Maurer mit Beil, Holzklöpfel, Meißel und Spitzeisen sowie Mörtelbottichen auf Leitern und Gerüsten. Miniatur in einer im zweiten Viertel des 11. Jahrhunderts wohl in Canterbury entstandenen Handschrift der Aelfric-Paraphrase zum Pentateuch. London, British Library

Holzbau

Holz war »der« Werkstoff des Mittelalters, so daß nicht zu Unrecht von einem »hölzernen Zeitalter« gesprochen werden kann. Holz brauchte man nicht nur für einfache bäuerliche Behausungen, sondern auch für Sakralbauten und für Gebäude gehobenen Charakters. Die Volksrechte, unter ihnen vor allem das Recht der Bayern, geben vorzüglich Auskunft über die Verbreitung der Holzbaukunst und über einzelne Gebäudebestandteile, die aus Holz gefertigt worden sind, etwa Balken, Verstrebungen oder Dachfirste. Bauholz wurde in der Regel nicht lange abgelagert, mit Ausnahme der für den Schiffbau benötigten Hölzer. Gutes Bauholz und Balken von besonderer Länge stellten im Frühmittelalter wertvolle Güter dar, die keineswegs immer und überall verfügbar waren. Die zahlreichen »Bauwunder«, bei denen Holzbalken durch göttliche Hilfe verlängert und zugerichtet worden sind, weisen auf derartige Beschaffungsprobleme hin.

Gregor von Tours meldete im 6. Jahrhundert die Existenz einfacher Kirchen in Holzbauweise im ehemaligen Gallien. Gelegentlich wie in Paris wurden Holzkirchen, zumal Oratorien, auf alte Stadtmauern gesetzt. Östlich des Rheins errichtete man anfangs Kirchen und Klosteranlagen ebenfalls aus Holz, zum Beispiel auf der Reichenau, in Fulda, Bischofskirchen in Bremen und Verden. Nach wenigen Generationen wurden mehrere dieser Sakralbauten durch Steinbauten ersetzt. Die Bedeutung des Baustoffes Holz hob Venantius Fortunatus in einem Gedicht »Über das Holzhaus«, um 600 geschrieben, hervor, in dem er das Holz dem Stein als Werkstoff vorzieht und besonders die Holzschnitzkunst, die ornamentalen Verzierungen, preist. Der Text zeigt, daß Holzbauten den Ansprüchen der Oberschicht an Wohnkomfort und Repräsentationsbedürfnis durchaus genügt haben.

Da die frühmittelalterlichen hölzernen Gebäude längst verschwunden sind, ist man auf die archäologischen Grabungsbefunde besonders angewiesen. Sie vermögen allerdings fast ausschließlich Pfostensetzungen zu erfassen, die sich in Bodenverfärbungen erkennen lassen. Die moderne Forschung unterscheidet nach der Konstruktionsweise zwei Hausbautypen: den Block- beziehungsweise Massivbau und den Skelettbau.

In den Alpenländern und in Landschaften, in denen langstämmige, gerade Nadelhölzer wie Fichte und Lärche wuchsen, entwickelte sich der Blockbau, bei dem waagerecht liegende Hölzer zu Wänden geschichtet und durch Holzverbindungen zusammengehalten wurden. Bautechnisch war dies der in den Alpen, auf dem Balkan, im Baltikum und in Teilen Nordeuropas vorherrschende frühmittelalterliche Holzbautyp. Da die tragenden Wände beim Blockbau nicht in der Erde gesteckt haben, hinterließ dieser Bautyp keine archäologisch nachweisbaren Spuren. Allerdings werden rechteckig ausgelegte Felssteine in den Alpen und in Wikingersiedlungen von Birka und Nowgorod als Nachweis von frühen Blockhäusern interpre-

209. Fällen und Abtransport von Bäumen für Bauholz. Miniatur in einem im 11. Jahrhundert möglicherweise in der Schule von Winchester entstandenen Kalender. London, British Library

tiert. Der massive Stabbau war ein Füllholzbau, bei dem senkrechte, auf den Boden oder auf eine Schwelle aufgesetzte Balken oder Stämme eine Wand bildeten. Diese Bauform entwickelte sich aus dem primitiven Palisadenbau und war ebenfalls in Nordeuropa, besonders im Hochmittelalter in Gestalt der Stabkirche, weit verbreitet. Sie kann jedoch nicht als nordgermanischer Baustil eingeschränkt werden, da sie sich in ganz Europa nachweisen läßt, unter anderem im Rheinland. Der Bohlenbau war als Füllholzbautyp mit dem Stabbau verwandt. Bohlenhäuser verfügten über eine waagerechte Bohlenwand, die meist auf einer Schwelle auflag und von Eckpfosten gehalten wurde. Ein solcher Ständerbohlenbau wurde in Gerüstbauweise konstruiert.

Im Skelettbau, der den einfachen Pfostenbau ablöste, hielt ein tragendes Gerüst aus miteinander verbundenen, senkrechten und waagerechten, später auch schrägen Balken und Ständern den Bau. Eingelassene Gefache wurden im Bohlenbau mit Holzbohlen, im Fachwerkbau mit lehmbeworfenem Flechtwerk oder Mauerwerk gefüllt. Die Ursprünge des Fachwerkbaus mögen bereits in der Antike liegen, ihre Übermittlung ist indessen unklar. Da man seit der Karolingerzeit vermehrt als Fundament von Holzkirchen breite Schwellbalken festgestellt hat, läßt sich annehmen, daß sich der Fachwerkbau aus dem Ständerbohlenbau entwickelt hat. Seine eigentliche Blüte gehört aber erst in die Bauphase des Hochmittelalters, die der Zimmermannskunst eine neue Konjunktur beschert hat.

Der urtümlichste Haustyp war das Haus mit dem Firstsäulendach. Hierbei trugen Pfosten oder Ständer den Firstbaum, an dem die Rofen für das Dach befestigt waren. Die Last des Daches, meist in Stroheindeckung, wurde über eine Mittelsäule abgeleitet, so daß die Wand und die äußere Stützreihe den Dachdruck nur schwach empfingen. Die nichttragenden Wände der einstöckigen Bauten bestanden zumeist aus einfachem Flechtwerk, das mit Lehm beworfen war, aber auch aus Brettern und Stäben, die den Pfosten vorgesetzt sein konnten. Beim typischen Wohn-Stallhaus der norddeutschen Küstenregion wurde diese Bauform dergestalt variiert, daß statt der hinderlichen Pfostenreihe in der Mittelachse zwei Reihen starker, sich paarig gegenüberstehender Eichenpfosten aufgestellt wurden, die einen Mittelgang schufen. Die Außenwände bestanden aus Flechtwerk mit Lehmbewurf, und außerhalb dieser Wände befanden sich Eichenpfosten, die gemeinsam mit den Innenpfosten das Dach trugen. Gegliedert waren diese Gebäude in einen Wohn-Wirtschafts- und einen Stallteil. Die Seitenschiffe des Stallteils waren durch Flechtwände in Boxen für Rinder unterteilt, und im Mittelschiff verlief beiderseits eine Jaucherinne. Dieser Bautyp, in dem Mensch und Tier unter einem Dach lebten, erreichte Ausmaße von 7 Metern Breite und 30 Metern Länge und blieb bis ins Frühmittelalter hinein unverändert. Als direkter Vorläufer des »Niedersachsenhauses« kann er aber nur sehr bedingt gelten.

Im Binnenland gibt es zu diesem Langhaus der Küstenregion keine nachgewie-

210. Hallenhaus mit schräggestellten Außenpfosten. Grabungsbefund aus dem 7. und 8. Jahrhundert in der sächsischen Siedlung im westfälischen Warendorf

211. Bau der Stiftshütte: Eindecken des Daches mit Schindeln. Miniatur in dem um 900 in St. Gallen entstandenen sogenannten Goldenen Psalter. St. Gallen, Stiftsbibliothek

sene Parallele. Gut erforscht ist dort ein Hallenhaustypus, der in Warendorf, einer annähernd vollständig ausgegrabenen sächsischen Siedlung des 7. und 8. Jahrhunderts, in den Bodenspuren sichtbar dokumentiert ist. Hier hatten die einzelligen, häufig schiffsförmigen Großbauten statt der inneren Pfostenreihen schräggestellte Außenhölzer, die die Wandpfosten zusätzlich abstützten. Die Häuser verfügten somit wahrscheinlich bereits über echte Sparrendächer, so daß die Last des Daches zur Außenwand als tragendem Element abgeleitet wurde. Neben diesen Hallenhäusern fanden sich in Warendorf – dies gilt auch eingeschränkt für die Feddersen

Wierde — weitere Baulichkeiten: Wohnbauten der Knechte und Handwerker mit Firstsäulendach, Scheunen, Ställe, Schuppen, Werkstätten und Grubenhäuser. »Wie Warendorf zeigt, ist jede Bauform schon dieser Frühzeit abhängig von der Funktion, die sie erfüllen muß, und in der Gestaltung von konstruktiven Einzelheiten durch persönliche und einmalige Entscheidungen der Erbauer selbst bedingt« (W. Winkelmann). Im Gegensatz zu den späteren Häusern, die auf Fundamentsteinen und Schwellen in der Ständerbauweise errichtet wurden, hatten die Gebäude in Pfostenbauweise wegen des im Boden faulenden Holzes bloß eine bescheidene Nutzungsdauer und waren in aller Regel nur einstöckig, so daß an die Zimmermannskunst keine allzu hohen Anforderungen gestellt wurden.

Wie sehr die Holzbauweise auch das karolingische Zeitalter dominiert hat, belegen nicht zuletzt die Zeugnisse aus den Urkunden und Polyptychen dieser Epoche. So gehörte die Lieferung von Holzbrettern und Holzschindeln zu den Standardabgaben der hörigen Bauern. Außerdem waren die Bereitstellung und die Fertigung von Bauholz sowie der Transport der Hölzer auf die Wirtschaftshöfe Bestandteil bäuerlicher Leistungspflichten. Die Gesamtsumme der von der Pariser Abtei eingeforderten Dachschindeln zum Beispiel belief sich auf rund 47.000 und die der Bretter auf rund 25.000 im Jahr. Neben Schmied und Müller ist denn auch der Zimmermann der in frühmittelalterlichen Quellen am häufigsten genannte Handwerker, wiewohl er in den Volksrechten eine deutlich niedrigere Einstufung erfährt als der Gold- und

212. Klosterbau: Zimmerer mit Beschlagbeil und Löffelbohrer. Miniatur in einer in der zweiten Hälfte des 11. Jahrhunderts im Kloster Werden entstandenen Abschrift der Vita des heiligen Liudger. Berlin, Staatsbibliothek Preußischer Kulturbesitz

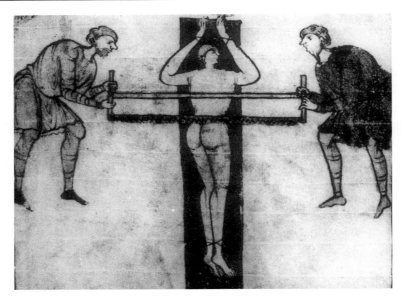

213. Verwendung der Rahmensäge als Marterinstrument. Miniatur in einem um 1000 in Oberitalien entstandenen Sakramentar. Ivrea, Biblioteca Capitolare

Silberschmied. Die Holzbearbeitung und die Zimmermannstechnik erfolgten mit traditionellen Methoden: Verkämmung, Verblattung und Verzapfung. Zu den Grundwerkzeugen für die Holzbearbeitung gehörten: Axt und Beschlagbeil, Stemmeisen und Holzklöpfel, Löffelbohrer und Hobel, die eiserne Schrotsäge zum Ablängen des Holzes, die Stoßsäge und die seit der Antike bekannte Rahmen- oder Spannsäge für die Bohlen- und Bretterherstellung.

Heizungsbau

Zu den interessanten Aspekten des Gebäudebaus, der Pfalzen und kirchlichen Repräsentationsbauten wie Bischöfspaläste, zählt die Gestaltung der Heizungsanlage, jedenfalls für die Regionen nördlich der Alpen. Die mögliche Palette von Wärme- und Heizquellen umfaßte von der offenen Feuerstelle des Bauernhauses über den gemauerten Rundofen und Kamin der Pfalzen auch komplexere Kanal- und Heißlufheizungssysteme. Frühmittelalterliche Kanalheizungen, die freilich nicht exakt datiert werden können, lassen sich im Episcopium der Genfer Kathedrale und in Disentis nachweisen, während die Grabungsfunde in Fulda und Quedlinburg keinen eindeutigen Schluß auf das spezifische Heizungssystem erlauben. Eine Vielfalt gut erhaltener Heizvorrichtungen des Frühmittelalters kam bei archäologi-

Heizungsbau

schen Grabungen auf der Reichenau zu Tage. Hier gab es teils Öfen und Herdstellen, teils Unterbodenheizungen. Das Resultat dieser Spatenforschung legte einen Vergleich mit den entsprechenden Einrichtungen nahe, die im sogenannten St.-Galler-Klosterplan mit drei Großheizungen und mehreren Dutzend Öfen und Herden zeichnerisch fixiert sind.

Die Reichenauer Mönche hatten bereits während des 9. Jahrhunderts im Ostflügel, dann, spätestens im frühen 10. Jahrhundert, im Westflügel ihrer Klosteranlage einen Wärmeraum installiert, der mit einer gleichartigen Unterbodenheizung ausgestattet wurde. Die Heizanlage selbst bestand aus drei funktionalen Teilen: dem Brenn- und Feuerraum, den Heizkanälen und dem Rauchabzug. »Im Innern des Wärmeraumes befinden sich die Heizkanäle, die mit dem Ziegelstrichfußboden eine bauliche Einheit bilden. Sie haben sorgfältig in Gußtechnik hergestellte, innen gegen eine Verschalung, außen gegen den Baugrund gegossene Seitenwände, welche innen einen Glattstrich tragen, und einen einfachen, direkt auf dem Untergrund aufgebrachten Glattstrich an der Kanalsohle. Zur Abdeckung der Kanäle fanden

214. Südlicher Ringkanal einer Unterbodenheizung. Grabungsbefund aus dem 10. Jahrhundert im Westflügel des Klosters auf der Reichenau

Grausandsteinplatten Verwendung, die in den Estrichboden eingegossen wurden ... Die Heizkanäle bilden ein kompliziertes System. Sie sind alle untereinander verbunden; tote Enden kommen nicht vor. Ein Kanal verläuft entlang den vier Wärmeraumwänden und zwar in einem 0,40 Meter und 0,90 Meter schwankenden Abstand. Wir nennen ihn daher Ringkanal« (A. Zettler). Der lichte Querschnitt der Kanäle betrug durchweg 0,45 bis 0,50 Meter in der Breite und 0,30 bis 0,40 Meter in der Tiefe.

Im Unterschied zu den spätrömischen Kanalheizungen erwärmten die Reichenauer Heizungssysteme nur den Fußboden des Wärmeraumes, nicht mehr auch dessen Wände. Das dafür erforderliche Tonröhrennetz, das zugleich die Funktion eines Abzugs ins Freie erfüllte, stand den Mönchen nicht zur Verfügung. Derart »industriell« gefertigte Röhren aus gebranntem Ton überstiegen vermutlich die technische Kapazität der Klosterziegelei. So beschränkte man sich auf die Erwärmung des Fußbodens, schuf damit aber einen Wärmesaal von nicht weniger als 300 Quadratmetern als Vorläufer des späteren Kapitelsaals, der einer stattlichen Anzahl von Mönchen außerhalb ihrer liturgischen Verrichtungen und Schlafstunden während der kalten Wintermonate einen angenehmen Aufenthalt bot. Kleine Räume auf der Reichenau waren wie das Scriptorium mit Herden beziehungsweise Öfen ausgestattet. Die Unterbodenheizung, deren Furnium wie der Rauchabzug außerhalb des Wärmeraumes lagen, erlaubte den Dauerbetrieb ohne Schmutz und Belästigungen der Mönchsgemeinschaft von außen. Überdies ließ sich experimentell nachweisen, daß hierbei die Umwandlung des Brennstoffes Holz in genutzte Wärme einen Wirkungsgrad von rund 90 Prozent erreichte. Zudem mußte Holz nur ein- oder zweimal am Tag nachgelegt werden.

Die geschickte Adaption antiker Heizungssysteme in den Bodensee-Klöstern erklärt sich nicht primär aus dem besonderen technischen Ingenium dieser Mönche, sondern vor allem aus dem Umstand, daß diese Region bereits in der römischen Kaiserzeit in das Imperium einbezogen worden war und dessen allgemeinen zivilisatorischen Standard erreicht hatte. So sind im Voralpenland zahlreiche Kanalheizungen zutage getreten, die vom Pfeilerhypokaust zur Erwärmung ganzer Flächen, vor allem in Thermen, ausgehend, das System zur Teilerwärmung von Fußböden variiert haben. Solche auf spätantike Muster rekurrierenden Heizungsanlagen konnten bislang tatsächlich nur auf der mittelalterlichen Reichenau erforscht werden. In Fulda verfügte lediglich der merowingerzeitliche Vorgängerbau, eine wohl um 700 zerstörte repräsentative Curtis, über eine Fußbodenheizung nach antikem Muster, die aber in dem karolingerzeitlichen Klosterbau nicht übernommen wurde. Pfalzen wie Paderborn oder Samoussy hatten zur Beheizung ihrer großen Säle Öfen, die in den Mauerwinkeln der Räume postiert waren. Vielleicht liegt dieser Verzicht darin begründet, daß die großräumigen Hallen nur selten genutzt wurden und deshalb eine Ofenheizung ausreichend erschien.

Die Mönche der Reichenau knüpften jedenfalls im Heizungsbau an spätrömische Vorbilder an und schufen eine Kontinuität von der Antike zum Frühmittelalter, die sich eben nicht auf Buchgelehrsamkeit beschränkte: »Mit den technologisch hochstehenden Großheizungen standen die frühmittelalterlichen Mönche – um einen modernen Begriff zu gebrauchen – hinsichtlich der ›Lebensqualität‹ an der Spitze der zeitgenössischen Gesellschaft« (A. Zettler). Die späteren Heiß- oder Warmluftheizungen, die seit dem 11. Jahrhundert in den Pfalzen um Goslar wie Werla oder in Grohne und Pöhlde nachgewiesen werden können, sind wahrscheinlich Entwicklungen des Hochmittelalters und unterscheiden sich als zweigeschossige Heißluftanlagen mit Heizkammer im Erdgeschoß und Wärmeraum im Obergeschoß technisch gänzlich von der reduzierten Hypokaustenheizung des Frühmittelalters.

Transportmittel für den Nah- und Fernverkehr

Der Aspekt des Verkehrs berührt die Technikgeschichte des Frühmittelalters nicht nur am Rand. Im Gegensatz zu einer weitverbreiteten Meinung bietet sich die Ökonomie dieser Epoche keineswegs als mehr oder minder geschlossene »Hauswirtschaft« dar, die auf lokaler, bestenfalls regionaler Ebene einen gewissen Güteraustausch praktiziert hat, während der Fernhandel, folgt man den Thesen des belgischen Historikers Henri Pirenne aus den dreißiger Jahren des 20. Jahrhunderts, durch die Eroberung des Mittelmeerraumes seitens der Araber fast gänzlich zum Erliegen gekommen sein soll. Weder bestimmte die autarke Haushaltung die frühmittelalterliche Wirtschaft, noch beendete die muslimische Besetzung der Küsten Nordafrikas und Südspaniens den Orienthandel, dessen Güter wie Gewürze, Seidenstoffe und Erzeugnisse des Kunsthandwerks ohnedies nur einer höchst schmalen Oberschicht zugänglich waren. In den romanischen Ländern bestand auch in der Nachvölkerwanderungszeit, zumal in urbanen Zentren, der Güteraustausch fort. Im Kerngebiet des fränkischen Reiches zwischen Loire und Rhein lassen Neugründungen von Münzstätten und Märkten, meist in Verbindung mit kirchlichen Einrichtungen, aber auch im Umfeld grundherrschaftlich strukturierter Domänen, seit dem 8. Jahrhundert, vermehrt noch in der ersten Hälfte des 9. Jahrhunderts, einen deutlichen Aufschwung von Handel und Verkehr erkennen. Die wachsende innere Verflechtung des nordwestlichen Frankenreiches griff auch über den Rhein hinaus und erreichte über kirchliche Knotenpunkte – Bischofssitze wie Paderborn, Münster, Bremen, Hildesheim und Halberstadt oder Klöster wie Fulda und Corvey – die Zonen der Mittelgebirge und des norddeutschen Flachlandes, während gleichzeitig die küstennahe Handelsschiffahrt den Kontinent über die sogenannten Wike – Händler- und Gewerbesiedlungen wie Tiel am Wal, das friesische Dorestad und Haithabu – mit England, Skandinavien und dem Baltikum verband. Die Ausgrabungen der letzten Jahrzehnte in diesen zumeist in den Normannenstürmen des 9. und 10. Jahrhunderts untergegangenen Emporien haben stringent zuverlässige Nachweise für einen interregionalen Warenaustausch großen Umfangs erbracht, der nicht zuletzt auf Wein, Keramik, Kunsthandwerk, Mühlsteinen und Waffen beruhte.

Als ganz wesentliche Schlagadern des Nah- und Fernhandels erwiesen sich die großen Ströme mit ihrem Geflecht von Nebenflüssen bis in die kleinsten Verästelungen hinein: Po und Rhône, Loire und Seine, Somme, Maas und Schelde, Rhein, Main und Donau, Weser, Ems und Elbe. Insbesondere das ehemals »freie Germanien«, weithin von Wäldern bedeckt und von Sümpfen durchzogen, dem das alte römische Straßennetz fehlte, war überwiegend auf das Flußsystem angewiesen. Der Landverkehr führte über schlecht gesicherte und befestigte Trampelpfade, Fahrrinnen und in den Moor- und Feuchtgebieten Nordwestdeutschlands über sogenannte Bohlenwege, deren verbreitete Existenz die Spatenforschung nachzuweisen vermochte. Nur wenige Handelsrouten wie der sogenannte Hellweg, der Flandern und den Niederrhein über Köln und Westfalen mit dem Saum der Mittelgebirge und Magdeburg an der Elbe verband, reichen in frühmittelalterliche Zeit zurück.

Aber auch der ländliche Raum ist ohne Markt und Handel sowie ohne Verkehrswege und Transportmittel nicht denkbar. Innerhalb der weitverzweigten Grundherrschaften fand in Form von Naturalabgaben und Dienstleistungen ein reger Güteraustausch statt, der einerseits der Versorgung der herrschaftlichen Eigenwirtschaft galt, andererseits bereits marktorientiert reagierte. Ein frappantes Beispiel für diese frühmittelalterliche Verkehrswirtschaft liefert das 893 aufgezeichnete Urbar der Eifel-Abtei Prüm, die wegen ihrer ungünstigen Lage in einem schmalen Talkessel auf nahezu tägliche Zulieferung von Nahrungsmitteln angewiesen war und deshalb ein effizientes Fuhrsystem aufbauen mußte, das selbst entlegene Besitzungen in den Ardennen, am Niederrhein, in Friesland, aber auch am Mittelrhein erfaßte, um so die Versorgung der Abtei mit Getreide, Wein und Salz zu sichern.

Wagen und Karren

Da die frühmittelalterlichen Fahrzeuge, die in erster Linie dem Transport landwirtschaftlicher Produkte und Baumaterialien dienten, fast ausschließlich aus Holz bestanden, während Metallteile wie Deichselbeschläge, Radreifen und Felgenklammern eine wichtige, aber untergeordnete Rolle spielten, ist die archäologische Überlieferung von Wagen beziehungsweise Wagenresten außerordentlich spärlich und zudem auf Funde im Torf der Hochmoore und in überlagerten Schichten aufgegebener Wurten Nordwestdeutschlands und der Nordseeküste beschränkt. Die wenigen nord- und südeuropäischen Grabbeigaben repräsentieren keine alltäglichen Fahrzeuge, sondern Kultwagen und Prunkgefährte. Die ergänzende schriftliche Dokumentation ist ebenfalls bescheiden; die erzählenden und normativen Quellen lassen günstigstenfalls bestimmte Konstruktions- und Ausstattungsmerkmale erkennen, doch die Nomenklatur ist alles andere als einheitlich. Was gar die bildlichen Darstellungen angeht, so ist bei ihrer Auswertung höchste Vorsicht angezeigt; denn kaum eines dieser Fahrzeuge läßt sich als benutzter zeitgenössischer Wagen in Anspruch nehmen, weil die spätantike Tradition bei der Wiedergabe von Prunk- und Rennwagen die Hand des Künstlers geführt hat. Zur Realität des

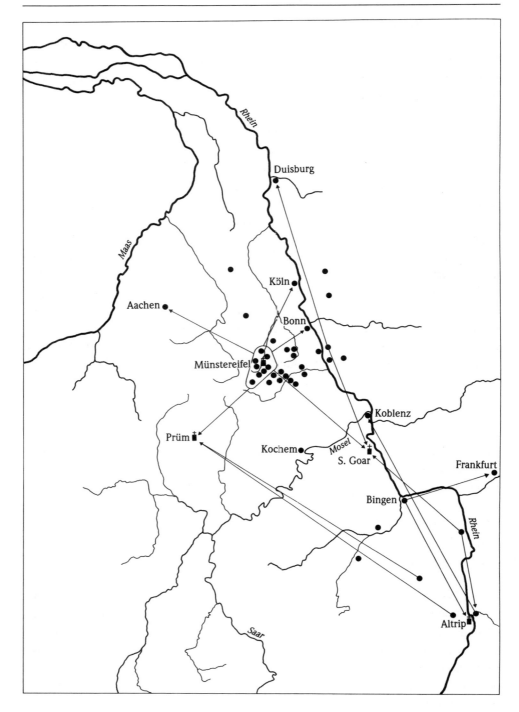

Verkehrsnetz zu Lande und zu Wasser in der Grundherrschaft des Klosters Prüm im Jahr 893

Wagen und Karren 463

215. Vierrädriger Leiterwagen mit Ochsengespann. Reliefierte Bronzeplatte auf der Holztür der Abteikirche S. Zeno Maggiore in Verona, erste Hälfte des 12. Jahrhunderts

Frühmittelalters gehörten vielmehr der zwei- und vierrädrige Karren beziehungsweise »Ackerwagen«, der, von Ochsen gezogen, noch dem merowingischen König als Gefährt bei seiner Reise von Pfalz zu Pfalz diente, wie Einhard, die verflossene Dynastie bewußt karikierend, zu Beginn seiner Lebensgeschichte Karls des Großen berichtet. Der Herrscher hoch zu Roß, wie ihn die berühmte Metzer Statuette zeigt, entsprach offenbar der Idealvorstellung des karolingischen Zeitalters, die den Ochsenkarren in eine strikt bäuerliche Sphäre verwies, die dem ersten Frankenkaiser nicht mehr angemessen war.

Man kann angesichts der gleichbleibenden Nutzung der Fahrzeuge im vorwiegend landwirtschaftlichen Bereich bis ins 19. Jahrhundert hinein und hinsichtlich der in ihrer Beschaffenheit bis zum modernen Chausseebau weitgehend identischen Verkehrswege davon ausgehen, daß einmal gefundene Konstruktions- und Ausstattungsmerkmale im Wagenbau im wesentlichen beibehalten worden sind, lediglich ergänzt durch die Federung. Archäologisch konnte in europäischen Breiten hauptsächlich der Vierradwagen als »das« Ackerfahrzeug nachgewiesen werden. Er ließ sich mit verhältnismäßig bescheidenen Handwerksfähigkeiten überall bauen und bestand aus folgenden Elementen: Fahrwerk mit Achsen und Rädern, Unterwagen und Zugvorrichtung sowie Oberwagen.

Technisch ist zwischen Scheiben-, Streben- und Speichenrädern zu unterscheiden. Setzt man als zeitlichen Schnitt etwa das 2. Jahrhundert n. Chr. an, so ist festzustellen, daß, den jeweiligen Vorzügen entsprechend, alle drei Typen bekannt gewesen und genutzt worden sind, wobei man schon früh einen recht hohen Standard erreicht hat, der erst im Spätmittelalter, wenn überhaupt, regional unterschiedlich, weiterentwickelt wurde.

Die eingesetzte, auswechselbare sogenannte lose Buchse, der durch Drehung um die Achse besonders beanspruchte mittlere Teil des Rades, der »Verschleißteil«, war bei Scheiben- und Strebenrädern schon lange gebräuchlich. Zudem waren Wege gefunden worden, das Gewicht der Räder zu verringern. Scheibenräder wurden gewöhnlich aus 3 Teilen zusammengesetzt – Mittelteil mit Buchse, zwei Seitenteile, verbunden durch eingeschobene Leisten beziehungsweise Dübel oder Zapfen –, wobei um die Buchse zwei gegenüberliegende halbmondförmige Öffnungen, längs der Seitenteile, den gewünschten Effekt erbrachten. Strebenräder bestanden entweder aus einem Mittelteil mit Buchse, der sich bis zum Radrand fortsetzte, oder das Mittelteil stieß auf den Radkranz, die Felge. Bei einer dritten Variante faßten »eigenständige« Streben tangential die lose Buchse ein.

Technisch aufwendiger und schwieriger herzustellen waren die Speichenräder, bei denen zwei Arten zu unterscheiden sind: Speichenräder mit Biegefelgen bestanden aus einer Felge oder aus mehreren, die über Dampf zu einem Kreis gebogen und schließlich zusammengefügt wurden; eine Klammer hielt die Nahtstelle und ein eiserner Reifen die Felge von außen zusammen. Um die gewünschte Stabilität zu erreichen, war der Einbau vieler Speichen erforderlich. Biegefelgenräder waren schwieriger herzustellen und blieben bruchgefährdet, so daß sich deren Einsatz lediglich für leichte Fahrzeuge eignete, die zudem elegant wirkten. Speichenräder mit zusammengesetztem Radkranz waren häufig kleiner, belastbarer und variabler in der Herstellung. Durch die Verbreiterung und Erhöhung der Felgen oder die Verdickung der Nabe konnte die Länge der Speichen verkürzt werden, was die Stabilität steigerte und Reparaturen erleichterte. Das ist beispielsweise bei den Rädern des Oseberg-Wagens der Fall. Der Radkranz konnte aus 4 bis zu 8 Felgen

216. Prunkwagen mit Speichenrädern samt deren verdickter Nabe und verkürzten Felgen. Fund aus der Zeit um 800 in dem reich ausgestatteten Schiffsgrab von Oseberg. Bygdøy, Museum

zusammengesetzt werden. In Feddersen Wierde ließ sich eine Radhöhe von 141 Zentimetern bei 18 Speichen nachweisen; normalerweise waren kleinere Räder mit 4 bis 5 Felgen und 10 bis 12 Speichen in Gebrauch.

Achsen bestanden in ihren konstruktiven Teilen aus einem balken- oder plankenförmigen Achsblock in der Mitte, an dem mittels Holzdübeln der Unterwagen befestigt war, und aus zwei Achsschenkeln, auf denen sich die Räder drehten. Die Buchsen der Scheiben- oder Strebenräder beziehungsweise die Naben der Speichenräder waren mit Lederriemen, die durch eine Rille im Achsschenkel Halt fanden, meist jedoch mit hölzernen Achsnägeln oder seltener auch schon mit Eisennägeln, einige Zentimeter vor dem äußeren Ende der Achse befestigt. Die Schmierung der Achsschenkel wurde, wie es scheint, erst spät üblich. In Zweirad-Provinzen bevorzugte man die rotierende Achse, die mit den Rädern durch Aufstecken auf Vierkantzapfen fest verbunden war. Der Achsblock trug den Unterwagen. Die bisher nachgewiesenen Spurweiten, die für die Belastbarkeit eine wichtige Rolle gespielt haben, schwanken zwischen 80 und 160 Zentimetern mit der Norm zwischen 110 und 120. Zeugnisse hierfür bieten neben Achsfunden die Bohlenwege sowie die ausgefahrenen alten Steinstraßen.

Bei Vierradwagen waren für die Drehbarkeit der Vorderachse unterschiedliche Lösungen möglich: Drehschemel, nach vorn versetzter Drehschemel, gebrochener oder ungebrochener Langwagen. Alle waren prinzipiell dazu geeignet, den Langwagen je nach Sachzwang auszutauschen. Es dürfte schon die Gabelkonstruktion gegeben haben, bei der eine gabelförmige Vorrichtung auf der Vorderachse auflag, die sich in einen Zugarm fortsetzte. Hierbei wurde der Baum des Hinterwagens ziemlich weit vorn, wahrscheinlich vor der Achse, in der nach hinten offenen Gabel eingehängt, und zwar mit einem senkrechten Bolzen in eine Querverstrebung. Bei der sogenannten Zangenkonstruktion lag der Verbindungspunkt hingegen hinter dem Vorderwagen. In eine querliegende, maul- oder zangenartige Führung fügte sich der von hinten einzuführende lange, vorn abgeflachte Baum des Hinterwagens und wurde mit einem Nagel, der beide Backen der Zange und das dazwischen liegende Ende des Hinterwagenbaumes durchstieß, festgehalten.

Im Unterschied zu Fahrwerk, Zugvorrichtung und Unterwagen, die in Anordnung und technischer Funktion annähernd gleich gewesen sind, war der Aufbau der Oberwagen recht variabel und von den Nutzungsbedürfnissen abhängig. Das Fundmaterial läßt hierzu keine genaueren Schlüsse zu, aber es ist anzunehmen, daß es den Plankenboden mit verschiedenen Einfassungen gegeben hat. Auf dem Ende des Drehschemels standen gewöhnlich »Rungen«, Stützen für die Seitenwände des nicht fest mit dem Unterwagen verbundenen Oberwagens. So besteht etwa der Aufsatz des Oseberg-Wagens aus einer Mulde, die aus Brettern zusammengefügt wurde und als eine Art »Container« benutzt werden konnte, was das Umladen des Transportgutes von Land- auf Wasserfahrzeuge und umgekehrt erleichterte. Die mittelalterliche Ikonographie solcher Fahrzeuge bezeugt Kasten-Leiter-Bretter- und Flechtwerkwagen. Spätestens seit dem 10. Jahrhundert kannte man auch die Längsaufhängung. Hierbei hing der Wagenkasten vorn und hinten an Kipfen. Die Lebensgeschichte des heiligen Ulrich von Augsburg (890–973) erwähnt diese Technik, und die englische Aelfric-Paraphrase bietet das erste Bilddokument. Dieser Wagentypus wurde wegen seines besonderes Schutzes vor Erschütterungen auf den schlechten Straßen vornehmlich als Transportmittel für Kranke, Kinder, Frauen und hochgestellte Geistliche benutzt.

Hinsichtlich der Tragfähigkeit der Wagen sind die Angaben des spätantiken Codex Theodosianus aussagekräftig. Das Gesetzbuch enthält Bestimmungen über die zulässigen Lasten für Wagen, die auf dem römischen Straßennetz verkehrt sind. Diese variierten zwischen 200 römischen Pfund (66 Kilogramm) und 1.500 Pfund (492 Kilogramm), einer Last, die von einem einzigen Pferd mit der traditionellen Hals- beziehungsweise Brustanspannung gezogen werden konnte. Spätere Quellen entsprechen jenem Rahmen und lassen erkennen, daß die technischen Konstruktio-

217. Kipfaufhängung eines Oberwagens. Miniatur in einer im zweiten Viertel des 11. Jahrhunderts wohl in Canterbury entstandenen Handschrift der Aelfric-Paraphrase zum Pentateuch. London, British Library

nen weitgehend gleichgeblieben sind. Im Jahr 716 bestätigte König Chilperich II. (reg. 715/16–721) der Abtei Corbie eine jährliche Zuwendung verschiedener Luxusgüter aus königlichen Vorräten, darunter 10.000 Pfund Öl, von insgesamt 3.600 Kilogramm, wozu noch Häute und Papyrusrollen kamen. Für die Lastenbeförderung wurden 12 Wagen bereitgestellt. Mithin transportierte man pro Wagen rund 300 Kilogramm. Den Transport eines großen Weinfasses auf dem Landweg zeigt der Teppich von Bayeux. Der von zwei Knechten gezogene Leiterwagen ist zudem mit Waffen, vor allem Lanzen und mit Helmen bestückt. – Der Schubkarren, die genial anmutende einfache Konstruktion eines Kastens, der in Verbindung mit zwei Holmen und einem Rad, beladen, von einer Person geschoben werden konnte, ist erst in Manuskripten des 13. Jahrhunderts aus Flandern und England dokumentiert.

Schiffe und Boote

Die Erforschung des frühmittelalterlichen Schiffbaus hat in den letzten Jahrzehnten große Fortschritte gemacht. Es ist zweifelsohne das Verdienst der modernen Schiffsarchäologie, die durch eine Reihe aufsehenerregender Fundbergungen und durch die Anwendung neuer Methoden in der Unterwasserarchäologie Wasserfahrzeuge aus längst vergangenen Zeiten der wissenschaftlichen Auswertung zugänglich gemacht hat. Als eine wichtige Erkenntnis stellt sich dabei heraus, daß man für die mittelalterliche Zeit mehrere Schiffbautraditionen zu unterscheiden hat. Sie waren je nach Ursprüngen, Abhängigkeiten und Verbreitungsgebieten wirksam und lassen sich in ihren Grundzügen bis in die frühgeschichtliche Zeit zurückverfolgen.

Den besten Zugang zu den unterschiedlichen frühmittelalterlichen Schiffbautraditionen bieten Schiffsdarstellungen auf karolingerzeitlichen Münzprägungen. Obwohl die Schiffe auf den kleinen Münzen notgedrungen nur sehr vereinfacht wiedergegeben worden sind, lassen sich deutlich verschiedenartige Typen mit jeweils eigenen Konstruktionsdetails erkennen. So ist auf Prägungen Karls des Großen und Ludwigs des Frommen aus Dorestad und Quentovic ein sichelförmiges Schiff abgebildet, bei dem vor allem das völlige Fehlen von Kiel und Steven augenfällig ist. Dieselben konstruktiven Merkmale weisen Schiffe auf hochmittelalterlichen Stadtsiegeln auf, die dort als »Holk« bezeichnet werden. Auf karolingerzeitlichen Nachprägungen der Dorestad-Münzen, die in Haithabu angefertigt worden sind, ist hingegen ein Schiffstyp festgehalten, der einen fast waagerecht gebauten Boden bei gleichzeitig rechtwinkligem Stevenansatz besitzt. Auch für diesen Schiffstyp findet sich auf den Siegeln zahlreicher hochmittelalterlicher Hansestädte ein vergleichbares Pendant, das man unter der Bezeichnung »Kogge« kennt. Schließlich regten die karolingischen Dorestad- und Quentovic-Prägungen eine eigenständige skandinavische Münzprägung mit Schiffsbildern an, auf denen Kriegsschiffe der Wikinger zur Darstellung gelangten. Erkennbar waren sie an dem stark ausgeprägten Kiel, der in bogenförmige hohe Steven überging, sowie an der im Vergleich zu den Koggedarstellungen deutlich niedrigeren Bordwand. Die moderne Schiffsarchäologie lieferte den Beweis dafür, daß die drei auf karolingerzeitlichen Münzen wiedergegebenen Schiffsformen tatsächlich wichtige frühmittelalterliche Wasserfahrzeuge repräsentiert haben.

Am weitesten fortgeschritten ist bisher die Erforschung der nordischen Schiffbautradition, die auf den osteuropäisch-slawischen Raum ausgestrahlt hat. Über Formgebung und Bauweise der nordischen Wikingerschiffe ist man durch die bereits in der zweiten Hälfte des 19. Jahrhunderts bei Tune (1867), Gokstad (1880) und Oseberg (1903) vollständig ausgegrabenen Boote relativ gut unterrichtet. Das infolge seiner reichen Schnitzverzierungen als fürstliches Prunkschiff ausgewiesene Oseberg-Boot aus der Mitte des 9. Jahrhunderts besaß bei einer Länge von 21,50

Metern und einer Breite von 5,10 Metern eine langgezogene spitzovale Gestalt, und die Tragkraft dürfte etwa 11 Tonnen betragen haben. Bestimmte Einrichtungen und schiffstechnische Einzelheiten ließen von vornherein keinen Zweifel daran aufkommen, daß es sich bei den drei Schiffen aus dem südnorwegischen Oslo-Fjord um Mannschaftsboote gehandelt hat, die vornehmlich für kriegerische Zwecke eingesetzt worden sind. So ist die beidseitig von vorn bis achtern durchgehende horizontale Reihe von Riemenlöchern ein sicheres Indiz dafür, daß man diese Schiffe für eine große Rudermannschaft konzipiert hat. Das Oseberg-Schiff konnte eine Besatzung von 35 Mann einschließlich Ausrüstung aufnehmen; für das Verstauen von Handelsware war verständlicherweise wenig Platz. Obwohl diese wikingischen Kriegsschiffe einen Mast hatten, bestand die Hauptantriebskraft eindeutig in einem kraftvollen Rudereinsatz der Bootsbesatzung. Der Segelantrieb hatte gegenüber dem Riemenantrieb eine nur ergänzende Funktion.

Bezüglich der Handelsschiffahrt der Wikinger ist der einzigartige Fund von fünf Schiffen im Roskilde-Fjord an der Nordküste der Insel Seeland aufschlußreich, weil dort an einem einzigen Ort die gesamte Variationsbreite wikingischer Schiffsbauten – Kriegs- und Handelsschiff sowie Fischerboot – vorgefunden wurde. Alle besaßen einen spitzovalen Grundriß, und sie waren auf einem breiten Kiel gebaut, aus dem vorn und achtern ein hoher, bogenförmiger Steven aufragte. Kiel und Steven bildeten somit das Rückgrat der Boote. Die Schiffsaußenhaut war in Klinkertechnik hergestellt worden, die einzelnen Planken überlappten sich dachziegelartig. Ein Charakteristikum der skandinavischen Bauweise waren die speziellen Eisennieten, mit denen die Planken an den Klinkernähten zusammengehalten wurden. Der Spantenabstand betrug bei allen Schiffstypen etwa 1 Meter, wobei man für die Spanten etwa gleichhoch gewachsene Krummhölzer benutzte, die stets beide Seiten zugleich stützten. Von besonderer Bedeutung sind ferner die sogenannten Bite, Querbalken, welche in Höhe der Spantenenden zur Verstrebung angebracht worden waren.

Wichtige Unterschiede zwischen den wikingischen Kriegs- und den Handelsschiffen lassen sich in den Abmessungen beider Schiffstypen feststellen. Während das 13,30 Meter lange und 3,30 Meter breite Handelsschiff Skuldelev 3 etwa viermal so lang wie breit war, betrug das Längen-Breiten-Verhältnis bei dem Mannschaftsboot Skuldelev 5 – 18 Meter lang, 2,60 Meter breit – fast 7 zu 1. Handelsschiffe waren also im Verhältnis zu ihrer Länge wesentlich breiter gebaut und hatten dadurch eine etwas abgerundetere Form. Die abweichenden Formgebungen waren zweifelsohne auf die unterschiedliche Funktion zurückzuführen: Bei den Kriegsschiffen kam es vor allem auf die Geschwindigkeit an, bei den Handelsschiffen hatte der Bedarf an großen Ladeflächen Priorität.

Kielboote mit bogenförmig aufsteigenden Steven, wie sie von den Wikingern benutzt worden sind, lassen sich für das frühe Mittelalter auch im angelsächsischen

218. Skandinavisches Kriegsschiff. Fund aus dem 9. Jahrhundert im norwegischen Gokstad. Bygdøy, Museum

Raum nachweisen. Zwischen der nordischen Schiffbautradition der Wikingerzeit und dem frühmittelalterlichen angelsächsischen Schiffbau muß es also enge Berührungspunkte gegeben haben. Als gemeinsamer Ausgangspunkt beider Entwicklungslinien läßt sich ein bei Nydam im östlichen Nordschleswig geborgenes vorwikingerzeitliches Kriegsschiff aus dem 4. Jahrhundert festmachen, denn das große Grabboot von Sutton Hoo in East Suffolk aus der ersten Hälfte des 7. Jahrhunderts stimmte im Querschnitt, in der Längsachsensymmetrie und in Konstruktionsdetails weitgehend mit dem wesentlich älteren dänischen Nydam-Boot überein. Die Auswanderung der Angeln und Sachsen nach England im 4./5. Jahrhundert erfolgte

219. Angelsächsischer »Kiel«. Abdruck des Fundes aus der ersten Hälfte des 7. Jahrhunderts in Sutton Hoo, East Suffolk

offenbar auf Schiffen, die dem Nydamer Ruderboot sehr verwandt waren, und in der Folgezeit wurde dieser Schiffstyp dann in England zum schnellen Segelschiff mit hohen Steven und Kiel weiterentwickelt. In der volkssprachlichen Überlieferung wird das Schiff der angelsächsischen Landnehmenden als »Kiel«, altenglisch als »Ceol«, bezeichnet. Das 1970 bei Graveney in Kent geborgene Wrack aus der zweiten Hälfte des 9. Jahrhunderts gleicht diesem Schiffstyp, auch wenn er wohl nur in der Küsten- und Binnenschiffahrt zum Einsatz gekommen ist.

Neben der Anknüpfung des angelsächsischen Schiffbaus an den skandinavischen war in England und an der kontinentalen Gegenküste gleichzeitig eine eigenständige west- und mitteleuropäische Schiffbaupraxis entstanden, die sich von der nordischen Bautradition grundsätzlich unterschied. Holk und Kogge waren die beiden wichtigsten Vertreter dieser Schiffbautradition. Den frühmittelalterlichen Holk repräsentiert ein 1930 in Utrecht geborgenes Schiff, das mit Hilfe der C14-Methode in die Zeit um 790 n. Chr. datiert werden kann. Der augenscheinlichste Unterschied zu den skandinavischen Booten der Wikingerzeit bestand darin, daß der 17 bis 18 Meter lange und ungefähr 4 Meter breite Holk aus Utrecht weder Kiel

220. Ein Holk. Restaurierter Fund aus der Zeit um 790 in den Niederlanden. Utrecht, Centraal Museum

noch Steven hatte; es fehlten ihm also gerade diejenigen Bauelemente, die für die Wikingerschiffe konstitutiv gewesen sind. Die Schiffsform erhielt dadurch sowohl im Längs- als auch im Querschnitt gleichmäßig gerundete Kurven, vergleichbar einer Bananenschale. Der Holk von Utrecht baute auf einem gewaltigen Einbaum auf, der das Unterteil des Fahrzeuges bildete; auf die Oberkanten des Einbaums wurden dann beidseitig je zwei Plankengänge aufgesetzt. Auffallend ist, daß nur der erste Plankengang in Klinkertechnik auf den Einbaum genagelt worden ist, während der zweite direkt, Kante auf Kante, auf den ersten stieß und mit ihm mittels einer breiten, halbrunden Abdeckleiste verbunden war, die man über die Fuge genagelt hatte. Auf den Schiffsdarstellungen der Dorestad- und Quentovic-Münzen Karls des Großen und Ludwigs des Frommen ist stets dieser rundbodige und stevenlose Holk wiedergegeben. Der Holk übernahm die Hauptlast des Handelsverkehrs zwischen dem Kontinent und England; in einer Londoner Zollbestimmung aus dem späten 10. Jahrhundert wurde er neben dem »Kiel« als einziges Großlastschiff vermerkt.

Einen weiteren Schiffstyp der west- beziehungsweise mitteleuropäischen Schiffbautradition stellte die Kogge dar. Anhand schriftlicher Quellenbelege aus dem 9. bis 11. Jahrhundert läßt sich der Nachweis führen, daß dieser Schiffstyp, der im Hoch- und Spätmittelalter als »Hansekogge« die nordischen Meere beherrschen

Schiffe und Boote

sollte, sich bis ins Frühmittelalter zurückverfolgen läßt. Die bereits 867 in den Annalen der flandrischen Abtei Saint-Bertin erwähnten »Cokingi« sind ohne Zweifel mit jenen friesischen Küstenbewohnern gleichzusetzen, welche laut Utrechter Urkunden aus dem 9. und 10. Jahrhundert verpflichtet waren, zur Heerfahrt entweder eine Kogge mit Ruderern auszurüsten oder aber einen bezeichnenderweise »Cogscult« genannten bestimmten Geldbetrag zu zahlen. Das Wort »Kogge« war zumindest im friesischen Raum spätestens seit dem 9. Jahrhundert als Benennung für einen eigenständig entwickelten Schiffstyp geläufig.

Als reales Fundobjekt, das einen solchen Typus repräsentiert, ist ein 1899 beim Bau des Brügger Seehafens entdecktes Schiffswrack aus dem 5. oder 6. Jahrhundert anzusehen. Auffallend beim Brügger Schiff, zugleich von allen bisher behandelten Schiffsformen abweichend, ist die in einem scharfen Winkel auf den flachen Boden aufsetzende Stevenkonstruktion. Weitere Eigentümlichkeiten des Bootes sind der ebene, kraweelgebaute Boden sowie die in einer scharfen Kante an den Boden ansetzenden Seitenwände aus umgekehrt geklinkerten Eichenplanken unbekannter Anzahl. Diese wichtigen Konstruktionsmerkmale des Brügger Bootes stehen nicht nur im Gegensatz zum Holk, zum angelsächsischen »Kiel« und zu den skandinavischen Wikingerschiffen, sondern finden sich in derselben oder in nur leicht abgewandelter Form noch bei der Bremer Hansekogge von 1380 wieder, so daß dieser Fund der Schiffsfamilie der Kogge zugezählt werden kann. Aufgrund römerzeitlicher Schiffsfunde aus Belgien und den Niederlanden läßt sich diese Traditionslinie des Schiffbaus jetzt sogar ansatzweise über die gut dokumentierte frühmittelalterliche Zeit hinaus zurückverfolgen.

Die markanten Konstruktionsmerkmale jenes Fahrzeugtyps lassen auch Rückschlüsse auf sein bevorzugtes Einsatzgebiet zu. Das Auflaufen am Uferstrand als die fast allen frühmittelalterlichen Booten eigene Landetechnik blieb den frühen Koggen versagt, weil sie sich dabei aufgrund ihres flachen Bodens und der scharfwinklig ansetzenden Steven unweigerlich im flachen Sandstrand festgerammt hätten. Dafür konnten die frühmittelalterlichen Koggen, unter Ausnutzung der Gezeiten, bei Flut nahe an die Küste heranfahren, um sich bei Ebbe trockenfallen zu lassen. Die Koggen waren ursprünglich als spezielle Wattfahrzeuge konzipiert. Der gleichfalls von den Friesen gebaute Holk hingegen kam vornehmlich als Hochseeschiff im England-Verkehr zum Einsatz. Die Münznachprägungen aus Haithabu mit Koggendarstellungen lassen erkennen, daß die Friesen mit diesen Booten in den ruhigeren Wattgewässern hinter den Inseln und Dünen bereits bis an die Westküste Schleswig-Holsteins vorgedrungen waren, von wo sie dann – entlang Eider und Treene – an die westliche Ostseeküste transportiert wurden.

Die Steuerung der Schiffe erfolgte im frühen Mittelalter grundsätzlich mit Hilfe eines Seitenruders, das achtern an der rechten Seite des Fahrzeuges – daher die Bezeichnung Steuerbord – angebracht war; das am Achtersteven drehbar einge-

221. Holk-Darstellung auf einer karolingerzeitlichen Handelsmünze. Rückseite eines Pfennigs der Münzstätte Quentovic, nach 804. Cambridge, Sammlung Grierson

222. Darstellung einer Kogge auf einer karolingerzeitlichen Handelsmünze. Nachprägung eines Exemplars aus der Münzstätte Dorestad. Stockholm, Antikvarisk-Topografiska Arkivet

hängte Heckruder, das den Schiffen zu einer größeren Wendigkeit und Manövrierfähigkeit verhalf, setzte sich erst im Laufe des 13. Jahrhunderts durch.

Es läßt sich davon ausgehen, daß die im frühmittelalterlichen Seeschiffbau vorhandenen Bootstypen und Schiffbautraditionen auch bei den kleineren Fahrzeugen des Binnenverkehrs anzutreffen gewesen sind, weil man die seetüchtigen Großschiffe schrittweise aus Kleinschiffen entwickelt hat. Die Technologie des Kleinschiffbaus wurde dabei im großen und ganzen beibehalten und lediglich den veränderten Anforderungen entsprechend erweitert und abgewandelt. Allerdings zeichnete sich der Binnenschiffbau durch eine kaum zu übersehende Fülle von Bootsformen aus, da sich hier regionale Besonderheiten noch weit stärker bemerkbar machten als beim Bau von Seeschiffen. Der Variantenreichtum der Binnenfahrzeuge erschwert zwar die Aufstellung einer den Seeschiffen vergleichbaren Typologie, dafür aber lassen sich an den Kleinfahrzeugen wegen ihrer einfacheren, überschaubareren Konstruktionsweise einige Grundprinzipien um so deutlicher erkennen.

In der Binnenschiffahrt war der Einbaum Ausgangs- und Bezugspunkt so gut wie aller Fahrzeugtypen. Bestimmte Einbaumtypen wurden jeweils zu größeren, zusammengesetzten Booten weiterentwickelt, so daß im Prinzip alle mittelalterlichen Bootstypen auf Einbaumformen basierten. Dabei ließ sich die vorgegebene natürliche Größenbegrenzung der Einbäume durch unterschiedliche Verfahrensweisen überschreiten. So wurde die ausgehöhlte Einbaumschale durch das Einsetzen von Spannhölzern derart auseinandergebogen und gedehnt, daß das Boot beträchtlich an Breite gewann. Die am häufigsten praktizierte Methode, um aus einem Einbaum ein größeres Fahrzeug herzustellen, war der Ein- und Aufbau zusätzlicher Planken. Dies geschah hauptsächlich auf zweierlei Weise: Entweder wurden auf die Oberkanten der Einbaumwände ein oder mehrere Plankengänge aufgesetzt, oder aber es wurden zwischen die beiden Teile eines der Länge nach gespaltenen Einbaums eine oder mehrere Bodenplanken mit entsprechenden Endschotten eingefügt. Im ersten Fall wurden durch den Setzbord die Seitenwände deutlich erhöht, im zweiten Fall erfuhr der Schiffsquerschnitt eine ansehnliche Verbreiterung.

Die Herkunft aus zwei Einbaumhälften ist bei einem karolingerzeitlichen – die dendrochronologische Untersuchung des Eichenholzes ergab 808 als Erbauungsjahr – Schiffswrack zu erkennen, das im Frühjahr 1989 bei Ausschachtungsarbeiten in der Bremer Altstadt ausgegraben wurde. Auffallend bei dem Bremer Flußboot ist vor allem der äußerst flache Boden, der dem Schiff vor den vielen Untiefen der Weser einen gewissen Schutz geboten hat. Durch den Einbau einer ebenen Bodenplanke zwischen die Einbaumhälften wurde das Boot, dessen geborgenes Fragment eine Länge von 11,50 Metern aufweist, auf eine Breite von 2,30 Metern erweitert. Die Seitenwände hatte man durch drei in Klinkertechnik aufgesetzte Plankengänge, die mit Holzdübeln verbunden waren, ebenfalls deutlich erhöht. Die Plankennähte waren mit Moos abgedichtet und wurden mit Hilfe runder Kalfathölzer zusätzlich abgedeckt. Die seitlichen Bodenplanken der Kimm waren im Winkel so zugehauen, daß sie Anschluß an die steil aufgesetzten Seitenplanken fanden. Auf diese Weise ergab sich auch hier ein scharfer Winkel zwischen dem geraden Boden und den steilen Seitenwänden. Der flache, kraweelgebaute Boden und die steilen geklinkerten Seitenwände waren Konstruktionsmerkmale, welche die Schiffbautradition der Kogge auszeichneten; man könnte den Bremer Schiffsfund deshalb in gewisser Weise als einen auf die Binnenschiffahrt bezogenen Vorläufer der Bremer Hansekogge bezeichnen. Das Fehlen eines Mastes und der Spuren irgendwelcher Rudervorrichtungen deutet darauf hin, daß das Bremer Boot sich mit der Strömung hat treiben lassen; flußaufwärts wurde es dann vermutlich mit Hilfe langer Stakstangen gegen den Strom fortbewegt.

Solche Lastkähne oder Nachen entsprachen – vergleichbar den »Containern« der Transportwagen – realen Maßeinheiten, die sogar in einem gewissen Verhältnis zu Füllgewichten, Tonnen, oder ganzen Wagenladungen stehen konnten. Das galt möglicherweise schon für die Salzkarren beziehungsweise die Salzschiffe, die das

223. Karolingerzeitliches Flußboot: ein durch Bodenplanken verbreiterter und durch aufgesetzte Plankengänge erhöhter Einbaum. Grabungsfund aus dem Jahr 808 in der Bremer Innenstadt. Bremerhaven, Deutsches Schiffahrtsmuseum

224. Normannischer Schiffbau. Detail auf der Zierleiste des mehrfarbig gestickten, vor 1082 entstandenen Leinen-Wollteppichs des Bischofs Odo von Bayeux. Bayeux, (ehemaliges) Grand Seminaire

kostbare Mineral aus Bad Reichenhall in den slawischen Osten beförderten, wahrscheinlich auch für die »Carrada« aus Vic-sur-Seille, die ebenfalls zu Wasser und zu Lande den geistlichen Empfänger erreichte. Der gegen 1000 in einer an Mittelrhein oder Mosel entstandenen althochdeutschen Isidor-Glosse belegte »Karradin« ist gewiß als Binnenschiff mit festumrissener Ladekapazität zu interpretieren.

Die Binnenschiffahrt machte nicht nur den Verkehr flußabwärts erforderlich, sondern auch stromaufwärts, wie zahlreiche Dokumente belegen. Für diese »Bergfahrt« konnte nur selten ein Segel benutzt werden. Antriebsarten waren nach schriftlichen Quellen und Flußfunden das Treideln vom Ufer mit Hilfe langer Leinen, die von Mensch oder Tier gezogen wurden, oder das sogenannte Staken. Hierbei stieß der Schiffer vom Flußgrund mit langen Stangen ab, oder er stakte in den Grund und griff mit den Händen an der Stange entlang, um sich mit dem Boot dergestalt fortzubewegen. Funde von frühmittelalterlichen Stakenbeschlägen sind in Mitteleuropa bis Nowgorod anzutreffen.

Ein wichtiges Transportmittel für Waren und Menschen bot das aus bis zu acht Stämmen zusammengesetzte Floß, das nicht mit Seilen, sondern mittels eines durch Löcher in den einzelnen Stämmen geführten Rundholzes fest zusammengefügt war und am Zielort aufgelöst werden konnte. Flöße dienten nicht allein zum Transport schwerer Materialien wie großer Steine, sondern auch als Arbeitsplattformen beim Wasserbau und beim Schiffbau, außerdem als Fähren, die die zu allermeist brückenlosen Flüsse überquerten und die Ufer miteinander verbanden.

Anders als beim Wagenbau, der in den frühmittelalterlichen Quellen nicht als eigenes Handwerk ausgewiesen ist, sind einige Zeugnisse bekannt, die den Schiffbau den bäuerlichen Handwerken zuordnen. Er wurde auf großen Höfen betrieben, die an den Wasserwegen lagen. In Norwegen war es spätestens seit der eigentlichen Wikingerzeit üblich, halbfertige Schiffsteile, insbesondere Steven, unter Wasser oder im Moor für den Bedarfsfall zu lagern. Aber auch an der friesischen Nordseeküste lassen sich spezielle Schiffbauaktivitäten nachweisen. Auf der Wurt Hessens bei Wilhelmshaven fand man Gleitschienen eines Schiffszimmerplatzes inmitten eines Bauernhofes. Als Baumaterial wurde fast ausschließlich Holz, das gut abgelagert sein mußte, verwendet. Eiserne Nägel oder Nieten hat man nachweislich seit dem 4. Jahrhundert zur Plankenbefestigung in Klinkerbauweise verwendet. An typischem Handwerkszeug benutzte der Schiffbauer-Zimmermann langstielige Äxte, Beile, Dechsel, Sägen und Löffelbohrer, Stecheisen und Simshobel. Eine Schiffbauszene, die den einzelnen Arbeitsschritten entspricht, überliefert der Teppich von Bayeux, der die handwerklichen Techniken im Detail dokumentiert.

Textilherstellung

Materialien: Wolle und Flachs

Die Anfertigung von Textilien, vor allem von Bekleidung, gehört zu den ältesten Verrichtungen der Menschheit überhaupt. Die Verwendung von Tierhaaren als Wolle und von Gespinstfasern, hauptsächlich von Flachs, erforderte Techniken, die jeweils neu entdeckt, im allgemeinen in allen Kulturräumen gleichblieben. Auch die Produktionsverhältnisse glichen einander. Die Textilerzeugung war vorwiegend Frauenarbeit und damit an das Haus gebunden. Lediglich an der Rohstoffgewinnung, Schaf- und Ziegenzucht, Aussaat und Ernte des Leins, der auch als Ölpflanze diente, sowie bei bestimmten Stadien der Weiterverarbeitung, beim Auflockern der Wolle durch Zupfen und Kratzen mit Kämmen, waren Männer beteiligt. Das Stampfen von Wolltuchen zur Verdichtung des Gewebes, das sogenannte Walken, war und blieb ausschließlich Männersache. Diese kraftraubende Tätigkeit wurde – mit dem Einsatz der Nockenwelle spätestens seit der zweiten Hälfte des 11. Jahrhunderts – durch die Walkmühle vielfach mechanisiert.

In den Nordseegebieten stand zunächst ausweislich von Moorfunden und archäologisch gewonnenen Rückständen in Siedlungen wie Feddersen Wierde aus der ersten Hälfte des nachchristlichen Jahrtausends die Wollverarbeitung im Vordergrund, auch wenn bereits antike Autoren die Wertschätzung von Leinengewändern bei den Germanen hervorhoben. Die Zunahme des Flachsanbaus für das Textilgewerbe scheint Realität gewesen zu sein, denn bereits das Volksrecht der Franken aus dem 6. Jahrhundert handelt vom Felddiebstahl dieser Naturfaser. Eine Voraussetzung für den vermehrten Anbau dürfte in der späteren rapiden Vermehrung der Anbaufläche im Rahmen der allgemeinen Kultivierung gelegen haben, die nicht zuletzt durch die Dreifelderwirtschaft begünstigt wurde. Die Steigerung der Quantitäten war erforderlich, um eine gewisse Massenproduktion durchzusetzen, lassen sich doch höchstens 8 Prozent des geernteten Strohs als spinnbare Faser verwenden. Spätere urbariale und urkundliche Quellen geben zu erkennen, daß Wolle und Flachs gleichwertig verwendet worden sind, so für Wollmäntel, Kutten mit Kapuze, Hemden und Beinkleider, Tücher aller Art, auch für den sakralen Gebrauch. Monastische Kleiderordnungen, ikonographisches Material und archäologische Funde vermitteln hiervon ein schlüssiges Bild.

Die durch Schur gewonnene Wolle mußte vor dem Spinnen sortiert, gewaschen und durch Zupfen und Kratzen mit Kämmen und Karden gelockert werden. Was die aufwendige Aufbereitung von Flachs betraf, so waren nach der Ernte die Stengel von

Samenkapseln durch Riffeln zu trennen, die Bastfasern mußten von den holzigen Stengelteilen durch Rösten, Brechen und Schwingen gewonnen und die Fasern selbst durch Hecheln geschlitzt werden. Wie in einem Brennspiegel lassen sich die vorbereitenden Tätigkeiten samt der »Endfertigung« von Textilien in der bekannten »Allgemeinen Ermahnung« Karls des Großen von 789 erkennen, die unter anderem die Heiligung des Sonntags einschärft und nach dem Verbot typischer männlicher »Knechtsarbeiten« fortfährt: »Auch sollen Frauen keine Textilarbeiten leisten noch Kleidungsstücke zuschneiden oder zusammennähen noch Nadelarbeiten machen; noch Wolle zupfen noch Leinen schlagen noch öffentlich Kleidung waschen noch Schafe scheren.« Das Walken als typische Männerarbeit fehlt in diesem Kontext. Andererseits wird im sogenannten St.-Galler-Klosterplan die Werkstatt des Walkers und im Statut Adelhards von Corbie der Walker selbst bezeichnet. Die sonstige Textilproduktion erfolgte offensichtlich außerhalb der monastischen Klausur durch Frauen. »Bei der Verarbeitung durch Spinnen und Weben unterscheiden sich die beiden Ausgangsmaterialien (Wolle und Flachs) nicht prinzipiell voneinander. Im Spinnprozeß wurde das Fasergut zu einem fortlaufenden Faden zusammengedreht, und zwar mittels der durch eine kleine Schwungscheibe, den sogenannten Wirtel, beschwerten Handspindel. Dabei zupfte die Spinnerin fortlaufend Fasergut aus dem auf einem Rocken hochgelagerten Faserdepot und verlieh ihm mit Daumen und Zeigefinger einen Rechts- oder Linksdrall, der sich im Garn als S- oder Z-Drehung ausprägte. Die wirtelbeschwerte Spindel unterstützte diesen Prozeß wesentlich: Sie zog das Fasergut nach unten und förderte mit dem Wirtel als stabilisierende Schwungscheibe durch eine schnelle Rotation die Entstehung gleichmäßig gedrehten Garnes. Dieses wurde auf der Spindel aufgewickelt, wobei der Wirtel als Widerlager diente. Beim Weben ließ sich die Spindel nach Abzug des aufgesteckten Wirtels unmittelbar in der Art eines Weberschiffchens verwenden« (B. Krüger). Daneben ist das »Spinnen in der Schale« seit der Antike auch bildlich überliefert, wobei der Gefäßboden den erforderlichen Widerstand geboten hat. Gelegentlich wurde vor dem eigentlichen Spinnen Vorgarn auf den Rocken gegeben.

Webstühle

Zum Weben diente der seit alters benutzte sogenannte Gewichtswebstuhl, der durch Fadenverkreuzung eine textile Fläche herstellte. Dieser Webstuhl bestand aus einer senkrechten Holzkonstruktion, an deren oberem Teil, dem querliegenden Tuchbaum, die Kettfäden befestigt waren, die ihrerseits durch Gewichte aus Ton oder Stein gestrafft wurden. »Das Charakteristikum des entwickelten Webvorgangs ist die sogenannte mechanische Fachbildung. Unterschiedliche Fadengruppen der Längsfäden, der sogenannten Kettfäden, werden gleichzeitig angehoben oder ge-

225. Spinnen in der Schale. Miniatur in dem im 12. Jahrhundert entstandenen Evangelistar des Speyerer Domes. Karlsruhe, Badische Landesbibliothek

senkt. In den dadurch entstehenden Zwischenraum, das sogenannte Fach, wird ein Querfaden eingeschossen. Der Querfaden wird deshalb als Schußfaden bezeichnet. Im Grundvorgang des Webens wird das jeweilige Gegenfach zum Fach dadurch, daß die vorher angehobenen Fäden gesenkt und die vorher gesenkten Fäden angehoben werden. Wieder wird ein Schußfaden eingebracht. Schußeintrag in Fach und Gegenfach geschieht in ständigem Wechsel. Zum Anheben der verschiedenen Fadengruppen werden weitere Hilfsmittel gebraucht, wenn man noch eine oder auch zwei Hände frei haben will, um den Schußfaden einbringen zu können. Im Grundvorgang des entwickelten Webverfahrens kommt es also darauf an, Fach und Gegenfach durch Hilfsmittel, also mechanisch, in ständigem Wechsel herstellen zu können« (A. Bohnsack).

Der auf die Spule gewickelte Schußfaden wurde im geöffneten Fach von Hand zu

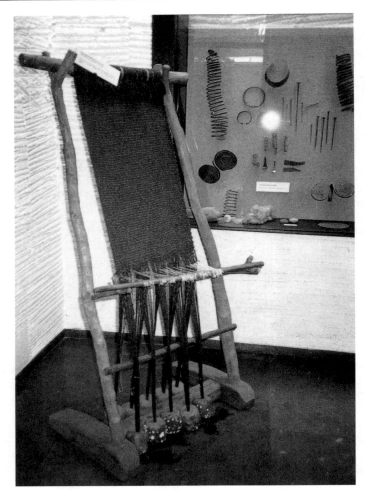

226. Gewichtswebstuhl in einer modernen Rekonstruktion. Worpswede, Ludwig-Roselius-Museum

Hand über die gesamte Stoffbreite gereicht und entweder mit den Händen oder mit den sogenannten Webschwertern angeschlagen, die zumeist aus Holz bestanden. Der »einmännige Webstuhl« erlaubte deshalb nur die Herstellung verhältnismäßig schmaler Stoffbahnen. Die Webgewichte waren zumeist aus Ton, klotz-, ring- oder pyramidenförmig und wogen 800 bis 1.000 Gramm. Abgesehen von Einzelgewichten wurden auch komplette Reihen von mehr als 20 Kettstreckern entdeckt, was auf einen verlassenen Webstuhl mit einer Breite von rund 1 Meter hindeutet, falls die Längsfäden in Doppelreihe jeweils im Abstand von ungefähr 10 Zentimetern befestigt worden waren. Unter dem Webstuhl befand sich zumeist eine Grube, in die die

227 a und b. Vertieftes Webhüttenhaus sowie Webgewichte in Form von Steinringen. Grabungsbefunde aus dem 5. oder 6. Jahrhundert in Bremen-Mahndorf

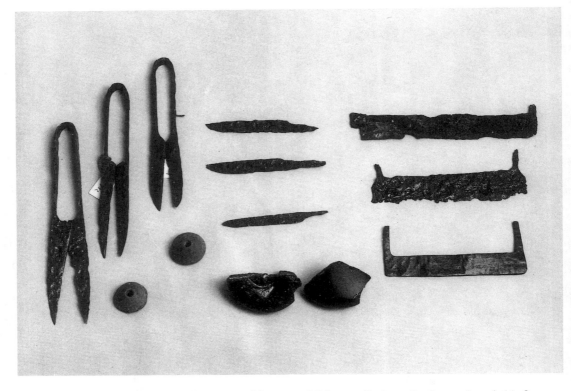

228. Eiserne Spinnwirtel, Glättsteine, Messer und Scheren. Grabungsfunde aus dem 6. bis 9. Jahrhundert im hessischen Raum. Wiesbaden, Museum, Sammlung Nassauischer Altertümer, und Frankfurt am Main, Museum für Vor- und Frühgeschichte

beschwerten Kettfäden hineinhingen. Oft lassen sich regelrechte Webkeller in eingetieften Grubenhäusern nachweisen, deren Grundriß sich durch Pfostenlöcher beziehungsweise deren Verfärbungen auf dem Boden abgezeichnet hat.

Eine weitere Form des Webstuhls, der seit der Spätantike häufig benutzte senkrechte Rahmenwebstuhl, wird noch heute zur Herstellung von Gobelins verwendet. Die Kettfäden sind an den beiden Querstangen der Rahmenkonstruktion befestigt. Es wird von oben nach unten gewebt, im Gegensatz zum Gewichtswebstuhl. Der Schußfaden wird wie üblich mit dem Webschwert angeschlagen, während die Fachbildung statt durch hängende Gewichte durch einen Litzenstab erfolgt. Fragmente des Rahmenwebstuhls sind archäologisch für das 9. Jahrhundert aus dem dänischen Oseberg überliefert. Ikonographisch ist dieser Webstuhltyp im sogenannten Utrecht-Psalter von 830 und im illustrierten Hrabanus-Maurus-Manuskript von 1023 aus Montecassino bezeugt.

Insbesondere zur Flachsverarbeitung war feuchte Wärme erforderlich, um das relativ spröde Gespinst geschmeidig zu erhalten. Webhütten, die sich in der Regel verschlossen, abseits des eigentlichen Wohn- oder Wohn-Stall-Hauses befanden, sind quellenmäßig in den Volksrechten der Burgunder, Franken, Sachsen und Friesen bezeugt. Die »Screona« benannten Häuschen, in denen auch freie Mädchen arbeiteten, werden wohl zu Recht von der neueren Forschung mit den eingetieften Gelassen in Verbindung gebracht. – An Geräten zur Textilverarbeitung, abgesehen von Spindel, Wirtel und Webstuhl samt Gewichten, konnten eiserne Bügelscheren, Messerchen und Nadeln archäologisch nachgewiesen werden, die zum Verputzen, Aufschneiden und Zusammennähen dienten, sowie Glassteine, die zur abschließenden Glättung der Textilien gebraucht wurden. Daneben waren Häkeln, Knüpfen, Flechten und Sticken als Textiltechniken bekannt. Da der Webstuhl offenbar als »All-round-Instrument« für Gewebe aller Art und Güte benutzt werden konnte, waren andere Konstruktionen zur Textilherstellung nicht erforderlich, mit Ausnahme sogenannter Blättchen oder Brettchen zur Anfertigung von Borten, Kanten und Bändern in der Brettchenweberei. – Das Format der Gewebe wurde durch den vorgesehenen Zweck des Tuches, nicht zuletzt aber auch durch die Maße des Webstuhls bestimmt. Für lange Stoffbahnen wurde der drehbare Tuchbaum benutzt, auf dem fertige Webpartien aufgerollt werden konnten.

Färben

Muster ließen sich durch künstlerischen Einsatz unterschiedlich getönter Wolle erzeugen oder durch das Einweben zuvor gefärbter Fäden. Wollstoffe aus Moorfunden weisen mehrfach blaue Farben auf. Das Blau wurde aus Färberwaid gewonnen, Gelb möglicherweise aus der Färberscharte, Rot aus der Krappflanze und Schwarz durch Beizen des Gespinstes in Eichenlohe. Der vermeintliche Erstbeleg einer bereits im 9. Jahrhundert in Oberitalien florierenden Seidenindustrie, der sich mit einem Dokument aus der reichen Abtei S. Giulia in Brescia verband, entpuppte sich bei genauem Lesen jüngst als Transportleistung höriger Bauern, die nicht weniger als 10 Pfund rotes Bleioxid beziehungsweise Zinnober zur farbigen Gestaltung von Fresken oder Buchillustrationen aus der Alpenregion, wohl Como, nach Pavia in den dortigen Hafen zum Verkauf zu bringen hatten. Was die Herstellung von Farben anlangt, so findet sich schon um 800 in einer Handschrift aus Lucca eine Rezeptsammlung. Derartige Zusammenstellungen waren die typische technische Fachliteratur des Frühmittelalters. Nicht nur Farben, sondern auch das Einarbeiten von Gold- und Silberfäden gab bestimmten Geweben eine zusätzliche Attraktivität und hohen Wert. Der zur Textilherstellung erforderliche Zeitaufwand war keinesfalls gering. Moderne Nachproduktionen des Garns wie der Gewebe haben erbracht, daß für die Fertigung einer Bluse, die etwa 0,5 Quadratmeter Stoff erfordert, rund 550

Meter Kettgarn und 800 Meter Schußgarn nötig waren, wozu mindestens 11 Arbeitsstunden für das Spinnen, zahlreiche weitere Stunden für das Weben anzusetzen sind.

Produktionsverhältnisse

Ohne die falsche Romantik einer trauten Spinnstube beschwören zu wollen, ist zu sagen, daß die weibliche Textilarbeit selbstbestimmt, selbstorganisiert war, innerhalb der Familie auch kommunikativ und – abgesehen von Flachsernte und Schafschur – frei von saisonalem Zwang als Winterbeschäftigung ausgeführt werden konnte. Sie setzte freilich Fertigkeiten und Kenntnisse voraus, die sie gleichwertig neben das tägliche Hauswerk der Nahrungsmittelproduktion beziehungsweise -verarbeitung stellte. Textilarbeit war nicht schichtenspezifisch; das freie Mädchen oder die Bäuerin betrieb sie nach dem salischen Volksrecht ebenso wie Angehörige der höchsten Oberschicht. Dagegen war die männliche Beschäftigung in diesem Zweig sozial wenig angesehen. Entsprechend wurde in merowingischer Zeit ein Kronprätendent als Sohn eines »leitenden« Müllers eingeführt, gar als Mann, »dessen Vater mit dem Weberkamm die Wolle bearbeitete«.

Jede Bauernfamilie dürfte Textilien zumindest zur Deckung des Eigenbedarfs hergestellt haben. So sind nicht nur in den küstennahen Siedlungen vom Typus Feddersen Wierde Wirtel, Webgewichte und Textilreste gefunden worden, sondern auch in der vom 7. bis ins ausgehende 8. Jahrhundert existenten sächsischen Siedlung Warendorf Webkammern innerhalb der verschiedenen Gehöftegruppen. Bedingt durch die charakteristische Quellensituation des Frühmittelalters ist sehr wenig über die Tuchherstellung einer bäuerlichen Familie zu erfahren, viel mehr dagegen über die herrschaftlich strukturierte Textilproduktion auf dem Herrenhof beziehungsweise in dessen Wirtschaftsverbund. Der Herren- oder Gutshof bildete ein Produktionszentrum, das, durch Zuarbeit und Abgaben abhängiger Hofstellen ergänzt, zumindest teilweise bereits für den »Markt« tätig wurde.

Mittelpunkt der Tuchfertigung war das Gyneceum, das »Frauenhaus«, eine Textilwerkstatt, die seit der römischen Kaiserzeit vorwiegend mit weiblichen Arbeitskräften betriebene Manufaktur, die Tuche für den Hof und das Heer produzierte. Im spätantiken Gallien sind immerhin sieben dieser Gyneceen nachzuweisen: Arles, Lyon, Trier, Reims, Tournai, Autun und Metz. Die antike Textilwerkstatt beschäftigte aber im Gegensatz zum frühmittelalterlichen Gyneceum auch Männer. Obwohl der Utrecht-Psalter aus dem Anfang des 9. Jahrhunderts eine spätantike Vorlage adaptiert, zeigt er die Textilwerkstatt – eine offene Hütte mit Ziegeldach – als ausschließlich weiblichen Arbeitsplatz. Diesem Sachverhalt entspricht die Definition Isidors von Sevilla: »Das Gyneceum ist griechisch so benannt, weil hier die Zusammenkunft von Frauen zur Wollverarbeitung geschieht.«

229. Textilarbeit im »Frauenhaus«: Vorbereiten, Aufspannen und Verputzen der Kettfäden auf einem Rahmenwebstuhl. Federzeichnung nach spätantiker Vorlage in dem um 830 in Reims entstandenen sogenannten Utrecht-Psalter. Utrecht, Bibliotheek der Rijksuniversiteit

Sowohl das mit Hinweisen auf spezifisch weibliche Arbeitsverrichtungen beispielhaft akzentuierte sonntägliche Arbeitsverbot als auch die Vorschrift der karolingerzeitlichen Krongüterverordnung lassen Textilarbeit mit Ausnahme des hohen Kraftaufwand erfordernden Walkens als typische Frauenarbeit erkennen, wozu Spinnen, Färben, Kämmen, Kratzen und Waschen gehört haben. Das »Capitulare de villis« gebot: »Unseren Genetien soll man, wie vorgesehen, für die Arbeiten rechtzeitig geben: Leinen, Wolle, Färberwaid, Scharlach, Krapp, Wollkämme, Karden, Seife, Fett, Gefäße und die restlichen kleinen Dinge, die dort benötigt werden.« Die Vorschrift zur Sonntagsheiligung ergänzte diese Tätigkeiten um das Vernähen und Verputzen der Tücher sowie um die Schafschur und bezog die Nadelarbeit mit ein. Entsprechend ihrer Dominanz in den Quellen waren derartige Gyneceen hauptsächlich in den Zentren klösterlicher Grundherrschaften zu finden. Denn nicht gering waren die quantitativen und qualitativen Anforderungen der Konvente, die bereits zu Ausgang des 8. Jahrhunderts gelegentlich mehr als 300 Mitglieder zählten und somit einen hohen Bedarf an Wollmänteln und Leinenhemden hatten, die die monastische Kleiderordnung vorsah.

Erwähnte Textilwerkstätten gab es in Fuldaer und Werdener Besitzungen. Selbst das kleine Kloster und zeitweilige Bistum Staffelsee verfügte über eine derartige Einrichtung auf der Insel Wörth. Das Kloster Murbach im Elsaß erhielt schon um 735 von seinem Gründer, Graf Eberhard, anläßlich seiner Ausstattung ein Gyneceum mit nicht weniger als 40 Mägden. Demnach verfügten nicht nur Königtum und Kirche über solche »Frauenhäuser«, sondern auch der Adel. Aus dem Salzburgischen, dem Westfälischen und aus Flandern sind sie ebenfalls früh bezeugt. Am Unterlauf der Weser berichten die um 865 verfaßten Wundergeschichten des heiligen Willehad (um 745–789) von einer Frau aus dem Bremen benachbarten Lesum, die ihre Sprache verloren und diese erst nach einer Art Wallfahrt zum Altar des Heiligen im Bremer Gotteshaus wiedergewonnen hatte: »Sie war eine Magd des verehrungswürdigen Grafen Hermann, der sie zwecks Textilarbeit mit anderen Mägden in sein Haus ... befohlen hatte.«

Die Arbeit geschah durch kasernierte Mägde, die auch nach Verheiratung und auf einer eigenen Hofstelle im Rahmen des grundherrschaftlichen Verbundes Textilprodukte abzuliefern oder Textilarbeit für den Herrn zu leisten hatten. Blieb der Knecht an der wöchentlichen 3-Tage-Fron und an den sozial deklassierten Diensten wie Wache, Drusch und Mistfuhren oder Arbeit im Weinberg kenntlich, so die Magd an den textilen Arbeitsleistungen. Entsprechend negativ war die Statusbewertung der Arbeiterinnen und ihrer Arbeitsstätte durch die zeitgenössischen narrativen, zumal normativen Quellen. Das Edikt des Langobardenkönigs Rothar von 643 gebot, daß jede freie Frau, die sich mit einem Hofsklaven vermählt, im königlichen Gyneceum arbeiten soll. Das Kapitular von Olonna von 822/23 bestimmte gar, daß eine der Unzucht überführte Frau nicht wie bisher dem Gyneceum übergeben werden soll, »damit sie nicht etwa wie zuvor mit einem Mann, nun mit vielen eine Gelegenheit zur Unzucht hat«.

Die Versorgung der Arbeiterinnen wie des übrigen Dienstpersonals erfolgte durch den Herrenhof selbst. Das galt selbstverständlich ebenso für die Belieferung mit den zur Textilarbeit notwendigen Geräten und Rohstoffen. Gelegentlich kam es zu normierten Zuteilungen, wenn das Textilhaus als Produktionsstätte aus dem streng gutsherrlich geführten Rahmen herauswuchs beziehungsweise als dessen einziges Überbleibsel existent blieb. Aus solchen Gründen erhielten die beschäftigten Frauen der Werdener Grundherrschaft im ostfriesischen Leer zu Beginn des 11. Jahrhunderts von anderen Klosterhöfen Roggen, Hafer, Getreide, Bohnen und eine kleinere Geldsumme, sicherlich für notwendige Zukäufe. Die »frühkapitalistische Ausbeutung« der Arbeitskraft von 300 Textilarbeiterinnen, von der Hartmann von Aue (um 1165–1215) in seinem Versepos »Iwein« berichtet, gehörte einer späteren Phase, der »Gewerblichen Revolution des Hochmittelalters«, an. Die Zahl der unfreien spezialisierten Mägde, die keine Lohnarbeiterinnen waren, reichte von 7 Frauen in Leer über 24 in Staffelsee, 40 im Kloster Murbach bis zu 55 Mägden im Fuldaer Gutshof Mindelstätten im Nordgau, die Hand- und Tischtücher herstellten.

Die äußere Gestalt der Tuchmachereien konnte archäologisch erstmals bei Ausgrabungen der ottonischen Pfalz Tilleda am Kyffhäuser exakt nachgewiesen werden. Dieser Hof gehörte seit 972 zum Heiratsgut der byzantinischen Prinzessin Theo-

230. Textilwerkstatt der ottonischen Pfalz Tilleda. Grabungsbefund aus der Zeit um 1000

phanu (950?–991), der Gemahlin Kaiser Ottos II. (955–983). In der Vorburg der Pfalz, wo die übrigen Wirtschaftsgebäude des Gesamtkomplexes lagen, konnten zwei Häuser mit eingetieften Langgruben als Textilwerkstätten identifiziert werden. Das eine Haus war 29 Meter lang und 6 Meter breit, das andere 15,5 mal 4,5 Meter groß. In den Langgruben fanden sich Sätze von großen runden Webgewichten, die auf feststehende Gewichtswebstühle schließen lassen. Die Häuser waren in Pfostenbauweise mit Lehmwänden errichtet worden; eines war sogar durch späteres Einziehen von Steinfundamenten erneuert und verstärkt worden.

Nach der Krongüterverordnung, die im Zusammenhang mit den Gyneceen von beheizten Kammern beziehungsweise mit Dach versehenen Hütten spricht, war wohl ein Ganzjahresbetrieb vorgesehen, zumindest eine Dauerarbeit während der kalten Jahreszeit, wenn es auf den Feldern nichts zu tun gab. Aus der angewiesenen Umzäunung der Häuser und dem Gebot, die Türen zu verschließen, darf angenommen werden, daß nicht nur unerwünschte Kontakte zur Außenwelt verhindert werden sollten, sondern vor allem der Diebstahl fertiger Tuche und kostbarer Rohstoffe wie Wolle, Leinengespinst und Farben oder der Arbeitsgeräte.

Der erhebliche Bedarf zumal seitens der geistlichen Großgrundherrschaften vom Rang Corbies, Fuldas oder von Saint-Germain-des-Prés an Woll- und Leinentuchen konnte kaum durch Eigenproduktion und Eigenverarbeitung in den Textilwerkstätten der Wirtschaftshöfe allein gedeckt werden. Hierfür bedurfte es in großem Umfang der Abgabe von Rohstoffen, von Wolle wie von spinnfähigem Flachs, durch die hörigen Bauernhöfe. Deren spezifische Arbeitsleistungen betrafen in erster Linie die auf servile Höfe abgeschichteten ehemaligen Mägde des Herrenhofes, die teils aus Materialien, die ihnen zur Verfügung gestellt wurden, teils aus eigenem Spinngut Textilien für den Grundherrn anzufertigen hatten. Gleichwohl unterblieb für die abgeschichtete, jetzt behauste Magd die ständige Kasernierung in den Gyneceen. Doch gelegentlich wurden Frauen von Pfründnern, das heißt von unbehausten Armen in Knechtsdiensten, die auf dem Hof oder in dessen Umkreis lebten, zu direkten Leistungen verpflichtet, so wenn das 893 aufgezeichnete Urbar des Eifel-Klosters Prüm in seiner Dependance Rommersheim von diesen Mägden verlangte: »Diese müssen jede Woche zwei Tage leisten, einen mit Brot und den anderen ohne, wenn nicht, dann sie sollen ein halbes Pfund Leinen machen und ein halbes Hemd.« Solche Arbeit dürfte wohl in enger Verbindung mit dem »Frauenhaus« ausgeführt worden sein.

Generell wird man davon auszugehen haben, daß die Fertigung der Tuche und der Kleidungsstücke auf den abhängigen Bauernhöfen erfolgt ist, so daß der Grundherr Endprodukte erhielt, falls er nicht die Abgabe von Wolle oder Leinengespinst vorzog. Diese Form der Abgaben war weit verbreitet. In St. Gallen galten Kleidungsstücke, ähnlich wie Eisenbarren oder eiserne Geräte, als Zahlungsmittel. In Friesland und Sachsen war die Textilabgabe nahezu eine Selbstverständlichkeit. In Fuldaer Quellen aus Thüringen heißt es gar: »Wie es dort Sitte ist.« Als Dienstleistungen ehemaliger Mägde erwartete das Kloster Prüm nicht selten die Abgabe von 1 Pfund Flachs als spinnfertigem Rohstoff, dessen Herstellung zeitraubend und mühsam war. Der Flachs wurde entweder auf den Wirtschaftshöfen selbst verarbeitet oder – sehr häufig – den behausten ehemaligen Mägden übergeben, damit sie daraus Hemden herstellten. Ein solches Hemd war in Prüm »ein Leinentuch aus reinem Flachs von 8 Ellen Länge und 2 Ellen Breite«, mithin 4 bis 5 Meter lang und, dem Format der Webstühle entsprechend, etwa 1 bis 1,20 Meter breit.

Textilgewerbe und Markt

Die ländliche Textilproduktion mit ihrer Verarbeitung von Flachs und Wolle nahm im Frühmittelalter beachtliche Ausmaße an, so daß zwar nicht die bäuerlichen Hofstellen, gewiß aber die grundherrschaftlich organisierten Wirtschaftsbetriebe mit ihren Gyneceen marktorientiert gewesen sein dürften. Wenn ein inmitten von

Brescia gelegener Hof dem Kloster »bäuerliche« Tücher zu liefern hatte, dann war das wohl nur möglich, weil innerhalb der klösterlichen Grundherrschaft Spezialisierung und Arbeitsteilung stattgefunden hatten, die im städtischen Umfeld Oberitaliens dem Handel mit solchen Waren zugute kamen. Das aus der Mitte des 9. Jahrhunderts überlieferte Polyptychonfragment der nordfranzösischen Abtei Saint-Amand-les-Eaux ergibt einige Details hinsichtlich der Handelsgepflogenheiten. So gehörten zu einem ausgegebenen Benefizialgut ein Herrenhof mit einer Dependance von Tournai und in diesem Ort selbst zwei Höfchen: »Es sind hier sechs Hemdenmacherinnen, die statt Hemden acht Denare als Ablöse zahlen.« Es handelte sich also um Weberinnen beziehungsweise Schneiderinnen, die Hemden bestimmter Größe produzierten und ehedem gehalten waren, zumindest einen Teil ihrer Erzeugnisse dem Kloster abzuliefern. Nach Übergang des Hofes samt Zubehör an einen Benefiziar war die Abgabe der Textilien durch ein Geldäquivalent ersetzt worden, so daß die Hemden in den Handel gelangten. Gleichwohl blieb die alte Leistungsstruktur weiterhin erkennbar. Das gleiche galt für die Ablöse der »Filutura«, des Spinnens von Wolle oder Flachs als spezifische Leistung, von vier Freienhufen. Als der Konvent das Gut 872 zum Nutzen seiner Kleiderkammer zurückerhielt, dürfte die Anlieferung der Tuche aus Tournai erneut verlangt worden sein.

Besondere Beachtung verdient im Kontext die Berufsbezeichnung jener Frauen als »Hemdenmacherinnen«, die einer Tätigkeit nachgingen, die sich bereits deutlich vom bloßen ländlichen Nebengewerbe der Bäuerinnen abhob. Die Tuchspezialistinnen aus Tournai, das über eine spätantike Manufaktur verfügt hatte, waren zwar noch in den rechtlichen Rahmen der Grundherrschaft eingebunden, vergleichbar den Prümer Salzsiedern in Vic-sur-Seille, doch sie übten ein freies städtisches Gewerbe aus. Sie produzierten für die Bedürfnisse der Grundherren, darüber hinaus aber und vor allem für den Markt, der ihre Erzeugnisse aufnahm und ihnen erlaubte, die geforderten Äquivalente zu zahlen. So hatte Tournai schon im 9. Jahrhundert als Sitz der Tuchherstellung einen Rang, den die Stadt im Spätmittelalter als Zentrum der Tapisseriekunst neben Brüssel und Arras zu behaupten wußte. Die später weithin gerühmte Leinenweberei Westfalens geht vermutlich ebenfalls auf frühmittelalterliche Anfänge zurück. In Warburg läßt sich ein zunächst gräfliches, dann bischöfliches Gynecum nachweisen, aus dem im 12. Jahrhundert ein städtisches Gewerbe herauswuchs, das zahlreiche Landbewohner als Weber anzog. Von hier, von Tournai, Arras und vielleicht auch Tilleda, nicht aber aus den Webhütten des bäuerlichen Nebengewerbes, führte der Weg zur städtischen Textilindustrie Flanderns, Italiens und des Niederrheins im Hoch- und Spätmittelalter.

Kunsthandwerkliche Techniken

Eine Technikgeschichte des Frühmittelalters kann nicht umhin, auf einige wenige Aspekte des Kunsthandwerks zu verweisen, in dem sich häufig ältere, sogar vorgeschichtliche Traditionen, den Zeitvorstellungen angepaßt, fortgesetzt haben. Bereits im merowingischen Zeitalter erlebte die Edelsteineinlegekunst neben Granulation und Filigran eine hohe Blüte, die schon in der karolingischen Epoche als unerreicht bestaunt wurde. Man hat in ein sorgfältig auf einer Metallplatte komponiertes Steg- und Zellenwerk, das bis zu zwei Dritteln mit einer Sand-Eiweiß-Mischung gefüllt wurde, die man mit einem hauchdünnen Goldblech abschloß, einen plangeschliffenen Halbedelstein, häufig Almandin, in entsprechender Form eingefügt. Die Stegoberkanten wurden breitgehämmert, um ein Herausfallen zu vermeiden. Derartige Zelleneinlagen dürfen den Rang einer technischen Innovation im Zweig der mittelalterlichen Goldschmiedekunst beanspruchen.

231. Teil eines merowingerzeitlichen Gipssarkophags. Fund auf einem Pariser Friedhof

Eine zeitlich wie regional beschränkte »Erneuerung« besonderer Art, die Kunsthandwerk und Massenproduktion verband, war die Herstellung von Gipssärgen, die in beträchtlicher Anzahl vom 6. bis 8. Jahrhundert in der Ile-de-France, vor allem in der Umgebung von Paris, einer Art »Mode« glichen, erhalten allerdings zumeist nur in den verzierten Kopf- und Fußteilen. Solche Särge wurden mit Hilfe von Holzmodeln hergestellt und lehnten sich in ihrem Schmuck an die zeitgenössische Volkskunst mit ihren geometrischen Mustern an. Begünstigt durch das reiche Vorkommen an Gips im Pariser Becken dürften mehrere Werkstätten am Rand großer Friedhöfe der Seine-Metropole tätig gewesen sein, die ihren Kunden verschiedene Modelle anzubieten vermochten. Das Gewicht eines solchen Gipssarges betrug durchschnittlich 500 Kilogramm; der Behälter ohne Abdeckung konnte in knapp einer halben Stunde hergestellt werden. Die Massenproduktion des Imitates kostspieliger Stein- oder Marmorsarkophage entsprach sichtbar einem verbreiteten

232. Stuckarbeit: Sola, ein angelsächsischer Einsiedler im Altmühltal. Relief aus der Fuldaer Propstei Solnhofen, vermutlich zwischen 819 und 842. Solnhofen, Evangelisch-Lutherische Pfarrkirche

Bedürfnis der urbanen Bevölkerung. Deshalb sind die sonst bekannten streifenverzierten Steinsarkophage im Pariser Raum nur in wenigen Dutzend Exemplaren vertreten. Reliefierte Marmorsarkophage, die die antike Tradition fortgeführt haben, sind nördlich der Loire nur zweimal gefunden worden. Sie waren vielmehr in flußnahen Gebieten Südwestfrankreichs, in Aquitanien, üblich.

Die Elfenbeinschnitzerei, ebenfalls anknüpfend an spätantike Muster, an die sogenannten Diptychen, Doppeltafeln, erlebte einen besonderen Aufschwung, zumal bei der Herstellung kostbarer Buchdeckel. Als herausragende Exemplare sind die beiden Tafeln des sogenannten Dagulf-Psalters zu erwähnen, so benannt nach seinem Schreiber, aus dem Besitz des karolingischen Hauses, das »Lange Evangelium«, ein Codex aus der Stiftsbibliothek von St. Gallen, der von Sintram geschrieben, von dem Mönch Tuotilo, einem All-round-Künstler, mit zwei großen, von Gold und Edelsteinen geschmückten Elfenbeintafeln eingefaßt worden ist, und Reliefs zum Ruhm des ottonischen Herrscherhauses.

233. Feinwaage eines Goldschmiedes. Fund aus dem Anfang des 7. Jahrhunderts im Groß-Gerauer Viertel Wallerstätten. Groß-Gerau, Heimatmuseum

Schon an den hier zitierten Beispielen läßt sich erkennen, daß die verbreitete Meinung, die Kunst-Handwerker des Mittelalters hätten generell anonym zum Lobe Gottes gearbeitet, bestenfalls eine fromme Legende ist. Vielmehr waren die Bischöfe Eligius von Noyon und Leo von Tours im 6. Jahrhundert vor allem als Goldschmiede berühmt. Im 8. Jahrhundert zeigt zum Beispiel ein Sarkophag aus der Abtei S. Pietro in Valle nicht nur das Abbild des hochgestellten Toten, sondern auch in fröhlicher Manier mit dem Stichel in der Hand den Schöpfer des Reliefs mit der Beischrift: »Magister Ursus hat es gemacht.« Technische Könnerschaft und künstlerisches Ingenium setzten sich nicht selten als Ausdruck der eigenen »Individualität« ein dauerndes Denkmal. Zuweilen standen auch die Zeitgenossen im Bann einer Künstlerpersönlichkeit, deren Namen sie deshalb überlieferten.

Glas und Töpferware, damals anonyme Produktionszweige, die, hierin der Salzgewinnung und der Roheisenerzeugung vergleichbar, an natürliche Vorkommen bestimmter Rohstoffe oder Ausgangsprodukte wie Quarzsand beziehungsweise quarzhaltiges Gestein, Ton und Magerungsmaterial gebunden waren, zudem an die reichliche Holzzufuhr zur Beschickung der Öfen, spielten eine nicht unwesentliche Rolle. Trotzdem sind weder die Glasherstellung noch das Töpferhandwerk in früh-

Kunsthandwerkliche Techniken 495

234. Elfenbeinarbeit: Kaiser Otto I., seine Gemahlin Adelheid und der Thronfolger Otto (II.) zu Füßen Christi, des heiligen Mauritius und der Mutter Gottes. Tafel aus Mailand, um 963. Mailand, Museo Civico nel Castello Sforzesco

mittelalterliche Siedlungen und im grundherrschaftlichen Verbund integriert nachzuweisen. Daß Töpfermanufakturen und Glashütten nicht in einem herrschaftsfreien Raum gearbeitet haben, darf als sicher angenommen werden. Die konkrete Anbindung der »Fabrikationsbetriebe« an Domänenbesitz des Königtums, der Kirche und des Adels bleibt indessen im dunkeln; denn keine einzige Urkunde, kein Inventar, keine erzählende Quelle gibt über das Verhältnis zwischen Produktionsstätte und Herrensitz Auskunft. Gleichwohl kann angesichts der pachtähnlichen Verhältnisse, die sich in der Salzproduktion schon im 9. Jahrhundert in Bayern, vor allem in Lothringen herausgebildet hatten, an der »freien« gewerblichen Betätigung der Spezialisten für Glas und Töpferware nicht gezweifelt werden.

Was die frühmittelalterliche Glaserzeugung anlangt, so galt bis vor wenigen Jahrzehnten allgemein die Ansicht, die spätantike Produktion sei bei nachlassender Qualität im karolingischen Zeitalter endgültig ausgelaufen, und erst das 13. Jahrhundert habe unter Führung der Glaswerkstätten Venedigs einen neuerlichen Aufschwung gebracht. Doch Untersuchungen von Abfallgruben und Gräbern der Siedlungen von Dorestad, Haithabu und Birka, deren Bewohner im Gegensatz zum christianisierten Altsiedelland noch lange an der Sitte der Grabbeigaben festhielten, sowie Funde im Pfalzareal von Paderborn oder im Kirchenbezirk von St. Afra in Augsburg ließen quantitativ wie qualitativ eine reiche Palette an Formen, Verzierungen und Farben erkennen, die auch die nachkarolingische Glasproduktion kennzeichnet. So sind Trichterbecher als Standardtrinkgläser der Karolingerzeit, ferner Becher mit Golddekor, Gläser und Schalen mit Reticellaverzierung, blaue Gläser mit Fadenauflagen sowie Traubenbecher, nicht zuletzt Trinkhörner, überliefert. Solche Gläser sind sowohl auf den üblichen Verkehrswegen in die Emporien gelangt als auch durch Wanderhandwerker vor Ort produziert worden. Glaswerkstätten, die Flachglas und Hohlglas gefertigt haben, tauchten in Paderborn wie in Augsburg auf. Glashandwerker konnten im westdänischen Ribe, das 865 erstmals belegt ist, nachgewiesen werden, ebenfalls auf Gotland und in Haithabu, belegbar durch das typische Werkzeug wie Pfeife, Zange und Schere. Aus Dokumenten des 7. und 8. Jahrhunderts ist bekannt, daß sich Äbte und Bischöfe aus England um Glaskünstler vom Kontinent bemüht haben. Gelegentlich wird berichtet, daß derartige Spezialisten als Hörige im Klosterverband – beispielsweise in St. Gallen und im nordfranzösischen Saint-Amand-les-Eaux – tätig gewesen sind, die man auch als »Leiharbeiter« eingesetzt hat.

Frühmittelalterliche Glashütten konnten bislang nur – vielleicht in Fortsetzung antiker Tradition – in Kordel bei Trier entdeckt werden. Der von karolingerzeitlichen Glasmachern benutzte Ofen bestand aus einer rechteckigen Sandsteinpackung, die von einem sich verjüngenden Feuerungskanal durchzogen war und dessen Abdeckung zum Schutz vor Regen eine Holzpfostenkonstruktion besorgte. Später nachgewiesene Öfen hatten ein bienenkorbförmiges Aussehen und bestanden aus drei Stockwerken: Feuerungskammer, Hafen als Schmelz- und Frittenkammer und Kühlraum.

Für die Standortwahl einer Glashütte war das Vorhandensein der natürlichen Rohstoffe, in der Hauptsache von Quarzsand als Glasbildner und Holz zum Gewinnen von Pottasche als Flußmittel und zur Befeuerung der Öfen, ausschlaggebend. Der extensive Holzverbrauch brachte es mit sich, daß die Glasmacher mit ihren Hütten in den Waldarealen »wanderten«, die Produktionsstätte häufig aufließen, so daß sie überwucherte und verschwand. Dies läßt sich für zahlreiche mittelalterliche Glashütten im Spessart und in den Argonnen nachweisen, die in den letzten Jahrzehnten entdeckt worden sind und deren Anfänge wenigstens zum Teil ins Frühmittelalter zurückreichen dürften. Keinesfalls konnte durch neuere Funde die These erhärtet werden, daß im Mittelmeergebiet Soda, nach 800 im Norden aber ausschließlich Pottasche als Flußmittel verwendet worden ist, da der Import von Soda zum Erliegen gekommen sei. Analysen haben ergeben, daß um 1000 in den nördlichen Regionen sehr wohl noch Sodaglas nachzuweisen ist. Importierte Soda und einheimische Pottasche hat man je nach Glasrezeptur gebraucht, so daß sich ein vergleichsweise differenziertes Bild nicht nur in der Formen- und Dekorwahl, sondern auch in der Herstellungstechnik ergibt. Neben der Anfertigung von Trinkgefäßen, Leuchtern und durchsichtigen Reliquienbehältern gewann auch die Produktion von Flachglas immer mehr an Bedeutung, das vor allem als Fensterglas, gelegentlich schon bunt gefärbt, eingefaßt mit Bleiruten, in den romanischen Kirchen Verwendung fand. Derartige Verglasungen konnten archäologisch in Paderborn, Vreden und Münster sowie im englischen Thanet und Wearmouth festgestellt werden.

Mehr noch als die Glasproduktion war die Töpferei mit der Drehscheibe in der breiten Zone zwischen Kunstgewerbe und genormter Massenerzeugung angesiedelt. Wie jene war sie an das natürliche Vorkommen von Rohstoffen, hier Tonlagerstätten, Magerungsmaterial wie Quarzsand, Wasser zur Aufbereitung des Tons und vor allem Holz zur Beschickung der Brennöfen, gebunden. Vor dem Hochmittelalter, als die Keramikerzeugung Eingang in das städtische Gewerbe fand, waren Töpfereibetriebe nur in ländlichen Gebieten außerhalb der engeren Siedlungskerne zu finden: im Vorgebirge zwischen Bonn und Köln, in Walberberg, Badorf und Pingsdorf, wo es reiche Tonlagerstätten gab. Während für die Produktion in Mayen in der Eifel eine Kontinuität von der Antike bis ins Mittelalter festgestellt werden konnte, datieren die Anfänge der rheinischen Großtöpfereien in die ersten Jahrzehnte des 8. Jahrhunderts. Die Badorfer Keramik, abgelöst beziehungsweise ergänzt von der Pingsdorfer, fand überall Verbreitung und wurde als »Marktführer« über den Niederrhein bis nach England und Skandinavien exportiert. Produziert wurden zunächst vornehmlich Wölbwandtöpfe, Krüge und Kannen. Das Sortiment wurde in der Karolingerzeit reichhaltiger, und zwar durch große eiförmige Vorratsgefäße, Kugeltöpfe mit Wackelboden und seit dem späten 9. Jahrhundert durch große Reliefbandamphoren für den Weinhandel. War die merowingische Keramik stets grau, so die Badorfer Keramik hellgelb. Die künstlerisch-individuelle Pingsdorfer Ware hatte Krakelüren und rote Pinselstriche auf dem Gefäßkörper.

235. Pingsdorfer Keramik: Reliefband-Amphora und zugleich Schallgefäß. Fund aus dem 10. Jahrhundert unter dem Plattenboden von St. Quirin in Neuss. Bonn, Rheinisches Landesmuseum

Töpfereiprodukte dienten auch als »Schallgefäße«, die sowohl in das Mauerwerk als auch in den Fußboden von Kirchen eingelassen wurden, um eine bessere Akustik zu erzielen. Gefäße dieser Art ließen sich etwa in Metz, Xanten, Neuss und Nagold nachweisen. Im Jahr 1965 wurden im Fußboden der Kirche St. Walburga in Meschede über 70 leere Gefäße gefunden, nachdem man hier im 19. Jahrhundert im Mauerwerk bereits 44 Töpfe entdeckt hatte. Diese Methode zur akustischen Nachbesserung war schon der Antike bekannt und könnte – falls nicht, wie so häufig, die Empirie die Lehrmeisterin im Mittelalter war – aus den Schriften des Vitruv beziehungsweise des Aristoteles entnommen worden sein.

Die Töpferöfen, von denen nicht selten bis zu einem Dutzend in einem Produktionskomplex aufgefunden worden sind, wiesen eine typische Konstruktion auf: »Aus einem vor der Brandkammer liegenden Feuerungsraum wird die Hitze in die ringförmige Gasse der Brennkammer geleitet, deren Mittelpunkt ein aus Fehlbränden und Lehm aufgebauter Stempel bildet. Von diesem Stempel gingen sternförmig kurze Tonwülste aus, die bis zur Ofenwandung reichten. Die Zwischenräume bildeten die Öffnungen für die Heizgase, die in den oberen Teil des Brennraumes strömten, wo die Gefäße gestapelt waren« (M. Rech). Statt der Tonwülste benutzte man auch ineinandergestapelte Wölbtöpfe, und das Brenngut war vielleicht nicht selten lediglich in der ringförmigen Heizgasse aufgereiht. – Neuere Untersuchungen haben gezeigt, daß etwa in Walberberg als einem Zentrum der Massenproduktion die Öfen der Großbetriebe weit außerhalb der hochmittelalterlichen Herrschaftszentren um gräfliche Burg, Fronhöfe und Pfarrkirche gelegen haben, während auf dem Areal dieser »Domäne« ein einziger Ofen nachgewiesen werden konnte.

Zu den großartigsten Schöpfungen frühmittelalterlichen Kunsthandwerks gehört der Bronzeguß, der besonders in Gestalt gewaltiger Kirchenportale bereits die Mitwelt fasziniert und bis in die Gegenwart nichts an Anziehungskraft verloren hat. Nirgendwo sonst haben sich Stifter und Meister mehr verewigt als in jenen Großplastiken, deren Reihe mit den Türen des Aachener Münsters um 800 anhebt, über Mainz, Hildesheim, Augsburg, Verona bis zu den Portalen von Nowgorod und Gnesen beziehungsweise von Pisa, Monreale und Benevent im Hochmittelalter reicht. Der Großbronzeguß war eine dem Früh- und Hochmittelalter eigentümliche Gestaltungsform, die zwar im Grundkonzept, in Rahmen und Füllungen, sowie im Material der Antike beziehungsweise dem Frühchristentum verpflichtet blieb, aber in der Ausformung der Reliefs zeitgenössische Anregungen der Steinplastik, der

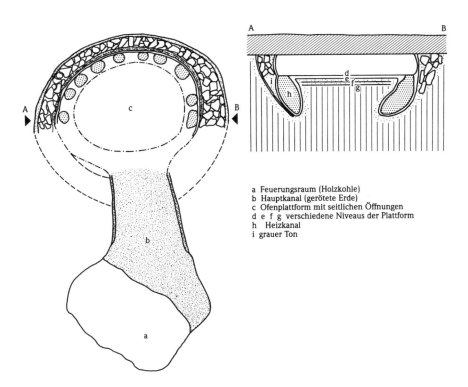

a Feuerungsraum (Holzkohle)
b Hauptkanal (gerötete Erde)
c Ofenplattform mit seitlichen Öffnungen
d e f g verschiedene Niveaus der Plattform
h Heizkanal
i grauer Ton

Rekonstruktion eines karolingerzeitlichen Töpferofens aus Autelbas-Barnich in Belgien
(nach Rech)

Elfenbeinkunst und der Buchmalerei aufnahm. Diese überragenden Zeugnisse konzeptioneller Gestaltung und technischen Könnens sind erst mit den Renaissance-Türen des Florentiner Baptisteriums wieder eingeholt, aber nicht überholt worden.

Erzgießer finden sich an der Seite von Fein- und Grobschmieden schon in den Statuten Adalhards von Corbie, speziell als Kesselschmiede in den Anweisungen seines Bruders Wala für Bobbio. Auch die Glockengießer des normannischen Klosters Saint-Wandrille dürfen diesem Spezialistenkreis hinzugerechnet werden, der seit der Merowingerzeit die zahlreich überlieferten Bronzegefäße hergestellt hat, zum Beispiel die berühmten Perlrandbecher, Kannen und Kessel sowie die Weihwasserschalen. Derartig dünnwandige Gefäße wurden nicht eigentlich gegossen, sondern aus Blechen, über deren Fertigung im 12. Jahrhundert Theophilus Presbiter sehr genaue Instruktionen liefert, lediglich getrieben. Zu den weitverbreiteten Bronzegegenständen des Frühmittelalters zählen auch Schwertknäufe, Metallbeschläge, überwiegend Gürtelgarnituren. Zu den wenigen Vollplastiken gehört die Metzer Reiterstatuette, die Karl den Großen darstellen soll.

Modernen Metallanalysen zufolge legierten die frühmittelalterlichen Gießer vor allem Buntmetallschrott. Die Frage nach der Gewinnung der zur Bronzeherstellung notwendigen Ausgangsmetalle wie Kupfer, Zinn und Zink konnte bis heute nicht befriedigend beantwortet werden. So weiß man nicht, ob der Abbau von Zinn in Cornwall oder Zinkspat im badischen Wiesloch, der sich für die Römerzeit nachweisen ließ, ebenso für die Region östlich von Aachen, im Frühmittelalter fortgeführt oder neu eröffnet worden ist. Kupfer wurde im Hochmittelalter in den Mansfelder Gruben, seit der zweiten Hälfte des 10. Jahrhunderts vor allem im Goslarer Rammelsberg gewonnen.

Die Produktion von Gefäßen und Zubehör genannter Art unterschied sich beträchtlich vom Großbronzeguß, der nördlich der Alpen mit den acht Transenen-Gittern für die Empore und den acht mächtigen Bronzetürflügeln der Aachener Pfalzkapelle einsetzte. Eine dieser Türen wiegt nicht weniger als 43 Zentner. Gitter und Türen wurden sehr wahrscheinlich im letzten Jahrzehnt des 8. Jahrhunderts vor Ort in einer Werkstatt gegossen, deren Spuren ehemals festgestellt werden konnten. Ob freilich die Modelleure und Gießer einheimische Kunsthandwerker gewesen sind, ist zweifelhaft; sie könnten auch ein »Import« aus Italien gewesen sein, »Gastarbeiter« wie jene Griechen, die zweihundert Jahre später am Pfalzareal von Paderborn mitgewirkt haben. Die Portale von Aachen und die Tür von Mainz aus dem Ende des 10. Jahrhunderts in bewußter Anknüpfung an das Aachener Vorbild entsprechen in ihrer schlichten Gestalt noch dem antiken Gliederungsschema von Rahmen und Füllungen, obwohl in durchaus eigenwilliger Adaption. Vorbilder waren die Türen des Lateransbaptisteriums, das Hauptportal von S. Marco in Venedig, vor allem die Bronzetüren von Alt-Sankt-Peter, die Papst Hadrian I. (772–795) im letzten Viertel des 8. Jahrhunderts gestiftet hatte. Archetypus aller

236. Bronzearbeit: Detail des linken Flügels der Tür für die im Auftrag des Bischofs Bernward ausgestattete Klosterkirche St. Michael, 1015. Hildesheim, Dom

Portale war freilich die eherne Türausstattung des römischen Pantheons, das man einst sogar mit vergoldeten Dachziegeln versehen hatte.

Für die untergliederte, mit Reliefs versehene, in Bronze gegossene Bilderwand, die einem erstmals und in höchster Vollendung in den Türen des Hildesheimer Domes aus der Werkstatt des Bischofs-Ingenieurs-Künstlers Bernward (um 960–1022) begegnet, gibt es in Metall kein antik-frühchristliches Vorbild, wohl aber in den Holztüren von S. Ambrogio in Mailand und von S. Sabina auf dem Aventin in Rom, die in kostbarem Schnitzwerk Szenen des »Alten« und des »Neuen Testamentes« wiedergeben. Bischof Bernward, hochadliger Abkunft, Lehrer Kaiser Ottos III., hatte in der Hildesheimer Domschule nicht nur eine Ausbildung erfahren, die sich auf die üblichen Schulfächer erstreckte, sondern war in den Werkstätten auch mit den »mechanischen« Künsten vertraut gemacht worden. Sein Biograph Thangmar (um 950–vor 1015) hat später vermerkt: »In der Schreibkunst ragte er ganz besonders hervor, die Malkunst übte er bis ins Feinste, in der Kenntnis des Erzgusses, in der Geschicklichkeit, Edelsteine zu fassen, in jeder Art der Baukunst war er Meister.« Noch die Schilderung seines Tageslaufs als Bischof läßt erkennen,

237. Der Steinmetz-Modelleur. Reliefierte Bronzeplatte auf der Holztür der Abteikirche S. Zeno Maggiore in Verona, erste Hälfte des 12. Jahrhunderts

daß seine Interessen unvermindert dem Kunsthandwerk in seiner ganzen Breite gegolten haben: »Dann unternahm er einen Rundgang durch die Werkstätten, wo Metalle in der verschiedensten Weise bearbeitet wurden, und überprüfte die einzelnen Arbeiten.« Er ließ Dachziegel herstellen und Fußböden mit Mosaiken schmükken. »Er führte talentierte und überdurchschnittlich begabte Diener in seiner Begleitung auf Reisen mit, die alles, was ihm im Bereich irgendeiner Kunst an Wertvollem auffiel, genau studieren mußten.«

Das Aufblühen des Metallgusses in den Hildesheimer Werkstätten hing höchstwahrscheinlich mit der 996 erfolgten Berufung des Propstes von St. Pantaleon in Köln, Goderamnus (um 970–1030), nach Hildesheim zusammen, der später der erste Abt von Bernwards Lieblingsstiftung St. Michael werden sollte. Denn für St. Michael waren sowohl die Domtüren, die Bernwards Nachfolger im Bischofsamt, Godehard (960–1038), in das Atrium des Westwerks einhängen ließ, als auch die eindrucksvolle Säule bestimmt. Nicht nur die enge stilistische Verbindung der Reliefs auf den Türen und der Säule mit der Steinplastik von St. Pantaleon und dem Gero-Kreuz des Hohen Domes weist auf Köln hin, sondern besonders die Übermittlung des technischen Know-how für den Großbronzeguß. Die Vitruv-Handschrift des 9. Jahrhunderts, die sich heute im British Museum in London befindet und deren Besitzer nach einem Namenseintrag der Propst Goderamnus gewesen ist, enthält nämlich im Anschluß an den antiken Text Rezepte für das bei allen Hildesheimer Metallarbeiten angewendete Wachsausschmelzverfahren: Die Gewichtsmengen verschiedener Metalle mußten dieser oder jener in Wachs entsprechen. Sehr wahrscheinlich hatte Bernward mit dem Kölner Prälaten einen Bruder im Geiste für seine künstlerischen Ambitionen in Hildesheim zu gewinnen vermocht.

Ursula Mende, eine ausgewiesene Kennerin mittelalterlicher Bronzearbeiten, beschreibt das Wachsausschmelzverfahren folgendermaßen: »Es wird auch als Guß in der verlorenen Form bezeichnet... Ein aus Wachs gebildetes Gußmodell wird in Ton und Lehm fest eingebettet und bildet nun die Gußform; diese wird erwärmt und gebrannt, das Wachs schmilzt und muß durch ein zuvor sorgfältig angelegtes und im Ton mit eingebettetes System aus Anguß- und Luftkanälen vollständig ausfließen. Es läßt einen Hohlraum zurück, der später mit dem Metall ausgefüllt wird. Die Gußform muß zunächst von außen gesichert werden, damit der Druck des einfließenden Metalls sie später nicht sprengt. Bei großen Objekten geschieht das dadurch, daß sie in der gemauerten Gießgrube mit Sand fest eingestampft wird. Das Metall wird geschmolzen und legiert; bei kleineren Objekten wird es mit dem Gußtiegel in die Gußform gefüllt, bei größeren fließt der Metallstrom vom Anstich des Schmelzofens direkt in die Gießgrube. Jetzt muß es sich erweisen, ob die Anguß- und Luftkanäle die vollständige Verteilung des flüssigen Erzes bis in alle Feinheiten der Form hin ermöglichen. Das Metall muß erstarren, dann wird die Form zerschlagen, um das fertige Gußstück zu erhalten. Dieses Verfahren erlaubt eine Übertragung aller Feinheiten vom Gußmodell in das gegossene Werk selbst. Es ist allerdings sehr aufwendig. Sowohl das Gußmodell als auch die Gußform gehen verloren. Mißlingt der Guß, so muß der ganze Vorgang, angefangen von der Herstellung des Gußmodells, wiederholt werden.«

Für die Türflügel wurde zunächst eine Wachsplatte von der beabsichtigten Wandungsstärke angefertigt, auf der man dann die Ornamente und die Figuren, wiederum in Wachs, aufmodellierte, wobei die Anguß- und Luftkanäle genau zu berücksichtigen waren. Die künstlerische Formgebung in Wachs oblag den Modelleuren, bei der Hildesheimer Tür zumindest sechs und bei der Säule vielleicht nicht weniger Künstlern. Man darf vermuten, daß sie zugleich als Steinmetze tätig waren. Eines der Bronzereliefs auf der Tür von S. Zeno Maggiore in Verona aus der ersten Hälfte des 12. Jahrhunderts macht einen Steinmetzen als Künstler-Handwerker bei der Arbeit anschaulich.

In Hildesheim beschränkte sich Bischof Bernward nicht nur auf die Anfertigung der zweifachen Tür mit 4,72 Meter Höhe und ursprünglich 1,20 Meter Breite, die jeweils einschließlich der Löwenköpfe, in einem Stück gegossen worden war, wobei ein Element offensichtlich »im warmen Zustand« Schaden genommen hat, sondern ließ auch die berühmte Säule gießen, deren vierundzwanzig Reliefszenen, die Darstellungen auf der Tür ergänzend, das »öffentliche« Wirken Jesu von der Taufe im Jordan bis zum Einzug in Jerusalem plastisch wiedergeben. Das Unikat besteht aus drei einzeln gegossenen Teilen: Plinthe mit Bassis, Schaft und Kapitell. Als Vorbilder sind die Trajan-Säule von 137 und die Markus-Säule von 187 n. Chr. unschwer auszumachen, allerdings nunmehr als Triumph Christi, bekrönt durch ein überhöhtes Kreuz, das verlorengegangen ist. Der Rohstoff dieser einzigartigen Kunstwerke wurde sicherlich nicht aus Buntmetallschrott gewonnen. Die räumliche Nähe Hildesheims zum Vorharz, der enge Kontakt zwischen Kaiser Heinrich II. (973–1024), dem Förderer Goslars, und Bischof Bernward sprechen dafür, daß die Kupfer-, Blei- und Silbererze des Rammelsberges als materielle Grundlage der Hildesheimer Produktion gedient haben. Seit der zweiten Hälfte des 10. Jahrhunderts ist der bergmännische Abbau der Goslarer Erze belegt, seit etwa 990 begegnen die dann weitverbreiteten silbernen Otto-und-Adelheid-Pfennige, und mit Kaiser Heinrich II. und den ersten Saliern verlagerte sich für einige Jahrzehnte die Reichsmitte nach Goslar. Die Verbindung von Metallen und Macht bahnte sich mit einer Großplastik an.

Kunsthandwerkliche Techniken 505

238. Bronzearbeit: Detail der im Auftrag des Bischofs Bernward für die Klosterkirche St. Michael geschaffenen Säule mit Szenen aus dem Leben Jesu, zwischen 1015 und 1022. Hildesheim, Dom

BIBLIOGRAPHIE
PERSONEN- UND SACHREGISTER
QUELLENNACHWEISE DER ABBILDUNGEN

Helmuth Schneider
Die Gaben des Prometheus

Abkürzungen

JHS = Journal of Hellenic Studies
JRS = Journal of Roman Studies

Allgemeines, Übergreifendes

H. Blümner, Technologie und Terminologie der Gewerbe und Künste bei Griechen und Römern, 4 Bde, Leipzig 1875–1887; Bd 1, Leipzig ²1912; repr. Hildesheim 1969; L. Casson, Energy and technology in the ancient world, in: Ders., Ancient trade and society, Detroit 1984, S. 131–153; D. Daumas (Hg.), Histoire générale des techniques, Bd 1: Les origines de la civilisation technique, Paris 1962; H. Diels, Antike Technik, Leipzig ²1920; M. I. Finley, Technical innovation and economic progress in the ancient world, in: Economic History Review 18, 1965, S. 29–45; B. Gille (Hg.), Histoire des techniques, Technique et civilisations, Technique et sciences, Paris 1978; J. G. Landels, Engineering in the ancient world, London 1978; J. P. Oleson, Bronze age, Greek and Roman technology, A select, annotated bibliography, New York 1986; H. W. Pleket, Technology and society in the Graeco-Roman world, in: Acta Historiae Neerlandica 2, 1967, S. 1–25; H. W. Pleket, Technology in the Graeco-Roman world, A general report, in: Talanta 5, 1973, S. 6–47; D. W. Reece, The technological weakness of the ancient world, in: Greece and Rome 16, 1969, S. 32–47; Ch. Singer, E. J. Holmyard, A. R. Hall und T. I. Williams (Hg.). A history of technology, Bd 2: The Mediterranean civilizations and the middle ages c. 700 B.C. to c. A.D. 1500, Oxford 1956; K. D. White, Greek and Roman technology, London 1984.

Die Grundlagen der antiken Technik

Der mediterrane Raum

F. Braudel, The Mediterranean and the Mediterranean world in the age of Philipp II, London 1975; F. Braudel, G. Duby und M. Aymard, Die Welt des Mittelmeeres, Zur Geschichte und Geographie kultureller Lebensformen, Frankfurt am Main 1987; M. Cary, The geographic background of Greek and Roman history, Oxford 1949; O. Davies, Roman mines in Europe, Oxford 1935; P. Garnsey, Famine and food supply in the Graeco-Roman world, Responses to risk and crisis, Cambridge 1988; P. Garnsey, Mountain economics in Southern Europe, Thoughts on the early history, continuity and individuality of Mediterranean upland pastoralism, in: C. R. Whittaker (Hg.), Pastoral economies in classical antiquity, Cambridge 1988, S. 196–209; P. Garnsey, T. Gallant und D. Rathbone, Thessaly and the grain supply of Rome during the 2nd century B.C., in: JRS 74, 1984, S. 30–44; H.-J. Gehrke, Jenseits von Athen und Sparta, Das Dritte Griechenland und seine Staatenwelt, München 1986; C. Lienau, Griechenland, Geographie eines Staates der europäischen Südperipherie, Darmstadt 1989; R. Meiggs, Trees and timber in the ancient Mediterranean world, Oxford 1982; R. Osborne, Classical landscape with figures, The ancient Greek city and its countryside, London 1987; E. Ruschenbusch, Getreideerträge in Griechenland in der Zeit von 1921 bis 1938 n. Chr.

als Maßstab für die Antike, in: Zeitschrift für Papyrologie und Epigraphik 72, 1988, S. 141–153; F. TICHY, Italien, Darmstadt 1985.

ten, München ²1988, S. 365–393; D. RIBEIRO, Der zivilisatorische Prozeß, Frankfurt am Main 1983; E. VERMEULE, Greece in the bronze age, Chicago 1964.

Die historischen Voraussetzungen: Neolithische Revolution, Altägypten und Mykene

K. BITTEL, Das 2. vorchristliche Jahrtausend im östlichen Mittelmeer und im Vorderen Orient, Anatolien und Aegaeis, in: Gymnasium 83, 1976, S. 513–533; H.-G. BUCHHOLZ, Ägäische Bronzezeit, Darmstadt 1987; L. CASSON, Die Seefahrer der Antike, München 1979; J. CHADWICK, Die mykenische Welt, Stuttgart 1979; V. G. CHILDE, Soziale Evolution, Frankfurt am Main 1975; C. M. CIPOLLA, Die zwei Revolutionen, in: E. SCHULIN (Hg.), Universalgeschichte, Köln 1974, S. 87–95; P. DEMARGNE, Die Geburt der griechischen Kunst, München ²1975; M. I. FINLEY, Early Greece, The bronze and archaic ages, London 1981; R. FUCHS, Lexikon der Ägyptologie, Bd 6, Wiesbaden 1986, S. 246–289; W. HELCK, Die Beziehungen Ägyptens und Vorderasiens zur Ägäis bis ins 7. Jahrhundert v. Chr., Darmstadt 1979; S. HILLER und O. PANAGL, Die frühgriechischen Texte aus mykenischer Zeit, Darmstadt ²1986; J. KNAUSS, B. HEINRICH und H. KALCYK, Die Wasserbauten der Minyer in der Kopais, Die älteste Flußregulierung Europas, München 1984; J. KNAUSS, Mykenische Wasserwirtschaft und Landgewinnung in den geschlossenen Becken Griechenlands, in: Kolloquium Wasserbau in der Geschichte zu Ehren von G. GARBRECHT, Braunschweig 1987, S. 25–63; A. LEROI-GOURHAN, Hand und Wort, Die Evolution von Technik, Sprache und Kunst, Frankfurt am Main 1980; S. MARINATOS, Kreta, Thera und das mykenische Hellas, München 1986; H. MÜLLER-KARPE, Geschichte der Steinzeit, München ²1976; H. J. NISSEN, Grundzüge einer Geschichte der Frühzeit des Vorderen Orients, Darmstadt 1983; W.-F. REINEKE, Technik und Wissenschaft, in: A. EGGEBRECHT (Hg.), Das Alte Ägyp-

Der Kontext der antiken Technik: Wirtschaft und Gesellschaft

G. ALFÖLDY, Die römische Gesellschaft, Stuttgart 1986; G. ALFÖLDY, Römische Sozialgeschichte, Wiesbaden ²1984; M. M. AUSTIN und P. VIDAL-NAQUET, Economic and social history of ancient Greece, London 1977; F. DE MARTINO, Wirtschaftsgeschichte des alten Rom, München 1985; R. DUNCAN-JONES, The economy of the Roman empire, Cambridge 1974; M. I. FINLEY, Ancient slavery and modern ideology, London 1980; M. I. FINLEY, The ancient economy, Berkeley 1973; J. M. FRAYN, Subsistence farming in Roman Italy, London 1979; P. GARNSEY (Hg.), Trade in the ancient economy, London 1983; A. H. M. JONES, The later Roman empire 284–602, Oxford 1964; A. H. M. JONES, The Roman economy, Oxford 1974; G. RICKMAN, The corn supply of ancient Rome, Oxford 1980; G. E. M. DE STE. CROIX, The class struggle in the ancient Greek world, London 1981; M. WEBER, Agrarverhältnisse im Altertum, in: DERS., Gesammelte Aufsätze zur Sozial- und Wirtschaftsgeschichte, Tübingen 1924, S. 1–288; C. R. WHITTAKER (Hg.), Pastoral economies in classical antiquity, Cambridge 1988.

DAS ARCHAISCHE UND KLASSISCHE GRIECHENLAND

Das »Dark Age«. Homer und die archaische Epoche

J. BOARDMAN, The Greeks overseas, their early colonies and trade, London 1980; J. BOARDMAN und N. G. L. HAMMOND (Hg.), The expansion of the Greek world, 8th to 6th centuries B.C., Cambridge 1982 (= The Cambridge Ancient History, 2nd edition III, 3); W. BURKERT, Die orientalisierende Epoche in der griechischen Religion und Literatur, Heidelberger Akad. der Wiss., Phil.-hist. Klasse 1984, 1, Heidelberg 1984; J. CHARBONNEAUX, R. MARTIN und F. VILLARD, Das archaische Griechenland 620–480 v. Chr., München ²1977; J. N. COLDSTREAM, Geometric Greece, London 1977; M. I. FINLEY, The world of Odysseus, London 1978; U. GEHRIG und H. G. NIEMEYER, Die Phönizier im Zeitalter Homers, Mainz 1990; A. HEUBECK, Die homerische Frage, Darmstadt 1974; J. LATACZ, Homer, der erste Dichter des Abendlandes, München ²1989; S. MOSCATI, Die Phönizier, Hamburg 1988; A. SNODGRASS, Archaic Greece, The age of experiment, London 1980; A. SNODGRASS, The Dark Age of Greece, Edinburgh 1971; C. G. STARR, The economic and social growth of early Greece 800–500 B.C., New York 1977; E. STEIN-HÖLKESKAMP, Adelskultur und Polisgesellschaft, Stuttgart 1989.

Die Landwirtschaft

M.-C. AMOURETTI, Le pain et l'huile dans la Grèce antique, Paris 1986; L. FOXHALL und H. A. FORBES, Sitometreia, The role of grain as a staple food in classical antiquity, in: Chiron 12, 1982, S. 41–90; P. GARNSEY, Famine and food supply in the Graeco-Roman world, Cambridge 1988; S. GEORGOUDI, Quelques problèmes de la transhumance dans la Grèce ancienne, in: Revue des Études Grecques 87, 1974, S. 155–185; P. HALSTEAD, Traditional and ancient rural economy in Mediterranean Europe, Plus ça change? in: JHS 107, 1987, S. 77–87; P. HALSTEAD und G. JONES, Agrarian ecology in the Greek islands, Time stress, scale and risk, in: JHS 109, 1989, S. 41–55; W. E. HEITLAND, Agricola, A study of agriculture and rustic life in the Greco-Roman world from the point of view of labour, Cambridge 1921; S. HODKINSON, Animal husbandry in the Greek polis, in: C. R. WHITTAKER (Hg.), Pastoral economies in classical antiquity, Cambridge 1988, S. 35–74; L. A. MORITZ, Grain-mills and flour in classical antiquity, Oxford 1958; R. OSBORNE, Classical landscape with figures, The ancient Greek city and its countryside, London 1987, S. 27–52; W. RICHTER, Die Landwirtschaft im Homerischen Zeitalter, Göttingen 1968 (= Archaeologia Homerica).

Bergbau und Metallverarbeitung

J. BOARDMAN, Greek sculpture, The archaic period, London 1978; P. C. BOL, Antike Bronzetechnik, Kunst und Handwerk antiker Erzbildner, München 1985; C. J. K. CUNNINGHAM, The silver of Laurion, in: Greece and Rome 14, 1967, S. 145–156; D. H. F. GRAY, Metal-working in Homer, in: JHS 74, 1954, S. 1–15; J. F. HEALY, Mining and metallurgy in the Greek and Roman world, London 1978; W.-D. HEILMEYER, Gießereibetriebe in Olympia, in: JDAI 84, 1969, S. 1–28; J. E. JONES, The Laurion silver mines, A review of recent researches and results, in: Greece and Rome 29, 1982, S. 169–183; H. KALCYK, Untersuchungen zum attischen Silberbergbau, Gebietsstruktur, Geschichte und Technik, Frankfurt am Main 1982; C. E. KONOPHAGOS, Le Laurium antique et la technique Grecque de la production de l'argent, Athen 1980; S. LAUFFER, Die Bergwerkssklaven von Laureion, Wiesbaden ²1979; S. LAUFFER, Der antike Bergbau von Laureion in Attika, in: Journal für Geschichte 2, 1980, Heft 4, S. 2–6; S. LAUFFER, Das Bergbauprogramm in Xenophons Poroi, in: Miscellanea Graeca 1, 1975, S. 171–194; C. C. MATTUSCH, Bronze- and ironworking in the area of the Athenian agora, in: Hesperia 46, 1977, S. 340–379; C. C. MATTUSCH, Corinthian metalworking, The Forum Area, in: Hesperia 46, 1977, S. 380–389; J. RAMIN, La technique minière et métallurgique des Anciens, Brüssel 1977 (= Coll. Latomus 153); J. RIEDERER, Archäologie und Chemie, Einblicke in die Vergangenheit, Berlin 1987; C. ROLLEY, Die griechischen Bronzen, München 1984; J. TRAVLOS, Bildlexikon zur Topographie des antiken Attika, Tübingen 1988; H. WILSDORF, Technik und Arbeitsorganisation im Montanwesen während der Niedergangsphase der Polis, in: E. CH. WELSKOPF (Hg.), Hellenische Poleis, Berlin 1974, S. 1741–1786; G. ZIMMER, Griechische Bronzegußwerkstätten, Zur Technologieentwicklung eines antiken Kunsthandwerkes, Mainz 1990; G. ZIMMER, Schriftquellen zum antiken Bronzeguß, in: H. BORN (Hg.), Archäologische Bronzen, Antike Kunst, Moderne Technik, Berlin 1985, S. 38–49.

Keramikherstellung

J. D. BEAZLEY, Potter and painter in ancient Athens, in: Proceedings of the British Academy XXX, 1, London 1944; R. M. COOK, Greek painted pottery, London ²1972; R. HAMPE und A. WINTER, Bei Töpfern und Töpferinnen in Kreta, Messenien und Zypern, Mainz 1962; R. HAMPE und A. WINTER, Bei Töpfern und Zieglern in Süditalien, Sizilien und Griechenland, Mainz 1965; D. METZLER, Eine attische Kleinmeisterschale mit Töpferszenen in Karlsruhe, in: Archäologischer Anzeiger 1969, S. 138–152; J. V. NOBLE, The techniques of painted Attic pottery, London ²1988; J. B. SALMON, Wealthy Corinth, Oxford 1984, S. 101–116; I. SCHEIBLER, Griechische Töpferkunst, Herstellung, Handel und Gebrauch der antiken Tongefäße, München 1983; A. WINTER, Die Technik des griechischen Töpfers in ihren Grundlagen, in: Technische Beiträge zur Archäologie I, Mainz 1959, S. 1–45.

Textilproduktion

M. HOFFMANN, The warp-weighted loom, Studies in the history and technology of an ancient implement, Oslo 1964; A. PEKRIDOU-GORECKI, Mode im antiken Griechenland, München 1989.

Die Brennstoffe

R. HALLEUX, Problèmes de l'energie dans le monde ancien, in: Les Études Classiques 45; 1977, S. 49–61; R. MEIGGS, Trees and timber in the ancient Mediterranean world, Oxford 1982.

Landtransport und Schiffahrt

A. BURFORD, Heavy transport in classical antiquity, in: Economic History Review 13, 1960, S. 1–18; L. CASSON, Ships and seamanship in the ancient world, Princeton, NJ, 1971; H. HAYEN, Der Wagen im altgriechischen Kulturbereich, in: W. TREUE (Hg.), Achse, Rad und Wagen, Göttingen ²1986, S. 60–79; O. HÖCKMANN, Antike Seefahrt, München 1985; G. RAEPSAET, Dekadoro hamaxe, A propos d'Hésiode, Erga, 426, in: Revue Belge de Philologie et d'Histoire 65, 1987, S. 21–30; G. RAEPSAET, Transport de tambours de colonnes du Pentélique a Eleusis au IVe siècle avant notre ère, in: L'Antiquité Classique 53, 1984, S. 101–136; N. J. RICHARDSON und S. PIGGOTT, Hesiod's wagon, Text and technology, in: JHS 102, 1982, S. 225–229.

Bautechnik und Infrastruktur

A. BURNS, Ancient Greek water supply and city planning, A study of Syracuse and Acragas, in: Technology and Culture 15, 1974, S. 389–412; J. CHARBONNEAUX, R. MARTIN und F. VILLARD, Das archaische Griechenland, München 1969; J. J. COULTON, Ancient Greek architects at work, Problems of structure and design, Ithaca, NY, 1977; J. J. COULTON, Lifting in early Greek architecture, in: JHS 94, 1974, S. 1–19; D. P. CROUCH, The Hellenistic water system of Morgantina, Sicily, Contributions to the history of urbanization, in: American Journal of Archaeology 88, 1984, S. 353–365; F. GLASER, Brunnen und Nymphäen, in: FRONTINUS-GE-

SELLSCHAFT E. V. (Hg.), Die Wasserversorgung antiker Städte, Mainz 1987 (= Geschichte der Wasserversorgung, Bd 2, S. 103–131); G. GRUBEN, Die Tempel der Griechen, München ⁴1986; H. J. KIENAST, Der Tunnel des Eupalinos auf Samos, in: Architectura, Zeitschrift für Geschichte der Architektur 1977, S. 97–116; H. KNELL, Grundzüge der griechischen Architektur, Darmstadt 1980; B. R. MACDONALD, The Diolkos, in: JHS 107, 1987, S. 191–195; W. MÜLLER-WIENER, Griechisches Bauwesen in der Antike, München 1988; R. TÖLLE-KASTENBEIN, Antike Wasserkultur, München 1990.

Kommunikationstechnik

W. V. HARRIS, Ancient literacy, Cambridge, MA, 1989; E. A. HAVELOCK, The literate revolution in Greece and its cultural consequences, Princeton, NJ, 1982; H. HUNGER, Antikes und mittelalterliches Buchwesen, in: Die Textüberlieferung der antiken Literatur und der Bibel, München 1975, S. 27–71; N. LEWIS, Papyrus in classical antiquity, Oxford 1974; W. SCHUBART, Das Buch bei den Griechen und Römern, Leipzig ³1961.

TECHNIKBEWERTUNG UND TECHNISCHE FACHLITERATUR IM ANTIKEN GRIECHENLAND

Prometheus: Wandlungen eines Mythos

S. BLUNDELL, The origins of civilization in Greek and Roman thought, London 1986; D. J. CONACHER, Prometheus as founder of the arts, in: Greek, Roman and Byzantine Studies 18, 1977, S. 189–206; J. DUCHEMIN, Prométhée, Histoire du mythe, de ses origines orientales à ses incarnations modernes, Paris 1974; D. B. DUDLEY, A history of cynicism, London 1937; L. EDELSTEIN, The idea of progress in classical antiquity, Baltimore 1967; F. LÄMMLI, Homo Faber, Triumph, Schuld, Verhängnis?, Basel 1968; R. MÜLLER, Die »Kulturgeschichte« in Aischylos' »Prometheus«, in: E. G. SCHMIDT (Hg.), Aischylos und Pindar, Studien zu Werk und Nachwirkung, Berlin 1981, S. 230–237; A. NESCHKE-HENTSCHKE, Geschichten und Geschichte, Zum Beispiel Prometheus bei Hesiod und Aischylos, Hermes 111, 1983, S. 385–402; J.-P. VERNANT, Le mythe Prométhéen chez Hésiode, in: DERS., Mythe et société en Grèce ancienne, Paris 1979, S. 177–194; J.-P. VERNANT, Prométhée et la fonction technique, in: DERS., Mythe et pensée chez les Grecs II, Paris 1978, S. 5–15; M. L. WEST; The Prometheus trilogy, in: JHS 99, 1979, S. 130–148.

Die Theorie der Techne

K. BARTELS, Der Begriff Techne bei Aristoteles, in: H. FLASHAR und K. GAISER (Hg.), Synusia, Pfullingen 1965, S. 275–287; G. CAMBIANO, Platone e le tecniche, Turin 1971; F. HEINIMANN, Eine vorplatonische Theorie der Techne, in: Museum Heleveticum 18, 1961, S. 105–130; J. KUBE, Techne und Arete, Sophistisches und platonisches Tugendwissen, Berlin 1969; S. MOSER, Kritik der traditionellen Technikphilosophie, in: H. LENK und S. MOSER (Hg.), Techne, Technik, Technologie, München 1973, S. 11–81; P.-M. SCHUHL, Remarques sur Platon et la technologie, in: Revue des Études Grecques 66, 1953, S. 465–472.

Die Entstehung der Mechanik

F. DE GANDT, Force et science des machines, in: J. BARNES (Hg.), Science and speculation, Studies in Hellenistic theory and practice, Cambridge 1982, S. 96–127; A. G. DRACHMANN, The mechanical technology of Greek and Roman antiquity, Kopenhagen 1963; B. GILLE, Les mécaniciens Grecs, Paris 1980; F. KRAFFT, Die Anfänge einer theoretischen Mechanik und die Wandlung ihrer Stellung zur Wissenschaft von der Natur, in: W. BARON (Hg.), Beiträge zur Methode der Wissenschaftsgeschichte, Wiesbaden 1967, S. 12–33; F. KRAFFT, Dynamische und statische Betrachtungsweise in der antiken Mechanik, Wiesbaden 1970.

DER HELLENISMUS

Die Entwicklung der Militärtechnik

A. AYMARD, Remarques sur la poliorcétique Grecque, in: Études d'Archéologie Classique II, 1959, S. 3–15; Y. GARLAN, Recherches de poliorcétique Grecque, Athen 1974; O. LENDLE, Texte und Untersuchungen zum technischen Bereich der antiken Poliorketik, Wiesbaden 1983; E. W. MARSDEN, Greek and Roman artillery, Historical development, Oxford 1969; E. W. MARSDEN, Greek and Roman artillery, Technical treatises, Oxford 1971.

Technik und Herrschaftslegitimation

D. BONNEAU, L'Égypte dans l'histoire de l'irrigation antique, in: L. CRISCUOLO und G. GERACI (Hg.), Egitto e storia antica dall'Ellenismo all'età Araba, Bologna 1989; J. CHARBONNEAUX, R. MARTIN und F. VILLARD, Das hellenistische Griechenland 330–50 v. Chr., München 1971; P. CLAYTON und M. PRICE (Hg.), Die Sieben Weltwunder, Stuttgart 1990; D. J. CRAWFORD, Kerkeosiris, An Egyptian village in the Ptolemaic period, Cambridge 1971; P. M. FRASER, Ptolemaic Alexandria, Oxford 1972; G. GARBRECHT, Die Wasserversorgung des antiken Pergamon, in: FRONTINUS-GESELLSCHAFT E. V. (Hg.), Die Wasserversorgung antiker Städte, Mainz 1987 (= Geschichte der Wasserversorgung, Bd 2, S. 11–48); H.-J. GEHRKE, Geschichte des Hellenismus, München 1990; H. LAUTER, Die Architektur des Hellenismus, Darmstadt 1986; N. LEWIS, Greeks in Ptolemaic Egypt, Case studies in the social history of the Hellenistic world, Oxford 1986; C. PRÉAUX, L'économie royale des Lagides, Brüssel 1939; W. RADT, Pergamon, Geschichte und Bauten, Funde und Erforschung einer antiken Metropole, Köln 1988; M. ROSTOVTZEFF, The social and economic history of the Hellenistic world, Oxford 1941; I. SCHNEIDER, Archimedes, Ingenieur, Naturwissenschaftler und Mathematiker, Darmstadt 1979; F. W. WALBANK, A. E. ASTIN, M. W. FREDERIKSEN und R. M. OGILVIE (Hg.), The Hellenistic world, Cambridge 1984 (The Cambridge Ancient History, 2nd edition VII, 1).

Die Automatentechnik in Alexandria

A. G. DRACHMANN, Große griechische Erfinder, Zürich 1967; A. G. DRACHMANN, The mechanical technology of Greek and Roman antiquity, Kopenhagen 1963; A. G. DRACHMANN, The classical civilization, in: M. KRANZBERG und C. W. PURSELL (Hg.), Technology in Western civilization I, Oxford 1967, S. 47–66; B. GILLE, Les mécaniciens Grecs, Paris 1980; H. VON HESBERG, Mechanische Kunstwerke und ihre Bedeutung für die höfische Kunst des frühen Hellenismus, in: Marburger Winckelmannprogramm 1987, S. 47–72; D. HILL, A history of engineering in classical and medieval times, London 1984; G. E. R. LLOYD, Greek science after Aristotle, London 1973; D. DE SOLLA PRICE, Gears from the Greeks, The Antikythera mechanism, A calendar computer from ca. 80 B.C., New York 1975.

DAS IMPERIUM ROMANUM

Innovation und Techniktransfer in der Landwirtschaft und im Gewerbe

R. AITKEN, Virgil's plough, in: JRS 46, 1956, S. 97–106; C. BÉMONT und J.-P. JACOB (Hg.), La terre sigillée Gallo-Romaine, Lieux de production du Haut Empire, Implantations, produits, relations, Paris 1986; P. BIENKOWSKI, The Sotiel Coronada Archimedes screw in Liverpool reexamined, in: Madrider Mitteilungen 28, 1987, S. 135–140; D. G. BIRD, The Roman gold mines of North-West Spain, in: Bonner Jahrbücher 172, 1972, S. 36–64; G. C. BOON und C. WILLIAMS, The Dolaucothi drainage wheel, in: JRS 56, 1966, S. 122–127; J.-P. BRUN, L'oléiculture antique en Provence, Paris 1986; E. CHRISTMANN, Wiedergewinnung antiker Bauerngeräte, Philologisches und Sachliches zum Trierer und zum rätischen Dreschsparren sowie zum römischen Dreschstock, in: Trierer Zeitschrift 48, 1985, S. 139–155; O. DAVIES, Roman mines in Europe, Oxford 1935; C. DOMERGUE, Les mines de la péninsule Ibérique dans l'antiquité Romaine, Rom 1990; A. G. DRACHMANN, Ancient oil mills and presses, Kopenhagen 1932; A. S. F. GOW, The ancient plough, in: JHS 34, 1914, S. 249–275; D. GROSE, Early blown glass, The Western evidence, in: Journal of Glass Studies 19, 1977, S. 9–29; D. GROSE, The formation of the Roman glass industry, in: Archaelogy 36, 1983, S. 38–45; TH. HAEVERNICK, Römische Fensterscheiben, in: DIES., Beiträge zur Glasforschung, Mainz 1918, S. 24–27; W. V. HARRIS, Roman terracotta lamps, The organization of an industry, in: JRS 70, 1980, S. 126–145; J. F. HEALY, Mining and metallurgy in the Greek and Roman world, London 1978; G. D. B. JONES, The Roman mines at Riotinto, in: JRS 70, 1980, S. 146–165; R. F. J. JONES und D. G. BIRD, Roman gold-mining in North-West Spain, Workings on the Rio Duerna, in: JRS 62, 1972, S. 59–74; P. R. LEWIS und G. D. B. JONES, Roman gold-mining in North-West Spain, in: JRS 60, 1970, S. 169–185; W. H. MANNING, The plough in Roman Britain, in: JRS 54, 1964, S. 54–65; R. MARICHAL, Les graffites de La Graufesenque, Paris 1988; W. O. MOELLER, The wool trade of ancient Pompeii, Leiden 1976; L. A. MORITZ, Grain-mills and flour in classical antiquity, Oxford 1958; J. P. OLESON, Greek and Roman mechanical water-lifting devices, The history of a technology, Dordrecht 1984; D. P. S. PEACOCK, Pottery in the Roman world, An ethnoarchaeological approach, London 1982; J. PERCIVAL The Roman villa, An historical introduction, London 1976, S. 106–117; J. J. ROSSITER, Wine and oil processing at Roman farms in Italy, in: Phoenix 35, 1981, S. 344–361; P. ROSUMEK, Technischer Fortschritt und Rationalisierung im antiken Bergbau, Bonn 1982; D. STRONG und D. BROWN (Hg.), Roman crafts, London 1976; R. F. TYLECOTE, Metallurgy in archaelogy, A prehistory of metallurgy in the British Isles, London 1962; A. VERNHET, Un four de la Graufesenque (Aveyron), La cuisson des vases sigillés, in: Gallia 39, 1981, S. 25–43; K. D. WHITE, Agricultural implements of the Roman world, Cambridge 1967; K. D. WHITE, Roman farming, London 1970; K. D. WHITE, Gallo-Roman harvesting machines, in: Latomus 26, 1967, S. 634–647; J. P. WILD, Prehistoric and Roman textiles, in: J. GERAINT JENKINS, The wool textile industry in Great Britain, London 1972, S. 3–18; J. P. WILD, Textile manufacture in the Northern Roman provinces, Cambridge 1970.

Landtransport und Schiffahrt

L. CASSON, Harbour and river boats of ancient Rome, in: JRS 55, 1965, S. 31–39; L. CASSON, Ships and seamanship in the ancient world, Princeton, NJ, 1971; H. G. FRENZ, Bildliche Darstellungen zur Schiffahrt römischer Zeit an Rhein und Tiber, in: G. RUPPRECHT (Hg.), Die Mainzer Römerschiffe, Mainz ²1982, S. 78–95; O. HÖCKMANN, Antike Seefahrt, München 1985; O. HÖCKMANN, »Keltisch« oder »römisch«? Bemerkungen zur Typgenese der spätrömischen Ruderschiffe von Mainz, in: Jahrbuch des Römisch-Germanischen Zentralmuseums Mainz 30, 1983, S. 403–434; K. HOPKINS, Models, ships and stapels, in: P. GARNSEY und C. R. WHITTAKER (Hg.), Trade and famine in classical antiquity, Cambridge 1983, S. 84–109; G. W. HOUSTON, Ports in perspective, Some comparative materials on Roman merchant ships and ports, in: American Journal of Archaeology 92, 1988, S. 553–564; M. MOLIN, Quelques considérations sur les chariot des vendages de Langres (Haute-Marne), in: Gallia 42, 1984, S. 97–114; G. RAEPSAET, Attelages antiques dans le Nord de la Gaule les systèmes de traction par équidés, in: Trierer Zeitschrift 45, 1982, S. 215–273; G. RAEPSAET, La faiblesse de l'attelage antique, La fin d'un mythe?, in: L'Antiquité Classique 48, 1979, S. 171–176; J. ROUGÉ, Recherches sur l'organisation du commerce maritime en Méditerranée sous l'empire Romain, Paris 1966; W. WEBER, Der Wagen in Italien und in den römischen Provinzen, in: W. TREUE (Hg.), Achse, Rad und Wagen, Göttingen ²1986, S. 85–108; C. A. YEO, Land and sea transportation in Imperial Italy, in: Transactions of American Philological Association 77, 1946, S. 221–224.

Wandlungen der Bautechnik

J.-P. ADAM, La construction romaine, Materiaux et techniques, Paris 1984; H.-O. LAMPRECHT, Opus caementitium, Bautechnik der Römer, Düsseldorf ²1985; F. RAKOB, Hellenismus in Mittelitalien, Bautypen und Bautechnik, in: P. ZANKER (Hg.), Hellenismus in Mittelitalien II, Göttingen 1976, S. 366–378; M. TORELLI, Innovazioni nelle tecniche edilizie Romane tra il 1 sec. a. C. e il 1 sec. d. C., in: Tecnologia economia e società nel mondo Romano, Como 1980; J. B. WARD-PERKINS, Architektur der Römer, Stuttgart 1975.

Der Ausbau der Infrastruktur

TH. ASHBY, The aqueducts of ancient Rome, Oxford 1937; R. CHEVALLIER, Roman roads, London 1976; J. J. COULTON, Roman aqueducts in Asia Minor; in: S. MACREADY und F. H. THOMPSON (Hg.), Roman architecture in the Greek world, London 1987, S. 72–84; W. ECK, Die Wasserversorgung im römischen Reich, Sozio-politische Bedingungen, Recht und Administration, in: FRONTINUS-GESELLSCHAFT E. V. (Hg.), Die Wasserversorgung antiker Städte, Mainz 1987 (= Geschichte der Wasserversorgung, Bd 2, S. 49–101); H. FAHLBUSCH, Elemente griechischer und römischer Wasserversorgungsanlagen, in: FRONTINUS-GESELLSCHAFT E. V. (Hg.), Die Wasserversorgung antiker Städte, Mainz 1987 (= Geschichte der Wasserversorgung, Bd 2, S. 133–163); K. GREWE, Planung und Trassierung römischer Wasserleitungen, Wiesbaden 1985; K. GREWE, Römische Wasserleitungen nördlich der Alpen, in: FRONTINUS-GESELLSCHAFT E. V. (Hg.), Die Wasserversorgung antiker Städte, Mainz 1988 (= Geschichte der Wasserversorgung, Bd 3, S. 45–97); W. HABEREY, Die römischen Wasserleitungen nach Köln, Bonn 1972; G. F. W. HAUCK und R. A. NOVAK, Water flow in the castellum at Nimes, in: American Journal of Archaelogy 92, 1988, S. 393–407; H. E. HERZIG, Probleme des römischen Straßenwesens, Untersuchungen zu Geschichte und Recht, in: Aufstieg und Niedergang der römischen Welt II, 1, Berlin 1974, S. 593–648; S. HUTTER, Der römische Leuchtturm von La Coruña, Mainz 1973; R. MEIGGS, Roman Ostia, Oxford ²1973; C. MERCKEL, Die Ingenieurtechnik im Altertum, Berlin 1899, repr. Hildesheim 1969; G. E. RICKMANN, Roman granaries and store buildings, Cambridge 1971; H.-C. SCHNEIDER, Altstraßenforschung, Darmstadt 1982; N. SCHNITTER, Römische Talsperren, in: Antike Welt 9, 1978, S. 25–32; R. TÖLLE-KASTENBEIN, Antike Wasserkultur, München 1990; J. B. WARD-PERKINS, Etruscan engineering, Road-building, water-supply and drainage, in: Hommages à Albert Grenier III, Brüssel 1962, S. 1636–1643; J. B. WARD-PERKINS, The aqueduct of Aspendos, in: Papers of the British School at Rome 23, 1955, S. 115–123.

Die Technik in der römischen Literatur

H. KNELL, Vitruvs Architekturtheorie, Darmstadt 1985; F. KRAFFT, Kunst und Natur, Die Heronische Frage und die Technik in der klassischen Antike, in: Antike und Abendland 19, 1973, S. 1–19.

Die Spätantike

Vollendung der antiken Architektur

A. Cameron, Procopius and the 6th century, London 1985; C. Mango, Byzanz, Stuttgart 1986; B. Ward-Perkins, From classical antiquity to the middle ages, Urban public building in Northern and Central Italy AD 300–850, Oxford 1984.

Verbreitung der Wasserkraft

K.-H. Ludwig, Die technikgeschichtlichen Zweifel an der »Mosella« des Ausonius sind unbegründet, in: Technikgeschichte 48, 1981, S. 131–134; E. Maróti, Über die Verbreitung der Wassermühlen in Europa, in: Acta Antiqua 23, 1975, S. 255–280; L. A. Moritz, Grain-mills and flour in classical antiquity, Oxford 1958; A. Neyses, Die Getreidemühlen beim römischen Land- und Weingut von Lösnich, in: Trierer Zeitschrift 46, 1983, S. 209–221; R. H. J. Sellin, The large Roman water mill at Barbegal (France), in: History of Technology 8, 1983, S. 91–109; D. L. Simms, Water-driven saws, Ausonius, and the authenticity of the Mosella, in: Technology and Culture 24, 1983, S. 635–643; R. J. Spain, The 2nd-century Romano-British watermill at Ickham, Kent, in: History of Technology 9, 1984, S. 143–180; Ö. Wikander, Archaeological evidence for early watermills, An interim report, in: History of Technology 10, 1985, S. 151–179; Ö. Wikander, Exploitation of water-power or technological stagnation? A reappraisal of the productive forces in the Roman empire, Lund 1984; Ö. Wikander, The use of water-power in classical antiquity, in: Opuscula Romana 13, 1981, S. 91–104.

Der Codex

H. Hunger, Schreiben und Lesen in Byzanz, Die byzantinische Buchkultur, München 1989; C. H. Roberts und T. C. Skeat, The birth of the codex, Oxford 1987.

Im Text verwendete Übersetzungen

Aelius Aristides, Die Rom-Rede des Aelius Aristides, griechisch-dt. von R. Klein (Hg.); Aischylos, Tragödien und Fragmente, dt. von O. Werner, München ³1980; Anthologia Graeca, griechisch-dt. von H. Beckby (Hg.), 4 Bde, München ²o. J.; Apuleius, Der goldene Esel, dt. von A. Rode, Frankfurt am Main 1975; Aristophanes, Sämtliche Komödien, dt. von L. Seeger, Zürich 1968; Aristoteles, Politik, dt. von O. Gigon, Zürich ²1971; M. Porcius Cato, Vom Landbau, Fragmente, lateinisch-dt. von O. Schönberger (Hg.), München 1980; M. Tullius Cicero, Der Staat, dt. von R. Beer, Reinbek 1964; M. Tullius Cicero, Staatsreden, lateinisch-dt. von H. Kasten, 3 Bde, Berlin 1969/70; M. Tullius Cicero, Vom rechten Handeln, lateinisch-dt. von K. Büchner, Zürich ²1964; Columella, Über Landwirtschaft, dt. von K. Ahrens, Berlin 1972; Dion Chrysostomos, Sämtliche Reden, dt. von W. Elliger, Zürich 1967; Sextus Iulius Frontinus, Wasser für Rom, dt. von M. Hainzmann, Zürich 1979; Herodot, Historien, dt. von A. Horneffer, Stuttgart ³1963; Hesiod, Sämtliche Gedichte, dt. von W. Marg, Zürich 1970; Hippokrates, Schriften, dt. von H. Diller, Reinbek 1962; Historische Inschriften zur römischen Kaiserzeit von Augustus bis Konstantin, dt. von H. Freis, Darmstadt 1984; Homer, dt. von Johann Heinrich Voss; Homerische Hymnen, griechisch-dt. von A. Weiher (Hg.), München ⁶1989; Lukian, dt. von Christoph Martin Wieland; Pausanias, Reisen in Griechenland, dt. von E. Meyer und F. Eckstein, 3 Bde, Zürich ³1986; Petronius, Satyrica, lateinisch-dt. von K. Müller und W. Ehlers, München 1965; Philostratos, Das Leben des Apollonios von Tyana, griechisch-dt. von V. Mumprecht, Zürich 1983; Platon, dt. von Friedrich Schleiermacher; C. Plinius Caecilius Secundus, Briefe, lateinisch-dt. von H. Kasten (Hg.), München ⁶1990; C. PLINIUS SECUNDUS D. Ä., Naturkunde, lateinisch-dt. von R. KÖNIG und G. WINKLER (Hg.), München 1973 ff.; C. PLINIUS SECUNDUS, Naturgeschichte, dt. von C. F. L. STRACK, Bremen 1853–1855, repr. Darmstadt 1968; PLUTARCH, Große Griechen und Römer, dt. von K. ZIEGLER, 6 Bde, Zürich 1954–1965; POLYBIOS, Geschichte, Gesamtausgabe, dt. von H. DREXLER, 2 Bde, Zürich 1961; PROKOP, Bauten, griechisch-dt. von O. VEH (Hg.), München 1977; PROKOP, Gotenkriege, griechisch-dt. von O. VEH (Hg.), München ²1978; L. ANNAEUS SENECA, Philosophische Schriften, lateinisch-dt. von M. ROSENBACH (Hg.), 5 Bde, Darmstadt 1969–1989; SOPHOKLES, Tragödien und Fragmente, griechisch-dt. von W. WILLIGE und K. BAYER (Hg.), München 1966; VERGIL, Landleben, Bucolica, Georgica, Catalepton, lateinisch-dt. von J. und M. GÖTTE (Hg.), München 1970; VITRUV, Zehn Bücher über Architektur, dt. von C. FENSTERBUSCH, Darmstadt 1976.

Dieter Hägermann
Technik im frühen Mittelalter

Abkürzung

TG = Technikgeschichte

Allgemeines, Übergreifendes

W. ABEL, Geschichte der deutschen Landwirtschaft vom frühen Mittelalter bis zum 19. Jahrhundert, Stuttgart ³1978; P. ALEXANDRE, Le climat en Europa au moyen âge, Paris 1987; ARTIGIANATO e tecnica nella società dell'alto medioevo occidentale, 2 Bde, Spoleto 1971; H. BECK u. a. (Hg.), Untersuchungen zur eisenzeitlichen und frühmittelalterlichen Flur und ihrer Nutzung, 2 Bde, Göttingen 1979 und 1980; O. CHAPELOT und P. BENOIT (Hg.), Pierre et métal dans le bâtiment au moyen âge, Paris 1985; C. M. CIPOLLA und K. BORCHARDT, Europäische Wirtschaftsgeschichte, Bd 1: Mittelalter, Stuttgart 1978; A. C. CROMBIE, Von Augustinus bis Galilei, Köln 1959; M. DAUMAS (Hg.), Histoire générale des techniques, 2 Bde, Paris 1962 und 1965; R. DOEHAERD, Le haut moyen âge occidental, Paris ²1982; G. DUBY, L'économie rurale et la vie des campagnes, 2 Bde, Paris ²1977; K. DÜWEL u. a. (Hg.), Untersuchungen zu Handel und Verkehr der vor- und frühgeschichtlichen Zeit in Mittel- und Nordeuropa, 6 Bde, Göttingen 1985–1989; S. EPPERLEIN, Der Bauer im Bild des Mittelalters, Leipzig 1975; F. M. FELDHAUS, Die Technik der Antike und des Mittelalters, Hildesheim ²1971; H. FLOHN und R. FANTECHI (Hg.), The climate of Europe, Past, present and future, Dordrecht 1984; R. FOSSIER, Enfance de l'Europe, Aspects économiques et sociaux, Paris 1982; J. GIMPEL, Die industrielle Revolution des Mittelalters, München ²1981; D. HÄGERMANN und K. H. LUDWIG, Verdichtungen von Technik als Periodisierungsindikatoren des Mittelalters, in: TG 57, 1990, S. 315–328; M. HEYNE, Fünf Bücher deutscher Hausaltertümer von den ältesten geschichtlichen Zeiten bis zum 16. Jahrhundert, 5 Bde, Göttingen 1899–1903; J. HOOPS (Hg.), Reallexikon der Germanischen Altertumskunde, Berlin ²1973 ff.; H. JANKUHN, Archäologie und Geschichte, Berlin 1976; H. JANKUHN u. a. (Hg.), Das Dorf der Eisenzeit und des frühen Mittelalters, Göttingen 1977; H. JANKUHN u. a. (Hg.), Das Handwerk in vor- und frühgeschichtlicher Zeit, 2 Bde, Göttingen 1981 und 1983; H. KELLENBENZ (Hg.), Handbuch der europäischen Wirtschafts- und Sozialgeschichte, Bd 2, Stuttgart 1980; F. KLEMM, Technik, Eine Geschichte ihrer Probleme, Freiburg 1954; F. KLEMM, Zur Kulturgeschichte der Technik, München 1979; B. KRÜGER (Hg.), Die Germanen, 2 Bde, Berlin ²1978 und ²1986; LAVORARE nel medio evo, Rappresentazioni ed esempi dall' Italia dei secoli X–XVI, Todi 1983; LEXIKON des Mittelalters, München 1980 ff. (vor allem die Artikel Innovation, technische; Kanal; Mühlen); I. MC NEIL, Encyclopaedia of the history of technology, London 1990; L. H. PARIAS (Hg.), Histoire général du travail, Bd 2: L'âge de l'artisanat V^e–XVIIIe siècles, Paris 1960; M. M. POSTAN, Essays on medieval agriculture and general problems of the medieval economy, Cambridge 1973; M. M. POSTAN, The agrarian life of the middle ages, Oxford ²1966; W. ROTH und E. WAMERS (Hg.), Hessen im Frühmittelalter, Archäologie und Kunst, Sigmaringen 1984; E. SALIN, La civilisation mérovingienne, 4 Bde, Paris 1949–1959; CH. SINGER (Hg.), A history of technology, Bd 2 und 3, Oxford 1956 und 1957; B. H. SLICHER VAN BATH, The agrarian history of Western Europe, 500–1850, London 1963; U. TROITZSCH und

W. WEBER (Hg.), Die Technik, Von den Anfängen bis zur Gegenwart, Braunschweig ³1989; UN VILLAGE AU TEMPS DE CHARLEMAGNE, Moines et paysans de l'abbaye de Saint-Denis du VIIe siècle à l'an mil, Ausstellungskatalog, Paris 1988; M. WEIDEMANN, Kulturgeschichte der Merowingerzeit nach den Werken Gregors von Tours, Bonn 1986; L. WHITE, JR., Die mittelalterliche Technik und der Wandel der Gesellschaft, München 1968; L. WHITE, JR., Medieval religion and technology, Collected essays, Berkeley, CA, 1987; W. WINKELMANN, Beiträge zur Frühgeschichte Westfalens, Münster 1984.

Darmstadt ²1988; B. STEIDLE, Beiträge zum alten Mönchtum und zur Benediktusregel, Sigmaringen 1986; H. STERN, Les calendriers romains illustrés, in: H. TEMPORINI (Hg.), Aufstieg und Niedergang der Römischen Welt, Bd 12, 2, Berlin 1981, S. 432–473; P. STERNAGEL, Die artes mechanicae im Mittelalter, Kallmünz 1966; P. VEYNE, Les cadeaux des colons à leur propriétaire, La neuvième bucolique et le mausolée d'Igel, in: Révue Archéologique 1981, S. 245–252; J. C. WEBSTER, The labors of the months in antique and medieval art to the end of the 12th century, Princeton, NJ, 1938.

ÖKONOMISCH-TECHNISCHE IMPULSE AUS DER NEUBEWERTUNG DER ARBEIT

W. ACHILLES, Der Monatsbilderzyklus zweier Salzburger Handschriften des frühen 9. Jahrhunderts, in: H. KAUFHOLD und F. RIEMANN (Hg.), Theorie und Empirie in Wirtschaftspolitik und Wirtschaftsgeschichte, Festschrift für W. Abel zum 80. Geburtstag, Göttingen 1984, S. 85–107; P. ARIÈS und G. DUBY, Geschichte des privaten Lebens, Bd 1: Vom Römischen Imperium zum Byzantinischen Reich, Frankfurt am Main 1989; E. BENZ, I fondamenti cristiani della tecnica occidentale, in: Archivio di Filosofia, Padua 1964, S. 241–263; B. BISCHOFF u. a. (Hg.), Aratea, 2 Bde (Faksimile und Kommentar), Luzern 1987 und 1989; K. S. FRANK, Frühes Mönchtum im Abendland, 2 Bde, München 1975; J. B. FRIEDMAN, The architects compass in creation miniatures of the later middle ages, in: Traditio 30, 1974, S. 420–429; A. T. GEOGHEGAN, The attitude towards labor in early christianity and ancient culture, Washington, DC, 1945; J. HAMESSE und C. MURAILLE-SAMARAN (Hg.), Le travail au moyen âge, Louvain-la-Neuve 1990; G. KEIL (Hg.), Das Lorscher Arzneibuch, 2 Bde, Stuttgart 1989; P. KRANZ, Jahreszeiten-Sarkophage, Berlin 1984; W. LOURDAUX und D. VERHELST, Benedictine culture, 750–1050, Löwen 1983; F. PRINZ (Hg.), Herrschaft und Kirche, Stuttgart 1988; F. PRINZ, Frühes Mönchtum im Frankenreich,

DIE GRUNDHERRSCHAFT ALS RAHMEN TECHNISCHER INNOVATIONEN

AGRICOLTURA e mondo rurale in occidente nell' alto medioevo, Spoleto 1966; R. DELATOUCHE, Regards sur l'agriculture aux temps carolingiens, in: Journal des Savants, April–Juni 1977, S. 73–100; K. ELMSHÄUSER und A. HEDWIG, Studien zum Polyptychon von St.-Germain-des-Prés, Köln 1992; D. HÄGERMANN, Anmerkungen zum Stand und den Aufgaben frühmittelalterlicher Urbarforschung, in: Rheinische Vierteljahrsblätter 50, 1986, S. 32–58; W. JANSSEN und D. LOHRMANN, Villa, Curtis, Grangia, Landwirtschaft zwischen Loire und Rhein von der Römerzeit zum Hochmittelalter, München 1983; L. KUCHENBUCH, Grundherrschaft im frühen Mittelalter, Idstein 1991; Y. MORIMOTO, Etat et perspectives des recherches sur les polyptyques carolingiens, in: Annales de l'Est 40, 1988, S. 99–149; W. RÖSENER (Hg.), Strukturen der Grundherrschaft im frühen Mittelalter, Göttingen 1989; P. TOUBERT, La part du grand domaine dans le décollage économique de l'occident, VIIIe–Xe siècles, in: Flaran 10, 1988, S. 53–86; A. VERHULST (Hg.), Le grand domaine aux époques mérovingienne et carolingienne, Gent 1985; U. WEIDINGER, Untersuchungen zur Wirtschaftsstruktur des Klosters Fulda in der Karolingerzeit, Stuttgart 1991.

Verdichtung frühmittelalterlicher Technik

M. G. L. BAILLIE, A horizontal mill of the 8th century at Drumard, co. Derry, in: Ulster Journal of Archeology 38, 1975, S. 25–32; A. M. BAUTIER, Les plus anciennes mentions de moulins hydrauliques industriels et de moulins à vent, in: Bulletin Philologique et Historique, Paris 1960, S. 567–626; R. BENNETT und J. ELTON, History of corn milling, 4 Bde, London 1898–1904; M. BLOCH, Avènement et conquètes du moulin à eau, in: Annales d'Histoire 7, 1935, S. 538–563; L. CHIAPPA MAURI, I mulini ad acqua nel Milanese, secoli X–XV, in: Nuova Revista Storica 67, 1983, S. 1–59, 259–344, 555–578; F. FORESTI, I mulini ad acqua delle valle dell' Enza, Casalecchio 1984; K. GOLDMANN, Das Altmühl-Damm-Projekt, Die Fossa Carolina, in: Acta Praehistorica et Archeologica 16/17, Berlin 1984/85, S. 215–218; D. HÄGERMANN, Der St. Galler Klosterplan, Ein Dokument technologischer Innovationen des Frühmittelalters?, in: Rheinische Vierteljahrsblätter 54, 1990, S. 1–18; R. HOLT, The mills of medieval England, Oxford 1988; D. LOHRMANN, Travail manuel et machines hydrauliques avant l'an mil, in: J. HAMESSE und C. MURAILLE-SAMARAN (Hg.), Le travail au moyen âge, Louvain-le-Neuve 1990, S. 35–47; K. H. LUDWIG, Zur Nutzung der Turbinenmühle im Mittelalter, in: TG 53, 1986, S. 35–38; P. RAHTZ, Medieval milling, in: D. W. CROSSLEY, Medieval Industry, in: Research Report 40, London 1981, S. 1–15; T. S. REYNOLDS, Stronger than a hundred men, A history of the vertical water wheel, Baltimore, MD, 1983; J. RÖDER, Fossatum Magnum, Der Kanal Karls des Großen, in: Jahresbericht der bayerischen Bodendenkmalspflege 15/16, München 1974/75, S. 21–130; L. SYSON, British water-mills, London 1965; J. VONDERAU, Die Gründung des Klosters Fulda und seine Bauten, Fulda 1944; Ö. WIKANDER, Archaeological evidence for early water-mills, in: History of Technology 10, 1985, S. 151–179; Ö. WIKANDER, Exploition of water-power or technological stagnation?, Lund 1984.

Übernahmen und Neuerungen im Agrarbereich

F. W. BASSERMANN-JORDAN, Geschichte des Weinbaus, 2 Bde, Frankfurt am Main 1923; U. BENTZIEN, Bauernarbeit im Feudalismus, Landwirtschaftliche Arbeitsgeräte und -verfahren in Deutschland von der Mitte des 1. Jahrtausends bis um 1800, Berlin 1980; J.-P. DEVROEY, Un monastère dans l'économie d'échanges, Les services de transport à l'abbaye Saint-Germain-des-Prés au IXe siècle, in: Annales E.S.C. 39, 1984, S. 570–589; R. DION, Histoire de la vigne et du vin en France, Paris 1959; G. E. FUSSELL, Farming technique from prehistoric to modern times, Oxford 1966; F. L. GANSHOF, Quelques aspects principaux de la vie économique dans la monarchie franque au VIIe siècle, in: Caratteri del secolo VII in occidente, Spoleto 1958, S. 73–101; B. GILLE, Recherches sur les instruments du labour au moyen âge, in: Bibliothèque de l'Ecole des Chartes 120, 1963, S. 5–37; A. G. HAUDRICOURT und M. BRUNHES-DELAMARE, L'homme et la charrue à travers le monde, Paris 1955; H. HERRMANN, Pflügen, Säen, Ernten, Landarbeit und Landtechnik in der Geschichte, Hamburg 1985; W. JACOBEIT, Jochgeschirr- und Spanntiergrenze, in: Deutsches Jahrbuch für Volkskunde 3, Berlin 1957, S. 119–144; W. JACOBEIT, Zur Geschichte der Pferdeanspannung, in: Zeitschrift für Agrargeschichte und Agrarsoziologie 2, 1954, S. 17–25; R. KELLERMANN und W. TREUE, Die Kulturgeschichte der Schraube, München ^{2}1962; M. LACHIVER, Vins, vignes et vignerons, Histoire du vignoble français, Paris 1988; R. LEFEBVRE DES NOËTTES, L'attelage. Le cheval à travers les âges, 2 Bde, Paris 1931; P. LESER, Entstehung und Verbreitung des Pfluges, Münster 1931; R. SCHMIDT-WIEGAND (Hg.), Wörter und Sachen, Zur Bedeutung einer Methode für die Frühmittelalterforschung, Der Pflug und seine Bezeichnungen, in: Wörter und Sachen im Lichte der Bezeichnungsforschung, Berlin 1981, S. 1–41; G. SCHRÖDER-LEMBKE, Studien zur Agrargeschichte, Stuttgart 1978; K.-R. SCHULTZ-KLINKEN, Haken, Pflug und Ackerbau,

Hildesheim 1981; P. VIGNERON, Le cheval dans l'antiquité gréco-romaine, des guerres médiques aux grandes invasions, Contribution à l'histoire des techniques, 2 Bde, Paris 1968.

SALZGEWINNUNG

J.-F. BERGIER, Geschichte vom Salz, Frankfurt am Main 1989; H. H. EMONS und H. H. WALTER, Alte Salinen in Mitteleuropa, Leipzig 1988; DIESS., Mit dem Salz durch die Jahrtausende, Leipzig o.J. (1984); D. HÄGERMANN und K. H. LUDWIG, Mittelalterliche Salinenbetriebe, Erläuterungen, Fragen und Ergänzungen zum Forschungsstand, in: TG 51, 1984, S. 155–189; C. HIEGEL, Le sel en Lorraine du VIIIe au XIIIe siècle, in: Annales de l'Est 33, 1981, S. 3–48; J. C. HOCQUET, Le sel et le pouvoir, Paris 1984; C. LAMSCHUS (Hg.), Salz, Arbeit, Technik, Produktion und Distribution in Mittelalter und Früher Neuzeit, Lüneburg 1989; R. P. MULTHAUF, Neptune's gift, A history of common salt, Baltimore, MD, 1978; R. PALME, Rechts-, Wirtschafts- und Sozialgeschichte der inneralpinen Salzwerke bis zu deren Monopolisierung, Frankfurt am Main 1983; L. SÜSS, Die frühmittelalterliche Saline von Bad Nauheim, Frankfurt am Main 1978; H. WANDERWITZ, Studien zum mittelalterlichen Salzwesen in Bayern, München 1984.

EISENPRODUKTION

L. AITCHISON, A history of metals, Bd 1, London 1960; F. BENOIT, Histoire de l'outillage rural et artisanal, Marseille 1982; D. W. CROSSLEY (Hg.), Medieval industry, in: Research Report 40, 1981, S. 29 ff.; P. HALBOUT, C. PILET und C. VAUDOUR, Corpus des objets domestiques et des armes en fer de Normandie, Du Ier au XVe siècle, Caen 1987 (Cahiers des Annales de Normandie 20); D. JOHANNSEN, Geschichte des Eisens, Düsseldorf ^{3}1953; R. PLEINER, Eisenschmiede im frühmittelalterlichen Zentraleuropa, Die Wege der Erforschung eines Handwerkszweiges, in: Frühmittelalterliche Studien 9, 1975, S. 75–92; R. PLEINER, Die Eisenhüttung in der »Germania Magna« zur römischen Kaiserzeit, in: 45. Bericht der Römisch-Germanischen Kommission 1965, S. 11–86; R. SPRANDEL, Das Eisengewerbe im Mittelalter, Stuttgart 1968; W. WINKELMANN, Archäologische Zeugnisse zum frühmittelalterlichen Handwerk in Westfalen, in: Frühmittelalterliche Studien 11, 1977, S. 92–126.

WAFFEN- UND KRIEGSWESEN

J. P. BODMER, Der Krieger der Merowingerzeit und seine Welt, Zürich 1957; PH. CONTAMINE, La guerre au moyen âge, Paris ^{2}1986; W. MENGHIN, Das Schwert im frühen Mittelalter, Stuttgart 1983; J. F. VERBRUGGEN, The art of warfare in Western Europe during the middle ages, London 1976.

BAU UND BAUTECHNIK

F. B. ANDREWS, The medieval builder and his mesnots, in: Transactions of the Birmingham Archaeological Society 48, 1925 (Separat: East Ardsley-Totowa 1974); K. BAUMGARTEN, Das deutsche Bauernhaus, Berlin 1980; J. CHAPELOT und R. FOSSIER, Le village et la maison au moyen âge, Paris 1980; P. DONAT, Haus, Hof und Dorf in Mitteleuropa vom 7. bis 12. Jahrhundert, Berlin 1980; J. FITCHEN, Mit Leiter, Strick und Winde, Basel 1988; J. GOLL, Kleine Ziegelgeschichte, in: Stiftung Ziegelei-Museum Meienberg-Cham, 2. Jahresbericht 1984, S. 29–102; D. B. GUTSCHER, Mechanische Mörtelmischer, in: Zeitschrift für Schweizerische Archäologie und Kunstgeschichte 38, 1981, S. 178–188; N. NUSSBAUM und G. BINDING, Der mittelalterliche Baubetrieb nördlich der Alpen in zeitgenössischen Darstellungen, Darmstadt 1978; W. SCHÖLLER, Ein Katalog mittelalterlicher Baubetriebsdarstellungen, in: TG 54, 1987, S. 77–100; J. TAUBER, Hof und Ofen, in: Schweizer Beiträge zur Kulturgeschichte und

Archäologie des Mittelalters 7, 1980; F. Toussaint, Lastenförderung durch fünf Jahrhunderte, dargestellt in Dokumenten der bildenden Kunst, Mainz 1965; A. Zettler, Die frühen Klosterbauten der Reichenau, Sigmaringen 1988.

Transportmittel für den Nah- und Fernverkehr

J. Broelmann, Schiffbau, Handwerk, Baukunst, Wissenschaft, Technik, München 1988; M. Eckold, Schiffahrt auf kleinen Flüssen Mitteleuropas in Römerzeit und Mittelalter, Oldenburg 1980; D. Ellmers, Frühmittelalterliche Handelsschiffahrt in Mittel- und Nordeuropa, Neumünster ²1984; D. Ellmers, Schiffe in schriftlicher, bildlicher und Sachüberlieferung am Beispiel der Kogge, in: U. Dirlmeier u. a. (Hg.), Menschen, Dinge und Umwelt in der Geschichte, St. Katharinen 1989, S. 66–101; H. W. Keweloh, Flößerei in Deutschland, Stuttgart 1985; J. P. Leguay, La rue au moyen âge, Rennes 1984; K. H. Ludwig, Zu den Schriftquellen der Binnenschiffahrt im Mittelalter und der frühen Neuzeit, in: Deutsches Schiffahrtsarchiv 9, 1986, S. 89–95; N. Ohler, Reisen im Mittelalter, München ²1988; D. Phillips-Birt, Der Bau von Booten im Wandel der Zeiten, Bielefeld 1979; W. Treue, Achse, Rad und Wagen, München ²1989; C. Villain-Gandossi, Le navire médiéval à travers les miniatures, Paris 1985.

Textilherstellung

J. Barchewitz, Von der Wirtschaftstätigkeit der Frau in der vorgeschichtlichen Zeit bis zur Entfaltung der Stadtwirtschaft, Breslau 1937; A. Bohnsack, Spinnen und Weben, Entwicklung von Technik und Arbeit im Textilgewerbe, Hamburg 1981; W. Endrei, L'évolution des techniques du filage et du tissage, Paris 1968; P. Grimm, Beiträge zu Handwerk und Handel in der Vorburg der Pfalz Tilleda, in: Zeitschrift für Archäologie 6, 1972, S. 104–147; F. Irsigler, Divites und pauperes in der Vita Meinwerci, in: Vierteljahrschrift für Sozial- und Wirtschaftsgeschichte 57, 1970, S. 449–499; L. Kuchenbuch, Opus feminile, in: H.-W. Goetz (Hg.), Weibliche Lebensgestaltung im frühen Mittelalter, Köln 1991, S. 139–175; W. La Baume, Die Entwicklung des Textilhandwerks in Alteuropa, Bonn 1955; P. Toubert, Un mythe historiographique, La sériciculture italienne du haut moyen âge, IXe–Xe siècles, in: Mélanges Michel Mollat, Paris 1987, S. 215–226.

Kunsthandwerkliche Techniken

E. Baumgartner und I. Krueger, Phönix aus Sand und Asche, Glas des Mittelalters, München 1988; J. Duft und R. Schnyder, Die Elfenbeineinbände der Stiftsbibliothek St. Gallen, St. Gallen 1984; V. H. Elbern, Goldschmiedekunst im frühen Mittelalter, Darmstadt 1988; A. von Euw, Elfenbeinarbeiten von der Spätantike bis zum hohen Mittelalter, Ausstellungskatalog, Frankfurt am Main 1976; La Céramique, V^e–XIXe siècles, Actes Ier Congr. International d'Archéologie Médiévale, Paris 1987; A. Legner (Hg.), Ornamenta ecclesiae, Kunst und Künstler der Romanik, 3 Bde, Köln 1985; U. Mende, Bronzetüren des Mittelalters, München 1983; M. Rech, Zur frühmittelalterlichen Topographie von Walberberg, in: Bonner Jahrbücher 189, 1989, S. 286–366; H. Roth, Kunst und Kunsthandwerk im frühen Mittelalter, Stuttgart 1986; R. Wesenberg, Bernwardinische Plastik, Berlin 1955.

Personenregister

Achilleus 65 f., 70 f., 80, 93
Adalbero von Laon 330
Adalgisel-Grimo von Verdun 371
Adalhard von Corbie 329, 365, 370 f., 375, 480
Adam Abb. 199
Adelheid Abb. 233
Agrippa, M. 283, 291
Aischylos 31, 112, 164 ff., 167, 169 f., 298 f.
Alarich, König 361
Alexander d. Gr. 187, 189 f., 193, 195, 199
Alfred d. Gr., König von England 330
Alkaios 74
Alkinoos 68
Alkuin 336 f.
Alyattes 110
Amasis 74
Ambrosius 324
Amenemhet III. 196
Ammianus Marcellinus 306, 311
Anaxagoras 158 f., 168, 177, 179
Andromache 124
Angilbert 444
Ansgar 324
Antilochos 70
Antiphon 184
Aphaia Abb. 15
Aphrodite 68, 71, 79, 201
Apollodoros 276
Apollon 76, 83, 104, 106, 110, 142, 146, 149, Abb. 26, 28

Appius Claudius Caecus 270 f., 282
Apuleius 223, 245, 308
Aratus 334 f.
Arcadius 308
Archidamos 189
Archimedes 194, 197, 201, 207, 224, 299
Archytas 182 f.
Ares 68, 71, 124, 184
Aristarchos 125
Aristides, Aelius 274
Aristophanes 31, 52, 130, 151
Aristoteles 31, 54, 57, 76, 95, 99, 145, 150, 152, 160, 168 f., 172–177, 180 f., 183–186, 188 f., 498
Artemidor 240 f.
Artemis 106, 141, 149 f., 202
Asklepios 200
Athenaios 83
Athenaios Mechanicus 193, 201
Athene 55, 65, 71, 105, 110, 142, 150, 161, 164, 166, 168, 200, Abb. 30
Atlas 162
Atreus 46, Abb. 6
Attalos 193
Augustinus 324, 327 f.
Augustus 26, 29, 116, 208, 268, 289, 295, Abb. 148
Ausonius 311, 346, 362, 445

Belisar 312
Benedikt von Aniane 328 f., 349
Benedikt von Nursia 324, 326 f., 358, Abb. 161
Bernardino 106 f.
Bernward von Hildesheim 501–504
Berry, Herzog von 336
Biton 190, 193
Blixen, Tanja 87

Caesar 22 f.
Caesarius von Arles 358
Caligula 308
Cassiodor, Senator 358, 435
Cato 82, 195, 214, 217 f., 220, 222
Celer, Petronius 288
Chalkioikos 104
Charaxos 77
Chares 200 f.
Charias 190
Chersiphon 148 ff., 299
Chilperich I., König 348
Chilperich II., König 467
Cicero 22, 54 f., 150, 312
Claudius 278, 283, 295
Clemens 336
Columban 327 ff., 359, 432
Columella 194, 212, 215 f., 222, 245, 330

Dagulf 493
Dareios 149 f.
Datus, Nonius 288
Deino Kretes 199 f.
Demeter 65, 92, 178, 308

Demetrios Poliorketes 191 f., 200 f.
Demodokos 68
Demokrit 175
Demosthenes 115
Desiderius von Montecassino Abb. 161
Diades 190
Diana 148
Dikaiarchos 171 f.
Diodor 77, 136, 197
Diogenes 125, 168 ff., 171 f.
Diogenes Laertios 182 f.
Diognetos 192
Diokletian 308
Dion von Prusa 52, 110, 168 f.
Dionysios 182 f., 187 f.
Dioskurides 334
Djoser 40
Domitian 271 f.
Droctulf 348
Duris 158

Eberhard von Friaul, Markgraf 436, 487
Edward der Bekenner, König von England 401
Eigil von Fulda 375
Einhard 334, 337, 441, 444 f., 448, 463
Eligius von Noyon 324, 494
Emmeram 365
Epeios 71
Epikles 149
Epimachos 191
Epimetheus 167
Esra, Prophet Abb. 162
Ergotimos 154
Eupalinos 80, 152 f., Abb. 51
Eurynome 71
Eurysaces 224
Euthydemos 159, 179
Eva Abb. 199

Fabius Pictor, Quintus 208
Fabius Vestalis 207
Firmicus Maternus 330
Fortuna 200
Frontinus, Sextus Julius 289, 291 f., 300

Germanus von Auxerre 358, 368
Glaukos von Chios 110
Godehard von Hildesheim 503
Goderamnus 502
Gott 323, 330, 349, Abb. 163
Gratian, Kaiser 22
Gregor, Bischof von Tours 348, 361, 371, 394, 447, 451

Hades 178
Hadrian 226, 266, 276
Hadrian, Papst 500
Hartmann von Aue 488
Hatschepsut Abb. 12
Heinrich II., Kaiser 504
Hekabe 71
Hektor 66, 71, 124
Helena 71, 124
Helios 202
Helmold 366
Helmwind 371
Hephaistos 65 f., 68, 71, 93, 161, 164, 166, 168, 184, Abb. 10
Hera 71, 80, 142, 149 ff., Abb. 49
Herakles 47 f.
Hermes 168
Herodot 21, 29, 35, 54, 80, 100, 106, 110, 141, 151, 155, 157
Heron 145, 189, 203, 205, 217 ff., 299 f.
Hesiod 22, 56, 83 ff., 86, 88, 90 f., 93, 96 f., 133 ff., 161–167, 171, 178

Hieron 194, 201, 252
Hieronymus 324
Hippodamos 150
Hippokrates 34
Hipponikos 113, 116
Histiaios 110 f.
Homer 21, 23, 56, 63 ff., 70 ff., 74 f., 79, 82 f., 87, 89 ff., 93 ff., 96, 117, 124, 129, 136, 159, 161, 163 ff., 184, 274, 312
Honorius 308
Hrabanus Maurus 332, 337, 395, 399, 443, 449, Abb. 165

Iapetos 162
Iason Euneos 70
Iktinos 147, 150
Imhotep, Wesir 40
Irmino von Saint-Germain-des-Prés 329
Irminon, Abt 369
Ischomachos 84
Isidor von Sevilla 330, 336 f., 427, 441, 486
Iuppiter (auch Jupiter) 234, 330

Johannes Eriugena 337
Johannes Kassian 358
Johannes von Gorze 329, 410, 415
Josephus, Flavius 34
Justinian 304, 306

Kallias 193
Kallixeios 202
Kalypso 66 f., 127, 129
Karl d. Gr. 334, 341, 366, 369, 377, 379, 463, 468, 480
Karl der Kahle 390, 436
Karpion 150
Kleitias 154
Kleomenes 83, 149
Kleon 195

Knidieidas 149
Kolaios aus Samos 21
Konstantin 301
Konstantina 404
Kore 92, 178
Koroibos 148
Ktesibios 204 ff., 299

Lacer, Gaius Julius 275
Leo von Tours 494
Leon VI., Kaiser 401
Leonardo da Vinci 15
Leto 74
Libanios 245
Limbourg, Brüder 336
Livius 33, 312
Lucius 245
Ludwig I., der Fromme 349, 370, 468
Lukian 21 f., 199, 252
Lul von Mainz, Bischof 422
Lykaon 70
Lysippos 201

Mago 194
Mandrokles 149 f.
Marcius 283
Maron 83
Martial 312
Marx, Karl 59, 341
Mausolos 202
Menelaos 71
Metagenes 148, 150
Meton 151
Michelangelo 106 f., 302
Mimir Abb. 198
Minos, König 41, 44
Minyas 46
Mithridates VI. 308

Nausikaa 68
Nero 261
Nerva 292
Nestor 70, 79, 93
Nikias 113, 116
Notger von St. Gallen 422, 435

Nysa 202

Odland, Abt 367
Odysseus 21, 64, 66–70, 89, Abb. 11
Okeanos 165
Otto I., Kaiser Abb. 233
Otto II., Kaiser 489, Abb. 233
Otto III., Kaiser 320, Tafel XXI b
Ovid 298, 312

Palladius 214, 346 ff.
Pandora 162
Papirius Cursor, Lucius 206
Paris 71
Patroklos 66, 70, 80
Paulus, Apostel 323
Paulus Diaconus 435
Pausanias 34
45 ff., 51 f., 104, 110 f., 154
Peisistratos 76, 112, 152, 154
Penelope 67, 71, 129, Abb. 37
Perses 83
Petronius 233
Phädimos 71
Phainippos 84, 130
Phereklos 71
Philibert von Jumièges 329
Philipp II. von Makedonien 187, 189
Philon 146, 150, 192 f., 203, 205
Philostratos 53
Philotas 197
Phyteos 150
Piranes 291
Platon 24, 35, 64, 123, 125 f., 150, 158 ff., 167 ff., 170, 172–176, 179, 183 f.
Plinius, Schriftsteller 23, 28, 33, 100, 142 f., 149, 199, 201, 206, 212, 217 f., 232, 252, 257, 290, 298, 337, 346, 352, 385 f., 388, 405, 408
Plinius, Briefeschreiber 22, 32, 278, 283, 312
Plutarch 35, 76, 100, 113, 151, 189, 191, 201, 272
Pluto Abb. 199
Pollio, C. Sextilius 284
Polybios 26, 193
Polyeidos 190
Polyklet 192
Polykrates 105 f., 124, 142, 152
Polyphem 69 f., Abb. 11
Porphyrios 171
Poseidon 68
Poseidonios 190, 193, 224, 298
Priamos 70, 134
Prokop 270, 304, 306, 310
Prometheus 161–172, 298, Abb. 55
Protagoras 167
Psammetichos I. 74
Ptolemaios I. 191
Ptolemaios II. Philadelphos 196 f., 202
Pyrrhos 206
Pythagoras 181

Quirinus 207

Ramses III. 49
Rhoikos 105 f.
Romanus 359 f.
Rothar, König 362, 388, 488

Sabinianus 360 f.
Sappho 77
Scaurus, M. Armilius 275
Scipio Nasica 207
Seneca 22

Septimina 348
Sidonius Apollinaris 362
Siegfried Abb. 198
Sintram 493
Smith, Adam 59, 131
Sokrates 84, 116, 125, 158f., 167, 173, 179
Solon 74, 76f., 84, 94, 151
Sophokles 96, 179
Sostratos 199
Statius 271
Strabon 20, 23, 25 ff., 29, 77, 232, 258, 267, 308
Sturmi von Fulda 328f., 375f., 432, 447

Telemachos 71
Teukos 183
Thales aus Milet 74, 95
Thamus 159f.
Thangmar 501
Theagenes 154, Abb. 52
Themistokles 112, 138
Theoderich, König 434
Theodoros 105f., 148, 150, 195

Theodosius 22, 301, 306
Theophanu 488f.
Theophilus Presbiter 500
Theophrast 30f., 86, 90f., 94, 130, 140, 157, 180
Thetis 71
Theuth 159
Thoas 70
Thukydides 44, 135, 138, 154
Tiberius 233
Trajan 266, 275, 278, 295, Abb. 149, 150
Tuotilo von St. Gallen 330, 493
Tutanchamun 40

Ulrich von Augsburg 466
Ursus, Abt 361

Valentinian II. 22
Valerianus, L. Annius Octavius 212
Valerius Maximus 150
Varro, Marcus Terentius 26, 57, 171, 194, 212, 330

Venantius Fortunatus 374, 402, 451
Vergil 211, 214, 244, 312, 330
Vespasian 295
Vitruv 26, 142, 145, 148, 150, 182, 190, 192f., 199, 204f., 264, 267f., 277, 286, 288, 299, 307f., 311, 337, 346, 351, 498

Wala von Corbie, Abt 375, 500
Wandelbert von Prüm 334
Wilfried von York 443
Willehad 488
Wunibald 350

Xenophanes 164
Xenophon 51, 54, 57, 84, 87, 91, 113, 116, 125, 159, 179f.

Zeus 25, 68, 71, 104 ff., 142, 162 ff., 166 ff., 170, 178, 202, Abb. 29
Zuzo 371

Sachregister

Aachen 318 f., 441, 444
Abu Simbel 74, 78
Abwasser 267, 290 f., 374, Abb. 145
»Achaner« 52
Acharnai 130
Ackerbau 19, 24 ff., 30–34, 36 ff., 49, 64, 67, 73, 76, 80, 84–87, 90 ff., 178, 211–217, 342, 344, 360, 380 f., 383 f., 386–397, Abb. 1, 16, 17, 58, 59, 62 a und b, 164, 165, 170, 180, 181, 182, 183 a und b, 184, 185, 186, 189
Adel 50, 62 f., 73, 76 f., 79, 84, 110, 112, 117, 284, 324, 328, 331, 340, 358
Adria 20
Ägäis 20, 22, 35, 37, 41, 44, 62 f., 141, 155
Ägypten 21 ff., 35, 37–42, 44, 49, 54, 72 ff., 82, 88, 141, 158, 160, 187, 191, 195 ff., 201, 232, 245, 252, 257
Afrika 22 f., 32 ff., 54, 73, 258
Ager Falernus 26
Ager Gallicus 270
Ager Pomptinus 33
Agyrion 136
Ahrweiler 403
Aigina 141, Abb. 15
Aix Schönforst 234
Akamas 21
Akragas 73, 77, 152
Akropolis 105, 119, 142

Alcántara 275, Abb. 130
Alemannen 362, 390
Alexandria 21 f., 189, 192, 195, 198, 200, 202–205, 233
Al Mina 73
Alpen 24, 355
Altenstadt 433
Altmühl 318 f., 377 ff.
Amerika 12, 13
Ampurias 21
Ancona 268, 295, Abb. 296
Ancre 375
Andomatunum 269
Aniane 329
Anio 32
Anjou 370
Annapes 370, 414, 444
Annegray 329, 359
Anspannungen 64, 86 f., 131, 136, 212, 245, 247 f., 252, 397–400, Abb. 1, 16, 17, 41, 42, 43, 57, 58, 62 b, 92, 94, 95, 96, 97, 98, 99, 100, 101, 165, 179, 180, 181, 182, 188, 189, 215
»Anthologia Graeca« 202, 212, 278, 306, 308
»Antigone« 178
Antiochia 245
Apennin 24, 26, 30, 367
»Apollonius von Tyana« 53
»Apostelgeschichte« 323
Apulien 26, 30, 33
Aqua Appia 282
Aqua Claudia 283, 295
Aquädukt 263, 267, 283–286, 288, 297, 312, 357, 373 f., Abb. 134, 135, 136, 137, 138, 139, 140, 141
Aqua Julia 283
Aqua Marcia 282
Aquae Sextiae 269
Aquileia 26, 268
Aquitanien 346
Arabien 13, 355, 438
Arbeit und Arbeiter, auch Arbeitsorganisation und Arbeitsverhältnis 44, 46, 51–57, 59, 63–66, 80, 83, 85–89, 99–103, 106–109, 113 f., 116 f., 120–123, 125 ff., 129, 190, 214, 217, 223 f., 228 f., 233, 238, 240 f., 263, 322–332, 334, 338–342, 344, 348 ff., 372 f., 379, 391, 397, 403, 408–412, 414, 416 ff., 449, 480, 486–490, Abb. 1, 2, 8, 9, 10, 16, 17, 18, 19, 20, 21, 22, 23, 30, 31, 32, 33 a und b, 34, 35, 36, 37, 38, 39, 40, 41, 44, 45, 46, 47, 54, 56, 57, 58, 60, 61, 62 a und b, 63 a bis d, 64, 66, 67, 68, 72, 73, 74, 83, 84, 85, 86, 87, 108, 112, 113, 114, 115, 116, 119, 156, 165, 169, 170, 172, 179, 180, 181, 182, 183 a und b, 185, 186, 187, 189, 191, 193, 198, 199, 203 a und b, 208, 209, 211, 212, 224, 229

Sachregister

Arbeitszeit 322, 324, 342
Archäologie 35, 41 f.,
  44 f., 61 ff., 84, 95, 97,
  104 f., 152, 208, 212,
  217, 276, 352, 354 f.,
  366, 382, 386 f., 468
Architektur 29, 36 f.,
  40 ff., 45 f., 49, 61, 68,
  74, 80, 97, 111 f., 135,
  141–154, 157, 176,
  198–202, 236, 261–297,
  301–304, 306, 322, 330,
  337, 440–459, Abb. 3, 6,
  7, 12, 15, 48, 49, 50, 51,
  52, 53, 117, 118, 119,
  120, 121, 122, 123, 126,
  127, 128, 129, 130, 131,
  133, 134, 135, 136, 137,
  138, 139, 140, 141, 142,
  143, 144, 145, 148, 149,
  150, 151, 152, 153, 154,
  155, 204, 205
Arelate 269
Arezzo 234
Argentorate 269
Argos 77
Arkadien 47 f., 92
Arles 346, 486
Arminum 268
Arno 27
Aroanios siehe Olbios
Arras 318 f., 491
Arretium 230
Artemision 105 f., 142,
  148
»Artes liberales« 337
»Ashburnham-Penta-
  teuch« 445, 449,
  Abb. 217
Asien 38, 63, 352
Aspendos 288, Abb. 141
Aspiran 234
Assyrer 141
Astronomie 33, 95, 205,
  207, 332, 335
Athen 22, 28, 31 f., 51,
  53, 55, 63, 76, 84, 96,
105 f., 111 ff., 116, 118,
  124, 135 f., 141 f., 150 ff.,
  154, 159, 166, 188
»Athenaion politeia« 76
Athos 24, 200
Atlantik 29, 257, 408
Attika 24, 28 f., 61, 76 f.,
  84, 92, 94, 111, 113,
  115 ff., 119, 124, 130,
  151 f.
Augsburg 318 f., 350,
  447
Augusta Praetoria 268
Augusta Rauracorum 269
Augusta Treverorum 269
Augustodunum 269
Austrasien 328
Automaten 202-207
Autun 486
Auxerre 318 f.
Avocourt 234
Awaren 439

Babylon 202
Bad Hersfeld 409, 412,
  414
Bad Kissingen 318 f., 409,
  415
Bad Nauheim 318 f., 409,
  412, 414 f.
Badorf 497
Bad Reichenhall 318 f.,
  408 ff., 415 f., 477
Bad Sooden-Allendorf
  318 f., 409, 415 f.
Bäckereien 52, 224, 308,
  347 f., Abb. 65, 67
Bäder und Thermen 302,
  347, Abb. 152
Baetica in Andalusien 23,
  26, 28, 224
Baetis 26
Bahr Jusuf 196
Balearen 20, 355
Balkan 352, 355
Baltikum 451
Banassac 234
Barbegal 309, 374,
  Abb. 157
Bardowick 318 f., 366
Baskenland 420
Basra 355
Bauern 25, 31, 50 f.,
  56 ff., 64, 76 f., 82–86,
  88, 91, 93, 117 f., 133 ff.,
  195, 211 f., 214, 244 f.,
  331 f., 334, 338–345,
  348, 358, 362, 369,
  372 f., 391, 397, 486,
  Abb. 1, 16, 17, 57, 58, 59,
  61, 62 a und b, 63 a bis d,
  165, 167, 170
Bauern- und Gutshöfe
  50 ff., 57, 64, 76, 84, 94,
  97, 130, 208, 327, 338,
  340 ff., 344, 347, 357,
  369, 391 f., 397, 403, 486
Bauhütten 443
Baustoffe 29, 40 f., 45 f.,
  74, 80 f., 132, 135 f.,
  141 f., 144, 146, 148 f.,
  155, 198, 261, 263 ff.,
  276, 281, 441, 444–459,
  Abb. 12, 15, 48, 49, 118,
  120, 121, 122, 123, 124,
  125, 126, 127, 128, 129,
  130, 133, 134
Bauwesen 24 f., 29, 33,
  36, 40 f., 45 ff., 49, 58,
  65, 67, 74, 79 f., 97, 106,
  141–157, 165, 197–200,
  261–297, 299, 302 ff.,
  306, 329 f., 440–459,
  Abb. 3, 6, 7, 12, 15, 48,
  49, 50, 51, 52, 53, 117,
  118, 119, 120, 121, 123,
  124, 125, 126, 127, 128,
  129, 130, 131, 133, 134,
  135, 136, 137, 138, 139,
  140, 141, 142, 143, 144,
  145, 146, 148, 149, 150,
  151, 152, 153, 154, 155,
  156, 157, 159, 202 a und
  b, 205, 206, 207, 208,

210, 211, 212, Tafel XVI, XVII, XXII, XXVIII, XXXI a und c
Bayern 342, 362 ff., 390, 395, 421
Bayeux 318 f.
Beamte 37, 302
»Belopoiika« 193
Benevent 295, 499, Abb. 149
Bergamo 366
Bergbau 28, 56, 58, 97, 110–116, 166, 224, 226 ff., 229, 299, Abb. 68
Bergisches Land 421
Bergleute 112 ff., 116, Abb. 68
Bergomum 268
Berne-Enge 234
Besançon 333
»Beschreibung Griechenlands« 46
Bevölkerung 23, 25 ff., 33 f., 37, 42, 49–55, 58 f., 61, 68, 72 f., 76 f., 80, 82, 92, 110 ff., 118, 151 f., 154, 163 f., 196, 245, 282 f., 289, 292, 321 f., 340, 369
Bewetterung 113
Bibel 323 f., 330, 361 f.
Bibilis 100
Bibliotheken 159 f., 201, 337, 493
Bildungsstätten 158, 160
Birka 428, 496
Blaise 369
Blei 112, 114, 116, 146, 148, 226–229, 289, 414, 447 f., Abb. 71, 195 b
Blickweiler 234
Bobbio 327, 329, 358, 367
Böotien 46 f., 83, 89, 92, 96, 134 f.
Bonn 318 f.
Bosporos 149

Boucheporn 234
Bourgneut 408
Bram 234
Brauwesen 355
Bregenz 234
Bremen 318 f., 451, 460, 475 f.
Bremerhaven 386
Brescia 366 f.
Brigantium 29, 257, 280, Abb. 133
Britannien 228
Brixia 268
Bronze, -arbeiten 29, 38, 44, 62, 74, 77, 79, 97 f., 101–110, 116, 130, 174, 200, 229, 499–504
Bronzezeit 20, 42, 44, 49, 97, 380, 392
Brot 29, 52, 83, 88 f., 130, 195, 347, 360, 362, 372, 375, 394
Brückenbau 33, 131, 149 ff., 157, 263, 272–276, 296 f., Abb. 128, 129
Brügge 318 f., 473
Brüssel 491
Brunnen 133, 151 f., 154, 289, 410 f., Abb. 52, 194, Tafel VIII, IX, X
»Buch der Väterleben« 361
Buchmalerei 332–336, Abb. 161, 162, 163, 165, 166, 169, 170, 175, 176, 179, 180, 183 a und b, 185, 186, 187, 188, 191, 193, 194, 197, 203 a und b, 205, 208, 209, 211, 212, 213, 217, 225, 229, Tafel XXI a und b, XXII, XXIII, XXIV a bis c, XXVI a bis c, XXVII, XXVIII, XXIX a bis d, XXX a und b, XXXI a bis d
Buchwesen 41, 150,

157–160, 312, 337, 357, 493, Abb. 54, 160, 162
Burdigala 269
Burgunder 485
Byzanz 23, 273, 301, 304, 306

Cádiz siehe Gades
Campanien 22, 26 f., 33, 233, 263
»Capitulare de Villis« 370, 390, 487
Capua 270
Caralis 23
Carrade 234
Carrara 29
Cartagena, Carthago Nova 28
Centum cellae 278
Chalkidike 188
Chartres 318 f.
Château-Salins 318 f., 409
Chelidonische Inseln 21
Chemery 234
Chemie 97 f., 122
China 13, 245, 317
Chioggias 408
Chios 24, 95
Christentum 301, 320, 323 f., 349, 365
Chur 422
Circus Maximus 306
Codex Amiatinus Abb. 162
Codex Aureus siehe Echternacher Evangeliar
Codex Escorialensis 411, Abb. 159
Codex Theodosianus 466
Colchester 234
Colonia Agrippinensis 269
Como 366, 485
Comum 100, 268
Condat 356, 359 f.
Corbie 318 f., 329, 365, 373 f., 467

Cornwall 29, 500
»Corpus Hippocraticum« 182
Corvey 318 f., 460
Cosa 23
Cremona 366

Dachdeckerei 141, 146 f., 304, 445, 447 f., 452, 454 f., Abb. 211
Dachsberg bei Augsburg 421, 423
Dänemark 352
Dakien 224
»De agricultura« 195, 217
»De domusua« 54
»Deipnosophistai« 201
Dekeleia 115, 135
Delos 74
Delphi 76, 106, 110 f., Abb. 50
»De machinationibus« 182 f.
»Demetrios« 191
Dendra in der Argolis 44
»De publika« 207
Der el-Bahari Abb. 12
»De re rustica« 26, 57
Deutschland 13, 25
Dienheim 341
Dieuze 409
Dijon 346, 394
Dill 318 f.
Dimini 36
Diolkos 155 f., Abb. 53
Divodurum 269
»Domesday-Book« 347, 354, 400
Donau 276, 318 f., 377, 461, Abb. 131
Dorestadt 460, 468
Dorier 49
Dover 355
Dreifelderwirtschaft 392–397, 479
Drengsted 426
Dreros 104

Dreschen 38, 64, 87, 212 f., Abb. 60
Drucklufttechnik 204 f.
Düngung und Düngemittel 90 f., 214–217, 403, Abb. 63 a

Echternach 234, 358
Echternacher Evangeliar 405
Edelsteine 106, 492
Edinburgh 131 f.
Eider 473
Eifel 392
Einbäume siehe Schiffbau
Einkommen siehe Lohn
Eisen und Stahl 28 f., 62, 65, 79 f., 97–101, 110, 122, 130, 148, 229, 298 f., 342, 352, 382, 392, 419–434
Eisenzeit 97, 392
Elba 28, 420
Elbe 318 f., 461
Eleusis 31, 92, 136, 147, 267
Elfenbein 67, 330, 493, 500, Abb. 234
Elsaß 318 f.
Emerita Augusta 276, 290
Ems 318 f., 461
Energie und -träger 16, 28 f., 99, 130, 161–168, 170
England siehe Großbritannien
Engyon 136
»Epedemien« 158
Ephesos 22, 106, 142, 148, 150, 284, Abb. 137
Eretria 155
»Erga« 22, 83, 86, 90, 97, 133, 162, 171, 178
Erzbergbau 28, 62, 97, 111–116, 224, 226–229, 420 ff.

Esel 38 f., 214, 223, 244 f., 308, 347, 349
Etaples 318 f.
Etrurien 23, 76
Etrusker 28, 208, 290
Euböa 24, 61, 92, 115, 135, 155, 157
Eure 369
Euripos 157
Europa 12 f., 24, 30, 36 f., 124, 149, 317, 320 ff., 355, 387, 400, 421, 435

Fachwerkbau 452 f.
Fässer 261, 403 f., Abb. 110, 116, 191
Farbstoffe 23 f., 38, 485
Fayum 195 f.
Feddersen Wierde 318 f., 386, 426, 428, 430, 454 f., 465, 479, 486
Federung 252
Ferner Osten 13
Fischfang 23, 36, Abb. 176, 177
Flachs 38, 43, 125, 479 f., 484 f., 490
Flandern 318 f., 461, 467
Flavier 29
Flöße 477
Florenz 268
Forest of Dean 420
Forum Julii 268 f.
»Fossa Carolina« 377 ff., Abb. 178
»Fränkische Geschichten« 348, 371
Fränkisches Reich 322, 328, 340, 343, 347, 362, 366 f., 374 f., 377, 388, 390, 392, 394 ff., 438, 460, 479, 485
Frankfurt 318 f.
Frankreich 13, 21, 73, 355
Frauenarbeit 44, 51, 71, 88 f., 124 f., 127, 129,

133, 154, 241, 348 ff.,
  416, 480, 485–491,
  Abb. 18, 36, 37, 83, 84,
  85, 229
Freising   318 f.
Friesen und Friesland   461,
  485
Frondienste siehe Grundherrschaft
Fruchtwechselwirtschaft
  214, 392–397
Fulda   318 f., 328, 334,
  351, 365, 374 ff., 392,
  432

Gades   26, 51, 257
Galane   234
Galizien   28
Gallien   27, 30, 210,
  213 f., 228, 231, 234,
  245, 247 f., 258, 261,
  273, 340, 402, 420, 451,
  486
Gartenbau   26, 151, 217,
  245, 358
Gasa   190
»Gegen Apion«   34
Geld und -wirtschaft   26,
  52 f., 58, 77, 79, 95, 112,
  343
Genabum   269
Genf   346, 456
Genua   25
Geographie   19–30, 34,
  39, 46–49, 64, 67, 73,
  131
»Geographika«   23
Geometrie   35, 176 f., 181,
  186
»Georgica«   211, 330
Germanien   210, 213,
  248, 258, 317, 320, 323,
  343, 347, 362, 365, 420
Geschichtsschreibung
  11–16, 34 ff., 59 ff., 97,
  171, 190, 208, 320 f.
Gesoriacum   269

Gesundheit und -srisiken
  228 f., 292
Getreide und -anbau   21 f.,
  26–36, 42, 49, 53 ff., 65,
  67, 73, 76, 82, 84,
  87–92, 132, 141, 178,
  195, 201, 212 ff., 252,
  257, 278, 308, 311 f.,
  346, 348, 351 f., 357,
  360, 362, 369 f., 394,
  Abb. 1, 16, 17, 18, 61,
  62 a und b, 183 a und b,
  186, 187
Gewerbe   19, 60, 90, 125,
  130, 136, 210, 321, 491
Gießtechnik   38, 44, 79,
  101–110, 200 f., 228 f.,
  499–504, Abb. 5, 23, 27,
  28, 29, 30, 71, 195 b
Gips und -arbeiten   492 f.,
  Abb. 231, 232
Gise   40
Gittrup   393
Glas und -herstellung   29,
  38, 198, 232–236, 238,
  242, 302 f., 494–498,
  Abb. 79, 80, 81, Tafel XIV,
  XXXI d, XXXII a und b
Gokstad   468, Abb. 218
Gold und -schmiedearbeiten   28, 38, 44, 66 f.,
  71, 98, 110 f., 224, 226,
  494, Abb. 5, 234
Gorze   318 f.
Goslar   318 f.
Goten   311 f., 362
Gotland   496
Graben, Ort   377
Gradierwerk   412
Graubünden   422
Graveney in Kent   471
Griechen und Griechenland   19–25, 27–35,
  41–47, 49–54, 56–65,
  67, 70–79, 81 ff., 86–97,
  99, 101, 103–106, 110,
  112 f., 117 f., 124, 126,

131, 133, 135–141, 143,
  147, 151 f., 156 ff., 160 f.,
  171, 178, 180 f., 187 f.,
  194–197, 208, 212, 217,
  231, 252, 273, 289, 308,
  352
Grohne   459
Großbritannien   12 f., 25,
  347, 352 f., 420, 470 f.
Grottaferrata   158
Grundherrschaft   331 f.,
  338–348, 358, 369,
  371 ff., 380, 391, 397,
  403, 406 f., 416 ff., 427,
  431–434, 436, 445,
  487–491, Abb. 168, 169,
  170
Guerande   408

Häfen   44, 68, 80, 115,
  131 f., 151, 155, 188,
  191, 200 f., 258, 268,
  277 ff., 294, Abb. 102,
  106, 146, Tafel XVIII
Hagia Sophia   304, 306,
  Abb. 155
Hagios Georgios   198
Haithabu   318 f., 428, 460,
  468, 496
Halberstadt   460
Halikarnassos   190
Halle   318 f., 409
Hamburg   318 f.
Hammelburg   392
Hammerwerke   356
Handel siehe Wirtschaft
Handelsschiffahrt   44 f.,
  53 f., 81 f., 93, 131 f.,
  139 f., 155, 201, 252,
  257 f., 460, 468 f.,
  Abb. 46, 102, 103, 104,
  110, 116
Handschriften   322, 327,
  332–337, 383 f., 388,
  405, 485, Abb. 161, 162,
  163, 165, 166, 175, 176,
  179, 225

Handwerk 35, 37 f., 42 ff., 49, 51, 53–68, 70 ff., 76 f., 79 f., 97–106, 108 ff., 118–124, 130, 132, 134, 136, 139 f., 150 f., 161, 164 ff., 172 f., 175 ff., 181, 183, 187, 197 f., 210, 228–238, 240 ff., 263, 323 f., 327, 330, 336 f., 342, 363, 365, 403, 417, 427–434, 443, 445, 455 f., 477 f., Abb. 9, 10, 21, 22, 23, 24, 25, 26, 27, 28, 29, 30, 31, 32, 33 a und b, 34, 35, 38, 72, 73, 74, 76, 117, 191, 198, 199, 212, 224, 237
Haute Yutz 234
Hebevorrichtungen 40, 97, 113 f., 144 f., 146, 148 f., 152, 154, 181 f., 184 f., 190, 193, 201, 217, 261, 300, 306, 411, 449, Abb. 119, 194, 208
Heidenheim 318 f., 350, 362
Heiligenberg 234
Heiligtümer 25, 74 f., 76, 80, 92, 104, 143, 146–151, 200 f., 265 f., Abb. 12, 15, 49
Heizungsbau 456–459, Abb. 214
Helikon 96
Hellenen 54, 58, 72, 160
Heloten 56
Herculaneum 242
Hérouvillette 428, 430
Hersfeld 318 f., 366
Hessen 318 f.
Hethiter 49, 62
Heuschreckenplage 33 f.
Hildesheim 318 f., 460
»Historia plantarum« 30 f., 90, 157
»Historien« 157

Holk 468, 471 ff., Abb. 220, 221
Holzbearbeitung 29, 38, 65 ff., 69, 71, 80, 85, 133 f., 139 f., 173–176, 180, 451–456, Abb. 212
Holzkohle 99, 110, 114, 130, 148, 229, 422 f.
Holz und -versorgung 24 f., 29, 39, 80, 85, 94, 97, 115, 122, 130, 132 ff., 140 f., 148, 180, 276, 415, 451–456, 458, Abb. 209
Hüttenwesen 28 f., 38, 97 ff., 112, 114 ff., 130, 229, 422 f., 426, Abb. 22
Hufeisen 397, 400 f.
Humanismus 15
Hungersnöte 34, 53 f., 73, 83, 178, 201
Hyksos 40
Hymettos 76
Hypokausten siehe Heizungsbau

Ile-de-France 368
»Ilias« 65, 76, 80, 93 f., 117, 124, 129, 134
Ilmenau in Bardowick 375
Imperium Romanum siehe Römisches Reich
In Albe Julia 268
Indien 245, 257, 317
Ingenieure 15, 361, 367, 374 ff.
Instrumente, wissenschaftliche 97, 151, 176, 181–186, 204 f., 207, 217, 286, 288, 330, Abb. 56, 163, 234
Ionier 157
Irland 354
Isernbarg 426
Island 355
Isthmos 155
Italien 20 f., 24–27, 29, 32 ff., 56, 73, 81, 88, 92, 102, 141, 182, 187, 212 ff., 245, 248, 257, 261, 268 f., 273, 275, 277, 283, 322, 343, 349, 355, 362, 366 f., 409
Ittenweiler 234

Japan 13
Jericho 36
Joch 64, 86 f., 134, 148, 247 f., 381, 383 f., 399 f., Abb. 1, 16, 17
Jonien 74, 76
Judentum 34
Julier-Paß 268
Jumièges 318 f.
Jura 326, 328 f., 359 f.

Kärnten 28, 229
Kalabrien 30
Kalender 33, 41, 332–336, 432, Abb. 164, 165, 166, 167, 169, 170, 180, 183 a und b, 186, 187, 191
Kalk 447
Kalkstein 29, 40, 111–114, 144, Abb. 3
Kamel 245
Kanäle und Kanalbau 47 ff., 151, 195, 200, 291, 373–379, Abb. 145, 178
»Kanon« 192
Kap Gelidonya 44
Kaphyai in Arkadien 48 f.
Kap Malea 156
Kap Sunion 112
Kap Ulu Burun 45
Karolinger 358, 392
Karolingische Renaissance 322, 328, 440
Karpathos 24, 62
Karren siehe Wagen
Karthago 28, 77, 183, 187 f., 208, 213
Kassiterides 29

Kelten 208
Kelter 94, 217 ff., 222, 402–407, Abb. 193
Kempten 318 f.
Keos 91
Kephallenia 92
Keramik 29, 36 ff., 43 f., 49, 51, 55, 61, 70, 74, 76, 78 ff., 82, 85, 89, 94 f., 100, 108 ff., 116–123, 126, 129 f., 132 ff., 137, 139, 152, 154, 158, 197 f., 208, 230 ff., 234 f., 261, 458, 494–499, Abb. 4, 8, 10, 11, 16, 17, 19, 20, 21, 22, 30, 31, 32, 33 a und b, 34, 35, 36, 37, 38, 40, 41, 42, 44, 45, 46, 55, 56, 76, 77, 78, 113, 114, 115, 235, Tafel V, VI, VII, XXVII
Kilikische Meerenge 21
Kinderarbeit 51
Kirchen 301–304, 306, 324, 329, 343, 361, 441, 443, Abb. 153, 154, 155
Kissingen 391
Kithairon 96
Kleidung 124 f., 479, 490 f.
Kleinasien 22, 24, 33 f., 62, 75, 97, 197 f., 208
Klerus 302, 324, 328, 358
Klima 19–34, 67, 91 f., 124, 151, 158, 179, 214 f., 322, 386, 402
Klöster 324, 327 ff., 337, 343 f., 347, 349 f., 357–361, 363 ff., 367–376, 391, 409, 415–418, 432 f., 436, 441, 456 f., 490 f., Abb. 161
Knossos 41 f., Abb. 4
Köln 234, 318 f.
Kogge 468, 471 ff., Abb. 222

Kohle 130
Kohlenstoff 29, 99, 229
Kolonien und Kolonisation 21, 24, 73, 75, 81, 135, 141, 188, 269, 366
Kommunikationstechnik 16, 19, 35, 41 f., 49, 61 ff., 74, 76–79, 157–160, 358
Konstantinopel 21, 304, 306
Konstanz 350
Kopaissee in Böotien 46, 49
Koptos 245
Kordel bei Trier 496
Korfu 141
Korinth und Golf von Korinth 20, 24, 51, 54, 96, 101, 118, 138, 141 f., 146, 155, Abb. 48
Korkyra / Kerkyra auf Korfu 138, 141 f.
Korsika 20
Kos 200
Krähenwald 234
Kraftübertragung, mechanische 94 f., 97, 195 f., 203 ff., 217 ff., 222 f., 307, Abb. 64, 66
»Kratylos« 172, 174
Krempeln 125
Kreta 20 f., 24, 41 f., 43 f., 62, 355
Kriegsschiffe 44, 111 f., 137–141, 155, 188, 191, 193, 468 f., Abb. 44, 46, 47, 218
Kriegstechnik siehe Militär
»Kritias« 24
Kroton 73
Küstenschiffahrt 20, 44, 258
Kummet 252, 384, 397, 399 f., Abb. 41, 43, 188
Kunsthandwerk 38, 43 f., 55, 58, 63, 67, 70 f., 78,

89 f., 94 f., 106–109, 229, 322, 328, 336 f., 342 f., 492–505, Abb. 5, 8, 10, 11, 16, 17, 18, 19, 20, 21, 22, 23, 25, 26, 27, 28, 29, 30, 31, 32, 33 a und b, 34, 35, 36, 37, 38, 40, 41, 42, 44, 45, 46, 55, 56, 58, 77, 78, 80, 81, 90, 92, 177, 182, 189, 192, 198, 200, 204, 215, 224, 231, 232, 234, 235, 236, 237, 238
Kupfer, -arbeiten 28 f., 38, 42–45, 98, 101, 414
Kykladen 28, 92
Kyklopen 45, 67–70
Kyme 73
Kyrene 32, 73
Kytheros 84

La Coruña siehe Brigantium
Lacus Velinus 291
La Graufesenque 231, 234 f.
Lahn 318 f.
Lakedaimonier 54
Lakonien 44
Landesausbau 46 ff., 49, 67, 196, 210, 267–274, 291, 328, 358, 420
Landtechnik 37 f., 49, 64, 80, 83–87, 90, 178, 211–214, 338, 344, 348, Abb. 1, 16, 17, 58, 59, 62 a und b, 165
Landverkehr 39 f., 43, 45 f., 77, 86, 131–136, 148 ff., 151, 157, 244 f., 247 f., 251 f., 267–276, 294, 296, 397, 399, 461, Abb. 40, 41, 42, 43, 53, 90, 91, 92, 93, 94, 95, 96, 97, 98, 99, 101, 114, 115, 186, 187, 188, 192, 193, 209, 215, 216, 217
Landwirtschaft 19 f.,

Sachregister

24–28, 30–34, 36 ff.,
41 ff., 46, 49–53, 56–60,
64 f., 67, 73, 76 f., 80,
82–97, 117, 124, 141,
151, 162, 172, 178, 181,
194–197, 208, 210–217,
224, 242, 244, 298, 322,
327–334, 336, 338–345,
347 f., 359 f., 370–373,
380–400, 419, Abb. 1,
16, 17, 57, 58, 59, 60, 61,
62 a und b, 63 a bis d,
164, 165, 167, 170, 179,
180, 181, 182, 183 a und
b, 184, 185, 186, 187,
189, Tafel I, II, XI, XII,
XXIII, XXIV a bis c
Langobarden und -könige
362, 366
La Madeleine 234
Las Medulas 227
Latium 26, 29
Laurion 28, 111–116
Lavoye 234
Lebensmittel und -produktion 19, 23, 25 ff., 29,
36 f., 42, 51 ff., 54, 58,
72 f., 76, 82 f., 86–89, 92,
96, 130, 132, 135, 162 ff.,
171, 179 f., 188, 245,
Abb. 18, 19, 20, 176,
252, 257, 329, 342 f.,
370, 372
Leer 318 f., 488
Lefkandi 61
Leinen und Leintuche 38,
43, 125, 240, 479
Leith 131
Lemnos 93
Lenkung 43, 466
Le Rozier 234
Les Allieux 234
Lesbos 77
Les Martres 234
Lesum 488
Leuchttürme 198 f., 257,
278 ff., Abb. 133

»Lex metalli Vipascensis«
Abb. 70
Lezoux 231, 234
Libanon 39, 352
Ligurien 25
Lille 318 f.
Limonum 269
Lindos 200
Loches am Indre 361
Lodi 366
Lösenich bei Bernkastel
346
Lohn 57 f., 84, 125, 187,
348
Loire 318 f., 460
Lokrer 96
Lombardei 366 f., 420
London 131 f.
Lorsch 318 f., 365, 371
Lothringen 318 f., 410,
420
Lubié 234
Lucca 268, 485
Lüneburg 318 f., 408 f.,
411, 414 f.
Lugdunum 269
Lutetia 269
Luxemburg 420
Luxeuil 234, 318 f., 327,
329, 358, 443
Lyder 54, 110
Lykien 22
Lyon 227, 231, 234, 273,
288, 486
Lys 318 f.
»Lysistrate« 129

Maas 318 f., 322, 460
Madradag-Gebirge 198
Mähmaschinen 213 f.,
348, Abb. 62 a und b
Magdalensberg 229
Magdeburg 318 f., 461
Mailand 366
Main 318 f., 460
Mainz 260, 318 f., 351,
365

Makedonien 36, 91, 187,
190 f., 195
Malerei 23, 42 ff., 55, 74,
78, 100, 108 f., 117 f.,
122, 125 f., 133 f., 137,
139, 149, 154, 158, 232,
Abb. 8, 10, 11, 17, 19, 20,
21, 22, 30, 31, 32, 33 a
und b, 34, 35, 36, 37, 38,
40, 41, 42, 44, 45, 46, 55,
56, 79, 85, 168
Mallorca 355
Malta 20
Manching bei Ingolstadt
318 f., 386
Mangan 28 f., 229
Mantua 268
Mareotis-See 200
Marmor 29, 74, 81, 104,
106, 111, 132, 135 f.,
141, 144, 155, 311 f.,
445, Abb. 13, 75, 132,
158
Marmoutier 318 f., 403
Maroneia 112
Marsal 409
Marseille 21, 73, 273
Martres-de-Veyre 346
Masilia 208
Massalia siehe Marseille
Maße und Gewichte 26,
48, 84, 133 f., 136, 151,
176, 181, 184 f., 192,
Abb. 56
Mathematik 176 f., 181 f.,
184, 186
Maultiere 87, 91, 212,
245, 247, 260, 384, 391,
400
Mayen in der Eifel 497
»Mechanik« 152, 217
Mechanik 177, 181–186,
192, 203–207, 217 ff.,
222 f., 299 f., 308, 311,
336 f., 347, 351 f., 355,
Abb. 64, 66, 172
Mediolanum 268

Mediolanum Santonum 269
Medizin 158 f., 166, 182, 217, 334
Megara 76, 125, 154, Abb. 52
»Memorabilia« 179
Memphis 74
Mercy 371
Mérida Abb. 144
Merowinger 348, 357 f.
Mesambria 135
Mesopotamien 37 f., 41 f., 232
Messenien 43
Metallbearbeitung 15, 37 f., 42 ff., 49, 62, 65 f., 68, 70 f., 74, 79 f., 97–110, 130, 174, 200 f., 228 ff., 423–428, 430–435, Abb. 5, 10, 14, 21, 22, 23, 24, 25, 26, 27, 28, 29, 71, 72, 73, 74, 75, 76, 197, 198, 199, 207, Tafel III, IV a und b, XXV, XXVI a bis c
»Metamorphosen« 223, 245, 298
»Metaphysik« 150, 174, 177
»Meteorologika« 31, 99
Mettlach 318 f.
Metz 318 f., 486, 498
Milet 95, 110 f., 124
Militär und Kriegstechnik 36, 43 ff., 49, 58, 62 ff., 65 f., 71, 74, 77 ff., 111 f., 115, 137 ff., 141, 149, 155, 157, 181, 183, 187–194, 199, 201, 208, 260, 273, 298, 341 f., 435–439, Abb. 5, 10, 14, 44, 46, 47, 200, 201, Tafel XXVI a bis c, XXIX c
Mindelstätten 488
Minoische Kultur 40 ff., 44

Missionare und Missionierung 324, 328 f., 358
Mittelbronn 234
Mittelmeer 20–23, 27, 39, 62, 131, 141, 200, 257, 408
Mittelmeer-Gebiet 12, 19 ff., 24, 26, 28–31, 33 f., 44, 49 ff., 53, 62 f., 72 f., 76, 82, 86 f., 89, 97, 124, 130, 141, 160, 187, 195, 208, 210 ff., 212, 228, 230, 242, 245, 252, 258, 260 f., 320
Möbel 129, Abb. 37, 38, 39
Mönchengladbach 318 f.
Mönchtum 324–330, 355, 358–361, 376, 487, Abb. 161
Mörtel 146, 198, 261, 264 ff., 447, Abb. 120, 123, 206
Mogontiacum 269
Monreale 499
Montans 234
Montecassino 337, 449
Monte Genèvre 268
»Moralia« 100, 189
Mosaiken 217, Abb. 60, 63 a bis d, 95, 103, 108
Mosel 258, 260, 311, 318 f., 402
»Mosella« 346, 445
Motye 188
Moyenvic 409
Mühlentechnik 88 ff., 94 f., 97, 220–224, 307–312, 343, 345–376, Abb. 18, 65, 66, 67, 157, 158, 159, 171, 172, 173, 175
Mühlhausen 318 f., 358, 366
Mühlsteine 88 ff., 94 f., 220 ff., 223, 308, 366, Abb. 18, 65, 66, 67

Müller 90, 371 ff.
Mülln bei Salzburg 358, 364
Münster 318 f., 460
Münzen und Münzprägungen 112, 208, 224, 294, 468, 472 f., Abb. 146, 147, 221, 222
Murbach im Elsaß 318 f., 487 f.
Musen 96
Muskelkraft 38, 43, 64, 86 f., 130 ff., 137 f., 223 f., 244 f., 260, 307 f.
Mykene 35, 42, 44 ff., 49 f., 61, 64, 77, 79, 97, 125, Abb. 5, 6
Myos Hormas 245, 257

Nachrichtenübermittlung 19, 23
Nagold 498
Narbo Martius 269
Narni 275
Nasoi 49
»Naturalis historia« 23, 28, 33, 100, 201, 206, 212, 290, 298, 337, 385 f.
Naturkatastrophen 32 ff., 41, 49, 62, 201, 291
Naukratis 73 f., 77, 81 f.
Navigation 22, 33
Naxos 24, 29, 73
Nea Nikomedeia 36
Neapel und Golf von Neapel 28, 230, 264, 271
Nemausos 269
Neolithikum 35, 36 f., 49, 97
Nera 27
Neuf-sur-Moselle 374
Neuss 318 f., 498
Nicaea 268
Nil 39, 41, 49, 73 f., 158, 195 ff., 202, 245
Nîmes 284 ff., Abb. 138, 142

Sachregister

»Nomoi« 160
Nordsee und Nordseeküste 318 f., 386 f.
Noricum 28 f., 229, 268
Normandie 318 f., 355, 420, 436
Normannen 460
Nowgorod 499
Noyon 318 f.
Nubien 74
Numidien 208
Nydam 470

Obelisken 306, Abb. 306
Oberpfalz 356, 421
»Odyssee« 21, 23, 66 ff., 69, 90, 127
»Ödipus Tyrannos« 96
Öl und -pflanzen 21, 25 ff., 30, 38, 42, 49, 53, 77, 82 f., 91, 94 f., 117, 132, 141, 195, 217, 222, 252, 261, 406 f., Abb. 20, 63 c und d
Ofentechnik 80, 98 f., 101, 107, 109 f., 114, 121 ff., 130 f., 235, 408, 410 ff., 414 f., 422 f., 426, 496–499, Abb. 22, 32, 34, 195 a
»Oikonomikos« 54, 57, 84
Olbios 47 f.
Old Windsor 354
Olymp 30, 66, 71, 202
Olympia 104
Olynth 89 f., 95
Optik 177, 181
Orakel 33, 76
Orchomenos 42, 48, Abb. 7
Orontes 73
Oropos 135
Oseberg 468
Oseberg-Fund 466, 468, Abb. 216
Oslo-Fjord 469
Osnabrück 318 f.

Ostia 27, 257, 278, Abb. 146
Ostsee 318 f.
»Out of Africa« 87

Paderborn 318 f., 443
Paestum 142
»Palastsystem« 35, 41 ff., 44, 49, 61, 97
Panakton 96
Pangaion-Gebirge 28, 110
Panopeis 52
Pantheon 265 f., 302, 304
Papyrus 39, 41, 157 f., 312, Abb. 54
Paris 318 f., 344, 368 f., 492 f.
Parnaß 96
Parnes-Gebirge 130
Paros 29, 141, 155
Parthenon 29, 136, 142, 150
Patavia 268
Pavia 366, 485
Peleponnes 20, 24, 42, 44 f., 47, 102, 125, 156
Pellena 358
Pentelikon 29, 136
Perati 61
Pergament 157, 312, 327
Pergamon 198, 200
»Peri diaites« 99
Perser 54, 112, 138, 149, 190
»Perser« 112
Persien 187
Pfalzen 441, 443 f., 463
Pferd 39 f., 43, 70 f., 87, 131 f., 165, 212, 223, 245, 247 f., 384, 387–401
Pflug 37 f., 49, 64, 84 ff., 87, 90, 178, 211 f., 380–397, 400, Abb. 1, 16, 17, 58, 59, 165, 179, 180, 181, 182, 183 a und b, 184

Phäaken 67 f., 71, 75
»Phaidon« 158
»Phaidros« 159
»Phainomena« 334 f.
Phaistos 41
Pharaonen 39 f., 74
Pharos 198 f.
Pheneos 47 f.
»Philebos« 176
Philosophie 95, 150, 158–181, 186, 302, 324
Phönizien 23, 35, 63, 141, 190
Phönizier 29, 35, 63, 70, 74, 77, 110, 137, 139, 157
Phokaier 21
Phoker 96
»Physik« 175, 180 f.
Physik 181, 184 ff., 336
Picardie 318 f., 348, 396
Picenum 212
Pindos 24, 30
Pingsdorf 497
Piräus 22, 106, 150
Pisa 234
Pithekussai auf Ischia 79
Pnyx 152
Po 460
Po-Ebene 26 f.
Pöhlde 459
Pola 268
Politik, Staat und Technik 12–15, 22 f., 33, 37, 41 f., 44, 49 f., 52, 54, 58 f., 62, 64, 68, 73, 75 ff., 79, 82, 84, 94, 110–113, 141 ff., 150 f., 157, 167, 187–202, 205–208, 210, 224, 226, 268–276, 278, 282 ff., 289, 292, 294, 296, 301 f., 306, 320 ff., 340 ff., 358, 362 f., 377, 415, 432–435, 495 f., Tafel XXI a und b
»Politik« 180
»Politikos« 125, 176

Pompeji 217, 221, 223, 289, Abb. 65
Pont-des-Remes 234
Pont-du-Gard 284, 297, Abb. 138
Pontos-Gebiet 72 f.
Populonia 23
»Poroi« 51, 113, 116
Porta Maggiore 224, 295
»Postschiffe« 22
Potidaia 188
Praeneste 200
Pressen 94 f., 97, 195, 217 ff., 222, 241 f., 404 bis 407, Abb. 20, 63 d, 64, 88, 193
Priene 150
Priester 37, 83
»Protagoras« 150, 167
Prüm 318 f., 365, 392, 403, 410, 416, 490
Puteoli 22 f., 28, 230, 257, 263, 277 f.
Pylos 42 f.
Pyramiden und -bau 40 f., 46, 202

Quarz und -sand 38, 232 f., 496 f.
Quedlinburg 456
Quentovic 468

Rad 65 f., 133 ff., 148 f., 157, 245, 251 f., 383 f., 386, 388 f., 464 ff., Abb. 41, 42, 43, 92, 94, 95, 97, 98, 99, 100, 101, 180, 215, 216, 217
Rammelsberg 447
Ravenna 26, 56
Recht 52, 57, 67 f., 76, 113, 157, 206, 340 f., 352 f., 362 f., 367, 371 f., 390, 397, 485
Rednitz 318 f.
»Regel« des Benedikt 324 ff., 327, 358, 376, 432

Regensburg 318 f., 365, 445
Reichenau 318 f., 445, 457 ff.
Reichenauer Evangeliar 320
Reims 318 f., 486
Reiterei siehe Militär
Religion 25, 46 ff., 52, 55, 60, 65–68, 71 f., 76, 79 f., 83, 92, 96, 104 ff., 110, 117, 119, 141 ff., 146–151, 161–172, 178 f., 181, 200, 202, 234, 265 f., 301 ff., 308, 320, 330, Abb. 8, 10, 12, 15, 19, 26, 28, 29, 30, 48, 49, 121, 153, 154
Rezat 318 f., 377 ff.
Rhätien 212, 268, 385 f.
Rhegion 73
Rhein 258, 260, 273, 318 f., 365, 377, 460
Rheinzabern 231, 234
»Rhetorik« 336
Rhodopen-Kykladen-Massiv 28
Rhodos 24, 51, 62, 191 f., 193, 200 f.
Rhône 258, 273, 276, 460
Ribe 428
Riemen 137 ff., 469, Abb. 44, 45, 46, 47, 109, 110, 111
Rimini 268, 270, 295, Abb. 148
Rinder 38, 43, 49, 57, 64, 84, 86 f., 91, 96, 136, 148, 178, 212 f., 245, 383 f., 390 f., 399 f., 463
Riotinto 224, 226
Römer und Römisches Reich 19, 21 ff., 28 f., 33, 45, 47 f., 52 ff., 56–60, 72, 104, 125, 131, 193 f., 198, 200, 208, 210, 212, 224,

228–232, 234, 238, 242, 244 f., 252, 257, 261, 269, 274, 279, 290, 296 f., 301, 307, 317, 320, 333, 362, 409, 435, 441
Rohrleitungen 152 ff., 198, 226 ff., 231, 284, 286, 288 f., 458
Rom 21 ff., 26 f., 29, 32 f., 54, 56, 58, 206, 208, 224, 233, 252, 257, 261, 265, 267 ff., 270, 275, 278, 289 f., 292, 294, 306, 308, 312, 346, 374, Abb. 132, 135, 136
Rommersheim 490
Roskilde-Fjord 469
Rotes Meer 39, 245
Ruderschiffe 137 ff., 258, 469, 471, Abb. 44, 45, 46, 47, 109, 110, 111
Rüstungen siehe Waffenproduktion
Ruhr 318 f.
Ruwer 318 f., 362

Saar 318 f.
Sachsen, Stamm 366, 470, 485
Sägen 311 f., 445, Abb. 213
Saint-Amand-les-Eaux 318 f., 491, 496
Saint-Bertin 318 f., 367, 473
Saint-Claude 359, 409
Saint-Denis 318 f., 365, 374
Saint-Germain-des-Prés 343 ff., 347, 365, 368 ff., 383 f., 390 f., 403 f., 431, 436
Saint-Maur-des-Fossés 391
Saint-Romain-en-Gal 217, 333

Saint-Savin-sur-Gartempe 449
Saint-Wandrille 318f., 347, 365, 443
Sakkara 40, Abb. 2, 3
Sakramentar Gregors 334, Abb. 166
Salamis 112, 138
Salinen 408–418, Abb. 195 a und b
Salins-les-Bains 409f.
Salpia in Apulien 26
Salz und -gewinnung 342, 408–418, Abb. 195 a und b
Salzach 364
Salzburg 318f., 333
Salzungen 409, 415f.
Samarabriva 269
Samos 80, 105f., 141f., 148–153, 155
Samoussy 458
Santorin siehe Thera
Saône 258
Sardinien 20, 22
Sauerland 421
Sauerstoff 38, 80, 122
Schelde 318f., 370
Scheren 238, 241, Abb. 82, 87, 228
Schiefer 111 ff.
Schiffahrt 20–23, 26f., 33, 35, 39, 44f., 49, 53f., 67f., 70, 79, 81f., 93, 130ff., 135, 137–141, 154ff., 165f., 188, 191, 199ff., 245, 252, 256ff., 260f., 269, 307, 377, 468–478, Abb. 2, 44, 45, 46, 47, 102, 103, 104, 105, 106, 107, 108, 109, 110, 111, 112, 113, 116, 218, 219, 220, 221, 222, 223, 224
Schiffbau 24, 39, 44, 49, 56, 65–68, 70f., 82, 97, 136, 139ff., 150, 201, 252, 260f., 468–478, Abb. 9, 224
Schleswig 470
Schleswig-Holstein 419, 473
Schlettstadt 337
Schleusen 379
Schmiedetechnik 43f., 65f., 68, 70f., 79, 97–104, 108, 110, 130, 229f., 421, 423–434, Abb. 10, 21, 22, 23, 24, 25, 26, 72, 73, 74, 75, 76, 198, 199
Schmuck siehe Kunsthandwerk
Schrauben 196, 217ff., 222, 224, 242, 307, Abb. 64, 69
Schrift und Schreibtätigkeit 35, 41f., 61ff., 74, 77ff., 91f., 136, 150, 157ff., 160, 165, 208, 228, 312, 320, 327f., Abb. 9, 54, 70, 151, 160, 162, Tafel XIX, XX
Schwäbisch-Hall 408, 411
Schwarzes Meer 23, 135, 140
Seefahrt siehe Schiffahrt
Seeland 469
Seeleute 137 ff., Abb. 44, 45, 46, 47, 102, 105, 106, 108, 109, 110, 111, 112, 113
Segel und -formen 39, 44, 67, 137ff., 252, 256ff., Abb. 2, 46, 102, 103, 104, 105, 106, 107
Segovia Abb. 139
Seine 258, 318f.
Seligenstadt 318f.
Selinunt 188
Selinus 142
Sensen 87, Abb. 183 b
Sesklo 36
Seuchen 34

S. Giovanni Abb. 154
S. Giulia in Brescia 367, 406, 422, 443, 485
Sicheln 87, 97, 212, Abb. 183 a
Sicherheit 226, 292
Sidon 21, 70f., 190, 233
Siedlungsformen 26, 30, 36, 41, 50ff., 57, 61f., 67, 75, 340, 426
Siegerland 318f., 421
Signalwesen 22
Silber und -bergbau 15, 28, 44, 58, 67, 70f., 79, 98, 110ff., 114ff., 130, 224, Abb. 5
Sinai 38
Sinzig 234
Siphnos 28, 110ff.
Sipylosgebirge 34
Sizilien 20, 31, 54, 73, 76f., 81, 136, 141f., 152, 187ff.
Skeuothek 146, 150
Sklaven 54, 56f., 59, 82, 84, 112ff., 116, 208, 302, 340f., 348f., 403, 488
Skulpturen 29, 55f., 74, 79, 81, 103–110, 200ff., Abb. 9, 13, 23, 26, 27, 28, 29, 30
Skythen 54
S. Maria degli Angeli 302
Soda 232, 497
Soest 318f., 409
Somme 318f., 374f.
Spanien 21, 26ff., 29, 208, 213, 224, 252, 261, 273, 275, 280, 284, 290
Sparta 56, 71, 83, 104, 135, 187
Spessart 497
Speyer 318f., 350
S. Pietro in Valle 494
Spinnen 125f., 480, Abb. 36, 83, 225
Spluga 268

S. Sabina Abb. 153
Stadt und -technik 50-54, 57 ff., 61, 68, 73, 75 ff., 79 f., 82 f., 90, 110 f., 118, 124, 132 f., 141 ff., 150 ff., 154, 168, 170, 188, 190, 193 f., 200, 210, 267 ff., 282 f., 288 f., 290, 296, 366, 493, Abb. 51, 122, 123, 126, 127, 132, 142, 143, 145
Staffelsee 318 f., 364, 487
St. Afra in Augsburg 496
Stampfen 355
»Statuten« 375, 480
St. Bernhard 268
Steigbügel 401, 439, Abb. 202
Stein und -bearbeitung 29, 38, 40 f., 45 f., 55 f., 61, 74, 80, 97, 104, 111, 135 f., 142, 144, 146, 148 ff., 155, 158, 198, 217, 222, 263 f., 270 ff., 274-277, 281, 284, 304, 441, 443-447, Abb. 9, 12, 13, 15, 18, 39, 43, 47, 48, 49, 50, 51, 52, 54, 57, 61, 62 a und b, 64, 65, 66, 67, 68, 72, 73, 74, 82, 83, 84, 86, 87, 89, 91, 92, 94, 96, 97, 98, 99, 100, 101, 102, 104, 105, 106, 107, 109, 110, 111, 112, 113, 114, 115, 116, 117, 118, 119, 121, 122, 123, 124, 125, 126, 127, 128, 129, 130, 131, 132, 133, 134, 135, 136, 137, 138, 139, 140, 141, 142, 143, 144, 145, 148, 149, 150, 151, 152, 153, 154, 155, 156, 157, 158, 160, 164, 167, 171, 172, 203 a und b, 205, 208, 211, 237
Steuerruder 44, 139, 258, 260, 473, 475, Abb. 44,

46, 102, 103, 104, 105, 106, 107, 108, 109, 110, 111, 112, 113
St. Gallen 337, 356, 358, 364, 394, 422, 445, 490
St. Galler Klosterplan 337, 355, 434 f., 441, 457, 480, Abb. 174
St. Michael in Hildesheim 441
Strafe 57, 94, 113, 162, 164, 169, 226, 348 f., 362 f., Abb. 55
»Strategicon« 401
Straßen und -bau 20, 33, 131, 135, 151, 155, 157, 245, 267-277, 292, 296, Abb. 53, 124, 125, 126, 127, 128, 129
Stuttgarter Psalter 383 f., 391, Abb. 176, Tafel XXIV a bis c, XXVI a bis c
St. Walburga in Meschede 498
Sunion 135
Sutton Hoo in East Suffolk 470, Abb. 219
Sybaris 73, 124
Syrakus 73, 142, 149, 152, 183, 187, 189, 193 f.
»Syrakusia« 201, 252
Syrien 35, 38, 44, 63, 73, 141, 208, 233
S. Zeno Maggiore in Verona Abb. 167, 182, 215, 237

Tagebau 28, 97, 112, 119, 224, 227, 421
Tamassos 28
Tarent 73
Tarragona Abb. 140
Tartessos in Spanien 21
Tauros 24
Taygetos 24
Technologietransfer 11, 13, 15, 35, 38, 40, 46, 63,

72, 82, 157, 160 f., 164-181, 183 f., 203, 208, 210, 317, 320 ff., 337, 347, 352, 355, 357 f., 363, 365 f., 386 f., 402, 421
Tegernsee 318 f.
Telesterion 147 f., 267
Tempel und -bau 29, 40 f., 68, 74, 79 ff., 106, 136, 141 ff., 146-151, 200, 265 f., Abb. 12, 15, 48, 49, 121
Tenea Abb. 13
»Teppich von Bayeux« 384, 390 f., 400, 404, 467, 478, Abb. 181, 189, 192, 224
Terre Franche 234
Textilappretur 241, 485, Abb. 86, 87, 88, 228
Textilindustrie, -technik und -fasern 25 f., 38, 43 f., 51, 70 f., 123-127, 129, 132, 238, 240 ff., 355, 479-491, Abb. 36, 37, 39, 82, 83, 84, 85, 86, 87, 88, 89, 225, 226, 227 a und b, 228, 229, 230, Tafeln XV, XXXI b
Thanet 497
Thapsus, Schlacht bei 22
Thasos 28, 110 ff.
Theater 181 f., 203, 205
Theben 42, 49, 96
»Theogonie« 96, 162
Thera 23, 41, 44
Thessalien 32, 36, 91
Thisbe in Böotien 48
Thorikos 115
Thraker 54
Thrakien 28, 93, 112
Thüringen 318 f., 365 f.
Tiber 27, 32 f., 258, 275, 278 f., 291, 294, 310, 312, Abb. 159
Tiel am Wal 460

Tiermühlen 223 f., 308, 347, 349, 358, Abb. 66
Tilleda 318 f., 488 f., Abb. 230
»Timaios« 179
Tiryns 42 f., 45 f.
Tivoli 29
Töpferei 36, 38, 43, 51, 80, 117 ff., 120–123, 130, 197 f., 231, 235, 494 f., 497 ff., Abb. 32, 33 a und b, 34, 35, 235
Tolosa 269
Toulon 234
Tournai 318 f., 486
Tours und Poitiers, Schlacht von 318 f., 438
Traians-Säule 296, Abb. 151
Transport siehe Verkehr
»Traumwelten« 240 f.
Travertin 29
Treene 473
Treideln 260, 476 f., Abb. 112, 113
Treuchtlingen 377
Tridentum 268
Trier 234, 318 f., 333, 486
Triere 138, 140, Abb. 47
»Trierer Apokalypse« 399, Abb. 188
Triumphbogen 294 f., Abb. 148, 149, 151
Troja 64 f., 71, 93, 124
Türken 25
Tuffstein 29, 261
Tune 468
Tunnelbauten 152 ff., 272, 288, Abb. 51
Turiasso in Spanien 100
Tyros 23, 190

»Über die Architektur« 337, 441
»Über die Luft, das Wasser und das Land« 34
»Über die Pflichten« 54 f., 268
Uhren 205 ff.
Umbrien 212
Umweltbelastung 408
Unfälle 21, 217
Unruhen 76 f.
Urartu 35
USA 12 f.
Utrecht 318 f., 471, Abb. 472
Utrecht-Psalter 425 f., 428, 486, Abb. 179, 197, 229
Utrica, Provinz Africa 22

Val Camonica bei Brescia 382
Venafro 374
Venafrum 26
Venedig 355, 408
Verden 318 f.
Verdun 318 f.
Verkehr 19–27, 29, 33, 35, 39 f., 44 ff., 49, 53 f., 73, 80 ff., 93, 115 f., 131–141, 146, 148–151, 154–157, 165 f., 200 f., 228, 244–261, 267–276, 294, 296 f., 306 f., 343, 370, 377, 402, 460–478, 485, Abb. 2, 40, 41, 42, 43, 44, 45, 53, 90, 91, 92, 93, 94, 95, 96, 97, 98, 99, 100, 101, 102, 103, 104, 105, 106, 107, 108, 109, 110, 111, 112, 113, 114, 115, 116, 124, 125, 128, 129, 130, 156, 186, 187, 188, 192, 218, 219
Verona 268
Via Appia 270 f., Abb. 124
Via Biberatica Abb. 126
Via dei Balconi Abb. 127
Via Domitia 273
Via Egnatia 273, Abb. 125
Via Flaminia 268 ff., 275, 294, Abb. 129, 148

Via Traiana 294 f., Abb. 147, 149
Vicetia 268
Vic-sur-Seille 409 f., 414 ff.
Viehzucht und -haltung 25 f., 36 f., 42 f., 64, 76, 91, 95 f., 124 f., 171, 177 f., 214, 216, 370 f., 373
»Vieil Rentier« 400
Vienna 269
Villemeux 369
Vivarium 358
Vix 102
Völkerwanderung 13, 421, 435
Vogesen 327
Volaterrae 268
Volturnus 233
»Vom Universum« 395
»Von der Arbeit der Mönche« 324
»Von der Natur der Dinge« 332, 337, Abb. 165
Vorarlberg 421
Vorderasien 36
Vorderer Orient 29, 35 f., 42, 62 f., 72, 74, 82, 97, 160, 187, 381
Vreden 318 f., 497

Waffen siehe Militär
Waffenproduktion 29, 43 f., 65 f., 71, 79, 97, 101 f., 423 ff., 428, 430–439, Abb. 5, 10, 14, 23, 24, 200, 201
Wagen und -bau 39 f., 43, 77, 86, 131 ff., 134 ff., 148, 155, 165, 244 f., 247 f., 251 f., 397, 399, 461–467, Abb. 41, 42, 43, 92, 94, 95, 97, 98, 99, 100, 101, 188, 192, 215, 216, 217, Tafel XXX a

Waidesbach 376
Walberberg 497
Wales 224
Walken 241, 479 f., Abb. 86
Warburg 318 f.
Warendorf 318 f., 454, 486
Wasserbau 33, 47 ff., 152, 154, 195 f., 198, 290 f., 360 ff., 373–379, Abb. 51, 144, 178
Wasserhebung und -haltung 111, 113, 195 ff., 224, 226, 307, 410 f., Abb. 69, 194
Wasserkraft 206 f., 307–311, 346–349, 351 f., 354 f., 357 f., 360, 373, Abb. 157, 159, 173, 175
Wasserräder 224, 226, 307–311, 346–349, 351 f., 354 f., 357 f., 360 f., 373, 375, Abb. 157, 175
Wasserversorgung und -werke 25, 27 f., 34, 37, 46–49, 65, 80, 114 f., 133, 151–156, 195–198, 224, 226, 228, 267 f., 280, 282–292, 294 ff., 297, 300, 306, 308, 310, 312, 346 f., 357, 360 ff., 364, 366 ff., 373–376, Abb. 51, 134, 135, 136, 137, 138, 139, 140, 141, 142, 143
Wearmouth 443, 497
Weben 44, 71, 124 ff., 127, 129, 173, 238, 240 f., 480, Abb. 36, 37, 84, 85
Webstuhl 44, 124, 126 f., 129, 238, 240 f., 480–485, Abb. 36, 37, 84, 85, 226, 227 a und b
Wein und -anbau 25 ff., 30, 35, 38, 42, 49, 53, 67, 69, 77, 82 ff., 92 ff., 117, 132, 141, 195, 217 f., 222, 348 f., 370, 402–407, Abb. 19, 63 b, 190, Tafel XII, XXX b
Werden 318 f., 392
Werkzeuge 38, 43, 51, 53, 55, 57, 65, 67, 70, 80, 97–101, 108 f., 113, 169, 172–177, 229, 233 f., 238, 261, 299, 327, 391, 402, 419 ff., 427–432, 445, 455 f., Abb. 8, 9, 10, 21, 22, 31, 32, 33 a und b, 38, 68, 72, 73, 74, 117, 170, 185, 198, 199, 228
Werla 459
Weser 318 f., 461
»Wespen« 31
Westerndorf 234
Westfalen 461, 491
Wettfahrten und -bewerbe 55, 70 f., 76, 79 f., 124
»Wieland-Sage« 430
Wieliczka 409
Wijk-bij-Duurstede 318 f.
Wikinger 468 f.
Windisch 234
Windkraft 39, 130, 137 ff., 307
Wirtschaft 13–16, 19, 21 f., 25–29, 35, 39, 42–45, 49–63, 71, 73–77, 80 f., 83 f., 86, 93, 110, 112, 115 f., 118, 124 f., 131 f., 135, 140 f., 151, 155, 157 f., 194, 208, 210 f., 244 f., 252, 257 f., 273, 277, 321 ff., 327 ff., 338, 340–345, 347 f., 357 f., 367, 369–373, 377, 380, 397, 408, 415–418, 421, 432–436, 460 f., 467, 486 f., 490 f.
Wissembourg 318 f.
Wissenschaft 13, 177, 181, 183 f., 186, 201, 336 f.
Wörth 364
Wolle und Wolltuche 25, 43, 96, 124 ff., 129, 132, 238, 479 f., 485, 490
Worcestershire 409

Xanten 318 f., 498
Xanthos 71

Zeichnungen, technische Abb. 174
Zeit, -empfinden und -messung 21 ff., 33, 41, 181, 205 ff., 257, 324, 327
Ziegel- und Backsteine 29, 36, 40, 80, 141, 165, 198, 261, 264, 441, 445 f., Abb. 118, 120, 122, Tafel XXVII, XXVIII
Zinn 29, 45, 101
Zisterzienser 419, 445
Zölle 155, 436, 472
Zypern 20 f., 28, 35, 42 f., 63, 190, 355

Quellennachweise der Abbildungen

Umschlag:
Pflügen mit einem Ochsengespann und Aussaat, Bodenmosaik aus Caesarea, 3. Jahrhundert n. Chr. Cherchel, Musée Archéologique. Foto: Khelil-Inters-Photo-Technique, Algier.

Die Vorlagen für die textintegrierten Bilddokumente stammen von:
Adros Studio snc, Rom 165 · Amt für Bodendenkmalpflege im Regierungsbezirk Darmstadt 195a und b · Archivi Alinari, Florenz 85, 103, 122, 150 · Walter Barichi 173 · Bayerisches Landesamt für Denkmalpflege, München 232 (Maria Linseisen, München) · Pierre Benoit, o. p., Jerusalem 125, Bildarchiv Foto Marburg 171, 176, 212, 228, 231 · Dr. K. H. Brandt, Der Landesarchäologe, Bremen 227a und b · British Museum, London 219 · Canonge, Langres 97 · Maurice Chuzeville, Paris 16 · C. N. M. H. S., Paris 104 · Clément Dessart 100 · Deutsches Archäologisches Institut, Athen 24, 28, 51 · Deutsches Archäologisches Institut, Istanbul, W. Schiele, 107, 156 · Deutsches Archäologisches Institut, Kairo 3 · Deutsches Archäologisches Institut, Madrid 130, 133, 140 · Deutsches Archäologisches Institut, Rom 9, 35, 54, 60, 64, 72, 82, 83, 84, 94, 105, 121, 123, 131, 148, 149 · École Française d'Archéologie, Athen 14 · Edizioni G. Randazzo, Verona 182, 215 · Jean Pierre Elie, Sens 86, 87 · Fototeca Unione, Rom 126, 127, 129, 138, 151 · Fratelli Alinari, Florenz 67, 153 · Gabinetto Fotografico Nazionale, Rom 95, 102, 117, 132 · Günther Garbrecht 142 · Gemeinnützige Stiftung Leonard von Matt, Buochs 65, 74, 115 · Dr. Georg Gerster, Zürich 53 · Ingrid Geske-Heiden, Berlin 10, 80 · P. Grimnm 230 · nach: D. B. Gutscher, Mechanische Mörtelmischer, in: Zeitschrift für Schweizerische Archäologie und Kunstgeschichte, 38, 1981 206 · Prof. Dr. Dieter Hägermann, Bremen 157 · Konrad Helbig, Frankfurt am Main 15 · Hirmer Fotoarchiv, München 5, 6, 7, 11, 29, 39, 48, 49, 50, 155, 167, 237 · Marianne Holler, Südstadt 177 · D. Johannes, Kairo 2 · F. Kaufmann, München 13 · Th. Keller, Reichenau 214 · Landesamt für Denkmalpflege Hessen, Außenstelle Marburg 171 · Landesamt für Vor- und Frühgeschichte, Münster 210 · Landesmuseum für Kärnten, Klagenfurt 101 · Isolde Luckert, Berlin 34 – Enrico Mariani, Como 4, 139 · Ann Münchow, Aachen 221 · Nachlaß Josef Röder 178 · Österreichisches Archäologisches Institut, Außenstelle Ephesos 137 · Photographie Giraudon, Paris 25, 113, 181, 189, 192, 224 · Photographie Lauros-Giraudon, Paris 63a, b, d · Photo R. M. N., Paris 41, 63c, 190, 196 · Photo-Wehmeyer, Hildesheim 236, 238 · Pontifizia Commissione per l'Archeologia Cristiana, Rom 154 · Rheinisches Bildarchiv, Köln 81, 111 · Prof. Dr. H. Ricke, Diessen 12 · Prof. Dr. Helmut Roth, Marburg 201, 233 · Guido Sansoni, Florenz 162 · SCALA Istituto Fotografico Editoriale, Florenz 118, 168 · Carsten Seltrecht, St. Gallen 203a und b, 211 · Serviços Geológicos de Portugal, Lissabon 70 · H. Siegert, Verona 98 · Soprintendenza alle Antichità, Florenz 45 · Soprintendenza Archeologica, Mailand 8 · Soprintendenza Archeologica, Ostia 76, 109 · Soprintendenza Archeologica, Pompeji 88 · TAP Service, Athen 27, 47 · Heide Thieme, Salzgitter-Bad 172 · Jutta Tietz-Glagow, Berlin 30 · nach: J. Travlos, Bildlexikon zur Topographie des antiken Attika, Tübingen 1988 52 · Universitetets Oldsaksamling, Oslo 216, 218 · Westfälisches Museum für Archäologie, Amt für

Bodendenkmalpflege, Münster 184. – Alle übrigen Aufnahmen lieferten die in den Bildunterschriften erwähnten Archive, Bibliotheken, Museen und Sammlungen.
Die Erlaubnis zur Wiedergabe von Originalen erteilten freundlicherweise die in den Bildunterschriften und Quellennachweisen genannten Institutionen und privaten Besitzer.